Cooper, Biochemische Arbeitsmethoden

Terrance G. Cooper

Biochemische Arbeitsmethoden

übersetzt und bearbeitet von
Reinhard Neumeier und H. Rainer Maurer

Walter de Gruyter · Berlin · New York 1981

Titel der Originalausgabe
Terrance G. Cooper
The Tools of Biochemistry
A Wiley-Interscience Publication
Copyright © 1977 by John Wiley & Sons, Inc.

Übersetzer und Bearbeiter der deutschsprachigen Ausgabe

Reinhard Neumeier, Dipl. Chem.
Prof. Dr. H. Rainer Maurer
Pharmazeutisches Institut der Freien Universität Berlin
Königin-Luise-Str. 2 + 4
1000 Berlin 33

Die Wiedergabe von Gebrauchsnamen, Handelsnamen, Warenbezeichnungen und dergleichen in diesem Buch berechtigt nicht zu der Annahme, daß solche Namen ohne weiteres von jedermann benutzt werden dürfen. Vielmehr handelt es sich häufig um gesetzlich geschützte, eingetragene Warenzeichen, auch wenn sie nicht eigens als solche gekennzeichnet sind.

Das Buch enthält 247 Abbildungen und 56 Tabellen.

CIP-Kurztitelaufnahme der Deutschen Bibliothek

Cooper, Terrance G.:
Biochemische Arbeitsmethoden / Terrance G. Cooper. Übers. u. bearb. von Reinhard Neumeier u. H. Rainer Maurer. – Berlin, New York: de gruyter, 1980.
  Einheitssacht.: The tools of biochemistry ⟨dt.⟩
  ISBN 3-11-007806-6

NE: Neumeier, Reinhard [Bearb.]

© Copyright 1980 by Walter de Gruyter & Co., vormals G.J. Göschen'sche Verlagshandlung, J. Guttentag, Verlagsbuchhandlung Georg Reimer, Karl J. Trübner, Veit & Comp., Berlin 30. Alle Rechte, insbesondere das Recht der Vervielfältigung und Verbreitung sowie der Übersetzung, vorbehalten. Kein Teil des Werkes darf in irgendeiner Form (durch Photokopie, Mikrofilm oder ein anderes Verfahren) ohne schriftliche Genehmigung des Verlages reproduziert oder unter Verwendung elektronischer Systeme verarbeitet, vervielfältigt oder verbreitet werden. Printed in Germany.
Satz und Druck: Passavia Druckerei GmbH Passau
Bindearbeiten: Lüderitz & Bauer Buchgewerbe GmbH, Berlin.

Vorwort zur amerikanischen Ausgabe

Kenntnisse der experimentellen Methoden sind wesentliche Voraussetzungen für eine erfolgreiche Forschung. Der Fortschritt in den biologischen Wissenschaften hängt stark vom gleichzeitigen Fortschritt in der Technologie der Meß- und Laborgeräte ab. Leiter liegt die Schwäche vieler Untersuchungen im mangelnden Verständnis der angewendeten Methoden. Denn nicht nur die experimentellen Ergebnisse, sondern auch die Methoden, mit denen sie erhalten wurden, bedürfen einer genauen Deutung.

Ziel dieses Buches ist es, dem Leser die Vielfalt der biochemischen Methoden zu zeigen und eine bessere Kenntnis der Techniken zu vermitteln. Studenten lernen oft nur die Verfahren kennen, die in ihrer unmittelbaren Umgebung verwendet werden, so daß sie es später als schwierig empfinden, neue Methoden auf ein Problem anzuwenden. Es fehlt ihnen an einer umfassenden Informationsquelle, die die Möglichkeiten und Grenzen spezieller Methoden sowie deren Gebrauch unter gut charakterisierten Bedingungen beschreibt. Wegen dieser Schwierigkeiten wurde dieses Buch geschrieben. Obwohl es eine Einführung für Studenten darstellt, kann es auch als Nachschlagwerk für fortgeschrittene Studenten oder erfahrene Forscher dienen. Ziel ist es, die Erfahrungen des Lesers zu erweitern; der Erfolg wird daran gemessen.

Am Anfang jedes Kapitels werden die theoretischen Grundlagen und die Grenzen jeder Technik erläutert. Dieser Teil soll das Verständnis für das praktische Vorgehen vermitteln, ist aber keinesfalls als vollständige Abhandlung der Methode gedacht. Anschließend folgt ein experimenteller Teil, in dem verschiedene mit dieser Methode durchführbare Experimente genauer beschrieben werden. Die Versuche wurden unter dem Gesichtspunkt ausgewählt, zu zeigen, welche Ergebnisse bei richtiger Anwendung der Methode erhalten werden können. Um den größtmöglichen Lehrerfolg und ein leichtes Einarbeiten zu ermöglichen, ist jedes Kapitel in sich abgeschlossen. Es ist deswegen möglich, nur die Methode herauszusuchen, die für den Leser im Augenblick angebracht ist.

Ich möchte Prof. David Krogmann meinen Dank für die Anregung und die Begeisterung aussprechen, die für das Schreiben eines solchen Werkes notwendig sind. Ohne seine Hilfe würde bis heute nur die Idee bestehen. Viele meiner Studenten und Kollegen haben diese Kapitel gelesen und gaben Ratschläge zur Verbesserung. Dies und die vielen Stunden, die meine Frau beim Lesen und Durchsehen des Textes verbracht hat, haben dazu beigetragen, viele Fehler und Unklarheiten zu vermeiden. Ich folgte jedoch nicht in allem ihren guten Ratschlägen und bin somit verantwortlich für alles, was noch verbesserungswürdig ist. Für die technische Herstellung des Manuskripts danke ich Mrs. Sandra Wight. Die vielen Fotografien, die mir freundlicherweise von unabhängigen Wissenschaftlern und Herstellern von wissenschaftlichen Geräten zur Verfügung gestellt wurden, weiß ich hoch einzuschätzen. Den Mitarbeitern des Verlags John Wiley & Sohn danke ich für die Geduld und Hilfe während der Vorbereitung und Publizierung dieses Buches.

Pittsburg, Pennsylvania T. G. Cooper
Januar 1977

Vorbemerkungen zur deutschen Übersetzung und Bearbeitung

Der Fortschritt biochemischer Erkenntnisse hängt im besonderen Maße von der Entwicklung biochemischer Arbeitsmethoden ab. Trotz zunehmender Automatisierung vieler Methoden dank verfeinerter Elektronik entscheiden auch heute noch gewisse „handwerkliche" Fähigkeiten über den Erfolg biochemischer Arbeiten. Dabei kommt es oft auf kleine „Tricks" an, die neben den wichtigen, theoretischen Kenntnissen ausschlaggebend sind. Viele Werke über experimentelle, biochemische Methoden beschreiben zwar ausführlich die theoretischen Grundlagen mit viel Mathematik, verzichten aber auf praktische Hinweise und Ratschläge zur Lösung öfter vorkommender gleichartiger Probleme. Gerade der Anfänger empfindet dies als Nachteil. Und auch dem fortgeschrittenen Praktiker bleibt oft der Gang in die Bibliothek und stundenlanges Studium der Originalliteratur nicht erspart, wenn er eine neue Methode erlernen möchte.

Das in deutscher Übersetzung vorliegende Werk von Cooper versucht in dieser Hinsicht eine Lücke zu schließen. Es stützt sich auf vielfältige, praktische Erfahrungen des Autors, die sich in zahlreichen Hinweisen und praktischen Arbeitsbeispielen (am Ende eines jeden Kapitels) niederschlagen. Trotzdem kommen die theoretischen Grundlagen nicht zu kurz. Jeder Autor setzt subjektiv bestimmte Akzente; stiefmütterlich behandelte Methoden mit zunehmender Bedeutung (z.B. Isoelektrofokussierung) wurden daher in der deutschen Bearbeitung entsprechend berücksichtigt.

Ferner wurde ein Verzeichnis von deutschen Geräteherstellern beigefügt. Wir hoffen, mit der Übersetzung und Bearbeitung des bewährten, amerikanischen Werkes dem deutschen Benutzer eine kompakte und nützliche Informationsquelle für die tägliche Laborpraxis in die Hand zu geben.

Berlin, Oktober 1980

Reinhard Neumeier
H. Rainer Maurer

Inhalt

1. Potentiometrie	1
1.1 Berechnung des pH-Werts	2
1.2 Bestimmung des pH-Werts mit organischen Farbindikatoren	7
1.3 Potentiometrische Bestimmung des pH-Werts	9
1.3.1 Referenz-Elektrode	9
1.3.2 Glas-Elektrode	11
1.3.3 Elektrischer Aufbau des pH-Meters	14
1.4 Puffer	17
1.5 Ionen-spezifische Elektroden	22
1.6 Experimenteller Teil	25
1.6.1 Vorbereitung einer neuen oder längere Zeit unbenutzten Kombinations-Elektrode	25
1.6.2 Titration einer Aminosäure	26
1.6.3 Titration einer Aminosäure in Anwesenheit von Formaldehyd	28
1.6.4 Kalibrierung der Sauerstoff-Elektrode	29
1.6.5 Sauerstoffaufnahme der Hefe Saccharomyces cerevisiae	31
1.6.6 Sauerstoffaufnahme der Mitochondrien aus Rizinussamen	31
2. Spektroskopische Methoden	33
2.1 Spektralphotometer	39
2.1.1 Lichtquelle	40
2.1.2 Monochromator	41
2.1.3 Probenkammer	45
2.1.4 Detektor	47
2.2 Fluoreszenz-Spektroskopie	48
2.3 Experimenteller Teil	49
2.3.1 Protein-Bestimmung mit der Biuret-Reaktion	49
2.3.2 Protein-Bestimmung nach Lowry	51
2.3.3 Bestimmung von anorganischem Phosphat	53
2.3.4 Bestimmung von Nucleinsäuren mit der Orcin-Reaktion	54
2.3.5 Bestimmung von reduzierenden Zuckern nach der Methode von Park und Johnson	55
2.3.6 Bestimmung des pK_s-Werts von Bromphenolblau	57
2.3.7 Absorptions-Charakteristika biologisch wichtiger Substanzen	60

3. Radiochemie ... 61

3.1 Messung der β-Strahlung ... 64
3.2 Szintillations-Spektrometrie ... 65
    3.2.1 Vorbereitung des Szintillations-Zählers ... 78
    3.2.2 Zählausbeute ... 81
    3.2.3 Gleichzeitige Zählung verschiedener Isotope ... 89
    3.2.4 Vorbereitung der Probe ... 92
3.3 Bestimmung von radioaktivem Kohlendioxid ... 95
3.4 Proportional- und Geiger-Müller-Zähler ... 97
3.5 Zählstatistik ... 100
3.6 Markierungs-Methoden ... 105
3.7 Experimenteller Teil ... 112
    3.7.1 Herstellung von wäßrigen und organischen Szintillations-Cocktails ... 112
    3.7.2 Bestimmung des Gleichgewichtspunktes ... 113
    3.7.3 Aufnahme eines β-Spektrums ... 113
    3.7.4 Einfluß der Verstärkung auf das β-Spektrum ... 115
    3.7.5 Eine weitere Methode zur Bestimmung des Gleichgewichtspunktes ... 115
    3.7.6 Einfluß von Quench(Lösch-)Substanzen auf das β-Spektrum ... 115
    3.7.7 Quench-Korrektur durch Bildung des Kanalverhältnisses ... 116
    3.7.8 Zählung einer mehrfach markierten Probe mit Hilfe der Methode des Kanalverhältnisses mit externem Standard ... 117
    3.7.9 Eine weitere Methode zur Bestimmung mehrfach markierter Proben ... 119
    3.7.10 Bestimmung der Halbwertszeit von ^{32}P ... 121
    3.7.11 Bestimmung des Plateaus eines Gasentladungs-Zählers ... 121
    3.7.12 Bestimmung der Totzeit eines Gasentladungs-Zählers ... 122
    3.7.13 Aufnahme von ^3H-Leucin in E.coli-Proteine ... 124

4. Ionenaustausch-Chromatographie ... 126

4.1 Ionenaustauscher ... 128
4.2 Vorbereitung des Austauschers ... 133
4.3 Chromatographie ... 139
    4.3.1 Säule ... 139
    4.3.2 Gradient ... 140
    4.3.3 Elutions-Geschwindigkeit ... 144
    4.3.4 Das Fraktionsvolumen ... 144
4.4 Ionenaustausch bei Enzym-Testen ... 144
4.5 Experimenteller Teil ... 145
    4.5.1 Trennung organischer Säuren auf Dowex-Harzen ... 145

	4.5.2	Trennung von Aminosäuren und organischen Säuren auf Dowex-Harzen	151
	4.5.3	Trennung von Nucleotiden auf einer Dowex-Formiat-Säule	152
	4.5.4	Enzym-Test auf saure Phosphatase mit Mikrosäulen	153
	4.5.5	Vorbehandlung von Cellulose-Ionenaustauschern	154

5. Gelfiltration ... 157

- 5.1 Trennungsprinzip ... 157
- 5.2 Materialien für die Gelfiltration ... 160
- 5.3 Vorbereitung des Gels ... 164
- 5.4 Vorbereitung der Säule ... 165
- 5.5 Bestimmung des Ausschlußvolumens ... 172
- 5.6 Probenauftrag und Chromatographie ... 173
- 5.7 Experimenteller Teil ... 175
  - 5.7.1 Silanierung einer Säule ... 175
  - 5.7.2 Trennung von Dextranblau und Bromphenolblau auf Sephadex G-25 ... 175

6. Elektrophorese ... 179

- 6.1 Ionenwanderung im elektrischen Feld ... 179
- 6.2 Polyacrylamid-Gelelektrophorese ... 180
- 6.3 Durchführung der Elektrophorese ... 185
- 6.4 Disk-Gelelektrophorese ... 188
- 6.5 SDS-Gelelektrophorese ... 190
- 6.6 Weitere Anwendungen der Gelelektrophorese ... 192
  - 6.6.1 Flachbett-Elektrophorese ... 192
  - 6.6.2 Agarose-Polyacrylamid-Gele ... 194
  - 6.6.3 Zweidimensionale Gelelektrophorese ... 194
- 6.7 Isoelektrische Fokussierung ... 196
  - 6.7.1 Herstellung und Stabilisierung des pH-Gradienten ... 197
  - 6.7.2 Trennprinzip ... 198
  - 6.7.3 Analytische und präparative isoelektrische Fokussierung ... 199
- 6.8 Nachweis von Makromolekülen in Elektrophorese-Gelen ... 200
  - 6.8.1 Färbung mit Coomassie-Brilliantblau ... 200
  - 6.8.2 Fluoreszenz-Färbung ... 201
  - 6.8.3 Nachweis mittels enzymatischer Reaktionen ... 202
  - 6.8.4 Andere Färbemethoden ... 203
  - 6.8.5 Bestimmung radioaktiver Makromoleküle ... 204
- 6.9 Experimenteller Teil ... 207
  - 6.9.1 Zonen-Elektrophorese ... 207
  - 6.9.2 Zonen-Elektrophorese von Fluorescamin-markierten Proteinen ... 214

    6.9.3   Disk-Elektrophorese der Lactat-Dehydrogenase und Färbung
            mit Nitroblau-Tetrazolium-Salz 215
    6.9.4   Herstellung der Gele zur isoelektrischen Fokussierung 218
    6.9.5   Fokussierung 219
    6.9.6   Färbung und Entfärbung der Fokussier-Gele 220

7. Affinitäts-Chromatographie 222
7.1 Matrix 225
7.2 Wahl des Liganden 227
7.3 Bindung des Liganden an die Matrix 228
7.4 Spacer („Abstandhalter") 231
7.5 Durchführung der Chromatographie 236

8. Immunchemie 242
8.1 Struktur der Antikörper 242
8.2 Antikörper-Bildung 244
8.3 Praktische Aspekte der Antikörper-Produktion 250
    8.3.1   Antigen 250
    8.3.2   Adjuvantien 250
    8.3.3   Versuchstier, Dosis und Applikation 252
    8.3.4   Immunantwort 252
    8.3.5   Gewinnung und Herstellung des Antiserums 256
8.4 Reaktion von Antigenen und Antikörpern in Lösung 259
8.5 Antigen-Antikörper-Reaktionen in Gelen 262
    8.5.1   Immunelektrophorese 269
8.6 Spezifische Protein-Bestimmungen mit Antikörpern 269
    8.6.1   Sicherheitsvorschriften 270
    8.6.2   Wahl des radioaktiven Markers für das Antigen 271
8.7 Direkte Immunpräzipitation von Antigenen 272
    8.7.1   Nachweis der De-novo-Biosynthese von Proteinen 273
    8.7.2   Bestimmung der inaktiven Form eines Enzyms 275
    8.7.3 ^{35}S-Methionin-Synthese 277
8.8 Radioimmunoassay 279
    8.8.1   Markierung mit ^{125}I 281
    8.8.2   Standardisierung des Radioimmunoassays 284
8.9 Experimenteller Teil 288
    8.9.1   Herstellung eines Avidin-Antiserums 288
    8.9.2   Quantitative Präzipitation eines Antigens 289
    8.9.3   Doppeldiffusion von Avidin und Avidin-Antiserum in
            Ouchterlony-Platten 290

9. Zentrifugation ... 292

9.1 Relative Zentrifugalbeschleunigung ... 292
9.2 Klinische oder Tisch-Zentrifugen ... 294
9.3 Hochtourige Zentrifugen ... 294
9.4 Ultrazentrifugen ... 298
    9.4.1 Geschwindigkeits-Regulation ... 299
    9.4.2 Temperatur-Kontrolle ... 302
    9.4.3 Vakuum ... 303
    9.4.4 Rotoren ... 303
    9.4.5 Sedimentations-Koeffizient ... 306
9.5 Dichtegradient ... 308
    9.5.1 Dichtegradienten-Differential- oder Zonen-Zentrifugation ... 310
    9.5.2 Isopyknische Zentrifugation ... 310
    9.5.3 Fraktionierung des Gradienten ... 314
    9.5.4 Refraktometrische Bestimmung der Gradienten-Konzentration ... 317
    9.5.5 Sedimentations-Analyse mit präparativer Ultrazentrifugation ... 318
    9.5.6 Herstellung eines Dichtegradienten ... 320
    9.5.7 Zonen-Rotoren ... 326
9.6 Experimenteller Teil ... 331
    9.6.1 Isolierung von Mitochondrien, Proplastiden und Glyoxysomen auf einem linearen und einem gestuften Gradienten ... 331

10. Reinigung von Proteinen ... 334

10.1 Entwicklung eines Tests ... 334
10.2 Wahl des Ausgangsmaterials ... 336
10.3 Methoden zur Herstellung von Protein-Lösungen ... 337
    10.3.1 Osmolyse ... 337
    10.3.2 Zermahlen ... 338
    10.3.3 Zerkleinern ... 339
    10.3.4 Behandlung mit Ultraschall ... 340
    10.3.5 Zellaufschluß unter Druck ... 341
    10.3.6 Lösen der Proteine aus subzellulären Komponenten ... 341
10.4 Stabilisierung ... 343
    10.4.1 pH-Wert ... 343
    10.4.2 Oxidation ... 344
    10.4.3 Kontamination mit Schwermetallionen ... 345
    10.4.4 Polarität und Ionenstärke ... 345
    10.4.5 Protease- und Nuclease-Kontaminationen ... 346
    10.4.6 Temperatur ... 346
10.5 Isolierung und Konzentrierung ... 346
    10.5.1 Unterschiedliche Löslichkeitsverhalten ... 348

      10.5.2 Salz-Fraktionierung 348
      10.5.3 pH- oder Temperaturänderung 352
      10.5.4 Organische Lösungsmittel 352
      10.5.5 Fällen mit basischen Proteinen 354
      10.5.6 Polyethylenglycol-Präzipitation 355
      10.5.7 Dialyse und Konzentrierung 355
      10.5.8 Ionenaustausch-Chromatographie 363
      10.5.9 Konduktometrische Messung der Ionenstärke 365
      10.5.10 Elektrophorese und Gelfiltration 367
10.6 Kriterien der Reinheit 367
10.7 Experimenteller Teil 368
      10.7.1 Reinigung der sauren Phosphatase aus Weizenkeimen 368
      10.7.2 Etablierung der Testbedingungen für saure Phosphatase 375
      10.7.3 Bestimmung der Michaelis-Konstante der sauren Phosphatase
            für p-Nitrophenylphosphat 377
      10.7.4 Aufstellung einer Reinigungstabelle 379

11. Literatur 380

12. Bezugsquellen-Verzeichnis 390

12.1 Allgemeines 390
12.2 Alphabetisches Firmenverzeichnis 390
12.3 Hersteller und Liferanten spezieller Geräte und Materialien nach
     Sachgebieten 398

Anhang 405

Sachregister 408

Verzeichnis der Abkürzungen

A	Absorption	K_s	Dissoziations-Konstante einer Säure
a	Absorptions-Konstante		
a_i	Aktivität des Ions i	K_w	Ionenprodukt des Wassers
Ag	Antigen	M	elektrophoretische Beweglichkeit
Ak	Antikörper		
c	Curie	M	Molarität
c	Lichtgeschwindigkeit	MG	Molekulargewicht
c	Konzentration	M_o	freie Beweglichkeit in einer Zucker-Lösung
c_i	Konzentration des Ions i		
cpm	Impulse (counts) pro Minute	N	Anzahl radioaktiver Atome
CRM	kreuzreagierendes Material	N	Normalität
d	Dalton	n	Neutron
d	Elektrodenabstand	OD	optische Dichte
d	Wegstrecke des Lichtes	p	Proton
dpm	Zerfälle (desintegrations) pro Minute	pK_b	negativer dekadischer Logarithmus von K_b
F	Faraday-Konstante	pK_s	negativer dekadischer Logarithmus von K_s
F	Kraft		
f	Aktivitäts-Koeffizient	pH	negativer dekadischer Logarithmus der H^+-Konzentration
f	Reibungs-Koeffizient		
E	Energie		
E	Extinktion	$P_{\chi i}$	Poisson-Verteilung
E	Potential, Potentialdifferenz	q	Ladung
E^o	Normalpotential	R	allgemeine Gaskonstante
E_{ref}	Referenz-Potential	R	Retentions-Konstante
e^-	Elektron	r	Radius, Abstand
g	Erdbeschleunigung	REV	relatives Elutionsvolumen
I	Strahlungsintensität	RZB	relative Zentrifugalbeschleunigung
K_{av}	Verteilungs-Koeffizient		
K_b	Dissoziations-Konstante einer Base	s	Sedimentations-Koeffizient
		s	Standardabweichung
K_D	Gleichgewichts-Konstante einer Dissoziation	T	Gelkonzentration
		T	Temperatur
K_d	Verteilungs-Koeffizient	T	Totzeit
K_m	Michaelis-Konstante	T	Transmission
K_r	Retardierungs-Koeffizient	t	Zeit

Verzeichnis der Abkürzungen

v	Geschwindigkeit	μ	Ionenstärke
V_e	Elutionsvolumen	ν	Frequenz
V_o	Ausschlußvolumen	$\bar{\nu}$	Neutrino
V_t	Gesamtvolumen	$\bar{\nu}$	Wellenzahl
α	Absorptions-Koeffizient	ϱ	Dichte
β	β-Teilchen, Elektron	σ	Standardabweichung
γ	γ-Strahlung	Φ	Partikelvolumen
ε	Extinktions-Koeffizient	$\bar{\chi}$	Mittelwert
η	Viskosität	χ_i	Meßwert
ϑ	Einfallswinkel	ω	Winkelgeschwindigkeit
λ	Wellenlänge		

1. Potentiometrie

Die meisten in einem lebenden Organismus ablaufenden chemischen Reaktionen werden durch die Wasserstoffionen-Konzentration stark beeinflußt. Für einen vielzelligen Organismus ist diese Tatsache so wichtig, daß im Verlaufe der Evolution eine Reihe komplizierter Mechanismen entwickelt wurden, um die Wasserstoffionen-Konzentration des umgebenden Mediums innerhalb enger Grenzen konstant zu halten. Mit der gleichen Sorgfalt, die ein lebender Organismus zur Aufrechterhaltung akzeptabler Wasserstoffionen-Konzentrationen aufbringt, muß im Labor gearbeitet werden, wenn man einen sinnvollen Einblick in die Funktionen eines Organismus und seiner Komponenten erhalten will. Die nachfolgenden Erläuterungen erfordern die Kenntnis der Definition einer Säure und einer Base. Nach Brønsted und Lowry ist eine Säure eine Verbindung, die Protonen abgeben kann, während eine Base Protonen aufzunehmen vermag. Diese Definition kann auch als Dissoziation einer Säure in eine Base und ein Proton formuliert werden:

$$\text{Säure} \rightleftharpoons \text{Base} + \text{Proton (H}^+) \tag{1}$$

Danach ist HCl eine Säure und Cl$^-$ deren konjugierte Base.

Säure	konjugierte Base
HCl	Cl$^-$
CH$_3$COOH	CH$_3$COO$^-$
H$_2$CO$_3$	HCO$_3^-$
HCO$_3^-$	CO$_3^{2-}$
NH$_4^+$	NH$_3$

Säuren und Basen können unterteilt werden in „stark" oder „schwach", je nach dem Grad ihrer Dissoziation. Bei einer starken Säure läuft die Reaktion (Gl. 1) fast vollständig nach rechts ab, d.h. die Säure ist praktisch vollständig dissoziiert. So ist zum Beispiel die Wasserstoffionen-Konzentration einer 0,01 M Lösung der starken Säure HCl ebenfalls 0,01 M, da aus jedem Molekül HCl in Lösung ein H$^+$-Ion abdissoziiert. Dagegen läuft die Reaktion (Gl. 1) bei schwachen Säuren wie Essigsäure, Borsäure und Kohlensäure nur wenig nach rechts ab.

1.1 Berechnung des pH-Werts

Der dänische Chemiker S. P. L. Sorensen schlug eine vereinfachende Schreibweise für die Wasserstoffionen-Konzentration vor. Er definierte den negativen dekadischen Logarithmus der Wasserstoffionen-Konzentration als „pH-Wert":

$$\text{pH} = -\log[\text{H}^+] \tag{2}$$

Folglich gilt für eine 0,01 M Lösung von HCl

$$\begin{aligned}\text{pH} &= -\log[10^{-2}] \\ &= 2,0\end{aligned}$$

Die in der Biochemie am häufigsten auftretenden pH-Werte liegen zwischen pH 4 und 11. Abb. 1.1 zeigt den Zusammenhang von pH-Wert und Azidität bzw. Basizität.

Es ist nun verständlich, daß der pH-Wert einer 10^{-2} M starken Säure 2,0 beträgt. Wie ist aber der pH-Wert einer starken Base, die folgendermaßen dissoziiert.

$$\text{NaOH} \rightleftharpoons \text{Na}^+ + \text{OH}^- \tag{3}$$

Die Hydroxylionen-Konzentration kann man mit der Hydrogenionen-Konzentration, $[\text{H}^+]$, oder besser der Hydroniumionen-Konzentration, $[\text{H}_3\text{O}^+]$, über die Dissoziation des Wassers in Zusammenhang bringen:

$$\text{H}_2\text{O} \rightleftharpoons \text{H}^+ + \text{OH}^- \tag{4}$$

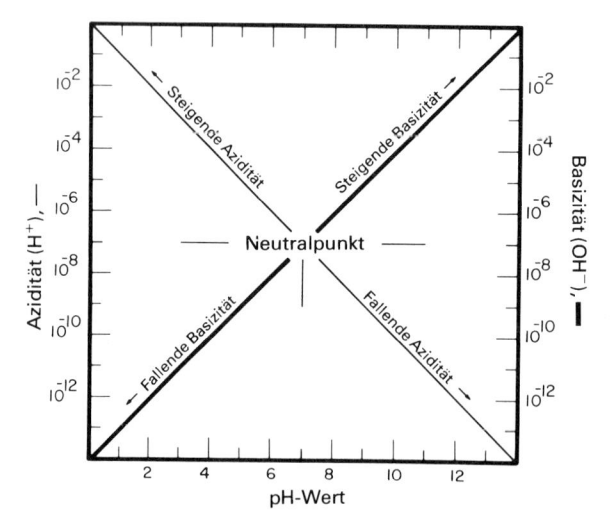

Abb. 1.1 Abhängigkeit der Azidität und Basizität einer Lösung von ihrer Wasserstoffionen- und Hydroxylionen-Konzentration.

Die Gleichgewichts-Konstante für diese Reaktion lautet:

$$K_D = \frac{[H^+] \cdot [OH^-]}{[H_2O]} \tag{5}$$

Daraus ergibt sich:

$$K_D \cdot [H_2O] = [H^+] \cdot [OH^-] \tag{6}$$

Die Konzentration des Wassers bleibt während der Dissoziation annähernd konstant, so daß sie mit der Gleichgewichts-Konstanten zu einer neuen Konstanten K_w, dem Ionenprodukt des Wassers, zusammengezogen werden kann:

$$K_w = [H^+] \cdot [OH^-] \tag{7}$$

In reinem Wasser bei 25 °C haben die Hydroxylionen und die Hydroniumionen die gleiche Konzentration von $1 \cdot 10^{-7}$ M. Damit ist

$$K_w = (1 \cdot 10^{-7})(1 \cdot 10^{-7}) = 1 \cdot 10^{-14}$$

Da in einer wäßrigen Lösung das Produkt der Hydroxylionen- und Hydroniumionen-Konzentration konstant bleibt, muß die Erhöhung der einen Konzentration in Gl. 7 mit einer Erniedrigung der anderen verbunden sein. Eine 0,01 M wäßrige Lösung von NaOH besitzt somit eine Hydrogenionen-Konzentration von

$$[H^+] = \frac{K_w}{[OH^-]} = \frac{10^{-14}}{10^{-2}} = 10^{-12} \tag{8}$$

und

$$pH = 12$$

Schwache Säuren sind ihrer Definition zufolge nur teilweise dissoziiert:

$$HA \rightleftharpoons H^+ + A^- \tag{9}$$

Die Konzentration jeder Ionenart im Gleichgewicht kann aus der Säure-Dissoziations-Konstante (= Gleichgewichts-Konstante der Dissoziation einer Säure in ihre konjugierte Base und ein Proton) nach folgender Gleichung berechnet werden:

$$K_s = \frac{[H^+] \cdot [A^-]}{[HA]} \tag{10}$$

Durch Umformung der Gl. 10 erhält man:

$$[H^+] = \frac{[HA] K_s}{[A^-]} \tag{11}$$

Bildet man den negativen dekadischen Logarithmus der beiden Seiten von Gl. 11, so wird

$$\log[H^+] = (-\log K_s) + \left(-\log \frac{[HA]}{[A^-]}\right) \tag{12}$$

oder

$$pH = pK_s + \log \frac{[A^-]}{[HA]} \tag{13}$$

In allgemeiner Form:

$$pH = pK_s + \log \frac{\text{(konjugierte Base)}}{\text{(undissoziierte Säure)}} \tag{14}$$

Gl. 14 ist bekannt als Henderson-Hasselbach-Gleichung. Wenn

$$[A^-] = [HA]$$

gilt.

$$pH = pK_s \tag{15}$$

In vielen Handbüchern findet man die Dissoziation-Konstanten als pK_s-Werte tabelliert.

Bis hierher wurde angenommen, daß die molare Konzentration eines bestimmten Ions seiner effektiven oder aktiven Konzentration entspricht. Dies ist jedoch nur für sehr niedrige Ionen-Konzentrationen richtig. Nimmt die Zahl der Ionen in einem gegebenen Volumen zu, wird auch die Möglichkeit der interionischen Wechselwirkung größer. Diese Wechselwirkungen behindern die Ionen in ihrer Beweglichkeit und verringern so die effektive Konzentration, auch Aktivität genannt. Die Aktivität kann mit der molaren Konzentration über einen Proportionalitätsfaktor, den Aktivitäts-Koeffizienten, in Beziehung gesetzt werden.

$$a_i = f \cdot c_i, \tag{16}$$

wobei a_i die Aktivität des Ions i und c_i seine molare Konzentration bedeuten. Bei niedrigen Ionen-Konzentrationen nähert sich der Aktivitäts-Koeffizient dem Wert 1, bei höheren Konzentrationen ist er kleiner als 1. Die Unterscheidung von Aktivität und molarer Konzentration ist deswegen wichtig, weil alle potentiometrischen Messungen der Wasserstoffionen-Konzentration dessen Aktivität und nicht dessen Konzentration bestimmen.

Manchmal ist es notwendig, den pH-Wert einer Lösung zu berechnen, die man durch Verdünnen einer bekannten Menge einer schwachen Säure oder Base mit Wasser erhält.

Dafür wird die Dissoziation der Säure betrachtet:

$$HA \rightleftharpoons H^+ + A^-$$

Die Gleichung für das Dissoziations-Gleichgewicht lautet:

$$K_s = \frac{[H^+][A^-]}{[HA]}$$

In einer Lösung, die nur die schwache Säure enthält, kann angenommen werden, daß $[H^+] = [A^-]$ und deshalb

$$K_s = \frac{[H^+]^2}{[HA]} \tag{17}$$

oder ungeformt

$$[H^+]^2 = K_s [HA] \tag{18}$$

oder

$$[H^+] = \sqrt{K_s [HA]} \tag{19}$$

In logarithmischer Form:

$$pH = \frac{1}{2}(pK_s - \log[HA])$$

oder

$$pH = \frac{pK_s - \log[HA]}{2} \tag{20}$$

Der pH-Wert einer schwachen Base in Wasser kann in der gleichen Weise berechnet werden, wenn man K_b anstelle von K_s nimmt und die Hydroxylionen-Konzentration über Gl. 8 in die Hydrogenionen-Konzentration umrechnet.

Den pH-Wert von Salzen schwacher Säuren oder Basen in wäßrigen Lösungen kann man ebenfalls mit den oben angegebenen Gleichungen bestimmen, jedoch muß die Hydrolyse der Salze beachtet werden. Zum Beispiel ist NH_4Cl das Salz der starken Säure HCl und der schwachen Base NH_4OH und dissoziiert in Wasser folgendermaßen:

$$NH_4Cl \rightleftharpoons NH_4^+ + Cl^- \tag{21}$$

Da NH_4OH eine schwache Base ist, reagiert das freie NH_4^+ mit Wasser

$$NH_4^+ + H_2O \rightleftharpoons NH_4OH + H^+ \tag{22}$$

HCl ist eine starke Säure und bleibt vollständig dissoziiert. Damit ist

$$K_{Hydrolyse} = \frac{[NH_4OH][H^+]}{[NH_4^+][H_2O]} \tag{23}$$

Da die Konzentration des Wassers (ca. 55 M) wesentlich größer ist als die der anderen Komponenten, kann sie als konstant betrachtet werden:

$$K_H = \frac{[NH_4OH] \cdot [H^+]}{[NH_4^+]} \tag{24}$$

NH_4OH dissoziiert

$$NH_4OH \rightleftharpoons NH_4^+ + OH^- \tag{25}$$

so daß gilt

$$K_b = \frac{[NH_4^+] \cdot [OH^-]}{[NH_4OH]} \qquad (26)$$

Wenn man annimmt, daß NH$_4$Cl vollständig dissoziiert, ist [NH$_4$Cl] = [NH$_4^+$]. Weiter ist [NH$_4$OH] = [H$^+$]. Mit diesen beiden Gleichungen läßt sich Gl. 26 schreiben als

$$K_b = \frac{[NH_4Cl] \cdot [OH^-]}{[H^+]} \qquad (27)$$

Die Hydroxylionen-Konzentration läßt sich aus Gl. 7 berechnen

$$[OH^-] = \frac{K_w}{[H^+]}$$

Daraus ergibt sich

$$K_b = \frac{[NH_4Cl] \cdot K_w}{[H^+]^2} \qquad (28)$$

oder

$$[H^+]^2 = \frac{[NH_4Cl] \cdot K_w}{K_b} \qquad (29)$$

Hieraus kann leicht gezeigt werden, daß

$$pH = \frac{pK_w - pK_b - \log[NH_4Cl]}{2} \qquad (30)$$

Diese Überlegungen, angewendet auf die Lösung eines Salzes einer schwachen Säure und einer starken Base, führen zu der entsprechenden Gleichung

$$pH = \frac{pK_w - pK_b - \log[Salz]}{2} \qquad (31)$$

Für das Salz einer schwachen Säure und einer schwachen Base gilt

$$pH = \frac{pK_w + pK_s - pK_b}{2} \qquad (32)$$

Der pK$_b$-Wert einer Base kann aus dem pK$_s$-Wert der konjugierten Säure berechnet werden – und umgekehrt – nach folgender Beziehung:

$$pK_w = pK_s + pK_b \qquad (33)$$

1.2 Bestimmung des pH-Werts mit organischen Farbindikatoren

In der vorangegangenen Diskussion wurde die Berechnung des pH-Wertes für verschiedene einfache Lösungen erläutert. In der Praxis sind solche Berechnungen jedoch oft nicht möglich, wenn die fraglichen Lösungen in ihrer Zusammensetzung und Konzentration nicht bekannt sind. Hier ist es einfacher, den pH-Wert durch Messung zu ermitteln. Die Messung kann ohne große Genauigkeit mit Farbindikatoren oder mit hoher Genauigkeit potentiometrisch erfolgen. Früher wurden pH-Bestimmungen mit organischen, farbigen Indikator-Molekülen gemacht, wie sie in Tab. 1.1 aufgeführt sind. Diese Farbstoffe ändern ihre Farbe, wenn sich der pH-Wert ihrer Umgebung ändert. Sie selbst sind schwache Säuren und dissoziieren deshalb nach

$$H\text{–Ind} \rightleftharpoons H^+ + \text{Ind}^- \tag{34}$$

Das Gleichgewicht wird beschrieben durch

$$K_s = \frac{[H^+] \cdot [\text{Ind}^-]}{[H\text{–Ind}]} \tag{35}$$

oder

$$\frac{K_s}{[H^+]} = \frac{[\text{Ind}^-]}{[H\text{–Ind}]} \tag{36}$$

Bei pH-Werten, die beträchtlich unter dem pK_s-Wert liegen, ist der Indikator größtenteils protoniert, während er bei pH-Werten über dem pK_s-Wert dissoziiert

Tab. 1.1 Häufig verwendete Säure-Base-Indikatoren.

Indikator	pH-Bereich	Farbe im Sauren	Farbe im Alkalischen
Methylviolett	0,5– 1,5	gelb	blau
Thymolblau	1,2– 2,8	rot	gelb
Methylgelb	2,9– 4,0	rot	gelb
Methylorange	3,1– 4,4	rot	gelb
Bromphenolblau	3,0– 4,6	gelb	blau-violett
Bromkresolgrün	3,8– 5,4	gelb	blau
Methylrot	4,2– 6,3	rot	gelb
Chlorphenolrot	4,8– 6,4	gelb	rot
Bromthymolblau	6,0– 7,6	gelb	blau
Paranitrophenol	6,2– 7,5	farblos	gelb
Phenolrot	6,4– 8,0	gelb	rot
Kresolrot	7,2– 8,8	gelb	rot
Thymolblau	8,0– 9,6	gelb	blau
Phenolphthalein	8,0– 9,8	farblos	rot
Thymolphthalein	9,3–10,5	farblos	blau
Alizaringelb R	10,1–12,0	gelb	violett

8   1. Potentiometrie

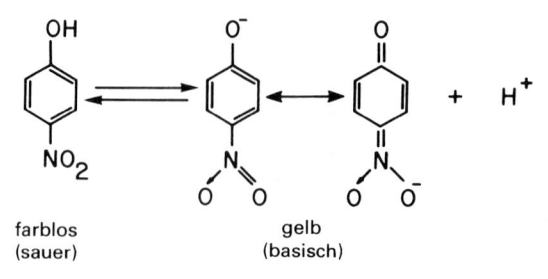

Abb. 1.2 Strukturänderung von p-Nitrophenol bei der Dissoziation.

vorliegt. Der Vorgang Protonierung/Protonenabgabe ist meist verbunden mit einem Übergang der benzoiden Form des Indikators in seine chinoide Form. Dieser Übergang bringt gleichzeitig den Farbumschlag mit sich. Die Änderung wird in Abb. 1.2 anhand eines einfachen Indikators, dem p-Nitrophenol, dargestellt. Im Sauren liegt das Molekül in der benzoiden Form vor und ist farblos. Durch die Dissoziation der phenolischen Hydroxylgruppe geht das Molekül in die chinoide Form über, die eine intensiv gelbe Farbe besitzt.

Meist ist eine Änderung des pH-Werts um 1 bis 2 Einheiten notwendig, um eine Farbänderung zu bewirken. In einem Zwei-Farb-System ist nur eine Farbe sichtbar, wenn deren farbgebende Komponente in einem zehnfachen Überschuß vorliegt. Daraus folgt

$$K_s = \frac{[Ind^-][H^+]}{[H-Ind]} = \frac{10[H^+]}{1}$$

und

$$K_s/10 = [H^+]$$

oder $pK_s + 1 = pH$, wenn die basische Farbe sichtbar ist. Wenn im anderen Fall die saure Farbe vorliegen soll

$$K_s = \frac{1[H^+]}{10}$$

oder

$$[H^+] = 10 \cdot K_s$$

oder

$$pH = pK_s - 1$$

Die pH-Differenz zwischen dem Auftreten der basischen und der sauren Farbe beträgt

$$\Delta pH = (pK_s + 1) - (pK_s - 1)$$

oder

$\Delta\text{pH} = 2$

Zusammenfassend kann man sagen, daß pH-Messungen mit einzelnen Indikatoren nur sinnvoll sind, wenn an die Genauigkeit der Messung keine hohen Ansprüche gestellt werden. Jedoch kann man mit einem komplexen Indikator-System, einer Mischung aus verschiedenen Indikatoren, eine größere Genauigkeit erreichen.

Heute werden Farbindikatoren für pH-Indikatorpapiere und als Indikatoren in Medien verwendet, die für die Zucht von Mikroorganismen benutzt werden. Bei der Produktion von pH-Papier werden dünne Streifen des Papiers mit dem entsprechenden komplexen Indikator-System imprägniert. Wenn ein Tropfen der zu testenden Lösung auf das Papier aufgetragen wird, nimmt es eine Farbe an, die vom pH-Wert der Lösung abhängt. Der pH-Wert kann dann durch Vergleich mit einer Farbskala bestimmt werden. Obwohl ungenau, ist diese Methode schnell und wird oft angewendet, wenn eine ungefähre Messung ausreicht. Weiterhin werden die Farbindikatoren in mikrobiologischen Indikator-Medien eingesetzt. Mit diesen Medien kann bestimmt werden, ob ein Mikroorganismus ein oder mehrere bestimmte Enzyme besitzt. Zum Beispiel läßt sich mit dem MacKonkey-Lactose-Indikator-Medium herausfinden, ob ein Mikroorganismus in der Lage ist, Lactose zu vergären oder nicht. Das Medium ist so zusammengesetzt, daß zwar alle Mikroorganismen wachsen können, daß aber die Organismen, die Lactose vergären, Protonen abgeben. Die Protonen wiederum ändern die Farbe des Indikators Phenolrot von schwach Rosa nach intensivem Rot. Bei der Auswertung können Lactose-vergärende Mikroorganismen an ihren weinroten Zellverbänden erkannt werden, während nicht Lactose-vergärende Zellverbände schwach rosa gefärbt sind.

1.3 Potentiometrische Bestimmung des pH-Werts

Die genaueste Messung des pH-Werts erhält man potentiometrisch mit einem pH-Meter (Abb. 1.3). Dieses Instrument besteht aus 1. einer Referenz-Elektrode, 2. einer Glas-Elektrode, deren Potential vom pH-Wert der umgebenden Lösung abhängt, und 3. einer Elektronik, die sehr kleine Potentialunterschiede in einem Stromkreis mit sehr hohem Widerstand zu messen vermag. Die Verwendung guter Elektroden und moderner Elektronik erlaubt eine Auflösung bis zu 0,005 pH-Einheiten.

1.3.1 Referenz-Elektrode

Die Funktion einer Referenz-Elektrode besteht in der Ausbildung eines konstanten Potentials, gegen das Abweichungen gemessen werden können. Die gebräuchlichsten Referenz-Elektroden sind die Kalomel- und die Silber-Silberchlorid-Elek-

10   1. Potentiometrie

trode. Da letztere in den meisten Instrumenten verwendet wird, soll sie hier kurz beschrieben werden. Wie in Abb. 1.4c gezeigt wird, besteht die Elektrode aus einem Silberdraht, der in Silberchlorid eingebettet ist und in eine gesättigte Lösung von Kaliumchlorid taucht. Das Potential dieses Systems kann aus folgender Reaktion abgeleitet werden:

$$AgCl_{fest} + e^- \rightleftharpoons Ag^0 + Cl^- \tag{37}$$

und läßt sich aus der Nernstschen Gleichung berechnen

$$\begin{aligned} E_{Ref} &= E^0 - \frac{RT}{F} \ln a_{Cl^-} \\ &= 0{,}2222 - 0{,}0592 \log a_{Cl^-} \quad \text{bei } 25\,°C \end{aligned} \tag{38}$$

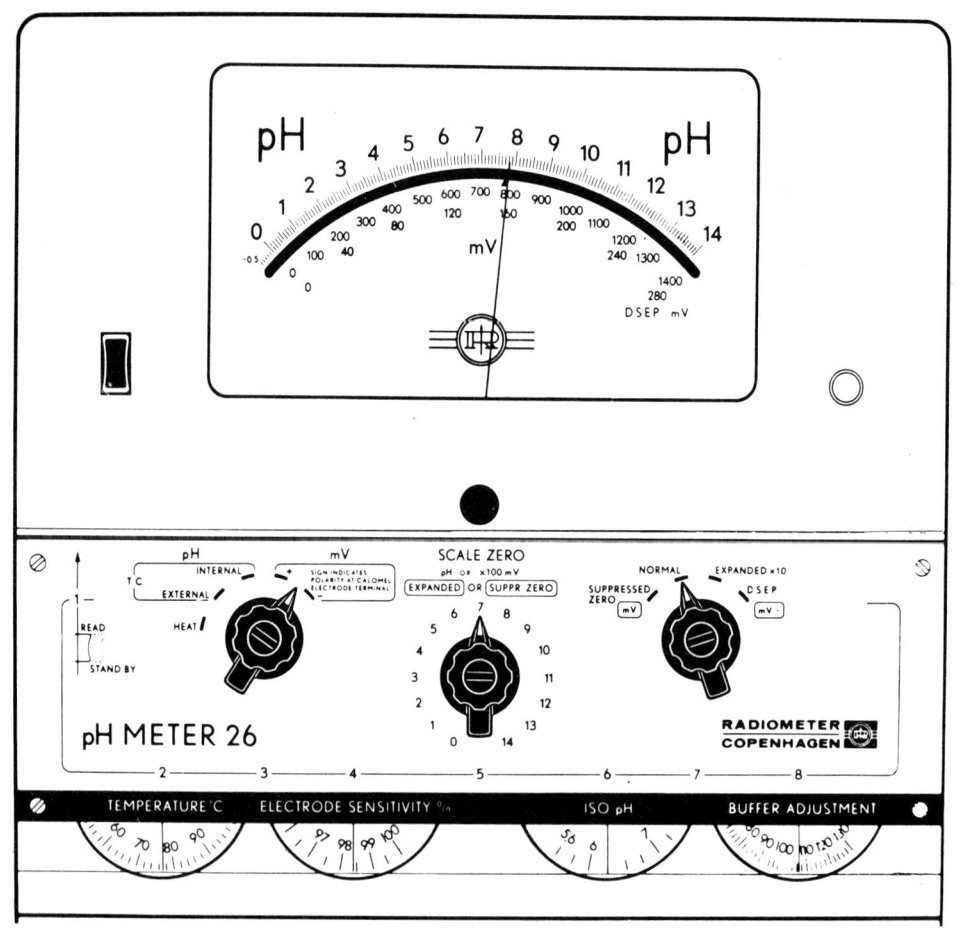

Abb. 1.3 Abbildung eines pH-Meters (Radiometer PHM26, mit Genehm. der Radiometer A/S, Kopenhagen).

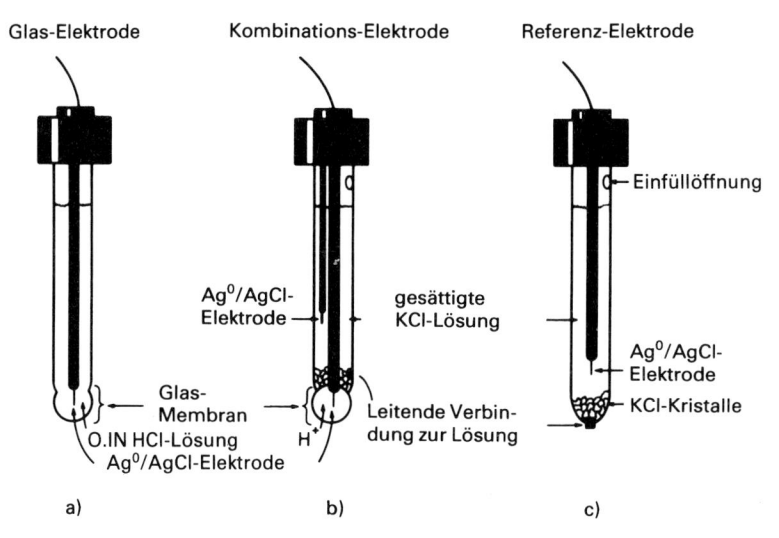

Abb. 1.4 Schematische Darstellungen einer Glas-, Kombinations- und Referenz-Elektrode.

Aus Gl. 38 erkennt man, daß das Potential der Referenz-Elektrode eine Funktion der Chloridionen-Konzentration ist. Um unter den wechselnden Bedingungen der Luftfeuchtigkeit dennoch eine konstante Chloridionen-Konzentration zu erhalten, wird eine gesättigte Lösung von Kaliumchlorid verwendet. Verdampft ein Teil der Lösung bei niedriger relativer Luftfeuchtigkeit, so fällt überschüssiges Kaliumchlorid aus. Ist umgekehrt die relative Luftfeuchtigkeit hoch, vergrößert sich das Volumen der Lösung, und ungelöstes Kaliumchlorid geht in Lösung. Es muß natürlich angenommen werden, daß sich die Temperatur nicht ändert. Die leitende Verbindung zwischen der Referenz-Elektrode und der zu testenden Lösung wird durch eine Kaliumchlorid-Salzbrücke hergestellt. Die Lösungen werden durch eine faserartige oder keramische Membran voneinander getrennt, die auf dem Boden der Referenz-Elektrode oder an der Seite der Kombinations-Elektrode angebracht ist (siehe Abb. 1.4b, c). In einer Kombinations-Elektrode sind Referenz- und Glas-Elektrode gemeinsam untergebracht.

1.3.2 Glas-Elektrode

Die Funktion der Glas-Elektrode besteht in der Ausbildung eines Potentials, das abhängig von der Wasserstoffionen-Konzentration der umgebenden Lösung ist. Der Aufbau einer solchen Elektrode wird in Abb. 1.4a gezeigt. Sie besteht aus einem unempfindlichen Glasröhrchen, an dessen unterem Ende sich ein dünnwandiges Glasmembrankügelchen befindet. Nur dieser Teil der Elektrode ist gegenüber pH-Änderungen empfindlich, ansonsten wäre die Eintauchtiefe der Elektrode ebenfalls potentialbestimmend. Der Innenraum der Elektrode ist gefüllt mit einer verdünnten, wäßrigen HCl-Lösung. In die Lösung taucht eine Silber-Silberchlorid-Elektrode. Die Untersuchung der molekularen Struktur der pH-sensitiven Glasmembran mit Hilfe der Röntgenstruktur-Analyse zeigte, daß sie aus einem Gitter aus Silikat und Aluminiumionen besteht, wie in Abb. 1.5 dargestellt. Die Löcher im Gitter können durch Kationen verschiedener Größe besetzt werden, jedoch wegen der starken Abstoßung des negativ geladenen SiO_2-Gerüsts nicht von Anionen. Obwohl Kationen in das Glasgerüst gelangen, können sie es nicht durchwandern. D. h. entsprechende Ionen werden nur von der inneren oder äußeren Membranoberfläche gebunden. Bei sorgfältiger Herstellung erhält man Membranen, die nur für Wasserstoffionen durchlässig sind. Die genauen Vorgänge in pH-sensitiven Membranen kennt man aber noch nicht vollständig. Abb. 1.6 stellt eine mögliche Interpretation der Abläufe beim Eintauchen der Elektrode in eine wäßrige Lösung dar. Durch die höhere Wasserstoffionen-Konzentration auf der Innenseite der Membran werden dort Wasserstoffionen gebunden, was auf der anderen Seite der Membran zur Freisetzung einer entsprechenden Anzahl von H^+-Ionen führt, damit die Elektroneutralität der Membran erhalten bleibt (Abb. 1.6b). Wird die Elektrode in eine basische Lösung mit niedriger Wasserstoffionen-Aktivität getaucht, bleiben die durch Freisetzung der Protonen entstandenen „Löcher" an der äußeren Oberfläche frei (Abb. 1.6c). Die meisten, freigesetzten Protonen reagieren mit den Hydroxylionen unter Bildung von Wasser und hinterlassen einen Überschuß an Kationen. Solange die Löcher der Außenseite freibleiben, sind die inneren Protonen gebunden. Da die Membran für Anionen undurchlässig ist, entsteht innerhalb der Elektrode ein Überschuß an Chloridionen, während außerhalb ein Überschuß an Kationen vorliegt. Diese Ladungstrennung be-

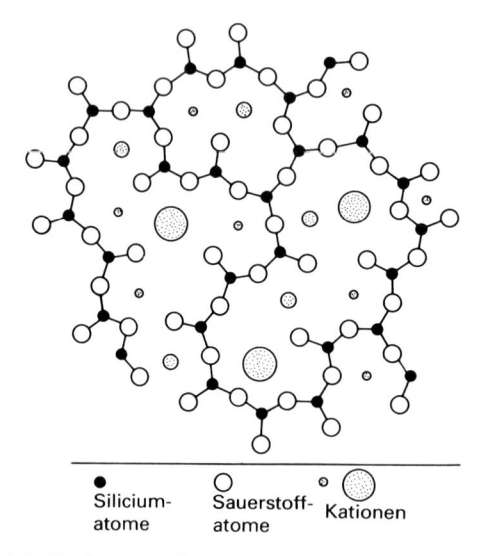

Abb. 1.5 Struktur der Glasmembran, durch Röntgen-Strukturanalyse ermittelt [mit Genehm. von G. A. Perley und der Leeds & Northrup Co., Anal. Chem. *21;* 395 (1949)].

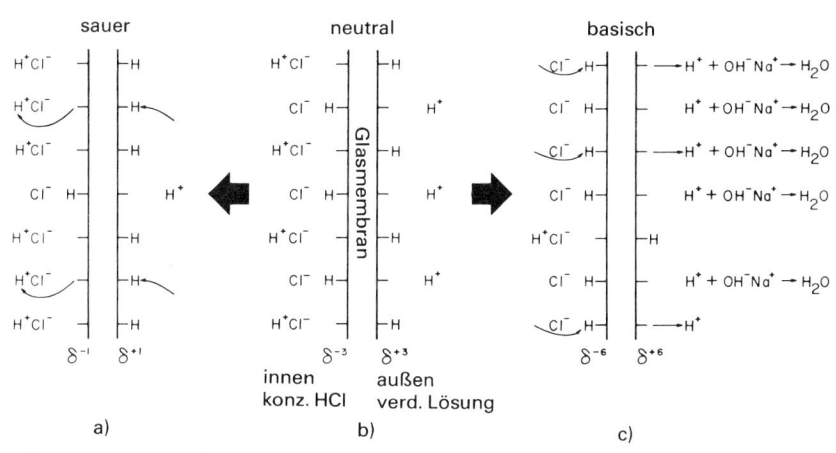

1.3 Potentiometrische Bestimmung des pH-Werts   13

Abb. 1.6 Interpretation der Vorgänge beim Eintauchen der Glas-Elektrode in eine wäßrige Lösung.

wirkt die Ausbildung einer Potentialdifferenz. Taucht die Elektrode andererseits in eine saure Lösung, ist die H⁺-Aktivität außerhalb der Membran hoch, was zur Besetzung der entstandenen Löcher führt (Abb. 1.6a). Zur Erhaltung der Elektroneutralität werden nun Protonen auf der Innenseite abgegeben. Dabei wird gleichzeitig der Überschuß an Chloridionen innerhalb der Elektrode und an Wasserstoffionen außerhalb der Elektrode abgebaut. Unter mehreren vereinfachenden Näherungen ist das Potential einer Glas-Elektrode gegeben durch

$$E = E^0 + \frac{2{,}303\,RT}{F}(pH_{außen}), \tag{39}$$

wobei E^0 die Summe einer Reihe von nicht pH-abhängigen Potentialen ist. Sie enthalten 1. das Asymmetrie-Potential, das auftritt, wenn die Lösungen innerhalb und außerhalb der Membran die gleiche Wasserstoffionen-Aktivität besitzen; 2. das Potential der Silber-Silberchlorid-Elektrode innerhalb der Glas-Elektrode und 3. das Potential, das zwischen der zu testenden Lösung und der KCl-Salzbrücke der Referenz-Elektrode entsteht. Da E^0, R und F in Gl. 39 Konstanten sind, ist das Potential der Elektrode eine Funktion des pH-Wertes und der Temperatur. Es ist deswegen wichtig, daß der Eichpuffer zur Einstellung des pH-Meters und die Testlösung bei gleicher Temperatur gemessen werden. Man erinnere sich, daß auch in Gl. 38 ein temperaturabhängiger Ausdruck vorlag, der als konstant angenommen wurde.

Durch Zusammenschluß der pH-sensitiven Elektrode und der Referenz-Elektrode in einer Lösung entsteht eine Galvanische Zelle mit folgendem Aufbau:

interne Referenz-Elektrode: Silber-Silberchlorid	Innerer Elektrolyt (verd. HCl)	Test-lösung	Gesättigte KCl	Referenz-Elektrode: Ag/AgCl oder Kalomel
pH-Elektrode				Referenz-Elektrode

(Die einzelnen vertikalen Unterteilungen bedeuten Phasengrenzen)

Tab. 1.2 pH-Werte einiger Standardpuffer bei verschiedenen Temperaturen.

Temperatur (°C)	Kaliumhydrogen-tartrat (ges. bei 25°C)	Kaliumhydrogen-phthalat (0,05 M)	KH_2PO_4 Na_2HPO_4 (beide 0,025 M)	KH_2PO_4 (0,0087 M) Na_2HPO_4 (0,0302 M)	$Na_2B_4O_7$ (0,01 M)
0	–	4,01	6,98	7,53	9,46
10	–	4,00	6,92	7,47	9,33
15	–	4,00	6,90	7,45	9,27
20	–	4,00	6,88	7,43	9,23
25	3,56	4,01	6,86	7,41	9,18
30	3,55	4,02	6,85	7,40	9,14
38	3,55	4,03	6,84	7,38	9,08
40	3,55	4,04	6,84	7,38	9,07
50	3,55	4,06	6,83	7,37	9,01

Das Potential dieser Zelle ist die algebraische Summe der Potentiale der Indikator-(Glas-)Elektrode und der Referenz-Elektrode:

$$E_{Zelle} = E_{Ref} + E_{Glas} \qquad (40)$$

E_{Zelle} hängt bei konstanter Temperatur nur vom pH-Wert der Testlösung ab. Das Potential einer modernen Glas-Elektrode ist eine lineare Funktion des pH-Wertes (Gl. 39). Durch Vergleich mit einem Eichpuffer mit bekanntem pH-Wert kann das Zellpotential direkt mit der Wasserstoffionen-Konzentration der Testlösungen in Verbindung gebracht werden. Die Eichung muß vor jeder Messung wegen der durch Alterung der Elektrode hervorgerufenen Änderungen der verschiedenen Potentiale vorgenommen werden. Aus diesem Grunde hängt die Genauigkeit einer pH-Bestimmung von der Güte des Eichpuffers ab. Tab. 1.2 gibt die Temperaturabhängigkeit einiger Standardpuffer an. Verschiedene Standard- oder Eichpuffer sind im Handel erhältlich.

1.3.3 Elektrischer Aufbau des pH-Meters

Die Messung des Zellpotentials einer pH-Elektrode ist wegen des hohen Widerstandes und des kleinen Potentials sehr schwierig. Das Signal muß mehrfach verstärkt werden, bevor es stark genug ist, von einem üblichen Millivoltmeter registriert zu werden. Eine Reihe komplizierter elektronischer Schaltungen mußten entwickelt werden, um diese Aufgabe zu erfüllen. Es würde den Rahmen dieses Buches sprengen, wollte man hierauf näher eingehen. Unabhängig von der verwendeten Schaltung ist das Prinzip der Elektronik die vielfache Verstärkung des Zellpotentials (Abb. 1.7). Die meisten der benutzten Verstärker arbeiten linear, d.h. sie verstärken ein Signal unabhängig von seiner Art um einen ganz bestimmten Faktor. Mit einem Verstärkungsfaktor von z.B. 1000 werden Eingangssignale von 2 oder 7 µV auf 2 oder 7 mV gebracht. Das verstärkte Signal wird zum Millivoltmeter geleitet, das einen zum ursprünglichen Eingangssignal proportionalen Wert anzeigt.

Gl. 40 gibt das unverstärkte, pH-abhängige Zellpotential an:

$$E_{Zelle} = E_{Ref} + E_{Glas} \tag{40}$$

Einsetzen von Gl. 39 ergibt

$$E_{Zelle} = E_{Ref} + E^0 + \frac{2{,}303\,RT}{F}\,pH \tag{41}$$

Durch Zusammenfassung verschiedener Größen erhält man

$$E_{Zelle} = E_{tot} + m \cdot pH \tag{42}$$

wobei $E_{tot} = E_{Ref} + E^0$ und m die Konstanten 2,303 RT/F bedeuten. Die Glas-Elektrode kann gegenüber der Referenz-Elektrode positiv oder negativ geladen sein. E_{Zelle} kann somit entweder positive oder negative Werte annehmen, wie in Abb. 1.8 dargestellt wird. Die Abbildung zeigt das Zellpotential in Abhängigkeit vom pH-Wert. Bei negativen Ausgangswerten bzw. hohen pH-Werten ist das absolute Potential der Glas-Elektrode größer als das Potential der Referenz-Elektrode. Die beiden Elektroden-Potentiale haben den gleichen Wert bei einem pH-Wert von ungefähr 6,5. Unterhalb dieses pH-Wertes ist das Potential der Glas-Elektrode kleiner als das der Referenz-Elektrode, was zu einem positiven Ausgangssignal führt. Zum Gebrauch eines pH-Meters muß die Anzeige des Millivoltmeters in eine direkte Abhängigkeit zum pH-Wert gebracht werden. Zwei Faktoren müssen bei der Signalverstärkung und der Anzeige auf dem pH-Meter beachtet werden: 1. Das Zellpotential bei einem bestimmten pH-Wert unterscheidet sich vom Potential, das notwendig ist, um diesen pH-Wert auf dem Millivoltmeter

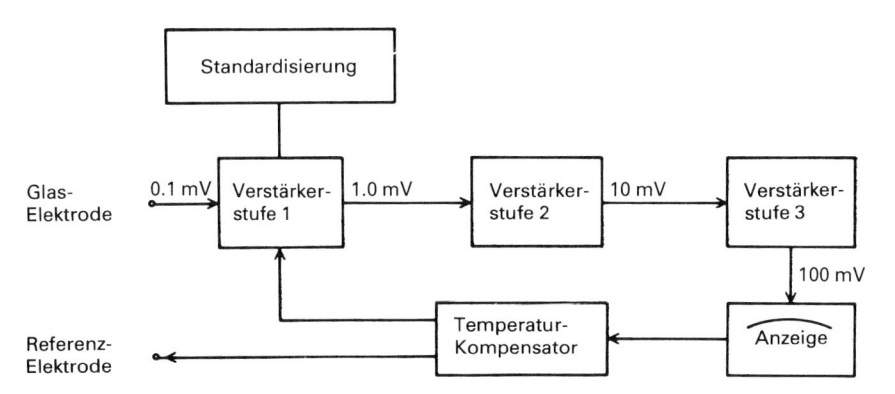

Abb. 1.7 Blockdiagramm der elektronischen Komponenten eines pH-Meters mit negativer Rückkopplung. Ausführliche Erläuterungen zu dieser Art pH-Meter in [6], S. 596–598.

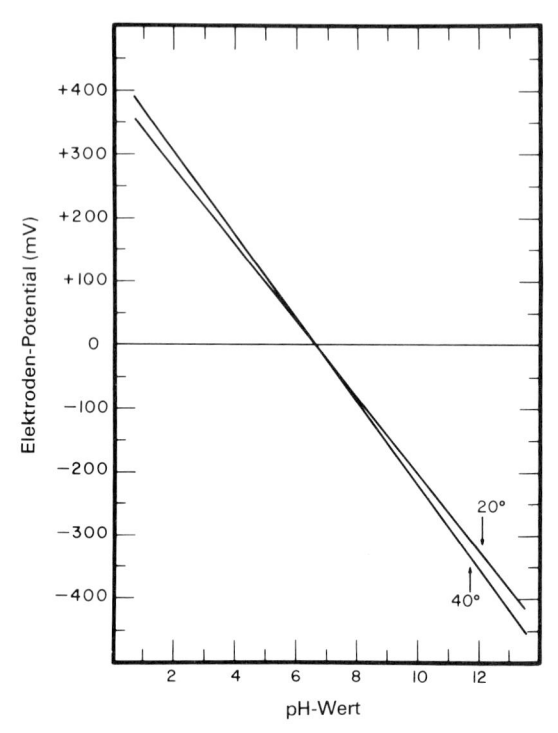

Abb. 1.8 Einfluß des pH-Werts auf das Ausgangspotential einer Glas-Elektrode bei 20°C und 40°C (mit Genehm. der Radiometer A/S, Kopenhagen).

anzuzeigen; 2. die Änderung des Zellpotentials beim Wechsel des pH-Wertes von z.B. 5,0 auf 9,0 („Steigung" oder „Kennlinie" der Zellpotential/pH-Wert-Abhängigkeit) unterscheidet sich von der Änderung des Potentials, die die Anzeige von pH 5 auf pH 9 bringt. Deswegen ist es notwendig, das pH-Meter mit dem Elektroden-Potential abzugleichen. Der erste Abgleich erfolgt, indem man die Elektroden in den Eichpuffer taucht und die Einstellung „Kalibrierung", „Eichung" oder „pH-Justierung" benutzt, um den bekannten pH-Wert des Eichpuffers mit der Anzeige in Übereinstimmung zu bringen. Diese Kontrolle korrigiert die Verstärkung des Potentials E_{tot} (Gl. 42). Aus der obigen Diskussion erkennt man, daß dieses Potential aus temperaturabhängigen und -unabhängigen Größen besteht. Es ist deswegen wichtig, daß die Temperatur des Abgleichs und der Messung identisch sind. Die zweite Korrektur erhält man, indem man die Elektroden in einen anderen Eichpuffer taucht, der sich in seinem pH-Wert vom ersten um mindestens 2–3 Einheiten unterscheidet, und mit der „Temperatur-Kompensation" oder der „Kennlinien-Justierung" den pH-Wert des zweiten Puffers auf der Anzeige einstellt. Diese Kontrolle korrigiert die Verstärkung des m-Ausdrucks aus Gl. 42. Sie muß jedesmal wiederholt werden, wenn bei einer anderen Temperatur gemessen wird, da m ein temperaturabhängiger Ausdruck ist (siehe Abb. 1.8). Teurere Instrumente besitzen eine eingebaute Temperatur-Kompensation, die diese Korrektur automatisch bei der ersten Kalibrierung erledigt. Wenn eine zweite Temperatur-Kompensation notwendig wird, sollte die Kalibrierung des Instruments ebenfalls nachgeprüft werden, da E_{tot} mindestens zwei temperaturabhängige Größen enthält. Obwohl ein pH-Meter ein recht zuverlässiges Instrument ist, tauchen doch verschiedentlich Schwierigkeiten auf. Z.B. wenn der pH-Wert einer sehr alkalischen Lösung (pH > 10) gemessen wird, zeigt das Instrument einen Wert unterhalb des wirklichen pH-Wertes an. Dieser Fehler, der sogenannte Alkalifehler, resultiert aus der Wechselwirkung zwischen den Natriumionen und der Glasmembran der Indikator-Elektrode. Die Verwendung eines Spezialglases bei der Herstellung der Elektroden verringert diesen Fehler, kann ihn jedoch nicht ganz ausschließen. Am sauren Ende des Spektrums (pH < 1) tritt ein Fehler auf, der eine höhere pH-Anzeige liefert, als dem wirklichen Wert entspricht. Ein weiterer häufiger Fehler tritt durch die Kontamination der Elektroden-Oberfläche mit Proteinen auf. Eine derart verunreinigte Elektrode gibt falsche und unstabile Werte an. Die Reinigung der Elektrode erfolgt durch Einweichen in verdünnter HCl, wie im experimentellen Teil beschrieben wird.

1.4 Puffer

Der einfachste Weg, einen bestimmten pH-Wert einer Lösung konstant zu halten, ist die Verwendung einer entsprechenden gepufferten Lösung. Die Kapazität eines Puffers, einen bestimmten pH-Wert aufrechtzuerhalten, soll durch folgende Berechnungen domonstriert werden.

Beispiel:
a) Welchen pH-Wert hat ein Phosphat-Puffer aus einer Mischung von 0,05 Mol K_2HPO_4 und 0,05 Mol KH_2PO_4 in einem Liter Lösung? Der pK_{s2}-Wert der Phosphorsäure ist 6,8.

$$K_{s2} = \frac{[H^+][HPO_4^{2-}]}{[H_2PO_4^-]}$$

$$H^+ = \frac{K_{s2}[H_2PO_4^-]}{[HPO_4^{2-}]}$$

$$pH = pK_{s2} + \log\frac{[HPO_4^{2-}]}{[H_2PO_4^-]}$$

$$= 6{,}8 + \log\frac{0{,}05}{0{,}05}$$

$$= 6{,}8$$

b) Welchen pH-Wert hat eine Lösung von 5 ml 0,1 M HCl in 95 ml Wasser (ungepuffertes System)?

$$(0{,}1 \text{ M}) \cdot (5 \cdot 10^{-3} \text{ l}) = 0{,}5 \cdot 10^{-3} \text{ Mol H}^+$$

$$\begin{aligned}
\text{pH} &= -\log[\text{H}^+] \\
&= -\log\frac{0{,}5 \cdot 10^{-3} \text{ Mol}}{0{,}1 \text{ l}} \\
&= -\log 5 \cdot 10^{-3} \text{ Mol/l} \\
&= 2{,}30
\end{aligned}$$

c) Welchen pH-Wert hat eine Lösung von 5 ml 0,1 M HCl in 95 ml des oben angegebenen Puffers (gepuffertes System)?

$$\text{H}^+ + \text{HPO}_4^{2-} \rightleftharpoons \text{H}_2\text{PO}_4^-$$

$$\begin{aligned}
[\text{HPO}_4^{2-}] &= \frac{\text{Mol HPO}_4^{2-} \text{ vor Zugabe} - \text{Mol H}^+ \text{ zugegeben}}{\text{Gesamtvolumen}} \\
&= \frac{0{,}095 \text{ l} \cdot 0{,}05 \text{ M} - 0{,}005 \text{ l} \cdot 0{,}1 \text{ M}}{0{,}1 \text{ l}} \\
&= \frac{4{,}75 \cdot 10^{-3} \text{ Mol} - 0{,}5 \cdot 10^{-3} \text{ Mol}}{0{,}1 \text{ l}} \\
&= 4{,}25 \cdot 10^{-2} \text{ Mol/l}
\end{aligned}$$

$$\begin{aligned}
[\text{H}_2\text{PO}_4^-] &= \frac{\text{Mol H}_2\text{PO}_4^- \text{ vor Zugabe} + \text{Mol H}^+ \text{ zugegeben}}{\text{Gesamtvolumen}} \\
&= \frac{0{,}095 \text{ l} \cdot 0{,}05 \text{ M} + 0{,}005 \text{ l} \cdot 0{,}1 \text{ M}}{0{,}1 \text{ l}} \\
&= \frac{4{,}75 \cdot 10^{-3} \text{ Mol} - 0{,}5 \cdot 10^{-3} \text{ Mol}}{0{,}1 \text{ l}} \\
&= 5{,}25 \cdot 10^{-2} \text{ Mol/l}
\end{aligned}$$

$$\begin{aligned}
\text{pH} &= \text{pK}_{s2} + \log \frac{[\text{HPO}_4^{2-}]}{[\text{H}_2\text{PO}_4^-]} \\
&= 6{,}8 + \log \frac{4{,}25 \cdot 10^{-2}}{5{,}25 \cdot 10^{-2}} \\
&= 6{,}8 + \log 0{,}81 \\
&= 6{,}8 + 0{,}092 \\
&= 6{,}71
\end{aligned}$$

Tab. 1.3 Puffer.

Verbindung	pK$_s$	Verbindung	pK$_s$	Verbindung	pK$_s$	Verbindung	pK$_s$
Diphenylamin	0,85	Benzoesäure		4- und 5-Hydroxy-methylimidazol	6,40	2-Amino-2-methyl-1,3-propandiol	8,67
Oxalsäure K$_1$	1,30	Oxalsäure K$_2$	4,20	Pyrophosphorsäure K$_3$	6,54	Pyridin	8,85
Maleinsäure K$_1$	1,92	Weinsäure K$_2$	4,26	Arsensäure	6,60	Diethanolamin	8,88
Phosphorsäure K$_1$	1,96	Fumarsäure K$_2$	4,37	Phosphorsäure K$_2$	6,70	Arginin K$_2$	9,04
EDTA (freie Säure) K$_1$	2,00	Essigsäure	4,39	Imidazol	6,95	Borsäure	9,23
Glycin K$_1$	2,45	Citronensäure K$_2$	4,73	2-Aminopurin	7,14	Ammoniumhydroxid	9,30
EDTA (freie Säure) K$_2$	2,67	Maleinsäure K$_2$	4,75	Ethylendiamin K$_1$	7,30	Ethanolamin	9,44
Piperidin	2,80	Pyridin	5,05	2,4,6-Collidin	7,32	Glycin K$_2$	9,60
Malonsäure K$_1$	2,85	Phthalsäure K$_2$	5,19	4- und 5-Methylimidazol		Trimethylamin	9,87
Phthalsäure K$_1$	2,90	Bernsteinsäure K$_2$	5,40			Ethylendiamin K$_2$	10,11
Weinsäure K	2,96	Malonsäure K$_2$	5,60	Triethanolamin	7,52	EDTA (freie Säure) K$_4$	10,26
Fumarsäure K$_1$	3,02	Hydroxylamin	5,66	Diethylbarbitursäure	7,77	Kohlensäure K$_2$	10,32
Citronensäure K$_1$	3,10	Histidin K$_2$	6,09	Tris-(hydroxymethyl)-aminomethan	7,98	Ethylamin	10,67
Glycylglycin K$_1$	3,15	Kakodylsäure	6,10		8,08	Methylamin	10,70
β,β'-Dimethylglutarsäure K$_1$	3,66	EDTA (freie Säure) K$_3$	6,15	Glycylglycin K$_2$	8,13	Dimethylamin	10,70
Ameisensäure	3,75	β,β'-Dimethylglutarsäure K$_2$	6,16	2,4- und 2,5-Dimethylimidazol	8,36	Diethylamin	11,00
Barbitursäure	3,79	Maleinsäure K$_2$	6,20	Pyrophosphorsäure K$_4$	8,44	Piperidin	11,12
Milchsäure	3,89	Kohlensäure K$_1$	6,22			Phosphorsäure K$_3$	12,32
Bernsteinsäure K$_1$	4,18	Citronensäure K$_3$	6,35			Arginin K$_3$	12,50
			6,40				

In Tab. 1.3 sind die pK$_s$-Werte einer Reihe von schwachen Säuren und Basen aufgeführt. Die Auswahl des günstigsten Puffersystems hängt von verschiedenen Kriterien ab. Die erste Auswahl eines Puffers erfolgt nach seinem pK$_s$-Wert. Es ist am günstigsten, einen Puffer zu wählen, dessen pK$_s$-Wert nicht mehr als 0,5–1,0 Einheiten vom gewünschten pH-Wert abweicht. Wenn vorauszusehen ist, daß nur saure Substanzen produziert oder hinzugefügt werden, ist die Wahl eines etwas niedrigeren pK$_s$-Wertes zulässig, während bei Zugabe basischer Substanzen ein etwas höherer pK$_s$-Wert gewählt werden sollte. Zusätzlich zum pK$_s$-Wert des Puffers müssen seine physikalischen und chemischen Eigenschaften beachtet werden. Zum Beispiel wird bei Phosphat-Puffern das Kaliumsalz dem Natriumsalz vorgezogen, da letzteres bei niedrigen Temperaturen schwer löslich ist. Auf der anderen Seite ist die Verwendung eines Kaliumphosphat-Puffers in Verbindung mit SDS (Natriumdodecylsulfat) nicht möglich, da Kaliumdodecylsulfat unlöslich ist. Manchmal ist die Verwendung eines flüchtigen Puffers wünschenswert, der bei der Reinigung von Substanzen durch z.B. Ionenaustauscher-Chromatographie besonders nützlich ist, da er sich aus der Präparation leicht entfernen läßt. Eine Liste flüchtiger Puffer ist in Tab. 1.4 aufgeführt. Die Zusammenstellung der Puffer zeigt, daß es möglich ist, durch Kombination verschiedener schwacher Säuren und Basen die gewünschten Eigenschaften zu erhalten. In diesem Fall war Flüchtigkeit die gewünschte Eigenschaft, so daß anstelle der Zusammensetzung des Puffers aus einer schwachen Säure und einer starken Base – (alle starken Basen sind nichtflüchtig) – eine Zusammensetzung aus einer schwachen Säure und einer schwachen Base gewählt wurde. Ein zweites Beispiel, wie durch Kombination von schwachen Säuren und Basen eine bestimmte Eigenschaft erreicht werden kann, zeigt der Gebrauch eines komplexen Puffersystems, das einen weiten pH-Bereich überdeckt. Tris-Phosphat-Puffer sind für diesen Zweck sehr geeignet, da sie eine recht gute Pufferkapazität zwischen pH 5,0 und 9,0 haben. Der Gebrauch eines solchen komplexen Puffersystems erlaubt die Bestimmung der Einflüsse des pH-Wertes auf die Aktivitäten eines Enzyms über einen weiten pH-Bereich mit demselben Puffer. Chemische Betrachtungen können bei der Wahl ebenfalls eine Rolle spielen, wie am Beispiel der Borsäure und Goodschen Puffer (siehe unten) klar wird. Borat-Puffer reagieren mit cis-Hydroxylgruppen von Kohlehydraten unter Bildung von stabilen Komplexen. Stört diese Komplexbildung, muß man die Verwendung von Borat vermeiden. Goodsche Puffer können dann nicht verwendet werden,

Tab. 1.4 Flüchtige Puffer.

Puffer	pH-Bereich
Ammoniumacetat	4– 6
Ammoniumformiat	3– 5
Pyridiniumformiat	3– 6
Pyridiniumacetat	4– 6
Ammoniumcarbonat	8–10

wenn die Protein-Konzentration durch die Biuret- oder Lowry-Methode in einem Puffer bestimmt werden soll, da diese Puffer hierbei einen sehr hohen Leerwert besitzen. Schließlich muß man bei enzymatischen Anwendungen sicher gehen, daß der Puffer nicht mit dem Enzym reagiert oder dieses inhibiert. Solche Schwierigkeiten sind bekannt bei Puffern, die Phosphat, Pyrophosphat oder Arsenat enthalten. Good und Mitarbeiter haben eine Reihe von Puffersystemen mit cyclischen Peptiden entwickelt, die sich, soweit bisher bekannt, bei enzymatischen Reaktionen inert verhalten. Diese Puffer, mit ihrer Struktur in Tab. 1.5 aufgeführt, sind recht teuer, aber bei Untersuchungen mit wertvollen Proteinen und Zellorganellen, sehr nützlich.

Einige Puffer zeigen einen hohen Temperatur-Koeffizienten, besonders Tris-Puffer. Als erste Näherung kann man bei Tris-Puffern annehmen, daß der pH-Wert um 0,03 Einheiten steigt, wenn die Temperatur um ein Grad fällt. Dies gilt zwischen 5–25 °C. Zwischen 25 und 37 °C beträgt die Änderung 0,025 Einheiten. Diese Anmerkungen sollen davor warnen, einen Tris-Puffer oder anderen Puffer mit hohen Temperatur-Koeffizienten bei 25 °C Zimmertemperatur anzusetzen und die Messung bei 0–4 °C zu machen. Der einfachste Weg, dieses Problem zu umgehen, liegt darin, den pH-Wert des Puffers genau bei der Temperatur zu messen, bei der er später verwendet wird.

Tab. 1.5 Physikalische Eigenschaften organischer Puffer.

Name	pK$_s$ bei 20 °C	Struktur
MES	6,15	O⌬$\overset{+}{N}$HCH$_2$CH$_2$SO$_3^-$
ADA	6,6	H$_2$NCOCH$_2\overset{+}{\underset{H}{N}}$⟨CH$_2COO^-$ / CH$_2$COONa
PIPES	6,8	NaO$_3$SCH$_2$CH$_2\overset{+}{N}$⌬$\overset{+}{N}$HCH$_2$CH$_2$SO$_3^-$
ACES	6,0	H$_2$NCOCH$_2\overset{+}{N}$H$_2$CH$_2$SO$_3^-$
Cholaminchlorid	7,1	(CH$_3$)$_3\overset{+}{N}$CH$_2$CH$_2$NH$_2$Cl$^-$
BES	7,15	(HOCH$_2$CH$_2$)$_2\overset{+}{N}$HCH$_2$CH$_2$SO$_3^-$
TES	7,5	(HOCH$_2$)$_3\overset{+}{N}$HCH$_2$CH$_2$SO$_3^-$
HEPES	7,55	HOCH$_2$CH$_2$N⌬$\underset{H}{N}$CH$_2$CH$_2$SO$_3^-$
Acetamidoglycin	7,7	H$_2$NCOCH$_2\overset{+}{N}$H$_2$CH$_2$COO$^-$
Tricin	8,15	(HOCH$_2$)$_3\overset{+}{C}$NH$_2$CH$_2$COO$^-$
Glycinamid	8,2	H$_2$NCOCH$_2$NH$_2$
Tris	8,3	(HOCH$_2$)$_3$CNH$_2$
Bicin	8,35	(HOCH$_2$CH$_2$)$_2\overset{+}{N}$HCH$_2$COO$^-$
Glycylglycin	8,4	H$_3\overset{+}{N}$CH$_2$CONHCH$_2$COO$^-$

1.5 Ionen-spezifische Elektroden

Obwohl die pH-Bestimmung die meist benutzte und geläufigste potentiometrische Methode ist, gibt es auch Elektroden, die selektiv auf andere anorganische Ionen und Gase reagieren. Wie in Tab. 1.6 gezeigt wird, muß bei ihrem Gebrauch beachtet werden, daß diese Elektroden oft auf mehrere Ionen oder Moleküle ansprechen können. Die Arbeitsweise einer in der Biochemie häufig verwendeten Elektrode soll hier als Beispiel erläutert werden. Das grundlegende Arbeitsprinzip anderer Elektroden wird in Tab. 1.7 umrissen.

Die Sauerstoff-Elektrode (Clark-Elektrode) ist eine der selektivsten Elektroden (siehe Abb. 1.9). Sie wird nur von Schwefelwasserstoff und Schwefeldioxid beeinflußt. Da diese Gase jedoch selten in biologischen Systemen auftauchen, sind ihre Wechselwirkungen mit der Elektrode nicht weiter wichtig. Wie gezeigt, besteht der Aufbau der Sauerstoff-Elektrode aus 1. den in Epoxidharz eingegossenen Elektroden, die am Ende von einer Teflonmembran umschlossen sind; 2. einem Plexiglasblock, der exakt in eine Probenkammer hineinpaßt; 3. der Probenkammer zur Aufnahme der Probe und 4. einem scheibchenförmigen Magnetrührer, der sich auf dem Boden der Probenkammer befindet. Die Elektrode selbst besteht aus einer Platin-Kathode und zwei Silber-Anoden. Die Kathode ragt etwas aus dem Boden des Elektroden-Blocks hervor. Die drei Elemente sind in eine halbgesättigte Ka-

Tab. 1.6 Ionen-spezifische Elektroden.

Bestimmbare Substanzen	Konzentrations-Bereich (M)	Störende Verbindungen und Ionen
Ammonium	$10^{-6}-10^0$	CO_2, flüchtige Amine
Bromid	$10^{-5}-10^0$	S^{2-}, I^-
Kadmium	$10^{-7}-10^0$	Ag^+, Hg^{2+}, Cu^{2+}
Kalzium	$10^{-5}-10^0$	Zn^{2+}, Fe^{2+}, Pb^{2+}, Mg^{2+}
Kohlendioxid	$10^{-6}-10^{-2}$	SO_2, H_2S
Chlorid	$10^{-5}-10^0$	I^-, NO_3^-, Br^-, HCO_3^-, SO_4^{2-}, F^-
Kupfer	$10^{-7}-10^0$	S^{2-}, Ag^+, Hg^{2+}
Cyanid	$10^{-6}-10^{-2}$	S^{2-}, I^-
Fluorid	$10^{-6}-10^0$	OH^-
Iodid	$10^{-7}-10^0$	S^{2-}
Blei	$10^{-7}-10^0$	Ag^+, Hg^{2+}, Cu^{2+}
Nitrat	$10^{-5}-10^{-1}$	I^-, Br^-, NO_2^-
Nitrit	$10^{-6}-10^{-2}$	CO_2
Perchlorat	$10^{-5}-10^{-1}$	I^-
Kalium	$10^{-5}-10^0$	Cs^+, NH_4^+, H^+
Sulfid	$10^{-7}-10^0$	Hg^{2+}
Natrium	$10^{-6}-10^0$	Li^+, K^+
Sulfit	$10^{-6}-10^{-2}$	HF, HCl
Thiocyanat	$10^{-5}-10^0$	OH^-, Be^-, Cl^-

1.5 Ionen-spezifische Elektroden   23

Tab. 1.7 Elektroden zur Bestimmung von Gasen.

Bestimmbare Substanzen	Diffundierende Substanzen	Gleichgewicht im Elektrolyten	Elektrode
NH_3 oder NH_4^+	NH_3	$NH_3 + H_2O \rightleftharpoons NH_4^+ + OH^-$	H^+
		$xNH_3 + M^{n+} \rightleftharpoons M(NH_3)_x^{n+}$	$M = Ag^+, Cd^{2+}, Cu^{2+}$
SO_2, H_2SO_3, oder SO_3^{2-}	SO_2	$SO_2 + H_2O \rightleftharpoons H^+ + HSO_3^-$	H^+
NO_2^-, NO_2	$NO_2 + NO$	$2NO_2 + H_2O \rightleftharpoons NO_3^- + NO_2 + 2H^+$	H^+, NO_3^-
S^{2-}, HS^-, H_2S	H_2S	$H_2S + H_2O \rightleftharpoons HS^- + H^+$	S^{2-}
CN^-, HCN	HCN	$Ag(CN_2)^- \rightleftharpoons Ag^+ + 2CN^-$	Ag^+
F^-, HF	HF	$HF \rightleftharpoons H^+ + F^-$	F^-
		$FeF_x^{2-x} \rightleftharpoons FeF_y^{3-y} + (x-y)F^-$	Pt (Redox)
HOAc, OAc$^-$	HOAc	$HOAc \rightleftharpoons H^+ + OAc^-$	H^+
Cl_2, OCl^-, Cl^-	Cl_2	$Cl_2 + H_2O \rightleftharpoons 2H^+ + ClO^- + Cl^-$	H^+, Cl^-
$CO_2, H_2CO_3, HCO_3^-, CO_3^{2-}$	CO_2	$CO_2 + H_2O \rightleftharpoons H^+ + HCO_3^-$	H^+
X_2, OX^-, X^-	X_2	$X_2 + H_2O \rightleftharpoons 2H^+ + XO^- + X^-$	$X = I^-, Br^-$

liumchlorid-Lösung getaucht. Eine dünne Teflonmembran wird durch einen Gummiring straff über dem Ende der Elektrode angebracht. Sie trennt die Kaliumchlorid-Lösung, in die die Elektrode eintaucht (2–3 µl) von der Probelösung und wirkt gleichzeitig selektierend. Viele Gase durchdringen Teflon und können so durch die KCl-Lösung an die Platin-Kathode diffundieren. Wenn das Polarisations-Potential

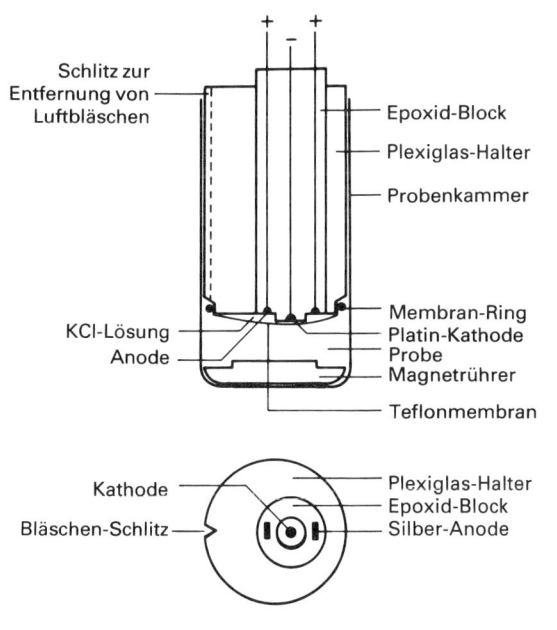

Abb. 1.9 Aufbau einer Clark-Sauerstoff-Elektrode.

von 0,8 V an die Elektroden gelegt wird, reagiert der Sauerstoff an der Kathode nach folgender Gleichung:

$$O_2 + 2\,e^- + 2\,H_3O^+ \rightleftharpoons [H_2O_2] + 2\,H_2O$$
$$[H_2O_2] + 2\,e^- + 2\,H_3O^+ \rightleftharpoons 4\,H_2O$$
$$\overline{}$$
$$O_2 + 4\,H_3O^+ + 4\,e^- \rightleftharpoons 6\,H_2O$$

Mit folgender, an der Anode ablaufender Reaktion schließt sich der Kreis:

$$4\,Ag^0 + 4\,Cl^- \rightleftharpoons 4\,AgCl + 4\,e^-$$

Gesamt: $4\,Ag^0 + 4\,Cl^- + 4\,H^+ + O_2 \rightleftharpoons 4\,AgCl + 2\,H_2O$

Der Stromfluß ist damit der Stärke der Sauerstoff-Diffusion durch die Teflonmembran direkt proportional. Er hängt von der Temperatur der Membran und dem Partialdruck des Sauerstoffs in der Probenkammer ab.

Vier prinzipielle Vorsichtsmaßnahmen müssen getroffen werden, um die Genauigkeit der Messung zu gewährleisten. Da die Geschwindigkeit der Sauerstoff-Diffusion von der Temperatur abhängt (die Permeabilitäts-Unterschiede betragen 3–5% pro Grad), muß die Temperatur der Probenkammer und der Elektrode sorgfältig kontrolliert und konstant gehalten werden. Verschmutzungen, Kniffe und Falten sind die häufigsten Ursachen für das schlechte Ansprechen einer Elektrode. Wegen der leichten Verstopfung der Membran durch biologisches Material aus der Probelösung ist es ratsam, sie öfter auszuwechseln und auf ihren glatten, straffen Sitz über der Elektrode zu achten. Schmutz und Hautfett an den Fingern des Benutzers sind ebenfalls häufige Ursache der Verstopfung der Membran. Die Membran sollte deswegen nicht mit bloßen Fingern berührt werden. Obwohl die atmosphärischen Konzentrationen von Schwefelwasserstoff zu niedrig sind, um Sauerstoff-Bestimmungen beeinflussen zu können, sind sie doch hoch genug, um mit der Zeit eine Ablagerung von Silbersulfid auf den Silber-Anoden zu bilden. Diese Ablagerungen verursachen ungenaue Ergebnisse; deswegen sollte auch auf die Sauberkeit der Elektroden geachtet werden. Es empfiehlt sich, die Elektroden ab und zu mit einer verdünnten Ammoniak-Lösung zu reinigen. Eine schwerwiegende, aber leicht zu entdeckende Fehlerquelle ist das Auftauchen von Luftbläschen, entweder in der Elektrolyt-(KCl-)Lösung an der Elektrode oder in der Probelösung in der Kammer. Ein noch so kleines Bläschen kann 20mal so viel Sauerstoff enthalten wie sauerstoffgesättigtes Wasser. Enthält eine Probe, in der die Aufnahme von Sauerstoff gemessen werden soll, ein Luftbläschen, so wird der Sauerstoff aus diesem Bläschen so schnell herausdiffundieren und in der Probe gelöst werden, wie er dort verbraucht wird. In kommerziell erhältlichen Geräten ist die Probe durch die exakte Einpassung des Elektroden-Blocks in die Probenkammer von der Atmosphäre abgetrennt. Ein enger Einschnitt im Block erlaubt das Entfernen der Bläschen und die Zugabe von Substanzen während der Messung. Wenn jedoch der Sauerstoff-Austausch zwischen Atmosphäre und Probelösung durch diesen Schlitz noch zu groß ist, sollte man völlig abgeschlossene Geräte verwenden (siehe [12]).

1.6 Experimenteller Teil

1.6.1 Vorbereitung einer neuen oder längere Zeit unbenutzten Kombinations-Elektrode

1. Die Elektrode wird mit der in der Gebrauchsanweisung angegebenen Lösung gefüllt.
2. Die Elektrode wird in 0,1 N HCl getaucht, so daß das Membrankügelchen und die Salzbrücke (elektrische Verbindung der Elektrode mit der Lösung) gerade in die Lösung eintauchen.
3. Die Elektrode wird für 4–6 Stunden in der Lösung belassen.
4. Die Elektrode wird vorsichtig herausgenommen und gründlich gespült. Dies sollte am besten mit Glas-destilliertem Wasser geschehen, indem man das Wasser von oben an der Elektrode herunterrinnen läßt. Die gewaschene Elektrode darf niemals mit einem Tuch trockengewischt werden, da dies zu elektrischen Aufladungen und verfälschten Ergebnissen führt. Nach sorgfältigem Spülen kann der letzte Tropfen entweder hängen gelassen werden, oder man läßt ihn vorsichtig an einer Ecke des Becherglases herablaufen. Dabei sollte darauf geachtet werden, daß die dünne Glasmembran nicht durch Stoß zerstört wird. Es ist ratsam, die Schritte 1 bis 4 auch bei Kombinations-Elektroden durchzuführen, die eine Zeitlang unbenutzt waren, oder bei Elektroden, die man versehentlich hat austrocknen lassen. Auch bei verschmutzten Elektroden ist diese Prozedur zur Reinigung zu empfehlen.
5. Die Elektrode wird in einen Eichpuffer mit pH 4,00 getaucht. Der Puffer wird langsam gerührt, um die Homogenität der Lösung (keine Konzentrations-Gradienten!) zu garantieren.
6. Der pH-Wert wird entsprechend der Gebrauchsanleitung abgelesen.
7. Das pH-Meter wird auf den Wert pH 4,00 geeicht.
8. Die Elektrode wird aus dem Puffer genommen und gespült (siehe Schritt 4).
9. Die Schritte 5 und 6 werden mit einem Eichpuffer mit pH 7,00 wiederholt. Sollte die Anzeige diesem Wert nicht entsprechen, wird das Gerät nach Gebrauchsanleitung justiert.
10. Siehe Schritt 4.
11. Die Elektrode und das pH-Meter können jetzt für Titrationen benutzt werden. Wird die Elektrode anschließend nicht weiter verwendet, sollte sie in destilliertem Wasser aufbewahrt werden (Membrankügelchen und Salzbrücke eingetaucht).

1.6.2 Titration einer Aminosäure

1. Es werden von jeder zu titrierenden Substanz (H_3PO_4, Cystein, Histidin, Glycin und Arginin) 50 ml 0,1 M Testlösung hergestellt.
2. Für jede zu titrierende Substanz werden 200 ml 0,2 M KOH und 200 ml 0,2 M HCl angesetzt.
3. In ein 250-ml-Becherglas werden 20 ml 0,1 M Testlösung und ein kleiner Rührmagnet gegeben.
4. Das Becherglas wird auf einen Rührer gestellt (siehe Abb. 1.10) und die pH-Elektrode so befestigt, daß das Membrankügelchen und die Salzbrücke gerade eintauchen. Auf keinen Fall darf die Elektrode so tief eingetaucht werden, daß sie vom Rührmagnet erfaßt werden kann. Beim Einschalten des Rührmotors würde die Elektrode sonst zerstört werden.
5. Die Rührgeschwindigkeit wird auf die langsamste Stufe eingestellt.
6. Der Rührmotor wird eingeschaltet.
7. Die Rührgeschwindigkeit wird langsam erhöht, bis ein kleiner Strudel an der Oberfläche der Lösung entsteht.
8. Der pH-Wert der Lösung wird an der Anzeige abgelesen.
9. In das Becherglas werden genau 2,0 ml 0,2 M HCl gegeben.
10. Nach ca. fünf Sekunden ist die Lösung homogen, und der pH-Wert kann abgelesen werden. Die Bestimmung sollte auf 0,05 Einheiten genau erfolgen.
11. Die Schritte 9 und 10 werden so lange wiederholt, bis pH 1,1 erreicht ist.
12. Im Laufe der schrittweisen Zugabe von HCl sollte die Elektrode ab und zu etwas angehoben werden, damit sie nicht zu tief in die Lösung taucht. Auch sollte die Rührgeschwindigkeit von Zeit zu Zeit leicht erhöht werden, um eine

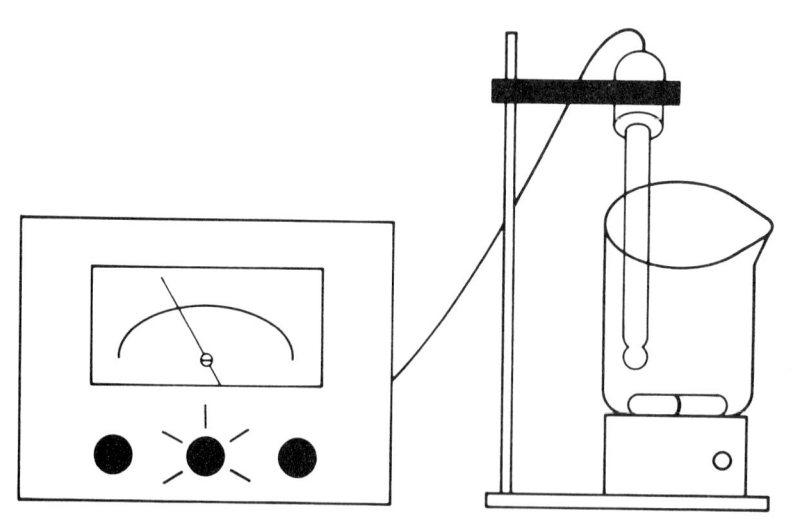

Abb. 1.10 pH-Meter-Elektrode und Magnetrührer zur pH-Bestimmung während der manuellen Titration einer Aminosäure.

1.6 Experimenteller Teil 27

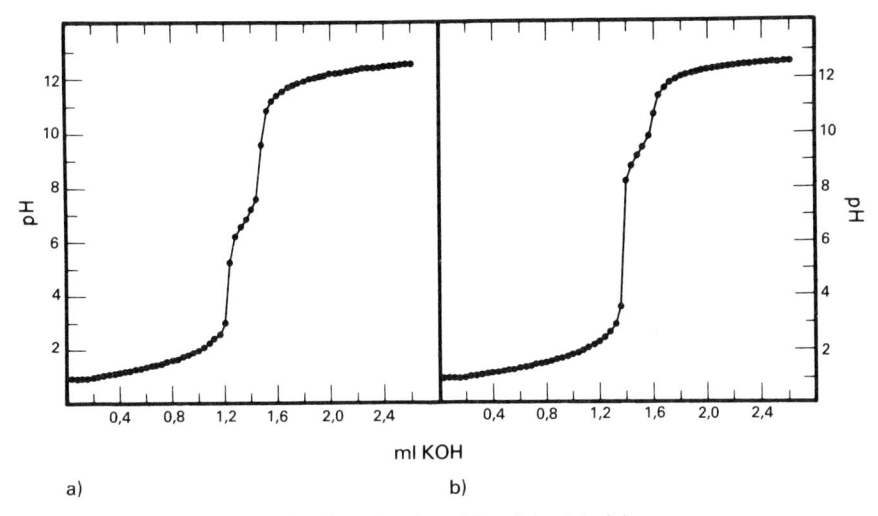

Abb. 1.11 Titrationskurven für Phosphorsäure (a) und Arginin (b).

gute Durchmischung im größer werdenden Volumen beizubehalten. Diese Einstellungen können ca. nach jeder vierten oder fünften Zugabe durchgeführt werden.
13. Die Lösung wird verworfen und die Elektrode gründlich gespült (siehe Abschn. 1.6.1, Schritt 4). Die Schritte 3 bis 8 werden wiederholt.
14. Zur Testlösung werden genau 2 ml 0,2 M KOH gegeben.
15. Siehe Schritt 10.

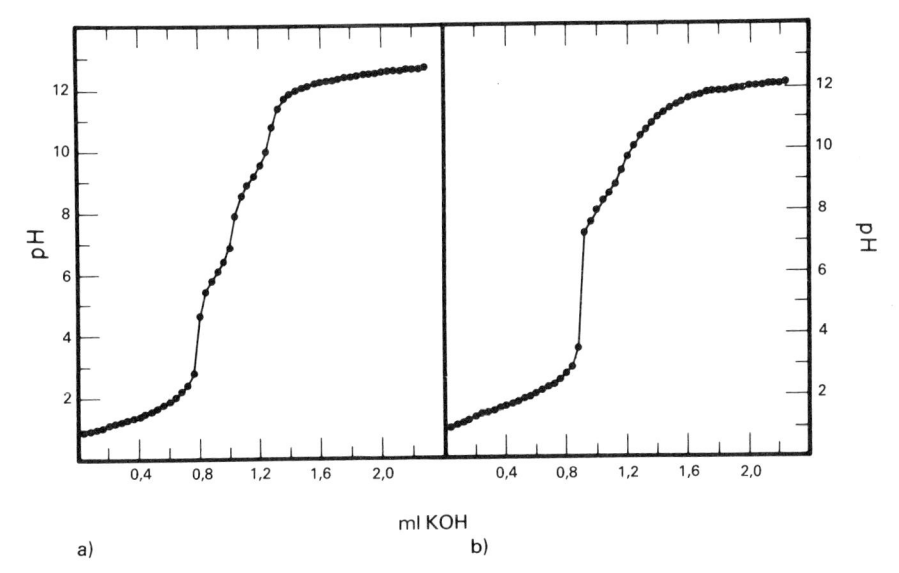

Abb. 1.12 Titrationskurven für Histidin (a) und Cystein (b).

28   1. Potentiometrie

16. Die schrittweise Zugabe von KOH (Schritt 14 und 10) erfolgt so lange, bis pH 12,0 erreicht ist.
17. Nach Abschluß aller Titrationen wird die Elektrode gut gespült und in destilliertem Wasser aufbewahrt (siehe Abschn. 1.6.1, Schritt 11).

Die Titrationskurven von H_3PO_4, Cystein, Histidin und Arginin sind in Abb. 1.11 und 1.12 dargestellt.

1.6.3 Titration einer Aminosäure in Anwesenheit von Formaldehyd

1. In ein 250-ml-Becherglas werden 20 ml dest. Wasser, 20 ml 0,1 M Glycin-Lösung und ein kleiner Rührmagnet gegeben.
2. Becherglas, Rührer und Elektrode werden so aufgebaut und eingestellt wie in Abschn. 1.6.2, Schritt 4, beschrieben.
3. Der pH-Wert der Lösung wird abgelesen.
4. 8,0 ml einer 37%igen Formaldehyd-Lösung werden hinzugegeben.
5. Nach 5 Sekunden Rühren wird der pH-Wert abgelesen.
6. Die schrittweise Zugabe von 2,0 ml 0,2 M HCl bzw. KOH pH 1,1 bzw. 12,0 erfolgt wie in Abschn. 1.6.2, Schritt 9 bis 16, beschrieben.
7. Als Vergleich ist unbedingt – wenn noch nicht erfolgt – eine Titration von 0,1 M Glycin-Lösung ohne Zusatz von Formaldehyd durchzuführen (siehe Abschn. 1.6.2).

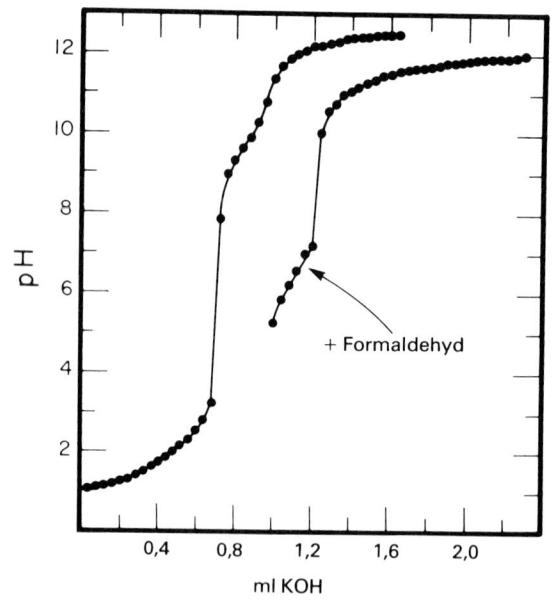

Abb. 1.13 Titrationskurven für Glycin in An- und Abwesenheit eines Überschusses von Formaldehyd.

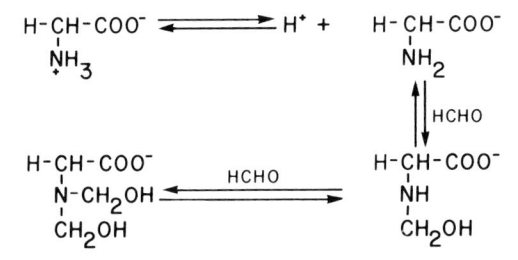

```
H-CH-COO⁻   ⇌   H⁺  +   H-CH-COO⁻
   |                        |
  NH₃⁺                     NH₂
                            ↑↓ HCHO
H-CH-COO⁻                H-CH-COO⁻
   |          HCHO          |
  N-CH₂OH    ⇌             NH
   |                        |
  CH₂OH                    CH₂OH
```

Abb. 1.14 Reaktion von Glycin mit Formaldehyd.

8. Die Elektrode wird gespült und in dest. Wasser aufbewahrt.
9. Die Abhängigkeit des pH-Wertes beider Lösungen von der Zugabe von HCl bzw. KOH wird in einer graphischen Darstellung aufgezeigt (siehe Abb. 1.13). Die in Abb. 1.14 dargestellten Reaktionen erklären, warum der pK_s-Wert der Aminogruppe des Glycins bei Anwesenheit von Formaldehyd zu einem niedrigeren pH-Wert absinkt. Formaldehyd reagiert mit dem unprotonierten Amin und verschiebt damit das Gleichgewicht zwischen protonierter und unprotonierter Form.

1.6.4 Kalibrierung der Sauerstoff-Elektrode

1. Die Sauerstoff-Elektrode wird – wenn nötig – mit einer neuen Membran versehen, in ein Wasserbad mit konstanter Temperatur gebracht und an eine Gleichspannungs-Quelle und einen Schreiber entsprechend der Gebrauchsanleitung angeschlossen.
2. Da die Diffusion des Sauerstoffs durch die Teflonmembran stark temperaturabhängig ist, sollte die Temperatur des Wasserbads sorgfältig auf 30 °C einreguliert und von Zeit zu Zeit während der Messungen kontrolliert werden.
3. 5 ml einer frisch zubereiteten 10 mM Natriumdithionit-Lösung werden in die Probenkammer gegeben.
4. Die Elektrode wird eingesetzt.
5. Die Probenkammer wird auf Anwesenheit von Luftbläschen untersucht. Oft hängen an den nicht gründlich gereinigten Wänden der Glaskammer kleine Bläschen. Die Kammer sollte dann gründlich mit Wasser und einem Reinigungsmittel gewaschen werden.
6. Die Probenkammer mit eingesetzter Elektrode wird in das Wasserbad gestellt.
7. Der Magnetrührer wird eingeschaltet und die Kammer noch einmal auf Bläschen untersucht. Die Bläschen werden durch die Bohrung im Elektroden-Block entfernt.
8. Die Polarisations-Spannung von 0,8 V wird an die Elektroden gelegt und der Schreiber eingeschaltet.

Tab. 1.8 Sauerstoff-Konzentration in Luft-gesättigtem Wasser bei verschiedenen Temperaturen.

Temperatur (°C)	Sauerstoff-Konzentration (nMol/ml H$_2$O)
5	397
10	351
15	314
20	284
25	258
28	244
30	237
35	222
37	217

Luftdruck: 760 mm Hg. Die Werte wurden dem Handbook of Chemistry and Physics (1959) entnommen.

9. Es sollte kein Stromfluß auftreten, da aller gelöster Sauerstoff durch Dithionit reduziert worden ist. Der Schreiber wird mit der „Null-Einstellung" auf seine Null-Linie einjustiert.
10. Der Elektroden-Aufbau wird auseinandergenommen und Probenkammer und Elektroden-Block gründlich gewaschen.
11. Durch 400 ml Wasser wird mindestens eine Stunde Luft gesaugt, um eine vollständige Sättigung des Wassers mit Sauerstoff zu erreichen. Mit nicht-wäßrigen Lösungen wird genauso verfahren. Die Sättigung muß bei 30 °C erfolgen.
12. 5 ml der sauerstoffgesättigten Lösung werden in die Probenkammer gegeben.
13. Die Schritte vom Einsetzen der Elektrode bis zum Anlegen der Polarisations-Spannung werden wie in Schritt 4 bis 8 beschrieben durchgeführt.
14. Der jetzt durch die Elektrode fließende Strom gibt den Wert für eine sauerstoffgesättigte Lösung an. Tab. 1.8 zeigt die verschiedenen Sättigungs-Konzentrationen von O$_2$ in Wasser bei unterschiedlichen Temperaturen. Im vorliegenden Fall entspricht der Strom einer Konzentration von 237 nMol/ml.
15. Die vom Schreiber nach kurzer Zeit aufgezeichnete horizontale Linie kann auf den 100%-Ausschlag einjustiert werden, indem man die Spannung der Gleichspannungs-Quelle leicht verändert. Vollausschlag bedeutet nun 237 nMol/ml O$_2$.
16. Eine etwas genauere Eichmethode, besonders bei komplizierteren Lösungen, wird in [14] angegeben. Das Prinzip dieser Methode besteht in der vollständigen Oxidation einer bekannten Menge von NADH (photometrisch bestimmte Konzentration) durch ein Sauerstoff-freisetzendes Enzymsystem wie den Elektronen-transportierenden Partikeln aus Herz-Mitochondrien oder Diaphorasen.

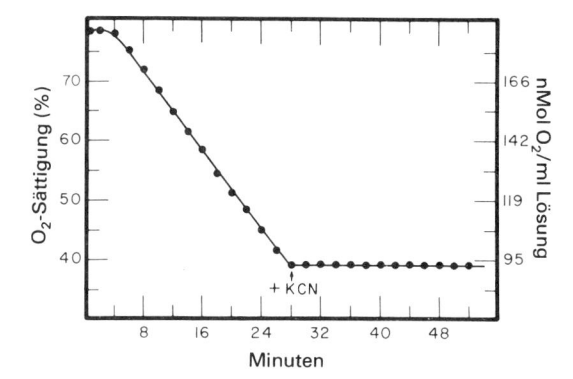

Abb. 1.15 Sauerstoffverbrauch von Saccharomyces cerevisiae in An- und Abwesenheit von Cyanid.

1.6.5 Sauerstoffaufnahme der Hefe Saccharomyces cerevisiae

1. In einem Glucose-Ammonium-Minimal-Medium (siehe [15]) wird ein diploider Stamm von Saccharomyces cerevisiae bis zu einer Zelldichte von 10^7 Zellen/ml herangezogen. Man begast die sich teilenden Zellen, z. B. durch kräftiges Schütteln.
2. Die Elektrode wird geeicht wie in Abschn. 1.6.4 beschrieben.
3. Siehe Abschn. 1.6.4, Schritt 10.
4. 5 ml der Hefe-Suspension werden in die Probenkammer gegeben und Schritt 4 bis 8, Abschn. 1.6.4, wiederholt.
5. Man läßt die Hefe die Hälfte des vorhandenen Sauerstoffs aufnehmen. Sollte aus irgendeinem Grunde die Rührung aussetzen, wird der Schreiber auf den Nullwert zurückgehen, da in unmittelbarer Nähe der Elektrode der Sauerstoff schneller verbraucht wird, als er durch Diffusion nachgeliefert wird. Setzt die Rührung wieder ein, wird der unterbrochene Kurvenverlauf wieder aufgenommen.
6. Nach Verbrauch der Hälfte des Sauerstoffs wird 0,1 ml 50 mM Kaliumcyanid-Lösung in die Probenkammer zugegeben. Erfolgt die Zugabe mit Hilfe einer Hamilton-Spritze, braucht die Messung nicht unterbrochen zu werden.
7. Die Ergebnisse dieses Versuchs sind in Abb. 1.15 dargestellt.

1.6.6 Sauerstoffaufnahme der Mitochondrien aus Rizinussamen

1. Die Gewinnung der Mitochondrien erfolgt wie im experimentellen Teil des Kap. 9 beschrieben.
2. Anstelle des sauerstoffgesättigten Wassers als 100%-Wert verwendet man das in gleicher Weise gesättigte Suspensions-Medium. Es besteht aus 45 g Mannit, 6,05 g Tris und 0,37 g EDTA pro Liter Lösung und wird mit HCl auf pH 7,4 eingestellt.

32   1. Potentiometrie

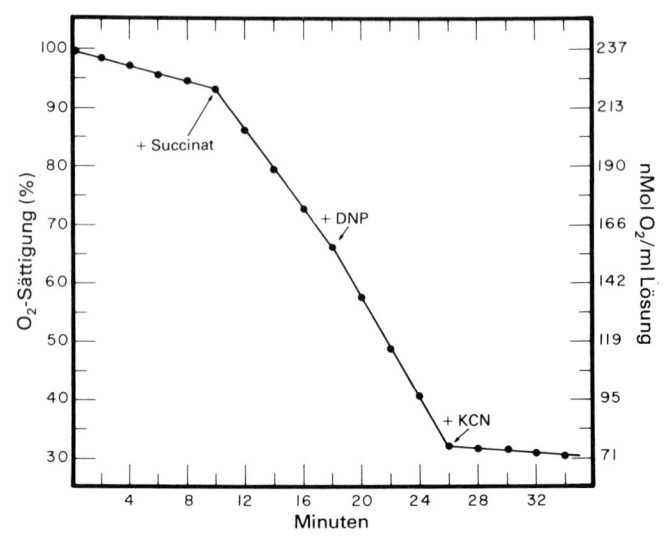

Abb. 1.16 Sauerstoffverbrauch von Mitochondrien aus Rizinussamen in An- und Abwesenheit von Stoffwechsel-Inhibitoren.

3. Elektrode und Schreiber werden wie beschrieben geeicht.
4. Nach Einstellung des 100%-Wertes werden 0,05 bis 0,2 ml der Mitochondrien-Suspension in die Probenkammer pipettiert.
5. Der Sauerstoffverbrauch wird 8–12 Minuten aufgezeichnet.
6. Mit einer Hamilton-Spritze werden 20 µl 20 mM ADP-Lösung hinzugegeben.
7. Zugabe von 50 µl 0,5 mM Natrium-Succinat-Lösung.
8. Siehe Schritt 5.
9. Zugabe von 20 µl 4 mM Dinitrophenol-Lösung. Zu diesem Zeitpunkt kann die Güte der Mitochondrien-Präparation beurteilt werden. Gut erhaltene Mitochondrien zeigen in Anwesenheit von Dinitrophenol (Entkoppler der oxidativen Phosphorylierung) einen verstärkten Sauerstoffverbrauch. Wie ist dies zu erklären?
10. Siehe Schritt 5.
11. Zugabe von 50 µl 50 mM Kaliumcyanid-Lösung.
12. Siehe Schritt 5.
13. Die Ergebnisse dieses Experiments sind in Abb. 1.16 dargestellt.
14. Das Experiment wird mit anderen Inhibitoren und/oder Metaboliten des Citronensäure-Zyklus wiederholt.

2. Spektroskopische Methoden

Die Farbigkeit war eine der am frühesten untersuchten Eigenschaften einer chemischen Verbindung. Die Farbintensität bildet auch heute noch die Grundlage einer Reihe häufig angewendeter, biochemischer Methoden. Die Farbe einer Substanz kommt zustande durch ihre Fähigkeit, bestimmte Anteile des auftreffenden Lichtes zu absorbieren. Schaut man z. B. bei weißem Licht durch ein Glas Wein, erscheint dieses rot. Alle blauen und gelben Anteile des weißen Lichtes werden vom Wein zurückgehalten, so daß nur die rote Komponente übrig bleibt und vom Auge aufgenommen werden kann. Wie Abb. 2.1 zeigt, umfaßt das für das menschliche Auge sichtbare Licht nur einen kleinen Anteil des elektromagnetischen Spektrums (400–800 nm). Der für dieses Kapitel wichtige Spektralbereich umfaßt den sichtbaren und ultravioletten Teil mit den Wellenlängen von 200 bis 800 Nanometer (nm).

Für die Diskussion der spektralphotometrischen Messungen ist es notwendig, einige Begriffe und Zusammenhänge kennenzulernen, die die Eigenschaften des Lichtes beschreiben. Wenn man Licht als eine Welle auffaßt, ist der Abstand zwischen zwei Wellenbergen bzw. zwei Wellentälern gleich der Wellenlänge (λ), während die Frequenz (ν) die Anzahl der Wellen ist, die einen bestimmten Punkt in einer Zeiteinheit passieren. Der Zusammenhang zwischen Wellenlänge und Frequenz ist

$$\lambda = \frac{c}{\nu} \tag{1}$$

mit der Lichtgeschwindigkeit c. Eine andere nützliche Größe ist die Wellenzahl ($\bar{\nu}$); sie gibt die Anzahl der Wellen pro Längeneinheit (gebräuchlicherweise pro Zentimeter) an. Die Wellenzahl kann durch folgende Gleichung mit Wellenlänge und Frequenz in Zusammenhang gebracht werden:

$$\bar{\nu} = \frac{1}{\lambda} = \frac{\nu}{c} \tag{2}$$

Energie und Frequenz sind durch folgende Gleichung verknüpft:

$$E = h\nu \tag{3}$$

oder

$$h\nu = h\bar{\nu}c$$

wobei h die Plancksche Konstante ist.

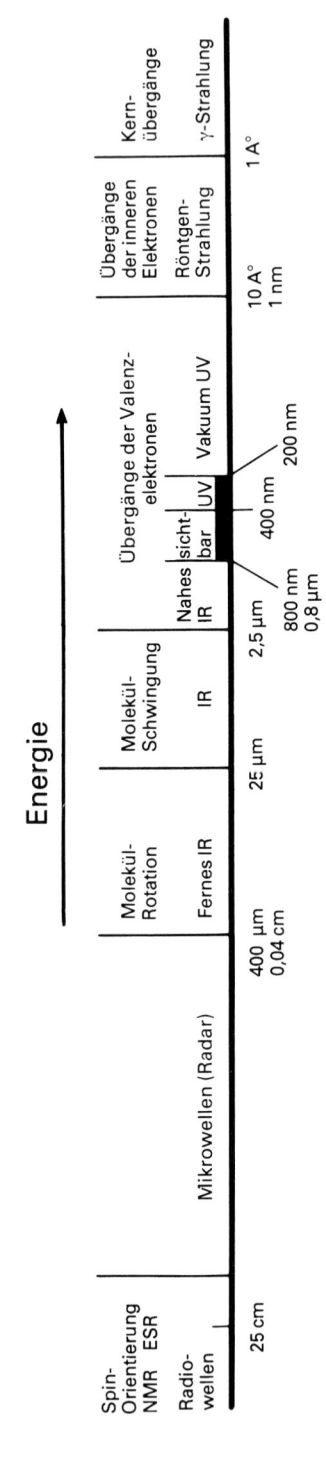

Abb. 2.1 Schematische Einteilung des elektromagnetischen Spektrums.

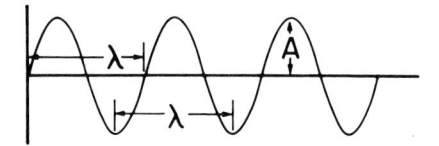

Abb. 2.2 Sinuswelle. λ gibt die Wellenlänge und A die Amplitude an.

Wenn Licht eine Substanz durchstrahlt, wird eine bestimmte gequantelte Energie auf diese Substanz übertragen, wodurch die Elektronen auf ein höheres Energieniveau angehoben werden. Die möglichen Arten der molekularen Anregung und ihre relativen Energien sind in Abb. 2.3 wiedergegeben. Die Wellenlängen des an der Anregung beteiligten Lichtes können berechnet werden durch

$$\Delta E = h \Delta \bar{\nu} \tag{4}$$

und Gl. 2. Die Bereiche des elektromagnetischen Spektrums, die mit einer dieser Anregungen verbunden sind, werden in Abb. 2.1 aufgezeigt. Der sichtbare und ultraviolette Anteil des Spektrums kann nur die energiereichen Valenz-Elektronen anregen. In den biochemisch wichtigen Molekülen sind dies die π-Elektronen. Bei der Anregung eines einzigen π-Elektrons wird sehr wenig sichtbares Licht absorbiert, jedoch steigt die Absorption, wenn die Anzahl der π-Elektronen im Molekül zunimmt. Die Anregung von fünf oder mehr π-Elektronen eines benzoiden Ringsystems oder sieben π-Elektronen eines linear konjugierten Systems ergibt eine gute Absorption des sichtbaren Lichtes.

Die verschiedenen Energien (Wellenlängen des Lichtes), die ein bestimmtes Molekül absorbiert, können zur quantitativen Bestimmung und qualitativer Identifizierung des Moleküls verwendet werden. Dies hat schon Bouguer im Jahre 1729 erkannt, als er das in Abb. 2.4 zusammengefaßte Experiment durchführte. Er stellte eine Reihe von gleichen, mit einer absorbierenden Flüssigkeit gefüllten Glasgefäßen hintereinander auf und bestimmte das Licht, das auf jedes Glas auftraf, und den Teil des Lichtes, der durch es hindurchging. Der auf das erste Glas

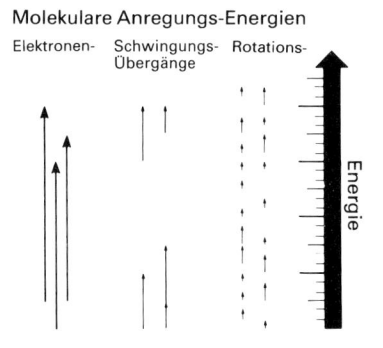

Abb. 2.3 Quantitativer Vergleich der Anregungs-Energien von drei verschiedenen molekularen Anregungen.

36   2. Spektroskopische Methoden

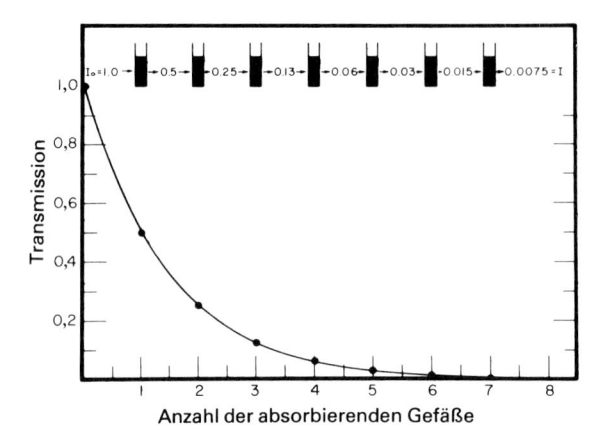

Abb. 2.4 Das Bouguer-Experiment.

auffallenden Strahlung gab er den Wert 1,0. 50% des auffallenden Lichtes wurden von der Substanz absorbiert. Folglich betrug die Intensität des durch das zweite Glas hindurchtretenden Lichts 25% der ursprünglichen Lichtintensität. Um diese Beobachtung quantitativ beschreiben zu können, wurde die Transmission T eingeführt und definiert als

$$T = \frac{I}{I_0} \tag{5}$$

I ist die Strahlungsintensität des nicht absorbierten Lichtes nach Durchquerung der Substanz, während I_0 die auffallende Strahlungsintensität bedeutet. Die in dem beschriebenen Experiment erhaltenen Ergebnisse wurden mathematisch zusammengefaßt zu

$$T = e^{-\alpha d} \tag{6}$$

wobei e die Basis des natürlichen Logarithmus ist. α ist eine Substanz-spezifische Konstante, der sog. Absorptions-Koeffizient. d bedeutet die Wegstrecke, die das Licht im absorbierenden Medium durchqueren muß. Viel später führte Beer analoge Experimente durch und fand eine Konzentrationsabhängigkeit

$$T = 10^{-acd} \tag{7}$$

a ist die Absorptions-Konstante analog zu α in Gl. 6, d ist wieder die Wegstrecke des Lichtes und c die Konzentration des absorbierenden Materials. Obwohl früher die Transmission die vorherrschende Meßgröße der Absorption war, ist sie heute weitgehend durch die Meßgröße „Extinktion", „Absorption" oder „Optische Dichte", E, A bzw. OD ersetzt worden.

$$A = -\log T = -\log(10^{-acd}) = acd \tag{8}$$

Die Transmission wird in Prozent des nicht absorbierten Lichtes ausgedrückt (0–100%), während die Absorption oder Extinktion keine Einheit besitzt und alle

Werte zwischen 0 und Unendlich (= vollständige Absorption) annehmen kann. Z.B. entspricht einer Transmission von 10% bzw. 1% einer Extinktion von 1,00 bzw. 2,00.

Auch der „Absorptions-Koeffizient" ist weitgehend durch den „molaren Extinktions-Koeffizienten" ε ersetzt worden. ε ist die Absorption einer 1 M Lösung einer reinen Verbindung unter Standardbedingungen des Lösungsmittels, der Temperatur und der Wellenlänge. Damit ergibt sich die gebräuchliche Form der unter dem Namen „Lambert-Beersches Gesetz" bekannten Gleichung:

$$A = \log \frac{I_0}{I} = \varepsilon \cdot c \cdot d \tag{9}$$

Das Lambert-Beersche Gesetz kann zur Bestimmung des Extinktions-Koeffizienten eines gegebenen Materials herangezogen werden, wie das folgende Beispiel erläutern soll.

Beispiel: Wie groß ist der Extinktions-Koeffizient von NADH, wenn eine $1{,}37 \times 10^{-4}$ M Lösung bei der Wellenlänge 340 nm in einer 1-cm-Küvette eine Extinktion von 0,850 besitzt?

$$A = \varepsilon \cdot c \cdot d$$

oder

$$\varepsilon = \frac{A}{c \cdot d}$$

Werden die angegebenen experimentellen Werte eingesetzt, ergibt sich

$$\varepsilon = \frac{0{,}85}{(1{,}37 \cdot 10^{-4}\,\text{Mol/l}) \cdot (1{,}0\,\text{cm})}$$

$$\varepsilon = \frac{(6{,}2 \cdot 10^3) \cdot (10^3\,\text{cm}^3)}{\text{cm} \cdot \text{Mol}}$$

$$\varepsilon = 6{,}2 \cdot 10^6\,\text{cm}^2/\text{Mol}$$

Die Absorptionen einer Substanz bei verschiedenen Wellenlängen können zu ihrer Identifizierung herangezogen werden. Dies gilt besonders für farbige Moleküle wie Carotinoide und Cytochrome. Zur Identifizierung zeichnet man das Absorptionsspektrum der zu untersuchenden Probe auf. Dazu wird die Absorption der Probe bei allen Wellenlängen des sichtbaren Lichtes gemessen. Bei vielen modernen Instrumenten kann die Aufzeichnung mit Hilfe eines angeschlossenen Schreibers automatisch erfolgen. Die Spektren von drei Carotinoiden (Abb. 2.5) zeigen die für die jeweilige Verbindung charakteristischen Absorptionen. Das rote Carotinoid Astacin zeigt ein einziges Maximum bei 480 nm, während der gold-gelbe Xanthophyllester drei Maxima bei 481, 449 bzw. 422 nm besitzt. Bei dieser Darstellung stellt sich die interessante Frage, wie ein Spektrum der Mischung dieser

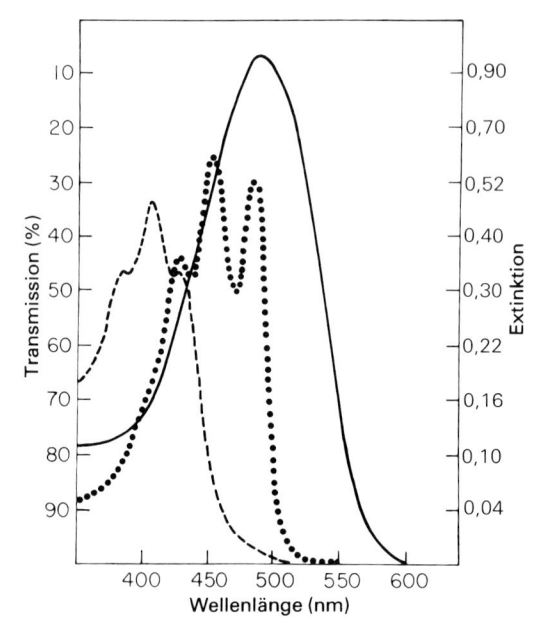

Abb. 2.5 Absorptionsspektrum von drei Carotinoiden im sichtbaren Spektralbereich. Entnommen aus D. B. Meyer, in The Structure of the Eye (J. W. Rohen, Ed.), F. K. Schattauer-Verlag, Stuttgart, 1964, S. 521–533.

Verbindungen aussehen würde. Man kann leicht zeigen, daß sich das Spektrum einer Mischung aus der Summe der einzelnen Spektren zusammensetzt. Mathematisch formuliert:

$$A_{tot} = A_1 + A_2 + A_3 + \cdots + A_n \qquad (10)$$

Vorausgesetzt jede Komponente einer Mischung ist bekannt und kann in reiner Form erhalten werden, erlaubt dies eine quantitative Analyse der Lösung. Bei einer Mischung aus n Komponenten wird die Analyse begonnen, indem man die Extinktions-Koeffizienten jeder isolierten reinen Komponente bei n verschiedenen Wellenlängen bestimmt. Danach wird die Extinktion der Mischung bei eben diesen Wellenlängen gemessen. Die erhaltenen Daten werden schließlich dazu benutzt, ein Gleichungssystem aus n Gleichungen aufzustellen und zu lösen nach Gl. 10:

$$A_1 = \varepsilon_{11} c_1 d + \varepsilon_{12} c_2 d + \cdots + \varepsilon_{1n} c_n d$$
$$A_2 = \varepsilon_{21} c_1 d + \varepsilon_{22} c_2 d + \cdots + \varepsilon_{2n} c_n d$$
$$\vdots$$
$$A_n = \varepsilon_{n1} c_1 d + \varepsilon_{n2} c_2 d + \cdots + \varepsilon_{nn} c_n d$$

A_n ist die Absorption der Mischung bei der Wellenlänge n, ε_{nn} ist der Extinktions-Koeffizient der n-ten reinen Verbindung bei der Wellenlänge n und c_n deren Konzentration. $c_1, c_2 \ldots c_n$ sind für alle Gleichungen konstant. d ist bekannt und kann entfallen, wenn eine 1-cm-Küvette benutzt wird. $A_1, A_2 \ldots A_n$ und die Extinktions-Koeffizienten werden direkt gemessen. Obwohl sich diese Methode zur Analyse von Lösungen einer Mischung eignet, wird ihre Anwendung oft verhindert durch die Voraussetzungen, daß man 1. die Zusammensetzung der Lösung mit Sicherheit kennen und 2. jede der Komponenten in reiner Form vorliegen haben muß.

Die Gleichungen dieses Abschnitts wurden zwar nur für sichtbares Licht abgeleitet und diskutiert, sie sind aber nicht nur für diesen engen Bereich des elektromagnetischen Spektrums gültig; sie können allgemein auf jeden anderen Bereich angewendet werden.

2.1 Spektralphotometer

Seit der Einführung der Spektralphotometer finden die photometrischen Methoden häufige Anwendung in der Biochemie. Die Photometer können monochromatisches Licht, d.h. Licht einer Wellenlänge, erzeugen und die Absorption dieses Lichtes durch eine Probe bestimmen. Wie Abb. 2.6 zeigt, bestehen die meisten Photometer aus fünf Funktionseinheiten: der Lichtquelle, dem Monochromator mit dem Breitbandfilter, der Probenkammer, dem Detektor und einer elektronischen Einheit, die die eingehenden Signale verarbeitet und die Anzeige steuert. Jede dieser Funktionseinheiten soll nun einzeln betrachtet, ihre Arbeitsweise beschrieben und die Einflüsse, die ihre Funktionen beeinträchtigen können, diskutiert werden.

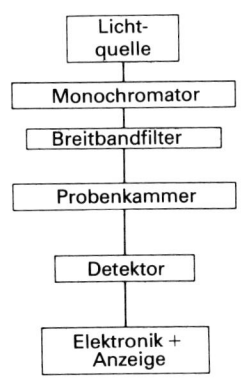

Abb. 2.6 Schematische Darstellung der Bestandteile eines Spektralphotometers für den sichtbaren und UV-Bereich.

2.1.1 Lichtquelle

Kriterien für eine gute Lichtquelle (A und a in Abb. 2.7) sind 1. hohe Intensität bei kleiner Abmessung der Quelle, 2. weiter Spektralbereich, 3. keine scharfen Emissionsbanden, die das Spektrum unterbrechen, 4. gleichmäßige Intensität und 5. lange Brenndauer mit möglichst geringen Kosten. Drei Quellen erfüllen diese Kriterien und werden in den meisten hochwertigen Geräten eingesetzt. Für den ultravioletten Bereich erhält man eine Wasserstoff-Hochdruck- oder Deuterium-Lampe. Die Emissionsspektren beider Lampen sind nahezu gleich, jedoch besitzt die Deuterium-Lampe die dreifache Intensität. Ihre Emissionsspektren reichen von 375 nm bis zur Durchlässigkeitsgrenze des Lampenmaterials (250–350 nm für Glas und 160 nm für hochwertiges Quarz). Oberhalb von 375 nm werden in den meisten Geräten Wolfram-Lampen mit niedriger Spannung und hoher Intensität benutzt. Xenon-Lichtquellen werden in zunehmendem Maße für die Wellenlängen zwischen 280–800 nm verwendet, da sie billiger und lichtintensiver sind und eine

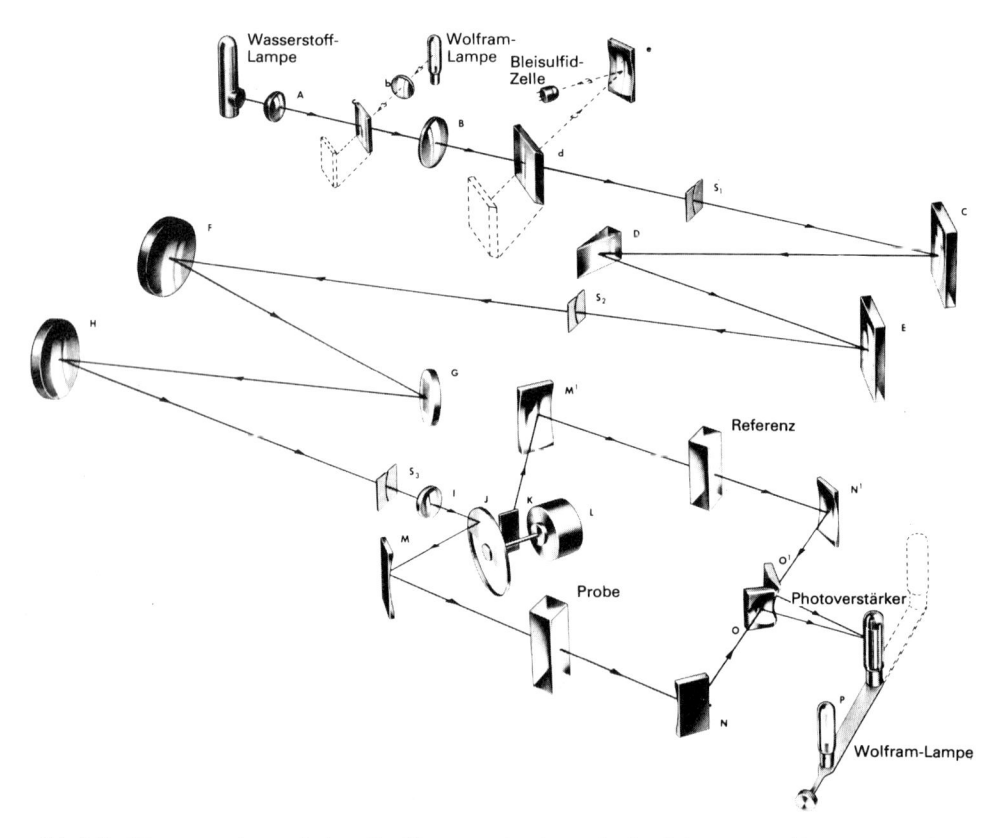

Abb. 2.7 Diagramm des optischen Strahlengangs in einem Spektralphotometer (Cary 14; mit Genehm. der Varian Instrument Division, Palo Alto, Kalifornien).

längere Brenndauer als die Deuterium-Lampen besitzen. Der einzige Nachteil ist die Instabilität des Lichtbogens, der leicht auf den Elektroden von einem Punkt zum anderen „wandert".

2.1.2 Monochromator

Durch eine bewegliche Spiegelapparatur (C in Abb. 2.7) kann entweder das Licht der Wolfram- oder Deuterium-Lampe zur Messung verwendet werden. Die Bündelung der Strahlung erfolgt durch optische Linsen (B), an die sich zur Parallelisierung ein Kollimator-System oder ein enger Spalt (S_1) anschließt. Der Monochromator (Prisma D und/oder Gitter G) teilt nun die gebündelte, weiße (polychromatische) Strahlung in seine farbigen Anteile auf. Die Kriterien für einen guten Monochromator sind 1. möglichst geringe eigene Absorption der Strahlung, 2. große Genauigkeit bei der Auswahl der gewünschten Wellenlänge und 3. die Möglichkeit, monochromatisches Licht über einen weiten Bereich des Spektrums abzugeben. Das Grundprinzip eines Monochromators ist die Brechung des Lichtes durch ein Prisma (D) oder Beugung an einem Gitter (G) bzw. in teureren Instrumenten die Kombination aus beiden (wie in Abb. 2.7). Abb. 2.8 zeigt, wie monochromatisches Licht von einem Prisma erzeugt wird. Das polychromatische Licht durchquert das Prisma und wird dabei gebrochen. Durch die Drehung des Prismas können unterschiedliche Komponenten durch den Spalt (S_2 und S_3) auf die Probe gelenkt werden. Alle anderen, außer der gewünschten Wellenlänge, treffen nicht

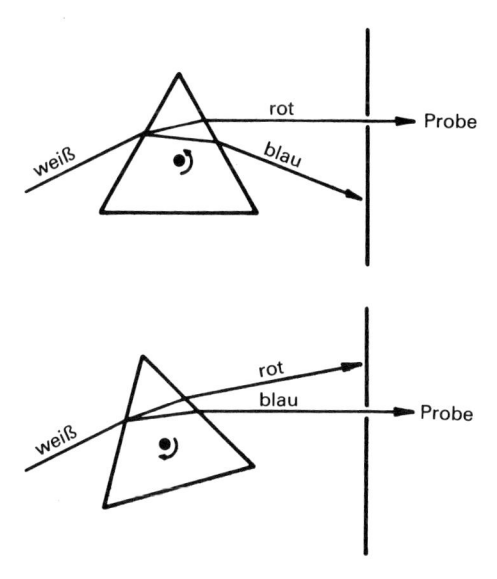

Abb. 2.8 Erzeugung von monochromatischem Licht mit einem rotierenden Prisma. Der Pfeil deutet die Rotations-Richtung an.

den Spalt und werden von den nicht reflektierenden Innenwänden des Monochromators absorbiert. In automatisch aufzeichnenden Instrumenten wird das Prisma durch einen Motor langsam gedreht. Obwohl Prismen heute noch vielfach verwendet werden, haben sie doch verschiedene Nachteile. Die Stärke der Streuung ist begrenzt, und der Abstand zwischen den einzelnen Spektrallinien, die sogenannte Dispersion, folgt keinem geometrischen Gesetz, d.h. je länger die Wellenlängen, desto näher liegen die Spektrallinien zusammen, bei kürzeren Wellenlängen ist die Dispersion größer. Die Prismen sind auch temperaturempfindlich. Diese Nachteile sind größtenteils überwunden worden durch die Verwendung von Beugungsgittern. Das Beugungsgitter besteht aus einer verspiegelten Oberfläche, in die parallel und dicht nebeneinander Rillen (ca. 6000/cm) eingeritzt sind. Die Gitter haben den Vorteil, ein weites kontinuierliches Spektrum zu erzeugen. Wie in Abb. 2.9 dargestellt ist, stellt jede dieser eingeritzten Rillen durch Reflexion eine eigene Lichtquelle dar. Die reflektierte Strahlung der einen Reflexionsebene überlappt mit der Strahlung der Nachbarebene, wodurch zwischen den einzelnen Wellen Interferenz entsteht. Wenn der Abstand der Ebenen, die sogenannte Gitterkonstante, ein Vielfaches einer Wellenlänge beträgt, sind die Wellen in Phase und werden reflektiert. Ist die Gitterkonstante kein Vielfaches einer Wellenlänge, sind die Wellen nicht in Phase und löschen einander aus; das Licht wird nicht reflektiert. Die reflektierten Wellenlängen werden durch den Winkel, mit dem das Licht das Gitter trifft, bestimmt. Der Zusammenhang zwischen dem Einfallswinkel ϑ, der Gitterkonstanten d und der Wellenlänge λ wird durch die Braggsche Gleichung gezeigt

$$n\lambda = 2d \sin\vartheta \tag{11}$$

wobei n ein ganzes Vielfache der Wellenlänge bedeutet. Ungünstig ist, daß Beugungsgitter eine ganze Reihe von überlappenden Bereichen monochromatischen Lichtes reflektieren. Abhängig von n = 1,2 ... usw. werden die Bereiche „erster Ordnung", „zweiter Ordnung" usw. genannt (Abb. 2.10). Für jeden gegebenen Winkel ϑ wird die Strahlung der Wellenlängen λ, $\lambda/2$, $\lambda/3$ ... reflektiert. Daraus ergibt sich, daß die Winkel für Spektrallinien mit den Wellenlängen 750, 375 und 250 nm alle gleich sind. Somit besteht das von einem Gitter reflektierte Licht zu

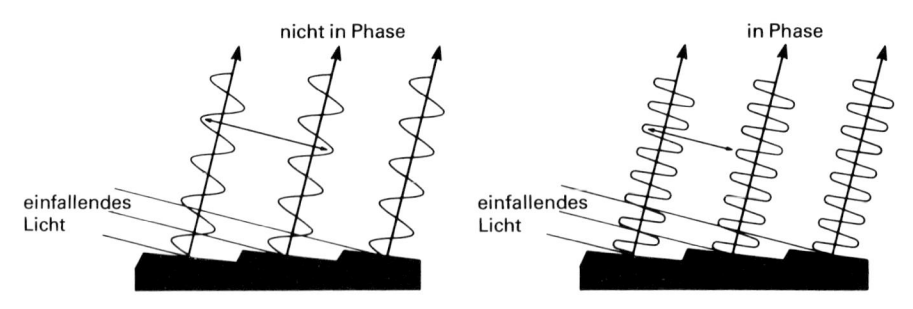

Abb. 2.9 Reflexion von Licht mit unterschiedlichen Wellenlängen an einem Beugungsgitter.

75% aus Spektrallinien erster Ordnung und zu 25% höherer Ordnung. Da hierbei große Fehler bei der Messung von Absorptionen auftreten würden, ist dieses Problem durch die Verwendung von Breitbandfiltern am Ausgang des Monochromators (hinter der Linse I in Abb. 2.7) umgangen worden. Breitbandfilter, die meist in den Geräten automatisch gesteuert werden, sind für einen relativ großen Spektralbereich durchlässig. Wird z. B. zur Absorptions-Messung Licht der Wellenlänge 750 nm benötigt, wird ein Breitbandfilter benutzt, der für Wellenlängen von 500 bis 800 nm durchlässig ist. Dadurch werden die höheren Ordnungen des reflektierten Lichtes (250 und 375 nm) zurückgehalten und erreichen die Probe nicht. Eine zweite Möglichkeit, die höheren Ordnungen auszuschalten, besteht in der gemeinsamen Verwendung von Gitter und Prisma. Ein begrenzter Bereich des Spektrum wird vom Prisma auf das Beugungsgitter gelenkt (z. B. 500–800 nm). Aus diesem Bereich kann mit dem Gitter die Wellenlänge 750 nm ausgewählt werden, ohne daß die Wellenlängen 375 und 250 nm stören. Mit dieser Technik erhält man gleichzeitig auch eine größere Dispersion.

Wie in Abb. 2.8 und Abb. 2.10 gezeigt, erreicht das Licht die Probe durch den Ausgangsspalt des Monochromators (S$_3$ in Abb. 2.7). Zusammen mit der Disper-

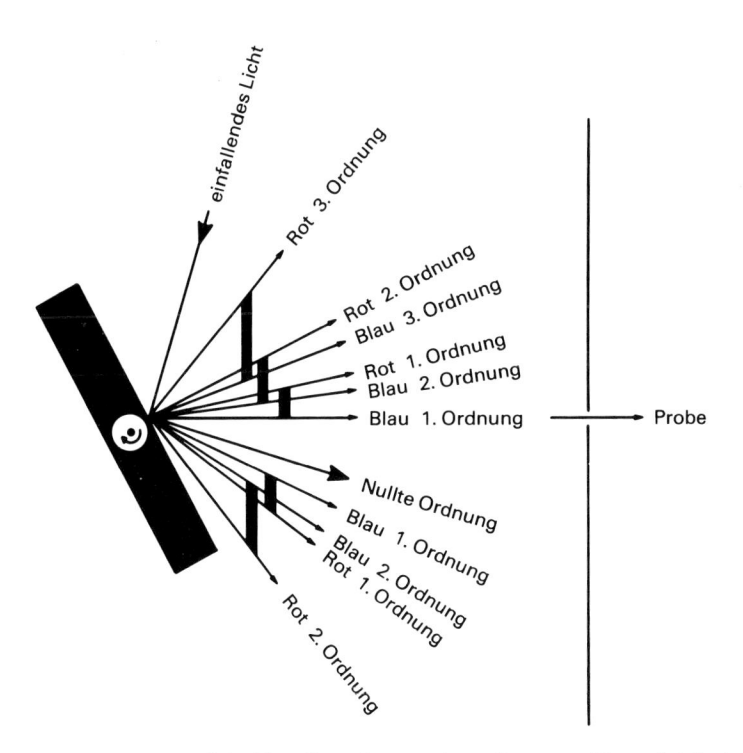

Abb. 2.10 Räumliche Verteilung des von einem Beugungsgitter reflektierten Lichtes erster und zweiter Ordnung. Die Balken verbinden die beiden äußeren Wellenlängen jedes Spektrums. Der Pfeil deutet die Rotations-Richtung des Beugungsgitters an. Ebenfalls eingezeichnet ist der Ausgangsspalt des Monochromators.

sion des Monochromators bestimmt die Spaltbreite die spektrale Reinheit oder Auflösung des Systems. Abb. 2.11 gibt bei einer möglichst geringen Spaltbreite die Abhängigkeit der die Probe erreichenden Lichtintensität von der Wellenlänge wieder. Man kann erkennen, daß ein schmaler Spektralbereich mit einem Maximum bei der gewünschten Wellenlänge durch den Spalt tritt. Je größer die Dispersion der Spektrallinien, desto monochromatischer ist das Licht, das durch den Spalt durchstrahlt. Andererseits beschränkt auch eine enge Spaltbreite den durchtretenden Spektralbereich. Die Breite des Spektralbereichs wird die „spektrale Spaltbreite" und der Bereich zwischen den halb-maximalen Intensitäten (siehe Abb. 2.11) die „spektrale Bandbreite" genannt. Die spektrale Bandbreite ist ein Maß für die monochromatische „Reinheit" der vom Monochromator erzeugten Strahlung: je kleiner die spektrale Bandbreite, desto höher die monochromatische Reinheit der Strahlung. Wie beeinflussen jedoch diese Parameter die praktischen Messungen? In Abb. 2.12 sind zwei Spektren derselben Verbindung aufgezeichnet, einmal mit großer, das andere Mal mit kleiner spektralen Bandbreite. Bei der großen Bandbreite kann der zentrale Peak nicht mehr aufgelöst werden. Mit abnehmender Spaltbreite nimmt die Auflösung zu, jedoch kann der Spalt nicht beliebig weit geschlossen werden, da mit abnehmender Spaltbreite auch die Lichtintensität abnimmt. Lichtquellen mit hoher Lichtintensität erlauben zwar eine enge Spaltbreite, in erster Linie bestimmt aber der Detektor, wie weit der Spalt geschlossen werden darf. Mit der Intensitätsabnahme am Detektor muß seine Empfindlichkeit bei der Messung erhöht werden. Damit wird der Detektor auch für elektronisches „Background"-Rauschen aus dem Photomultiplier (siehe Kap. 3) empfänglicher. Wenn das Rauschsignal auch nur ein paar Hundertstel eines Prozents des eigentlichen Signals ausmacht, wird die Qualität des Spektrums beeinträchtigt.

Der Monochromator hat nicht nur die Aufgabe, Strahlung mit schmaler Bandbreite, sondern auch mit genau bekannter Wellenlänge zu erzeugen. Die Genauig-

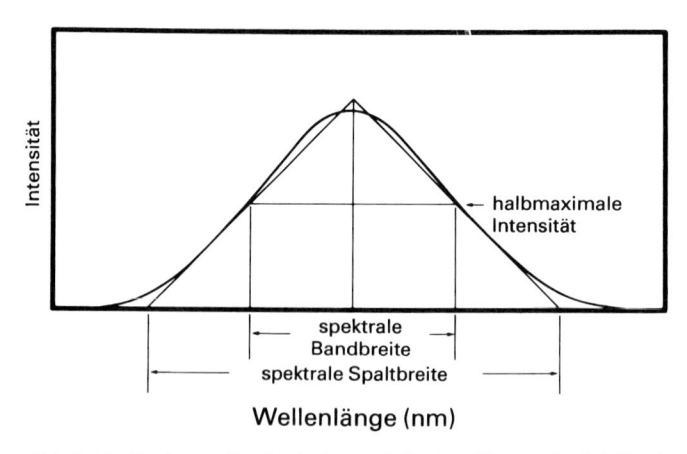

Abb. 2.11 Spektrum des durch einen minimal geöffneten Spalt fallenden Lichtes.

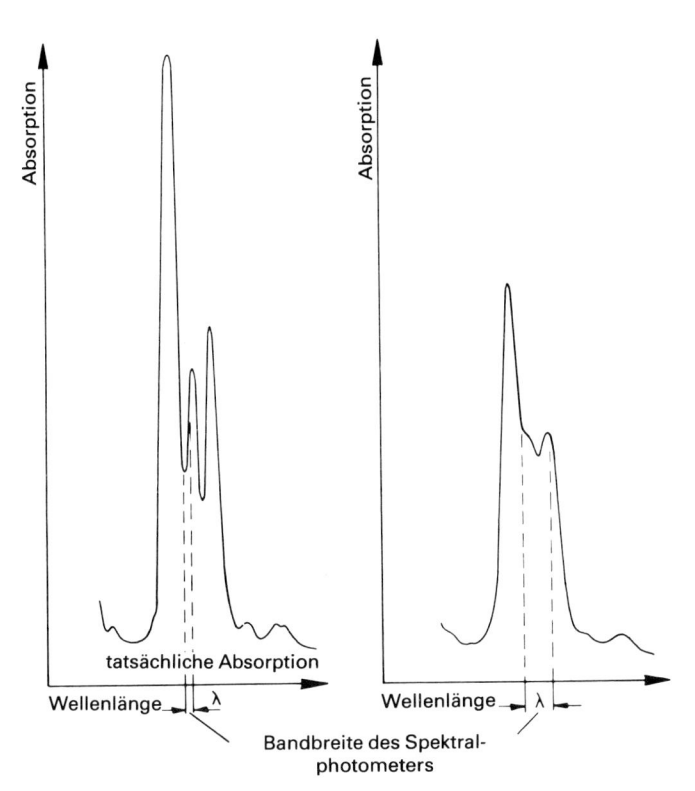

Abb. 2.12 Einfluß der Spaltbreite auf die Auflösung eines Spektralphotometers.
Aus R. L. Manning, Ed., Introduction to Spectroscopy, Pye Unicam Ltd., Cambridge, England, 1969.

keit der Wellenlängen-Einstellung kann in der Praxis durch Bestimmung der Lage bekannter Emissionslinien der Lichtquelle oder durch Bestimmung des Spektrum eines Standard-Holmiumoxid- oder Didymoxid-Glasfilters nachgeprüft werden. In Abb. 2.13 wird gezeigt, daß solche Standards eine Reihe von ausreichend scharfen Absorptionsmaxima mit bekannten Wellenlängen im sichtbaren Spektralbereich besitzen.

2.1.3 Probenkammer

Die Probenkammer der gebräuchlichsten Spektralphotometer können verschiedene Küvetten oder Meßzellen aufnehmen. Die Größe der Küvetten liegt zwischen sehr klein mit einem maximalen Volumen von nur 0,05 ml und so groß, um ein 20 cm langes Polyacrylamid-Gel aufnehmen zu können. Ebenfalls gebräuchlich sind Durchfluß-Küvetten, die eine kontinuierliche Messung der Absorption eines Flüssigkeitsstromes erlauben. Küvetten und Probenkammer hochwertiger Instrumente besitzen Vorrichtungen, mit der die Temperatur konstant gehalten werden

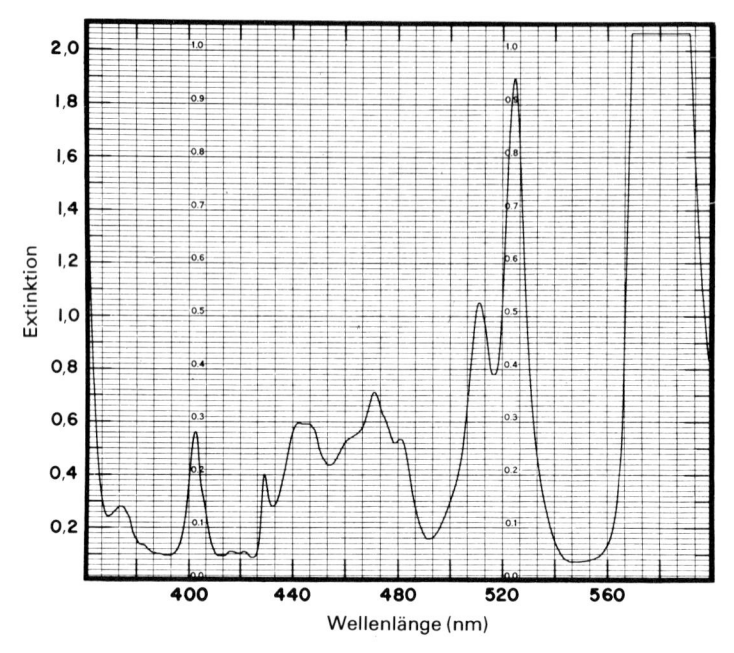

Abb. 2.13 Absorptionsspektrum eines Didymoxid-Filters im sichtbaren Bereich.

kann. Dazu wird Wasser oder eine Ethylenglykol-Lösung durch die Wände der Probenkammer, des Küvettenhalters und sogar der Küvetten selbst gepumpt.

Die Küvetten gehören zu den wichtigsten Teilen eines Spektralphotometers, denn so gut auch das Photometer sein mag, schlechte Küvetten geben schlechte Messungen und unzureichende Spektren. Für Messungen im sichtbaren Bereich reichen Küvetten aus optischem Glas aus, während im Bereich unterhalb 350 nm Glas zu stark absorbiert und die teureren Quarzküvetten benutzt werden müssen. Um die Qualität der Küvetten zu erhalten, sollten sie sorgfältig behandelt und aufbewahrt werden. Folgende einfache Vorsichtsmaßnahmen sollten eingehalten werden. 1. Scharfe und spitze Gegenstände dürfen niemals in Kontakt mit den Küvetten kommen, da schon kleine Kratzer an den Oberflächen der Küvetten zu Reflexionen und damit falschen Messungen führen. 2. Nach der Messung müssen die Küvetten ausgespült werden. Dies gilt besonders nach Messungen von Proteinen und Nucleinsäuren, die leicht an Glas adsorbieren. Versehentlich nicht gleich ausgespülte Küvetten sollte man mit einem milden Detergenz waschen und anschließend mehrmals mit destilliertem Wasser spülen. 3. Zum Auswischen der Küvetten sollten möglichst Tücher verwendet werden, die speziell für optische Geräte geeignet sind. Häufige Verwendung von härteren Tüchern zerkratzt die Oberflächen der Küvetten.

Ein abschließendes Problem, das die Messung beeinflussen kann, ist das Streulicht. Es ist Strahlung mit unerwünschten Wellenlängen, das oft vom Monochromator herrührt, jedoch auch durch ein „Loch" in der Probenkammer kommen kann.

Um diese Gefahr herabzusetzen, sind die inneren Wände der Probenkammer mit schwarzer nicht-reflektierender Farbe gestrichen. Streulicht vom Monochromator kann durch zwei mögliche Mechanismen ausgeschaltet werden. In teuren Photometern werden zwei Dispersions-Elemente eingebaut, Prismen und/oder Beugungsgitter. Zusammen reduzieren sie das Streulicht um mehrere Größenordnungen (Abb. 2.7). Andere Photometer benutzen Breitbandfilter zwischen Monochromator und Probenkammer, um das Streulicht weitgehend auszuschalten.

2.1.4 Detektor

Der Detektor eines Spektralphotometers ist eine Photoverstärker-(Multiplier-) Röhre. Die Funktion einer solchen Röhre wird im Kap. 3 näher beschrieben und soll deswegen hier nicht diskutiert werden. In Geräten, die einen weiten Spektralbereich überdecken, werden normalerweise zwei verschiedene Photomultiplier verwendet; einer, der zur Verstärkung der Wellenlängen zwischen 200 und 600 nm, und ein zweiter, der für Wellenlängen zwischen 600 und 1000 nm geeignet ist (P und Photomultiplier in Abb. 2.7).

Obwohl ein detailiertes Eingehen auf den elektrischen Aufbau des Photometers den Rahmen dieses Buches sprengt, sollen doch zwei grundlegende Methoden der Absorptions-Messung erwähnt werden. Bisher wurde nur von der Messung der Probe gesprochen. Jedoch setzen die Messungen auch die Bestimmung eines Leerwertes voraus, um einen Vergleich mit der Absorption des Lösungsmittels, der Küvette, und eventuell anderer unerwünscht vorhandener Substanzen zu ermöglichen. Wenn z.B. die Absorption der Probe 0,80 und die Absorption des Leerwertes mit allen Substanzen, die auch in der Probe vorhanden sind, außer des Materials, dessen Absorption bestimmt werden soll, 0,40 beträgt, sollten die Messungen in anderer Weise wiederholt werden. Der Leerwert darf nicht größer als 10% der Absorption der Probe betragen, um brauchbare Werte zu erhalten. Die Methode des Vergleichs mit einem Leerwert ist bei Einzelmessungen anwendbar, jedoch für die Aufnahme eines Spektrums sehr umständlich. Es müßte bei jeder vermessenen Wellenlänge mit dem Leerwert verglichen werden. Deshalb wurden zur Aufnahme von Spektren die Zweistrahl-Photometer entwickelt. Ein Diagramm für den Strahlengang durch dieses Instrument ist in Abb. 2.7 wiedergegeben. Der Aufbau eines Zweistrahl-Instruments ist mit dem eines Einstrahl-Instruments identisch mit der Ausnahme, daß der Lichtstrahl vor der Probe aufgespalten wird (Komponenten J, K, M und M_1 in Abb. 2.7). Die Aufspaltung erfolgt mit einem Prisma oder häufiger mit einer rotierenden Scheibe (J), die den Strahl zur Hälfte der Zeit durch die Probe, zur anderen Hälfte durch die Vergleichsküvette schickt. Elektronisch werden beide Signale wieder zusammengefaßt und die Absorption der Referenzküvette von der Probenküvette abgezogen. Auf diesem Weg wird ein kontinuierliches Spektrum aufgenommen und gleichzeitig nur die „echte" Absorption angezeigt.

2.2 Fluoreszenz-Spektroskopie

Von Reinhard Neumeier

Verschiedene Moleküle strahlen nach der Absorption eines Photons Licht einer längeren Wellenlänge ab. Dieser Vorgang wird Fluoreszenz genannt oder Phosphoreszenz, wenn die Abstrahlung nicht sofort, sondern verzögert erfolgt. Wie schon zu Beginn dieses Kapitels beschrieben, nimmt eine von Licht bestrahlte Substanz eine bestimmte Energie auf, wodurch die Elektronen auf ein höheres Energieniveau angehoben werden. Nach der Absorption wird ein Teil der Energie sofort durch Kollision mit anderen Molekülen abgegeben. Das Molekül besitzt danach nur noch die Energie des niedrigsten angeregten Zustands. Auf den Grundzustand kann es unter anderem durch Abgabe von Strahlung, also der Fluoreszenz, zurückfallen. Wegen des vorangegangenen Verlusts an Energie durch Zusammenstöße mit anderen Molekülen ist die Fluoreszenz-Energie immer etwas niedriger als die Absorptions-Energie. Diese Wellenlängen-Zunahme wird auch Stokessche Verschiebung genannt.

Nicht jedes angeregte Molekül fluoresziert jedoch auch tatsächlich. Die Wahrscheinlichkeit, mit der eine Fluoreszenz auftritt, wird durch den Quantenwirkungsgrad Q beschrieben. Er ist definiert als Verhältnis der emittierten zu absorbierten Quanten oder Photonen (Einheit des Lichtes mit der Energie $E = h\nu$). Der Q-Wert wird einmal bestimmt durch die Eigenschaften des Moleküls selbst, zum anderen durch die Einflüsse der Umgebung. Zu den Eigenschaften des Moleküls, die be-

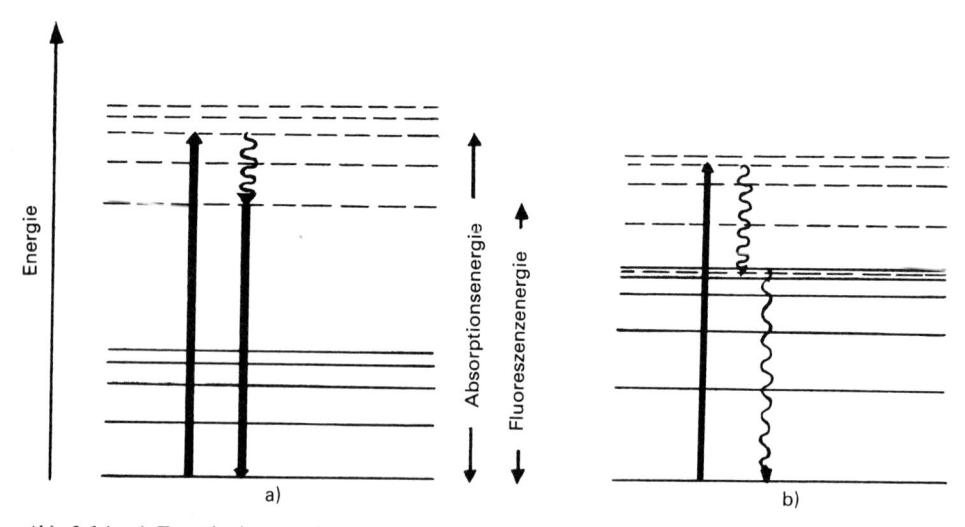

Abb. 2.14 a) Energieniveaus eines fluoreszierenden Moleküls. Der Übergang vom angeregten Zustand (gestrichelte Niveaus) zum Grundzustand (durchgezogene Niveaus) erfolgt durch Fluoreszenz; b) Energieniveaus eines nicht fluoreszierenden Moleküls. Das höchste Schwingungsniveau des Grundzustands überschneidet sich mit dem niedrigsten Niveau des angeregten Zustands. Der Übergang erfolgt ohne Strahlungsabgabe.

stimmen, ob und mit welcher Wahrscheinlichkeit eine Fluoreszenz auftritt, gehört die Verteilung der Energie-Niveaus. Überschneiden sich die oberen Schwingungsniveaus des Grundzustands mit den unteren Schwingungsniveaus des angeregten Zustands, ist ein Übergang ohne Fluoreszenz möglich. Die Energie wird in Form von Wärme abgegeben (siehe Abb. 2.14).

Für den Biochemiker wichtiger sind die Einflüsse der Umgebung. Sie bewirken eine Herabsetzung von Q, indem sie durch Zusammenstöße oder Resonanz Energieübertragungen ermöglichen und so die Fluoreszenz verhindern. Dieser Einfluß wird Löschen oder „Quenching" genannt (siehe auch Kap. 3).

Der wichtigste Anwendungsbereich der Fluoreszenz-Spektroskopie liegt in der quantitativen Analyse. Sie ist aufgrund ihrer höheren Genauigkeit, Empfindlichkeit und Reproduzierbarkeit besser als die Absorptions-Spektroskopie zur Bestimmung kleiner Mengen biochemisch interessanter Substanzen geeignet. Das Problem des Einflusses löschender Verbindungen oder die Selbstlöschung kann durch Messung einer unbekannten Menge der zu bestimmenden Substanz vor und nach Zugabe eines internen Standards (bekannte Menge der reinen Substanz) umgangen werden. Weitere Anwendungsgebiete können nur erwähnt werden: 1. qualitative Analyse, 2. Enzymbestimmungen und kinetische Untersuchungen, 3. Untersuchung der Konformation von Proteinen.

Der Aufbau eines Spektralfluorimeters ähnelt stark dem Aufbau eines Spektralphotometers (Abb. 2.6). Ein Unterschied besteht darin, daß sich der Detektor des Fluorimeters in einem Winkel von 90° zum einfallenden Lichtstrahl befindet. Auch ist keine Referenzküvette erforderlich, jedoch muß eine Eichkurve angelegt werden.

2.3 Experimenteller Teil

2.3.1 Protein-Bestimmung mit der Biuret-Reaktion

Die Biuret-Reaktion zur Protein-Bestimmung war eine der ersten kolorimetrischen Bestimmungsmethoden für Proteine und wird auch heute noch häufig verwendet. Sie wird meist dort verwendet, wo es um schnelle, aber weniger genaue Messungen geht. Die Tatsache, daß Ammoniumsulfat die Farbstoffbildung nicht stört, macht diese Methode vorteilhaft für Bestimmungen während der ersten Schritte einer Protein-Reinigung. Die Struktur des Farbkomplexes ist bis heute nicht exakt bekannt. Man nimmt an, daß eine Komplexierung des Kupfers mit den Peptidbindungen des Proteins und mit den Tyrosin-Resten in alkalischer Lösung stattfindet.

Zu den Substanzen, die die Bestimmung stören, gehören Puffer wie Tris- und Goodsche Puffer, die ebenfalls die Farbreaktion geben. Eine weitere Störung entsteht durch Reduktion der Kupferionen, was in der Praxis an einem roten Niederschlag in der Reaktionsmischung erkannt werden kann.

Herstellung des Biuret-Reagenz
1. In einen 1-l-Meßkolben werden 1,50 g $CuSO_4 \cdot 5H_2O$; 6,0 g Natrium-Kalium-Tartrat und ein Rührmagnet gegeben.
2. Die Salze werden in 500 ml dest. Wasser gelöst.
3. Unter starkem Rühren werden 300 ml 10%ige NaOH (w/v) hinzugegeben.
4. Der Rührmagnet wird entfernt und der Meßkolben mit destilliertem Wasser auf 1 l aufgefüllt.
5. Die Lösung wird gut umgeschüttelt und in ein Plastikgefäß umgefüllt.
6. Die Biuret-Reagenzlösung hat eine tiefkönigsblaue Farbe und kann unbeschränkt aufbewahrt werden. Sollte sich ein schwarzer Niederschlag im Vorratsgefäß gebildet haben, ist die alte Lösung zu verwerfen und eine neue herzustellen.

Protein-Bestimmung mit der Biuret-Reaktion
7. Das Spektralphotometer oder Kolorimeter wird entsprechend der Gebrauchsanweisung einige Zeit vor der eigentlichen Messung eingeschaltet, um es warm werden zu lassen.
8. Zehn Reagenzröhrchen (ca. 10 ml Volumen) werden numeriert und in einem Ständer aufgestellt. In jedes Röhrchen wird sorgfältig eins der folgenden Volumina einer 1%igen Lösung von Rinderserum-Albumin pipettiert: 0; 0,1; 0,2; 0,3; 0,4; 0,5; 0,6; 0,7; 0,8 und 1,0 ml.
9. Jedes Röhrchen wird mit einer entsprechenden Menge dest. Wassers auf 1,0 ml aufgefüllt.
10. 4,0 ml Biuret-Reagenzlösung werden in jedes Röhrchen gegeben. Die Lösung wird sofort auf einem Wirlmix für einige Sekunden kräftig durchmischt.

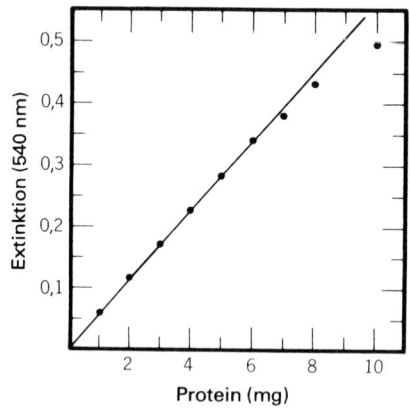

Abb. 2.15 Protein-Bestimmung mit der Biuret-Reaktion. Dargestellt ist die Absorption in Abhängigkeit von der eingesetzten Protein-Menge.

11. Die Röhrchen werden für 20 Minuten auf 37 °C erwärmt.
12. Die Bestimmung der Absorption jeder Probe erfolgt bei der Wellenlänge 540 nm. Nach der Inkubation bei 37 °C ist die Farbe für kurze Zeit stabil (1–2 Stunden), nimmt aber während einer längeren Zeit langsam zu. Die Proben sind deshalb so bald wie möglich zu messen.
13. Die Absorption wird in einer graphischen Darstellung in Abhängigkeit von der Menge des eingesetzten Proteins aufgezeichnet (siehe Abb. 2.15). Den Proteingehalt einer unbekannten Probe, deren Absorption in der gleichen Weise bestimmt wurde, kann man nun aus dieser Eichkurve ablesen.

2.3.2 Protein-Bestimmung nach Lowry

Die Lowry-Reaktion zur Protein-Bestimmung ist eine Erweiterung der Biuret-Methode [2, 3]. Im ersten Schritt wird der Kupfer-Protein-Komplex in alkalischer Lösung gebildet. Dieser Komplex reduziert ein Phosphomolybdat-Phosphowolframat-Reagenz (Folin-Ciocalteu-Phenol-Reagenz), wobei eine intensiv blaue Färbung entsteht. Die Lowry-Methode ist viel sensitiver als die Biuret-Reaktion, jedoch auch zeitaufwendiger. Sie wird durch die gleichen Substanzen wie die Biuret-Reaktion gestört, nur ist die Beeinträchtigung hier weit größer. Zusätzlich verfälschen die Anwesenheit von Mercaptanen und verschiedener anderer Substanzen (Reduktionsmittel) die Ergebnisse. Bei der Zugabe des Folin-Reagenz ist eine wichtige Regel zu beachten. Dieses Reagenz ist nur in saurem Milieu beständig. Die erwähnte Reduktion erfolgt jedoch bei pH 10. Deshalb muß man, sobald man das Folin-Reagenz zur alkalischen Kupfer-Protein-Lösung zufügt, *sofort kräftig mischen*, damit die Reduktion vor der Zersetzung des Phosphomolybdat-Phosphowolframat-(Folins-)Reagenz stattfindet.

1. Reagenz A: 100 g Na_2CO_3 werden in 1 l (Endvolumen) 0,5 N NaOH gelöst.
2. Reagenz B: 1 g $CuSO_4 \cdot 5H_2O$ werden in 100 ml (Endvolumen) dest. Wasser gelöst.
3. Reagenz C: 2 g Kaliumtartrat werden in 100 ml (Endvolumen) dest. Wasser gelöst. Die in den Schritten 1 bis 3 hergestellten Reagenzien können unbegrenzte Zeit aufbewahrt werden.
4. Das Spektralphotometer oder Kolorimeter wird entsprechend der Gebrauchsanweisung einige Zeit vor der eigentlichen Messung eingeschaltet, um es warm werden zu lassen.
5. Zehn Reagenzröhrchen (ca. 10 ml Volumen) werden numeriert und in einem Ständer aufgestellt. In jedes Röhrchen wird sorgfältig eins der folgenden Volumina einer 0,03%igen Lösung von Rinderserum-Albumin pipettiert: 0; 0,1; 0,2; 0,3; 0,4; 0,5; 0,6; 0,7; 0,8; 1,0 ml.
6. Jedes Röhrchen wird mit einer entsprechenden Menge dest. Wasser auf 1,0 ml aufgefüllt.

7. 15 ml Reagenz A, 0,75 ml Reagenz B und 0,75 ml Reagenz C werden in einem 50-ml-Erlenmeyerkolben kräftig gemischt.
8. Von der hergestellten Lösung werden je 1 ml in jedes Röhrchen gegeben. Die Röhrchen werden anschließend auf einem Wirlmix kräftig durchgemischt.
9. Die Röhrchen werden 15 Minuten bei Raumtemperatur stehengelassen.
10. 5,0 ml Folin-Phenol-Reagenz werden in einem 100-ml-Erlenmeyerkolben mit 50 ml destilliertem Wasser gut vermischt.
11. Nach Beendigung der Inkubation bei Raumtemperatur werden 3,0 ml der eben hergestellten Lösung in jedes Röhrchen pipettiert. Die Zugabe sollte *so schnell wie möglich* erfolgen und die Lösung *sofort kräftig durchgemischt* werden. Die Zugabe und Durchmischung müssen abgeschlossen sein, bevor man zum nächsten Röhrchen übergeht.
12. Die Proben werden bei Raumtemperatur 45 Minuten inkubiert.
13. Die Absorption jeder Probe wird bei der Wellenlänge 540 nm bestimmt. Zusätzlich können noch die Absorptionen bei 660 und 750 nm bestimmt werden. Bei den höheren Wellenlängen zeigen die Proben eine größere Absorption.
14. Die Farbintensität der Proben bleibt nach Beendigung der Inkubation ca. 45 Minuten bis 1 Stunde stabil. Die Bestimmungen sollten so bald wie möglich erfolgen.
15. Die erhaltenen Werte werden, wie in Abb. 2.16 gezeigt, als Eichkurve graphisch dargestellt. Unbekannte Proben behandelt man in der gleichen Weise. Ihr Proteingehalt kann aus der erhaltenen Eichkurve ermittelt werden.

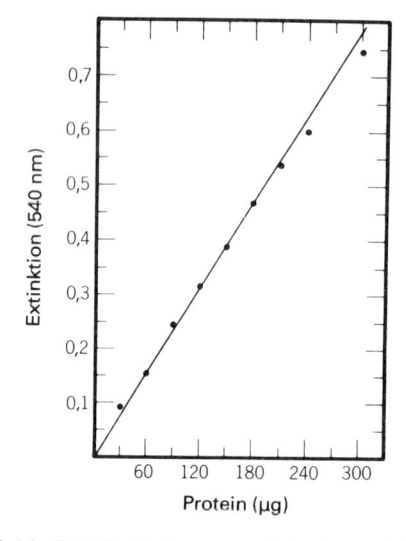

Abb. 2.16 Protein-Bestimmung mit der Lowry-Methode. Dargestellt ist die Absorption in Abhängigkeit von der eingesetzten Protein-Menge.

2.3.3 Bestimmung von anorganischem Phosphat

Die folgende Phosphat-Bestimmung [4] ist eine Modifizierung der älteren Methode von Fiske und Subbarow [5]. Ihr liegt die Bildung eines Phosphomolybdat-Komplexes mit Ammoniummolybdat und anschließender Reduktion dieses Komplexes durch Ascorbinsäure zugrunde. Sie unterscheidet sich von der Fiske-Subbarow-Reaktion durch die Wahl des Reduktionsmittels. Diese verwendet Natriumsulfit zusammen mit Aminonaphtholsulfonsäure zu diesem Zweck. Wegen der äußerst hohen Empfindlichkeit dieser Reaktion können nur säuregereinigte Glasgefäße verwendet werden, da mit phosphathaltigen Reinigungsmitteln behandelte Gefäße so viel Phosphat enthalten, daß das Reagenz auch ohne zusätzliches Phosphat schwarz gefärbt wird.

1. 10,0 g Ascorbinsäure werden in 100 ml dest. Wasser gelöst. Die Lösung kann man bis zu sieben Wochen bei 2–4 °C aufbewahren.
2. 2,5 g Ammoniummolybdat, $(NH_4)_6Mo_7O_{24} \cdot 4H_2O$, werden in dest. Wasser aufgelöst. Das Endvolumen soll 100 ml betragen.
3. Eine Lösung 6 N Schwefelsäure wird hergestellt, indem man vorsichtig 18 ml konzentrierte Säure zu 90 ml dest. Wasser gibt.
4. Reagenz A besteht aus einer Mischung von 1 Teil (10 ml) 6 N Schwefelsäure, 2 Teilen (20 ml) dest. Wasser, 1 Teil (10 ml) Ammoniummolybdat-Lösung und 1 Teil (10 ml) Ascorbinsäure-Lösung. Das Reagenz muß täglich frisch angesetzt werden, da es nicht stabil ist.
5. Zehn Reagenzröhrchen (ca. 10 ml Volumen) werden numeriert und in einem Ständer aufgestellt. In jedes Röhrchen wird sorgfältig eins der folgenden Volumina einer Lösung von 34,5 mg/l Dikaliumhydrogenphosphat pipettiert: 0; 0,1; 0,2; 0,3; 0,4; 0,5; 0,6; 0,7; 0,8 und 1,0 ml.

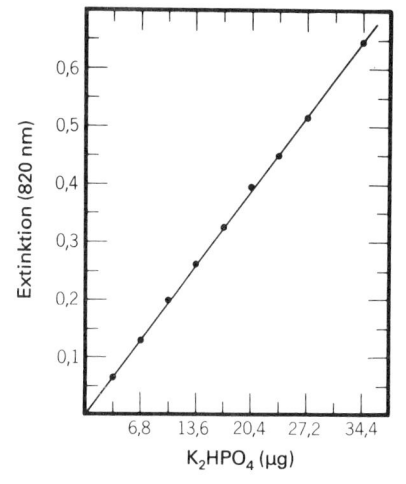

Abb. 2.17 Phosphat-Bestimmung mit der modifizierten Fiske-Subbarow-Methode. Dargestellt ist die Absorption in Abhängigkeit von der eingesetzten Menge an anorganischem Phosphat.

54   2. Spektroskopische Methoden

6. Jedes Röhrchen wird mit einer entsprechenden Menge dest. Wasser auf 1,0 ml aufgefüllt.
7. In jedes Röhrchen werden 4,0 ml Reagenz A gegeben. Die Lösungen werden auf einem Wirlmix gründlich durchgemischt.
8. Die Röhrchen werden verschlossen (z.B. mit Parafilm) und bei 37°C für 2 Stunden inkubiert.
9. Die Röhrchen werden auf Raumtemperatur abgekühlt und die Absorption bei 820 nm bestimmt.
10. Die erhaltenen Werte werden, wie in Abb. 2.17 gezeigt, graphisch dargestellt. Wie groß ist der Extinktions-Koeffizient des entstandenen Komplexes? Unbekannte Proben werden in der gleichen Weise behandelt und ihr Phosphatgehalt mit Hilfe der erhaltenen Eichkurve bestimmt.

2.3.4 Bestimmung von Nucleinsäuren mit der Orcin-Reaktion

Die Orcin-Reaktion [6] kann man zur Bestimmung von Nucleinsäuren, Hexuronsäuren, Pentosen und einigen Aldopentosen verwenden. Zwar reagiert auch DNA unter den Bedingungen dieser Reaktion, jedoch ergibt sie wegen der geringen Reaktivität der Desoxypentosen nur 25% der Extinktion einer entsprechenden Menge RNA. Die RNA wiederum zeigt nur 40% der Extinktion einer entsprechenden Menge Adenylsäure. Das bedeutet, daß zur Herstellung einer Eichkurve ein Material benutzt werden sollte, daß den zu bestimmenden Proben chemisch möglichst ähnlich ist. Die farbgebende Reaktion beruht 1. auf der Bildung von Pentosen oder Desoxypentosen aus den Nucleinsäuren; 2. der Umsetzung der Zucker zu Furfural durch Erhitzen in Anwesenheit einer starken Säure und 3. der Reaktion von Furfural mit Orcin zu einem Gemisch von blau-grünen Kondensations-Produkten (Abb. 2.18).

Bestimmung von RNA
1. 13,5 g Eisen-III-ammoniumsulfat und 20,0 g Orcin werden in 500 ml dest. Wasser gelöst. Das Reagenz kann man bei 4°C für kurze Zeit aufbewahren. Wenn es sich dunkel färbt, muß es verworfen werden.
2. 5,0 ml des Reagenz werden zu 85 ml konzentrierter Salzsäure gegeben und mit dest. Wasser zu 100 ml aufgefüllt.

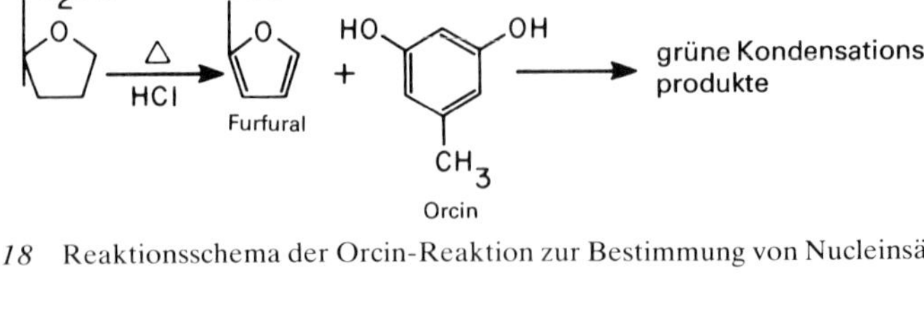

Abb. 2.18 Reaktionsschema der Orcin-Reaktion zur Bestimmung von Nucleinsäuren.

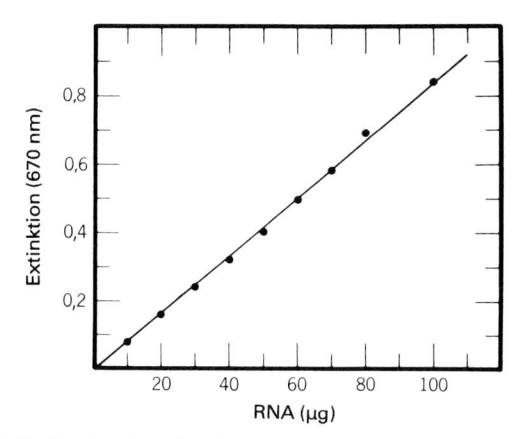

Abb. 2.19 Nucleinsäure-Bestimmung mit der Orcin-Reaktion. Dargestellt ist die Absorption in Abhängigkeit von der eingesetzten Menge Nucleinsäure.

3. Zehn Reagenzröhrchen (ca. 10 ml Volumen) werden numeriert und in einem Ständer aufgestellt. In jedes Röhrchen wird sorgfältig eins der folgenden Volumina einer RNA-Lösung von 10 mg/100 ml pipettiert: 0; 0,1; 0,2; 0,3; 0,4; 0,5; 0,6; 0,7; 0,8 und 1,0 ml.
4. Jedes Röhrchen wird mit einer entsprechenden Menge dest. Wasser auf 1,0 ml aufgefüllt.
5. In jedes Röhrchen werden 3,0 ml der Reagenzlösung gegeben und auf einem Wirlmix gründlich durchmischt.
6. Die Röhrchen werden verschlossen.
7. Die Röhrchen stellt man für 20 Minuten in ein kräftig kochendes Wasserbad. Dies sollte so schnell wie möglich nach Zugabe des Reagenz erfolgen.
8. Nach Beendigung des Erhitzens werden die Röhrchen auf Zimmertemperatur abgekühlt.
9. Die Absorption wird bei 670 nm bestimmt.
10. Die erhaltenen Werte werden, wie in Abb. 2.19 gezeigt, graphisch dargestellt. Unbekannte Proben werden in der gleichen Weise behandelt. Ihren RNA-Gehalt kann man aus der Eichkurve bestimmen.

2.3.5 Bestimmung von reduzierenden Zuckern nach der Methode von Park und Johnson

Die Methode zur Bestimmung von reduzierenden Zuckern [7] beruht auf der Reduktion von Hexacyanoferrat-III in alkalischer Lösung durch die reduzierenden Zucker. Das gebildete Hexacyanoferrat-II kann mit einem zweiten Molekül des Hexacyanoferrat-III unter Bildung von Eisen-III-hexacyanoferrat-II-Komplexes reagieren (Berliner Blau). Kaliumcyanid und Natriumdodecylsulfat erhöhen die Reduktionsgeschwindigkeit und halten das Berliner Blau in Suspension. Die Reaktion funktioniert mit jedem reduzierenden Zucker, wird aber durch Säuren, Ammoniumionen und hohe Ionenstärken gehemmt.

1. Reagenz A: 0,5 g rotes Blutlaugensalz (Kaliumhexacyanoferrat-III) werden in einem Liter dest. Wasser gelöst. Die Lösung sollte in einer braunen Flasche aufbewahrt werden.
2. Reagenz B: 5,3 g Natriumcarbonat und 0,65 g Kaliumcyanid werden in einem Liter dest. Wasser gelöst.
3. Reagenz C: 1,5 g Eisen-III-ammoniumsulfat und 1,0 g Natriumdodecylsulfat werden in 0,05 N Schwefelsäure (1,4 ml konz. H_2SO_4 auf 1 l) gelöst.
4. Zehn Reagenzröhrchen (ca. 10 ml Volumen) werden numeriert und in einem Ständer aufgestellt. In jedes Röhrchen wird sorgfältig eins der folgenden Volumina einer Lösung von 28 mg/l Glucose pipettiert: 0; 0,1; 0,2; 0,3; 0,4; 0,5; 0,6; 0,7; 0,8 und 1,0 ml.
5. Jedes Röhrchen wird mit einer entsprechenden Menge dest. Wasser auf 1,0 ml aufgefüllt.
6. Zu den Röhrchen wird erst 1,0 ml Reagenz B, dann 1,0 ml Reagenz A gegeben. *Die Lösungen dürfen nicht mit dem Mund pipettiert werden!*
7. Die Lösung in den Röhrchen wird gründlich durchmischt.
8. Jedes Röhrchen wird verschlossen.
9. Die Proben werden für 15 Minuten in ein kochendes Wasserbad gestellt. Anschließend läßt man sie auf Raumtemperatur abkühlen.
10. In jedes Röhrchen werden 5,0 ml Reagenz C gegeben und kräftig durchmischt (Wirlmix). *Die Lösung darf nicht mit dem Mund pipettiert werden!*
11. Die Röhrchen werden 15 Minuten bei Raumtemperatur stehengelassen.
12. Die Absorption jeder Probe wird bei der Wellenlänge 690 nm bestimmt.
13. Die erhaltenen Werte werden wie in Abb. 2.20 gezeigt, graphisch dargestellt.

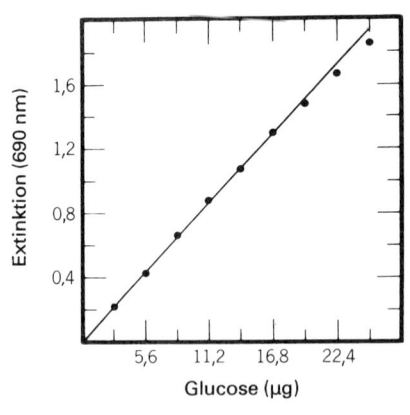

Abb. 2.20 Glucose-Bestimmung mit der Methode nach Park und Johnson. Dargestellt ist die Absorption in Abhängigkeit von der eingesetzten Menge Glucose.

Unbekannte Proben werden in der gleichen Weise behandelt und ihr Zuckergehalt mit Hilfe der Eichkurve bestimmt.

2.3.6 Bestimmung des pK$_s$-Wertes von Bromphenolblau

1. 100 ml 0,1 M Citrat-Puffer werden hergestellt, indem man 2,94 g Trinatriumcitrat in 70 ml dest. Wasser löst und mit konzentrierter HCl den pH-Wert auf 5,2 bringt. Die Einstellung des pH-Wertes sollte mit einem pH-Meter so genau wie möglich erfolgen.
2. Die Lösung wird mit einer entsprechenden Menge dest. Wasser auf 100 ml aufgefüllt und der pH-Wert überprüft.
3. Es werden acht weitere Citrat-Puffer in der gleichen Weise hergestellt, deren pH-Werte man auf folgende Werte einstellt: 2,40; 2,60; 3,00; 3,40; 3,80; 4,20; 4,60; 4,80.
4. Genau 10,0 g Bromphenolblau werden in 10 ml 95% (v/v) Ethanol gelöst. Das Molekulargewicht von Bromphenolblau ist 670.
5. 8 Reagenzröhrchen (ca. 20 ml Volumen) werden numeriert und in einem Ständer aufgestellt. In jedes Röhrchen werden genau 0,10 ml der Bromphenolblau-Lösung pipettiert.
6. In jedes Röhrchen werden genau 12,0 ml einer der hergestellten Puffer pipettiert.
7. Die Lösungen werden gründlich auf einem Wirlmix gemischt. Die Farben der Röhrchen sollten zwischen hellgelb (pH 2,4) und einem tiefen Blaurot (pH 5,2) liegen.
8. Die Absorptionen eines Leerwertes (Wasser) und der neun Proben werden zuerst bei der Wellenlänge 430 nm, dann bei 590 nm gemessen. Sollten die Absorptionen den Meßbereich des Spektralphotometers überschreiten, sind die Lösungen mit 5,0 ml des entsprechenden Puffers zu verdünnen.
9. Von den Proben mit den pH-Werten 2,40, 3,80 und 5,20 werden Absorptionsspektren angefertigt. Die Spektren sollten mit einem Zweistrahl-Spektralphotometer aufgenommen werden, wobei man die Referenzküvette mit dest. Wasser füllt. Es wird zwischen 660 und 310 nm gemessen. Aus den Spektren (Abb. 2.21) wird verständlich, warum die Wellenlänge 430 und 590 nm in Schritt 8 gewählt wurden.
10. Die in Schritt 8 erhaltenen Daten werden zur Berechnung des pK$_s$-Wertes des Indikators Bromphenolblau benutzt.

Im folgenden wird eine Methode zur Berechnung der pK$_s$-Werte abgeleitet.

$$\text{HInd} \rightleftharpoons \text{H}^+ + \text{Ind}^-$$

$$K_{\text{Ind}} = \frac{[\text{H}^+] \cdot [\text{Ind}^-]}{[\text{H}_{\text{Ind}}]}$$

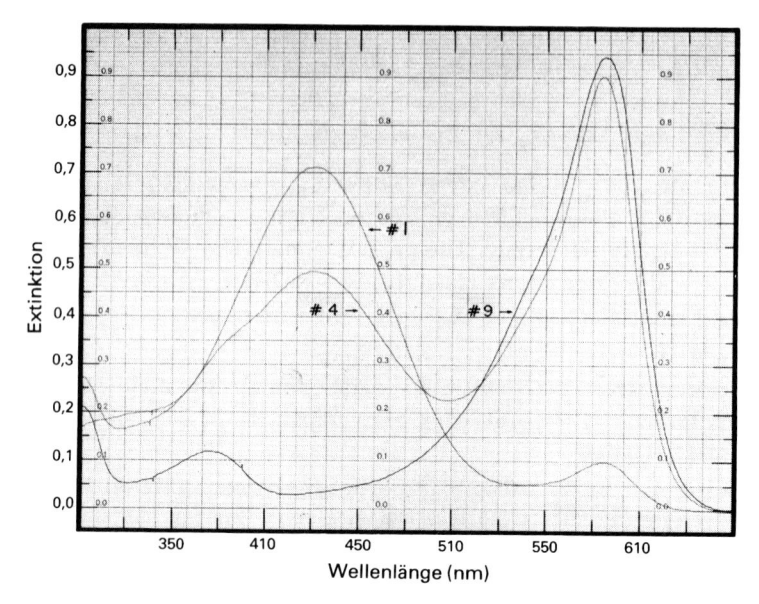

Abb. 2.21 Absorptionsspektrum von Bromphenolblau bei drei verschiedenen pH-Werten. Die mit den Ziffern 1, 4 und 9 bezeichneten Kurven geben das Spektrum bei den pH-Werten 2,4; 3,6 und 5,2 wieder.

c ist die totale Konzentration des Indikators (dissoziierte und undissoziierte Form)

$$c = \frac{\text{g/l Bromphenolblau}}{\text{Molekulargewicht von Bromphenolblau}}$$

ε ist der Extinktions-Koeffizient der Mischung bei einer bestimmten Wellenlänge, entweder 590 oder 430 nm,

$$\varepsilon = \frac{\text{Absorption bei 590 oder 430 nm bei bestimmtem pH-Wert}}{c}$$

Für alle folgenden Berechnungen wird nur die Absorption bei einer Wellenlänge verwendet.

c_1 = Konzentration von HInd
c_2 = Konzentration von Ind$^-$
ε_1 = Extinktions-Koeff. von HInd bei 590/430 nm
ε_2 = Extinktions-Koeff. von Ind$^-$ bei 590/430 nm

Die Extinktions-Koeffizienten werden aus den Absorptionen der Proben mit pH 2,40 und pH 5,20 bestimmt, von denen man annehmen kann, daß hier die reinen Komponenten HInd bzw. Ind$^-$ vorliegen.

$$\varepsilon c = \varepsilon_1 c_1 + \varepsilon_2 c_2$$

und

$$c = c_1 + c_2$$

Daraus folgt:

$$\varepsilon(c_1 + c_2) = \varepsilon_1 c_1 + \varepsilon_2 c_2$$
$$\varepsilon c_1 + \varepsilon c_2 = \varepsilon_1 c_1 + \varepsilon_2 c_2$$

Division durch c_1 ergibt

$$\varepsilon\left(\frac{c_1}{c_1}\right) + \varepsilon\left(\frac{c_2}{c_1}\right) = \varepsilon_1\left(\frac{c_1}{c_1}\right) + \varepsilon_2\left(\frac{c_2}{c_1}\right)$$

Zusammen mit der Gleichgewichts-Gleichung (oben) ergibt sich

$$\varepsilon + \varepsilon\frac{K_{Ind}}{[H^+]} = \varepsilon_1 + \varepsilon_2\frac{K_{Ind}}{[H^+]}$$

$$\varepsilon - \varepsilon_1 = \frac{K_{Ind}}{[H^+]}(\varepsilon_2 - \varepsilon)$$

Logarithmieren und umformen ergibt weiter

$$\log(\varepsilon - \varepsilon_1) - \log(\varepsilon_2 - \varepsilon) = \log K_{Ind} + pH$$

In einer graphischen Darstellung werden die Werte aus Schritt 8 auf der Ordinate gegen $\log[(\varepsilon - \varepsilon_1)/(\varepsilon_2 - \varepsilon)]$ auf der Abszisse aufgetragen. Die verschiedenen ε erhält man durch Division der Absorption, die bei den verschiedenen pH-Werten beobachtet wird, durch die Gesamtkonzentration von Bromphenolblau (c). Der

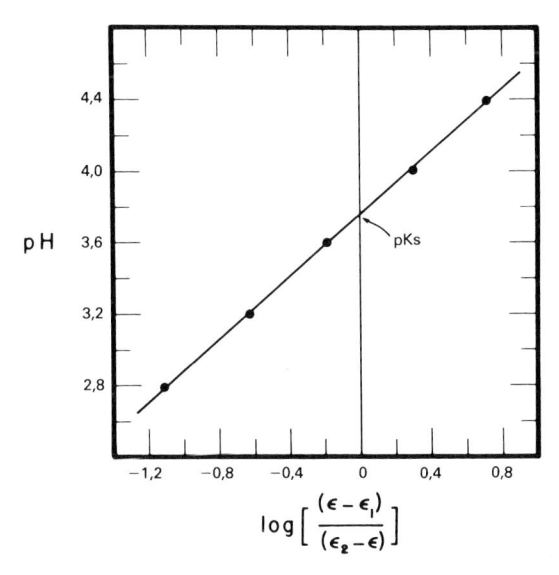

Abb. 2.22 Bestimmung des pK_s-Werts mit spektralphotometrischen Methoden.

60   2. Spektroskopische Methoden

erste und letzte Wert (pH 2,40 und pH 5,20) können dabei nicht benutzt werden. Für den Punkt, an dem die Gerade die y-Achse schneidet, gilt pH = pK$_s$. Man überzeuge sich, daß

$$\log \left[\frac{(\varepsilon - \varepsilon_1)}{(\varepsilon_2 - \varepsilon)}\right] = \log \left(\frac{[\text{Ind}^-]}{[\text{HInd}]}\right)$$

Eine Darstellung der zu erwartenden Werte ist in Abb. 2.22 wiedergegeben.

2.3.7 Absorptions-Charakteristika biologisch wichtiger Substanzen

1. Das Zweistrahl-Spektralphotometer wird entsprechend der Bedienungsanleitung einige Zeit vor der Messung eingeschaltet, um es warm werden zu lassen. Es werden beide Lampen, Wolfram- und Deuterium-Lampe, eingeschaltet.
2. Eine Katalase-Lösung wird hergestellt, indem man 1,25 bis 1,50 mg Protein in 1,0 ml 0,01 M Phosphat-Puffer löst und einen pH-Wert von 7,0 einstellt.
3. Von der Katalase-Lösung wird ein Absorptionsspektrum zwischen den Wellenlängen 240 und 500 nm aufgenommen. Es ist wichtig, daß bei 340 nm von der Wolfram- auf die Deuterium-Lampe umgeschaltet wird. Wird dies unterlassen, erhält man kein sinnvolles Spektrum zwischen diesen Wellenlängen.
4. Ein auf diese Weise aufgezeichnetes Katalase-Spektrum ist in Abb. 2.23 wiedergegeben.
5. Ähnliche Versuche sollten mit RNA, DNA, Cytochrom C, Hämoglobin und den oxidierten und reduzierten Formen von NAD, FMN und FAD durchgeführt werden.

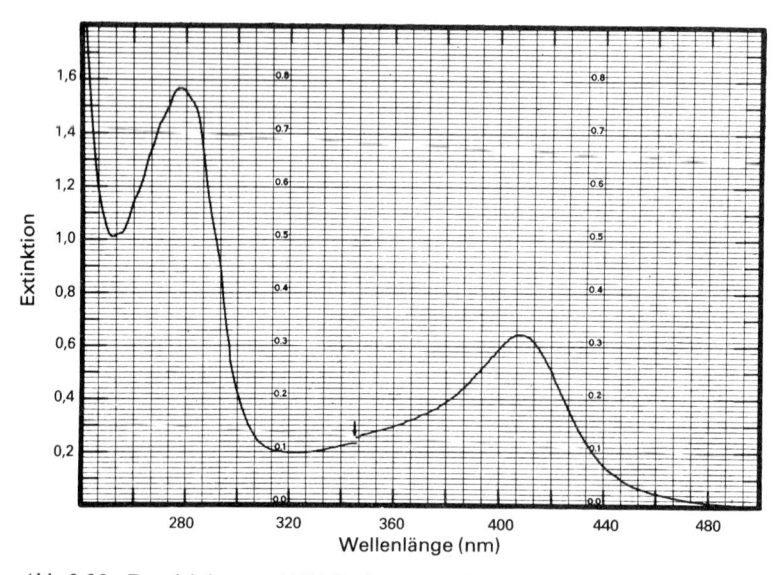

Abb. 2.23 Das sichtbare und UV-Spektrum von Katalase.

3. Radiochemie

Markierungs-Methoden haben die Biochemie und Molekularbiologie grundlegend beeinflußt und neugestaltet. So wurde z.B. erst mit Hilfe Isotopen-markierter Verbindungen der Nachweis möglich, daß Makromoleküle, wie die Proteine, Nucleinsäuren und komplexen Lipide, aus einfachen zellulären Metaboliten synthetisiert werden. Auf diese Weise konnten viele Erkenntnisse über die Mechanismen und Kontrollen der Syntheseschritte gesammelt werden. Die Verwendung der radiochemischen Methoden bieten folgende Vorteile: 1. Eine hohe Empfindlichkeit verglichen mit anderen analytischen Methoden (siehe Tab. 3.1) und 2. die Tatsache, daß die markierten Substanzen in ihren chemischen Eigenschaften kaum verändert werden, was die Verfolgung des markierten Atoms von einem Molekül zum anderen erlaubt.

Eine Diskussion der radiochemischen Techniken setzt die Kenntnis des Aufbaus eines Atomkerns und der Vorgänge voraus, die sich durch die Veränderung seiner Zusammensetzung ergeben. Der Atomkern (Massenzahl <40) besteht aus Protonen mit der Atommasse 1 und der Ladung +1 und einer gleichen Anzahl von Neutronen mit der Atommasse 1 und der Ladung 0. Die positive Ladung jedes Protons wird durch ein Elektron mit der ungefähren Atommasse 1/2000 und der Ladung −1 ausgeglichen. Die Elektronen bewegen sich um den Atomkern herum. Ein radioaktives Isotop entsteht, wenn man ein Ungleichgewicht des Neutronen/Protonen-Verhältnisses im Kern erzeugt. Dies kann z.B. durch die Bombardierung des Kerns mit Neutronen oder α-Teilchen geschehen (siehe Tab. 3.2). Die so erzeugten Isotope können entweder stabil oder unstabil sein, d.h. sie zerfallen nach einer bestimmten Zeit und senden spontan subatomare Teilchen oder Strahlung aus. Die unstabilen Isotope sind radioaktiv. Diese Definition soll anhand der Entstehung und des Zerfalls von ^{14}C näher erläutert werden. Dieses Isotop entsteht durch die Bombardierung des Stickstoffatoms mit Neutronen. (Neutronen werden

Tab. 3.1 Erfassungsgrenze einiger analytischer Techniken.

Analytische Technik	Erfassungsgrenze
Spektralphotometrie	10^{15} Moleküle
Radiochemie	
^{14}C	10^{11} Atome
^{3}H	10^{9} Atome
^{32}P	10^{7} Atome

3. Radiochemie

als Spaltprodukte des Urans oder Plutoniums in Kernreaktoren ausgestrahlt.) Die Reaktion lautet:

$$^{14}N + {}^{1}_{0}n \longrightarrow {}^{14}C + {}^{1}_{1}p \quad (1)$$

oder in verkürzter Schreibweise

$$^{14}N(n, p)\,^{14}C \quad (2)$$

Bei der Reaktion fängt der Stickstoffkern ein Neutron ein und strahlt ein Proton ab. Der ^{14}C-Kern besitzt sechs Protonen und acht Neutronen. Die Instabilität der ^{14}C-Kerne resultiert aus dem Überschuß an Neutronen (zum Vergleich: der ^{13}C-Kern besitzt sechs Protonen und sieben Neutronen und ist stabil). Durch den

Tab. 3.2 Physikalische Daten der biologisch wichtigen Isotope.

Isotop	$t_{1/2}$	emittierte Teilchen	Energie der Teilchen[a] (MeV)		Darstellungsmethode
^{45}Ca	165 Tage	β^-	0,25	(100%)	$^{44}Ca(n, \gamma)^{45}Ca$
^{14}C	5760 Jahre	β^-	0,155	(100%)	$^{14}N(n, p)^{14}C$
^{60}Co	5,27 Jahre	β^-	0,31	(100%)	$^{59}Co(n, \gamma)^{60}Co$
		β^-	1,48	(0,01%)	
		γ	1,17	(100%)	
		γ	1,33	(100%)	
^{3}H	12,26 Jahre	β^-	0,018	(100%)	$^{6}Li(n, \alpha)^{3}H$
^{125}I	60 Tage	EF[b]		(100%)	$^{123}Sb(\alpha, 2n)^{125}I$
		γ	0,035	(7%)	
		γ	0,027		Te Röntgen-Strahlung
^{131}I	8,04 Tage	β^-	0,25	(3%)	$^{130}Te(n, \gamma)^{131}Te$
		β^-	0,33	(9%)	25 m
		β^-	0,61	(87%)	^{131}I
		β^-	0,81	(1%)	
		γ	0,08	(2%)	$U(n, f)^{131}Te$
		γ	0,28	(5%)	
		γ	0,36	(80%)	
		γ	0,64	(9%)	
		γ	0,72	(3%)	
^{32}P	14,2 Tage	β^-	1,71	(100%)	$^{31}P(n, \gamma)^{32}P$
					$^{32}S(n, p)^{32}P$
^{33}P	25 Tage	β^-	0,25	(100%)	$^{33}S(n, p)^{33}P$
^{40}K	$1,3 \times 10^9$ Jahre	β^-	1,32	(89%)	kommt
		EF		(11%)	natürlich vor
		γ	1,46	(11%)	
^{35}S	87,2 Tage	β^-	0,167	(100%)	$^{35}Cl(n, p)^{35}S$
					$^{34}S(n, \gamma)^{35}S$

[a] angegeben sind E_{max}-Werte. Die in Klammern aufgeführten Werte geben an, zu wieviel Prozent die betreffenden Teilchen bei der Gesamtzahl der Zerfälle gebildet werden.
[b] EF = Elektronen-Einfang.

Zerfall eines Neutrons wird der ^{14}C-Kern stabil. Beim Zerfall des Neutrons wird ein Proton und ein Elektron oder β-Teilchen erzeugt, das abgestrahlt wird. Das Proton verbleibt im Kern und wandelt somit das Kohlenstoffatom (sechs Protonen) in ein Stickstoffatom (sieben Protonen) um:

$$^{14}C \longrightarrow \,^{14}N + \beta + \bar{\nu} \tag{3}$$

Bei dem Zerfall entsteht noch zusätzlich ein Neutrino $\bar{\nu}$; das ist ein Teilchen mit sehr wenig Masse und ohne Ladung. Während des Zerfalls wird vom Kern Energie abgestrahlt. Die Energiemenge ist spezifisch für die Art des zerfallenden Kerns und wird zwischen dem Elektron und Neutrino aufgeteilt:

$$E_n = E_\beta + E_{\bar{\nu}} \tag{4}$$

E_n ist die gesamte abgestrahlte Energie, und E_β und $E_{\bar{\nu}}$ sind die Energien des β-Teilchens bzw. des Neutrinos. E_n ist für ein bestimmtes Isotop konstant, während E_β und $E_{\bar{\nu}}$ zwischen Null und E_n variieren können. Beim Zerfall einer sehr großen Anzahl von Kernen werden die abgestrahlten β-Teilchen deswegen nicht nur eine bestimmte Energie haben, sondern ihre Energien werden eine Verteilung zwischen Null und E_n zeigen. Die Verteilung ist in Abb. 3.1 graphisch dargestellt. E_{max} ist die höchste Energie, die das β-Teilchen durch den Zerfall des Isotops bekommen kann. In diesem Fall ist $E_{\bar{\nu}}$ gleich Null. Die E_{max} einer Reihe biochemisch und biologisch wichtiger Isotope werden in Tab. 3.2 angegeben.

Der radioaktive Zerfall ist ein Zufalls-Prozeß und kann als eine Reaktion erster Ordnung aufgefaßt werden. Der mathematische Ausdruck für die Zerfallsrate einer solchen Reaktion ist:

$$-\frac{dN}{dt} = \lambda N \tag{5}$$

wobei N die Anzahl der radioaktiven Atome zur Zeit t ist und λ die Zerfalls-Konstante. Umformung und Integration der Gl. 5 in den Grenzen von N_0 bis N ergeben:

$$\ln \frac{N_0}{N} = \lambda t \tag{6}$$

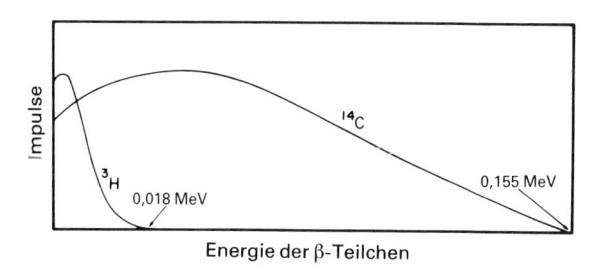

Abb. 3.1 Energieverteilung der β-Teilchen aus ^{14}C und ^{3}H-Kernen.

oder

$$2{,}303 \log \frac{N_0}{N} = \lambda t \qquad (7)$$

Die exponentielle Form von Gl. 7 lautet

$$N = N_0 e^{-\lambda t} \qquad (8)$$

Sind λ und N_0 bekannt, kann N leicht für jeden Zeitpunkt t bestimmt werden. Die Zerfalls-Konstante eines Isotops ist jedoch nicht einfach zu erhalten. Eine zugänglichere Größe ist die Halbwertszeit $t_{1/2}$. Dies ist die Zeit, in der die Hälfte einer bestimmten Menge eines Isotops zerfällt. Einsetzung dieses Wertes in Gl. 7 ergibt:

$$2{,}303 \log \frac{1}{0{,}5} = \lambda t_{1/2} \qquad (9)$$

oder

$$0{,}693 = \lambda t_{1/2} \qquad (10)$$

Wenn $t_{1/2}$ bekannt ist, kann aus Gl. 10 die Zerfalls-Konstante λ berechnet werden und umgekehrt. Die Halbwertszeiten einer Reihe von Isotopen sind in Tab. 3.2 aufgeführt. Sie werden normalerweise aus einer graphischen Auftragung von log N als Funktion der Zeit bestimmt. Man erhält eine Gerade, deren Steigung $\lambda/2{,}303$ beträgt. Ein Beispiel dafür ist im experimentellen Teil angegeben (Abb. 3.40).

3.1 Messung der β-Strahlung

Die Menge oder Stärke der Radioaktivität wird mit verschiedenen Größen gemessen: Rad, Röntgen, Curie, Zerfälle pro Zeiteinheit (Minute) oder gemessene Impulse (counts) pro Zeiteinheit. Die Zusammenhänge zwischen den verschiedenen Größen sind in Tab. 3.3 zusammengefaßt. Die ersten beiden Einheiten werden fast nur verwendet, wenn die Stärke ionisierender Strahlung, welcher Menschen ausgesetzt sind, gemessen werden soll. Zerfälle pro Minute (Zpm; engl. dpm von „desintegrations per minute") geben die tatsächliche Anzahl von ausgestrahlten β-Teilchen an, während die Impulse pro Minute (Ipm; engl. cpm von „counts per minute") die Anzahl der Zerfälle angibt, die vom Detektor gezählt werden. Die beiden Einheiten sind über die Zählausbeute des Detektors miteinander verbunden. Beträgt die Zählausbeute 1 oder 100%, sind dpm und cpm gleich, ansonsten gilt: cpm = dpm × Zählausbeute. Eine wichtige Größe ist die spezifische Aktivität. Sie ist definiert als der Quotient aus der Radioaktivität einer Substanz (in Curie) und der Menge der Substanz (in Mol), die die Radioaktivität enthält. Ihre Einheit ist somit Curie/Mol, Millicurie/Millimol oder Mikrocurie/Mikromol.

Tab. 3.3 Maßeinheiten für die Radioaktivität.

Einheit	Definition	Beziehung zu anderen Einheiten
Absorbierte Strahlung (rad)	100 erg/g (Energie, die einer Masse durch ionisierende Strahlung zugeführt wird)	0,87 rad = r
Röntgen (r)	Dosis der Röntgen- oder γ-Strahlung, die $1{,}61 \times 10^{12}$ Ionenpaare pro g Luft erzeugt	r/0,87 = rad
Curie (c)	$3{,}7 \times 10^{10}$ Zerfälle/Sekunde	c = 10^3 mc c = 10^6 μc
Millicurie (mc)	$^1/_{1000}$ Curie	mc = 10^{-3} c mc = 10^3 μc
Mikrocurie (μc)	$^1/_{1000000}$ Curie $3{,}7 \times 10^4$ Zerfälle/Sekunde = $2{,}2 \times 10^6$ Zerfälle/Minute	μc = 10^{-6} c μc = 10^{-3} mc
Zerfälle pro Minute (dpm)	Anzahl der zerfallenden Atome pro Minute	$2{,}2 \times 10^6$ dpm = 1 μc
Impulse pro Minute (cpm)	Anzahl der im Zähler registrierten Impulse pro Minute	cpm = dpm × Zählausbeute

Zu den drei wichtigsten Bestimmungsmethoden der Radioaktivität gehören: Belichtung von Filmmaterial durch radioaktive Strahlung, Geiger-Müller-Zählung und Szintillations-Spektrometrie. Keine dieser Methoden mißt die β-Teilchen direkt, vielmehr werden die Zusammenstöße der β-Teilchen mit den Komponenten des Meßsystems bestimmt.

3.2 Szintillations-Spektrometrie

Die eleganteste Methode der Radioaktivitäts-Messung ist die Szintillations-Spektrometrie. Das Prinzip der Methode besteht – in einfachen Worten – darin, daß ausgestrahlte β-Teilchen mit bestimmten Molekülen zusammenstoßen, die beim Zusammenstoß Licht aussenden. Das abgestrahlte Licht wird dann gemessen. Die einzelnen bei der Lichtemission auftretenden Ereignisse sind in Abb. 3.2 wiedergegeben. Die radioaktive Substanz wird in einem Szintillator-System („Cocktail"), bestehend aus dem Lösungsmittel, dem primären und sekundären Szintillator, gelöst oder suspendiert. Wie in der Abbildung gezeigt wird, durchquert das emittierte

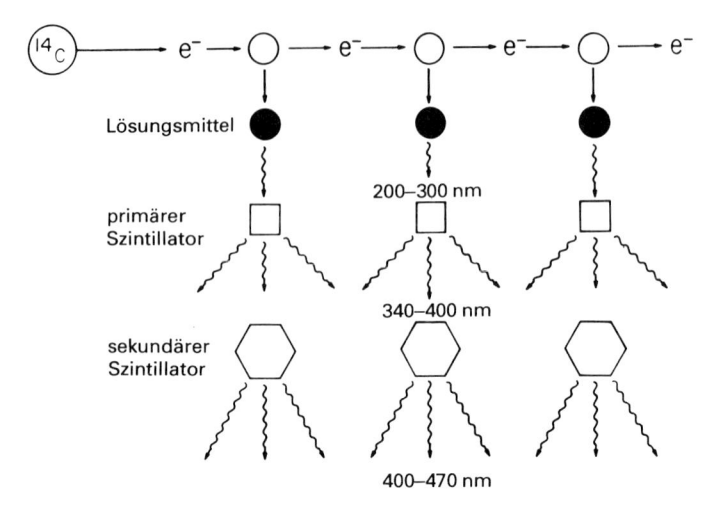

Abb. 3.2 Wechselwirkung der β-Teilchen mit dem aromatischen Lösungsmittel und anschließender Fluoreszenz-Abstrahlung. e⁻ repräsentiert das β-Teilchen. ○ ist das Lösungsmittel-Molekül im Grundzustand, ● bedeutet, daß sich das Molekül im angeregten Triplett-Zustand befindet.
Aus E. Rapkin, Preparation of Samples for Liquid Scintillation Counting, Picker Nuclear Corp., White Plains, New York.

Teilchen nur eine kurze Wegstrecke, bevor es mit einem Lösungsmittel-Molekül kollidiert. Bei der Kollision wird eine bestimmte Energiemenge vom β-Teilchen auf das Lösungsmittel-Molekül übertragen. Der Energie-Transfer funktioniert am besten in aromatischen Lösungsmitteln (siehe Tab. 3.4). Der Zusammenstoß und der dabei auftretende Energieverlust wiederholen sich so oft, bis das β-Teilchen genügend Energie verloren hat, um eingefangen werden zu können. Nur etwa 5%

Tab. 3.4 Relative Zählausbeute verschiedener Lösungsmittel[a].

Verbindung	relative Zählausbeute (%)
Toluol	100
Methoxybenzol (Anisol)	100
Xylol	97
1,3-Dimethoxybenzol	81
1,4-Dioxan	70
Ethylenglykol-dimethylether	60
Aceton	12
Tetrahydrofuran	2
Ethanol	0
Ethylenglykol-monomethylether	0
Ethylenglykol	0

[a] Die Werte wurden entnommen aus J. D. Davidson und P. Feigelson, Int. J. Appl. Radiat. Isot. *2*, 1 (1957). Practical aspects of Internal-Sample Liquid Scintillation Counting.

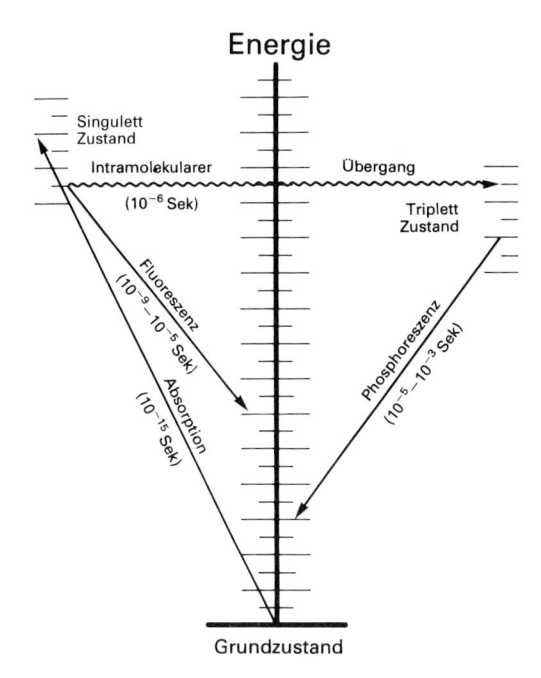

Abb. 3.3 Modifiziertes Jablonski-Diagramm der verschiedenen Vorgänge während der Anregung eines organischen Moleküls.
Aus E.D. Bransome, The Current Status of Liquid Scintillation Counting, Grune and Stratton Inc., New York, 1970.

der Gesamtenergie der Teilchen kann schließlich als Licht gemessen werden. Je größer die Energie der β-Teilchen ist, desto mehr Kollisionen können stattfinden und desto größer ist die produzierte Lichtmenge.

Die aufgenommene Energie des angeregten Lösungsmittel-Moleküls kann entweder auf ein anderes Lösungsmittel-Molekül übertragen oder als Licht abgestrahlt werden. Der letztere Prozeß wird Phosphoreszenz genannt. Bei der Phosphoreszenz muß z.B. das Toluol-Molekül, nachdem es durch die Anregung in den Singulett-Zustand übergegangen ist, in den Triplett-Zustand überwechseln. Das Molekül verbleibt in diesem Zustand für ca. 10^{-5} bis 10^{-3} Sekunden. Wenn es dann in seinen Grundzustand zurückfällt, wird die überschüssige Energie in Form von Licht abgegeben. Die einleitende Kollision des β-Teilchens mit dem Lösungsmittel und der Übergang des Lösungsmittel-Moleküls in den angeregten Zustand laufen verglichen mit der Phosphoreszenz sehr schnell ab. Wegen der unterschiedlichen Zeit, die die angeregten Toluol-Moleküle im Triplett-Zustand verbleiben, wird das Licht nicht plötzlich, sondern zeitlich verzögert abgestrahlt. Die Zeitabhängigkeit der Strahlungsintensität ist in Abb. 3.9a wiedergegeben. Die vom Lösungsmittel abgegebene Strahlung hat normalerweise eine sehr kurze Wellenlänge (260–340 nm, siehe Abb. 3.4). Da diese Wellenlängen von den im Handel befindlichen Geräten nicht gemessen werden können, wird dem Lösungsmittel eine

68   3. Radiochemie

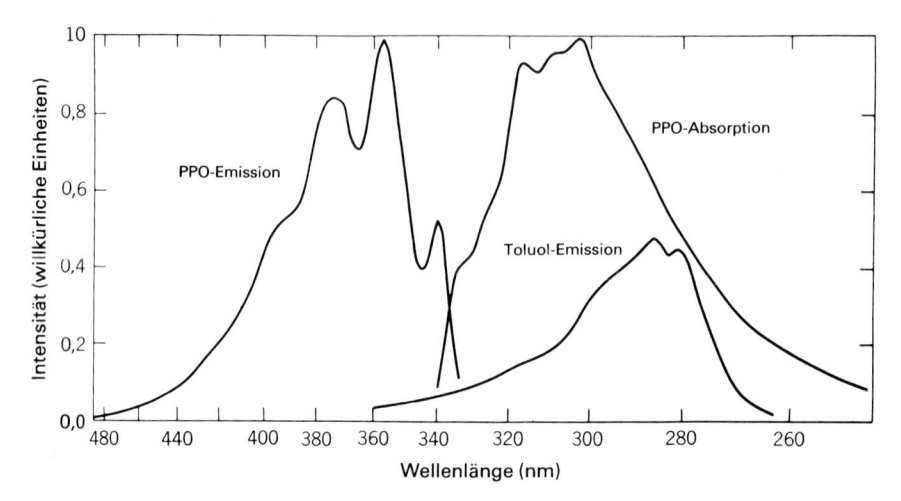

Abb. 3.4 Emissionsspektrum von Toluol sowie Emissions- und Absorptionsspektrum von PPO (mit Genehm. der Beckman Instruments, Inc.).

zweite Komponente zugefügt. Die Verbindung fluoresziert und wird primärer Szintillator genannt. Fluoreszenz bedeutet, daß die Verbindung Strahlung einer bestimmten Wellenlänge aufnehmen und Strahlung einer längeren Wellenlänge wieder aussenden kann. Das Absorptions- und Emissions-Spektrum von PPO (2,5-Diphenyloxazol), dem bekanntesten primären Szintillator, ist in Abb. 3.4 abgebildet. Das Absorptionsspektrum des PPO überlagert vollständig die Phosphoreszenz-Emission des Toluol. Die Energieübertragung vom β-Teilchen auf das Lösungsmittel-Molekül und von dort auf ein primären Szintillator nimmt ungefähr 10^{-9} bis 10^{-3} Sekunden in Anspruch. Die meisten Szintillations-Zähler können die Fluoreszenz-Emission des primären Szintillators verarbeiten.

Abb. 3.5 Struktur der gebräuchlichsten primären und sekundären Szintillatoren.

Tab. 3.5 Fluoreszenz-Maxima verschiedener Szintillatoren in Toluol.

Name	MG	Fluoreszenz-Maxima (nm) λ_1	λ_2	λ_3
Primäre Scintillatoren				
Naphthalin	128	325	336	351
Anthracen	178	405	428	454
Terphenyl	230	355		
PPO (2,5-Dephenyloxazol)	221	365	380	
PBD (2-Phenyl-5-(4-biphenylyl)-1,3,4-oxadiazol)	298	364	377	
Butyl-PBD (2-(4-t-Butylphenyl)-5-(4-biphenylyl)-1,3,4-oxadiazol)	354	367	382	
BBOT (2,5-Bis(5-t-butylbenzoxazol-2-yl)thiophen)	430	438		
Sekundäre Scintillatoren				
POPOP (1,4-Bis(5-phenyloxazol-2-yl)-benzol)	271	420	441	
DMPOPOP (1,4-Bis(4-methyl-5-phenyloxazol-2-yl)benzol)	392	430		
Bis-MSB (p-Bis(o-methylstyryl)-benzol)	310	423		

Nur einige ältere Geräte benötigen Licht mit noch längerer Wellenlänge. Die Verschiebung der Wellenlänge wird dann durch einen sekundären Szintillator bewirkt, der in wesentlich geringerer Konzentration als der primäre Szintillator zugesetzt wird. Der sekundäre Szintillator absorbiert Strahlung mit der Wellenlänge der Emission des primären Szintillators und sendet Fluoreszenzlicht mit einem Maximum bei 420–440 nm aus.

Die fluoreszierenden Eigenschaften der primären und sekundären Szintillatoren resultiert aus deren komplexer aromatischer Struktur. Die Strukturen des primären Szintillators PPO und der sekundären Szintillatoren Bis-MSB (p-Bis-(o-methylstyryl)-benzol) und Dimethyl-POPOP (1,4-Bis-2-(4-methyl-5-phenyloxazoyl)-benzol) sind in Abb. 3.5 dargestellt. Das Fluoreszenz-Maximum der gebräuchlichsten primären und sekundären Szintillatoren ist in Tab. 3.5 wiedergegeben.

Die Lichtmenge, die vom Szintillator nach der Kollision mit dem β-Teilchen abgegeben wird, ist äußerst klein. Ihre Messung erfordert einen höchst empfindlichen Detektor, wie ihn der Szintillations-Zähler darstellt (Abb. 3.6). Die wichtigsten Bestandteile eines Szintillations-Zählers sind in Abb. 3.7 aufgeführt. Die meisten heute erhältlichen Geräte enthalten mindestens zwei Photoverstärker-Röhren. Gewöhnlich sind sie einander gegenüberstehend auf jeder Seite der Probenkammer angebracht. Die Photoverstärker-Röhre ist das eigentliche Meßinstrument und läßt sich am besten anhand Abb. 3.8 erklären. Der obere Teil der Röhre ist mit einem lichtempfindlichen Material beschichtet und wird Photokathode genannt. Wenn ein Fluoreszenz-Puls des sekundären Szintillators auf die Oberfläche trifft, werden eine Anzahl Elektronen freigesetzt und in Richtung auf die positiv geladene erste Dynode beschleunigt. (Die Beschleunigung wird durch ein elektrisches Feld von ca. 100–200 V hervorgerufen.) Damit alle abgestrahlten Elektro-

Abb. 3.6 Flüssigkeits-Szintillations-Zähler zur Aufnahme von 460 Proben. Die Steuerung des Gerätes erfolgt automatisch über Mikroprozessoren. Die vorwählbaren Zählparameter und Ergebnisse können auf einem Bildschirm abgelesen und auf einem Drucker ausgedruckt werden (mit Genehm. der Packard Instruments Company, Inc.).

nen die Dynode erreichen, sind zwischen Kathode und Dynode eine Reihe negativ geladener Fokussierringe angebracht. Jedes Elektron, das die erste Dynode erreicht, bewirkt die Freisetzung von weiteren drei bis fünf Elektronen. Treffen diese Elektronen auf die zweite Dynode, werden wiederum für jedes Elektron drei bis fünf weitere herausgeschlagen. Dieser kaskadenartige Prozeß wird 10- bis 14mal wiederholt. Für jedes Elektron, das auf die erste Dynode trifft, werden somit 10^6 Elektronen die 14. Dynode erreichen. Die Zeit, die das Elektron von der ersten bis zur letzten Dynode benötigt, beträgt ungefähr 10^{-9} Sekunden. Während dieser Zeit kann kein zweites Primärelektron auf die Photokathode gelangen. Diese

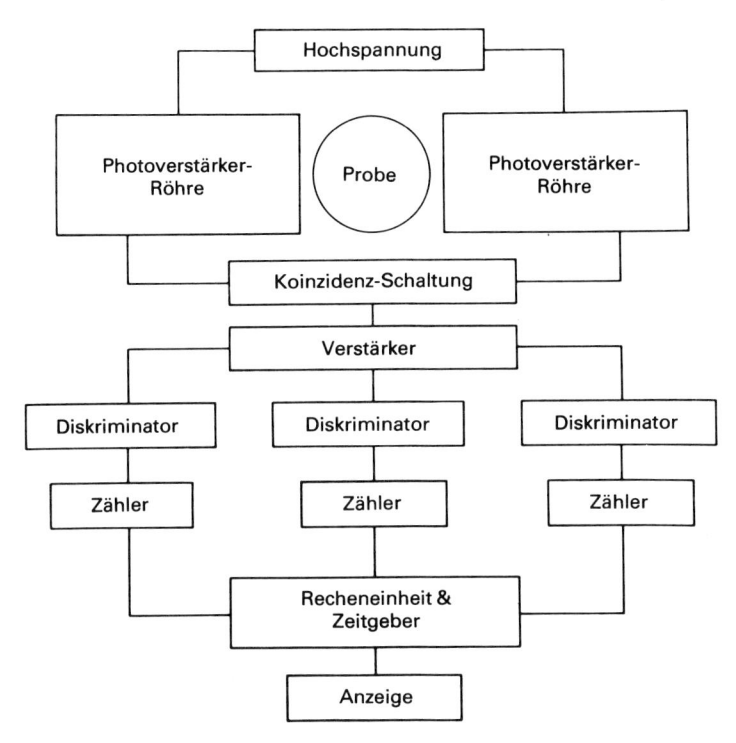

```
                    ┌──────────────────┐
          ┌─────────┤  Hochspannung    ├─────────┐
          │         └──────────────────┘         │
  ┌───────┴────────┐   ┌─────────┐   ┌───────────┴────┐
  │ Photoverstärker-│   │         │   │Photoverstärker-│
  │    Röhre        │   │  Probe  │   │    Röhre       │
  └───────┬─────────┘   └─────────┘   └────────┬───────┘
          │         ┌──────────────────┐       │
          └─────────┤Koinzidenz-Schaltung├─────┘
                    └────────┬─────────┘
                    ┌────────┴─────────┐
              ┌─────┤    Verstärker    ├─────┐
              │     └────────┬─────────┘     │
      ┌───────┴─────┐ ┌──────┴──────┐ ┌──────┴──────┐
      │Diskriminator│ │Diskriminator│ │Diskriminator│
      └───────┬─────┘ └──────┬──────┘ └──────┬──────┘
      ┌──────┴──┐     ┌──────┴──┐     ┌──────┴──┐
      │  Zähler │     │  Zähler │     │  Zähler │
      └──────┬──┘     └──────┬──┘     └──────┬──┘
             │     ┌─────────┴──────┐        │
             └─────┤ Recheneinheit &├────────┘
                   │   Zeitgeber    │
                   └────────┬───────┘
                       ┌────┴────┐
                       │ Anzeige │
                       └─────────┘
```

Abb. 3.7 Schematisches Diagramm der wesentlichen elektronischen Komponenten eines Szintillations-Zählers.

Dauer, in der kein zweiter Impuls gemessen werden kann, wird Totzeit genannt. Die Möglichkeit, daß ein Lichtpuls nicht gemessen wird, ist dennoch recht gering, wie noch erläutert werden soll.

Die Photoverstärker-Röhre mit einer extrem hohen Zeitauflösung reagiert eher auf einen Lichtpuls als einen kurzzeitigen Lichtblitz. Abb. 3.9a zeigt die Lichtintensität, die ein einzelnes β-Teilchen auslöst, in Abhängigkeit von der Zeit. Die Photoverstärker-Röhre gibt bei Anregung durch den Lichtpuls ein Ausgangssignal ab, das der Zeitabhängigkeit des Lichtpulses genau entspricht (siehe Abb. 3.9b). Mit anderen Worten: Die Röhre wandelt das Lichtenergie-Signal in ein gleichartiges elektrisches Signal um, das einfacher verändert und gemessen werden kann.

Die große Empfindlichkeit der Photoverstärker-Röhre gegenüber Licht ist auf die geringe Energie zurückzuführen, die notwendig ist, um aus der Photokathode ein Photoelektron freizusetzen. Die Energie wird durch die Photonen aus der Probe geliefert. Jedoch auch Energie in Form von Wärme (Strahlung mit langer Wellenlänge) kann die Abspaltung von Photoelektronen bewirken. Diese Emission von Elektronen aufgrund von thermischer Energie wird Joule-Thompson-Rauschen oder Dunkelstrom genannt und kann eine Größe von 10^4 cpm erreichen. Das Rauschen wird durch Herabsetzen der thermischen Energie, d.h. durch Kühlung verringert. Dies ist der Grund, warum früher viele Instrumente ihre Proben-

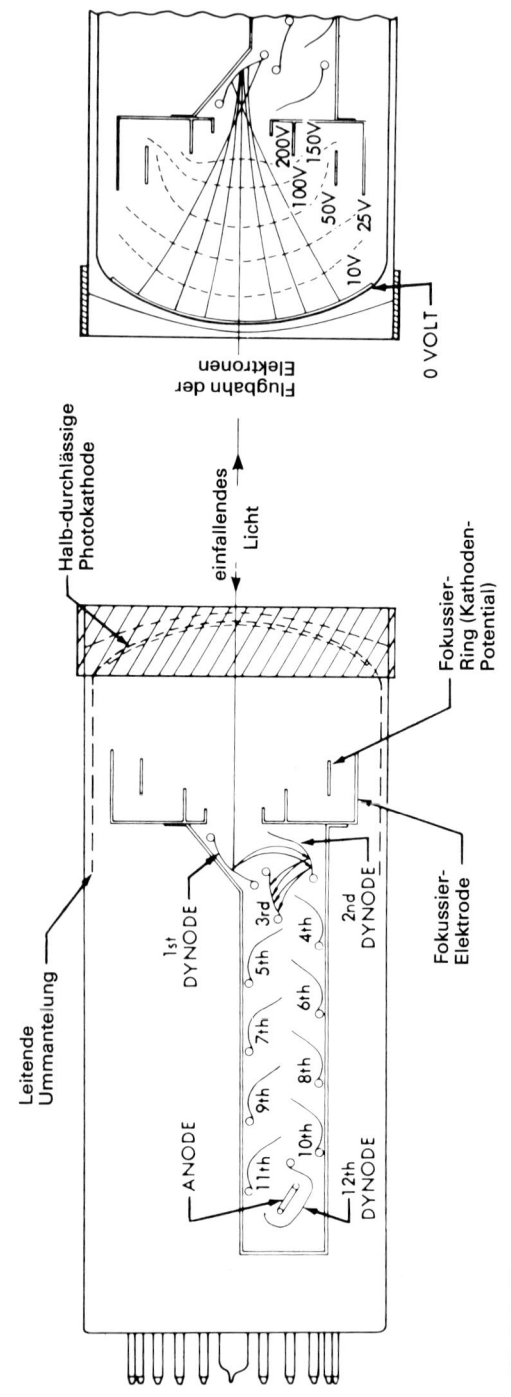

Abb. 3.8 Photoverstärker-Röhre (Beckman-RCA Bialkali 12-stage Photoverstärker-Röhre, mit Genehm. der Beckman Instruments, Inc.).

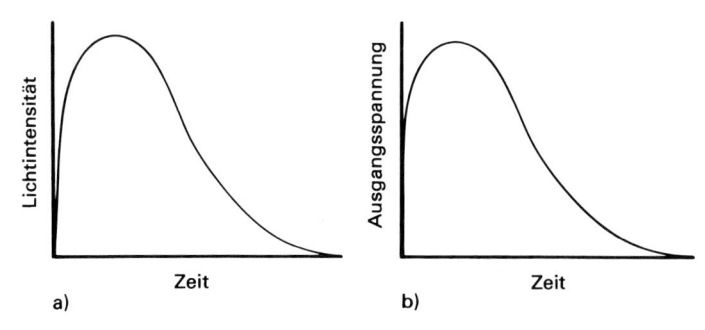

Abb. 3.9 Der zeitliche Verlauf eines von einem β-Teilchen emittierten Lichtblitzes (a) und das entsprechende Ausgangssignal der Photoverstärker-Röhre (b).

kammer mit einem Kühlaggregat auf nahe 0 °C abkühlten. Es ist jedoch klar, daß bloßes Herabsetzen der Temperatur das Problem nicht löst, da man mit dieser Methode niemals den gewünschten Background von 10–25 cpm erreichen kann. Eine bessere Lösung des Problems macht sich die Tatsache zunutze, daß der Dunkelstrom spontan und zufällig in der Photoverstärker-Röhre entsteht. Bei der gleichzeitigen Messung durch zwei Röhren kann man annehmen, daß thermisch erzeugte Emissionen nicht im gleichen Augenblick in beiden Photokathoden auftreten. Die Photokathoden-Emission, die durch die Photonen der Probe erzeugt werden, sollten dagegen simultan auftreten. Die Ausgangssignale der beiden unabhängig voneinander arbeitenden Photoverstärker-Röhren werden deswegen durch eine elektronische Schaltung, die sog. Koinzidenz-Schaltung, geleitet. Wenn Signale der beiden Röhren diese Schaltung zu exakt der gleichen Zeit (± 10 nsec) erreichen, werden sie addiert, durchgelassen und weiterverarbeitet. Diese Signale sind mit großer Wahrscheinlichkeit das Resultat einer β-Teilchen-Emission. Wenn jedoch ein Signal einer der beiden Photoverstärker-Röhren nicht gleichzeitig mit einem Signal der anderen Röhre die Koinzidenz-Schaltung erreicht, wird es zurückgehalten und nicht weiterverarbeitet.

Die von der Koinzidenz-Schaltung weitergeleiteten Impulse werden in einen Impulshöhen-Analysator gegeben (Abb. 3.7). Diese Schaltung bestimmt die Fläche unter der Impulskurve (Abb. 3.9b) und erzeugt ein symmetrisches Signal, dessen Höhe eine Funktion der Fläche der Impulskurve ist. Das Signal des Impulshöhen-Analysators wird in den folgenden Abbildungen als eine Linie wiedergegeben. Der Analysator bildet somit aus einer zweidimensionalen Kurve einen einzelnen Wert, nämlich die Höhe des symmetrischen Impulses. Werden β-Teilchen mit hoher Energie gezählt, sind die Fläche der Impulskurve und damit die Höhe des Analysator-Signals hoch. Energiearme β-Teilchen erzeugen andererseits nur niedrige Impulshöhen.

Das Ausgangssignal des Impulshöhen-Analysators wird gleichzeitig in zwei bis drei identische Schaltungen eingespeist, die Diskriminatoren genannt werden (Abb. 3.7). Der Diskriminator kann als Selektions-Schaltung betrachtet werden, d.h. er leitet nur die Signale weiter, die eine ganz bestimmte Impulshöhe besitzen.

Die obere und untere Begrenzung dieser Diskriminierung kann durch ein Potentiometer an der Kontrolleinrichtung des Gerätes vorgewählt werden. Abb. 3.10 zeigt eine Reihe von Ausgangssignalen des Impulshöhen-Analysators als Funktion der Zeit. Alle möglichen Impulshöhen können beobachtet werden. Die Operationsbereiche der drei Diskriminatoren, die Kanäle A, B und C, sind in der Abbildung ebenfalls dargestellt. Jedes Signal wird von jedem der drei Diskriminatoren empfangen, jedoch nur die Signale, deren Impulshöhen innerhalb des Arbeitsbereichs liegen, bewirken ein Ausgangssignal. Signale, die ober- oder unterhalb des eingestellten Bereichs liegen, werden zurückgehalten. Da alle drei Diskriminatoren unabhängig voneinander arbeiten, können sie entweder überlappende oder nicht überlappende Bereiche besitzen. Was ergeben sich für Konsequenzen, wenn die Diskriminatoren auf überlappende Bereiche eingestellt werden?

Mit jedem Diskriminator ist ein elektronischer Impulszähler verbunden, der nur die Aufgabe hat, die Ausgangssignale der Diskriminatoren zu zählen. Der Zähler ist an eine Zeituhr und an eine Recheneinheit angeschlossen. Die gewünschte Zählzeit für eine Probe kann auf zweifache Weise vorgewählt werden: 1. Durch eine vorgegebene Anzahl von Minuten oder Sekunden (preset time) oder 2. durch die Anzahl von Impulsen, die in jedem Zähler erreicht werden soll (preset counts). Wenn eine Probe in die Probenkammer kommt, werden Zeituhr und Zähler elektronisch auf Null gestellt. Wenn dann entweder die vorbestimmte Zeit abgelaufen ist oder die Impulse erreicht sind, wird die Zählung unterbrochen. In teureren Instrumenten werden die Daten der Impulszähler und die Zählzeit in einer Recheneinheit gleich zu cpm umgerechnet. Der Rechner kann gleichzeitig die Kanalverhältnisse berechnen, deren Bedeutung später erläutert wird. Er veranlaßt weiter den Ausdruck der Werte auf einen Papierstreifen oder ein Computerband für weitere Verwendungen.

Viele neue Geräte sind mit einer verbesserten elektronischen Uhr ausgerüstet. Die Totzeit war oben definiert worden als die Zeit, während der ein Impuls gemessen wird (ca. 1 μsec). Innerhalb der Totzeit kann kein weiterer Vorgang registriert werden, selbst dann nicht, wenn er von einer β-Emission herrührt. Da die Photoverstärker-Röhre eine Reaktionszeit in der Größenordnung einer Nanosekunde

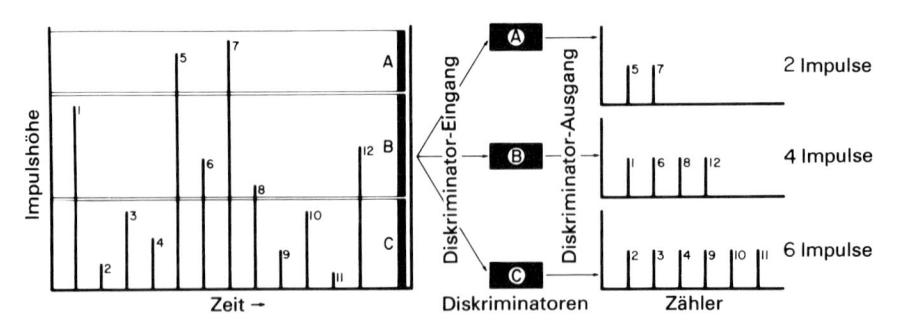

Abb. 3.10 Wirkungsweise der Diskriminatoren eines Szintillations-Zählers. Die linke Abbildung zeigt die Impulse, bevor sie den Diskriminator erreichen, die rechte Abbildung zeigt die Ausgangssignale.

besitzt, wird der größte Teil der 1-μSekunden-Totzeit durch die Elektronik, z.B. den Impulshöhen-Analysator, Diskriminator und Zähler verursacht. Man kann zeigen, daß eine Totzeit von 1 μsec einen Verlust von 1% der Zählausbeute bewirkt, d.h. 6000 cpm für eine Probe, die 600000 cpm enthält. Der dadurch entstehende Fehler wurde durch die Konstruktion einer elektronischen Uhr umgangen, die sich während der Zeit, in der ein Impuls gezählt wird, ausschaltet und die Zeit erst nach Beendigung des Zählprozesses weiterlaufen läßt. Somit wird die Zeit, in der das Gerät auf ein β-Teilchen reagiert und ein zweites keine weitere Reaktion bewirken würde, nicht als Zählzeit bewertet. Auf diese Weise kann der Totzeit-Fehler fast ausgeschlossen werden.

Die Impulshöhe eines den Diskriminator erreichenden Signals ist wie erwähnt der Energie des β-Teilchens, von dem das Signal stammt, proportional. Ferner besitzt, wie in Abb. 3.1 gezeigt, das β-Teilchen eines Isotops eine Energie zwischen Null und E_n. Man kann also durch entsprechende Justierung der Diskriminatoren die Energieverteilungs-Funktion eines Isotops ermitteln (siehe experimenteller Teil). Der gesamte Diskriminator-Bereich wird in kleine Abschnitte unterteilt, in denen die Anzahl der β-Teilchen bestimmt wird, deren Energie genau diesem Abschnitt entspricht. Beträgt der Gesamtbereich des Diskriminators z.B. 10 V, werden die obere und untere Begrenzung des Diskriminators zuerst auf 0,5 und 0 V gestellt und die Impulse (β-Teilchen innerhalb dieses sog. Fenster) pro Zeiteinheit bestimmt. Danach wird die untere Begrenzung auf 0,5 V, die obere auf 1,0 V eingestellt und die Impulse pro Zeiteinheit erneut bestimmt. Diese Prozedur wird für den gesamten 10-V-Bereich durchgeführt. Wenn die cpm, d.h. die β-Teilchen, als Funktion des Mittelwertes der Diskriminator-Fenster (obere plus untere Begrenzung dividiert durch 2) graphisch aufgetragen werden, erhält man eine Funktion, wie in Abb. 3.11 wiedergegeben. Eine solche Darstellung wird das „β-Spek-

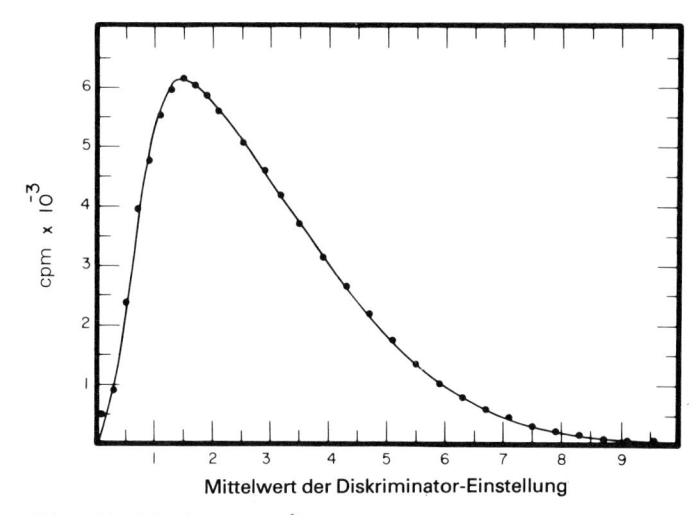

Abb. 3.11 β-Spektrum von ³H. Die Werte für diese Abbildung wurden, wie im experimentellen Teil beschrieben (Abschn. 3.7.3), erhalten.

76   3. Radiochemie

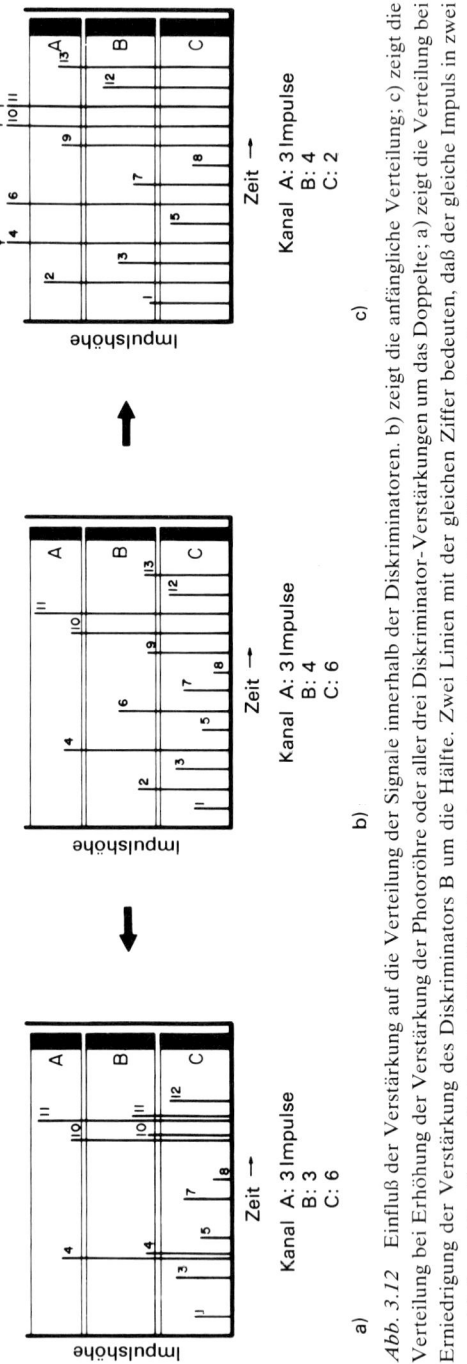

Abb. 3.12 Einfluß der Verstärkung auf die Verteilung der Signale innerhalb der Diskriminatoren. b) zeigt die anfängliche Verteilung; c) zeigt die Verteilung bei Erhöhung der Verstärkung der Photoröhre oder aller drei Diskriminator-Verstärkungen um das Doppelte; a) zeigt die Verteilung bei Erniedrigung der Verstärkung des Diskriminators B um die Hälfte. Zwei Linien mit der gleichen Ziffer bedeuten, daß der gleiche Impuls in zwei verschiedenen Kanälen registriert wird. Die Verteilung der Ausgangssignale ist unter jedem Diagramm noch mal zusammengefaßt.

trum" genannt. Man sieht, daß die Funktion sehr stark der idealisierten Kurve in Abb. 3.1 ähnelt.

Die Verstärkungs-Regelung ist ein wichtiger Bestandteil des Szintillations-Zählers. Sie bestimmt den Faktor, mit der die Verstärkung eines ankommenden Signals stattfindet. Bei modernen Geräten kann die Verstärkung an zwei Stellen geregelt werden: 1. Die Hochspannungs-Regelung bestimmt die Ausgangsspannung an der Photoverstärker-Röhre, während 2. die Diskriminator-Verstärkung die Eingangsspannung an den Diskriminatoren regelt. Die Verstärkung der Photoröhre wird gewöhnlich durch Regulierung der Hochspannungs-Versorgung der Röhren kontrolliert. Wenn die Verstärkung an diesem Punkt angehoben wird, bekommen alle Signale unabhängig von ihrer Herkunft (β-Teilchen aus ^{3}H, ^{14}C oder ^{32}P) einen höheren Wert. Der Einfluß einer größeren Hochspannung auf die Impulshöhe ist in Abb. 3.12b und c wiedergegeben. Vier Signale, die vorher z.B. im Bereich des unteren Diskriminators C zu finden waren, sind so weit angehoben worden, daß sie nicht mehr in ihrem ursprünglichen Energiebereich, sondern in einem höheren Bereich registriert werden. Werden alle Impulse, die die Oberflä-

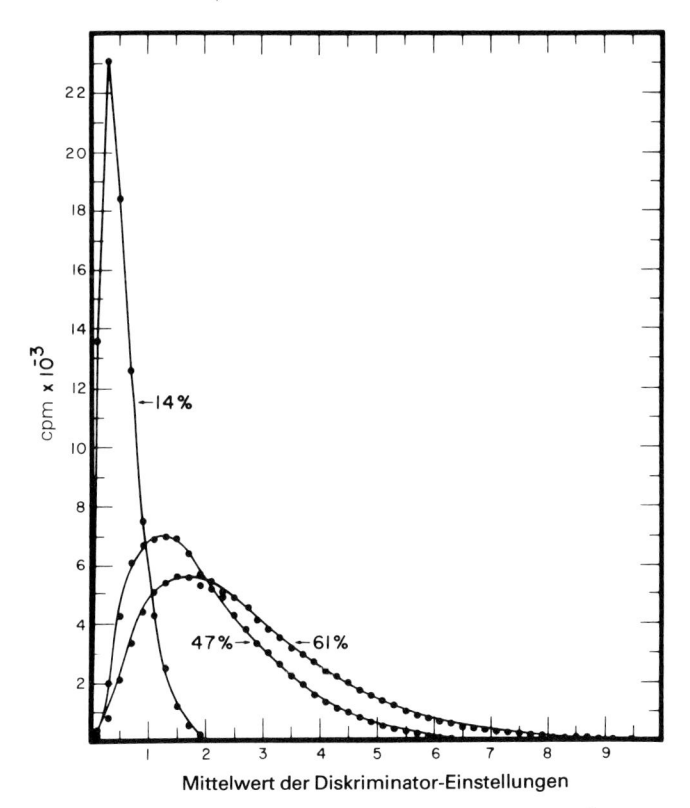

Abb. 3.13 Einfluß der Verstärkung auf das β-Spektrum von ^{3}H. Die Werte wurden nach der Methode erhalten, wie sie im experimentellen Teil (Abschn. 3.7.4) beschrieben wird. Die angezeigten Werte geben die Prozente der maximalen Verstärkung an.

che der Photoverstärker-Röhre erreichen, um den gleichen Faktor verstärkt, können auch Impulse, die vorher unter der Erfassungsgrenze lagen, gezählt werden. Die Folgen dieser Regulierung können in allen drei Kanälen des Szintillations-Zählers festgestellt werden.

Die zweite Verstärkungs-Regelung, die man an jedem Diskriminator findet, bewirkt einen ähnlichen Effekt wie die Regulierung der Photoverstärker-Spannung. Hier werden jedoch nur die einzelnen Diskriminatoren beeinflußt (Abb. 3.12a und b). Wird die Verstärkung vor Kanal B auf die Hälfte herabgesetzt, werden die Signale 4, 10 und 11 von beiden Kanälen A und B registriert, da bei der niedrigeren Verstärkung des Diskriminators B diese Signale in auch seinen Bereich fallen. Die Signale 2, 6, 9 und 13 werden in keinem Kanal mehr registriert, da sie unter der Begrenzung des Diskriminators von Kanal B und über der Begrenzung des Diskriminators von Kanal C liegen. In der Praxis wird die Hochspannungs-Regulierung entsprechend der optimalen Funktion der Photoverstärker-Röhre eingestellt. Die Verstärkungs-Regelung der Diskriminatoren hingegen wird in der Regel so eingestellt, daß das β-Spektrum des zu zählenden Isotops den ganzen Bereich des Diskriminators ausfüllt. Da alle drei Diskriminatoren den gleichen Spannungsbereich besitzen, benötigen die ^{3}H-β-Teilchen eine höhere Verstärkung, als ^{14}C-β-Teilchen, um das Fenster auszufüllen. Abb. 3.13 zeigt den Einfluß der Diskriminator-Verstärkung auf das β-Spektrum. Es ist zu bemerken, daß sich bei Veränderung der Verstärkung sowohl die Fläche unter der Kurve als auch der Punkt der maximalen Energie des β-Spektrums ändert.

3.2.1 Vorbereitung des Szintillations-Zählers

Die anschließende Diskussion der Funktionsteile eines Szintillations-Zählers soll die notwendige Information geben, ein solches Gerät für eine effiziente Radioaktivitäts-Messung vorzubereiten. Obwohl die folgenden Hinweise teilweise vom Gerät und dem verwendeten Zubehör abhängen, können sie jedoch die wichtigsten Vorkehrungen illustrieren. Die Einstellung der Hochspannungsquelle bzw. des Photoverstärkers wird normalerweise im Rahmen der Serviceleistungen vorgenommen und soll deswegen hier nicht besprochen werden. Das in der Probe befindliche und zu zählende Isotop bestimmt den Kanal, d.h. die Einstellung des Diskriminators und der Verstärkungs-Regelung. Die obere und untere Diskriminator-Begrenzung des Kanals werden auf den höchsten bzw. niedrigsten Wert eingestellt; dies entspricht einem Bereich von 0 V bis 10,0 V in der nachfolgenden Diskussion. Der Spannungsbereich der Diskriminatoren wird Fenster genannt. Ist der größte mögliche Bereich eingestellt, wird er ein „volles Fenster" genannt. Die Verwendung eines vollen Fensters schließt bei richtiger Einstellung der Diskriminator-Verstärkung das gesamte β-Spektrum ein. Mit anderen Worten: Die bei einem vollen Fenster beobachtete Impulsrate ist die größtmögliche Näherung an die Fläche der Kurve in Abb. 3.1.

Als nächstes muß die Verstärkung am Diskriminator eingestellt werden. Es muß die Einstellung gefunden werden, bei der das β-Spektrum des untersuchten Isotops das volle Fenster ausfüllt. Für die verschiedenen Isotope sind unterschiedliche Verstärkungsfaktoren notwendig. Diese Tatsache soll durch die Betrachtung folgender Kausalkette unterstrichen werden: Die Energie des β-Teilchen bestimmt, wie viele Lösungsmittel-Moleküle mit ihm in Wechselwirkung treten; dies wiederum bestimmt die Intensität und Dauer des Phosphoreszenz-Impulses, von der die Menge der vom primären Szintillator absorbierten Strahlung abhängt. Letztere wirkt sich nun auf die Intensität und Dauer des Fluoreszenz-Impulses aus, der die Anzahl der von der Photokathode emittierten Photoelektronen bestimmt. Die Anzahl der Photoelektronen beeinflußt die Höhe und Fläche des den Impulshöhen-Analysator erreichenden Impulses, durch die die Höhe des vom Analysator abgegebenen symmetrischen Impulses festgelegt wird. Die Impulshöhe schließlich bestimmt die Spannung am Eingang der Diskriminatoren. Wenn der Diskriminator-Bereich 10 V beträgt, muß die Verstärkung so eingestellt werden, daß ein β-Teilchen mit der Energie $E_\beta = E_{max}$ ein Signal mit der Impulshöhe von 10 V erzeugt. Wenn z. B. für das Ausfüllen eines 10-V-Fensters bei ^{14}C die Verstärkung 1 notwendig ist, wird für ^3H eine Verstärkung von ungefähr 10 erforderlich sein. Die exakte Einstellung, bei der das gesamte β-Spektrum genau ein volles Fenster ausfüllt, wird „Gleichgewichtspunkt" dieses Isotops genannt. Es wird ermittelt durch stufenweise Erhöhung der Grobeinstellung der Verstärkungs-Regelung und Bestimmung der Impulsrate pro Zeiteinheit (cpm) bei jeder dieser Einstellungen. Bei diesem Verfahren werden die Diskriminatoren auf volle Fenster eingestellt. Nach Beendigung wird die Grobregulierung auf die Stufe eingestellt, die die höchste Impulsrate ergab. Bei der gewählten Grobeinstellung wird das gleiche Verfahren mit der Feinregulierung wiederholt. Eine zweite Methode zur Feststellung des Gleichgewichtspunkts wird im experimentellen Teil beschrieben.

Die graphische Darstellung der Abhängigkeit der Impulsrate von der Verstärkungs-Regelung (in % der Volleinstellung) zeigt eher ein Maximum als ein Plateau. Wie oben angegeben, sollte ein Diskriminator ein volles Fenster von 0 bis 10 V besitzen. In Wirklichkeit hat aber ein Diskriminator eine untere Empfindlichkeitsschwelle von z. B. 0,1 V. Ein Signal, das unterhalb dieser Schwelle liegt, wird vom Diskriminator unabhängig von seiner Einstellung nicht verarbeitet. Wie in Abb. 3.1 gezeigt, besitzen die β-Teilchen eine Energieverteilung, die bei Null beginnt. Aus diesem Grund werden auch nach der Verstärkung einige Signale unterhalb des Schwellenwertes liegen und verlorengehen. Die unterhalb des Schwellenwertes befindlichen Impulse nehmen mit steigender Verstärkung ab. Die Impulsrate erreicht bei steigender Verstärkung schnell ein Maximum und nimmt dann ab (Abb. 3.14). Bei sehr niedriger Einstellung der Verstärkung besitzen die Impulse von ^{14}C-β-Teilchen mit maximaler Energie (E_{max}) eine Impulshöhe weit unterhalb von 10 V, der oberen Begrenzung des Diskriminators. Wird die Verstärkung erhöht, liegt die Impulshöhe dieser Teilchen höher bei 10 V. Am Gleichgewichtspunkt, dem Punkt, wo das gesamte β-Spektrum innerhalb des Energiebereichs von 0 bis 10 V liegt, erzeugt ein β-Teilchen mit der Energie E_{max} ein Signal

80   3. Radiochemie

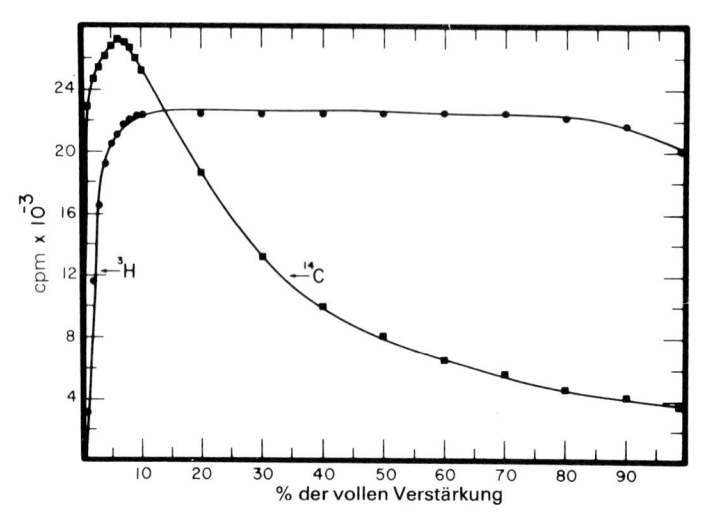

Abb. 3.14 Einfluß der Verstärkung auf die Impulsrate. Die Werte wurden nach der im experimentellen Teil (Abschn. 3.7.2) beschriebenen Methode erhalten.

mit der Impulshöhe von genau 10 V. Nimmt die Verstärkung noch weiter zu, haben die Signale Werte über 10 V und werden nicht mehr verarbeitet. Obwohl also bei der Verstärkung über den Gleichgewichtspunkt hinweg mehr Impulse mit niedriger Energie erfaßt werden, die sonst verlorengegangen wären, wird dieser Vorteil durch den Verlust überdeckt, den die Impulse mit zu hoher Energie erzeugen. Warum hat jedoch die ^{3}H-Kurve eher ein Plateau als ein Maximum?

Zusammen mit der für den Gleichgewichtspunkt entsprechenden Verstärkung können die Begrenzungen der Diskriminatoren festgesetzt werden. Die Einstellung der oberen und unteren Begrenzung wird hauptsächlich durch zwei Faktoren bestimmt: 1. dem gewünschten Background-Spiegel, 2. und der Zahl der in der Probe befindlichen unterschiedlichen Isotope. Background-Impulse sind solche, die man mit einer nichtradioaktiven Szintillator-Flüssigkeit mißt (Lösungsmittel, primärer Szintillator und – wenn nötig – sekundärer Szintillator). Diese Impulse können von kosmischer Strahlung, von der Radioaktivität des in der Natur (und im Glas) vorkommenden ^{40}K und vom Dunkelstrom (thermische Emissionen, die die Koinzidenz-Schaltung überwinden konnten) herrühren. In Tab. 3.6 werden die unterschiedlichen Größen dieser Faktoren aufgeführt. Ein sehr niedriger Background wird bei Messungen benötigt, bei denen sich sehr wenig Radioaktivität in der Probe befindet. Der Background kann einmal durch Verwendung von Plastikgefäßen, die kein ^{40}K enthalten, herabgesetzt werden und zum anderen durch Heraufsetzung der unteren Begrenzung des Diskriminators (die Impulse des Dunkelstroms haben ein sehr niedriges Potential). Es ist klar, daß durch die Herabsetzung des Backgrounds mit Hilfe der letzteren Methode, ein Teil der β-Teilchen mit niedriger Energie gleichzeitig verloren geht. Die obere Begrenzung des Diskriminators hat wenig Bedeutung für den Background. Deswegen sollte sie bei der Zählung eines einzigen Isotops auf den Maximalwert eingestellt werden. Auf diese

Tab. 3.6 Quellen des Backgrounds.

Probe	gemessene cpm[a] ^{14}C-Kanal	^{3}H-Kanal	Quelle der beobachteten Impulsrate
leere Kammer	3	5	Joule-Thompson Dunkelstrom[b]
leeres Glas-Szintillations-Röhrchen	13	26	^{40}K im Glas
leeres Plastik-Szintillations-Röhrchen	7	8	
Toluol im Glas-Szintillations-Röhrchen	18	30	Cerenkov-Strahlung
Toluol im Plastik-Szintillations-Röhrchen	12	16	
Szintillations-Flüssigkeit im Glas-Szintillations-Röhrchen	29	28	kosmische und andere Strahlung der Umwelt
Szintillations-Flüssigkeit im Plastik-Szintillations-Röhrchen	24	13	

[a] Die Proben wurden 20 min gezählt. Die Kanaleinstellungen mit vollem Diskriminator-Bereich entsprachen dem jeweiligen Isotop.

[b] Die durch Impulse bei der Rekombination der Ionen entstehende Rückkopplung der Photoverstärker-Röhre wurde elektronisch eliminiert.

Weise wird kein Signal des β-Spektrums mit einer Energie nahe E_{max} verlorengehen. Die Erläuterung der Einstellung der Diskriminator-Begrenzung bei gleichzeitiger Zählung mehrerer Isotope müssen wir zurückstellen, bis der Begriff der Zählausbeute besprochen ist. Bei neuen Geräten werden die beschriebenen Einstellungen oft innerhalb der Serviceleistungen intern vorgegeben.

3.2.2 Zählausbeute

Wie die meisten Meßinstrumente besitzt auch der Szintillations-Zähler keine 100%ige Effizienz. Die besten heute erhältlichen Geräte haben Zählausbeuten von 60% für ^{3}H und 90% für ^{14}C. Wie oben schon definiert, ist

Ipm = Zpm · Zählausbeute

oder

cpm = dpm · Zählausbeute   (11)

Will man die absolute Radioaktivität einer Probe bestimmen, müssen die Impulsrate und die Zählausbeute exakt bekannt sein.

Eine Zählausbeute von weniger als 100% ergibt sich aus dem Verlust von Strahlung innerhalb des Meßinstruments und des Strahlung erzeugenden Systems. Der Verlust im Szintillations-Zähler selbst ist nicht sehr groß. Hier tritt der größte Teil des Verlustes in der Photokathode auf, wenn Strahlung mit so niedriger Energie auftrifft, daß kein Photoelektron herausgelöst wird, oder was noch häufiger passiert, daß die Photoelektronen einen so schwachen Impuls erzeugen, daß er unterhalb die Schwelle der Diskriminatoren fällt. Das Signal geht somit im unterdrück-

Tab. 3.7 Stärke des Löscheffekts (Quench) verschiedener organischer Verbindungen.

stark löschende Substanzen	wenig löschende Substanzen	Substanzen ohne Quench-Effekt und Energieübertragung
RSH[a]	RCOOH	RH
$\underset{\text{RCOCR}}{\overset{\text{O O}}{\underset{\parallel\ \parallel}{}}}$	RNH$_2$	RF
	RCH=CHR	ROR
	RBr	RCN
$\underset{\text{RCR}}{\overset{\text{O}}{\underset{\parallel}{}}}$	RSR	ROH
		RCl
$\underset{\text{RCOR}}{\overset{\text{O}}{\underset{\parallel}{}}}$		
RNHR		
RCHO		
R$_3$N		
RI		
RNO$_2$		

[a] R ist eine aliphatische Gruppe

ten „elektronischen Rauschen" unter. Der weitaus größte Verlust an Zählausbeute tritt jedoch während des Szintillations-Prozesses auf. Dieser Verlust, der sog. Löscheffekt oder Quenching, kann auf zwei Arten entstehen: 1. durch chemisches Quenching und 2. durch Farbquenching. In Tab. 3.7 sind eine Reihe von bekannten funktionellen Gruppen nach ihrem Grad des Quencheffekts aufgeführt. Substanzen, die ein primäres oder chemisches Quenching bewirken, wie z. B. starke Säuren und Basen, verhindern bei verschiedenen organischen Molekülen eine Phosphoreszenz bzw. Fluoreszenz. Dies geschieht durch chemische Wechselwirkung mit dem Szintillator, z. B. im Fall des Hydroxylions durch Umwandlung von Dioxan in sein nichtphosphoreszierendes Epoxid-Derivat. Substanzen, die ein sekundäres oder Farbquenching bewirken, beeinflussen zwar die Produktion von Photonen nicht, absorbieren aber die im Szintillations-Prozeß abgegebene Strahlung, löschen sie also. Jede bei den Wellenlängen 200–440 nm absorbierende Substanz kann löschen (siehe Abb. 3.2 und 3.3). Dies verdeutlicht, daß Farbquenching sowohl bei der Phosphoreszenz des Lösungsmittels als auch bei der Fluoreszenz des primären und sekundären Szintillators auftreten kann.

Zur Bestimmung des Verlustes an Zählausbeute (innerhalb des Gerätes und aufgrund des Quenching) haben sich drei Methoden bewährt. Dies sind 1. die interne Standardisierung, 2. die Quench-Korrektur durch Bildung des Kanalverhältnisses 3. und die Quench-Korrektur durch Bildung des Kanalverhältnisses mit externem Standard. Die Bestimmung der Zählausbeute mit Hilfe der internen Standardisierung kann in zwei Schritten durchgeführt werden. Die Probe wird zuerst genau gezählt, dann wird ihr eine exakt bekannte Menge an Radioaktivität zugefügt (50000–80000 dpm ^{14}C oder 100000–150000 cpm ^{3}H). Es ist wichtig, daß die zugefügte Menge Radioaktivität wesentlich größer ist als die ursprünglich im Zählröhrchen befindliche. Die Probe wird dann ein zweites Mal gezählt. Die erste Zählung gibt die cpm der Probe an, während die zweite Zählung die cpm der Probe plus die dpm des Standards multipliziert mit der Zählausbeute ergibt:

$$\text{cpm}_2 = \text{cpm}_{\text{Probe}} + \text{dpm}_{\text{St.}} \cdot \text{Zählausbeute} \tag{12}$$

oder

$$\text{Zählausbeute} = \frac{\text{cpm}_2 - \text{cpm}_{\text{Probe}}}{\text{dpm}_{\text{St.}}} = \frac{\text{cpm}_{\text{St.}}}{\text{dpm}_{\text{St.}}} \tag{13}$$

und

$$\text{dpm}_{\text{Probe}} = \frac{\text{cpm}_{\text{Probe}}}{\text{Zählausbeute}} \tag{14}$$

Beispiel: Eine Probe wird im Szintillations-Zähler gezählt und enthält 58 413 cpm. 0,10 ml markiertes Standard-Toluol ($1,85 \times 10^6$ dpm/ml) wird zur Probe hinzugegeben. Eine zweite Zählung ergibt 173 113 cpm. Wie groß ist die Zählausbeute für diese Probe und wieviel Radioaktivität (dpm) enthält die Originalprobe?

$$\text{Zählausbeute} = \frac{173\,113 - 58\,413}{185\,000}$$

$$= \frac{114\,700}{185\,000}$$

$$= 0{,}62$$

$$\text{dpm}_{\text{Probe}} = \frac{58\,413}{0{,}62} = 94\,214$$

Die interne Standardisierung war eine der ersten Methoden zur Quench-Korrektur. Sie basiert auf der Annahme, daß die Größe des Quenching beim zugegebenen Standardisotop und bei der Originalprobe identisch ist. Obwohl die Methode recht genau sein kann, besitzt sie doch folgende Nachteile: 1. Eine Voraussetzung für gute Ergebnisse ist, daß kleine Mengen von organischen Lösungsmitteln genau pipettiert werden können. 2. Jede Probe muß zweimal bearbeitet und gezählt werden, wobei viel Zeit verloren geht. 3. Schließlich verbietet der hohe Preis der radioaktiven Standardlösung den Gebrauch für Routineuntersuchungen.

Die Quench-Korrektur durch Bildung des Kanalverhältnisses geht von der Tatsache aus, daß durch das Quenching eine Veränderung des β-Spektrums eines Isotops erfolgt. Abb. 3.15 zeigt ein ungelöschtes (C), ein leicht gelöschtes (B) und ein stark gelöschtes β-Spektrum (A). Das Quenching hat zwei Effekte auf das Spektrum: Sowohl E_{max} als auch die Fläche unter der Kurve werden vermindert. Da bei vollem Fenster die Anzahl der Impulse direkt proportional der Fläche unter dem β-Spektrum ist, wird eine Verringerung der Fläche durch das Quenching verständlich. Die Verschiebung von E_{max} muß jedoch näher erläutert werden.

84   3. Radiochemie

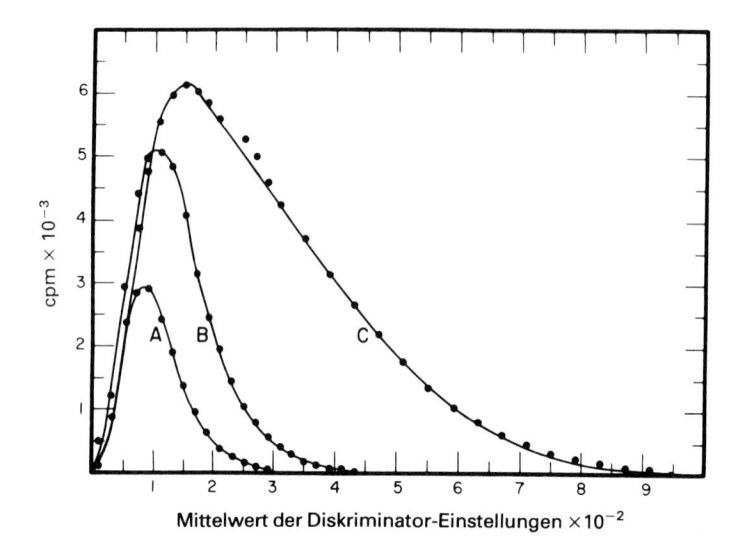

Abb. 3.15 Einfluß des Quench-Effekts auf das β-Spektrum von ³H. Kurve C zeigt eine ungelöschte Probe. Von Kurve B zu A nimmt der Quench-Effekt zu. Die Werte wurden nach der im experimentellen Teil (Abschn. 3.7.6) beschriebenen Methode erhalten.

Wenn man sich die einzelnen Schritte der Energieübertragung vergegenwärtigt, so ist die Anzahl der angeregten Lösungsmittel-Moleküle (und anschließend der Szintillator-Moleküle) abhängig von der Energie des β-Teilchens. Mit anderen Worten, man kann annehmen, daß ein β-Teilchen mit der Energie E_{max} eine große Anzahl Lösungsmittel-Moleküle anregen wird. Nimmt man weiter an, daß das Quenching

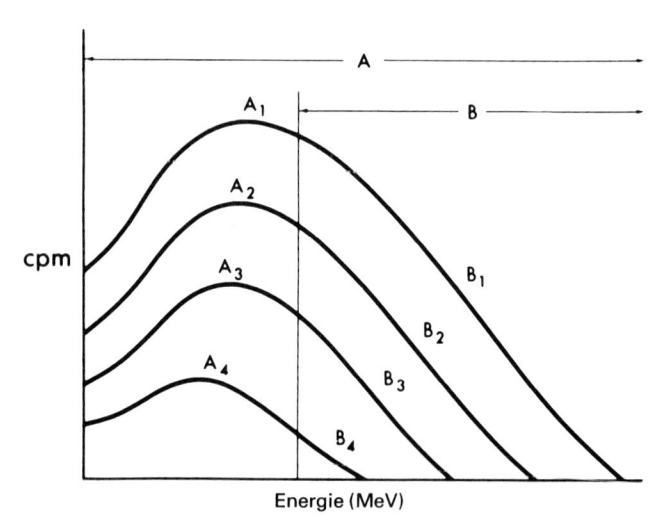

Abb. 3.16 Bestimmung des Kanalverhältnisses gelöschter Proben. Die Stärke der Löschung nimmt von Probe 1 bis 4 zu. Die Pfeile oberhalb der Abbildung zeigen die Bereiche der beiden Kanäle A und B (mit Genehm. der Beckman Instruments, Inc.).

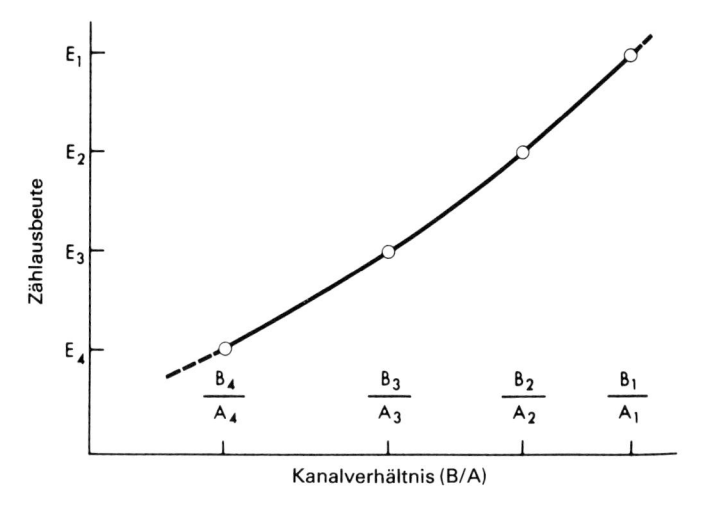

Abb. 3.17 Quench-Korrektur-Kurve. Die Kanalverhältnisse wurden nach den Werten aus Abb. 3.16 berechnet (mit Genehm. der Beckman Instruments, Inc.).

eines angeregten Moleküls ein zufälliger Prozeß ist, so werden immer einige der vielen angeregten Moleküle, die von E_{max}-Teilchen herrühren, verlorengehen, wodurch die Impulshöhen und damit der Wert für E_{max} herabgesetzt wird. Wenn man die durch das Quenching hervorgerufene Verschiebung des Spektrums zur Zählausbeute in Beziehung setzt, ist es möglich, aus der Zählausbeute den Grad des Quenching abzuleiten. Dazu zählt man die Probe in zwei Kanälen gleichzeitig. Die Fenster der beiden Kanäle werden gesetzt, wie in Abb. 3.16 gezeigt. Kanal B zeichnet den oberen Teil des Spektrums auf, während Kanal A den gesamten Energiebereich umfaßt. Mit der Zunahme des Quenching wird eine größer werdende Anzahl von Impulsen nicht mehr in Kanal B registriert. Wenn man den Quotienten aus den in Kanal B aufgenommenen Impulsen und denen aus Kanal A gegen die Zählausbeute in einer Funktion aufträgt, erhält man eine Kurve wie in Abb. 3.17 dargestellt. In der Praxis wird eine Reihe von Quench-Standards (d. h. eine Reihe von Zählröhrchen, die alle die gleiche und genau bekannte Menge Radioaktivität, aber unterschiedliche Mengen eines löschenden Reagenz enthalten) gezählt und wie beschrieben in einer Funktion gegen die Zählausbeute aufgetragen. Eine unbekannte Probe wird dann ebenfalls in beiden Kanälen gezählt. Aus dem bestimmten Verhältnis und der Korrekturkurve erhält man die Zählausbeute. Aus der Zählausbeute wiederum können dann mit der Impulsrate aus Kanal A die dpm der Probe berechnet werden (Gl. 11).

Beispiel: Eine ^{14}C-Probe wird entsprechend der Methode des Kanalverhältnisses gezählt. Folgende Werte werden erhalten:

cpm in Kanal A = 42 927
cpm in Kanal B = 19 983

Wie hoch ist die Zählausbeute und die absolute Radioaktivität der Probe? Die Werte ergeben ein Kanalverhältnis von

$$\frac{\text{cpm}_B}{\text{cpm}_A} = \frac{19\,983}{42\,927} = 0{,}47$$

Eine Quench-Kurve für ^{14}C ist in Abb. 3.39 wiedergegeben. Einem Verhältnis von 0,47 entspricht demnach eine Zählausbeute von 0,84 oder 84%. Daraus folgt:

$$\text{dpm}_{\text{Probe}} = \frac{42\,927}{0{,}84} = 51\,103$$

Die Quench-Korrektur durch Bildung des Kanalverhältnisses ist allgemein anerkannt; doch auch sie hat ihre Grenzen. Der obere Kanal B erfaßt nur einen kleinen Teil des β-Spektrums, weshalb hier bei starkem Quenching nur ein geringer Teil der Impulse gezählt wird. Dadurch schließt diese Methode Proben mit wenig Radioaktivität aus, da unverhältnismäßig lange Zählzeiten benötigt werden, um statistisch verwertbare Impulsraten zu erhalten. Die Methode des Kanalverhältnisses mit einem externen Standard wurde wegen der Nachteile der besprochenen Methoden entwickelt. Sie ist nur eine Modifikation der Kanalverhältnis-Methode. Hierbei wird die Stärke des Quenching für eine externe radioaktive Substanz anstelle der im Zählröhrchen enthaltenen Radioaktivität bestimmt. Das Prinzip der Methode beruht auf der Tatsache, daß die ein Medium durchquerenden geladenen Teilchen oder Röntgenstrahlen mit den Molekülen des Medium zusammenstoßen wie in Abb. 3.18 gezeigt. Beim Zusammenstoß wird aus dem getroffenen Molekül ein Elektron (ein sogenanntes Compton-Elektron) herausgeschlagen. Die Richtung der Röntgenstrahlung ändert sich, und die Wellenlänge nimmt zu; die Energie wird um den vom Elektron aufgenommenen Teil verringert. Während die Röntgenstrahlen das Medium durchqueren, kann sich dieser Vorgang mehrmals wiederholen. Röntgenstrahlen können leicht die Wände der Zählröhrchen durchdringen, so daß ein in der Nähe eines Zählröhrchens gebrachter Röntgenstrahler in der Szintillator-Flüssigkeit Compton-Elektronen freisetzt. Diese Elektronen verhalten sich genau wie β-Teilchen, d.h. sie reagieren mit dem Lösungsmittel und den Szintillatoren unter Abgabe von Strahlung. So kann ein Effekt erzeugt werden, der der Zugabe einer großen Menge Radioaktivität (interner Standard) entspricht, ohne daß die wirkliche Zusammensetzung der Probe geändert werden muß.

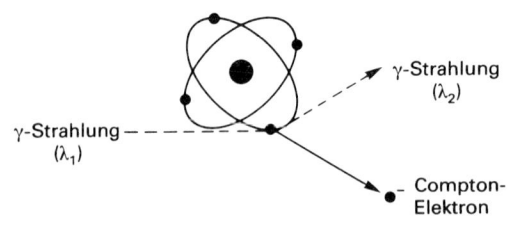

Abb. 3.18 Entstehung der Compton-Elektronen. λ_2 ist um den Betrag des Energieverlusts bei der Kollision kleiner als λ_1.

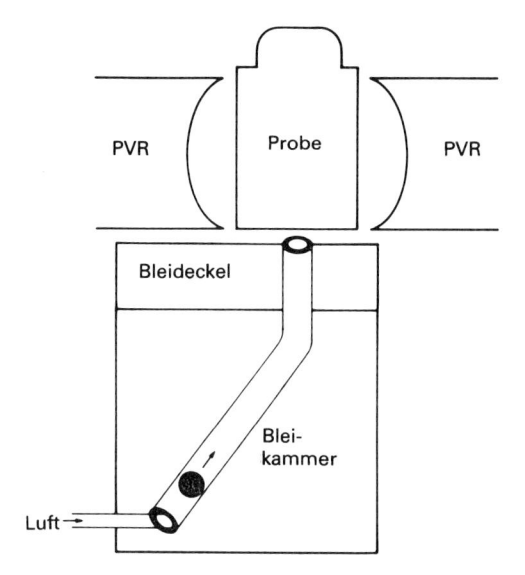

Abb. 3.19 Anordnung des externen Standards in einem Szintillations-Zähler. Der schwarze Kreis stellt die Strahlenquelle dar. Bei Bedarf wird der externe Standard mit Luftdruck direkt unter die Probe gebracht. Wenn der Luftdruck zurückgenommen wird, fällt die Strahlungsquelle zurück in den geschützten Behälter. PVR = Photoverstärker-Röhre.

Für die Praxis heißt das: Die Probe wird zuerst normal, wie bei der Kanalverhältnis-Methode beschrieben, und dann ein zweites Mal gezählt, wobei der Röntgenstrahler (meist ^{137}Cs oder ^{133}Ba) in die Mitte der Zählkammer direkt unter das Zählröhrchen gebracht wird (siehe Abb. 3.19). Jedes auftretende Quenching hat nun den gleichen Effekt auf die Zählausbeute und das Spektrum der Compton-Elektronen wie auf die β-Teilchen der Probe. Da diese Methode beide Techniken, die der internen Standardisierung und die Kanalverhältnis-Methode, beinhaltet, ist es verständlich, daß die erhaltenen Werte, wie für die beiden Methoden beschrieben, behandelt werden müssen. Die in beiden Kanälen erhaltenen Impulsraten bei der ersten oder normalen Zählung können folgendermaßen beschrieben werden

$$\text{cpm}_{1(A)} = \text{dpm}_{\text{Probe}} \times (\text{Zählausbeute Kanal A}) \tag{15}$$

$$\text{cpm}_{1(B)} = \text{dpm}_{\text{Probe}} \times (\text{Zählausbeute Kanal B}) \tag{16}$$

Die zweite, in Anwesenheit des externen Standards erhaltene Impulsrate setzt sich zusammen aus den Impulsen der Probe und denen des externen Standards (über die Compton-Elektronen). Sie kann folgendermaßen beschrieben werden

$$\text{cpm}_{2(A)} = \text{dpm}_{\text{Probe}} \times (\text{Zählausbeute Kanal A}) + \text{dpm}_{\text{ex. St.}} \times (\text{Zählausbeute Kanal A}) \tag{17}$$

$$\text{cpm}_{2(B)} = \text{dpm}_{\text{Probe}} \times (\text{Zählausbeute Kanal B}) + \text{dpm}_{\text{ex. St.}} \times (\text{Zählausbeute Kanal B}) \tag{18}$$

Einsetzen von Gl. 15 und 16 in 17 und 18 ergibt

88   3. Radiochemie

$$cpm_{2(A)} = cpm_{1(A)} + dpm_{ex.St.} \text{ (Zählausbeute Kanal A)} \quad (19)$$

$$cpm_{2(B)} = cpm_{1(B)} + dpm_{ex.St.} \text{ (Zählausbeute Kanal B)} \quad (20)$$

Daraus folgt

$$cpm_{2(A)} - cpm_{1(A)} = dpm_{ex.St.} \text{ (Zählausbeute Kanal A)} = cpm_{ex.St.(A)} \quad (21)$$

$$cpm_{2(B)} - cpm_{1(B)} = dpm_{ex.St.} \text{ (Zählausbeute Kanal B)} = cpm_{ex.St.(B)} \quad (22)$$

Division der Gl. 22 durch 21 ergibt das Kanalverhältnis für den externen Standard

$$\frac{cpm_{2(B)} - cpm_{1(B)}}{cpm_{2(A)} - cpm_{1(A)}} = \frac{cpm_{ex.St.(B)}}{cpm_{ex.St.(A)}} \quad (23)$$

Das statistisch gesicherte Kanalverhältnis braucht nun nur noch mit der Zählausbeute in Beziehung gebracht zu werden. Bei der Methode ohne externen Standard wurde dafür das Kanalverhältnis und die Zählausbeute für eine Reihe von gequenchten Proben ermittelt und gegeneinander aufgetragen. In der vorliegenden Technik wird zwar auch eine Anzahl gequenchter Standardproben verwendet, jedoch in einer etwas abgeänderten Art. Sie werden zweimal, mit und ohne externen Standard, gezählt. Wie in Gl. 15 und 16 beschrieben, gibt die erste Zählung nur die Impulse der Probe an. Diese Impulsrate und die bekannte Radioaktivität im Zählröhrchen reichen aus, mit Gl. 11 die Zählausbeute zu berechnen. Das dazugehörige Kanalverhältnis mit externem Standard erhält man jedoch nur aus beiden Zählungen. Bei der Methode des Kanalverhältnisses (ohne externen Standard) wurden die Werte für die Zählausbeute und das Kanalverhältnis beide aus denselben Szintillations-Vorgängen gewonnen, nämlich der β-Emission der Probe. Bei

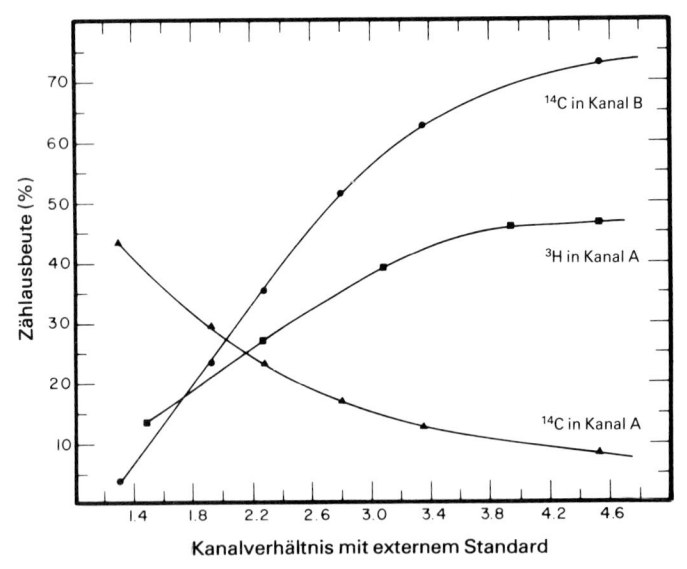

Abb. 3.20 Quench-Korrektur-Kurve mit externem Standard. Die Werte wurden nach der im experimentellen Teil (Abschn. 3.7.8) beschriebenen Methode erhalten.

der Methode mit externem Standard aber erhält man nur die Zählausbeute durch die β-Emission der Probe (also aus der ersten Zählung allein), während das Kanalverhältnis durch die Wechselwirkung der Compton-Strahlung mit der gequenchten Szintillator-Flüssigkeit und der β-Strahlung der Probe bestimmt wird (also aus beiden Zählungen). Die Kurve zur Quench-Korrektur in Abb. 3.20 wurde durch Anwendung dieser Technik aus einer Reihe von gelöschten Standards gewonnen, die wie beschrieben analysiert wurden.

Beispiel: Folgende Werte werden bei der Zählung einer ^{14}C-Probe nach der Methode des Kanalverhältnisses mit externem Standard erhalten:

Werte für die erste Zählung ohne externen Standard:

$$\text{cpm}_{1(A)} = 53\,661$$
$$\text{cpm}_{1(B)} = 66\,065$$

Werte für die zweite Zählung mit externem Standard:

$$\text{cpm}_{2(A)} = 163\,661$$
$$\text{cpm}_{2(B)} = 278\,365$$

Wie hoch ist die Zählausbeute in Kanal B für ^{14}C und die absolute Radioaktivität (dpm) der Probe? Zur Berechnung wird die Quench-Korrekturkurve in Abb. 3.20 benötigt.

$$\text{Kanalverhältnis} = \frac{278\,365 - 66\,065}{163\,661 - 53\,661}$$

$$= \frac{212\,300}{110\,000}$$

$$= 1{,}93$$

Nach Abb. 3.20 entspricht einem Kanalverhältnis von 1,93 die Zählausbeute von 0,232 für ^{14}C in Kanal B. Daraus ergibt sich

$$\text{dpm}_{\text{Probe}} = \frac{66\,065}{0{,}232}$$

$$= 284\,763$$

Weitere verbesserte Methoden der Quenchbestimmung findet man heute in der H-Nummer (nach dem Entwickler D. L. Horrocks; Beckman Instruments) und im Vielkanalanalysator-Prinzip (Packard und Nuclear Chicago). Detaillierte Auskunft geben die entsprechenden Firmenschriften.

3.2.3 Gleichzeitige Zählung verschiedener Isotope

Die zunehmende Qualität moderner Szintillations-Zähler erlaubt mit großer Genauigkeit die gleichzeitige Bestimmung zweier Isotope. Dadurch wurden die Möglichkeiten der radioaktiven Bestimmungsmethoden stark erweitert. Die Methoden zur Zählung verschiedener Isotope sind prinzipiell schon bei der Quench-Korrektur mit externem Standard beschrieben worden. Bei der Überlagerung der β-Spektren von ^{3}H und ^{14}C (Abb. 3.1) ist zu beachten, daß 1. ein großer Teil des ^{14}C-Spektrums oberhalb von E_{max} des ^{3}H liegt und daß 2. das gesamte ^{3}H-Spektrum vom ^{14}C-Spektrum überdeckt wird. Die Bestimmung von ^{14}C in einer mehrfach markierten Probe kann deswegen einfach bei der entsprechenden Einstellung des Diskriminators eines Kanals erfolgen. Es dürfen nur β-Teilchen mit einer Energie über 0,018 und weniger als 0,155 MeV gezählt werden. In diesem Energiebereich finden sich keine ^{3}H-β-Teilchen. Für die folgenden Erläuterungen soll Kanal B in dieser Weise eingestellt sein. Die komplette Überlappung des Tritium-Spektrums durch ^{14}C schließt eine direkte Bestimmung von ^{3}H aus. Der Kanal zur Bestimmung von ^{3}H wird Kanal A genannt. Seine untere Diskriminator-Begrenzung sollte genügend weit über Null eingestellt werden, um unerwünschtes Background-Rauschen auszuschließen. Die obere Diskriminator-Begrenzung wird so weit unter die volle Einstellung einjustiert, daß im Kanal mit eingestelltem Gleichgewichtspunkt für ^{3}H nur 10% oder weniger eines ^{14}C-Standards gezählt werden. Da Kanal A die Impulse von ^{3}H und ^{14}C zählt, muß man, um die allein von ^{3}H herrührenden Impulse zu bestimmen, die Anzahl der ^{14}C-Impulse innerhalb der Gesamtimpulse kennen. Diese Information kann man bei folgender Versuchsdurchführung erhalten. Bei Verwendung der oben beschriebenen Methode des Kanalverhältnisses mit externem Standard wird das Kanalverhältnis in Beziehung gesetzt zu 1. der Zählausbeute von ^{14}C in Kanal B, 2. der Zählausbeute von ^{3}H in Kanal A und 3. der Zählausbeute von ^{14}C in Kanal A. Warum kann die Zählausbeute von ^{3}H in Kanal B vernachlässigt werden? Für die Bestimmung der Standardkurven ist es wichtig, daß die Diskriminator-Einstellungen, wenn sie einmal justiert worden sind, nicht mehr geändert werden, und daß die Zählausbeuten nur bei Verwendung eines Isotops gleichzeitig bestimmt werden dürfen. D.h. die Zählausbeuten von ^{14}C in Kanal A und B werden mit einer Reihe von gelöschten ^{14}C-Standards gemessen, während die Zählausbeute von ^{3}H mit einer Reihe von gelöschten ^{3}H-Standards festgestellt wird. Ein Beispiel für diese drei Quench-Korrekturkurven ist in Abb. 3.20 wiedergegeben. Es fällt auf, daß sich die Impulsrate von ^{14}C in Kanal A mit dem Quenching erhöht.

Sind diese Standardkurven angefertigt, kann die mehrfach markierte Probe in An- oder Abwesenheit des externen Standards gezählt werden. Die Impulsrate in Kanal B (cpm ^{14}C) und der Wert für das Kanalverhältnis können in Verbindung mit der Quench-Korrekturkurve dazu benutzt werden, um die absolute Radioaktivität von ^{14}C zu berechnen

$$\text{cpm}_B = (\text{dpm }^{14}\text{C}) \cdot (\text{Zählausbeute }^{14}\text{C in Kanal B}) \tag{24}$$

Die Impulsrate in Kanal A andererseits setzt sich zusammen aus ^{14}C und ^{3}H und kann folgendermaßen formuliert werden:

$$\text{cpm}_A = \text{cpm }^{14}\text{C} + \text{cpm }^3\text{H} \tag{25}$$

oder

$$\text{cpm}_A = (\text{dpm }^{14}\text{C}) \cdot (\text{Zählausbeute }^{14}\text{C in Kanal A})$$
$$+ (\text{dpm }^{3}\text{H}) \cdot (\text{Zählausbeute }^{3}\text{H in Kanal A}) \qquad (26)$$

Da die dpm ^{14}C schon bestimmt wurden, enthält Gl. 26 nur noch eine Unbekannte, nämlich die dpm ^{3}H der Probe. Die Zählausbeute kann mit dem entsprechenden Kanalverhältnis aus Abb. 3.20 bestimmt werden. Wenn die Radioaktivität der Probe so gering ist, daß der Background des Zählers beachtet werden muß, sollte er zunächst für beide Kanäle A und B bestimmt werden. Die erhaltenen Background-Werte müssen dann von der Impulsrate in den Kanälen abgezogen werden, bevor die oben angegebenen Berechnungen durchgeführt werden können.

Beispiel: Eine Probe, die ^{3}H und ^{14}C enthält, wurde nach der Kanalverhältnis-Methode mit externem Standard gezählt. Folgende Impulsraten wurden erhalten:

Werte für die erste Zählung ohne externen Standard:

$\quad$ A = 77 832
$\quad$ B = 33 665

Werte für die zweite Zählung mit externem Standard:

$\quad$ A = 197 832
$\quad$ B = 93 665

Man berechne die Zählausbeute für ^{3}H und ^{14}C in Kanal A mit Hilfe der Quench-Korrekturkurve in Abb. 3.20 und die Zählausbeute für ^{14}C in Kanal B. Wie groß ist die Radioaktivität von ^{3}H und ^{14}C in der Probe (dpm)?

$$\text{Kanalverhältnis} = \frac{197\,832 - 77\,832}{93\,665 - 33\,665}$$

$$= \frac{120\,000}{60\,000}$$

$$= 2{,}00$$

Aus Abb. 3.20 lassen sich für ein Kanalverhältnis von 2,00 folgende Zählausbeuten entnehmen

$\quad$ Zählausbeute für ^{14}C in Kanal B = 0,263
$\quad$ Zählausbeute für ^{14}C in Kanal A = 0,267
$\quad$ Zählausbeute für ^{3}H in Kanal A = 0,210

$$\text{dpm }^{14}\text{C} = \frac{33\,665}{0{,}263}$$

$$= 128\,003$$

$\quad$ cpm$_A$ $\;$ = cpm ^{14}C + cpm ^{3}H

$\quad$ cpm ^{3}H = cpm$_A$ − (dpm ^{14}C) · (Zählausbeute für ^{14}C Kanal A)

3. Radiochemie

$$= 77\,832 - (128\,003) \cdot (0{,}267)$$
$$= 43\,655$$

$$\text{dpm}\,^3\text{H} = \frac{43\,655}{0{,}210} = 207\,882$$

Warum wird das Kanalverhältnis nicht durch die Art des Isotops in der Probe beeinflußt?

3.2.4 Vorbereitung der Probe

Es gibt eine große Anzahl von Vorschriften für die Zusammenstellung von Szintillations-Flüssigkeiten. Ein paar sind mit ihren besonderen Eigenschaften in Tab. 3.8 aufgeführt. Nach unseren Erfahrungen haben die Lösungen 1 und 10 den weitestgehenden Anwendungsbereich. Bei den meisten dieser Zusammenstellungen wer-

Tab. 3.8 Gebräuchliche Scintillator-Cocktails.

Lösungen*	Bemerkungen
Standard Szintillator-Cocktails	
1. PPO, 4 g POPOP, 0,1 g Toluol oder Xylol, 1000 ml	–
2. POPOP, 0,1 g/l p-Terphenyl Toluol oder Xylol (bei Zähltemperatur ges. Lsg.)	–
3. PPO, 10 g POPOP, 0,25 g Naphthalin, 100 g Dioxan, 100 ml	–
Systeme zur Zählung wäßriger Lösungen	
4. PPO, 5 g POPOP, 0,1 g Toluol oder Xylol, 1000 ml	Nimmt 0,3 ml H_2O in 10 ml Lsg. auf, mit bis zu 4 ml absol. Ethanol ist die Zählausbeute (ZA) $<10\%$
5. POPOP, 0,1 g/l p-Terphenyl Toluol oder Xylol (bei Zähltemp. ges. Lsg.)	wie oben; ohne POPOP kann sie auch für Säuren verwendet werden, die mit PPo od. POPOP reagieren.
6. PPO, 10 g POPOP, 0,25 g Naphthalin, 100 g Dioxan, 1000 ml	Nimmt 3 ml H_2O auf mit einer ZA von 8% für 15 ml Gesamt-Vol.

7. PPO, 10 g
   POPOP, 0,25 g
   Naphthalin, 200 g
   Dioxan, 1000 ml

   Nimmt 1 ml H$_2$O auf bei einer ZA von 15% bei 15 ml Gesamt-Vol.

8. PPO, 6,5 g
   POPOP, 0,13 g
   Naphthalin, 104 g
   Methanol, 300 ml
   Dioxan, 500 ml
   Toluol, 500 ml

   Aufnahme: 10% H$_2$O od. konz. HCl in 10 ml Lösung + 3 ml 0,5 M ethanol. KOH; ZA: max 15%

9. PPO, 4 g
   POPOP, 0,2 g
   Naphthalin, 60 g
   Ethylenglykol, 20 ml
   Methanol, 100 ml
   Dioxan, 880 ml

   Bray-Solution; Aufnahme: 10% H$_2$O; ZA: 10%

10. PPO, 5,5 g
    POPOP, 0,1 g
    Toluol, 667 ml
    Triton X-100, 333 ml

    Aufnahme: bis zu 12% und zwischen 23–50% Wasser; Salze und ungelöste Substanzen stören nicht. Mischungslücke zwischen 12 und 23% H$_2$O.

11. PPO, 5 g
    POPOP, 0,1 g
    Carb-O-Sil, 40 g
    Toluol, 1000 ml

    Für Proben mit ungelösten Bestandteilen und solchen, die leicht an der Röhrchenwand adsorbieren.

Systeme zur Zählung in Anwesenheit von Hyamin

12. PPO, 9 g
    POPOP, 0,2 g
    Toluol, 1000 ml

    Aufnahme: 3 ml Hyamin (nasser Gewebe-Aufschluß) kann in 10 ml Lösung mit 2–5 ml Ethanol vermischt werden; ZA: <5%

13. PPO, 10 g
    POPOP, 0,2 g
    Naphthalin, 100 g
    Dioxan, 500 ml
    Toluol, 500 ml

    Aufnahme: 5 ml Hyamin (nasser Gewebe-Aufschluß) kann in 10 ml Lösung mit 1 ml Dioxan vermischt werden
    ZA: 5% Gewebe-Aufschluß
        2,5% Blut-Aufschluß

* Die Zusammenstellungen sind der Literatur entnommen. In einigen Fällen wird anstelle von POPOP als sekundärem Scintillator „Dimethyl-POPOP" und „Bis-MSB" angegeben. Diese Scintillatoren können in jeder der angegebenen Zusammenstellungen verwendet werden und sind besonders dort angebracht, wo gequenchte Lösungen eine größere Menge sekundären Scintillator benötigen.

---

den außer dem primären und sekundären Szintillator noch andere Substanzen zum Lösungsmittel gegeben. Diese Zusätze erlauben entweder eine bessere Aufnahme von wäßrigen Lösungen in den Szintillator-Cocktail (z. B. Ethylenglykol, Methanol, Triton X-100 und Carb-O-sil), oder sie verbessern die Energieübertragung von den β-Teilchen auf das Lösungsmittel und die Szintillatoren (z. B. Naphthalin). Der Grund für eine solche Vielfalt in der Zusammenstellung von Szintillator-Cocktails liegt darin, daß oft Substanzen gezählt werden sollen, die entweder nicht mit den normalerweise verwendeten organischen Lösungsmitteln mischbar sind

94   3. Radiochemie

Tab. 3.9 Einfluß des Volumens der Szintillations-Flüssigkeit auf die Zählausbeute.

Volumen der Szintillations-Flüssigkeit (ml)	gemessene cpm
1,0	15 241
2,5	15 981
5,0	16 162
10,0	16 736
15,0	15 968
20,0	14 995

oder ein sehr starkes Quenching verursachen. Kinard [26] fand einen Weg, um zu bestimmen, wie gut verschiedene Cocktails diese beiden Forderungen (gute Wasser-Aufnahmefähigkeit und niedriges Quenching) erfüllen. Er definiert einen „Gütefaktor":

$$\text{Gütefaktor} = Z \cdot H \tag{27}$$

Z ist die Zählausbeute von ^{3}H, während H der Prozentsatz des wäßrigen Anteils in der Probe ist. Wenn z.B. eine Probe zu 23% aus einer wäßrigen Lösung besteht und die Zählausbeute 18% beträgt, ist der

Abb. 3.21 Plastikadapter für den Gebrauch von kleinen Zählröhrchen in gebräuchlichen Szintillations-Zählern (mit Genehm. der Packard Instrument Co., Inc.).

Gütefaktor = 23 · 18
= 414

Je höher der „Gütefaktor" einer gegebenen Lösung ist, desto eher wird sie die obengenannten Bedingungen erfüllen.

Bei dem hohen Preis eines Szintillator-Cocktails erhebt sich die Frage, wieviel Flüssigkeit notwendig für eine effektive Zählung der Probe ist. Die Angaben in Tab. 3.9 zeigen, daß 5,0 ml in einem Standard-Zählröhrchen für die meisten Geräte ausreichen. Diese Menge kann durch Verwendung von kleinen Zählröhrchen und kommerziell erhältlichen Plexiglas-Adapter (siehe Abb. 3.21) noch weiter herunter gesetzt werden. Es muß jedoch betont werden, daß diese Volumina nur für ungequenchte Proben gelten. Wenn eine konstante Menge einer quenchenden Substanz zu einer immer kleiner werdenden Menge der Szintillations-Flüssigkeit zugegeben wird, nimmt die effektive Konzentration in der Probe zu, und die Probe wird stärker gequencht. Bei wäßrigen oder gequenchten Proben ist deswegen entweder mehr Szintillator-Flüssigkeit hinzuzugeben, oder die Werte müssen durch eine mathematische Korrektur verbessert werden.

3.3 Bestimmung von radioaktivem Kohlendioxid

Gasförmiges Kohlendioxid ist ein natürliches Produkt vieler biologisch wichtiger Reaktionen. Seine radiochemische Bestimmung verdient deswegen eine besondere Beachtung. Es gibt zwei wichtige Methoden, das Gas in eine für die Zählung brauchbare Form zu bringen. Die erste Methode basiert auf den folgenden Reaktionsgleichungen

$$CO_2 + OH^- \rightleftharpoons HCO_3^- \qquad (28)$$

$$HCO_3^- + OH^- \rightleftharpoons CO_3^{2-} + H_2O \qquad (29)$$

$$Ba^{2+} + CO_3^{2-} \rightleftharpoons BaCO_3 \qquad (30)$$

Man läßt das Gas mit einer Base (Alkalilauge) reagieren und fällt das gebildete Carbonat mit Bariumionen aus. Der Niederschlag kann durch Filtration gesammelt und die Radioaktivität mit einem Gasentladungs-Detektor bestimmt werden.

Der zweiten Methode geht ebenfalls eine Reaktion des CO_2 mit einer Base voran. Jedoch sind die gebräuchlichsten Basen hierbei Ethanolamin, Ethylendiamin, Phenylethylamin oder Hyaminhydroxid (= p-(Diisobutylcresoxyethoxy-ethyl)dimethylbenzyl-ammoniumchlorid). Alle diese Verbindungen sind quartäre Ammonium-Basen und haben den Vorteil, in Methanol und die methanolische Lösung wiederum in den gebräuchlichen Szintillations-Cocktails löslich zu sein. Ein passendes Gefäß, in dem Reaktionen mit CO_2-Entwicklung ablaufen können, ist in Abb. 3.22 abgebildet. 0,20 ml methanolische Hyaminhydroxid-Lösung wer-

Abb. 3.22 Reaktionsgefäß zur Bestimmung von radioaktivem CO_2. Das Gefäß besteht aus einem 25- oder 50-ml-Erlenmeyer-Kölbchen, einem Gummistopfen und einem kleinen Plastikgefäß im Zentrum des Kölbchens (mit Genehm. der Kontes Glass Co.).

den in das Plastikgefäß in der Mitte des Erlenmeyer-Kolbens gegeben. Das Kölbchen wird verschlossen und das Reaktionsgemisch mit einer Hamilton-Spritze durch den Gummistopfen injiziert. Nach Beendigung der Inkubation werden 0,3 ml einer nichtflüchtigen Säure, z. B. Perchlorsäure, hinzugegeben und weitere 45 Minuten bei 30°C inkubiert. Während dieser Zeit wird das CO_2 quantitativ vom Hyamin absorbiert. Das Gefäß wird nun vorsichtig geöffnet und das Plastikgefäß mit einer Drahtschere abgeschnitten und in ein Zählröhrchen mit Szintillations-Flüssigkeit getaucht. Das Röhrchen wird kräftig geschüttelt, um das Hyamin vollständig aus dem Gefäß zu lösen. Die Probe wird dann für einige Stunden, am besten über Nacht, stehengelassen, damit die Chemilumineszenz mit niedriger Energie verschwindet. Solch eine Chemilumineszenz kann leicht im niederenergetischen ^{3}H-Kanal des Zählers beobachtet werden. Wie in Tab. 3.10 aufgeführt ist, werden dazu mehr als 2,5 Stunden benötigt.

Tab. 3.10 Chemilumineszenz von Hyaminhydroxid in wäßriger Szintillations-Flüssigkeit.

Bray-Lösung		Aquasol	
Zeit (min)[a]	cpm im ^{3}H-Kanal	Zeit (min)[a]	cpm im ^{3}H-Kanal
2	836 840	2	1 115 810
12	11 400	6	75 030
19	3 070	14	11 940
32	710	26	3 350
45	230	40	1 240
61	150	56	1 060
93	110	87	450
119	45	114	371
151	37	146	301

[a] Zeit nach Zugabe von 0,2 ml Hyaminhydroxid zu 15 ml Szintillations-Flüssigkeit.

3.4 Proportional- und Geiger-Müller-Zähler

Eine zweite grundlegende Methode zur Bestimmung von Radioaktivität ist die Messung mit Proportional- und Geiger-Müller-Zählrohren. Beide gehören zur Klasse der Gasentladungs-Detektoren. Ihre Wirkungsweise basiert auf der Bildung von Ionenpaaren bei der Durchquerung von β-Teilchen durch ein Edelgas wie Argon oder Helium. Die Ionenpaare entstehen beim Zusammenstoß der β-Teilchen und den Gasatomen. Der Gasentladungs-Detektor besteht aus einer bleigeschützten Kammer, in der die Ionenpaare produziert und registriert werden, und entsprechender Elektronik, um die Bildung der Ionenpaare zu zählen (Abb. 3.22).

Ionenpaare, die in einer geschlossenen Kammer in Abwesenheit eines elektrischen Feldes erzeugt werden, bewegen sich ziellos umher, bis sie sich zufällig nahe genug kommen, vereinigen und wieder ein neutrales Atom oder Molekül bilden. Man kann nun ein schwaches Feld in der Kammer anlegen, indem man die Wände negativ auflädt und in der Mitte der Kammer eine Anode anbringt (Abb. 3.24). In Anwesenheit dieses schwachen Feldes wandern die Ionen langsam in Richtung Anode oder Kathoden-Wand. Eine solche Anordnung wird Ionisations-Kammer genannt. Erhöht man die Spannung zwischen Kammerwand und Anode, so ent-

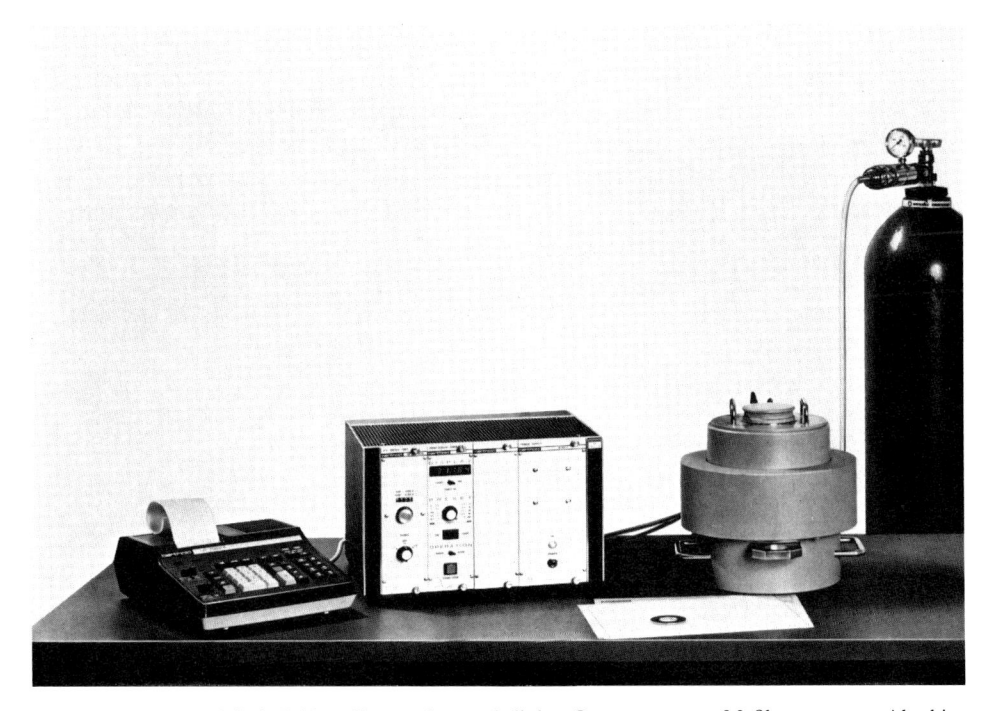

Abb. 3.23 Gasdurchfluß-Zähler. Von rechts nach links: Gasversorgung; Meßkammer zur Abschirmung des Durchflußzähler-Systems; Digitalmeßplatz und Tischrechner mit Ergebnisdrucker (mit Genehm. des Laboratoriums Prof. Dr. Berthold, BRD).

98   3. Radiochemie

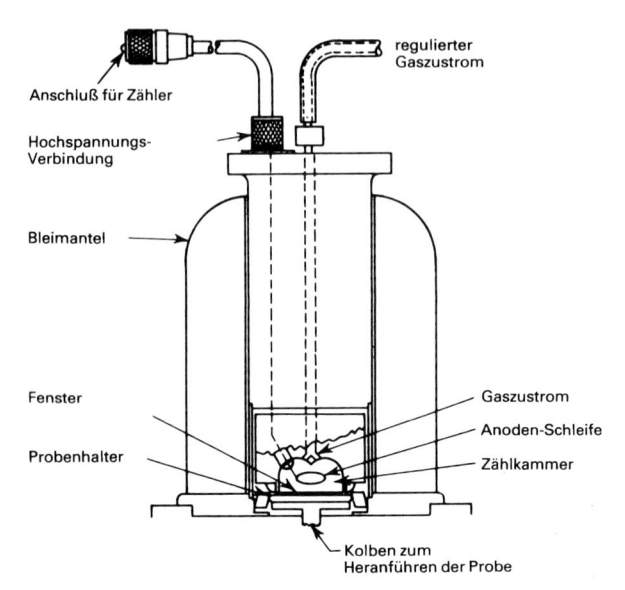

Abb. 3.24 Zählkammer eines Gasdurchfluß-Zählers (mit Genehm. der Amersham Searle Corp.).

steht eine lawinenartige Neubildung von Elektronen. Wie in Abb. 3.25 gezeigt, kann ein Elektron, das durch den Zusammenstoß mit einem β-Teilchen entstanden ist und durch ein elektrisches Feld beschleunigt wird, mit anderen Helium- oder Argonatomen zusammenprallen und so ein sekundäres Elektron erzeugen. Ein sekundäres Elektron kann wiederum ein tertiäres Elektron produzieren, bis schließlich in einem kaskadenartigen Prozeß eine sehr große Anzahl von Elektronen auf die zentrale Anode auftreffen und ein Signal erzeugen. Die Stärke eines Signals hängt von der Anzahl auftreffender Elektronen ab, die wiederum eine

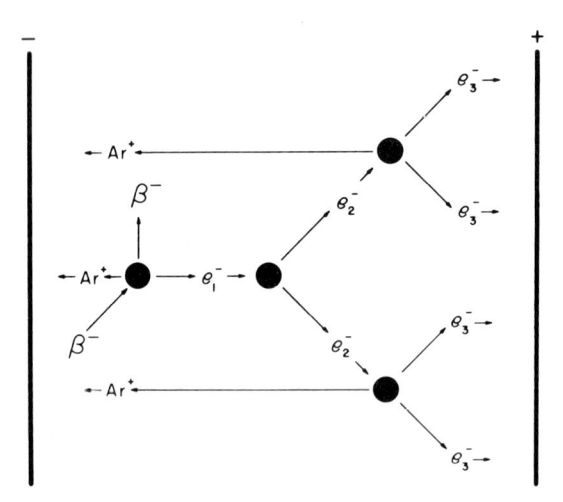

Abb. 3.25 Schematische Darstellung der lawinenartigen Neubildung von Elektronen in einem Gasentladungs-Zähler. Die schwarzen Kreise zeigen Argonatome an.

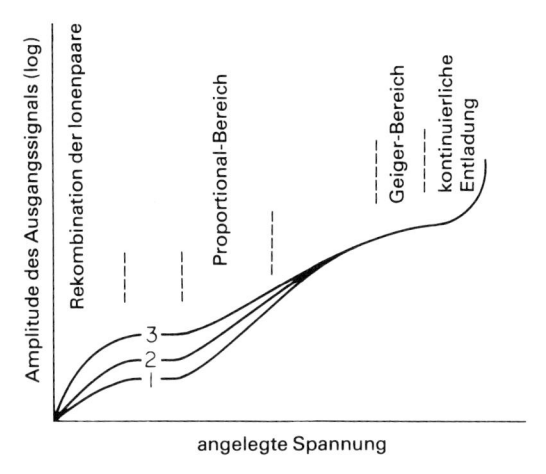

Abb. 3.26 Ausgangsimpuls-Amplitude in Abhängigkeit von der Spannungsdifferenz in der Kammer eines Gasentladungs-Zählers. Die drei Kurven zeigen die Ergebnisse, die bei ansteigender Energie der β-Teilchen erhalten werden.
Aus H.H. Willard, L.L. Merritt und J.A. Dean, Instrumental Methods of Analisis, 4. Auflage, Van Nostrand, Princeton, N.J., 1965.

Funktion der Energie des auslösenden β-Teilchens und der Stärke des elektrischen Feldes ist. Der Spannungsbereich, in dem diese Abhängigkeiten gelten, nennt man den Proportional-Bereich, weil die Größe des Ausgangssignals direkt proportional der Spannungsdifferenz innerhalb der Kammer ist (Abb. 3.26). Bei weiterer Steigerung des Kammerpotentials erreicht man bald eine maximale Elektronenlawine, und das Ausgangssignal wird unabhängig vom Potential des auslösenden β-Teilchens. Dieser Spannungsbereich wird der Geiger-Bereich der Spannung/Impuls-Kurve genannt. Die meisten heutigen Geräte arbeiten im Geiger-Bereich. Die Verwendung des Geiger-Bereichs schließt allerdings die gleichzeitige Zählung zweier Isotope aus.

Bisher wurde die Entstehung eines Ausgangssignals durch ein β-Teilchen betrachtet; noch nicht erklärt wurde, was im Anschluß daran passiert. Die Elektronen bewegen sich auf die zentrale Anode schneller als die positiven Ionen auf die negativ geladene Wand zu. Dadurch entsteht eine Wolke von positiven Ionen um die Anode. Die Wolke kompensiert das elektrische Feld und verhindert damit die Beschleunigung eines anschließend gebildeten primären Elektrons. Erst wenn die Wolke positiver Ionen sich zur Kathoden-Wand bewegt, kann die Kammer wieder auf ein β-Teilchen reagieren. Diese Zeit beträgt 200–300 μSekunden und wird Totzeit genannt. Die Totzeit ist wesentlich größer, als sie im Szintillations-Zähler beobachtet wird, und erfordert die Korrektur der erhaltenen Impulsraten bei mehr als 10 000 cpm. Die Totzeit stellt einen wesentlichen Faktor der schlechten Zählausbeute dieser Instrumente dar. Wenn schließlich das positive Ion mit der Kammerwand in Kontakt kommt, nimmt es ein Elektron auf. Jedoch ist das gebildete Atom nicht stabil. Es geht erst durch die Aussendung schwacher Röntgenstrahlung

Abb. 3.27 Probenteller zur Aufnahme der Probe im Gasentladungs-Zähler. Die Probenteller bestehen aus Kupfer, Aluminium oder rostfreiem Stahl. Sie haben meist einen Durchmesser von 3 cm und sind 0,3 cm tief (mit Genehm. der Sigma Chemicals Co.).

in einen stabilen Zustand über. Die Strahlung produziert Compton-Elektronen, die sich genauso verhalten wie die ursprünglichen, primären Elektronen. Die Kammer würde so in einem unerwünschten Zustand der dauernden Entladung bleiben, wenn nicht, um dies zu verhindern, dem Edelgas ein geringer Prozentsatz eines organischen Gases, z. B. Isobutan, beigemischt wäre. Das unstabile Edelgasatom tritt in Wechselwirkung mit dem organischen Molekül, wobei ein stabiles Helium- oder Argonatom und ein ionisiertes Isobutan-Molekül entsteht. Isobutan ist jedoch, wenn es ein Elektron aus der Kammerwand entnommen hat, stabil, löscht die Röntgenstrahlung und verhindert so eine permanente Entladung der Kammer.

Der elektronische Teil des Gasentladungs-Detektors besteht aus einer Hochspannungs-Quelle, einem Verstärker für das Ausgangssignal der Kammer, einer Uhr und einer Recheneinheit, die die eingegangenen Impulse in cpm umrechnet. Alle diese Teile wurden im Zusammenhang mit dem Szintillations-Zähler schon beschrieben. Die einzige notwendige Einstellung für einen solchen Zähler ist die für den Geiger-Bereich erforderliche Spannung. Zur Bestimmung wird ein Material mit bekannter Radioaktivität auf einen Probenteller gegeben, das ist ein Metallschälchen, welches die radioaktive Substanz enthält (Abb. 3.27), und die Probe mit verschiedenen Spannungseinstellungen gezählt. Die richtige Einstellung liegt, wie in Abb. 3.41 gezeigt, etwa bei einem Drittel des Geiger-Bereichs.

3.5 Zählstatistik

Wenn man die Radioaktivitäts-Menge einer Probe exakt bestimmen will, muß man berücksichtigen, daß der Kernzerfall ein zufälliger, unregelmäßig auftretender Vorgang ist. Die Seltenheit des Zerfalls eines ^{14}C-Atoms kann an seiner Halbwertzeit von 5760 Jahren abgelesen werden. Die Impulsrate einer radioaktiven Probe ist ein Maß für die Zerfälle in einer bestimmten Zeiteinheit. Wenn jedoch eine

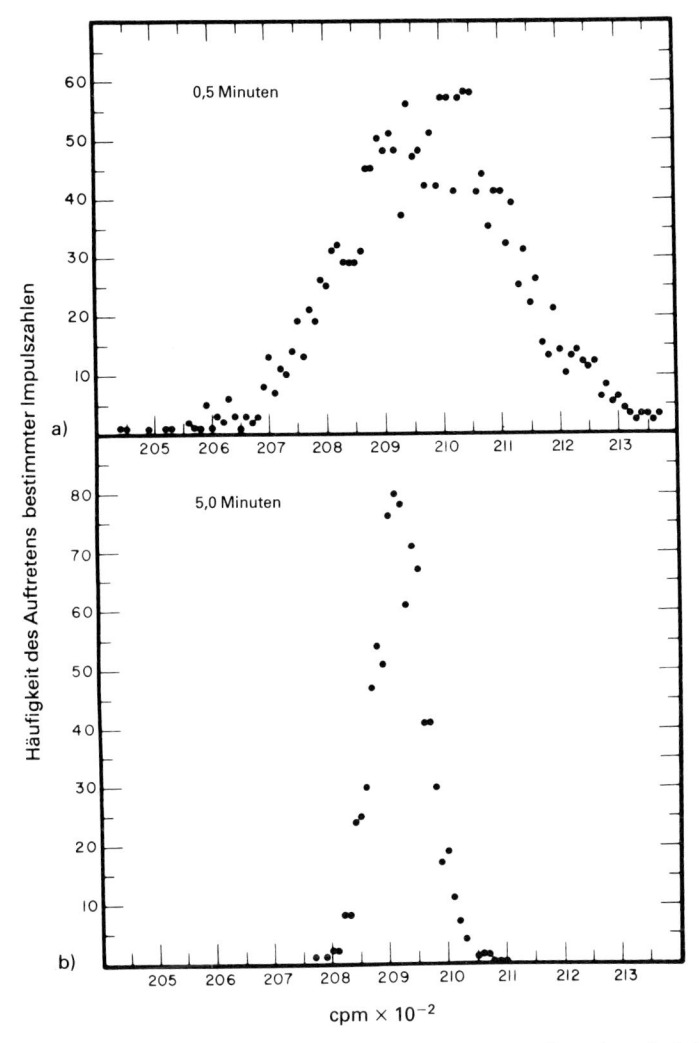

Abb. 3.28 Verteilung der Impulsraten (in cpm) einer Probe, die mehrmals 0,5 Minuten (a) oder 5 Minuten (b) gezählt wurde.

Probe sehr oft hintereinander gezählt wird, zeigen die erhaltenen Werte signifikante Unterschiede. Die Schwankungen werden ausführlich durch die in Abb. 3.28 a gezeigten Werte verdeutlicht. Eine Probe wurde 1894 mal gezählt und die Anzahl von Zählungen, bei der eine bestimmte Impulsrate, χ_i, beobachtet wurde, als Funktion von χ_i aufgetragen. Zwei wichtige Fragen tauchen bei der Betrachtung der Ergebnisse auf: 1. Welche Impulsrate ist korrekt, und 2. wie weit entfernt war die erste Zählung vom korrekten Wert? Die zweite Frage ist sehr wichtig, da die meisten Proben nur einmal gezählt werden. Die Beantwortung dieser Frage erfolgt bei der Diskussion über die Statistik des Zählprozesses.

Tab. 3.11 Bestimmung der Standardabweichung einer Meßreihe.

Meßwert χ_i	Abweichung vom Mittelwert $\chi_i - \bar{\chi}$	$(\chi_i - \bar{\chi})^2$
26 930	+286	81 796
26 230	−414	171 396
26 440	−204	41 616
26 485	−159	25 281
26 515	−129	16 641
26 895	+251	63 001
27 085	+441	194 481
26 465	−179	23 041
26 510	−134	17 956
26 885	+241	58 081

Mittelwert, $\bar{\chi} = 26\,644$
$\Sigma(\chi_i - \bar{\chi})^2 = 702\,290$
$s = 279$

Die Sammlung von Ergebnissen in Tab. 3.11 kann man benutzen, um die wesentlichen, in der Statistik gebräuchlichen Ausdrücke zu illustrieren. In der ersten Spalte sind die gemessenen Impulsraten der radioaktiven Probe aufgeführt. Der Mittelwert dieser Bestimmungen, $\bar{\chi}$, beträgt 26 644 und stellt einen besseren Wert für die wirkliche Radioaktivität der Probe dar als alle einzeln erhaltenen Werte. Der Mittelwert nähert sich der wirklichen Radioaktivität, je mehr unabhängige Zählungen durchgeführt werden. Ein Maß für die Streuung, die bei 10 Messungen beobachtet wird, ist in Spalte 2 wiedergegeben. Die Werte erhält man, indem man von jedem Meßwert den Mittelwert abzieht

$$\text{Abweichung vom Mittelwert} = \text{Meßwert}\ (\chi_i) - \text{Mittelwert}\ (\bar{\chi}) \tag{31}$$

Die Meßwerte liegen ungefähr gleich häufig oberhalb und unterhalb des Mittelwertes, wie man auch der Abb. 3.28 entnehmen kann. Ein besseres Maß für die Streuung ist ein Wert, der Standardabweichung genannt wird. Er wird mit s bezeichnet, wenn die Anzahl der Meßwerte klein ist, und mit σ bei einer großen Zahl von Meßwerten.

$$s = \left[\frac{1}{n-1} \sum_{i=1}^{i=n} (\chi_i - \bar{\chi})^2\right]^{1/2} \tag{32}$$

$$\sigma = \left[\frac{1}{n} \sum_{i=1}^{i=n} (\chi_i - \bar{\chi})^2\right]^{1/2} \tag{33}$$

Für das in Tab. 3.11 angegebene Beispiel ist die Standardabweichung

$$s = \left[\tfrac{1}{9} \cdot (702\,290)\right]^{1/2} = 279$$

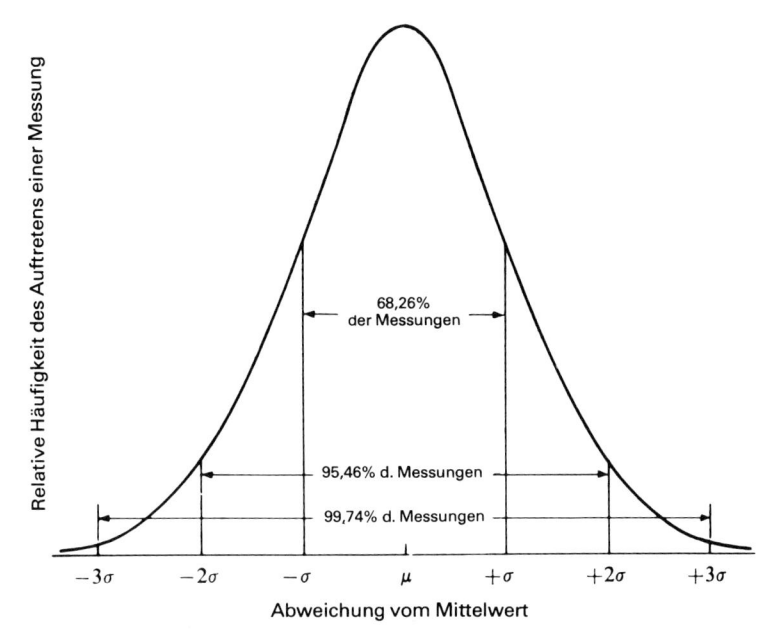

Abb. 3.29 Normalverteilungs-Kurve.
Aus J.S. Fritz und G.H. Schenk, Jr., Quantitative Analytical Chemistry, 2. Auflage, Allyn and Bacon, Boston, 1972.

In Abb. 3.28a sieht man, daß sich die beobachteten Impulsraten um einen zentralen Wert, den Mittelwert, herumgruppieren. Die Verteilung ähnelt stark der graphischen Darstellung der Poisson-Verteilungsgleichung

$$P_{\chi_i} = \frac{(\bar{\chi})^{\chi_i}(e)^{-\bar{\chi}}}{\chi_i!} \tag{34}$$

für einen gegebenen Wert $\bar{\chi}$ und eine unendliche Anzahl von χ_i-Werten (siehe Abb. 3.29). Die Poisson-Verteilung gilt für ein seltenes, zufälliges Ereignis und erlaubt die Berechnung der Wahrscheinlichkeit, P_{χ_i}, einen bestimmten Meßwert, χ_i, zu erhalten, wenn der Mittelwert, $\bar{\chi}$, gegeben ist. Die Breite der Kurve in Abb. 3.29 wird durch die Standardabweichung beschrieben. Für die Poisson-Gleichung ist

$$\sigma = \left[\sum_{i=1}^{i=n} (\chi_i - \bar{\chi})^2 \cdot \frac{(\bar{\chi})^{\chi_i}(e)^{-\bar{\chi}}}{\chi_i!}\right]^{1/2} \tag{35}$$

$$\sigma = (\bar{\chi})^{1/2} \tag{36}$$

Abb. 3.30 zeigt die Beziehung zwischen der Prozentzahl von Meßwerten, die außerhalb eines Intervalls $\bar{\chi} \pm a\sigma$ gefunden werden, und der Größe des Intervalls. Bei 1σ finden sich 32% der Meßwerte außerhalb des Intervalls $\bar{\chi} \pm 1,0\sigma$. Mit anderen

104   3. Radiochemie

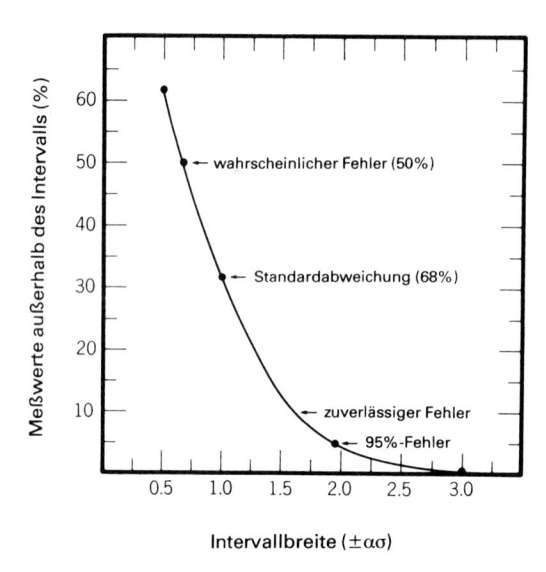

Abb. 3.30 Beziehung zwischen der Prozentzahl von Meßwerten, die außerhalb eines Intervalls (±aσ) gefunden werden, und der Größe des Intervalls. Die Werte von a sind auf der Abszisse aufgetragen.

Worten: Eine Einzelmessung fällt mit 68%iger Wahrscheinlichkeit in diesen Intervall und mit einer Wahrscheinlichkeit von 95% in einen Intervall mit der Größe $\bar{\chi} \pm 1{,}96\,\sigma$.

Da die Proben meist nur einmal gezählt werden, ist der Mittelwert $\bar{\chi}$ nicht bekannt. Wegen dieser Einschränkung ist es üblich für jede Zählung, den statistischen Fehler anzugeben. Bei einer Sicherheit von 95% (d.h. mit 95%iger Wahrscheinlichkeit wird der betrachtete Meßwert innerhalb des Intervalls $\bar{\chi} \pm 1{,}96\,\sigma$ liegen) kann der statistische Fehler aus folgender Beziehung berechnet werden

$$\text{statistischer Fehler} = \frac{a\,(\chi_i)^{1/2}}{\chi_i} \tag{37}$$

wobei a das gewünschte Vielfache von σ und χ_i der Meßwert ist. Wenn a gleich 1,96 und der Meßwert gleich 5000 cpm ist, errechnet sich für den statistischen Fehler

$$\text{statistischer Fehler} = \frac{(1{,}96)\,(5000)^{1/2}}{5000} = 0{,}0277$$

oder 2,77%. Eine Darstellung der Abhängigkeit des statistischen Fehlers von der Anzahl der registrierten Impulse einer Einzelmessung ist in Abb. 3.31 wiedergegeben. Mit der Zunahme der Impulse pro Messung von 100 auf 25000 cpm nimmt der Fehler von 19,6 auf 1,24% ab. Um es noch einmal zu betonen: Je weniger Impulse bei einer Messung aufgenommen werden, desto größer ist der Fehler der beobachteten Impulsrate. Man beachte auch, daß die Breite der Kurven in Abb. 3.28a und b abnimmt, wenn die Zähldauer um das Zehnfache erhöht wird.

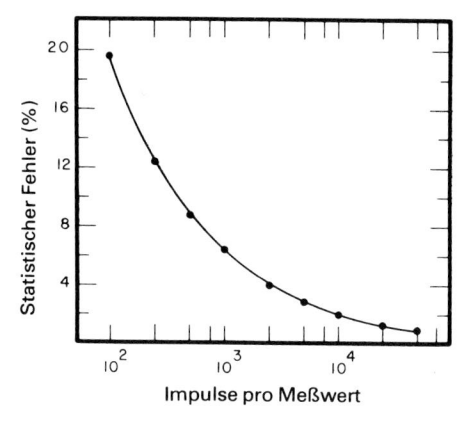

Abb. 3.31 Abhängigkeit des statistischen Fehlers von der Impulsrate einer Einzelmessung.

Als Faustregel gilt, daß jede Probe so lange gezählt werden sollte, daß mindestens 10 000 cpm zusammenkommen und ein Fehler von ungefähr 2% auftritt.

3.6 Markierungs-Methoden

Der geschickte Gebrauch der Markierungs-Methoden kann die methodischen Möglichkeiten eines Experimentators enorm erweitern. Dazu bedarf es zunächst einer genauen Betrachtung der Techniken und eines gründlichen Verständnisses der praktischen Versuchsdurchführung. Die Diskussion beschränkt sich auf den Einbau von radioaktivem Material in die zellulären Bestandteile von Mikroorganismen, da diese Systeme die meisten dabei auftretenden Probleme gut veranschaulichen. Drei wichtige Komponenten müssen während des radiochemischen Experiments erfaßt und gegebenenfalls reguliert werden: 1. die zu markierende Zelle, 2. die Natur der chemischen Verbindung, die das radioaktive Isotop trägt, und 3. die Markierungs-Technik.

Zunächst müssen wir das zu markierende System betrachten. Eine Voraussetzung ist, daß es sich in einem stationären Zustand befindet, solange es die Versuchsintentionen nicht anders erfordern. Wenn z.B. der Einbau von ^{3}H-Uridin in die E. coli-RNA verfolgt werden soll, so muß gesichert sein, daß sich die Kultur in einem gleichmäßigen Wachstum befindet. Es ist außerdem ratsam, das Experiment früh genug in der logarithmischen Phase zu beginnen, so daß sich die Kultur 1,5- bis 2mal länger in einem gleichmäßigen Wachstum befindet als für den Abschluß des Versuchs notwendig. Damit wird ein genügend großer Sicherheitsspielraum gewährleistet. Werden diese Vorsichtsmaßnahmen nicht eingehalten, kann man nicht sicher sein, ob die Ergebnisse durch eine experimentelle Beeinflussung des Systems oder nur durch den Übergang der Kultur von der logarithmischen in die stationäre Phase und den damit erfolgenden drastischen physiologischen Veränderungen beeinflußt sind.

Als nächstes müssen wir die chemische Natur der radioaktiven Verbindung berücksichtigen. Das dem experimentellen Organismus angebotene Material muß von der Zelle aufgenommen werden können oder schnell in eine einbaufähige Substanz verstoffwechselt werden; so sind z.B. einige Stämme von Saccharomyces cerevisiae nicht fähig, exogen angebotenes Uridin aufzunehmen, können jedoch Uracil normal einbauen. Gibt man andererseits zu einer Kultur von E. coli Uridin, wird in den ersten drei Minuten der Inkubation 23% davon extrazellulär in Uracil umgewandelt. Abb. 3.32 zeigt den Einbau von Uridin und Uracil in TCA-fällbares Material von E. coli bzw. S. cerevisiae. In beiden Fällen beobachtet man eine Verzögerungsphase (Lag-Phase) vor dem linearen Einbau. Diese Verzögerung liegt zwischen 17 Sekunden beim Uridin-Einbau von E. coli und mehreren Stunden für einige Metaboliten von S. cerevisiae; die Lag-Phase muß sorgfältig bestimmt und bei der Versuchsdurchführung berücksichtigt werden. Ab 3.33 zeigt den zeitlichen Verlauf des Uridin-Einbaus in 10-ml-Kulturen von E. coli mit gleichbleibender Menge ^{3}H-Uridin aber unterschiedlicher Menge von nichtradioaktivem Uridin. Mit einer höheren Konzentration von nichtradioaktivem Uridin nimmt auch die Dauer der linearen Inkorporation des radioaktiven Uridins zu. Es ist am günstigsten, so viel nichtradioaktives Material anzubieten, daß der lineare Einbau für eine doppelt so lange Zeit garantiert ist, wie für den Abschluß des Experiments erforderlich ist.

Es gibt drei unterschiedliche Arten der Markierung von zellulären Bestandteilen, wobei jede eine andere Aussage bietet. Die drei Methoden werden Puls-

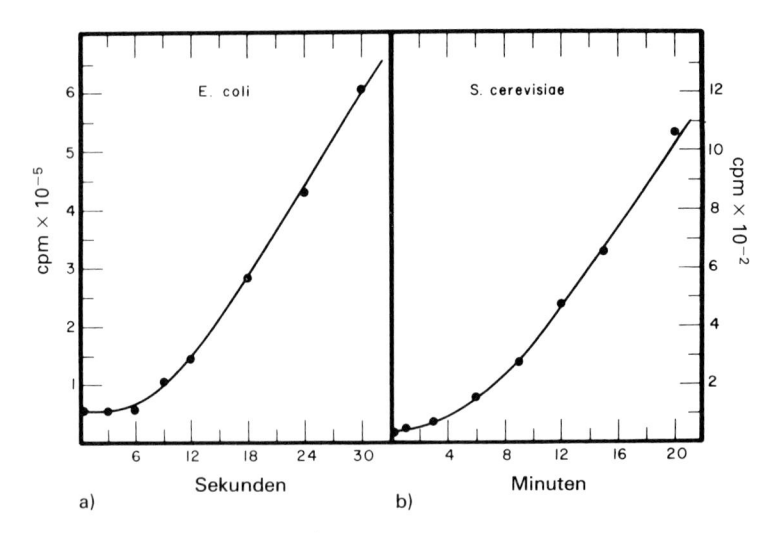

Abb. 3.32 Einbau von ^{3}H-Uridin und ^{3}H-Uracil in TCA-fällbares Material von E. coli bzw. S. cerevisiae. Die spezifischen Aktivitäten der beiden radioaktiven Substanzen waren unterschiedlich, so daß ein Vergleich zwischen den absoluten Zahlen der eingebauten Impulse nicht möglich ist.

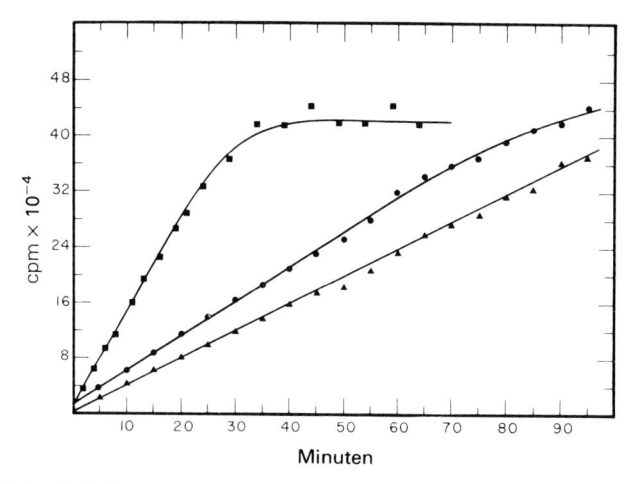

Abb. 3.33 Einfluß der Konzentration auf den Uridin-Einbau in TCA-fällbares Material in E. coli. Jede der drei Kulturen enthielt 100 μc ^{3}H-Uridin und soviel nicht radioaktives Uridin, daß sich folgende Endkonzentrationen ergaben: 1 (■), 5 (●) und 10 (▲) μg/ml.

Markierung, Gleichgewichts-Markierung und „Pulse-Chase"-Markierung genannt. Jedes Verfahren geht von einer Reihe von Annahmen und Voraussetzungen aus. Die ersten beiden Techniken sollen genauer miteinander verglichen werden, da ihre Ergebnisse mathematisch zueinander in Beziehung gesetzt werden können. Zu diesem Vergleich wird folgendes Modell der prokaryontischen Transkription verwendet. Es wird angenommen, daß die Zugabe eines „Inducers" zu einer im stationären Zustand befindlichen E. coli-Kultur den sofortigen Beginn der Transkription eines Operons durch ein RNA-Polymerase-Molekül bewirkt. Nach zwei Sekunden (diese Zeit ist zwar ungenau, dient aber einer besseren Illustration) der Transkription durch die erste RNA-Polymerase ist genug Raum an der DNA, daß eine zweite RNA-Polymerase an das Initiierungs-Codon binden und mit der Transkription beginnen kann. In gleicher Weise können insgesamt 10 RNA-Polymerase-Moleküle an diesem Operon gleichzeitig arbeiten. Wenn die erste RNA-Polymerase das Ende des Operons erreicht hat, setzt sie eine RNA-Kette frei, von der wir vorerst – nicht ganz korrekt – annehmen, daß sie keinem Abbau unterliegt.

Die Puls-Markierung kann am obigen Modell folgendermaßen erläutert werden (Abb. 3.34 und 3.35). Das Experiment wird durch die Zugabe des „Inducers" eingeleitet, danach werden der induzierten Kultur zu verschiedenen Zeiten Proben entnommen und in Gefäße mit einer kleinen Menge einer radioaktiven Substanz hoher spezifischer Aktivität (hier ^{3}H-Uridin) überführt. Die hohe spezifische Aktivität der Substanz ist erforderlich, damit genügend Radioaktivität während einer kurzen Pulsdauer in das Produkt aufgenommen werden kann. Die Inkubationsdauer sollte im optimalen Fall 10% der Halbwertszeit, die das markierte Molekül besitzt, nicht überschreiten. Beispielsweise darf die Inkubationsdauer für die Puls-Markierung von lac-Messenger-RNA bei 30°C in E. coli nicht wesentlich länger als

108   3. Radiochemie

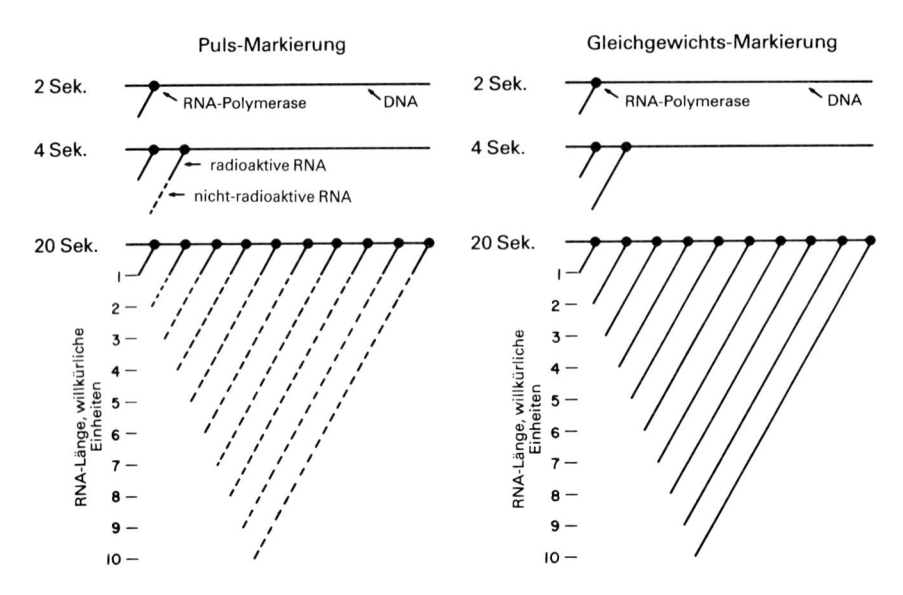

Abb. 3.34 Puls- und Gleichgewichts-Markierung einer spezifischen mRNA aus E. coli.

0,25 Minuten sein, da der ‚Messenger' eine Halbwertszeit von ca. 2,5 Minuten hat. Die Inkubation wird meist durch Abtöten der Zellen beendet. In diesem Fall eignet sich die Zugabe von Eis und CN$^-$. Die fragliche Substanz wird isoliert und ihre Radioaktivität bestimmt. Zusammenfassend müssen zwei Punkte in Zusam-

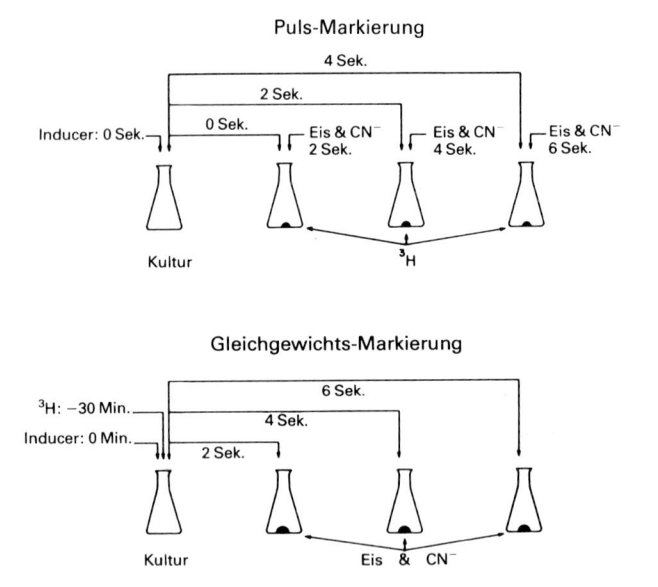

Abb. 3.35 Versuchsdurchführung einer Puls- und Gleichgewichts-Markierung.

menhang mit der Puls-Markierung beachtet werden: 1. Der betrachtete Prozeß läuft vor und während der Markierung ab, und 2. nur die während der Pulsdauer synthetisierten Moleküle oder Molekülteile sind radioaktiv. Diese Technik kann mit einem Mann verglichen werden, der auf dem Weg zu seiner Arbeit an einer Baustelle vorbeikommt. Er kann den Bau nur für wenige Augenblicke pro Tag verfolgen. Wenn er jedoch öfter an dem Bau vorbeikommt, wird sein Eindruck von der Fertigstellung des Hauses besser. Zurück zum Experiment, das auf der linken Seite von Abb. 3.34 dargestellt ist. Wird der „Inducer" zum Zeitpunkt Null zur Kultur hinzugegeben und eine Probe anschließend sofort in ein Gefäß mit ^{3}H-Uridin überführt und dort vom Zeitpunkt Null (Zugabe des „Inducers") bis 2 Sekunden inkubiert, kann nur ein RNA-Polymerase-Molekül die DNA transkribieren, und nur eine RNA-Einheit wird synthetisiert. Dieses Ergebnis wird durch den ersten Punkt in Abb. 3.36 wiedergegeben, wenn man annimmt, daß jede RNA-Einheit 10 cpm besitzt. Entnimmt man der Kultur nach 2 Sekunden eine zweite Probe und inkubiert zwischen 2 und 4 Sekunden in Anwesenheit des radioaktiven Uridin, trifft man die Situation wie in der Abb. 3.34 (4 Sek.) wiedergegeben an. Zwischen 0 und 2 Sekunden hat die erste RNA-Polymerase eine Einheit RNA synthetisiert; da aber keine Radioaktivität anwesend war, ist diese RNA nicht radioaktiv. Zwischen 2 und 4 Sekunden haben die erste und die zweite RNA-Polymerase je eine RNA-Einheit synthetisiert; beide sind radioaktiv. Die RNA-Syntheserate ist zwischen 2 und 4 Sekunden doppelt so hoch wie zwischen 0 und 2 Sekunden, da zwei RNA-Polymerase-Moleküle RNA synthetisiert haben. Analoges gilt für darauf folgende Schritte. Während der Periode zwischen 18 und 20 Sekunden synthetisieren 10 RNA-Polymerasen gleichzeitig; die Syntheserate ist folg-

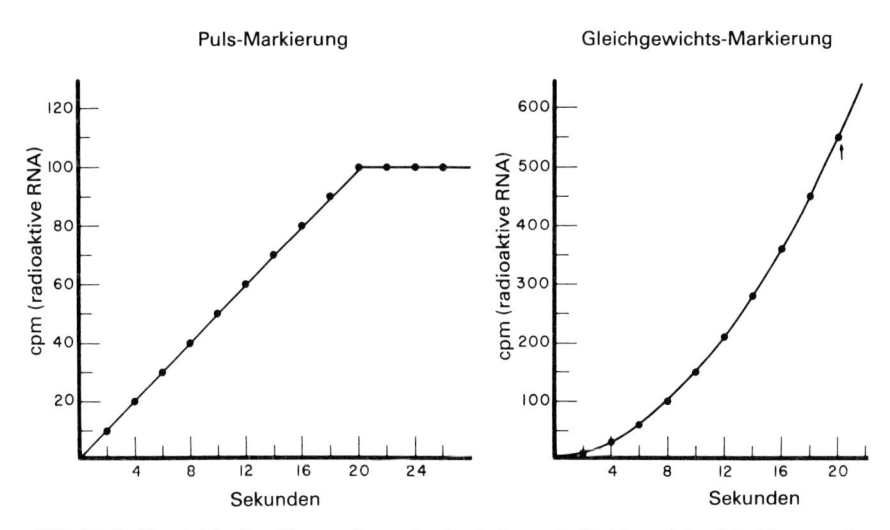

Abb. 3.36 Vergleich der Werte, die nach der Puls- und Gleichgewichts-Markierung einer mRNA (siehe Abb. 3.34) erhalten wurden. Bei der Gleichgewichts-Markierung gibt ein Pfeil den Zeitpunkt an, bei dem die Kurve linear zu verlaufen beginnt.

lich 10mal höher als zwischen 0 und 2 Sekunden. Der lineare Anstieg der Syntheserate ist in Abb. 3.36 dargestellt. Nach 20 Sekunden allerdings ist die DNA angesättigt und kann keine weiteren RNA-Polymerasen mehr aufnehmen. Deswegen wird zwischen 20 und 22 Sekunden genausoviel RNA gebildet wie zwischen 18 und 20 Sekunden, d. h. die Syntheserate wird nach 20 Sekunden konstant. Es sollte nun klar sein, daß bei der Puls-Markierung die Syntheserate eines bestimmten Moleküls wiedergegeben wird. Wenn die Dauer der Markierung immer kleiner wird (gegen Null geht), nähert sich die beobachtete Syntheserate der wirklichen Rate (ds/dt). Aus diesem Grund ergibt die kürzest mögliche Markierungsdauer (Puls) das beste Ergebnis. Abb. 3.34 zeigt eine weitere Eigenschaft eines Puls-Markierungs-Experiments. Wird ein Makromolekül wie RNA radioaktiv markiert, ist die Radioaktivität nicht gleichmäßig über das Molekül verteilt. Sie ist im Gegenteil am zuletzt während der kurzen Inkubation aufgebauten Ende zu finden. Dies bildet die Grundlage für die Verwendung der Puls-Markierung zur Beobachtung schnell abbaubarer Moleküle. Wie kann man sich ein solches Experiment vorstellen; welche Annahmen muß man dazu machen?

Bei der Gleichgewichts-Markierung wird die Kultur zuerst mit einer großen Menge radioaktiven Materials mit niedriger bis mittlerer spezifischer Aktivität inkubiert. Die niedrige Aktivität wird wegen der langen Markierungsdauer bevorzugt. Haben die entsprechenden Ausgangsprodukte eine konstante spezifische Aktivität erreicht, wird das Experiment durch Zugabe des „Inducers" gestartet. Anschließend werden der Kultur Proben entnommen und die Markierung durch Zugabe von Cyanid und Eis unterbrochen. Der gesuchte Metabolit wird isoliert und seine Radioaktivität bestimmt. Die Dauer der Vorinkubation in Anwesenheit der Radioaktivität ist kritisch, da das Nicht-Einstellen einer konstanten spezifischen Aktivität der Metaboliten-Vorläufer bewirkt, daß die Markierung des gesuchten Metaboliten von der Zeit der Probenentnahme abhängt. Solche Versuchsbedingungen mit mehreren Variablen – dem untersuchten physiologischen Phänomen und der Zeitabhängigkeit der spezifischen Aktivität der Metaboliten-Vorläufer – ergeben keine sinnvollen Ergebnisse. Die Länge der Vorinkubation liegt zwischen wenigen Minuten und mehreren Stunden abhängig vom untersuchten Organismus und System. Zusammenfassend müssen zwei Punkte bei der Gleichgewichts-Markierung beachtet werden: 1. Der untersuchte Vorgang wird erst eingeleitet, nachdem die entsprechenden Vorläufer der zu markierenden Metaboliten eine konstante spezifische Aktivität besitzen, und 2. die synthetisierten Moleküle sind mit einer gleichmäßigen Markierung mit konstanter spezifischer Aktivität versehen. Zurück zum Experiment, das auf der rechten Seite von Abb. 3.34 wiedergegeben ist. Die E. coli-Kultur wird für mindestens 30 Minuten mit ^{3}H-Uridin vor der Initiierung des Experiments vorinkubiert. Zur Zeit Null wird der „Inducer" hinzugegeben und nach 2 Sekunden die erste Probe entnommen. Während dieser Zeit hat die erste RNA-Polymerase eine Einheit RNA oder 10 cpm synthetisiert (siehe Abb. 3.34 und 3.36). Eine zweite Probe wird 4 Sekunden nach der Initiierung entnommen. In 4 Sekunden hat die erste RNA-Polymerase zwei Einheiten und die zweite eine Einheit RNA produziert. Das kann bis zu 20 Sekunden wiederholt werden, und wie in Abb. 3.36 gezeigt, nimmt die markierte RNA-Menge von Probe zu Probe exponentiell zu. Zwischen 20 und 22 Sekunden ist die synthetisierte RNA-Menge jedoch die gleiche wie zwischen 18 und 20 Sekunden, da die DNA mit RNA-Polymerasen abgesättigt ist. Von hier ab nimmt die Radioaktivität der betrachteten RNA linear zu. Aus diesem Beispiel sollte klar werden, daß die Gleichgewichts-Markierung die Anhäufung eines bestimmten Metaboliten anzeigt. Abb. 3.34 zeigt weiterhin, daß die Verteilung der Radioaktivität im synthetisierten Molekül gleichförmig ist, im Gegensatz zur Technik der Puls-Markierung.

Es besteht ein wichtiger Zusammenhang zwischen den Ergebnissen der Puls- und Gleichgewichts-Markierung. Wenn man annimmt, daß kein Abbau des markierten Moleküls erfolgt, sollte die Integration der aus dem Puls-Experiment erhaltenen Kurve eine Funktion ergeben, die der Kurve aus dem Gleichgewichts-Experiment gleicht. Umgekehrt sollte die Differenzierung der Kurve aus dem Gleichgewichts-Experiment eine ähnliche Funktion ergeben, wie sie bei der Puls-Markierung gewonnen wird. Eine exakte Umwandlung der Ergebnisse erfordert jedoch die Berücksichtigung der unterschiedlichen spezifischen Aktivitäten. Bei den meisten Puls-Markierungen ändert sich die spezifische Aktivität der Ausgangsverbindungen gleichförmig während der Markierungsdauer, da die Inkubationszeit wesentlich kürzer ist, als zur Einstellung einer konstanten spezifischen Aktivität der Metaboliten-Vorläufer notwendig ist (siehe Abb. 3.32). Solange jedoch die Markierungsdauer von Probe zu Probe exakt konstant gehalten wird, hat die Änderung der spezifischen Aktivität in den meisten Fällen wenig Einfluß auf die Aussagen des Experiments. Die Zeitabhängigkeit der Änderung der spezifischen Aktivität muß nur bestimmt werden, wenn die aus dem Experiment erhaltene Kurve exakt integriert werden soll.

Bisher wurde angenommen, daß die Abbaurate der untersuchten Moleküle gleich Null ist. Tatsächlich kann der Abbau während einer Puls-Markierung normalerweise vernachlässigt werden. Bei der Gleichgewichts-Markierung stellt er jedoch einen wichtigen Punkt dar. Die Meßwerte einer Gleichgewichts-Markierung sind ein Maß für die Anhäufung abzüglich des Abbaus des betrachteten Stoffes. Dies muß man beachten, wenn man bessere Daten durch die Kombination beider Markierungs-Methoden erhalten will.

Die „Pulse-Chase"-Technik ist nur eine Variation der Puls-Markierung. Sie wird durchgeführt, indem man einen physiologischen Vorgang auslöst (z. B. durch einen „Inducer"), dann die Kultur für eine kurze Zeit in Anwesenheit eines radioaktiven Materials mit hoher spezifischer Aktivität inkubiert, die radioaktive Substanz entfernt bzw. durch Zugabe eines 500–1000fachen Überschusses der entsprechenden nicht-radioaktiven Substanz verdünnt. Schließlich werden der Kultur nach Zugabe der Radioaktivität Proben entnommen und deren Aktivität bestimmt. Der Vorteil dieser Methode besteht in der Möglichkeit, eine Beziehung zwischen Ausgangsverbindung und Produkt zu erkennen. Beispielsweise soll die Bildung von D aus A betrachtet werden, wobei B und C Zwischenprodukte sein

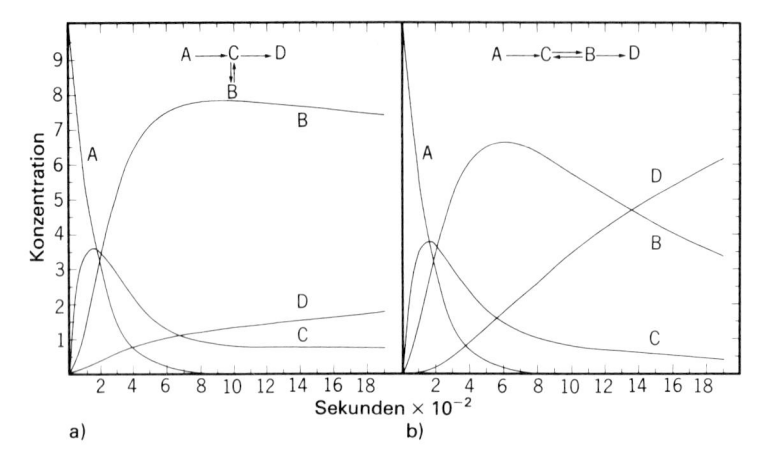

Abb. 3.37 Zeitabhängigkeit des Auftretens und Verschwindens von Reaktionsprodukten bei verzweigten und aufeinanderfolgenden Reaktionen, die durch Zugabe einer kleinen Menge A gestartet werden. Die Kurven geben die Konzentrations-Änderungen für jede Substanz (A, B, C und D) in der Reaktionsmischung an.

sollen. Wenn eine sehr kleine Menge an radioaktivem A (die in wenigen Sekunden vollständig reagieren kann) einem System im stationären Zustand angeboten wird, findet man eine Verteilung der Radioaktivität in Abhängigkeit von der Zeit in den vier Substanzen, wie sie in Abb. 3.37 wiedergegeben wird. Welche zeitabhängige Verteilung der Radioaktivität kann man erwarten, wenn eine große Menge radioaktiver Substanz A angeboten wurde? Bei der Interpretation der Ergebnisse aus dieser Art von Markierungs-Technik ist jedoch Vorsicht geboten. Sie können zur Unterstützung der Beziehung von Ausgangs- und Endprodukten bestimmter Systeme herangezogen werden, dürfen jedoch nicht als eindeutiger Beweis angesehen werden. Um eindeutige Ergebnisse zu erzielen, kann sie nur zusammen mit anderen Experimenten verwendet werden.

3.7 Experimenteller Teil

3.7.1 Herstellung von wäßrigen und organischen Szintillations-Cocktails

Wäßriger Szintillations-Cocktail
1. 4,0 g PPO (2,5-Diphenyloxazol) und entweder 0,05 g POPOP (p-Bis(5-phenyl-oxazol-2-yl)-benzol) oder 0,08 g Bis-MSB (p-Bis(o-methylstyryl)-benzol) werden in einer Mischung aus 667 ml Toluol und 333 ml Triton X-100 gelöst. Man achte darauf, daß die Substanzen vor Verwendung vollständig gelöst sind. Die

Lösung sollte in einer braunen Flasche an einem kühlen, dunklen Ort aufbewahrt werden.

Organischer Szintillations-Cocktail

2. 4,0 g PPO und entweder 0,05 g POPOP oder 0,08 g Bis-MSB werden in einem Liter Toluol gelöst. Man achte darauf, daß die Substanzen vor Verwendung vollständig gelöst sind. Die Lösung sollte in einer braunen Flasche an einem kühlen, dunklen Platz aufbewahrt werden.

3.7.2 Bestimmung des Gleichgewichtspunktes

1. Man mache sich die Funktion der verschiedenen Einstellungen des Szintillations-Zählers mit Hilfe der Gebrauchsanweisung klar.
2. 15 ml Standard-Cocktail werden in ein Zählröhrchen gefüllt.
3. 0,5 ml radioaktives ^{14}C-Toluol (ca. $1-2 \times 10^5$ dpm/ml) werden in das Zählröhrchen gegeben. Die Radioaktivitäts-Menge pro Volumeneinheit soll genau bekannt sein. Exakt standardisierte Toluol-Lösungen sind kommerziell erhältlich und können anstelle der hier beschriebenen Standards verwendet werden.
4. Die obere Diskriminator-Begrenzung des benutzten Kanals wird auf den maximalen Wert, die untere Begrenzung auf den minimalen Wert eingestellt.
5. Die Probe wird in den Zähler gebracht und der Zähler auf manuellen Betrieb eingestellt. Die Probe wird bei jeder Grobeinstellung der Verstärkungs-Regelung 30 Sekunden gezählt.
6. Die gemessenen cpm bei den verschiedenen Einstellungen werden als Funktion der Verstärkungs-Regelung graphisch aufgetragen. Die Funktion in Abb. 3.14 ist mit dieser Methode bestimmt worden.
7. Die Grobeinstellung der Verstärkung wird auf den Wert mit der höchsten Impulsrate justiert. Die Probe wird nun wie beschrieben bei jeder Feineinstellung der Verstärkung wiederholt. Der gesamte Bereich der Feineinstellung entspricht der Änderung um einen Schritt der Grobeinstellung.
8. Die bei den verschiedenen Einstellungen gemessenen cpm trägt man als Funktion der Verstärkungs-Regelung auf.
9. Die Einstellungen mit den höchsten Impulsraten, wie sie aus den beiden erhaltenen Funktionen entnommen werden können, entsprechen der Grob- und Feineinstellung der Verstärkungs-Regelung am Gleichgewichtspunkt.
10. Die Schritte 2 bis 9 werden mit ^{3}H-Toluol anstelle von ^{14}C-Toluol wiederholt. Zum Vergleich können die in Abb. 3.14 aufgezeichneten Werte verwendet werden.

3.7.3 Aufnahme eines β-Spektrums

1. Zur Bestimmung wird eine genau bekannte Standardlösung von ^{3}H-Toluol mit ca. $4-5 \times 10^5$ cpm/ml verwendet.

Tab. 3.12 Diskriminator-Einstellung zur Bestimmung des β-Spektrums.

untere Diskriminator-Einstellung (% des Maximalbereichs)	obere Diskriminator-Einstellung (% des Maximalbereichs)	Mittelwert der Diskriminator-Einstellungen
0	2,0	1,0
4,0	6,0	5,0
8,0	10,0	9,0
12,0	14,0	13,0
16,0	18,0	17,0
20,0	22,0	21,0
24,0	26,0	25,0
28,0	30,0	29,0
32,0	34,0	33,0
36,0	38,0	37,0
40,0	42,0	41,0
44,0	46,0	45,0
48,0	50,0	49,0
52,0	54,0	53,0
56,0	58,0	57,0
60,0	62,0	61,0
64,0	66,0	65,0
68,0	70,0	69,0
72,0	74,0	73,0
76,0	78,0	77,0
80,0	82,0	81,0
84,0	86,0	85,0
88,0	90,0	89,0
92,0	94,0	93,0
96,0	98,0	97,0

2. Der Gleichgewichtspunkt für das Isotop (^{3}H) wird eingestellt.
3. Die Probe wird in den Zähler gestellt und 30 Sekunden bei jeder der in Tab. 3.12 angegebenen Diskriminator-Einstellungen gezählt.
4. Man verwende eine entsprechende Standardlösung mit ^{14}C-Toluol.
5. Der Gleichgewichtspunkt für das Isotop (^{14}C) wird eingestellt.
6. Siehe Schritt 3.
7. Die in den Schritten 3 bis 6 gemessenen Impulsraten werden gegen den Mittelwert der Diskriminator-Einstellungen graphisch aufgetragen. Warum ähneln sich diese Funktionen, obwohl das Maximum der β-Energie der Isotopen sich um mehr als den Faktor 10 unterscheidet? Als Vergleich siehe Abb. 3.11.

3.7.4 Einfluß der Verstärkung auf das β-Spektrum

1. Die Verstärkungs-Regelung wird auf den Gleichgewichtspunkt von ^{3}H eingestellt.
2. Die obere und untere Diskriminator-Begrenzung werden auf den Maximal- bzw. Minimalwert eingestellt.
3. Die ^{3}H-Probe wird in den Zähler gebracht und 30 Sekunden bei jeder der in Tab. 3.12 angegebenen Diskriminator-Einstellungen gezählt.
4. Die Verstärkerungs-Regelung wird 25 % unter den Gleichgewichtspunkt eingestellt und Schritt 3 wiederholt.
5. Wie Schritt 4 mit einer Verstärkung 50 % unter dem Gleichgewichtspunkt.
6. Wie Schritt 4 mit einer Verstärkung 75 % unter dem Gleichgewichtspunkt.
7. Die gemessenen cpm werden als Funktion des Mittelwertes der Diskriminator-Einstellungen graphisch dargestellt. Die Funktionen, die mit einem ähnlichen Experiment erhalten wurden, sind in Abb. 3.13 dargestellt.

3.7.5 Eine weitere Methode zur Bestimmung des Gleichgewichtspunktes

1. Zur Messung wird eine Standardlösung mit ^{14}C-Toluol verwendet (ca. $1-2 \times 10^5$ dpm/ml).
2. Die obere Diskriminator-Begrenzung wird auf den Maximalwert eingestellt.
3. Die untere Diskriminator-Begrenzung wird auf 96–98 % des Maximalwerts eingestellt.
4. Die Grob- und Feineinstellung der Verstärkung werden auf Null gestellt.
5. Die Probe wird mehrmals 30 Sekunden gezählt, wobei jedesmal die Grobeinstellung der Verstärkungs-Regelung um eine Stufe erhöht wird, bis mehr als 20 Impulse in 30 Sekunden gezählt werden.
6. Die Zählung wird unterbrochen und die Grobeinstellung auf eine Stufe unter die, bei der gerade weniger als 20 Impulse gezählt wurden, zurückgestellt.
7. Die beiden letzten Schritte werden wiederholt, wobei jetzt die Feineinstellung verändert wird.

Die beiden ermittelten Einstellungen entsprechen dem Gleichgewichtspunkt. Man erinnere sich, daß der Gleichgewichtspunkt definiert wurde, als die Verstärkung, die bei einem vollen Fenster die höchste Zählausbeute ergibt, oder als die Verstärkung, bei der das gesamte β-Spektrum genau in das volle Fenster paßt.

3.7.6 Einfluß von Quench (Lösch-)Substanzen auf das β-Spektrum

1. Die Schraubverschlüsse von zehn Zählröhrchen werden von 1 bis 10 durchnumeriert.
2. In jedes Röhrchen werden 15 ml Toluol-Szintillations-Flüssigkeit gefüllt.

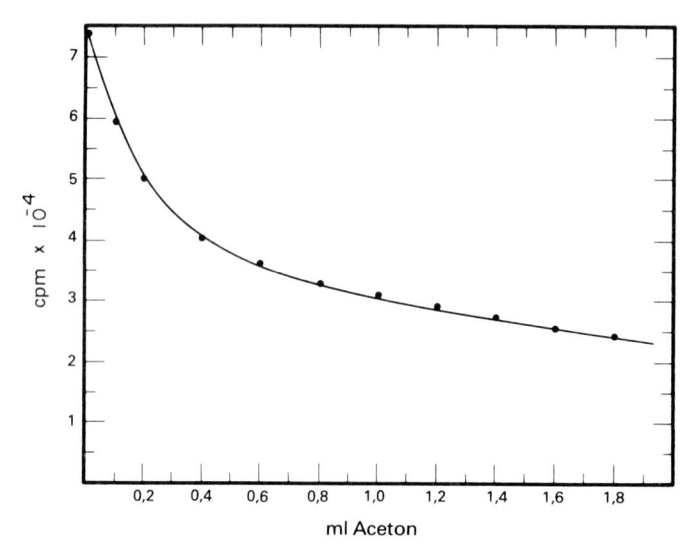

Abb. 3.38 Einfluß steigender Mengen des gut löschenden Acetons auf die Zählausbeute von ³H.

3. In jedes Röhrchen pipettiert man sorgfältig 0,20 ml ³H-Toluol mit einer Aktivität von ca. $1,0 \times 10^6$ cpm/ml. Die Zerfallsrate (dpm/ml) der Lösung muß genau bekannt sein.
4. In jedes Röhrchen wird eins der folgenden Volumina Aceton pipettiert: 0; 0,1; 0,2; 0,4; 0,6; 0,8; 1,0; 1,2; 1,4; 1,6 und 1,8 ml. Anstelle von Aceton können auch kommerziell erhältliche Quench-Standards verwendet werden.
5. Die Röhrchen werden verschlossen und für ungefähr eine halbe Stunde im Szintillations-Zähler stehengelassen. Warum kann man die Vergrößerung des Volumens, ohne einen größeren Fehler zu machen, vernachlässigen?
6. Obere und untere Diskriminator-Begrenzung werden auf ihren maximalen bzw. minimalen Wert einstellen.
7. Die Verstärkungs-Regelung wird auf den Gleichgewichtspunkt von ³H eingestellt.
8. Jedes Röhrchen wird 1 oder 2 Minuten lang gezählt.
9. Die cpm werden als Funktion der zugegebenen Menge Aceton graphisch aufgetragen. Die Ergebnisse dieses Experiments sind in Abb. 3.38 wiedergegeben.
10. Für die Röhrchen mit 0; 0,2 und 1,8 ml Aceton wird ein β-Spektrum aufgenommen (siehe Abschn. 3.7.3, Schritt 3 und 7). Die Ergebnisse dieses Versuchs sind in Abb. 3.15 wiedergegeben.

3.7.7 Quench-Korrektur durch Bildung des Kanalverhältnisses

1. Die Verstärkungs-Regelung von zwei Kanälen, A und B, wird auf den Gleichgewichtspunkt von ¹⁴C eingestellt wie in Abschn. 3.7.2 beschrieben. Die beiden Werte müssen nicht unbedingt gleich sein. Warum?

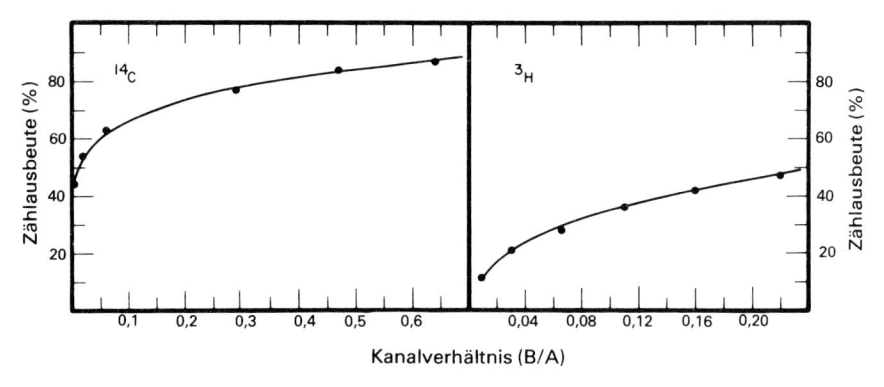

Abb. 3.39 Quench-Korrektur-Kurve nach der Kanalverhältnis-Methode für ^{14}C und ^{3}H.

2. Die obere Diskriminator-Begrenzung von Kanal A wird auf den Maximalwert, die untere auf einen genügend hohen Wert über Null eingestellt, um einen günstigen Nulleffekt (Background) zu erhalten.
3. Die obere Diskriminator-Begrenzung von Kanal B stellt man auf den Maximalwert und die untere auf einen Wert über Null ein, bei dem für eine ungequenchte Probe nur zwischen 25 und 50% der Impulsrate von Kanal A erhalten wird.
4. Eine Reihe von gequenchten ^{14}C-Standards (siehe Abschn. 3.7.6) wird in beiden Kanälen gezählt.
5. Die Zählausbeute in Kanal A wird als Funktion des Verhältnisses cpm_B/cpm_A aufgetragen. Als Vergleich siehe Abb. 3.39.
6. Eine Reihe von verschieden stark gequenchten, unbekannten Proben wird auf die beschriebene Art gezählt. Die Zerfallsrate (dpm) jeder Probe wird mit der vorher erhaltenen Quench-Korrektur-Kurve ermittelt.

3.7.8 Zählung einer mehrfach markierten Probe mit Hilfe der Methode des Kanalverhältnisses mit externem Standard

1. Die Verstärkungs-Regelung eines Kanals wird auf den Gleichgewichtspunkt von ^{3}H eingestellt. Dieser wird Kanal A genannt.
2. Die Verstärkungs-Regelung von Kanal B wird auf den Gleichgewichtspunkt von ^{14}C eingestellt.
3. Die obere Diskriminator-Begrenzung von Kanal B wird auf den Maximalwert eingestellt.
4. Die untere Diskriminator-Begrenzung von Kanal B wird auf einen Wert eingestellt, der in diesem Kanal bei Zählung eines ^{3}H-Standards nur einen sehr geringen Teil (ca. 0,1%) der ^{3}H-Impulse erfaßt.
5. Die untere Diskriminator-Begrenzung von Kanal A wird auf einen Wert genügend hoch über Null eingestellt, um den Nulleffekt (Background) zu unter-

Tab. 3.13 Radioaktivitäts-Zugabe für das Doppelmarkierungs-Experiment.

Röhrchen	Volumen ³H (ml) ($4{,}0 \times 10^5$ dpm/ml)	Volumen ¹⁴C (ml) ($4{,}0 \times 10^5$ dpm/ml)	Volumen Wasser (ml)
1	0,10	0,10	1,40
2	0,20	0,20	1,20
3	0,30	0,30	1,00
4	0,40	0,40	0,80
5	0,50	0,50	0,60
6	0,60	0,60	0,40
7	0,70	0,70	0,20
8	0,80	0,80	0,00
9	0,80	0,10	0,70
10	0,70	0,20	0,70
11	0,60	0,30	0,70
12	0,50	0,40	0,70
13	0,40	0,50	0,70
14	0,30	0,60	0,70
15	0,20	0,70	0,70
16	0,10	0,80	0,70

drücken. Je niedriger der Background sein soll, desto höher muß die Diskriminator-Begrenzung gesetzt werden.

6. Die obere Diskriminator-Begrenzung von Kanal A wird auf einen Wert so weit unterhalb des Maximums gesetzt, daß weniger als 10–12% der ¹⁴C-Impulsrate in diesen Kanal fallen.
7. Eine Reihe von gequenchten ³H- und ¹⁴C-Standards werden in beiden Kanälen in An- und Abwesenheit eines externen Standards gezählt.
8. Die Zählausbeute in Kanal A jedes gequenchten ³H-Standards wird graphisch als Funktion seines Kanalverhältnisses mit externem Standard dargestellt. Die Funktion kann mit Abb. 3.20 verglichen werden.
9. Die Zählausbeute beider Kanäle eines jeden gequenchten ¹⁴C-Standards wird als Funktion seines Kanalverhältnisses mit externem Standard graphisch dargestellt. Diese Funktionen können ebenfalls mit Abb. 3.20 verglichen werden.
10. Die Schraubverschlüsse von 16 Zählröhrchen werden durchnumeriert.
11. So genau wie möglich werden die in Tab. 3.13 angegebenen Mengen Wasser in die entsprechenden Zählröhrchen pipettiert.
12. Ebenso exakt werden die in Tab. 3.13 angegebenen Mengen der wäßrigen ¹⁴C-Lösung und ³H-Lösung in die entsprechenden Zählröhrchen pipettiert.
13. Schließlich füllt man in jedes Röhrchen 15 ml wäßrigen Szintillations-Cocktail. Die Zählröhrchen werden fest verschlossen und geschüttelt, um die Lösungen zu vermischen.
14. Jedes Zählröhrchen wird mit den oben angegebenen Einstellungen in An- und Abwesenheit eines externen Standards gezählt.

Tab. 3.14 Bestimmung von ^{3}H und ^{14}C in doppelt markierten gequenchten und ungequenchten Proben.

Röhrchen-Nr.	ungequenchte Proben dpm ^{14}C	dpm ^{3}H	gequenchte Proben dpm ^{14}C	dpm ^{3}H	Prozent[a] Unterschied
1	18420	27696	19571	28739	4
2	34368	54850	31435	66550	18
3	52096	83708	54028	92612	10
4	70002	111000	69958	122109	9
5	86742	137949	88847	148831	7
6	105102	164266	105812	182616	10
7	122602	191042	128003	207881	8
8	140222	212506	142450	234816	10
9	18939	221642	18116	245541	10
10	35017	189598	35000	208655	9
11	53260	160947	54158	178052	10
12	69634	137677	69992	152748	10
13	87041	107344	90711	117625	9
14	104890	80450	110500	89435	10
15	122075	54300	124370	62095	13
16	140421	26445	142033	32333	18

[a] Unterschied zwischen dpm ^{3}H in An- und Abwesenheit von Aceton.

15. Die cpm von ^{14}C und ^{3}H werden für jede Probe mit Hilfe der in Schritt 8 und 9 erhaltenen Korrektur-Kurven und Gl. 24 und 26 ermittelt.
16. Die 16 Zählröhrchen werden geöffnet und zwischen 0,5 und 2,5 ml Aceton hinzugegeben. Die Menge Aceton sollte verschieden, braucht aber nicht genau bekannt zu sein.
17. Die Schritte 14 und 15 werden wiederholt.
18. Die beiden Meßreihen werden verglichen und die auftretenden Unterschiede berechnet. Die Meßwerte und Ergebnisse dieses Experimentes sind in Tab. 3.14 zusammengefaßt.

3.7.9 Eine weitere Methode zur Bestimmung mehrfach markierter Proben

1. Die folgende Methode ist ein gebräuchlicher Weg, um ^{14}C und ^{3}H in einer mehrfach markierten Probe zu bestimmen. Es gelten jedoch zwei Einschränkungen: 1. der ^{14}C-Standard und die Proben müssen in genau der gleichen Weise präpariert sein, und 2. der Löscheffekt muß in allen Proben exakt gleich sein. Die beste Anwendung findet diese Technik bei der Zählung von Proben, wie sie bei der Fraktionierung eines Saccharose-Gradienten oder eines Poly-

acrylamid-Gels entstehen. Die Verstärkungs-Regelung und die Diskriminator-Einstellung wird wie in Abschn. 3.7.8 beschrieben justiert.

2. Eine ^{14}C-Standardprobe wird in exakt der gleichen Weise wie die experimentellen Proben hergestellt. Soll z. B. ein Polyacrylamid-Gel fraktioniert und gezählt werden, wird die ^{14}C-Standardlösung ebenfalls in ein Polyacrylamid-Gel einpolymerisiert, und ein Stückchen so groß wie die üblichen Fraktionen wird als Standard benutzt.
3. Der Standard wird in beiden Kanälen A und B gezählt.
4. Das Kanalverhältnis $cpm_A/cpm_B = x$ wird berechnet.
5. Alle mehrfach markierten Proben zählt man in beiden Kanälen.
6. Die in Kanal B gezählten cpm werden mit x multipliziert, und das Produkt wird von den in Kanal A gezählten cpm subtrahiert, d. h. cpm ^{3}H = $cpm_A - x\ cpm_B$. Das folgende Experiment zeigt die Gültigkeit dieser Methode.
7. In sechs Zählröhrchen werden 10000–15000 cpm ^{3}H-Toluol und 10 ml organischer Szintillator-Cocktail gegeben.
8. Der Standard wird die in beiden Kanälen gezählt.
9. In jedes Röhrchen wird die in Tab. 3.13 angegebene Menge Wasser pipettiert. Die Proben werden in beiden Kanälen gezählt.
10. Zu jedem der in Schritt 7 präparierten Zählröhrchen pipettiert man eins der folgenden Volumina ^{14}C-Toluol (4,15 × 10^5 cpm/ml): 0,1; 0,2; 0,4; 0,6; 0,8 und 1,0 ml.
11. Zu jedem Röhrchen wird so viel nicht-radioaktives Toluol gegeben, daß die Gesamtzugabe an Toluol 1,0 ml beträgt.
12. Die Schritte 3 bis 6 werden wiederholt.
13. Tab. 3.15 zeigt die Ergebnisse dieses Experiments.

Tab. 3.15 Vereinfachte Methode zur Bestimmung von ^{3}H und ^{14}C in doppelt markierten Proben.

Proben-Nummer	erste Zählung ^{3}H alleine cpm A	cpm B	zweite Zählung ^{14}C plus ^{3}H cpm A	cpm B	^{3}H-Impulse in Kanal A, bestimmt aus der 2. Zählung
^{14}C-Standard	13406	116506	–	–	–
1	12786	117	16163	30415	12663
2	12686	119	19498	60523	12534
3	12592	127	26304	118944	12617
4	12622	118	33597	177367	13188
5	12757	136	40431	239931	12823
6	12573	114	47245	297158	13051

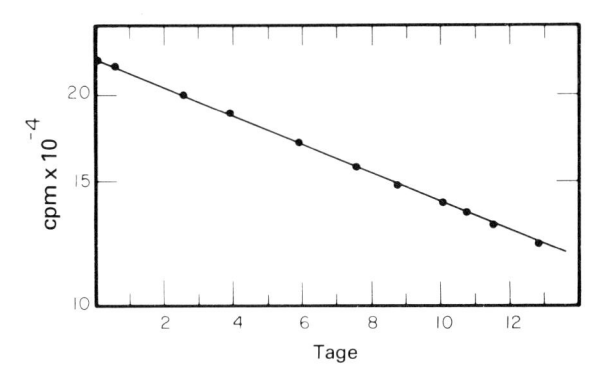

Abb. 3.40 Zeitabhängigkeit des Zerfalls von ³²P.

3.7.10 Bestimmung der Halbwertszeit von ³²P

1. 15 ml Szintillator-Cocktail werden in ein Zählröhrchen gefüllt.
2. 0,10 ml ethanolische Lösung von $H_3{}^{32}PO_4$ (ca. 100 000 cpm) werden hinzugefügt.
3. Der Szintillations-Zähler wird für die Zählung von ³²P eingerichtet; diese Prozedur wurde schon für ¹⁴C und ³H beschrieben.
4. Das Röhrchen wird 30 Minuten lang im Zähler äquilibriert und dann 1–5 Minuten gezählt.
5. Diese Zählung wird ca. 4–6 Wochen lang jeden dritten Tag um die gleiche Zeit wiederholt.
6. Die erhaltenen Meßdaten (log cpm) werden als Funktion der Zeit graphisch dargestellt. Eine entsprechende Darstellung ist in Abb. 3.40 wiedergegeben.

3.7.11 Bestimmung des Plateaus eines Gasentladungs-Zählers

1. Man macht sich die Funktionen der verschiedenen Einstellungen des Zählers mit Hilfe der Gebrauchsanweisung klar.
2. Zum Vorwärmen schaltet man das Gerät 20–30 Minuten vor Beginn des Experiments ein. Während dieser Zeit wird die Probenkammer mit der Zählgas-Mischung gespült.
3. Die Hochspannung wird auf Null gestellt.
4. Die Standardprobe wird eine Minute gezählt, danach wird die Hochspannung um 50 V erhöht.
5. Schritt 4 wird wiederholt, bis das Plateau erreicht ist, d. h. die cpm nicht weiter ansteigen.
6. Nach Erreichen des Plateaus wird die Spannung weiter um 50 V erhöht, bis die cpm wieder ansteigen. Hier sollte das Experiment beendet werden, da ein weite-

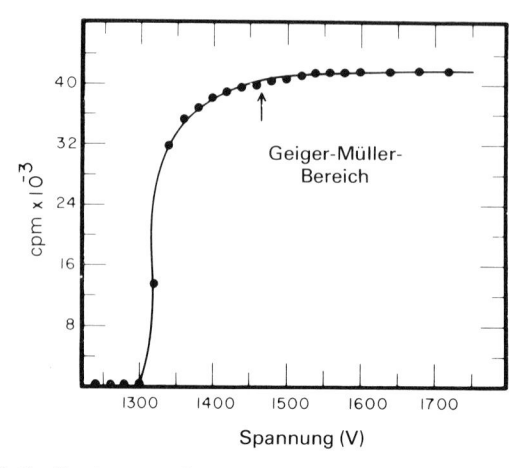

Abb. 3.41 Bestimmung der optimalen Arbeitsspannung (Pfeil) innerhalb des Geiger-Bereichs für einen Gasentladungs-Zähler.

rer Anstieg der Hochspannung eine permanente Entladung der Ionisationskammer bewirkt und sie zerstört.
7. Die gemessenen cpm werden als Funktion der Spannung, wie in Abb. 3.41 wiedergegeben, graphisch dargestellt. Die richtige Einstellung der Hochspannung ist in der Abbildung eingezeichnet.

3.7.12 Bestimmung der Totzeit eines Gasentladungs-Zählers

1. Aus einem Stück Pappe oder steifem Kunststoff wird ein rundes Scheibchen mit einem Durchmesser von 3,0 cm herausgeschnitten; es sollte in den Probenteller passen. Damit es leicht aus dem Probenteller herausgenommen werden kann, wird, wenn notwendig, die Größe etwas reduziert.
2. Eine kleine Menge Uranylacetat wird in etwas Tapetenleim angerührt, auf dem Scheibchen verstrichen und getrocknet.
3. Das Scheibchen wird halbiert.
4. Jede Hälfte wird separat 10mal 5 Minuten lang gezählt.
5. Beide Hälften zusammen werden 10mal 5 Minuten gezählt.
6. Die Mittelwerte jeder Meßreihe werden berechnet.
7. Die Totzeit kann mit den erhaltenen Daten und folgender Gleichung berechnet werden

$$T = \frac{m_1 + m_2 - m_{1,2} - b}{m_{1,2}^2 - m_1^2 - m_2^2}$$

wobei m_1, m_2 und $m_{1,2}$ die cpm der ersten und zweiten Scheibchenhälfte und des gesamten Scheibchens bedeuten; b ist die Impulsrate, die erhalten wird, wenn sich keine Probe im Gerät befindet, also der Background.

8. Mit dem Experiment können folgende Daten erhalten werden

   Mittelwert von 10 Zählungen

1. Hälfte	35 390
2. Hälfte	34 641
beide Hälften	64 077

   $$T = \frac{35\,390 + 34\,641 - 64\,077 - 4}{(64\,077)^2 - (35\,390)^2 - (34\,641)^2}$$

   $$= \frac{5954}{1{,}6534 \times 10^9}$$

   $$= 3{,}60 \times 10^{-6}$$

9. Mit dem Wert für die Totzeit werden die wahren Impulsraten, n, von 5 bis 10 willkürlich angenommenen Impulsraten, m, zwischen 2000 und 30 000 cpm berechnet. Hierfür kann folgende Formel verwendet werden

   $$n = \frac{m}{1 - mT}$$

   Zur Ableitung der Gleichung siehe [5].

10. Man fertigt eine graphische Darstellung an wie in Abb. 3.42 gezeigt. Die Funktion kann zur Korrektur des Koinzidenz-Verlustes aller experimentellen Meßwerte benutzt werden, solange man das gleiche Geiger-Müller-Zählrohr benutzt.

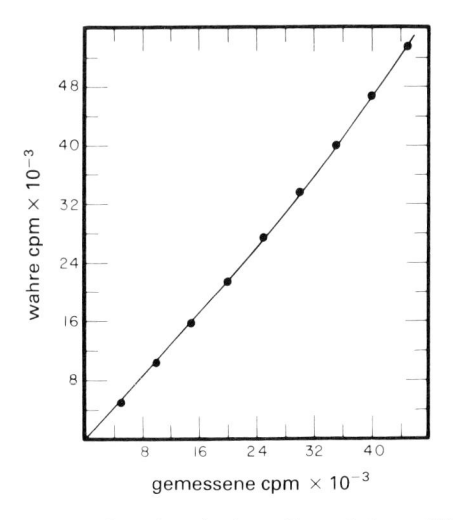

Abb. 3.42 Korrektur der mit einem Gasentladungs-Zähler erhaltenen experimentellen Werte, um die Totzeit auszugleichen.

3.7.13 Aufnahme von ³H-Leucin in E. coli-Proteine

1. Man züchte eine Kultur des Wildtyps von E. coli bis zu einer Zelldichte von 45 Klett-Einheiten (frühe Log-Phase) in Ozekis Minimal-Medium und einem geschüttelten Wasserbad von 30 °C.
2. 0,5 bis 1,0 ml einer ³H-Leucin-Lösung mit 25 µg Leucin/0,1 ml und einer spezifischen Aktivität von 1 µc/µMol wird hergestellt.
3. 10 mg Rifampicin (Rifamycin SV) werden in 1,0 ml DMSO gelöst.
4. Eine 5 %ige Trichloressigsäure (TCA)-Lösung wird hergestellt (500 ml).
5. In einen 125-ml-Erlenmeyer-Kolben gibt man genau 0,1 ml ³H-Leucin-Lösung. Der Kolben wird in das Wasserbad gestellt.
6. Wenn die Kultur eine Zelldichte von 45 Klett-Einheiten erreicht hat, werden 6,0 ml davon in den Erlenmeyer-Kolben überführt. Zur gleichen Zeit beginnt die Zeitmessung durch Einschalten einer Stoppuhr.
7. 3, 6, 9 und 12 Minuten nach Zugabe der Kultur zu der radioaktiven Leucin-Lösung werden 0,2 ml entnommen und in ein eisgekühltes Reagenzröhrchen gegeben. Sofort danach werden 5 ml kalte 5 %ige TCA-Lösung in das Röhrchen pipettiert.
8. 13 Minuten nach Start des Experiments werden 2,5 ml der Kultur in einen zweiten 125-ml-Erlenmeyer-Kolben überführt, der 0,5 ml Rifampicin-Lösung enthält. Die Mischung wird gründlich gemischt.
9. Von der unbehandelten Hälfte der Kultur werden weiterhin nach 15, 17, 19, 21, 23, 25 und 27 Minuten Proben entnommen und wie in Schritt 7 behandelt.
10. Von der mit Rifampicin behandelten Kultur werden nach 16, 18, 20, 22, 24, 26 und 28 Minuten Proben entnommen und wie in Schritt 7 behandelt.
11. Wenn alle Proben entnommen sind, werden sie 20–30 Minuten lang in ein kräftig siedendes Wasserbad gestellt. Diese Behandlung ist erforderlich, um die Aminosäuren von der t-RNA zu lösen.

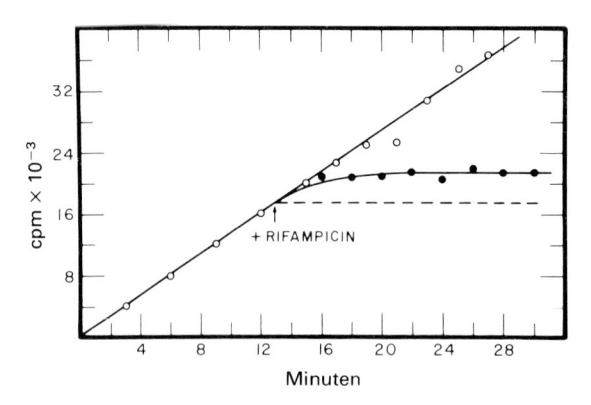

Abb. 3.43 Einbau von ³H-Leucin in TCA-fällbares Material in unbehandelte (o) und mit Rifampicin-behandelte E.coli-Kulturen (●). Die gestrichelte Linie gibt die Werte an, die man bei einer Chloramphenicol-behandelten Kultur erwarten würde.

12. Die Röhrchen werden abgekühlt und die Präzipitate auf 25 mm Glasfaserfilter gesammelt. Die Filtereinrichtung der Fa. Millipor eignet sich für diesen Zweck gut.
13. Die Röhrchen werden 4mal mit 5 ml kalter TCA-Lösung gewaschen. Die Waschlösung wird ebenfalls durch die entsprechenden Filter filtriert.
14. Die Filter werden 1 Stunde in einem Ofen bei 70°C getrocknet. Durch das Trocknen muß alle TCA entfernt werden, da man sonst fehlerhafte Ergebnisse erhält. (Warum?)
15. Die Filter werden in Szintillations-Röhrchen überführt und mit 5 bis 10 ml Szintillator-Cocktail versetzt. Die Zählung erfolgt erst nach einer 16–24stündigen Inkubationszeit im Meßgerät.
16. Die Ergebnisse dieses Experiments sind in Abb. 3.43 wiedergegeben.
17. Das Experiment kann mit 0,05 ml Chloramphenicol (375 µg/0,05 ml) anstelle von Rifampicin wiederholt werden. Die gestrichelte Linie in Abb. 3.43 gibt den zu erwartenden Verlauf des Experiments wieder. Warum unterscheiden sich die Kurven mit Rifampicin und Chloramphenicol?

4. Ionenaustausch-Chromatographie

Ionenaustausch ist definiert als der reversible Austausch von in Lösung befindlichen Ionen mit elektrostatisch an einen unslöslichen Träger gebundenen Ionen. Der Ionenaustauscher ist das inerte Trägermaterial, an das kovalent positiv geladene (im Fall eines Anionen-Austauschers) oder negativ geladene (im Fall eines Kationen-Austauschers) funktionelle Gruppen gebunden sind. Jedes an den Austauscher gebundene Ion ist somit ein Gegenion zu den geladenen funktionellen Gruppen. Der Wert dieser biochemischen Methode für die Isolierung und Trennung geladener Verbindungen liegt in der Möglichkeit begründet, Bedingungen zu finden, bei denen einige geladene Verbindungen elektrostatisch an den Austauscher gebunden werden und andere nicht.

Das Prinzip eines Ionenaustausches ist in Abb. 4.1 zusammengefaßt. Die Trennung beginnt mit einem vollständig mit dem Gegenion beladenen Austauscher (Abb. 4.1 a). Die Mischung der zu trennenden Ionen wird dann zusammen mit dem Austauscher so lange inkubiert, bis sich folgende Gleichgewichte eingestellt haben (Abb. 4.1 b).

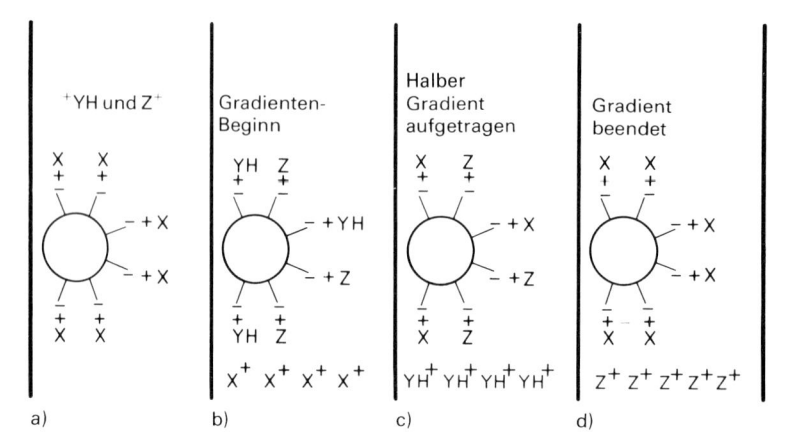

Abb. 4.1 Prinzip eines Kationen-Austauschers. a) Der Austauscher wurde mit X^+ als Gegenion beladen. YH^+ und Z^+ sind die zu trennenden Kationen; b) YH^+ und Z^+ sind an den Austauscher gebunden und haben eine äquivalente Menge des Gegenions X^+ verdrängt. Dies ist die Situation, kurz bevor der Gradient gestartet wird; c) Ein Teil des Gradienten ist mit steigender Konzentration von X^+ durch die Säule geflossen und hat YH^+ verdrängt; d) Bei weiter steigender Konzentration von X^+ wird auch das zweite zu trennende Ion, Z^+, verdrängt. Bei Beendigung der Chromatographie ist die Säule wieder vollständig mit X^+ als Gegenion beladen.

$$\text{Exch}^-\text{X}^+ \rightleftharpoons \text{Exch}^- + \text{X}^+$$
$$\text{Exch}^- + \text{YH}^+ \rightleftharpoons \text{Exch}^-\text{YH}^+$$
$$\text{Exch}^- + \text{Z}^+ \rightleftharpoons \text{Exch}^-\text{Z}^+$$

Exch$^-$ ist der geladene Kationen-Austauscher, X$^+$, YH$^+$ und Z$^+$ sind Kationen, wobei YH$^+$ und Z$^+$ auch mehr als eine positive Ladung besitzen können. Neutrale Moleküle und Anionen binden nicht an das Austauscher-Harz. Nachdem die entgegengesetzt geladenen Substanzen an den Austauscher gebunden sind, werden die gleichgeladenen oder ungeladenen Substanzen ausgewaschen. Die gebundenen Kationen YH$^+$ und Z$^+$ können nacheinander eluiert werden, indem man entweder den Austauscher mit einer steigenden Konzentration von X$^+$ wäscht (hierbei erhöht sich die Wahrscheinlichkeit, daß YH$^+$ oder Z$^+$ in den beschriebenen Gleichgewichten durch X$^+$ ersetzt werden) oder indem man den pH-Wert erhöht (hierbei gehen YH$^+$ und Z$^+$ in ihre neutralen Formen Y^0 und ZOH über). Bei Erhöhung der Konzentration von X$^+$ wird die Mobilisierung der Substanz von der Anzahl der von YH$^+$ bzw. Z$^+$ am Ionenaustauscher besetzten Ladungen bestimmt. Je größer ihre Gesamtladung ist, desto höhere Konzentrationen von X$^+$ sind notwendig, um die Substanz freizusetzen. Bei Änderung des pH-Wertes hängt die Stärke der Bindung vom pK-Wert der ionischen Substanz ab (YH$^+$ + OH $\rightleftharpoons$ Y^0 + HOH oder Z$^+$ + OH $\rightleftharpoons$ ZOH). Je höher der pK-Wert des Ions (Z$^+$ oder YH$^+$), desto höher muß auch der pH-Wert sein, um das Ion zu eluieren.

Bisher wurden Moleküle betrachtet, die nur gleichartige Ladungen besitzen; die gleichen Betrachtungen gelten aber auch für große Moleküle, wie Proteine, die gleichzeitig positive und negative Ladungen tragen. In diesem Fall können die Verbindungen sowohl an Anionen- als auch an Kationen-Austauscher binden. Die Stärke der Bindung wird vom vorliegenden pH-Wert abhängen (Abb. 4.2). Die Ladung der Moleküle kann innerhalb gewisser Grenzen negativer werden, wenn der pH-Wert erhöht wird (festere Bindung an einen Anionen-Austauscher); andererseits kann die Ladung positiver werden, wenn der pH-Wert gesenkt wird (festere Bindung an einen Kationen-Austauscher). An einem spezifischen Punkt, dem

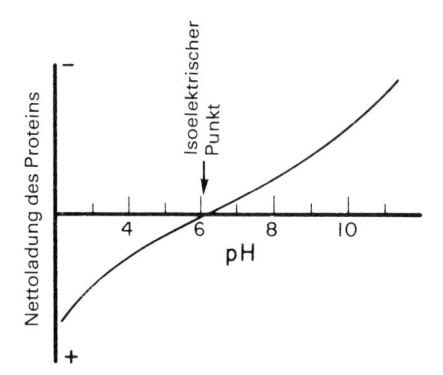

Abb. 4.2 Einfluß des pH-Werts auf die Nettoladung eines Proteins.

isoelektrischen Punkt, enthält das Molekül genauso viele positive wie negative Ladungen. Der amphotere Charakter der Proteine kann bei der Ionenaustauscher-Chromatographie sehr gut zur Abtrennung von anderen Substanzen ausgenutzt werden. Zum Beispiel kann der pH-Wert einer Protein-Lösung so weit herabgesetzt werden, bis sich das gewünschte Protein gerade wie ein Kation verhält. Wenn dann die Lösung mit diesem pH-Wert auf einem Kationen-Austauscher chromatographiert wird, können leicht anionische Proteine abgetrennt werden. Anschließend kann durch Erhöhung des pH-Wertes das entsprechende Protein in seine anionische Form überführt werden; durch Chromatographie der Lösung auf einer Anionen-Austauscher-Säule werden alle kationischen Proteine abgetrennt. Die aufeinander folgende Chromatographie auf Anionen- und Kationen-Austauschern bringt oft einen hohen Grad an Reinigung, auch wenn dabei der pH-Wert der Lösung nicht verändert werden kann.

4.1 Ionenaustauscher

Die Auswahl des für einen bestimmten Zweck besten Austauschers erfolgt meistens empirisch. Die Austauscher können jedoch ganz allgemein in Gruppen mit gemeinsamen Eigenschaften eingeteilt werden. Die Art des Trägermaterials bestimmt gewöhnlich die Fließeigenschaften, die Art der verwendbaren Ionen und die chemische und mechanische Stabilität. Die kovalent an die Matrix gebundenen

Tab. 4.1 Kationen-Austauscher-Harze.

Typ und Austauschgruppe	Bio-Rad-Harz[a]	Dowex-Harz[b]
stark saures Phenol-Harz		
$RCH_2SO_3^-H^+$	Bio-Rex 40	
stark saures Polystyrol-Harz		
$C_6H_5SO_3^-H^+$	AG 50W-X1	50-X1
	AG 50W-X2	50-X2
	AG 50W-X4	50-X4
	AG 50W-X5	50-X5
	AG 50W-X8	50-X8
	AG 50W-X10	50-X10
	AG 50W-X12	50-X12
	AG 50W-X16	60-16
mäßig saures Polystyrol-Harz		
$C_6H_5PO_3^{2-}(Na^+)_2$	Bio-Rex 63	
schwach saures Acryl-Harz, $RCOO^-Na^+$	Bio-Rex 70	
schwach saures, Chelat-bildendes Polystyrol-Harz		
$C_6H_5CH_2N(CH_2COO^-H^+)_2$	Chelex 100	A-1

[a] Bio-Rad Laboratories.
[b] Dow Chemical Co. (Adressen siehe S. 390ff.).

Tab. 4.2 Anionen- und gemischte Ionenaustauscher-Harze.

Typ und Austauschergruppe	Bio-Rad-Harz	Dowex-Harz
Anionen-Austauscher-Harze		
stark basische Polystyrol-Harze		
$C_6H_5CH_2N^+(CH_3)_3Cl^-$	AG 1-X1	1-X1
	AG 1-X2	1-X2
	AG 1-X4	1-X4
	AG 1-X8	1-X8
	AG 1-X10	1-X10
	AG 21K	21K
$C_6H_5CH_2N^+(CH_3)_2(C_2H_4OH)Cl^-$	AG 2-X4	2-4
⟨⟩NH⁺Cl⁻	AG 2-X8	2-X8
	AG 2-X10	
	Bio-Rex 9	
mäßig basische Epoxypolyamine		
$RN^+(CH_3)_3Cl^-$ und $RN^+(CH_3)_2(C_2H_4OH)Cl$	Bio-Rex 5	
schwach basische Polystyrole		
oder phenolische Polyamine		
$RN^+HR_2Cl^-$	AG 3-X4	3-X4
Zwitterionen-Harze		
stark basisches Anionen- und zugleich		
schwach saures Kationen-Austauscher-Harz		
$C_6H_5N^+(CH_3)_3Cl^-$ und $RCH_2COO^-H^+$	AG 11A 8	
Redox-Harze		
$-NR_2Cu^0$		
Mischbett-Harze		
$C_6H_5SO_3^-H^+$ und $C_6H_5CH_2N^+(CH_3)_3OH^-$	AG 501-X8	
$C_6H_5SO_3^-H^+$ und $C_6H_5CH_2N^+(CH_3)_3OH^-$		
mit Farbindikator	AG 501-X8 (D)	
$C_6H_5SO_3^-H^+$ und $C_6H_5CH_2N^+(CH_3)_2(C_2H_4OH)OH^-$		

geladenen Gruppen bestimmen die Art und Stärke der Bindung. Bei der Herstellung von Ionenaustauschern werden hauptsächlich drei Materialien verwendet: Polystyrol- oder Polyphenol-Harze, verschiedene Arten von Cellulose und Polymere aus Acrylamid und Dextran. Eine Reihe kommerziell erhältlicher Austauscher aus diesen Materialien sind in Tab. 4.1 und 4.2 zusammen mit ihren funktionellen Gruppen aufgelistet. Man erhält Austauscher mit stark basischem bis stark saurem Charakter (Abb. 4.3).

Dowex, einer der wichtigsten Austauscher für die Trennung kleinerer Moleküle, wird hergestellt, indem man Styrol mit unterschiedlichen Mengen von Divinylbenzol kopolymerisiert (siehe Abb. 4.4). Das Divinylbenzol bewirkt die Vernetzung des Polymers. Der Grad der Vernetzung wird gewöhnlich durch die Bezeichnung X–1, –2, –3, –4, –8, –12 usw. angegeben, wobei die Ziffer die Prozentzahl Divinyl-

130   4. Ionenaustausch-Chromatographie

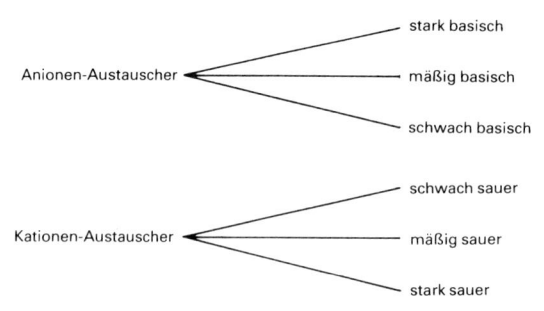

Abb. 4.3 Einteilung der Ionenaustauscher nach Stärke und Ladung der funktionellen Gruppen.

Abb. 4.4 Synthese von Polystyrol-Harzen aus Styrol und Divinylbenzol.

benzol im Polymer angibt. Die Auswirkungen der steigenden Vernetzung auf die Eigenschaften des Austauschers sind in Tab. 4.3 wiedergegeben. Eine Herabsetzung des Vernetzungsgrades hat die entsprechend entgegengesetzten Wirkungen. Die Auswahl eines bestimmten Vernetzungsgrades ist gewöhnlich ein Kompromiß zwischen den erwünschten Eigenschaften eines hoch- und eines niedrig vernetzten Polymers. Gebräuchlich ist ein Vernetzungsgrad von 8%.

Die Größe (Durchmesser) der Harz-Kügelchen (angegeben in mesh) bestimmt die Fließgeschwindigkeit, die Zeit bis zur Gleichgewichtseinstellung und die Kapazität des Austauschers. Je kleiner die Korngröße (zunehmendes mesh), desto größer ist die Kapazität, desto mehr Zeit wird bis zur Einstellung des Gleichgewichts mit den Gegenionen benötigt, und desto kleiner ist die Fließgeschwindigkeit. Als Faustregel gilt, daß 100–200 mesh für die meisten analytischen Zwecke geeignet

Tab. 4.3 Einfluß zunehmender Vernetzung in Polystyrol- und Phenol-Harzen.

1. Die Permeabilität fällt, d.h. die inneren Regionen des Harzes werden nur für immer kleiner werdende Moleküle zugänglich.
2. Die Kapazität (Menge der gebundenen Ionen pro Gewichtseinheit des Harzes) steigt, da die stark vernetzten Partikel nur wenig quellen, so daß mehr austauschbare Ladungen pro Volumeneinheit zur Verfügung stehen als bei stark gequollenen Harzen.
3. Die Selektivität steigt wegen höherer Ladungsdichte des stärker vernetzten Harzes.
4. Die Zeit bis zur Einstellung des Gleichgewichts nimmt zu, da die Diffusion durch das Harz herabgesetzt ist.

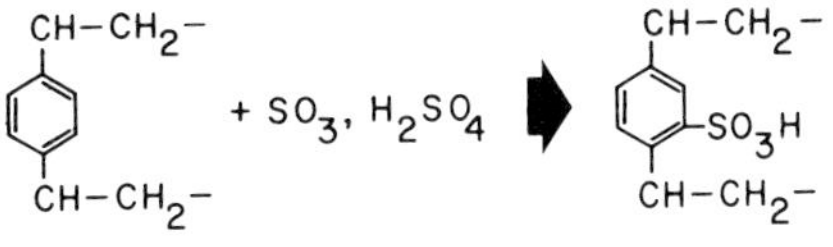

Abb. 4.5 Substitution von anionischen Gruppen an Polystyrol-Harze.

ist. Eine höhere Korngröße kann verwendet werden, wenn die Auflösung nicht sehr hoch zu sein braucht, während bei analytischen Trennungen, bei denen eine hohe Auflösung erforderlich ist, eine kleinere Korngröße verwendet werden kann.

Die Einführung von geladenen Gruppen in die Matrix geschieht durch Reaktion des Trägermaterials mit unterschiedlichen Reagenzien, die funktionelle Gruppen kovalent in das Polymer knüpfen. Z.B. wird Dowex 50, ein stark saurer Austauscher, durch Reaktion des Polymers mit Chlorsulfonsäure oder rauchender Schwefelsäure hergestellt (Abb. 4.5). Die anderen, geladenen Gruppen aus Tab. 4.1 und 4.2 werden mit ähnlichen Techniken eingeführt. Die Azidität bzw. Basizität dieser Gruppen und ihre Anzahl pro Volumeneinheit des Harzes bestimmt die Art und die Stärke der Bindung des Austauschers. So wird durch die Einführung einer stark sauren Gruppe, wie der Sulfonsäure-Gruppe, ein Austauscher mit stark negativer Ladung hergestellt, der Kationen gut zu binden vermag. Die Einführung schwach saurer oder basischer Gruppen ergeben Austauscher, deren Ladung vom pH-Wert der Umgebung abhängt. Die Auswahl der entsprechenden funktionellen Gruppe und der Anzahl Ladungen pro Volumeneinheit (Ladungsdichte) hängt von der gewünschten Bindungsstärke ab. Verträgt die betrachtete Substanz starke pH-Schwankungen und Veränderungen der Ionenstärke, kann ein stark saurer oder stark basischer Austauscher mit hoher Ladungsdichte verwendet werden. Wenn die Substanz diese Änderungen nicht verträgt, muß ein schwächerer Austauscher mit niedriger Ladungsdichte herangezogen werden. Hierbei wird die Verbindung unter milderen Bedingungen eluiert.

Sollte eine anscheinend irreversible Bindung zwischen dem zu trennenden Ion und dem Austauscher beobachtet werden, muß ein schwächerer Austauscher mit geringerer Ladungsdichte gewählt werden. Dies kann vorkommen, wenn ein großes Molekül mit hoher Ladungsdichte isoliert werden soll. Aus diesem Grund und wegen der begrenzten Permeabilität für große Moleküle ist die Anwendung von Polystryrol- und Polyphenol-Harzen für den Ionenaustausch mit Makromolekülen meistens nicht möglich.

Die schlechte Verwendbarkeit von Dowex-Austauschern für die Isolierung und Trennung von makromolekularen Polyelektrolyten führte zur Entwicklung einer zweiten Klasse von Ionenaustauschern auf Cellulose-Basis. Der Vorteil der Cellulose-Austauscher liegt 1. in der höheren Permeabilität für makromolekulare Polyelektrolyte und 2. in der niedrigen Ladungsdichte. Nur ein kleiner Prozentsatz der möglichen Positionen am Polymer (Hydroxylgruppen der Zuckerreste, aus denen die Cellulose aufgebaut ist) ist substituiert, im Gegensatz zu den Dowex-

Tab. 4.4 Cellulose-Ionenaustauscher.

Ionenaustauscher	Dissoziierbare Gruppe	Struktur
	Anionen-Austauscher	
mäßig stark basisch		
AE-Cellulose	Aminoethyl	—OCH$_2$CH$_2$NH$_2$
stark basisch		
DEAE-Cellulose	Diethylaminoethyl	—OCH$_2$CH$_2$N(C$_2$H$_5$)$_2$
TEAE-Cellulose	Triethylaminoethyl	—OCH$_2$CH$_2$N(C$_2$H$_5$)$_3$
GE-Cellulose	Guanidinylethyl	—OCH$_2$CH$_2$NHC(=NH)NH$_2$
schwach basisch		
PAB-Cellulose	p-Aminobenzyl	—OCH$_2$—C$_6$H$_4$—NH$_2$
mäßig stark basisch		
ECTEOLA-Cellulose	Triethanolamin an Cellulose gekoppelt über Glycerin- und Polyglycerin-Ketten (gemischte Amine)	undefiniert
DBD-Cellulose	Benzoylierte DEAE-Cellulose	
BND-Cellulose	Benzoylierte und naphthoylierte DEAE-Cellulose	
PEI-Cellulose	Polyethylenimin oder schwach phosphorylierte Cellulose	—NHCH$_2$CH$_2$—
stark basisch		
QAE-Sephadex	Diethyl(2-hydroxypropyl)amin (quartär)	—C$_2$H$_4$N$^+$(C$_2$H$_5$)$_2$ | CH$_2$CHCH$_3$ | OH
	Kationen-Austauscher	
schwach sauer		
CM-Cellulose	Carboxymethyl	—OCH$_2$COOH
mäßig stark sauer		
P-Cellulose	Phosphoryl	—OP(=O)(OH)OH
stark sauer		
SE-Celusose	Sulfoethyl	—OCH$_2$CH$_2$S(=O)$_2$OH
SP-Sephadex	Sulfopropyl	—C$_3$H$_6$S(=O)$_2$OH

Harzen, wo fast vollständige Substitution vorliegt. Als Matrix wird Cellulose aus Baumwolle oder Holz verwendet. Wichtigste Austauscher dieses Typs sind die DEAE-Cellulose, die durch Reaktion von gereinigter Cellulose mit Chlortriethylendiamin hergestellt wird, weiter die Carboxylmethyl-Cellulose, die durch Reaktion von Cellulose mit Chloressigsäure synthetisiert wird, und schließlich die Phospho-Cellulose. Tab. 4.4 gibt weitere, substituierte Cellulosen an. Ähnlich wie bei den Dowex-Harzen ist auch hier ein weiteres Spektrum von unterschiedlichen Cellulose-Austauschern erhältlich. Die prinzipiellen Betrachtungen zur Auswahl des geeignetsten Austauschers sind oben angegeben worden.

Eine Neuentwicklung auf diesem Gebiet ist die mikrogranuläre Cellulose. Im Gegensatz zu den älteren, fasrigen Typen wird für diesen Austauscher die Cellulose von den amorphen Teilen befreit, so daß nur die einheitlicher geformten, mikrokristallinen Anteile übrigbleiben. Diese Anteile werden chemisch miteinander vernetzt, um ein starkes Aufquellen zu verhindern. Dabei entstehen dichte stäbchenförmige Partikel mit hoher Kapazität und Ladungsdichte. Die praktischen Auswirkungen, die bei der Behandlung der Cellulose auf diese Weise entstehen, ähneln den Effekten, die bei Erhöhung des Vernetzungsgrades von Dowex-Harzen auftreten. Die Wahl zwischen der fasrigen und der mikrogranulären Cellulose erfolgt somit nach den gleichen Kriterien, wie sie in Tab. 4.3 angegeben wurden. Wird z.B. eine hohe Fließgeschwindigkeit wegen der Instabilität der Präparation benötigt, muß auf die hohe Auflösung der mikrogranulären Cellulose verzichtet und die fasrige Cellose verwendet werden (kürzere Kontaktzeiten zwischen Präparat und Austauscher).

Eine weitere Klasse von Austauschern sind die Ionenaustauscher-Gele, die in ähnlicher Weise wie die Cellulose-Austauscher hergestellt werden, nur daß anstelle der Cellulose kleine Polydextran- oder Polyacrylamid-Perlen benutzt werden. Diese Austauscher haben durch ihre Molekularsieb-Eigenschaften einen weiteren Vorteil, weil sie nicht nur nach Ladung, sondern auch nach Molekülgröße auftrennen können. In der Praxis werden sie in der gleichen Weise wie die Cellulose-Austauscher verwendet. Sie brauchen jedoch vor Gebrauch kein „Precycling" (siehe nächsten Abschnitt). Es sollte jedoch bemerkt werden, daß Proteine mit einem Molekulargewicht größer als 200000 damit nur schlecht aufgetrennt werden.

4.2 Vorbereitung des Austauschers

Der Erfolg einer Ionenaustausch-Chromatographie hängt von der sorgfältigen und richtigen Vorbehandlung des Austauschers ab. Sie umfaßt im wesentlichen die Umwandlung des Austauschers von der Form, wie sie vom Hersteller geliefert wird, in den Zustand, wie er zur Isolierung verschiedener Ionen notwendig ist. Dieser Prozeß kann in vier Hauptschritte unterteilt werden: 1. Entfernung restlicher Verunreinigungen, die vom Hersteller nicht entfernt oder bei langer Lagerung durch leichten Zerfall des Polymers entstanden sind; 2. Quellenlassen des Austauschers, um einen größeren Prozentsatz der geladenen Gruppen zu exponieren. Dieser Schritt wird „Precycling" genannt; 3. Entfernung der „Fines", das sind kleinste Austauscher-Partikel; 4. Einführung des entsprechenden, elektrostatisch an die funktionellen Gruppen gebundenen Gegenions. Wie oben schon erwähnt, brauchen bei den Austauscher-Gelen nur die beiden letzten Schritte durchgeführt werden, bei allen anderen Austauschern sind alle vier Schritte durchzuführen.

Das Waschen des Austauschers hat die Funktion, eventuell enthaltene Verunreinigungen zu entfernen. Dies ist unabhängig vom Austauschertyp ein kritischer Schritt, da die Reinheit der kommerziell enthältlichen Austauscher sehr unterschiedlich ist. Selbst Austauscher mit einem hohen Reinheitsgrad, wie Whatman DE 52, unterliegen einem oxidativen Abbau. Der Waschprozeß bei Polystyrol- und Polyphenol-Harzen sollte Spülen mit Wasser, Salzsäure, Ethanol und einer hochkonzentrierten Lösung des Gegenions einschließen. Im Fall der Cellulose-Austauscher ist das Waschen mit Ethanol zu unterlassen; weiteres Auswaschen kann während des „Precycling" geschehen.

Der Zweck des „Precycling" ist es, die an die Matrix gebundenen geladenen Gruppen zu exponieren. Da das „Precycling" der Cellulose-Austauscher besonders kritisch ist, soll hierauf etwas näher eingegangen werden. Diese Erläuterungen gelten jedoch genauso auch für die Polystyrol- und Polyphenol-Harze. Molekular gesehen besteht der Cellulose-Austauscher aus einem Kohlenhydrat-Polymer mit substituierten Hydroxylgruppen. Bei der Trocknung während des Herstellungsprozesses wird dem Austauscher Wasser entzogen, und es treten starke intramolekulare Wechselwirkungen (Wasserstoffbrücken-Bindungen zwischen den Hydroxylgruppen auf). Die Wasserstoffbrücken-Bindungen führen zu einer sehr dichten Packung des Kohlenhydrat-Polymers, wodurch wiederum viele der geladenen funktionellen Gruppen gegen die Umgebung abgeschirmt werden. Wird der Austauscher in Wasser suspendiert, brechen ein paar der Wasserstoffbrücken-Bindungen auf, und einige der geladenen Gruppen werden freigelegt. Doch um die Matrix vollständig aufquellen zu lassen und die restlichen Brückenbindungen zu brechen, müssen kräftigere Bedingungen angewendet werden. Die Aufquellung des Austauschers geschieht entweder durch Suspendierung in starken Säuren oder starken Basen. Im Falle des DEAE-Anionen-Austauschers werden durch Behandlung mit Salzsäure alle Diethylaminoethyl-Gruppen in ihre geladenen Formen überführt ($C_2H_4N^+H(C_2H_5)_2$). Das Auftreten gleichgerichteter positiver Ladungen auf den funktionellen Gruppen bewirkt eine gegenseitige Abstoßung und eine maximale Aufquellung und Exponierung der funktionellen Gruppen. Ein Kationen-Austauscher, wie CM-Cellulose, wird mit einer starken Base behandelt. Dabei werden alle

Tab. 4.5 Reihenfolge der Behandlung von Ionenaustauschern mit Säuren und Basen.

Austauscher	1. Behandlung	2. Behandlung
Anionen	0,5 N HCl	0,5 N NaOH
Kationen	0,5 N NaOH	0,5 N HCl

4.2 Vorbereitung des Austauschers

Mischung von Nucleosiden und Nucleotiden

Symmetrische Peaks der Nucleoside (ungeladen)

Nucleotide (geladen)

Nicht vorbehandelte DEAE-Cellulose
Äquilibriert mit NaOAc-Puffer (pH 4,4)
Aufgetragen: 0,2 ml

Elutionsvolumen (ml) → 200 250 300

Alle Peaks symmetrisch

Vorbehandelte DEAE-Cellulose
Äquilibriert mit NaOAc-Puffer (pH 4,4)
Aufgetragen: 0,2 ml

Elutionsvolumen (ml) → 200 250 300

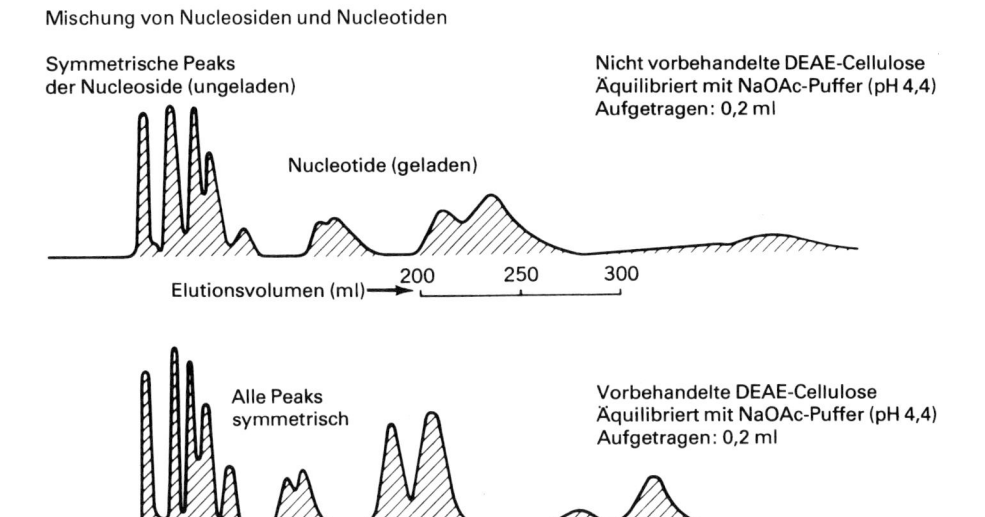

Abb. 4.6 Einfluß des „Precycling" auf die Trennschärfe eines Ionenaustauscher-Harzes (Copyright: W. und R. Balston, Ltd., Maidstone, Kent, England).

Carbonsäuregruppen in die Carboxylgruppe umgewandelt. Nach Beendigung der Aufquellung wird die Base oder Säure ausgewaschen, und das Harz wird im Fall des Anionen-Austauschers mit Säure und im Fall des Kationen-Austauschers mit einer Base behandelt. Dadurch werden die funktionellen Gruppen der DEAE- oder CM-Cellulose in ihren ungeladenen Zustand zurückgeführt. In dieser Form können sie am leichtesten mit dem Gegenion äquilibriert werden. Da starke Säuren und Basen den Austauscher angreifen, sollten sie, wie im experimentellen Teil beschrieben, nur bis zu einer Konzentration von 0,5 N und nicht länger als zwei Stunden mit diesem in Kontakt kommen. Einige Austauscher wie DEAE binden leicht Schwermetalle. Wenn diese Metalle einen schädlichen Einfluß auf die zu isolierende Substanz ausüben (z. B. bei Proteinen mit SH-Gruppen) muß der Austauscher mit einer Lösung von 0,01 M EDTA als letztem Schritt des „Precycling" behandelt werden. Wird das „Precycling" des Austauschers nicht sorgfältig durchgeführt, kann es zu einer empfindlich herabgesetzten Kapazität und Auflösung kommen (Abb. 4.6). Die Trennschärfe nimmt mit zunehmender Größe und Ladung der zu trennenden Moleküle ab. Deswegen ist das „Precycling" bei Auftrennungen von Proteinen auf Cellulose-Austauschern besonders wichtig.

Der vollständig gequollene Austauscher sollte von den „Fines" befreit werden. „Fines" sind die kleinsten Bestandteile des Austauschers, die bei der Herstellung oder durch übermäßig starkes Rühren während der Waschprozedur und des „Precycling" entstehen. Diese Behandlung sollte immer nach dem Quellen des Austauschers durchgeführt werden, um zu verhindern, daß die im ungequollenen Zustand

136   4. Ionenaustausch-Chromatographie

Tab. 4.6 Regeneration von Austauscher-Harzen[a]

Harz	Regeneration	Reagenz	Volumen Lösung pro Harz	Fließgeschwindigkeit[c] (ml/min/cm² Bett)	Art des Austausches[b]	Nachweis auf vollständige Umäquilibrierung	Volumen Waschwasser pro Harz	Nachweis auf vollständiges Auswaschen
AG 50	$H^+ \longrightarrow Na^+$	1N NaOH	2	2	N	pH 9 [h]	4	pH < 9
Bio-Rex 40	$H^+ \longrightarrow Na^+$	1N NaOH	4	2	N	pH > 4,8 [h]	4	pH < 9
	$Fe^{3+} \longrightarrow H^+$	6N HCl	4	2	IA	Fe^{3+} [g]	4	Cl^-
AG 1	$Cl^- \longrightarrow OH^-$	1N NaOH [d]	20		IA	Cl^- [f]	4	pH < 9
	$OH^- \longrightarrow$ Formiat	1N Ameisensäure	2	2	N	pH < 2	4	pH > 4,5
	$Cl^- \longrightarrow$ Formiat erst $Cl^- \longrightarrow OH^-$, dann $OH^- \longrightarrow$ Formiat		20 2		ZP			pH > 4,8 pH > 4,8
AG 2	$Cl^- \longrightarrow OH^-$	1N NaOH [d]	2	2	IA	Cl^- [f]	4	pH < 9
	$Cl^- \longrightarrow NO_3^-$	0,5N NaNO₃	5		IA	Cl^- [f]	4	
AG 3 oder								
Bio-Rex 5	$Cl^- \longrightarrow OH^-$	0,5 N NaOH [d]	2	1	IA	Cl^- [f]	4	pH < 9
Bio-Rex 63	$H^+ \longrightarrow Na^+$	0,5N NaOH	3	2	N	pH > 9		pH > 4,8
Bio-Rex 70	$H^+ \longrightarrow Na^+$	0,5N NaOH	3	1	N	pH > 9		
Chelex 100 [e]	$Cu^{2+} \longrightarrow H^+$	1N HCl	3	1	IA	Cu^{2+} [g]	4	pH < 8
AG 11A8 [i]	$Na^+Cl^- \longrightarrow$ selbst absorbiert	H₂O	20		IR	Cl		
	$H^+Cl^- \longrightarrow$ selbst absorbiert	(a) NaOH	4	2				
		(b) H₂O	20			pH		pH < 10

4.2 Vorbereitung des Austauschers 137

[a] Es sind nur gebräuchliche Regenerationen aufgeführt; für Regenerationen von anderen ionischen Formen können die gleichen Reagenzien verwendet werden. Z. T. sind zweistufige Prozesse aufgeführt, da sie einfacher durchzuführen sind und teure Reagenzien einsparen.

[b] N = Neutralisation; IA = Ionenaustausch; IR = Ionen-Retardierung; ZP = zweistufiger Prozeß, dem Ionenaustausch zur sauren oder basischen Form folgt eine Neutralisation mit der entsprechenden Säure oder Base des Salzes. Beispiel: (1. Schritt) Harz-Cl + NaOH $\longrightarrow$ Harz-OH (IA); (2. Schritt) Harz-OH + Ameisensäure $\longrightarrow$ Harz-Formiat + Wasser (N).

[c] Gilt für Harze mit 50–100 mesh oder feiner; für 20–50 mesh wird $1/5$ der Fließgeschwindigkeit empfohlen.

[d] Es ist reine NaOH zu verwenden (wenig Chlorid).

[e] Chelex 100 gibt bei längerem Stehen Iminodiessigsäure-Gruppen frei. Um den Geruch zu beseitigen, wird das Harz 2 Stunden in 3 N NH_4OH auf 80°C erwärmt und anschließend gespült.

[f] Nachweis von Cl^- im Eluat: Die Probe wird mit einigen Tropfen konz. HNO_3 angesäuert, anschließend wird 1%ige $AgNO_3$-Lösung hinzugegeben. Ein weißer Niederschlag zeigt Cl^- an, ein gelber Niederschlag deutet auf Br^- oder eine zu basische Lösung (Ag_2O-Niederschlag).

[g] Nachweis auf Fe^{3+} und Cu^{2+} im Eluat: Man gibt 2 Tropfen des Eluats auf einen Objektträger, fügt 2 Tropfen konz. HCl hinzu, sowie 2 Tropfen frische 5%ige Kaliumhexacyanoferrat-II-Lösung. Eine blaue Farbe zeigt Fe^{3+} an, eine braune Farbe Cu^{2+}. Der Tüpfeltest kann auch direkt auf dem Harz durchgeführt werden: Ein Harzpartikel, das noch 2 ppm Eisen enthält färbt sich blau.

[h] Bestimmung des pH-Wertes; pH 4,8: pH-Papier oder Methylorange (rot bei pH 1, gelb bei pH 4,8). pH 9: pH-Papier oder Thymophthalein (blau bei pH 10, farblos bei pH 9).

[i] Für eine genaue Beschreibung der Regenerations-Prozedur siehe: „Desalting With AG 11A8 Ion Retardation Resin", erhältlich bei Bio-Rad; Adresse siehe S. 390ff.

eingeschlossenen „Fines" übergangen werden. Die Entfernung der Partikelchen erfolgt durch Suspendieren des Austauschers in einem großen Volumen Wasser und Dekantieren der langsam sedimentierenden Teilchen, nachdem sich ca. 90–95% des Harzes abgesetzt haben. Nicht entfernte „Fines" verringern die Fließgeschwindigkeit und die Auflösung.

Der letzte Schritt der Vorbereitung ist die Äquilibrierung des Austauschers mit dem entsprechenden Gegenion. Der vollständige Austausch der Gegenionen erfolgt beim Waschen des Harzes mit einer großen Menge einer hochkonzentrierten Lösung des gewünschten Ions. Tab. 4.6 faßt die Bedingungen des Austauschs verschiedener Gegenionen für Polystyrol- und Polyphenol-Harze zusammen und gibt an, wann der Austausch beendet ist. Nach der Umwandlung in die gewünschte Form wird die überschüssige Lösung der Gegenionen mit viel Wasser oder verdünntem Puffer ausgewaschen.

Um den pH-Wert während der Chromatographie konstant zu halten, kann man zwischen einer großen Zahl verschiedener Puffersysteme wählen. Vier Punkte sollten bei der Auswahl betrachtet werden. 1. Bei Anionen-Austauschern sollten kationische Puffer und bei Kationen-Austauschern anionische Puffer verwendet werden. Tragen die Pufferionen Ladungen, die denen der funktionellen Gruppen des Austauschers entgegengesetzt sind, beteiligen sie sich ebenfalls am Ionenaustausch, wodurch pH-Schwankungen und eine Erniedrigung der Kapazität des Austauschers auftreten. 2. Der pK-Wert des gewählten Puffers sollte innerhalb von ± 0,7 Einheiten des pH-Wertes des gepufferten Systems liegen. Eine zu starke Abweichung vom pK-Wert führt zu einer schwachen Pufferkapazität und so zur Möglichkeit von pH-Schwankungen. 3. Der pH-Wert des Puffersystems muß so gewählt werden, daß die zu isolierende Substanz die gleiche Ladung trägt wie die Gegenionen des Austauschers. Besonders wichtig ist dieser Punkt bei Proteinen, deren isoelektrischer Punkt innerhalb des pH-Bereichs liegt, bei denen gewöhnlich Ionenaustausch-Chromatographie betrieben wird. 4. Schließlich darf das ausgewählte Puffersystem die Analyse der aufgefangenen Fraktionen nicht stören. Führt man z.B. eine Protein-Trennung durch, wobei zur Konzentrations-Bestimmung die Lowry-Methode eingesetzt werden soll, dürfen die Goodschen Puffer (cyclische Peptide) nicht verwendet werden. Wünscht man die isolierten Substanzen zu konzentrieren und weiterzuverwenden, d.h. wird die Ionenaustausch-Chromatographie zur Reinigung eines Substrates herangezogen, benutzt man vorteilhaft flüchtige Puffersubstanzen zur Erleichterung der Abtrennung vom gereinigten Substrat (Tab. 1.4).

4.3 Chromatographie

Vier Punkte müssen bei der Durchführung einer Chromatographie beachtet werden: 1. das Volumen und die Form der Säule; 2. die Form und Größe des anzulegenden Gradienten; 3. die Elutionsgeschwindigkeit und 4. die Größe der aufzufangenen Fraktionen.

4.3.1 Säule

Das Volumen des Austauschers muß mindestens 2–5mal größer sein, als notwendig ist, um die Probe vollständig zu binden. Ein allzu großer Überschuß sollte andererseits vermieden werden, um eine Verbreiterung der Gipfel (Peaks) und so eine Abnahme der Auflösung zu verhindern.

Die Form der Säule hat ebenfalls Einfluß auf die Trennschärfe. Eine lange, enge Säule kann zu einer wesentlichen Verbreiterung der Peaks im Vergleich zu einer Säule mit größerem Durchmesser/Höhen-Verhältnis führen. Der Grund dafür kann durch Betrachtung der Vorgänge beim Anlegen eines Stufengradienten gefunden werden. Wird die Konzentration des Gegenions im Elutionsgradienten groß genug, um die absorbierten Ionen zu mobilisieren, werden diese sich mit der gleichen Geschwindigkeit wie die Lösung in der Säule abwärts bewegen. Die abgelösten Ionen sind frei in Lösung. Müssen sie nun einen langen Weg vom Punkt der Desorption bis zum Auffangpunkt zurücklegen, wird sich ihre Diffusion bemerkbar machen. Die Diffusion verbreitert die Peaks und tritt besonders bei Substanzen mit sehr unterschiedlichen Nettoladungen auf. Der Effekt wird in Abb. 4.7 bei der Auftrennung von Katalase und Glucose-Oxidase wiedergegeben. In diesem Fall bewirkt die Verdopplung der Säulenlänge eine Abnahme der Auflösung bis zu dem Punkt, wo die beiden Aktivitäten nicht mehr getrennt werden können. Ist eine

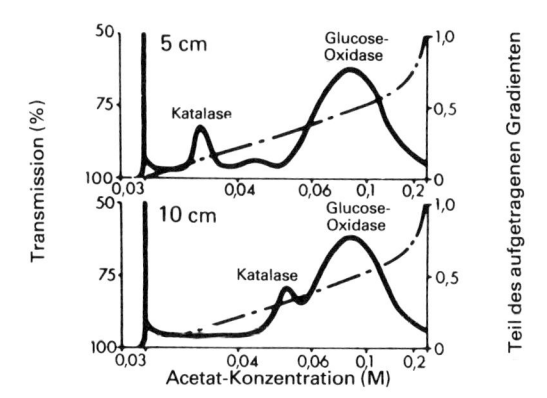

Abb. 4.7 Einfluß der Säulenlänge auf die Auflösung bei DEAE-Cellulose (Copyright: W. und R. Balston, Ltd., Maidstone, Kent, England).

Vergrößerung des Austauschervolumens notwendig, sollte deswegen eher die Säule im Durchmesser vergrößert als verlängert werden.

Unter gewissen Bedingungen führt die Verlängerung einer Säule jedoch zu einer Verbesserung der Auflösung. Dies ist der Fall, wenn die Säule im Gegensatz zum Gradienten mit schnell ansteigender Konzentration nur mit einer konstanten Konzentration des Gegenions gewaschen wird. Hierbei wird die Salzkonzentration der Elutionslösung so gewählt, daß das Salz ungefähr mit der gleichen Stärke an den Austauscher bindet wie die zu isolierende Substanz. Löst sich die betrachtete Substanz vom Austauscher, besteht die Wahrscheinlichkeit, daß sie sofort wieder gebunden wird. Die Wahrscheinlichkeit der erneuten Bindung hängt von ihrer Stärke ab. Durch Erhöhung der Zahl von Neubindungen bei nur wenig unterschiedlichen Eigenschaften der Substanzen werden diese Unterschiede signifikant. Durch Verlängerung der Säule wird die Möglichkeit der wiederholten Knüpfung einer Bindung und damit die Auflösung vergrößert. Dies trifft auch für einen sehr flachen Gradienten zu.

4.3.2 Gradient

Der zur Elution verschiedener Ionen verwendete Gradient ist der wichtigste veränderbare Parameter während der Austausch-Chromatographie. Sein Volumen im Verhältnis zum Säulenvolumen und die Änderung der Salzkonzentration beeinflussen das Trennvermögen der Säule entscheidend.

Unter einem Gradienten versteht man die durch mechanische Mittel erzeugte konstante Änderung der Salzkonzentration der durch die Säule fließenden Lösung. In den folgenden Erläuterungen wird als Beispiel ein linearer Gradient verwendet. Gebräuchliche Geräte zur Gradienten-Formung sind in Abb. 4.8 wiedergegeben. Sie bestehen aus zwei Gefäßen mit gleichem Volumen und einer Verbindung untereinander. Am Ausgang jedes Gefäßes befindet sich ein Hahn. Die Flüssigkeit in dem mit der Säule verbundenen Gefäß wird gerührt. Hier wird die Lösung eingeführt, mit der der Gradient gestartet wird. Im anderen Gefäß befindet sich eine Salzlösung mit höherer Konzentration, die gleichzeitig die Endkonzentration des Gradienten darstellt. Die Lösungsmenge muß in beiden Gefäßen exakt gleich sein, wenn der Gradient durch vorsichtiges Öffnen des Hahnes zwischen beiden Gefäßen gestartet wird. Während die Lösung aus dem ersten Gefäß in die Säule fließt, nimmt dessen Flüssigkeitsmenge langsam ab. Da jedoch die beiden Gefäße miteinander verbunden sind, fließt aus dem zweiten Gefäß die hochkonzentrierte Lösung in das erste Gefäß nach, so daß in beiden Gefäßen immer die gleiche Füllhöhe herrscht. Durch das Nachfließen der hochkonzentrierten Lösung nimmt im ersten Gefäß die Salzkonzentration konstant und linear zu. Für einen linearen Gradienten kann die Konzentration c des Elutionspuffers zu einer gegebenen Zeit aus dem Volumen der Lösung v, das bereits aus dem Gradienten-Mischer über die Säule geflossen ist, nach folgender Gleichung berechnet werden

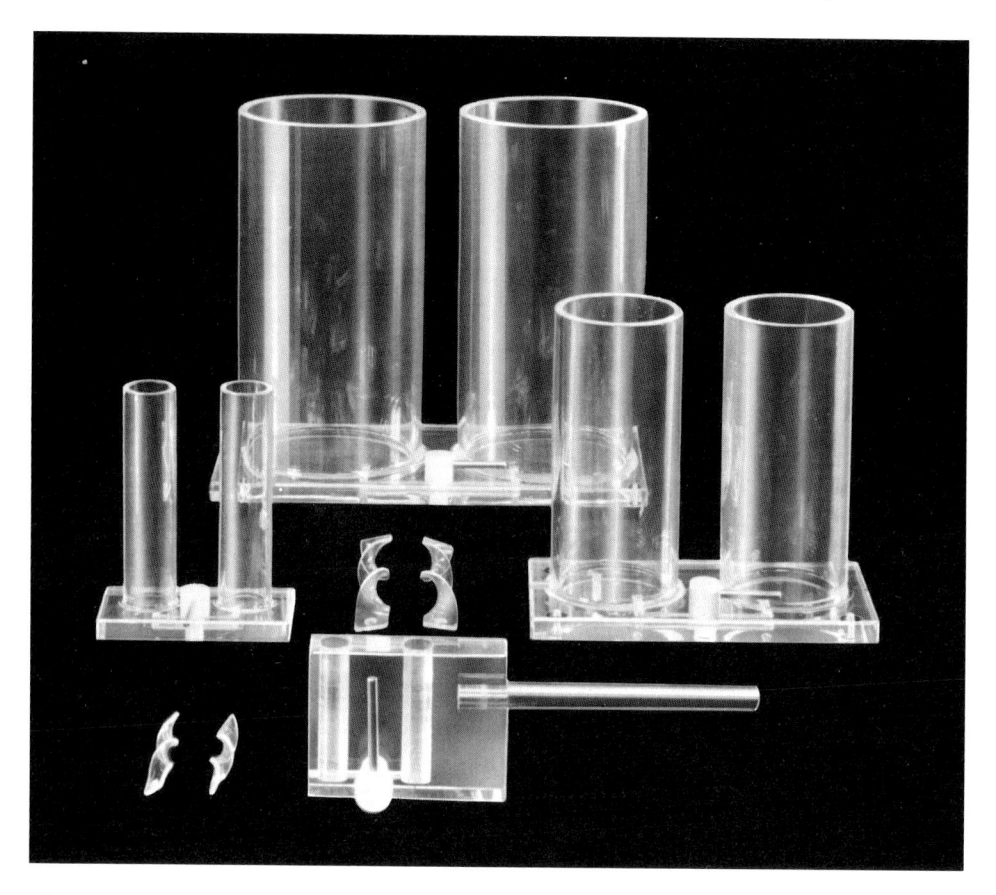

Abb. 4.8 Mischgefäße für lineare Gradienten (mit Genehm. der H. Hölzel Technik, BRD).

$$c = \left[\frac{c_b - c_a}{V}\right]v + c_a$$

c_a und c_b sind die Konzentrationen der Lösungen in den beiden Gefäßen des Gradienten-Mischers. c_a ist die Anfangskonzentration; c_b die höhere Konzentration. V ist das Gesamtvolumen des Gradienten und ungefähr 5–10mal größer als das Säulenvolumen.

Die fünf möglichen Gradienten-Formen sind: 1. linear, 2. konvex, 3. konkav, 4. komplex und 5. gestuft. Abb. 4.9 zeigt die Gerätetypen, die zur Herstellung der ersten drei Gradienten-Formen benötigt werden und das Verhalten der Salzkonzentration in Abhängigkeit vom Durchflußvolumen, wie es für jede dieser Apparaturen erwartet werden kann. Komplexe Gradienten werden mit einem aus vielen Kammern bestehenden Gradienten-Former [20] oder mit modernen elektronisch gesteuerten Gradienten-Mischern hergestellt. Stufengradienten finden am meisten Anwendung bei Großaufarbeitungen, bei denen das Verhalten der gewünschten

142   4. Ionenaustausch-Chromatographie

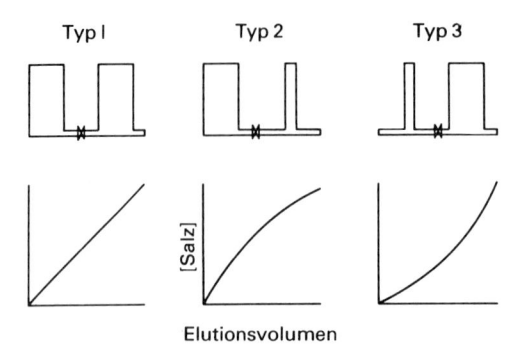

Abb. 4.9 Unterschiedliche Gradienten-Mischer und die entsprechenden Gradienten-Profile.

Substanz auf dem entsprechenden Ionenaustauscher bekannt ist. Der Stufengradient wird durch aufeinanderfolgendes Waschen der Austauscher-Säule mit sukzessiv ansteigender Salzkonzentration erzeugt. Die günstigste Gradienten-Form hängt stark vom vorliegenden Präparat ab, so daß eine Verallgemeinerung nur schwer möglich ist. Es empfiehlt sich meist mit einem linearen Gradienten zu beginnen und diesen je nach Erfolg zu verändern. Welche Salzkonzentrationen für den Stufengradienten am besten sind, sollte man empirisch auf Grund der Ergebnisse, die mit einem linearen Gradient erhalten wurden, entscheiden.

Abgesehen von der Gradienten-Form ist es auch möglich, das Volumen des Gradienten im Verhältnis zum Säulenvolumen zu verändern. Durch diese Variation wird der effektive Anstieg des Gradienten verändert. Allgemein wird durch die Abflachung des Gradienten-Anstiegs, d.h. Vergrößerung des Gesamtvolumens des Gradienten, die Auflösung verbessert, wie in Abb. 4.10 dargestellt. Hier ist die Trennung einer Mischung von Glucose-Oxidase und Katalase auf DEAE-Cellulose mit drei linearen Gradienten mit den Volumina 150, 300 und 600 ml wieder-

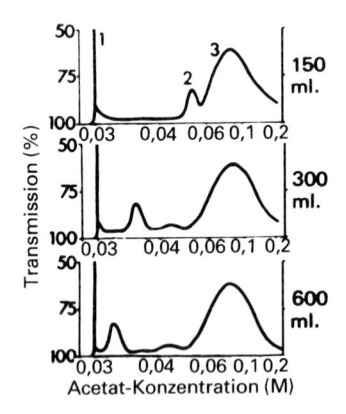

Abb. 4.10 Einfluß der Gradienten-Steigung auf die Trennung von Katalase und Glucose-Oxidase auf einer DEAE-Cellulose-Säule (Copyright: W. und R. Balston, Ltd. Maidstone, Kent, England).

gegeben. Die Verbesserung der Auftrennung mit steigendem Volumen ist klar ersichtlich. Ein Nachteil der Herabsetzung der Gradienten-Steigung, der nicht aus Abb. 4.10 ersichtlich wird, ist die Verbreiterung der eluierten Protein-Peaks. Dadurch wird eine größere Verdünnung der Substanzen hervorgerufen. Umgekehrt kann man bei einer zufriedenstellenden Auflösung, aber breiten Peaks, durch Erhöhung der Gradienten-Steigung eine beträchtliche Schärfung der Banden erzielen. Die erhöhte Gradienten-Steigung wird wie beschrieben durch Verkleinerung des Gradienten-Volumens oder aber durch Erhöhung der Salzkonzentration im nicht mit der Säule verbundenen Reservoir und Beibehaltung des Volumens erreicht.

Der chemischen Zusammensetzung der Gradienten-Lösungen sind enge Grenzen gesetzt. Gradienten werden grundsätzlich in folgende drei Kategorien eingeteilt: 1. Gradienten mit steigender Ionenstärke sind gewöhnlich aus einfachen Salzen zusammengesetzt, wie Kalium- oder Natriumchlorid, die in einer verdünnten Lösung des Puffers gelöst werden. Wenn möglich, sollten keine Salze schwacher Basen oder Säuren verwendet werden, da sie ebenfalls die Lösung puffern und den pH-Wert bei steigendem Gradienten verändern. In einigen Fällen kann dies jedoch nicht vermieden werden. Das beste Beispiel dafür ist eine Situation, in der die Verwendung flüchtiger Puffersalze notwendig wird; alle flüchtigen Salze sind Salze schwacher Basen oder Säuren. 2. pH-Gradienten werden durch Zusammenmischen zweier Puffer mit unterschiedlichem pH-Wert und/oder Kapazität gebildet. Die richtige Auswahl der Puffer für diesen Gradiententyp ist entscheidend. Man muß nicht nur auf den pH-Wert der Komponenten besonderen Wert legen, sondern auch auf deren Kapazität über den gesamten pH-Bereich. Wird dem keine Beachtung geschenkt, kann sich der tatsächliche Gradient von dem auf der Basis der pH-Werte der Einzelkomponenten erwarteten sehr unterscheiden. Im Gegensatz zum Ionenstärke-Gradienten, der unabhängig vom Austauschertyp immer ansteigt, sollte der pH-Gradient bei einem Kationen-Austauscher von einem niedrigen Wert anwachsen, während er bei einem Anionen-Austauscher von einem hohen pH-Wert abfallen sollte. Der zu wählende pH-Bereich hängt vom Verhalten der zu isolierenden Substanzen bei den verschiedenen pH-Werten ab. 3. Bei der Chromatographie von Proteinen können sich zusätzliche Komponenten in der Gradienten-Lösung befinden. Eine Reihe ungeladener Verbindungen, wie Glycerin, Saccharose, Polyethylenglycol und Mercaptoethanol, können durch ihre Anwesenheit bei der Chromatographie Proteine stabilisieren. Sollen diese Substanzen auch während der Chromatographie vorhanden sein, muß die Säule vor Gebrauch vollständig mit ihnen äquilibriert werden. Dies gilt auch, wenn zur Stabilisierung eines bestimmten Enzyms sein Substrat in sehr niedriger Konzentration beigefügt wird (siehe Kap. 10).

4.3.3 Elutions-Geschwindigkeit

Die Elutions-Geschwindigkeit wird weitgehend vom verwendeten Austauscher bestimmt. Zwei Punkte sollte man bei der Wahl der Fließgeschwindigkeit der Säule beachten. 1. Ionen werden langsamer an den Austauscher adsorbiert als desorbiert. Es ist deswegen günstig, die Probe langsamer auf den Austauscher zu geben, als sie später eluiert wird. Eine zu große Abweichung von der experimentell bestimmten optimalen Elutions-Geschwindigkeit verringert das Trennvermögen der Säule stark. Wenn die Fließgeschwindigkeit schneller als die Desorptions-Geschwindigkeit ist, bilden die Peaks Schwänze (sie „schmieren"); ist sie zu langsam, tritt Verbreiterung der Peaks durch Diffusion auf. Durch beide Vorgänge wird die Trennschärfe herabgesetzt.

4.3.4 Das Fraktionsvolumen

Zum Schluß soll das Volumen der aufzufangenden Fraktionen erwähnt werden. Verkleinerung des Fraktionsvolumens erhöht zwar nicht die Auflösung, erlaubt jedoch die vollständige Ausnutzung der durch die Säule vorgegebenen Trennschärfe.

4.4 Ionenaustausch bei Enzym-Testen

Die Ionenaustausch-Chromatographie wird hauptsächlich als qualitative Methode betrachtet. Mit der entsprechenden Sorgfalt angewendet, kann sie jedoch auch quantitative Ergebnisse bringen wie in Abb. 4.11 gezeigt. Jeder Malat- und Succinat-Punkt wurde durch Addieren der Radioaktivitätsmenge im entsprechenden Elutionsbereich (Abb. 4.15) von Dowex-1-Formiat-Chromatogrammen erhalten.

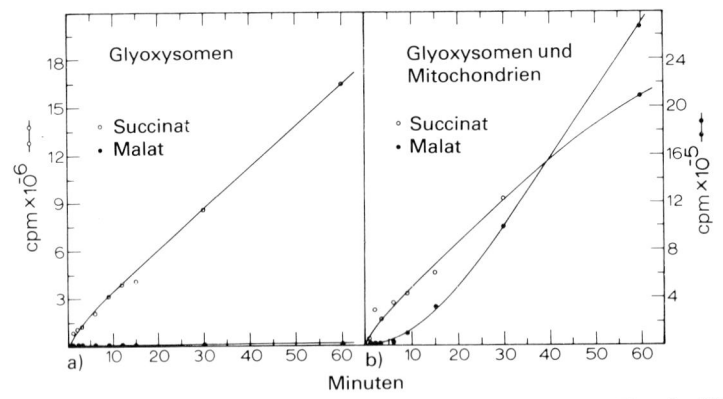

Abb. 4.11 Trennung von Succinat, Malat und Isocitrat auf einer Dowex-1-Formiat-Säule. Aus T. G. Cooper und H. Beevers, J. Biol. Chem. *244,* 3507–3513 (1969).

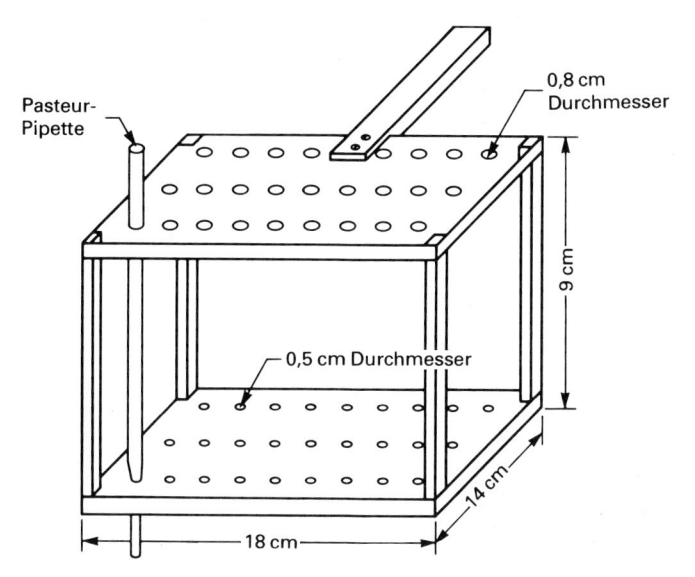

Abb. 4.12 Ständer für Mikrosäulen-Chromatographie in Pasteur-Pipetten.

Die Ionenaustausch-Technik kann zu Enzym-Testen herangezogen werden, wenn das Substrat der enzymatischen Reaktion geladen und das Produkt ungeladen ist bzw. umgekehrt. Für einen solchen Test wird eine große Anzahl von Ionenaustauscher-Säulen gleichzeitig benötigt. Einfacherweise können dazu als Säulen Pasteur-Pipetten und der in Abb. 4.12 wiedergegebene Säulenhalter verwendet werden. Alternativ können zu diesem Zweck auch Blättchen von Ionenaustauscher-Filterpapier benutzt werden. Dieses Filterpapier besteht aus Cellulose, an die, wie beschrieben, positive oder negative funktionelle Gruppen gebunden werden. Kleine Proben der Reaktionsmischung werden auf das Filterpapier gegeben, das anschließend gut gewaschen wird, um ungeladenes Material zu entfernen. Ein Vorteil hierbei ist, daß alle numerierten Scheibchen gleichzeitig in einem Becher durch Umherschwenken in einer Lösung gewaschen werden können. Anschließend werden die Filter getrocknet, und die Ratioaktivität wird mit den bekannten Standardmethoden bestimmt.

4.5 Experimenteller Teil

4.5.1 Trennung organischer Säuren auf Dowex-Harzen

Vorbereitung des Anionen-Austauscher-Harzes
1. Ca. 400 g Dowex-1-Chlorid X–8, 200–400 mesh, werden abgewogen. Die folgende Anfangsprozedur kann auch für alle anderen Polystyrol-Harze verwendet werden.

2. Das Harz wird in 2 l dest. Wasser suspendiert.
3. Hat sich das Harz fast vollständig abgesetzt, wird die überstehende Flüssigkeit mit den „Fines" abdekantiert. Die „Fines" setzen sich sehr schlecht ab.
4. Das Suspendieren und Dekantieren wird 5–7mal wiederholt.
5. Das Harz wird zweimal mit einem Liter 96%igem Ethanol gewaschen; dabei werden die in Alkohol löslichen Verunreinigungen entfernt.
6. Das Harz wird zweimal mit 1 l 2N HCl gewaschen.
7. Das Harz wird nun in 2N HCl suspendiert und auf 100 °C erhitzt. Dieser Schritt wird 3–4mal mit frischer HCl wiederholt, bis die überstehende Flüssigkeit klar und farblos ist. Zwischendurch läßt man das Harz jeweils eine Stunde abkühlen, bevor man mit dem erneuten Aufkochen beginnt.
8. Das Harz wird in zwei gleiche Teile aufgeteilt. Der erste Teil wird nach den folgenden Schritten behandelt, der zweite nach Schritt 16.
9. Man stellt eine Suspension des Harzes in 500 ml 2 N Essigsäure her und erwärmt 5 Minuten auf 60–70 °C.
10. Schritt 9 wird so oft wiederholt, bis der Überstand klar ist.
11. Das Harz wird in eine große Säule gegeben (ca. 3,5 × 60 cm).
12. Über die Säule läßt man 3 l 1 M Natriumacetat-Lösung laufen.
13. Anschließend wird die Säule mit 1 l 0,1 M Essigsäure gewaschen.
14. Die Säule wird so lange mit Wasser gespült, bis der pH-Wert des Wassers am Ausgang der Säule dem des zugegebenen Wassers gleicht.
15. Das Harz wird in ein Gefäß geschüttet und bei 4 °C aufbewahrt.
16. Mit dem zweiten Teil des Harzes werden die Schritte 9 bis 15 mit Ameisensäure und Natriumformiat und den angegebenen Konzentrationen anstelle von Essigsäure und Natriumacetat durchgeführt.

Packen der Säule
1. Im folgenden Experiment wird eine 1,0 × 30-cm-Säule mit Glasfritte verwendet.
2. Die Säule wird vertikal an einem Stativ befestigt.
3. Auf den Boden der Säule gibt man Glasperlen in einer Schicht von 0,5–1,0 cm. Die Glasperlen (0,2–0,3 mm Durchm.) werden zuvor folgendermaßen gereinigt: 72 Stunden in einem vierfachen Überschuß (v/v) konzentrierter HCl einweichen, anschließend mit Wasser bis zur Neutralität des Waschwassers waschen. In einer flachen Schale werden die Perlen über Nacht bei 120 °C getrocknet. Es ist sinnvoll, gleich einen größeren Vorrat gereinigter Glasperlen herzustellen.
4. Die Säule wird mit Wasser halb gefüllt und so viel Harz hinzugegeben, bis eine Füllhöhe von ca. 10 cm erreicht ist.
5. Das Harz wird an der Glaswand mit Wasser heruntergewaschen. Wenn es noch „Fines" enthält, bleiben kleine Partikel an der Glaswand haften und verschlechtern die Trennschärfe. Auf das Harz werden 5–10 cm Wasser gegeben und unter Druck eluiert. Hierbei sollte man vorsichtig vorgehen, da die Säule bei zu festen Verbindungen und zu hohem Druck platzen kann. Am sichersten verfährt man,

wenn der obere Stopfen die Säule nur lose verschließt und sich bei zu starkem Druck lösen kann.
6. Man läßt die Säule so weit leerlaufen, bis der Flüssigkeitsspiegel die Oberfläche des Harzes erreicht hat. Dann wird eine Mischung von organischen Säuren (jeweils 5 mg in 5 ml Gesamtlösung) in einer Lösung mit einem eingestellten pH-Wert von 7,9 hinzugegeben.
7. Man läßt die Lösung in das Harz eindringen. Sobald die Flüssigkeitsoberfläche das Harz erreicht, werden 5 ml Wasser vorsichtig auf das Harz geschichtet.
8. Der Säulenausgang wird mit einem Schlauch an den Fraktionssammler angeschlossen. (Dieser Schritt kann auch vor dem Beladen der Säule durchgeführt werden.)

Chromatographie
1. Die Anordnung der Säule und des Gradienten-Formers ist in Abb. 4.13 wiedergegeben.
2. Die Säule verschließt man mit einem Stopfen, durch dessen Bohrung ein Glasröhrchen geführt wird. An dieses wird der Gradienten-Mischer mit einem 25–35 cm langen Schlauch angeschlossen. Je enger der Schlauch ist, um so

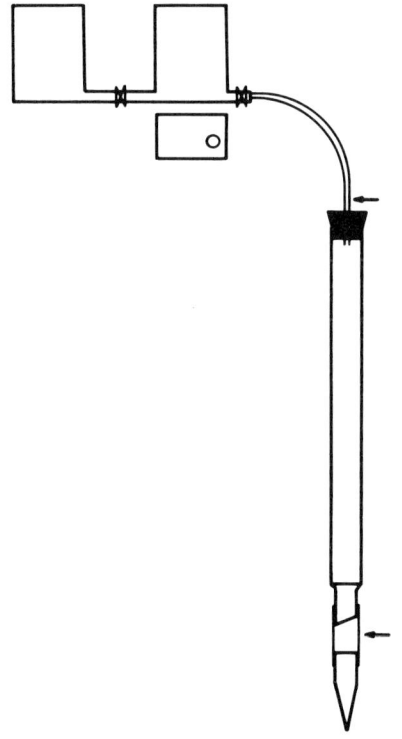

Abb. 4.13 Anordnung von Ionenaustauscher-Säule, Gradienten-Mischer und Magnetrührer. Die Pfeile zeigen an, wo die Säule mit Druckklammern geschlossen werden kann.

besser wird der Gradient aufrechterhalten. (Anstelle des erwähnten Glasröhrchens kann deswegen auch eine Injektionskanüle mit aufgesetztem, engem Plastikschlauch verwendet werden.)
3. Der aufgesetzte Stopfen muß die Säule luftdicht abschließen. Was würde passieren, wenn während der Chromatographie Luft entweichen könnte?
4. Bevor die beiden Lösungen in den Gradienten-Mischer gegeben werden, wird eine Seite des Mischers mit Wasser gefüllt. Dann öffnet man den Hahn zwischen den beiden Gefäßen und läßt das Wasser von einem Gefäß in das andere strömen. Während das Wasser noch fließt, wird der Hahn wieder geschlossen. Damit werden Luftblasen aus der Verbindung zwischen den Gefäßen entfernt.
5. Der Hahn zwischen dem Ausgangsgefäß des Mischers und der Säule wird geöffnet, damit sich der zur Säule führende Schlauch füllt. Der Niveauunterschied zwischen dem Gradienten-Former und dem Ausgang der Säule sollte so gewählt werden, daß eine Fließgeschwindigkeit von 40–50 ml/h erreicht wird. Der Niveauunterschied kann durch Anheben oder Senken der Gradient-Mischers (gleichbleibende Höhe der Säule) variiert werden.
6. Vorsichtig wird das Wasser aus beiden Gefäßen des Gradienten-Mischers geleert.
7. Der Gradient besteht aus 500 ml 0–0,5 N Ameisensäure. In die Ausgangsseite des Gradienten-Mischers werden 250 ml Wasser gegeben, in das andere Gefäß gibt man 250 ml 5 N Ameisensäure. Beide Gefäße müssen exakt den gleichen Flüssigkeitsstand haben.
8. Unter den Gradienten-Mischer wird ein Magnetrührer gestellt. Er sollte das Gefäß des Gradienten-Mischers jedoch nicht berühren, um die Übertragung der durch den laufenden Motor entstehenden Wärme zu verhindern. In das Gefäß gibt man einen Rührmagneten. (Dieser Schritt ist natürlich nicht notwendig, wenn ein Gradienten-Mischer, wie in Abb. 4.8 gezeigt, verwendet wird.)
9. Die Geschwindigkeit des Rührers wird so eingestellt, daß die Lösung gut, aber nicht übermäßig gerührt wird. Was würde beim Auftreten von Wirbeln passieren? Da sich die Geschwindigkeit des Rührmotors innerhalb der ersten 30 Minuten stetig erhöht, sollte vor Beginn der Chromatographie der Motor schon warmgelaufen sein.
10. Der Stopfen am oberen Ende der Säule wird luft- und wasserdicht befestigt.
11. Nach Öffnen des Ausgangs der Säule wird der Fraktionssammler in Funktion gesetzt.
12. Ein paar Sekunden später wird auch der Zufluß vom Gradienten-Mischer zur Säule geöffnet.
13. Sobald die Säule zu fließen beginnt, wird der Verbindungshahn der beiden Gefäße des Gradienten-Mischers geöffnet. Warum ist es ratsam, diesen Schritt als letzten vorzunehmen?
14. Man versichert sich, daß die Lösung zwischen beiden Seiten des Gradienten-Mischers fließt, indem man auf Schlierenbildung beim Einfluß der Ameisen-

säure in das Wasser achtet. Der beste Weg, einen gleichmäßigen, linearen Gradienten zu bekommen, besteht darin, von jetzt an die Apparatur nicht mehr zu berühren.
15. Zwischendurch sollte öfter die Geschwindigkeit des Rührmotors nachgeregelt werden. Wenn die Lösungsmenge in beiden Gefäßen abnimmt, wird die Geschwindigkeit gleichmäßig verlangsamt.
16. Das Fraktionsvolumen sollte 5,0 ml oder 200–250 Tropfen betragen.

Analyse der Fraktionen
1. Die eluierten Fraktionen werden in einen Reagenzglasständer gebracht.
2. Die Ständer werden in ein 37 °C-Wasserbad gestellt und die in Abb. 4.14 gezeigten Röhrchenfinger bis auf 2–3 cm über die Flüssigkeit eingeführt. Mit einem großen Wasserbad und 20 Mehrfach-Eindampfgeräten (mit je 10 Fingern) können gleichzeitig 200 Röhrchen eingeengt werden. Zum Eindampfen kann auch ein Konzentrator, wie der Brinkmann SC/48-Konzentrator, verwendet werden.
3. Langsam wird die Luft aufgedreht, bis sich die Oberfläche der Lösungen bewegt, aber nicht spritzt.
4. Die Röhrchen werden über Nacht eingedampft (8–12 Stunden sind ausreichend). Dieses Verfahren kann bei Anwesenheit von Acetat und Lactat nicht angewendet werden, da diese zusammen mit der Ameisensäure verdampfen. Anschließend können die Fraktionen in trocknem Zustand aufbewahrt werden.
5. In jedes Röhrchen werden genau 2 ml Wasser gegeben.
6. Zu jedem Röhrchen werden 2 Tropfen Phenolphthalein-Lösung gegeben (5 g Phenolphthalein gelöst in 100 ml Ethanol) und mit einer Standardlösung von 5×10^{-3} bis 1×10^{-2} M NaOH titriert.
7. Falls mit radioaktiven Säuren gearbeitet wurde, wird Schritt 5 durchgeführt und ein entsprechender Teil der Proben in ein Szintillations-Röhrchen gegeben.

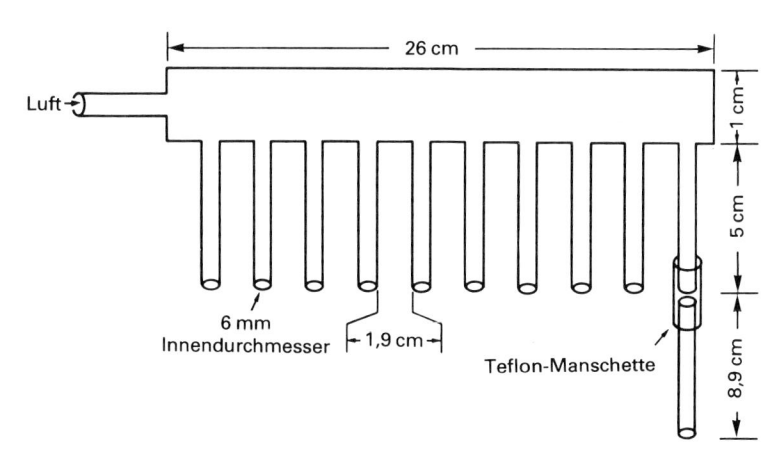

Abb. 4.14 Mehrfach-Eindampfgerät zum Eindampfen der Fraktionen einer Ionenaustauscher-Säule.

150   4. Ionenaustausch-Chromatographie

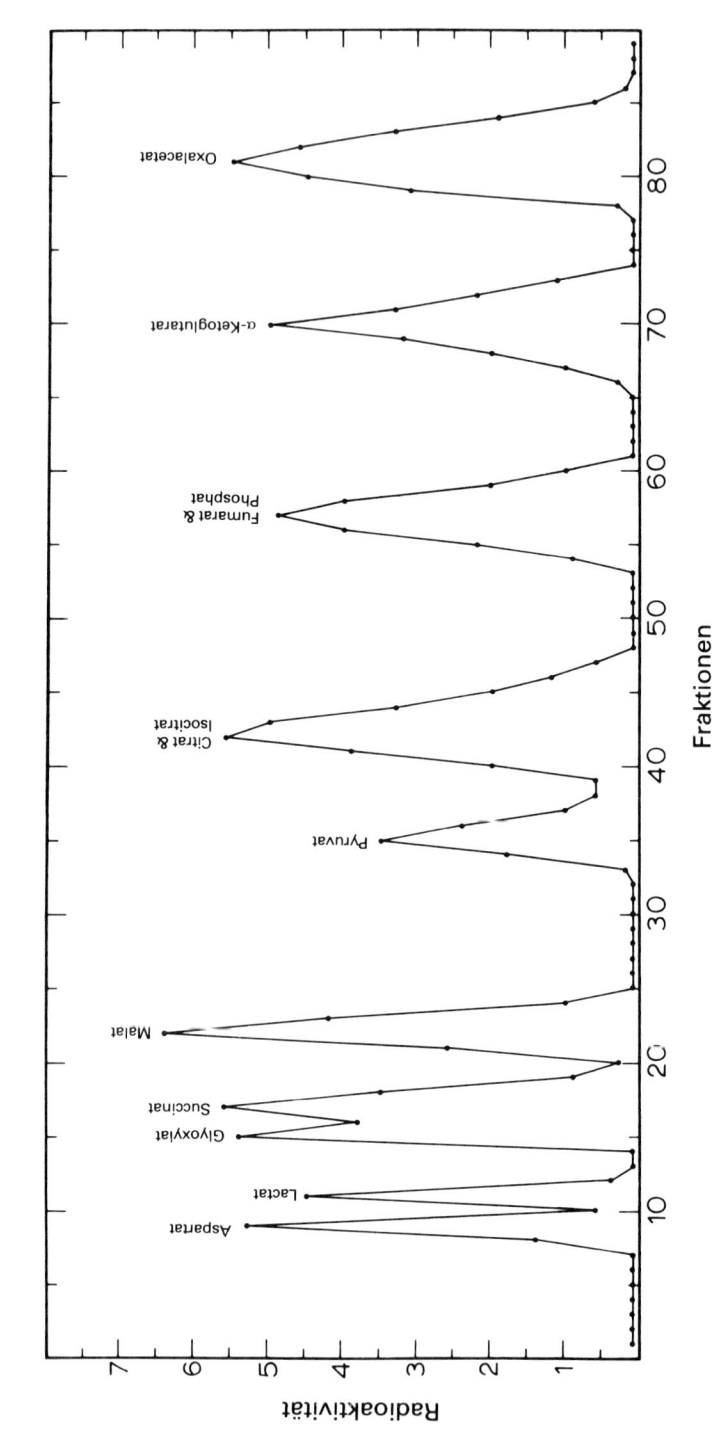

Abb. 4.15   Trennung organischer Säuren auf einem Dowex-1-Formiat-Ionenaustauscher.

8. In jedes Zählröhrchen werden 5 bis 15 ml des wäßrigen Szintillator-Cocktails gegeben und die Probe im Szintillations-Zähler gezählt (siehe Kap. 3).
9. Die Ergebnisse dieses Experiments sind in Abb. 4.15 dargestellt. Es wurde eine große Anzahl von Säuren chromatographiert, um dem Leser eine günstige Auswahl innerhalb der angegebenen Säuren zu ermöglichen.

4.5.2 Trennung von Aminosäuren und organischen Säuren auf Dowex-Harzen

Vorbereitung des Kationen-Austauscher-Harzes
1. Ca. 400 g Dowex-50 X–8 werden wie in Abschn. 4.5.1 beschrieben präpariert.
2. Das Harz wird in eine große Säule gefüllt (3,5 × 60 cm).
3. Es wird so lange mit Wasser gewaschen, bis der pH-Wert des eluierten Waschwassers gleich dem pH-Wert des aufgegebenen Wassers ist.
4. Das Harz wird in einer braunen Flasche bei 4 °C aufbewahrt.

Packen der Säule und Chromatographie
1. Eine 1,0 × 10-cm-Säule wird wie in Abschn. 4.5.1 beschrieben mit Kationen-Austauscher gepackt.
2. Es wird eine Mischung von Aminosäuren und organischen Säuren aufgetragen (5 mg pro Substanz in 5 ml auf pH 7,0 eingestellter Lösung).
3. Man läßt die Lösung bis zur Oberfläche des Harzes eindringen. Das Eluat wird aufgefangen.
4. Vorsichtig werden 5 ml Wasser auf das Harz gegeben. Nach dem Eindringen wird dieser Schritt noch zweimal wiederholt.
5. Die vereinigten Eluate aus den Schritten 3 und 4 enthalten quantitativ alle auf die Säule aufgetragenen organischen Säuren. Dies läßt sich bei Verwendung einer radioaktiven Säure leicht feststellen.
6. Dieses Eluat kann auf eine in Abschn. 4.5.1 vorbereiteten Dowex-Formiat-Säule aufgetrennt werden.
7. Die Aminosäuren können gemeinsam eluiert werden, wenn anstelle von Wasser 20 ml 4 N NaOH verwendet wird.
8. Das Eluat wird zur Trockne eingedampft und der Rückstand in 10 ml Wasser aufgenommen.
9. Diese Lösung wird auf eine 1,0 × 10-cm-Säule von Dowex-1-Acetat X–8 (Abschn. 4.5.1) aufgetragen.
10. Die Schritte 3 und 4 werden wiederholt.
11. Außer Glutamat und Aspartat werden alle Aminosäuren quantitativ eluiert.
12. Glutamat und Aspartat können nacheinander eluiert werden, wenn ein Gradient von 600 ml 0–0,2 N Essigsäure angelegt wird (Abb. 4.16). Dazu wird wie in Abschn. 4.5.1 beschrieben verfahren, nur daß anstelle von 5 N Ameisensäure 2 N Essigsäure genommen wird.

152   4. Ionenaustausch-Chromatographie

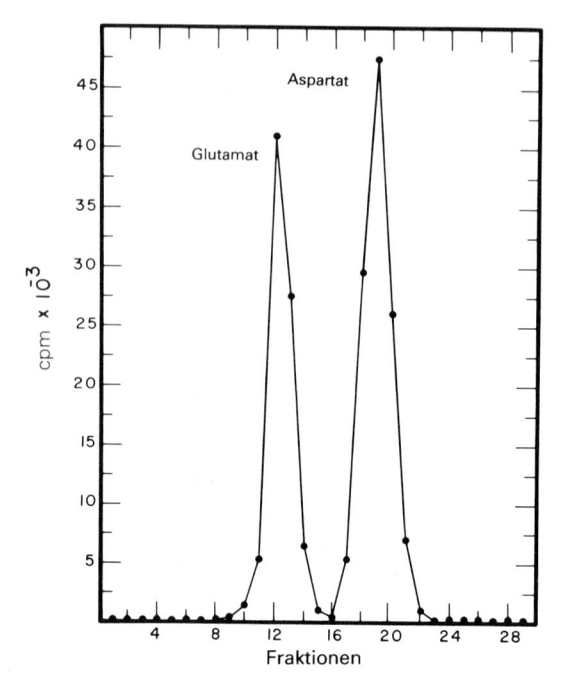

Abb. 4.16 Trennung von Glutamat und Aspartat auf einer Dowex-1-Acetat-Säule.

Analyse der Fraktionen
1. Die Fraktionen werden, wie in Abschn. 4.5.1 beschrieben, eingedampft.
2. Den Gehalt der Fraktionen kann man mit der Ninhydrin-Reaktion spektrophotometrisch oder unter Verwendung von Fluorescamin (Kap. 6) spektrofluorometrisch bestimmen. Wenn radioaktives Glutamat oder Aspartat verwendet wurde, wird ein entsprechender Teil der Probe in einem Scintillations-Zähler ausgezählt (Kap. 3).

4.5.3 Trennung von Nucleotiden auf einer Dowex-Formiat-Säule

1. Eine Dowex-Formiat-Säule wird, wie in Abschn. 4.5.1 beschrieben, vorbereitet.
2. Eine Lösung der Nucleotide wird aufgetragen (je 10 mg Adenosin, AMP, ADP und ATP in einer auf pH 7,9 eingestellten Lösung).
3. Das ungeladene Adenosin kann mit Wasser von der Säule gewaschen werden, indem man 3 × 5 ml Wasser in die Säule eindringen läßt (Abb. 4.17).
4. Ein Gradient von 500 ml 0–5 N Ameisensäure eluiert AMP und ADP.
5. Die Säule wird mit einer Lösung aus 5 N Ameisensäure und 0,8 N Ammoniumformiat gewaschen (3 × 5 ml). Dabei wird ATP eluiert.
6. Je ein Teil der Fraktionen gibt man in eine Küvette und bestimmt die Absorp-

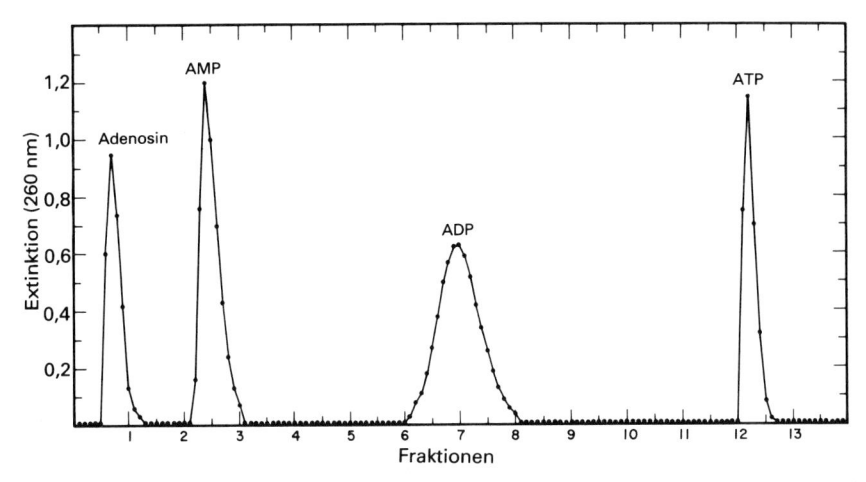

Abb. 4.17 Trennung von Adenosin, AMP, ADP und ATP auf einer Dowex-1-Formiat-Säule.

tion bei 260 nm. Die Ergebnisse dieses Experiments sind in Abb. 4.17 wiedergegeben. Zur Identifizierung der Nucleotid-Peaks kann die Orcin-Reaktion verwendet werden (siehe Kap. 2).

4.5.4 Enzym-Test auf saure Phosphatase mit Mikrosäulen

1. Mit einem sauberen Glasstab wird ein sehr kleines Stück nicht-absorbierende Watte in den sich verjüngenden Teil einer Pasteur-Pipette gebracht. Es ist wichtig, daß nicht-absorbierende Watte verwendet wird. Absorbierende Watte setzt die Fließgeschwindigkeit beträchtlich herab.
2. In der gleichen Weise werden 9 Pipetten präpariert und in einem Ständer aufgestellt.
3. In jede Pipette wird ungefähr 1 ml Wasser gefüllt. Dazu kann eine Spritzflasche verwendet werden.
4. In jede Pipette gibt man 1 ml einer Suspension von Dowex-1-Formiat (siehe Abschn. 4.5.1).
5. Das Harz am Rand der Säule wird mit Wasser abgewaschen. Während man darauf achtet, daß die Säule nicht trockenläuft, setzt sich das Harz ab. Falls notwendig, werden kleine Mengen Wasser nachgefüllt.
6. 30,4 mg Glucose-6-phosphat werden in 1 ml Wasser gelöst (100 mM).
7. 1,0 mg saure Phosphatase (0,5 Units/mg) werden in 1,0 ml 0,1 M Citrat-Puffer, pH 5,5, gelöst.
8. Es wird eine Lösung aus ^{14}C-Glucose-6-phosphat hergestellt. Sie sollte 0,5 bis 1,0 µc trägerfreies, radioaktives Material pro 0,025 ml enthalten.
9. In ein kleines Gefäß werden 0,75 ml Wasser, 0,1 ml der Glucose-6-phosphat-Lösung und 0,025 ml der radioaktiven Glucose-6-phosphat-Lösung gegeben.

154   4. Ionenaustausch-Chromatographie

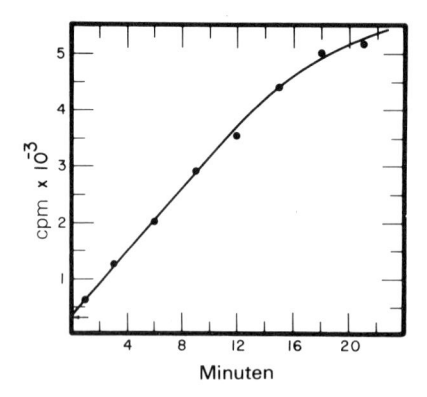

Abb. 4.18 Zeitabhängigkeit der Bildung von ^{14}C-Glucose aus ^{14}C-Glucose-6-phosphat. Der Pfeil zeigt die Radioaktivitäts-Menge der zur Zeit Null (kurz vor Zugabe des Enzyms) entnommenen Probe an.

10. Zu der Testmischung werden 0,05 ml der Enzymlösung pipettiert. Anschließend wird kräftig gemischt und die Inkubationszeit mit einer Stoppuhr gemessen.
11. Nach 0, 1, 3, 6, 9, 12, 15, 18 und 21 Minuten werden 0,1 ml der Mischung entnommen und in ein Röhrchen mit 1 ml kalter 0,01 M KOH gegeben. Es muß jedesmal eine frische Pipette zur Entnahme verwendet werden, um die Reaktionsmischung nicht mit KOH zu kontaminieren.
12. Jede Probe wird auf eine Mikrosäule aufgetragen. Wenn die Lösungen in die Säulen eingedrungen sind, wird das Röhrchen, aus dem die Lösung gerade entnommen wurde, mit 1 ml Wasser ausgewaschen und das Waschwasser ebenfalls auf die Säule gegeben. Das Eluat dieser beiden Lösungen wird in einem Szintillations-Röhrchen aufgefangen. 10–15 ml der wäßrigen Szintillator-Flüssigkeit werden hinzugegeben.
13. Die Säulen werden noch zweimal mit 2 ml Wasser gewaschen, so daß für jede Mikrosäule drei Szintillations-Röhrchen gezählt werden müssen.
14. Die Zählröhrchen werden 16 Stunden stehengelassen, bevor ihre Radioaktivität bestimmt wird.
15. Die Ergebnisse dieses Experiments sind in Abb. 4.18 wiedergegeben. Ein ähnliches Experiment kann mit 5'-Nucleosidase und der Reaktion AMP → Adenosin + anorg. Phosphat durchgeführt werden.

4.5.5 Vorbehandlung von Cellulose-Ionenaustauschern

Von Reinhard Neumeier

1. Eine gewogene Menge noch nicht gequollener Ionenaustauscher (Whatman DE 32 oder CM 22) wird in 15 Volumina (v/w) 0,5 N HCl für DEAE-Cellu-

lose bzw. 0,5 N NaOH für CM-Cellulose eingerührt und wenigstens 30 Minuten, aber höchstens 2 Stunden stehengelassen.
2. Man filtriert oder dekantiert den Überstand ab und wäscht in einem Trichter so lange nach, bis der Durchlauf pH 4,0 (DEAE) bzw. pH 8,0 (CM) erreicht hat. Das Filtrieren läßt sich am besten mit säuregehärtetem Filterpapier in einem Büchner-Trichter durchführen.
3. Der Ionenaustauscher wird in 15 Volumina 0,5 N NaOH (DEAE) bzw. 0,5 N HCl (CM) eingerührt und weitere 30 Minuten stehengelassen.
4. Die zweite Behandlung und das nachfolgende Waschen im Trichter wird so lange fortgesetzt, bis der filtrierte Durchlauf nahezu neutral ist.
5. DEAE-Cellulosen sind Basen, die leicht CO_2 aus der Luft binden. Zur Entfernung des gebundenen CO_2 wird der voll gequollene DEAE-Austauscher in die saure Komponente des Puffers gebracht. Für CM-Cellulose siehe weiter Schritt 10.
6. Man prüft, ob der pH-Wert unter 4,5 liegt.
7. Unter Rühren wird ein Vakuum unter 100 mm Hg angelegt, bis keine Blasen mehr auftreten (nicht sieden!). Dies geschieht am besten in einer verschlossenen Saugflasche, die auf einem Magnetrührer steht und mit der Wasserstrahlpumpe verbunden ist.
8. Dann wird mit der basischen Komponente des Puffers titriert, bis der gewünschte pH-Wert erreicht ist.
9. Die überstehende Lösung wird durch Filtrieren oder Dekantieren entfernt.
10. Man rührt den Austauscher im Äquilibrierpuffer auf und filtriert ab. Die Behandlung wird so lange wiederholt, bis das Filtrat genau den gleichen pH-Wert und die gleiche Leitfähigkeit wie der Äquilibrierpuffer hat.
11. Zur Entfernung der Feinteile wird der Ionenaustauscher erneut im Puffer aufgerührt. Das Gesamtvolumen sollte etwa 30 ml/g des trocknen Austauschers betragen. Man läßt nun die Mischung in einem geeigneten Meßzylinder absitzen, und zwar an einem zugfreien Platz, der weder direkt der Sonne oder Heizgeräten etc. ausgesetzt ist, da dies zu Konvektionen in der Lösung führen kann. Die zum Absetzen benötigte Zeit errechnet sich aus: $t = 1,3 \cdot h$, wobei t die Zeit in Minuten ist und h die Gesamthöhe der Mischung im Meßzylinder in Zentimetern.
12. Die überstehende Lösung, die die Feinteile enthält, muß sofort dekantiert oder mit einer Wasserstrahlpumpe abgesaugt werden. Das im Meßzylinder zurückbleibende Endvolumen sollte 20% mehr als das nasse, abgesetzte Volumen betragen.
13. Wird der Austauscher sofort zum Säulenpacken verwendet, fügt man Puffer hinzu, bis das Endvolumen des Breis 150% des nassen, abgesetzten Austauschervolumens ausmacht.
14. Eine Cellulose-Ionenaustauscher-Säule kann auf die Güte der Packung durch einen Probelauf mit einer leicht nachzuweisenden, nicht verzögerten Substanz überprüft werden. Spuren folgender Substanzen können dabei verwendet wer-

den: für DEAE-Cellulosen die Nucleinbase Cytosin; für CM-Cellulosen Natrium-benzoldisulfonat, welches zwar geringfügig verzögert wird, aber verwendbar ist. Die Peaks müssen nach dem Eluieren scharf und symmetrisch sein.

5. Gelfiltration

Nach den Methoden zur Trennung aufgrund von Ladungsunterschieden sollen nun Methoden zur Trennung von Makromolekülen aufgrund unterschiedlicher Molekulargewichte erläutert werden. Die häufigste Anwendung findet hierbei die Molekularsieb- oder Gelfiltrations-Chromatographie (auch kurz Gelchromatographie oder Gelfiltration genannt). Die Gelfiltration besitzt folgende Vorteile: 1. milde Bedingungen erlauben auch die Isolierung instabiler Substanzen; 2. geringer Verlust an Substanz; 3. hohe Reproduzierbarkeit; 4. Auftrennungen unterschiedlichster Probenvolumina von analytischen Proben bis zu Großaufarbeitungen sind möglich und 5. verhältnismäßig wenig Zeit und eine preiswerte Ausrüstung werden benötigt. Substanzen, die sich in ihrem Molekulargewicht um 25% voneinander unterscheiden, können während einer einzigen Chromatographie vollständig getrennt werden.

5.1 Trennungsprinzip

Trotz eingehender Untersuchungen ist der Mechanismus der Molekularsieb-Chromatographie noch nicht vollständig verstanden [1–9]. Die verschiedenen Materialien, die für diesen Zweck verwendet werden können, bestehen aus kleinen Kügelchen mit schwammartiger Struktur und Poren von ziemlich einheitlichem Durchmesser. Wird eine Mischung verschieden großer Moleküle auf eine Säule dieses Materials aufgetragen, so können die größeren Moleküle nur schwer in die Poren hineindiffundieren und werden ohne oder mit nur geringem Widerstand eluiert (Abb. 5.1). Die kleinen Moleküle diffundieren dagegen in die Poren hinein und

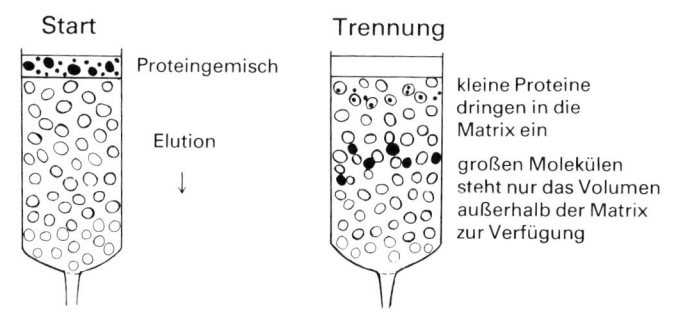

Abb. 5.1 Trennung von kleinen und großen Molekülen mit der Gelfiltrations-Chromatographie. Die Moleküle sind schematisch als kleine und große schwarze Kreise wiedergegeben.

werden so aus der strömenden Lösung entfernt. Sie bewegen sich so lange nicht mehr in der Säule abwärts, bis sie wieder aus den Gelperlen herausdiffundiert sind. Wenn dieser Vorgang sich mehrfach wiederholt, werden die kleinen Moleküle dadurch in der Säule zurückgehalten. Der Grad, mit dem sie zurückgehalten werden, ihre „Retardierung", hängt davon ab, wie lange sie sich innerhalb der Gelporen aufhalten, was wiederum eine Funktion der Molekülgröße und des Porendurchmessers ist. Ein Molekül, dessen Stokescher Radius gleich groß oder größer als der Porendurchmesser ist, wird nicht in das Gel diffundieren; man sagt, es wird ausgeschlossen. Die Ausschlußgrenze eines Gels ist das Molekulargewicht des kleinsten Moleküls, das gerade nicht mehr in die Gelmatrix einzudringen vermag. Anstelle der genaueren Angabe der Stokeschen Radien werden die leichter erhältlichen Molekulargewichte benutzt; sie sind jedoch nur ein ungenaues Maß für die Stokeschen Radien; Molekularsieb-Gele haben immer eine niedrigere Ausschlußgrenze für lineare Polysaccharide und Sklero- oder nicht-globuläre Proteine als für globuläre Proteine [22]. Sie liegt ungefähr 10% unterhalb der üblichen Ausschlußgrenze.

Obwohl auch umfassende mathematische Behandlungen des Lösungsverhaltens in einem Gel vorliegen, sind in den meisten Fällen für die Anwendung der Gelfiltration nur ein paar einfache und gebräuchliche mathematische Beziehungen notwendig. Wie in Abb. 5.2 gezeigt, setzt sich das Gesamtvolumen (V_t) der Säule zusammen aus dem Volumen, das das Gel einnimmt (V_x), und dem Volumen der umgebenden Lösung (V_0), dem sogenannten Ausschlußvolumen, das ca. 35% des Gesamtvolumens einnimmt:

$$V_t = V_0 + V_x \tag{1}$$

Das Elutionsvolumen (V_e) einer Substanz ist die Menge an Eluat, die zwischen

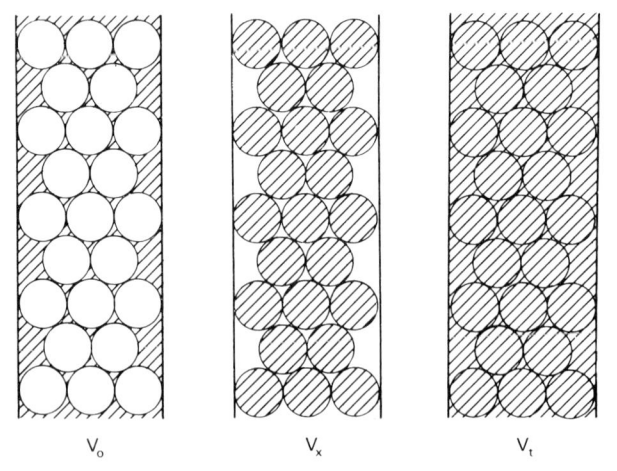

Abb. 5.2 Charakteristische Größen eines Chromatographie-Gels.
Aus L. Fischer, An Introduction to Gel Chromatography, North-Holland, Amsterdam, 1969.

dem Aufgeben der Substanz und ihrem Austreten über die Säule fließt. Praktisch bestimmt man V_e anhand der halben Maximalhöhe des Substanz-Peaks. Der Substanz-Peak selbst wird aufgrund seiner optischen Dichte (OD), biologischen Aktivität o.ä. bestimmt. Eine zweite Methode besteht in der Extrapolation des Anstiegs eines Peaks auf die Basislinie (Abb. 5.13). Diese Verfahren sind genauer, als die Bestimmung anhand des Peakmaximums, da seine Position vom Auftragsvolumen abhängt. Mit den angegebenen Größen kann auf drei verschiedene Arten der Grad der Retardierung einer Substanz beschrieben werden: 1. durch das relative Elutionsvolumen, REV

$$\text{REV} = \frac{V_e}{V_0} \tag{2}$$

2. durch die Retentions-Konstante, R; sie ist der reziproke Wert von REV

$$R = \left(\frac{V_e}{V_0}\right)^{-1} = \frac{V_0}{V_e} \tag{3}$$

und 3. durch den Verteilungs-Koeffizienten, K_d oder K_{av}

$$K_{av} = \frac{V_e - V_0}{V_x} \tag{4}$$

Die Bestimmung des Verteilungs-Koeffizienten ist deshalb nützlich, weil eine Beziehung zum Molekulargewicht der eluierten Substanz besteht. Obwohl diese empirische Beobachtung eingehend analysiert wurde, ist ihre theoretische Klärung noch unvollständig. Für die Bestimmung des Molekulargewichts einer Substanz anhand einer Eichkurve (siehe Abb. 5.3) sollte man nur den linearen Bereich der Kurve benutzen und Eich-Proteine mit größerem und kleinerem Molekulargewicht wählen.

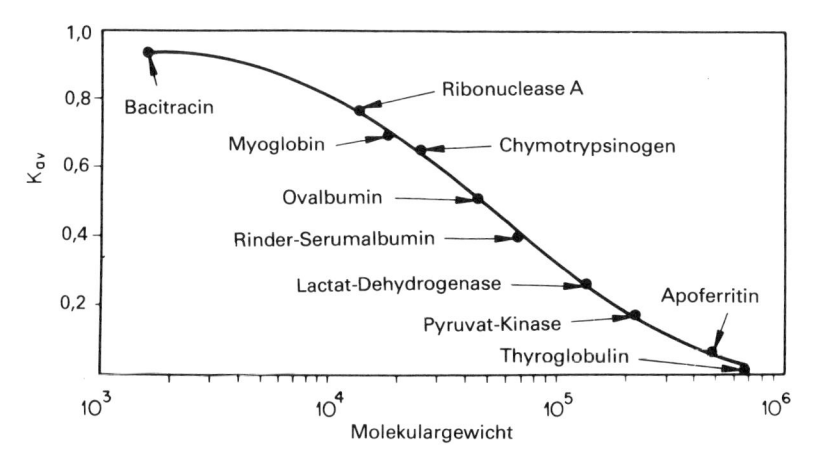

Abb. 5.3 Eichkurve für Sephadex G-200: Abhängigkeit der K_{av}-Werte verschiedener Proteine von deren Molekulargewichten (mit Genehm. von I. M. Easterday, Pharmacia Fine Chemicals, Inc.).

5.2 Materialien für die Gelfiltration

Die Gelfiltration wird aufgrund der großen technischen Fortschritte, die bei der Herstellung eines optimalen Materials gemacht wurden, heute vielfach eingesetzt. Die erwünschten Kriterien für ein gutes Gel sind: 1. ein chemisch inertes Gelmaterial, 2. möglichst wenig ionische Gruppen, 3. einheitliche Poren- und Partikelgröße, 4. ein weites Spektrum unterschiedlicher Partikel- und Porengrößen und 5. hohe mechanische Stabilität. Fünf Materialtypen erfüllen diese Bedingungen mit unterschiedlichem Grad. Die zuerst entwickelten Gele waren die Sephadex-Polydextrane. Für die Herstellung dieser Gele läßt man den Mikroorganismus Leuconostoc mesenteroides Rohrzucker (Saccharose) in Glucose-Polymere (Dextran) umwandeln. Die Polyglucose-Einheiten werden gereinigt und durch Behandlung mit Epichlorhydrin miteinander verknüpft. Dabei können Gelpartikel mit Ausschlußgrenzen zwischen 1000 und 200000 d gewonnen werden. Epichlorhydrin führt Glyceryl-Gruppen in das Polymer ein, durch die die Polyglucose miteinander verbunden wird. Die Porengröße ist abhängig vom Molekulargewicht des Dextrans

Tab. 5.1 Physikalische Eigenschaften von Polydextran-Gelen.

Bezeichnung	Mesh	Partikel-größe[a] (µ)	Trenn-bereich (MG)	Wasser-rückhalte-vermögen (ml/g Trockengel)	Bett-volumen (ml/g Trockengel)
Sephadex G-10		40–120	700	1,0 ± 0,1	2–3
Sephadex G-15		40–120	1500	1,5 ± 0,2	2,5–3,5
Sephadex G-25	Grob	100–300	1000–5000	2,5 ± 0,2	4–6
	Medium	50–150			
	Fein	20–80			
	Superfein	10–40			
Sephadex G-50	Grob	100–300	1500–30000	5,0 ± 0,3	9–11
	Medium	50–150			
	Fein	20–80			
	Superfein	10–40			
Sephadex G-75		40–120	3000–70000	7,5 ± 0,5	12–15
	Superfein	10–40			
Sephadex G-100		40–120	4000–150000	10 ± 1,0	15–20
	Superfein	10–40			
Sephadex G-150		40–120	5000–400000	15 ± 1,5	20–30
	Superfein	10–40			
Sephadex G-200		40–120	5000–800000	20 ± 2,0	30–40
	Superfein	10–40			

[a] Die angegebenen Werte beziehen sich auf das trockene Gel.

und der zur Vernetzung eingesetzten Menge Epichlorhydrin. Diese Gele unterscheidet man durch eine Zahl, wie G-10 oder G-200, die angibt, wie viele Teile Wasser multipliziert mit dem Faktor 10 das Gel aufzunehmen vermag (Tab. 5.1 und 5.2).

Der zweite Geltyp wird durch Polymerisation von Acrylamid in Perlform herge-

Tab. 5.2 Physikalische Eigenschaften von Polyacrylamid-Gelen.

Bezeichnung	Mesh	Partikel-größe[a] (μ)	Trenn-bereich (MG)	Wasser-rückhalte-vermögen (ml/g Trockengel)	Bett-volumen (ml/g Trockengel)
Bio-Gel P-2	50–100 100–200 200–400 400	150–300 75–150 40–75 40	200–2 600	1,5	4
Bio-Gel P-4	50–100 100–200 200–400 400	150–300 75–150 40–75 40	500–4 000	2,4	6
Bio-Gel P-6	50–100 100–200 200–400 400	150–300 75–150 40–75 40	1 000–5 000	3,7	9
Bio-Gel P-10	50–100 100–200 200–400 400	150–300 75–150 40–75 40	5 000–17 000	4,5	12
Bio-Gel P-30	50–100 100–200 400	150–300 75–150 40	20 000–50 000	5,7	15
Bio-Gel P-60	50–100 100–200 400	150–300 75–150 40	30 000–70 000	7,2	20
Bio-Gel P-100	50–100 100–200 400	150–300 75–150 40	40 000–100 000	7,5	20
Bio-Gel P-150	50–100 100–200 400	150–300 75–150 40	50 000–150 000	9,2	25
Bio-Gel P-200	50–100 100–200 400	150–300 75–150 40	80 000–300 000	14,7	35

[a] Die angegebenen Werte beziehen sich auf das trockene Gel.

stellt. Eine eingehende Diskussion der Kontrolle von Partikel- und Porengröße dieser Gele findet man in Kap. 6. Polyacrylamid-Gele unterscheidet man ebenfalls durch eine bestimmte Zahl, wie P-10 oder P-100 (Bio-Rad), die die ungefähre Ausschlußgrenze des Gels in 1000 d angibt. Polydextrane und Polyacrylamide können nur zur Trennung von Molekülen bis zu einer Größe von 300 000 d herangezogen werden. Großporige Gele sind wegen ihrer geringen mechanischen Widerstandsfähigkeit schwierig zu handhaben. Aufgrund ihrer Nachgiebigkeit werden sie in der Säule zusammengepreßt, was zu sehr geringen Durchflußgeschwindigkeiten führt.

Die Instabilität dieser Gele führte zur Entwicklung von Agarose- und Agarose-Polyacrylamid-Gelen (Tab. 5.3). Die ersten Agarose-Gele waren jedoch schlecht, da sie aus kaum oder gar nicht gereinigtem Agar hergestellt wurde. Agar besteht aus neutraler Agarose und negativ geladenem Agaropectin, das kovalent gebundene Sulfat- und Carboxylat-Gruppen enthält. Dadurch wurde eine unvertretbare hohe Ladungsdichte in das Gel eingeführt. Inzwischen ist die vollständige Trennung der beiden Komponenten gelungen, und die Herstellung von ungeladenen Agarose-Gelen wurde möglich. Agarose-Partikel werden nicht durch kovalente Verknüpfung erhalten, sondern durch Wasserstoffbrücken-Bindungen zusammen-

Tab. 5.3 Physikalische Eigenschaften von Agarose-Gelen.

Bezeichnung	Mesh	Partikel-größe[a] (µ)	Trenn-bereich (MG × 10⁻⁶)	Agarose-Konzentration (%)
Sepharose 4B		40–190	0,3–3	4
Sepharose 2B		60–250	2–25	2
Bio-Gel A-0.5m	50–100 100–200 200–400	150–300 75–150 40–75	<0,010–0,5	10
Bio-Gel A-1,5m	50–100 100–200 200–400	150–300 75–150 40–75	<0,010–1,5	8
Bio-Gel A-5m	50–100 100–200 200–400	150–300 75–150 40–75	0,010–5	6
Bio-Gel A-15m	50–100 100–200 200–400	150–300 75–150 40–75	0,04–15	4
Bio-Gel A-50m	50–100 100–200	150–300 75–150	0,10–50	2
Bio-Gel A-150m	50–100 100–200	150–300 75–150	1–>150	1

[a] Partikelgröße des feuchten Gels.

gehalten. Dennoch besitzen die Gele eine hohe Widerstandsfähigkeit gegenüber Wasserstoffbrücken brechenden Reagenzien wie Harnstoff und Guanidinhydrochlorid. Das läßt vermuten, daß noch weitere, bisher nicht bekannte Kräfte für den Zusammenhalt der Agarose verantwortlich sind. Obwohl sich die Agarose-Gele in ihrer Struktur von den Polydextranen unterscheiden, ist auch hier der Verteilungs-Koeffizient eine Funktion des Molekulargewichts. Seit kurzem sind Gele erhältlich, in denen Agarose mit Polyacrylamid kombiniert wurde. Es wird angegeben, daß diese Gele in Anwesenheit großer Mengen Wasserstoffbrücken brechender Substanzen hohe Auflösungen erzielen und eine höhere Durchflußgeschwindigkeit als die bisher bekannten Gele besitzen. Sie sind jedoch noch nicht lange genug im Handel, um diese Aussagen beurteilen zu können.

Schließlich sei noch die Anwendung von Glasperlen mit kontrollierter Porengröße für die Gelfiltration erwähnt. Diese feinen Glaskügelchen werden so hergestellt, daß sie eine große Anzahl von Poren mit sehr einheitlichem Durchmesser besitzen. Ihre hohe Stabilität erlaubt eine hohe Durchflußrate, ohne daß die Auflösung stark herabgesetzt wird. Ein Nachteil der Glasperlen ist, daß sie eine erhebliche Menge an Proteinen an ihrer Oberfläche adsorbieren. Um dieses Problem zu umgehen, wurden an die Oberfläche des Glases kovalent Glycerin-Reste gebunden; doch wurde dadurch nur eine Verringerung der Adsorptions-Eigenschaften des Glases erreicht. Eine zweite, etwas bessere Methode ist die Behandlung der Perlen mit Hexamethyldisilazan [19].

Außer durch die Porengröße wird die Trennschärfe einer Säule auch durch die Partikelgröße beeinflußt. Je kleiner die Partikel, desto bessere Auflösung kann erwartet werden (Abb. 5.4). Die erhöhte Trennschärfe resultiert aus der vergrößerten Oberfläche des Gels, die dem sich vorbei bewegenden Molekül angeboten wird. Dadurch entstehen für das Molekül mehr Möglichkeiten, in die Matrix einzudiffundieren, und die Retardierung wird vergrößert. Jedoch muß man mit der verbesserten Auflösung in Säulen mit kleineren Partikeln eine wesentlich verrin-

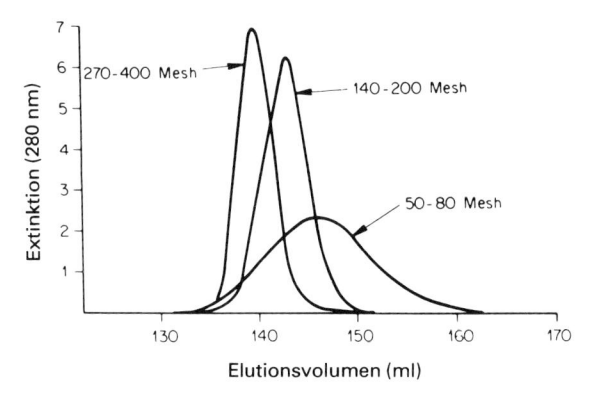

Abb. 5.4 Einfluß der Gelpartikel-Größe auf das Elutionsprofil von Uridylsäure auf Sephadex G-25. Säulenabmessung: 2×65 cm; Fließgeschwindigkeit: 24 ml/h.
Aus P. Flodin, J. Chromatogr. *5*, 103 (1961).

gerte Durchflußgeschwindigkeit in Kauf nehmen. Für die meisten analytischen Anwendungen reicht eine mesh-Größe von 100–200 aus. Für eine bessere Auftrennung können Gele mit 200–400 mesh verwendet werden. Andererseits sind für präparative Zwecke oder Batch-Verfahren Gele mit 50–100 mesh geeignet.

5.3 Vorbereitung des Gels

Polydextran- und Polyacrylamid-Gele werden in trockner Form geliefert und müssen hydratisiert werden. Dazu wird das Gel langsam auf die Oberfläche der Elutionslösung gestreut, während man mit einem Glasstab langsam umrührt. Tab. 5.1 und 5.2 geben die Wasseraufnahme einiger Gele an (Wasserrückhalte-Vermögen). Die Elutionslösung sollte eine minimale Ionenstärke von 0,08 besitzen, da die meisten Gele geladene Carboxyl-Gruppen enthalten. Unterhalb dieser Ionenstärke haben die Gele Ionenaustauscher-Eigenschaften, die den K_{av}-Wert einer Substanz ändern können. Die Ionenstärke einer Lösung kann mit folgender Gleichung berechnet werden

$$\mu = \frac{1}{2} \sum c_i \cdot z_i^2 \qquad (5)$$

c_i ist die molare Konzentration eines Ions und z_i seine Ladung. Unter keinen Umständen darf ein Magnetrührer während der Hydratisierung verwendet werden, da er die Gelpartikel zerstört und „Fines" erzeugt. Die Hydratisierung kann bei Raumtemperatur oder in kochendem Wasserbad erfolgen. Tab. 5.4 gibt die Zeit für die vollständige Hydratisierung verschiedener Gele an.

Agarose-Gele werden als Suspension geliefert und brauchen nicht hydratisiert zu werden, ebensowenig die Glasperlen-Gele. Im Gegensatz zu Polyacrylamid- und Polydextran-Gelen dürfen Agarose-Gele nicht über 36°C erwärmt werden. Erhitzen über diese Temperatur führt zur Zerstörung der Gelstruktur.

„Fines", die kleinsten Partikel eines Gels, die während des Herstellungsprozesses nicht entfernt wurden oder bei der Hydratisierung durch zu starkes Rühren entstanden sind, müssen vor Verwendung entfernt werden, da sie die Durchflußgeschwindigkeit einer Säule herabsetzen. Dazu wird das Gel in einem 2–4fachen Überschuß an Elutionslösung suspendiert. Die Suspension wird in einen Glaszylinder gegossen, anschließend läßt man das Gel absitzen. Wenn sich 90–95% abgesetzt haben, wird der Überstand abgesaugt. Das Abdekantieren ist hier nicht so günstig wie bei den Ionenaustauscher-Harzen, da das Gel sehr leicht wieder resuspendiert wird. Dieser Vorgang wird in der Regel zweimal wiederholt, bis ein schnell sedimentierendes Präparat zurückbleibt.

Die Vorbereitung des Gels beendet man mit dem Entgasen. Das ist notwendig, da sich freisetzende Luftbläschen zur Oberfläche des Gels bewegen und dabei das Gel mit den gelösten Stoffen vermischen. Das hydratisierte und von „Fines" be-

Tab. 5.4 Quelldauer verschiedener Gele.

	minimale Quelldauer (h)	
Gel	bei 22 °C	bei 100 °C
Sephadex		
G-10	3	1
G-15	3	1
G-25	3	1
G-50	3	1
Sephadex G-75	24	3
Sephadex		
G-100	72	5
G-150	72	5
G-200	72	5
Bio-Gel		
P-2	4	2
P-4	4	2
P-6	4	2
P-10	4	2
Bio-Gel		
P-30	12	3
P-60	12	3
Bio-Gel		
P-100	24	5
P-150	24	5
Bio-Gel		
P-200	48	5
P-300	48	5

freie Gel wird in eine Saugflasche überführt und Vakuum angelegt. Dazu kann eine gut funktionierende Wasserstrahlpumpe oder eine übliche Vakuumpumpe verwendet werden. Der Vorgang kann durch vorsichtiges Umherschwenken des Gels im Gefäß beschleunigt werden. Da die Gele sehr leicht Luft, besonders Kohlendioxid aufnehmen, sollte das Entgasen unmittelbar vor dem Gießen der Säule durchgeführt werden.

5.4 Vorbereitung der Säule

Der Erfolg einer Gelchromatographie hängt von einer guten Packung der Säule ab. Die technischen Kriterien für eine brauchbare Säule sind: 1. ein möglichst kleiner Totraum (der Raum hinter dem Gelbett bis zum Ausgang der Säule), 2. die Möglichkeit, Kapillarschläuche am Zu- und Ausgang der Säule anzubringen, 3. ein Säulenverschluß, der nicht so leicht verstopfen kann (ein Stückchen Nylonnetz wird oft verwendet), und 4. eine Vorrichtung, die die Geloberfläche schützt. Feine Glasperlen oder Glasfritten sollten am Ausgang der Säule nicht verwendet werden, da Glas bestimmte Proteine stark bindet und Glasfritten oder Glaswolle durch Zerschneiden der Gelpartikel „Fines" erzeugen. Der Geltyp und die Säulenabmessungen hängen von der vorgesehenen Verwendung der Säule ab. Wird die Säule zur Abtrennung anorganischer Salze oder Metaboliten (MG < 1500 d) von Makromolekülen (MG > 20 000 d) benutzt, sollte das Säulenvolumen 4–10mal größer sein als das Probenvolumen, und das Verhältnis von Durchmesser zu Höhe sollte 1:5 bis 1:15 betragen. Für diese sogenannte Entsalzungs-Säule werden Gele mit sehr kleiner Ausschußgrenze genommen (MG < 25 000). Dagegen muß man für Säulen, auf denen einzelne Makromoleküle voneinander getrennt werden sollen, ein 25–100fach größeres Säulenvolumen im Vergleich zum Probenvolumen veranschlagen. Das Durchmesser/Höhen-Verhältnis sollte ungefähr 1:20 bis 1:100 betragen.

Säulen mit einem kleinen Durchmesser (≤ 1 cm) und benetzbaren (Glas-)Wänden zeigen den sog. Wandeffekt, d.h. an der Wand wird die Fließgeschwindigkeit herabgesetzt. Der Effekt, der von der Reibung der sich bewegenden Teilchen an den Glaswänden herrührt, kann das Auflösungsvermögen der Säule beträchtlich herabsetzen. Um dies zu verhindern, behandelt man die Säule mit Dimethylchlorsilan [20]. Dazu wird die Glaswand einer trockenen Säule mit einer 1%igen Lösung von Dimethylchlorsilan in Toluol benetzt. Nach fünf Minuten Kontakt mit der Lösung läßt man das Toluol verdampfen und entfernt überschüssiges Reagenz mit einem milden Detergenz. Während dieser Behandlung werden zwischen dem Dimethylchlorsilan und dem Glas kovalente Bindungen geknüpft. Silanierte Glaswände zeigen eine geringe Reibung für fließende Lösungen. Ein Nachteil dieser Behandlung ist eine eventuell herabgesetzte Fließgeschwindigkeit bei Gelen mit großer Ausschlußgrenze; eine verringerte Reibung erlaubt eine stärkere Kompression des Gels.

Die Art des Packens oder Gießens einer Gelfiltrations-Säule hängt davon ab, ob es sich um Gele mit hoher oder niedriger Ausschlußgrenze handelt. Der erste Schritt jedoch ist für beide Geltypen gleich. Das gereinigte und entgaste Gel wird zuerst auf die Temperatur gebracht, bei der später gearbeitet werden soll. Wird das Gelbett während oder nach dem Absetzen einer Temperaturschwankung unterworfen, führt dies aufgrund unterschiedlicher Ausdehnung oder Kontraktion des Gels zu starken Unregelmäßigkeiten in der Packung. Bevor die Säule mit zwei Klammern oben und unten an einem Stativ befestigt wird, wird ihr Volumen bestimmt. Es ist wichtig, auf eine exakt senkrechte Anbringung zu achten. Die Säule wird anschließend zur Hälfte mit dem Elutionsmittel gefüllt, um sie auf Dichtigkeit zu prüfen und den Totraum (unterhalb des Nylonnetzes) von Luftbläschen zu befreien; am besten, indem man ungefähr die Hälfte der eingefüllten Flüssigkeitsmenge schnell ausfließen läßt und dabei mit der Hand an den unteren Säulenver-

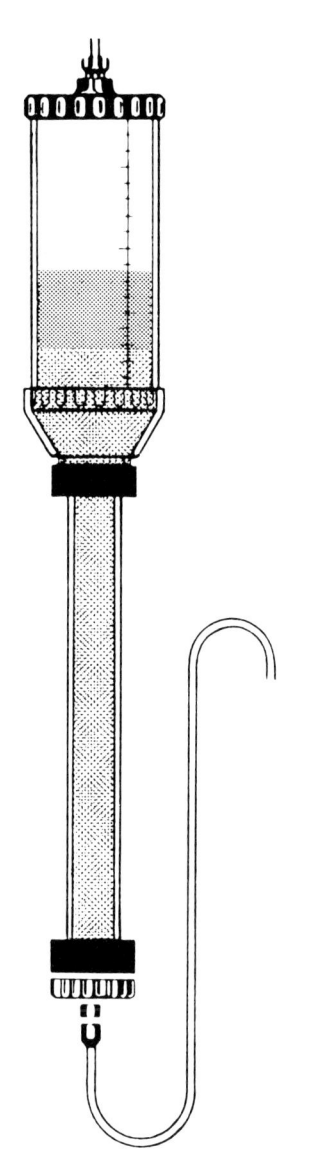

Abb. 5.5 Gelfiltrations-Säule mit angeschlossenem Pufferreservoir (mit Genehm. von I. M. Easterday, Pharmacia Fine Chemicals, Inc.).

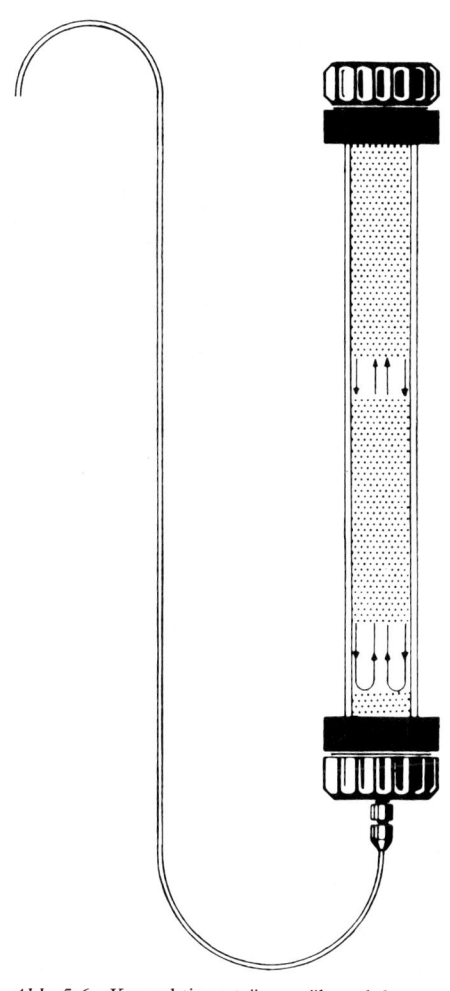

Abb. 5.6 Konvektionsströme während der Sedimentation der Gelpartikel. Die Pfeile deuten die Richtung der Strömung an (mit Genehm. von I. M. Easterday, Pharmacia Fine Chemicals, Inc.).

schluß klopft. Der Rest der Lösung bleibt zurück, um während der Zugabe des Gels den Einschluß neuer Bläschen unterhalb oder am Nylonnetz zu verhindern. Die zur Füllung der Säule nötige Gelmenge wird abgemessen und im Elutionsmittel suspendiert. Das Suspensionsvolumen soll doppelt so groß sein wie das spätere Bettvolumen. Das Gel wird vorsichtig an einem Glasstab in die Säule gegossen, wobei keine Luftbläschen entstehen dürfen. Ein auf die Säule aufgesetztes Vorratsgefäß (Abb. 5.5) erlaubt die Zugabe in einem Schritt.

Die anschließende Behandlung ist für Gele mit großer und kleiner Ausschlußgrenze unterschiedlich. Bei den kleinporigen, stabileren Gelen läßt man für 5–10 Minuten absitzen, bevor man den Ausgang der Säule öffnet und die überschüssige Lösung auslaufen läßt. Verhindert man ein Fließen der Säule während des Packens, treten Konvektionsströme auf (Abb. 5.6), die schwere und grobe Partikel an die Säulenwand und leichtere Partikel in das Zentrum der Säule spülen. Eine ungleichmäßig gepackte Säule fließt deshalb ungleichmäßig und zeigt eine schlechte Auflösung der Peaks. Wenn die gewünschte Gelbetthöhe erreicht ist, wird das überschüssige Gel abgesaugt. Reicht andererseits die abgemessene Menge nicht aus, wird zusätzliches Gel hinzugegeben, bevor das Gel sich vollständig gesetzt hat. Durch Zufügen von Gel auf ein schon fertig abgesetztes Bett entstehen sichtbare Zonen oder Banden, die ebenfalls die Trennschärfe ungünstig beeinflussen. Muß dennoch ein fertiges Gelbett verlängert werden, ist es am besten, die Säule neu zu gießen oder zumindestens die oberen 3–4 cm des abgesetzten Bettes aufzurühren, bevor das neue Gel hinzugefügt wird. Zur Stabilisierung des Bettes läßt man durch die fertiggestellte Säule mindestens das doppelte Säulenvolumen an Elutionsmittel fließen. Hierbei kann das Gel noch geringfügig schrumpfen.

Bevor wir das Packen einer Gelfiltrations-Säule mit großer Ausschlußgrenze besprechen, müssen wir den Begriff des hydrostatischen Drucks näher erläutern. Der hydrostatische Druck wird bestimmt durch den Höhenunterschied zwischen dem höchsten und niedrigsten Punkt der Säulenflüssigkeit. Abb. 5.7a und b zeigt den hydrostatischen Druck (Abstand der beiden unterbrochenen Linien) für zwei chromatographische Anordnungen. Aus der Abbildung geht hervor, daß der hydrostatische Druck nicht von der Länge der Säule, sondern vom Höhenunterschied zwischen Vorratsgefäß und Säulenausgang abhängt. Der einfachste Weg, den höchsten und tiefsten Punkt einer solchen Anordnung zu finden, ist die Bestimmung der Stellen, wo die Säulenflüssigkeit in direkten Kontakt mit der Atmosphäre kommt. Der hydrostatische Druck kann entweder durch die Erhöhung des Niveaus des Vorratsgefäßes oder durch die Senkung des Auffangpunktes vergrößert werden. Eine Erniedrigung des Druckes erfolgt beim entgegengesetzten Vorgehen. Ein Nachteil der in Abb. 5.7a und b gezeigten Anordnungen ist die Abnahme des hydrostatischen Drucks während der Chromatographie. Durch Verwendung einer Mariotte-Flasche (Abb. 5.7c) können Druckänderungen vermieden werden. Dies ist ein Gefäß, dessen untere Öffnung zum Eingang der Säule führt, während durch die obere Öffnung ein Rohr bis kurz über den Boden des Gefäßes reicht. Der Deckel der Mariotte-Flasche ist luftdicht verschlossen, so daß beim Ausfließen der Lösung ein Vakuum über der Lösung entsteht (Abb. 5.8). Mit abnehmendem Druck über der Elutionslösung fällt das Flüssigkeitsniveau im Rohr, bis es das Ende des Rohrs erreicht hat. Bei weiterer Flüssigkeitsentnahme steigen aus dem Rohr Luftblasen auf. Der Druck am Ende des Rohres ist gleich dem atmosphärischen Druck. Der hydrostatische Druck dieser Anordnung ist des-

5.4 Vorbereitung der Säule   169

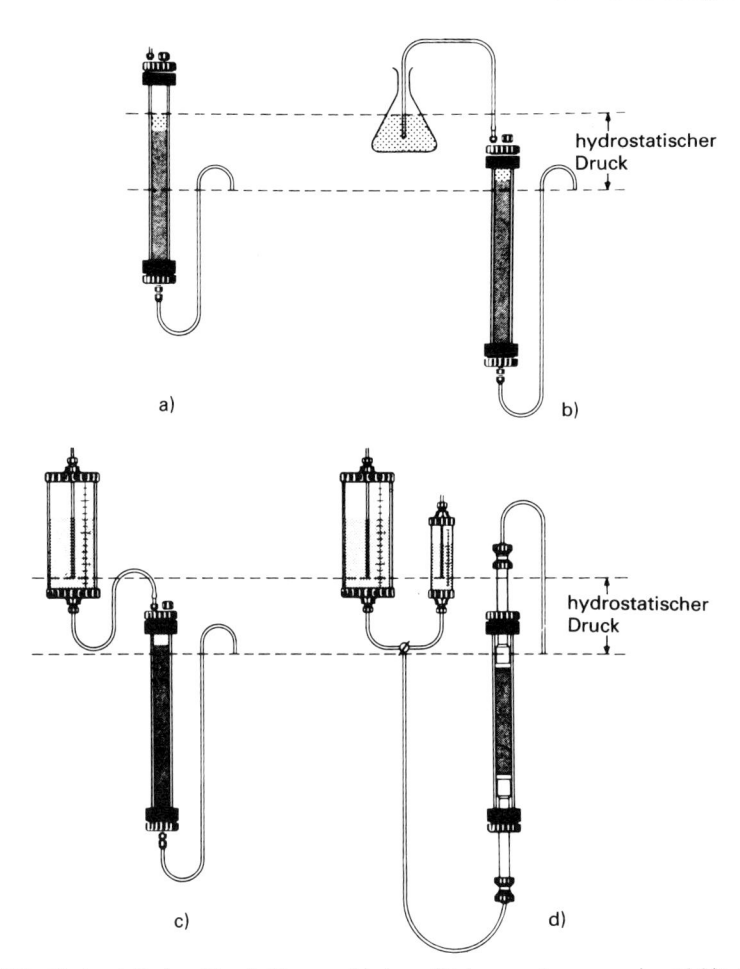

Abb. 5.7 Hydrostatischer Druck für verschiedene Säulenanordnungen. a) und b): der Druck wird zwischen der freien Oberfläche des Elutionsmittels im Reservoir oder in der Säule und dem Ausgang des Schlauches gemessen; c) und d): hier wird der Druck zwischen dem Ende des Luftzufuhrröhrchens in der Mariotte-Flasche und dem Ausgang des Schlauches gemessen. Es spielt keine Rolle, ob das Elutionsmittel in der Säule von oben nach unten (c) oder umgekehrt fließt (d).

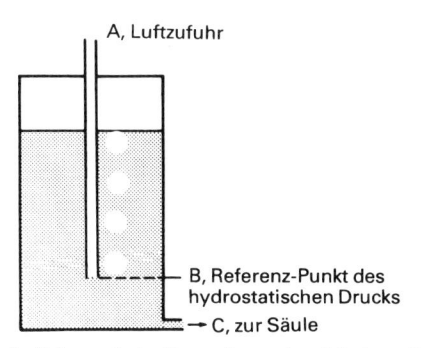

Abb. 5.8 Schematische Darstellung einer Mariotte-Flasche während des Gebrauchs.

halb der Höhenunterschied zwischen dem Ende des Rohres und dem Ausgang der Säule. Er ist unabhängig vom Flüssigkeitsstand im Vorratsgefäß und ist während der Chromatographie immer gleich. Ein gleichmäßiger und kontrollierbarer Druck kann auch durch eine peristaltische Pumpe erzeugt werden.

Beim Gießen von Säulen mit großer Ausschlußgrenze muß die leichte Kompressibilität der Gele berücksichtigt werden. Der prinzipielle Unterschied zum Gießen kleinporiger Gele liegt in der Begrenzung des hydrostatischen Drucks. Er darf die

Tab. 5.5 Maximal zulässiger hydrostatischer Druck für verschiedene Gele.

Gel	maximaler hydrostatischer Druck (cm H$_2$O)
Sephadex	
G-10	100
G-15	100
G-25	100
G-50	100
Sephadex G-75	50
Sephadex G-100	35
Sephadex G-150	15
Sephadex G-200	10
Bio-Gel	
P-2	100
P-4	100
P-6	100
P-10	100
P-30	100
P-60	100
Bio-Gel P-100	60
Bio-Gel P-150	30
Bio-Gel P-200	20
Bio-Gel P-300	15
Sepharose	
2B	1[a]
4B	1
Bio-Gel	
A-0,5m	100
A-1,5m	100
A-5m	100
Bio-Gel A-15m	90
Bio-Gel A-50m	50
Bio-Gel A-150m	30

[a] Pro Zentimeter Gelhöhe.

5.4 Vorbereitung der Säule   171

in Tab. 5.5 angegebenen Werte während des Packens und der Chromatographie nicht überschreiten. Eine Erhöhung über den angegebenen Druck hinaus preßt die Gele zusammen und verringert die Durchflußgeschwindigkeit. Das frisch gegossene Gel läßt man 10–15 Minuten bei geschlossenem Säulenausgang absetzen. Anschließend wird der Ausgang geöffnet und der Schlauch bis zu einer etwas unter

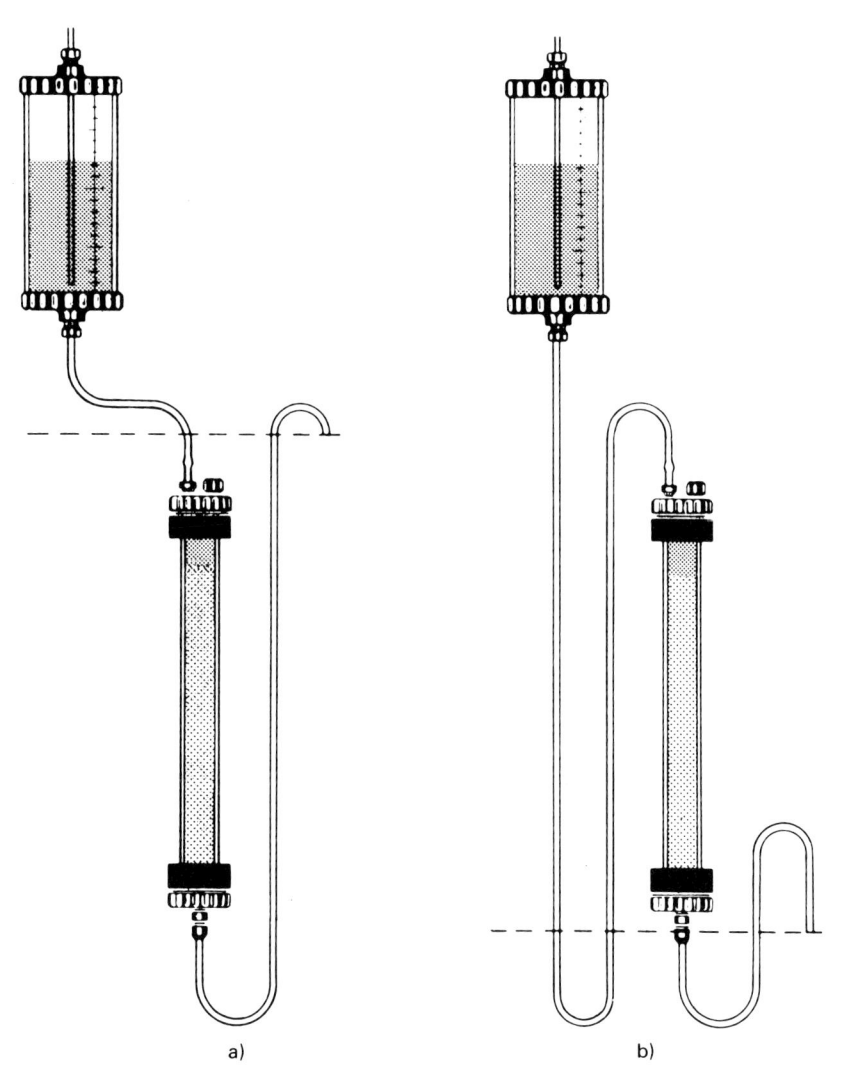

Abb. 5.9 Sicherheitsschleife zur Verhinderung des Trockenlaufens einer Säule. (a) Die Sicherheitsschleife ist hinter der Säule angebracht, und das Ende des Schlauches liegt höher als die Säule. Der Durchfluß hört auf, wenn die Oberfläche des Elutionsmittels das Niveau des Schlauchausgangs erreicht hat (b) Die Sicherheitsschleife liegt vor der Säule. Der Schlauchausgang der Säule muß höher als der niedrigste Punkt der Sicherheitsschleife liegen. Der Durchfluß stoppt, wenn das Elutionsmittel in der Schleife das Niveau des Schlauchausgangs erreicht hat (mit Genehm. von I.M. Easterday, Pharmacia Fine Chemicals, Inc.).

der in Tab. 5.5 angegebenen Höhe angehoben. Während sich das Gelbett bildet, wird durch langsames Absenken der angegebene Endwert des hydrostatischen Drucks eingestellt. Schließlich wird die Säule, wie für die kleinporigen Gele beschrieben, stabilisiert.

Die Verwendung einer chromatographischen Anordnung mit Fließrichtung von unten nach oben setzt die Kompression auf das Gel etwas herab. Wie in Abb. 5.7a gezeigt, wird eine Säule für aufsteigende Chromatographie mit feststellbaren Kolben oder Adaptern verschlossen. Die Probe und das Elutionsmittel treten von unten in die Säule. Der obere Adapter sollte nicht angebracht werden, bevor sich das Gelbett stabilisiert hat. Weiter muß man bei aufsteigender Chromatographie darauf achten, daß Probe und Elutionsmittel die gleiche Dichte besitzen. Bei zu hoher Dichte der Probe bleibt diese am Boden der Säule zurück. Bei Fließrichtung von unten nach oben wird die Kompression der Gele herabgesetzt, da der Druck der fließenden Lösung und die Schwerkraft entgegengesetzt wirken. Um die Kräfte gegenseitig auszugleichen, sollte die Säule vor jeder Verwendung umgedreht werden.

Während der Stabilisierung oder chromatographischen Trennung bleibt die Gelfiltrations-Säule unberührt stehen. Um sie vor Trockenlaufen zu schützen, sollten Sicherheitsschleifen eingebaut werden. Die beiden Möglichkeiten zur Herstellung solcher Sicherheitsschleifen sind in Abb. 5.9 wiedergegeben. Die Anordnung funktioniert analog zu einem Saugheber. Wenn der Flüssigkeitsspiegel des Vorratsgefäßes das Niveau des Säulenausgangs erreicht hat (unterbrochene Linie), wird der Saugheber unterbrochen, und die Säule hört auf zu fließen.

5.5 Bestimmung des Ausschlußvolumens

Vor der Verwendung einer frisch gepackten Säule für die Trennung von Makromolekülen wird das Ausschlußvolumen und die Einheitlichkeit der Packung bestimmt. Dazu wird eine farbige Substanz mit großem Molekulargewicht (größer als die Ausschlußgrenze des Gels) aufgetragen. Dextranblau 2000 (Molekulargewicht ca. 2×10^6 d) eignet sich gut für diesen Zweck. Das Elutionsvolumen, das notwendig ist, um die Substanz von der Säule zu waschen, entspricht dem Ausschlußvolumen. Bei gleichmäßiger Packung der Säule bewegt sich die farbige Substanz in einer einheitlichen Bande und gibt ein symmetrisches Elutionsprofil. Bei ungleichmäßiger Packung werden die Banden verzerrt, und die Säule muß neu gegossen und getestet werden.

5.6 Probenauftrag und Chromatographie

Drei Eigenschaften der aufzutragenden Probe müssen beachtet werden: ihr Volumen, ihre Viskosität und ihre Ionenstärke. Das Volumen hängt stark von den Probeneigenschaften und der gewünschten Art der Auftrennung ab. Zum Entsalzen kann das Probenvolumen 10–25% des Säulenvolumens betragen, für die Isolierung verschiedener Makromoleküle sollte es jedoch nicht größer als 1–5% sein. Eine Verringerung des Volumens unter 1% trägt nicht mehr zur Erhöhung der Auflösung bei. Abb. 5.10 zeigt, daß das maximale Probenvolumen vom Unterschied der Verteilungs-Koeffizienten der zu trennenden Substanzen abhängt. Wenn die Komponenten der Probenmischung sehr unterschiedliche Mengen an Elutionsmittel benötigen, um ausgewaschen zu werden, kann das aufgetragene Volumen entsprechend groß sein. Ein großes Probenvolumen hat den Vorteil, daß die Substanzen während der Chromatographie weniger verdünnt werden. Eine zweite wichtige Eigenschaft der Probe ist ihre Viskosität. Abb. 5.11 zeigt, wie durch Erhöhung der Viskosität über die des Elutionsmittels hinaus die Peaks verbreitert und verzerrt werden. Bei großen Unterschieden der Viskosität ist eine vollständige Auftrennung nicht mehr möglich. Der maximale Unterschied zwischen Probe und Elutionsmittel sollte nie mehr als das Zweifache betragen. Die Ionenstärke der Probe sollte genau wie die der Elutionslösung größer als 0,08 sein, damit die Auftrennung nicht durch ionische Gruppen im Gel beeinflußt werden

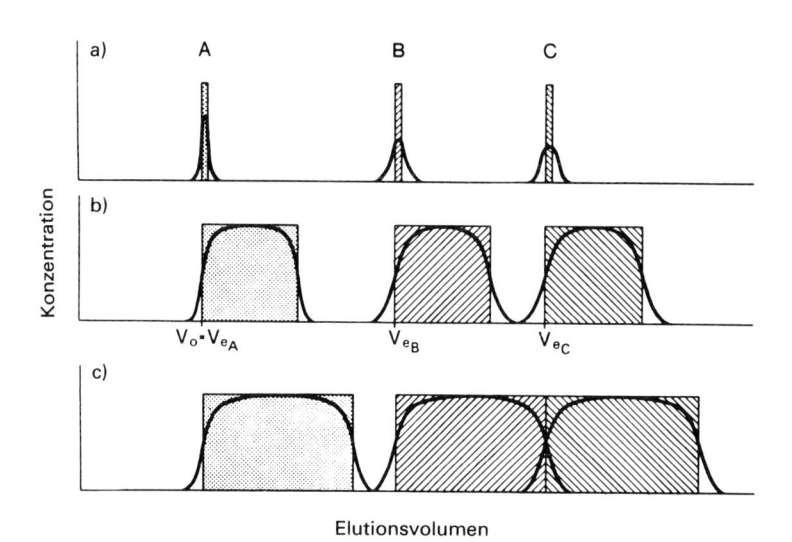

Abb. 5.10 Elutionsprofil bei verschiedenen Probenvolumina. a) die Probe ist viel kleiner, als zur Trennung der Komponenten notwendig wäre; b) die Probengröße entspricht genau dem maximalen Volumen, bei dem noch eine Trennung der Komponenten stattfindet; c) die Probe ist zu groß, um eine vollständige Trennung zu gewährleisten (mit Genehm. von I.M. Easterday, Pharmacia Fine Chemicals, Inc.).

174   5. Gelfiltration

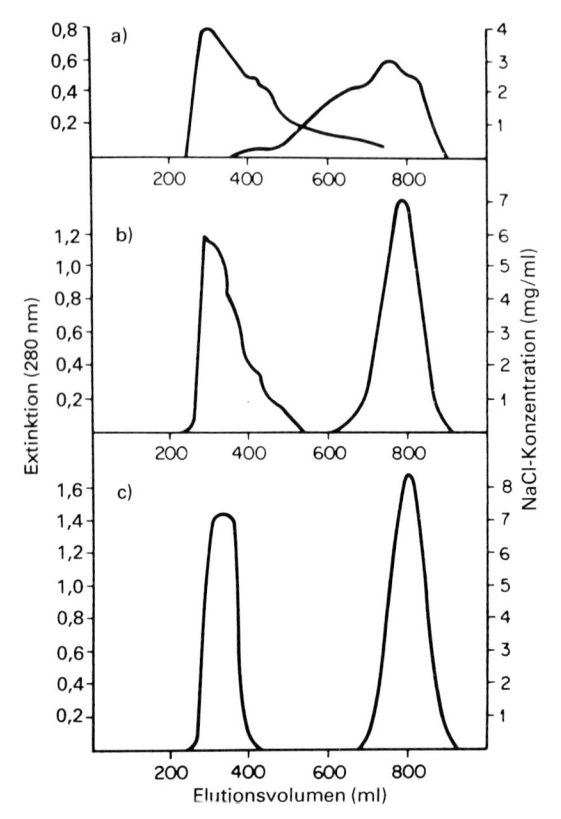

Abb. 5.11 Einfluß der Viskosität der Probe auf die Trennung von Hämoglobin (0,1%) und Natriumchlorid (1,0%). Säulenabmessung: 4 × 85 cm; Fließgeschwindigkeit: 180 ml/h; Gelmaterial: Sephadex G-25. Die Viskosität wurde durch Zugabe von Dextran 2000 zur Probe erhöht; a) 5% Endkonzentration, d.h. 11,8fache Viskosität; b) 2,5% Endkonzentration, d.h. 4,2fache Viskosität; c) keine Dextran-Zugabe.
Aus P. Flodin, J. Chromatogr. 5, 103 (1961).

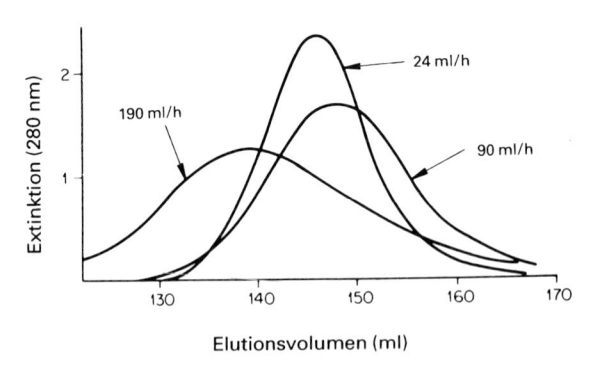

Abb. 5.12 Einfluß der Fließgeschwindigkeit auf das Elutionsprofil von Uridylsäure. Gelmaterial: Sephadex G-25; Säulenabmessung: 2 × 65 cm; Fließgeschwindigkeit wie in der Abbildung angegeben.

kann. In den meisten Fällen wird Kalium- oder Natriumchlorid zwischen 0,2 und 1,0 M benutzt, um Probe und Elutionsmittel auf eine bestimmte Ionenstärke einzustellen.

Das Prinzip der Gelfiltration liegt in der unterschiedlichen Fähigkeit der Moleküle, in die Gelmatrix hineinzudiffundieren. Je größer die Zahl der Möglichkeiten desto größer wird auch die Trennschärfe sein. Daraus folgt, daß die Durchflußgeschwindigkeit einen großen Einfluß auf die Auflösung einer chromatographischen Trennung hat. Abb. 5.12 zeigt, wie das Elutionsprofil von Uridin-5-monophosphat durch Erhöhung der Durchflußgeschwindigkeit verbreitert wird. Wird mehr als eine Substanz auf die Säule aufgetragen, kommt es zu Überschneidungen der einzelnen Peaks und zur Herabsetzung des Auflösungsvermögens der Säule.

5.7 Experimenteller Teil

5.7.1 Silanierung einer Säule

1. Die Silanierung muß unter einem Abzug erfolgen. Da Dimethyldichlorsilan flüchtig und extrem toxisch ist, müssen Gummihandschuhe getragen werden. Eine Seite der Säule (1,6 × 30 cm) wird sorgfältig mit einem Gummistopfen verschlossen.
2. Die trockene Säule wird ein- bis zweimal mit Toluol gespült.
3. Das Toluol wird aus der Säule entfernt und diese in senkrechter Position an einem Stativ befestigt.
4. 50 ml 5%ige Dimethyldichlorsilan-Lösung werden durch kräftiges Vermischen von 2,5 ml dieser Verbindung mit 47,5 ml Toluol in einem 125-ml-Erlenmeyer-Kolben hergestellt.
5. Die Säule wird bis zum Rand mit der Lösung gefüllt.
6. Man läßt die Säule ein bis zwei Stunden im Abzug stehen.
7. Die Säule wird vorsichtig entleert. Die Lösung ist giftig und darf nicht in den Ausguß gegossen werden.
8. Die Säule wird zweimal kräftig mit Toluol gespült und anschließend mehrmals mit Wasser gewaschen.
9. Schließlich wird die Säule mit einem milden Detergenz gewaschen und mit glasdestilliertem Wasser ausgespült.

5.7.2 Trennung von Dextranblau und Bromphenolblau auf Sephadex G-25

1. Der Elutionspuffer wird durch Lösen von 0,1 Mol KCl und 0,01 Mol Tris-Base in 900 ml Glas-dest. Wasser hergestellt. Mit konzentrierter Essigsäure wird der pH-Wert auf 7,0 gebracht. Mit dest. Wasser wird auf genau 1000 ml aufgefüllt.

2. 20 g Sephadex G-25 (140–200 mesh) werden langsam in 500 ml Puffer gestreut. Der Puffer wird mit einem Glasstab (nicht Magnetrührer!) gerührt.
3. Während einer Stunde wird mehrmals umgerührt, anschließend läßt man die Suspension über Nacht stehen. Das Quellen kann man beschleunigen, indem man die Suspension zwei Stunden auf 100°C erhitzt.
4. 400 ml des Überstandes des äquilibrierten Gels werden abgesaugt. Wurde das Gel vorsichtig behandelt, kann die Entfernung der Feinteile unterbleiben. Treten jedoch „Fines" auf, sollte man sie jetzt entfernen. Dazu überführt man das Gel in einen 250-ml-Standzylinder und läßt 90–95% des Gels absetzen. Die übrigbleibenden 5–10% langsam sedimentierenden Materials werden abgesaugt. Dieser Vorgang wird so oft wiederholt, bis ein schnell sedimentierendes Gel zurückbleibt.
5. Die Suspension wird in eine 300-ml-Saugflasche überführt und ein Vakuum angelegt. Innerhalb von 10–15 Minuten wird mehrmals umgeschwenkt.
6. Eine silanierte Säule wird an einem Stativ befestigt, wobei man auf ihre exakt senkrechte Anbringung achtet.
7. 40 ml Puffer werden in die Säule gegossen. Man läßt 20–30 ml wieder ausfließen, bevor der Ausgang verschlossen wird.
8. Auf der Säule wird ein Vorratsgefäß angebracht (Abb. 5.5).
9. Mit Hilfe eines Glasstabes läßt man das Gel an einer Seite der Säule herunterfließen. Das Gel sollte sich 2–5 Minuten absetzen, bevor der Ausgang geöffnet wird.
10. Bei geöffnetem Ausgang sollte die Säule bis zu einer Höhe von 27 cm gepackt werden.
11. Überschüssiges Gel wird abgesaugt und der Ausgang geschlossen.
12. Das Volumen über dem Gelbett wird mit Puffer aufgefüllt und die Säule mit einem luftdichten Verschluß geschlossen.
13. Eine Mariotte-Flasche wird, wie im Text beschrieben, angebracht und ein hydrostatischer Druck von 58 cm eingestellt.
14. Zur Stabilisierung werden 100–150 ml Puffer über die Säule geschickt.
15. Die Höhe des Gelbettes wird außen auf der Säule markiert.
16. Man nimmt den oberen Verschluß der Säule ab und läßt sie so weit leerlaufen, bis der Flüssigkeitsspiegel fast das Gel erreicht hat. Der Ausgang wird geschlossen.
17. 10 mg Bromphenolblau werden in 5 ml Ethanol gelöst. Um keinen ungelösten Farbstoff zurückzubehalten, wird die Lösung auf einem Wirlmix kräftig durchmischt. Tropfenweise wird 1 M Tris/Acetat-Puffer (pH 7,0) zu der Lösung hinzugegeben, bis eine intensive Blaufärbung entsteht.
18. 10 mg Dextranblau 2000 werden in 2 ml Puffer gelöst.
19. Als Probe werden 0,1 ml Bromphenolblau-Lösung und 0,5 ml Dextranblau-Lösung miteinander vermischt.
20. An die Säule wird ein Fraktionssammler angeschlossen, der Fraktionen von je 5 ml auffängt.

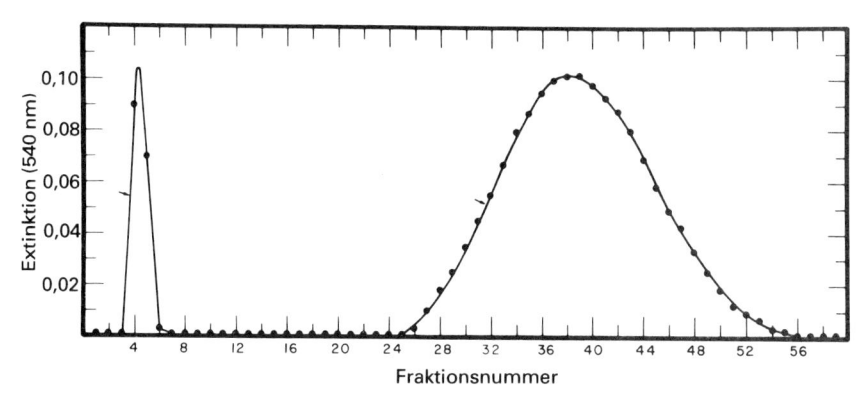

Abb. 5.13 Elutionsprofil von Bromphenolblau (Fraktionen 24–56) und Dextranblau 2000 (Fraktionen 4–5). Gelmaterial: Sephadex G-25, 140–200 mesh, medium. Die Pfeile geben V_e und V_0 an.

21. Eine Mariotte-Flasche mit 400 ml Puffer wird so hoch über dem Fraktionssammler angebracht, daß ein hydrostatischer Druck von 58 cm entsteht.
22. 0,5 ml der Probenmischung werden vorsichtig auf die Säule aufgetragen.
23. Der Ausgang wird geöffnet, bis der Flüssigkeitsstand fast die Geloberfläche erreicht hat.
24. 1 ml Puffer wird vorsichtig hinzugegeben. Wenn er eingedrungen ist, wird der Vorgang noch einmal wiederholt.
25. Nach Eindringen von 2 ml Puffer in das Gel wird die Säule mit Puffer gefüllt, verschlossen und mit der Mariotte-Flasche verbunden. Unter den angegebenen Bedingungen wird die Säule eine ungefähre Durchflußrate von 5 ml/1,5 min besitzen. Dies ist viel schneller als normalerweise üblich und führt zu einer starken Verdünnung der Probe, zeigt aber, wie schnell die Technik der Gelfiltration arbeitet. Die beiden Substanzen sind nach ca. 3–4 cm schon vollständig getrennt. Eine Säule von 3–5 cm Länge würde für diese Probenzusammensetzung und das aufgetragene Volumen ausreichen. Die Auftrennung zeigt auch deutlich die benötigte Säulenkapazität für eine Entsalzung. Sie würde unter diesen Bedingungen in weniger als 10 min fertig sein.
26. 60 Fraktionen werden aufgefangen. Man beachte, daß sich eine Substanz um so mehr in der Säule verteilt, je mehr sie in die Gelmatrix einzudringen vermag.
27. Die Absorption jeder Fraktion wird mit einem Kolorimeter oder einem Spektralphotometer bei 540 nm bestimmt.
28. Die aus diesem Experiment erhaltenen Werte sind in Abb. 5.13 wiedergegeben.
29. V_0 und V_e werden für Dextranblau bzw. Bromphenolblau bestimmt.
30. V_t kann bestimmt werden, indem man die Säule entleert und mit Wasser bis zur Markierung (Schritt 15) füllt. Das Volumen des Wassers wird dann in einem Meßzylinder ausgemessen. Wenn die Säule weiterverwendet werden soll, ist dieser Schritt vor dem ersten Packen der Säule durchzuführen. Die Höhe des

Gelbettes muß sich dann nach der Markierung richten. In diesem Experiment beträgt $V_t = 41$ ml.

31. Man berechne den Verteilungs-Koeffizienten für Bromphenolblau:

$$K_{av} = \frac{V_e - V_0}{V_t - V_0}$$

$$= \frac{158 \text{ ml} - 18 \text{ ml}}{41 \text{ ml} - 18 \text{ ml}}$$

$$= \frac{140}{23}$$

$$= 6,1$$

6. Elektrophorese

Die Elektrophorese ist ein wichtiges Werkzeug des Biochemikers zur Charakterisierung geladener Makromoleküle und zur Überprüfung ihrer Reinheit. Das Prinzip der Methode beruht auf der Tatsache, daß Makromoleküle wie DNA, RNA und Proteine Ladungen besitzen und somit in einem elektrischen Feld wandern können. Die ersten Elektrophoresen wurden in Zucker-Lösungen durchgeführt. Doch die Umständlichkeit dieser Methode und die teure Ausrüstung beschränkten ihre Verwendbarkeit. Der Gebrauch von Stärkegelen als Trägermedium und Schutz gegen Vermischung erweiterten die Möglichkeiten der Elektrophorese in ihrer Anwendung auf biologische Probleme. Doch erst die Einführung der Polyacrylamid-Gele brachte den Durchbruch zu der heute allgemein bekannten Standardmethode. In den nachfolgenden Erläuterungen werden anhand von Proteinen die wichtigsten Prinzipien der Elektrophorese verdeutlicht. Gleiches gilt jedoch auch für andere geladene Moleküle.

6.1 Ionenwanderung im elektrischen Feld

Wie schon in Kap. 4 erwähnt, besitzen Proteine aufgrund der eingebauten sauren Aminosäuren (Glutamin- und Asparaginsäure) und der basischen Aminosäuren (Lysin und Arginin) positive und negative Ladungen. Wichtig ist in diesem Zusammenhang jedoch nur ihre Gesamtladung. Wird ein geladenes Molekül mit der Gesamtladung q in ein elektrisches Feld gebracht, wirkt auf das Molekül eine Kraft F, die von der Ladung q und der Stärke des angelegten elektrischen Feldes abhängt. Mathematisch formuliert lautet dies:

$$F = \frac{E}{d} q \qquad (1)$$

E ist die Potential-Differenz zwischen den Elektroden und d der Elektrodenabstand. Der Quotient E/d wird oft als Feldstärke bezeichnet. Fände der Vorgang in einem Vakuum statt, würde sich das Molekül auf die Elektrode zu bewegen und schließlich auf sie auftreffen. In einer Lösung passiert dics jedoch nicht, da die Kraft des elektrischen Feldes und die Reibung, die zwischen wanderndem Molekül und seiner Umgebung entsteht, entgegengesetzt wirken. Die Reibung, wie sie durch die Stokesche Gleichung beschrieben wird, hängt sowohl von der Größe und Form des Moleküls ab als auch von der Viskosität des durchwanderten Mediums:

$$F = 6\pi r \eta v \qquad (2)$$

F ist die vom Feld auf ein sphärisches Molekül ausgeübte Kraft, r der Radius des sphärischen Moleküls, η die Viskosität der Lösung und v die Geschwindigkeit des sich bewegenden Moleküls. In der Lösung wirken die Kraft des elektrischen Feldes und die Reibung entgegengesetzt, so daß gilt

$$\frac{E}{d} q = 6\pi r \eta v \qquad (3)$$

Durch Umwandlung von Gl. 3 erkennt man,

$$v = \frac{Eq}{d\, 6\pi r \eta}, \qquad (4)$$

daß die Geschwindigkeit des Moleküls proportional der Feldstärke und der Ladung des Moleküls, aber umgekehrt proportional seiner Größe und der Viskosität der Lösung ist. Da sich die Moleküle in ihren Ladungen und Größen voneinander unterscheiden, werden sie bei angelegtem Feld in einer bestimmten Zeit unterschiedlich weit wandern. Unterwirft man eine Mischung von Proteinen einer Elektrophorese, kann man erwarten, daß die verschiedenen Proteine in schmalen einzelnen Banden mit unterschiedlicher Geschwindigkeit wandern. Diese einfachen Betrachtungen beschreiben zwar gut die Elektrophorese in einer Zucker-Lösung, gelten aber nur sehr beschränkt für Polyacrylamid-Gele. Die Wanderung von Makromolekülen durch solche Gele wird zusätzlich von der Struktur des Gels beeinflußt.

6.2 Polyacrylamid-Gelelektrophorese

Zur erfolgreichen Durchführung der Elektrophorese muß die Probensubstanz in ein Medium gebracht werden, daß eine Durchmischung herabsetzt oder verhindert, nicht mit der Probe reagiert oder sich auf irgendeine Weise an die Probe bindet und seine Bewegung hindert. Diese Bedingungen werden von den Polyacrylamid-Gelen erfüllt. Die Verbindungen, aus denen man dieses Polymer herstellt, sind Acrylamid, N,N'-Methylen-bisacrylamid, Tetramethylendiamin (oft abgekürzt TEMED) und Ammoniumperoxodisulfat. In Wasser gelöstes Ammoniumperoxodisulfat bildet freie Radikale

$$S_2O_8^{2-} \longrightarrow 2\, SO_4^{-} \cdot \qquad (5)$$

Bringt man die freien Radikale mit Acrylamid zusammen, tritt eine Reaktion unter Übertragung des freien Radikals auf das Acrylamid-Molekül ein (Abb. 6.2). Das „aktivierte" Acrylamid kann in der gleichen Weise mit anderen Acrylamid-Molekülen unter Bildung einer langen Kette weiterreagieren. Eine Lösung dieses Poly-

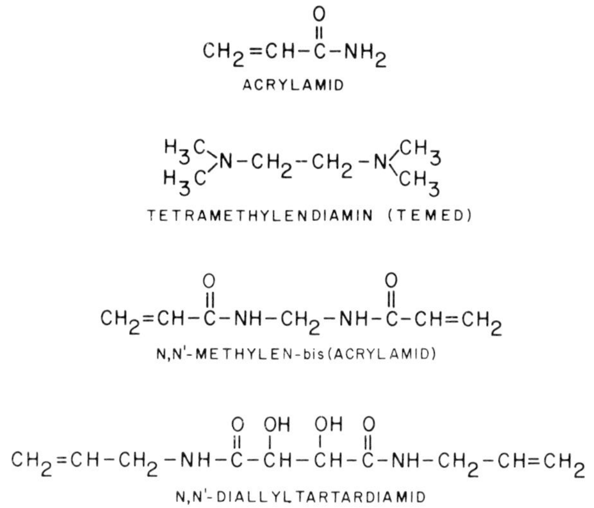

$$CH_2=CH-\overset{\overset{O}{\|}}{C}-NH_2$$
ACRYLAMID

$$\overset{H_3C}{\underset{H_3C}{>}}N-CH_2-CH_2-N\overset{CH_3}{\underset{CH_3}{<}}$$
TETRAMETHYLENDIAMIN (TEMED)

$$CH_2=CH-\overset{\overset{O}{\|}}{C}-NH-CH_2-NH-\overset{\overset{O}{\|}}{C}-CH=CH_2$$
N,N'-METHYLEN-bis(ACRYLAMID)

$$CH_2=CH-CH_2-NH-\overset{\overset{O}{\|}}{C}-\overset{\overset{OH}{|}}{C}H-\overset{\overset{OH}{|}}{C}H-\overset{\overset{O}{\|}}{C}-NH-CH_2-CH=CH_2$$
N,N'-DIALLYLTARTARDIAMID

Abb. 6.1 Verbindungen zur Herstellung von Polyacrylamid-Gelen.

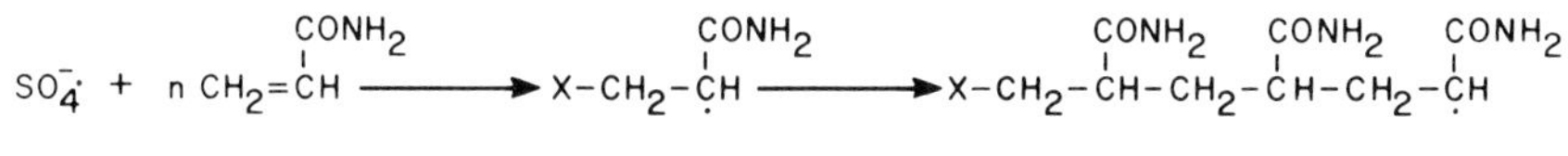

$$SO_4^- + n\ CH_2=\overset{\overset{CONH_2}{|}}{CH} \longrightarrow X-CH_2-\overset{\overset{CONH_2}{|}}{CH} \longrightarrow X-CH_2-\overset{\overset{CONH_2}{|}}{CH}-CH_2-\overset{\overset{CONH_2}{|}}{CH}-CH_2-\overset{\overset{CONH_2}{|}}{CH}$$

Abb. 6.2 Polymerisation des Acrylamids.

mers ist zwar sehr viskos, bildet aber kein Gel, da die langen Ketten aneinander vorbeigleiten können. Gelbildung tritt erst ein, wenn die Ketten untereinander verknüpft werden. Zu diesem Zweck wird die Polymerisation in Anwesenheit von N,N'-Methylen-bisacrylamid durchgeführt, eine Verbindung, die man sich als zwei Acrylamid-Moleküle, die an ihrem nichtreaktiven Ende miteinander verbunden wurden, vorstellen kann. Wie in Abb. 6.3 gezeigt wird, führt eine solche Polymerisation zu einem Netz von Acrylamid-Ketten. Die Größe der Löcher oder Poren in diesem Netz wird durch zwei Parameter bestimmt: 1. die Acrylamid-Menge, die pro Volumeneinheit des Reaktionsmediums verwendet wird, und 2. den Grad der Vernetzung, d.h. die Menge N,N'-Methylen-bisacrylamid. Wie man aus Tab. 6.1 ersehen kann, erreicht die durchschnittliche Porengröße unabhängig von der Gesamtmenge an Acrylamid pro Volumeneinheit bei Verwendung von 5% N,N'-Methylen-bisacrylamid bezogen auf die Gesamtmenge Acrylamid ein Minimum. In vielen Vorschriften wird deswegen der Gehalt an N,N'-Methylen-bisacrylamid auf 5% der Gesamtmenge an Acrylamid festgelegt und zur Veränderung der Porengröße nicht variiert. Dazu verändert man besser den Gesamtgehalt an Acrylamid. Abb. 6.4 zeigt die Abhängigkeit der Porengröße von den unterschiedlichen Konzentrationen (w/v) an Acrylamid. Die zufällige Natur der Porenbildung schließt natürlich eine einheitliche Porengröße aus. Sie sind mal größer, mal kleiner. Man

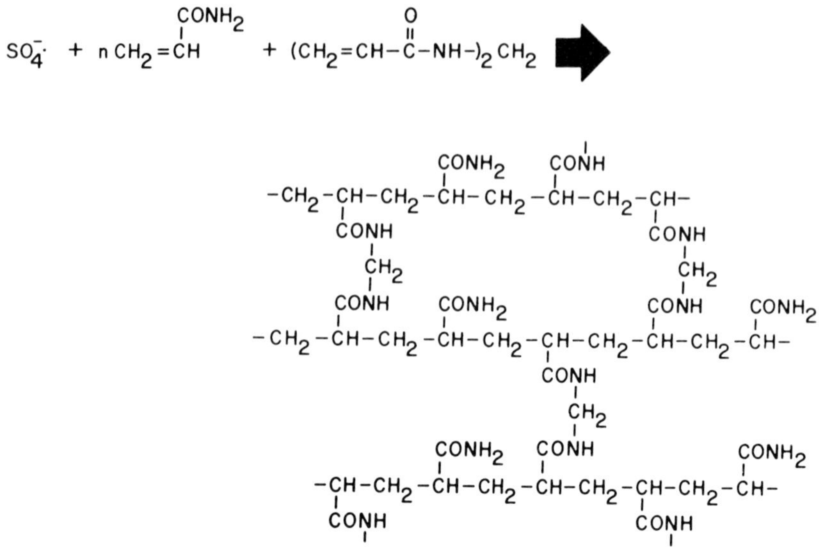

182   6. Elektrophorese

$$SO_4^{-} + n\,CH_2=CH(CONH_2) + (CH_2=CH-\underset{O}{\overset{\|}{C}}-NH-)_2 CH_2 \Longrightarrow$$

```
                         CONH2   CONH
                           |      |
      -CH2-CH-CH2-CH-CH2-CH-CH2-CH-
             |                    |
            CONH                 CONH
             |                    |
            CH2                  CH2
             |                    |
            CONH   CONH2         CONH           CONH2
             |      |             |              |
      -CH2-CH-CH2-CH-CH2-CH-CH2-CH-CH2-CH-
                          |
                         CONH
                          |
                         CH2
                          |
            CONH2  CONH                         CONH2
             |      |                            |
      -CH-CH2-CH-CH2-CH-CH2-CH-CH2-CH-
        |                    |
       CONH                 CONH
```

Abb. 6.3 Vernetzung der Acrylamid-Ketten.

sollte deswegen keine allzu große Bedeutung in die absoluten Zahlen legen, die in Abb. 6.4 angegeben werden. Sie stellen vielmehr einen groben Durchschnitt der Porengröße in Abhängigkeit von der Acrylamid-Menge dar. TEMED oder β-Dimethylamino-propionitril werden als Katalysatoren für die Gelbildung in Konzentrationen von 0,4% hinzugegeben, da sie in Form freier Radikale existieren können.

Tab. 6.1 Einfluß der Bisacrylamid-Konzentration im Gel auf die mittlere Porengröße.

Gesamt-Acrylamid-Konzentration (%)	Porengröße (Å)[a]			
	1%	5%	15%	25%[b]
6,5	24	19	28	–
8,0	23	16	24	36
10,0	19	14	20	30
12,0	17	9	–	–
15,0	14	7	–	–

[a] Bestimmt anhand von Molekülen, für die 50% des Gelvolumens zugänglich ist. Die Werte wurden der Literaturangabe [27], S. 12, entnommen.
[b] N,N-Methylen-bisacrylamid.

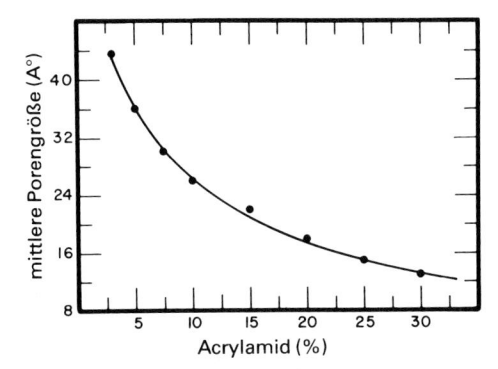

Abb. 6.4 Einfluß der Gel-Konzentration (Prozent Gewicht/gesamtes Gelvolumen) auf die mittlere Porengröße.

Eine zweite Möglichkeit Acrylamid zu polymerisieren, besteht in der Verwendung von Riboflavin. In Gegenwart von Sauerstoff und ultraviolettem Licht unterliegt Riboflavin einem photochemischen Abbau, wobei sich unter den Produkten freie Radikale befinden. Diese reagieren ähnlich wie Ammoniumperoxodisulfat. Eine normale Fluoreszenz-Lampe, in die Nähe der Reaktionsmischung gebracht, reicht als UV-Quelle aus.

Schließlich spielt bei der Polyacrylamid-Gelelektrophorese der Puffer eine Rolle. Der Puffer hat die Aufgabe 1. einen konstanten pH-Wert innerhalb des Reservoirs und des Gels aufrechtzuerhalten und 2. als Elektrolyt den Strom innerhalb des elektrischen Feldes zu leiten. Drei Bedingungen müssen bei der Wahl des Puffers beachtet werden: 1. Der Puffer darf nicht mit den Makromolekülen in Wechselwirkung treten und dadurch die Wanderung der zu trennenden Substanzen im elektrischen Feld beeinflussen. Dies würde z. B. eintreten, wenn durch den Puffer im Makromolekül Ladungen erzeugt oder neutralisiert würden. Eine solche Wechselwirkung könnte sogar zum Auftreten von scheinbar zwei Protein-Banden, anstelle der einen erwarteten, führen. Dieses Artefakt wurde von Cann [1] beschrieben, der bei der Verwendung von Borat-haltigen Puffern bei der Elektrophorese von reinem Albumin zwei Protein-Banden erhielt. Er isolierte das Protein der einen Bande und unterwarf es einer zweiten Elektrophorese; er erhielt wiederum zwei Banden. Er schloß daraus, daß die Aufspaltung der Banden auf einer Wechselwirkung des Borats mit einem Teil der Albumin-Moleküle beruht. 2. Der Puffer muß einen pH-Wert haben, bei dem die Proteine zwar geladen, aber nicht denaturiert werden. Bei Proteinen sollte der pH-Wert ungefähr zwischen 4,5–9,0 liegen. Der Bereich ist jedoch abhängig von den zu isolierenden Molekülen. 3. Schließlich muß die Ionenstärke des Puffers beachtet werden. Ist die Elektrolyt-Konzentration im Gel zu niedrig, leiten die Proteine einen großen Teil des Stromes. Sie bilden dann keine scharfen Banden mehr, sondern breite, diffuse Zonen, so daß die Auflösung stark herabgesetzt ist. Liegt dagegen im Gel eine zu hohe Elektrolyt-Konzentration vor, nimmt die Stromstärke zu und die Spannung ab.

184   6. Elektrophorese

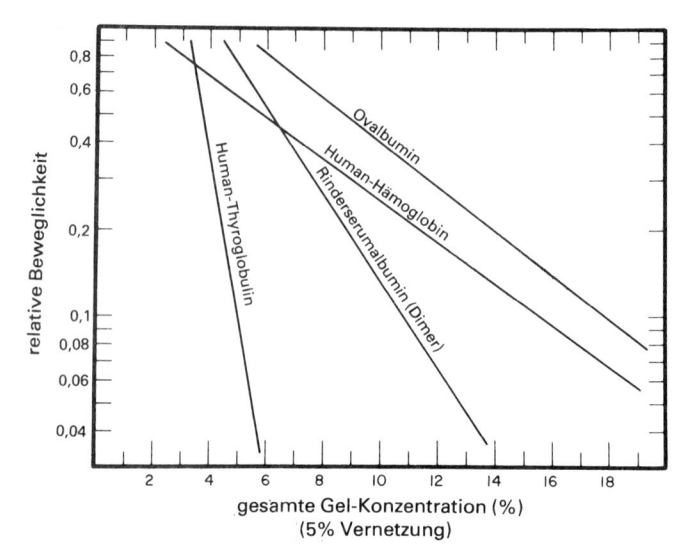

Abb. 6.5 Abhängigkeit der elektrophoretischen Beweglichkeit von der Gel-Konzentration für verschiedene Proteine.
Aus D. Rodbard and A. Chrambach, Proc. Natl. Acad. Sci. US 65, 970 (1970).

Das führt zu einer langsameren Wanderung der Substanzen und zur verstärkten Wärmebildung, wodurch wiederum die Proteine denaturiert werden können.

Wie am Anfang dieses Kapitels in der theoretischen Diskussion herausgestellt, beschreiben die Gl. 3 und 4 die Bewegung von Ionen im Polyacrylamid-Gel nicht exakt, weil sie die Struktur des Gels nicht berücksichtigen. Es ist offensichtlich, daß die Geschwindigkeit, mit der die Makromoleküle in das Gel hineinwandern, von der Größe der entsprechenden Moleküle und der Porengröße abhängt, durch die sie hindurchwandern müssen. Wenn die Poren oder Löcher im Gel einen kleineren Durchmesser als das Molekül besitzen, so wird dieses Molekül unabhängig von seiner Ladung und der angelegten Feldstärke nicht in das Gel eindringen können. Dieser Siebeffekt vergrößert die Trennkapazität des Acrylamid-Gels. Abb. 6.5 zeigt, daß der Logarithmus der relativen Beweglichkeit (Wanderungsgeschwindigkeit) einer Reihe von Proteinen mit der Acrylamid-Konzentration des Gels linear abnimmt. Dies konnte man nach Abb. 6.4 erwarten, wo gezeigt wird, daß die durchschnittliche Porengröße mit steigender Gesamtkonzentration des Gels abnimmt. Rodbard und Chrambach [2] leiteten einige mathematische Beziehungen ab, die den Einfluß der Gel-Konzentration auf die Beweglichkeiten der Makromoleküle zeigen

$$\log M = \log M_0 - K_r \cdot T \tag{6}$$

M ist die elektrophoretische Beweglichkeit, M_0 die freie Beweglichkeit in einer Zucker-Lösung, T ist die Gel-Konzentration und K_r ist der Retardierungs-Koeffizient oder die Steigung der Geraden in Abb. 6.5. Der Retardierungs-Koeffizient ist eine Funktion des Radius des Makromoleküls

$$K_r = C(R + r) \tag{7}$$

wobei C eine Konstante, R der mittlere geometrische Radius des Moleküls und r der Radius der Gelfasern ist, die als viel länger als die Makromoleküle selbst angenommen werden. Die Ableitung dieser Gleichungen basiert notwendigerweise auf statistischen Betrachtungen wegen der zufälligen Art der Gelverknüpfungen. Die Autoren [3–6] können jedoch eine große Zahl von Beispielen vorlegen, die zeigen, daß zwischen dem Molekulargewicht eines großen Moleküls und seiner Beweglichkeit im Acrylamid-Gel ein quantitativer Zusammenhang besteht. Trotz dieser Arbeiten wurde die Polyacrylamid-Gelelektrophorese bei Abwesenheit denaturierender Substanzen nur selten zur Bestimmung von Molekulargewichten herangezogen.

6.3 Durchführung der Elektrophorese

Zur Durchführung einer Elektrophorese werden zwei Geräte benötigt: eine Gleichspannungsquelle und ein Gefäß mit zwei Pufferreservoiren wie in Abb. 6.6 und als Schemazeichnung in Abb. 6.7 gezeigt. Es besteht aus einem oberen und

Abb. 6.6 Elektrophorese-Kammern für kurze und lange Polyacrylamid-Gele. Die Pfeile in der linken Kammer zeigen die Platindraht-Elektroden (mit Genehm. der Savant Instruments, Inc., Hicksville, N.Y.).

6. Elektrophorese

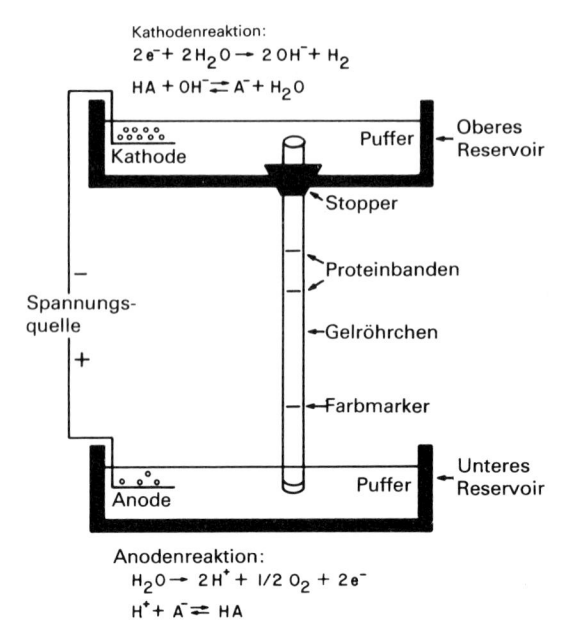

Kathodenreaktion:
$$2e^- + 2H_2O \rightarrow 2OH^- + H_2$$
$$HA + OH^- \rightleftharpoons A^- + H_2O$$

Anodenreaktion:
$$H_2O \rightarrow 2H^+ + 1/2\, O_2 + 2e^-$$
$$H^+ + A^- \rightleftharpoons HA$$

Abb. 6.7 Schematische Darstellung einer Elektrophorese-Kammer und der an den Elektroden ablaufenden Reaktionen.

einem unteren Vorratsbehälter und einer Halterung für die Gel-Röhrchen, die die beiden Puffer miteinander verbinden. Die einzige elektrische Verbindung der beiden Reservoire besteht über die Polyacrylamid-Gele. In jedem Reservoir befindet sich eine Platin-Elektrode (durch Pfeile in Abb. 6.6 gekennzeichnet), die mit den Anschlüssen oben am Gerät verbunden sind. Meist ist die Apparatur vollkommen geschlossen, um den Experimentator vor elektrischen Schlägen bei versehentlicher Berührung eines der Pufferreservoire zu schützen.

Zur elektrophoretischen Trennung einer Anzahl von Makromolekülen, z.B. Proteinen, wird eine Probe der Proteinmischung mit sehr hoher Dichte auf das Gel aufgetragen. Die hohe Dichte wird meist durch Zugabe von Glycerin erreicht. Dadurch verhindert man, daß sich die Probe mit dem oberen Puffer vermischt, mit der sie in direktem Kontakt steht. Bei pH 9, dem üblichen pH-Wert für die Elektrophorese, sind die meisten Proteine negativ geladen. Wenn die Spannung angelegt wird, beginnen die Proteine in Richtung auf die positiv geladene Anode zu wandern. Der Probe wird oft ein Farbstoff, wie Bromphenolblau, als Referenz zugesetzt, der sich schneller als die Proteine bewegt. Beendet man den elektrophoretischen Lauf, bevor der Farbstoff das Ende des Gel-Röhrchens erreicht hat, kann man sicher sein, daß sich noch alle Makromoleküle im Polyacrylamid-Gel befinden. Wandern jedoch die zu trennenden Substanzen sehr langsam, bestimmt man die Zeit, in der der Farbstoff durch das Gel wandert, und wartet dann entsprechend lange ab. Der Faktor hängt von der betrachteten Substanz ab und muß empirisch

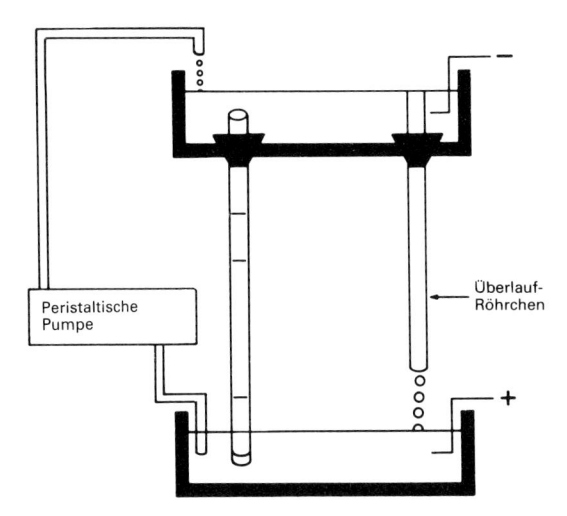

Abb. 6.8 Schematische Darstellung der Puffer-Umschichtung bei Versuchen, die über einen längeren Zeitraum laufen.

bestimmt werden. Die Reaktionen, die den Stromfluß zwischen Kathode und Anode bewirken, sind in Abb. 6.7 aufgeführt. Sie stellen die Elektrolyse des Wassers dar, bei der Wasserstoff an der Kathode und Sauerstoff an der Anode entstehen. Für jedes Mol Wasserstoff wird ein halbes Mol Sauerstoff gebildet. Diese Tatsache kann dazu ausgenutzt werden, um die richtige Polarität der Elektroden zu kontrollieren. Die Anode sollte nur halb so viel Gasbläschen erzeugen, wie die Kathode. Die Elektroden-Reaktionen machen deutlich, daß das Puffersystem eine hohe Kapazität besitzen muß. Für jedes durch das System fließende Elektron, wird an der Kathode ein Hydroxylion und an der Anode ein Proton freigesetzt.

Manchmal benötigt man für bestimmte Trennungen sehr lange Zeiten. In diesem Fall ist es notwendig, den Puffer zwischen beiden Reservoiren umzuschichten, um eine Erschöpfung der Pufferkapazität und daraus sich ergebende pH-Änderungen zu vermeiden. Dabei ist es wichtig, einen konstanten Flüssigkeitsspiegel in beiden Gefäßen zu erhalten und zu verhindern, daß sich über die Pumpe ein geschlossener Stromkreis bildet. Abb. 6.8 zeigt eine Möglichkeit, wie dies erreicht werden kann. Der Puffer wird vom unteren Reservoir mit einer peristaltischen Pumpe in das obere Reservoir gepumpt. Wenn der hochgepumpte Puffer nur tropfenweise in das obere Gefäß gelangt, wird die Bildung eines Kurzschlusses verhindert. Anstelle eines Gel-Röhrchens steckt man ein Überflußröhrchen in die Halterungen. Steigt der Flüssigkeitsspiegel im oberen Reservoir, wird die überschüssige Lösung durch das Röhrchen ebenfalls Tropfen für Tropfen in das untere Reservoir überführt.

6.4 Disk-Gelelektrophorese

Eine Modifikation der oben beschriebenen Zonen-Elektrophorese ist die Elektrophorese mit diskontinuierlichem pH-Wert oder Disk-Elektrophorese. Die wichtigsten Unterschiede sind die Verwendung 1. eines Systems aus zwei Gelen und 2. von unterschiedlichen Puffersystemen in der Gelmatrix und in den Reservoires. Die Anordnung der beiden Gele ist in Abb. 6.9 wiedergegeben. Das untere oder Trenngel wird aus der gleichen Menge Acrylamid wie die entsprechenden Gele für die Zonen-Elektrophorese hergestellt (5–10%). In diesem Gel werden die Makromoleküle nach ihrer Größe voneinander getrennt. Der Puffer für dieses Gel ist üblicherweise ein Amin, wie Tris, das man mit Salzsäure auf den gewünschten pH-Wert (z.B. pH 8,7) einstellt. Sobald das untere Gel polymerisiert ist, wird es mit einem dünnen zweiten Gel (1 cm) überschichtet. Das sogenannte Sammelgel wird aus wesentlich weniger Acrylamid als das Trenngel hergestellt. Üblich ist eine

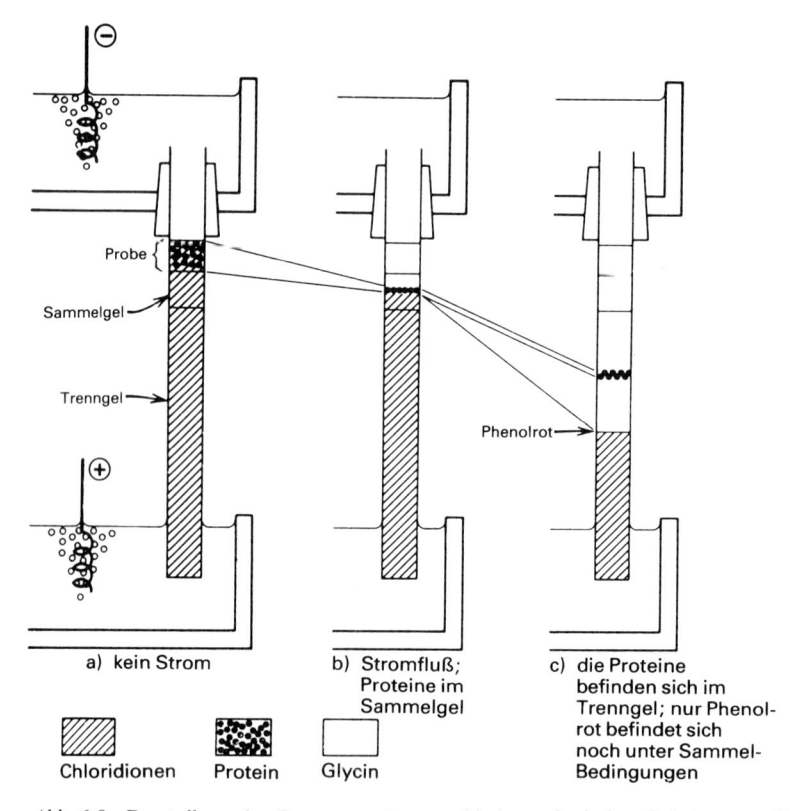

Abb. 6.9 Darstellung der Bewegung der verschiedenen ionischen Substanzen während der Elektrophorese in einem diskontinuierlichen Gel.
Aus G. Bruening, R. Criddle, J. Preiss und F. Rudert, Biochemical Experiments, Wiley, New York, 1970.

Acrylamid-Menge von 2–3%. Der Puffer ist ebenfalls ein Amin, wie Tris, jedoch stellt man den pH-Wert mit Salzsäure auf zwei Einheiten unter den des Trenngels ein (pH 6,5). Der Puffer, in dem sich die Protein-Probe befindet, sollte mit dem des Sammelgels identisch sein. Die Reservoirpuffer haben die gleiche Zusammensetzung und den gleichen pH-Wert. Sie können etwas verdünnter sein als der Puffer des Trenngels und werden mit einer schwachen Säure, deren pK_s-Wert dem gewünschten pH-Wert entspricht, auf den gleichen oder einen etwas über dem pH-Wert des Trenngels liegenden Wert eingestellt. Glycin ist für diesen Zweck gut geeignet.

Die elektrophoretischen Vorgänge dieser Methode werden am leichtesten verständlich, wenn man verfolgt, was beim Anlegen der Spannung passiert. Das Glycin im oberen Pufferreservoir liegt als Zwitterion mit der Gesamtladung Null und als Glycinat mit der Ladung −1 vor:

$$^+NH_3CH_2COO^- \rightleftharpoons NH_2CH_2COO^- + H^+$$

Beim Anlegen des elektrischen Feldes beginnen das Chlorid, die Proteine, das Bromphenolblau und die Glycinat-Anionen in Richtung auf die Anode zu wandern. Wenn aber die Glycinationen in den Probenpuffer und das Sammelgel eintreten, treffen sie einen niedrigen pH-Wert an, der das Gleichgewicht in Richtung auf das formal ungeladene Zwitterion verschiebt. Da die Zwitterionen in der Probe und im Sammelgel nicht wandern, entsteht ein Mangel an beweglichen Ionen, wodurch wiederum der Stromfluß herabgesetzt wird. Um jedoch einen konstanten Strom im gesamten elektrischen System aufrechtzuerhalten, wird die Spannung im Bereich zwischen den führenden Chloridionen und den nachfolgenden Glycinationen erhöht. D.h. in diesem Bereich entsteht ein extrem hoher Spannungs-Abfall zwischen den Chlorid- und Glycinationen, wodurch die relativen Beweglichkeiten vom Glycinat über die Proteine und das Bromphenolblau bis zum Chlorid zunehmen. In dem starken lokalen elektrischen Feld bewegen sich die anionischen Proteine sehr schnell, und da das Sammelgel sehr große Poren besitzt, wird ihre Bewegung nicht behindert. Bevor die Proteine die führenden Chloridionen überholen können, werden sie abgebremst, da überall dort, wo sich die Chloridionen befinden, kein Mangel an sich bewegenden Ionen herrscht und die hohe Feldstärke wieder abnimmt. Die Proteine bewegen sich also so lange schnell vorwärts, bis sie die Zone der Chloridionen erreichen, und werden dann stark abgebremst. Die schnelle Bewegung hinter der Chlorid-Front und die starke Verlangsamung der Proteine beim Erreichen der Front führen zu einer Anhäufung und Konzentrierung der Substanzen in einer schmalen Bande zwischen dem Chlorid und dem Glycinat. Erreichen die Proteine das Trenngel, wird ihre Wanderungsgeschwindigkeit wegen der kleineren Poren des unteren Gels verlangsamt. Die kleinen Glycinationen überholen nun die Proteine. Beim Übergang vom Sammel- zum Trenngel gehen die Glycin-Zwitterionen wieder in den voll geladenen Zustand über, und der Mangel an Ionen wird aufgehoben. Somit besteht ab hier wieder eine konstante Feldstärke im gesamten Gel; die Trennung der Proteine erfolgt genau wie für die

Zonen-Elektrophorese beschrieben. Der Vorteil dieser Methode ist die Konzentrierung der Proteine zu einer engen Bande vor dem Eintritt in das Trenngel. Für die Einstellung verschiedener pH-Werte (3,5–9,5) ist eine Reihe unterschiedlicher Puffersysteme entwickelt worden [7, 8, 4, 34].

6.5 SDS-Gelelektrophorese

Die Gl. 4,6 und 7 zeigten, daß die Beweglichkeit eines Proteins im Acrylamid-Gel sowohl von der Gesamtladung als auch von seiner Größe abhängt. Zwei Proteine können sich trotz unterschiedlicher Molekülgröße mit derselben Geschwindigkeit auf die Anode zu bewegen, wenn ihre Größenunterschiede durch die Ladungen wieder ausgeglichen werden. Aus diesem Grund kann man die Gelelektrophorese mit nur einem Gel von konstanter Porengröße nicht zur Molekulargewichts-Bestimmung heranziehen. Eine kurze Besprechung einer Methode unter Verwendung unterschiedlicher Porengrößen folgt weiter unten. Ein weiterer Nachteil der beschriebenen Elektrophorese-Methoden betrifft die Anzahl der im Gel beobachteten Molekülformen. Eng aneinander, aber nicht kovalent gebundene Moleküle werden gewöhnlich durch die Gelelektrophorese nicht voneinander getrennt. Z.B.

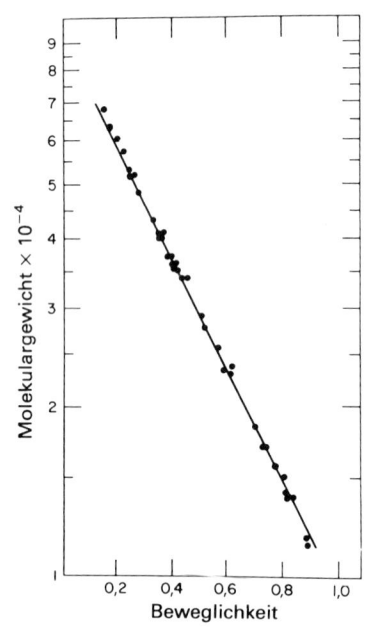

Abb. 6.10 Abhängigkeit des Molekulargewichts von 37 verschiedenen Proteinen zwischen 11000 und 70000 d und ihrer elektrophoretischen Beweglichkeit.
Aus K. Weber und M. Osborn, J. Biol. Chem. *244,* 4406 (1969).

ist das Kernenzym der RNA-Polymerase aus drei nicht identischen Untereinheiten zusammengesetzt, erscheint aber in der Zonen- und Disk-Elektrophorese nur in einer einzigen Bande. Die Anzahl der im Elektrophorese-Gel beobachteten Protein- oder RNA-Banden gibt somit nur die minimale Anzahl der tatsächlich vorkommenden Formen an.

Um dieses Problem zu umgehen, versuchten Shapiro et al. [9] eine Proteinmischung in Anwesenheit von Natriumdodecylsulfat (= Natriumlaurylsulfat, SDS), einem anionischen Detergens, aufzutrennen. Die Ergebnisse dieser Bemühungen veranlaßten Weber und Osborn [10] die Beweglichkeit von über 40 Proteinen in Anwesenheit von SDS zu bestimmen. Dabei machten sie die Beobachtung, daß die Beweglichkeit der Proteine eine lineare Funktion der Logarithmen ihrer Molekulargewichte ist (siehe Abb. 6.10). Es konnte gezeigt werden, daß SDS an die hydrophoben Regionen eines Proteins bindet, wodurch die meisten Proteine in ihre Untereinheiten dissoziiert werden. Durch die Bindung wird eine stark negative Ladung in die denaturierten, nach Zufall geknäulten und gefalteten Polypeptid-Ketten eingeführt. Die starke Ladung überdeckt alle normalerweise vorhandenen Ladungen. Eine exakte Begründung für den Erfolg dieser Methode ist noch unbekannt, sie wird jedoch häufig zur empirischen Bestimmung von Molekulargewichten und den Untereinheiten eines gereinigten Proteins herangezogen. Sie sollte jedoch nicht als universell anwendbar betrachtet werden. Einige Fälle sind bekanntgeworden, wo mit dieser Methode falsche Informationen erhalten wurden. Besonders unzuverlässig sind Bestimmungen bei sehr großen oder Struktur-Proteinen, wie dem Kollagen.

Durch Disulfid-Brücken zusammengehaltene Untereinheiten können durch Erhitzen mit SDS und β-Mercaptoethanol, das die Disulfid-Brücken zu Sulfhydryl-Gruppen reduziert, dissoziiert werden. Eine Blockierung mit entsprechenden alkylierenden Reagenzien verhindert die Wiedervereinigung. Zwar verhalten sich die Beweglichkeiten der Proteine mit Molekulargewichten zwischen 12 000 und 70 000 d wie erwartet, jedoch wurde eine leichte Abweichung vom linearen Ver-

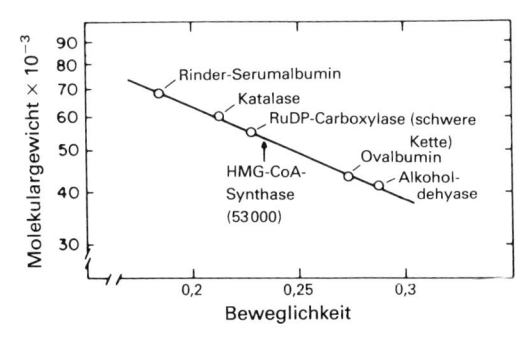

Abb. 6.11 Bestimmung des Molekulargewichts der Untereinheit der HMG-CoA-Synthase aus Mitochondrien durch SDS-Gelelektrophorese.
Aus W. D. Reed, K. D. Clinkenbeard und M. D. Lane, J. Biol. Chem. *250*, 3120 (1975).

lauf der Funktion (Beweglichkeit gegen log Molekulargewicht) bei Proteinen im Bereich von 40 000 bis 200 000 d gefunden. Dies ist möglicherweise jedoch auf eine größere Menge N,N'-Methylen-bisacrylamid bei der Elektrophorese großer Moleküle zurückzuführen. Bei der Molekulargewichts-Bestimmung mit dieser Methode sollten mindestens 3–4 Standard-Proteine mit Molekulargewichten über und unter dem des unbekannten Moleküls mitverwendet werden. Wird das fragliche Protein auf diese Weise eingekreist, erhält man eine lineare Funktion mit einer günstigen Position zur Berechnung des unbekannten Molekulargewichts. Als Beispiel ist in Abb. 6.11 die Molekulargewichts-Bestimmung von HMG-CoA-Synthase (HMG: Hydroxymethylglutaryl-) wiedergegeben.

Einige praktische Tips sind bei der SDS-Gelelektrophorese zu beachten. So dürfen z. B. Kaliumsalze nicht verwendet werden, da Kalium-dodecylsulfat schwer löslich ist. Anstelle von Kaliumsalzen sind Natriumsalze zu benutzen. Auch Natrium-dodecylsulfat ist unterhalb von 10 °C unlöslich. Obwohl nicht ausdrücklich erwähnt, kann auch die Disk-Elektrophorese mit SDS durchgeführt werden. Die Kombination beider Techniken ist von großem Vorteil, wenn das Probenvolumen pro Gel 10–20 µl überschreitet (siehe Studier [11] und Ames [12]). Ein gebräuchliches Puffersystem für die SDS-Elektrophorese wurde von Laemmli [41] entwickelt.

Eine zweite Methode zur Molekulargewichts-Bestimmung wurde von Hedrick und Smith beschrieben [8, 13]. Sie bestimmten die Beweglichkeit eines Proteins in Gelen unterschiedlicher Acrylamid-Konzentration und damit unterschiedlicher Porengrößen. Obwohl diese Technik umständlicher ist als die oben beschriebene, hat sie den Vorteil, die Molekulargewichte von nativen, undissoziierten Proteinen anzugeben. Sie kann auch dazu verwendet werden, Ladungsisomere eines Proteins, wie sie bei der Lactat-Dehydrogenase vorkommen, zu bestimmen.

6.6 Weitere Anwendungen der Gelelektrophorese

6.6.1 Flachbett-Elektrophorese

Die Flachbett-Technik wurde zuerst für die Stärke-Gelelektrophorese angewendet und wurde für die Polyacrylamid-Gele wieder neu eingeführt. Für diesen Typ der Elektrophorese wird das Acrylamid zwischen zwei Glasplatten zu einer flachen, quadratischen oder rechteckigen Scheibe polymerisiert [11, 12]. Zum Auftragen der Proben werden die an einer Seite des Gels durch Anbringen einer Art Plastik-Kammes (siehe Abb. 6.12) vor der Polymerisation entstandenen Taschen benutzt. Nach der Polymerisation wird der Kamm entfernt, und zurückbleiben die Taschen zum Auftragen der Proben. Jede der bisher besprochenen Elektrophorese-Techniken kann anstelle der konventionellen Methode mit Rundgelen auch mit Flachge-

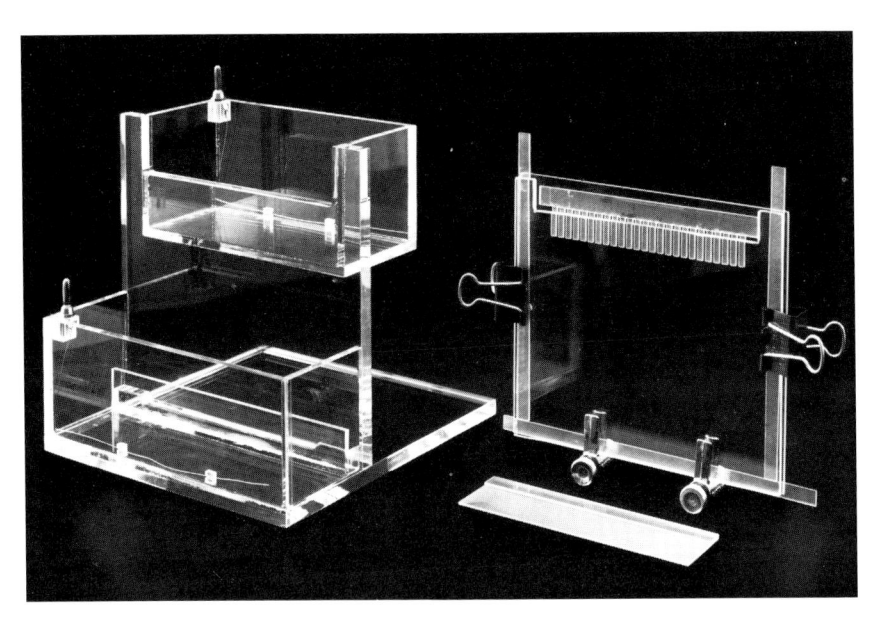

Abb. 6.12 Flachgel-Kammer. Die Glasplatten sind an der Seite und unten mit Abstandshaltern versehen. Von oben ist ein Kamm zur späteren Erleichterung der Probenauftragung eingeführt.
Aus F. W. Studier, J. Mol. Biol. *79*, 237 (1973).

len durchgeführt werden. Der Vorteil der Flachgele ist die gute Vergleichsmöglichkeit einer Reihe nebeneinander aufgetrennter Proben. Die Bedingungen sind für alle Proben innerhalb eines Gels identisch. Abb. 6.13 zeigt die Auftrennung von Proteinen in einem angefärbten Flachgel.

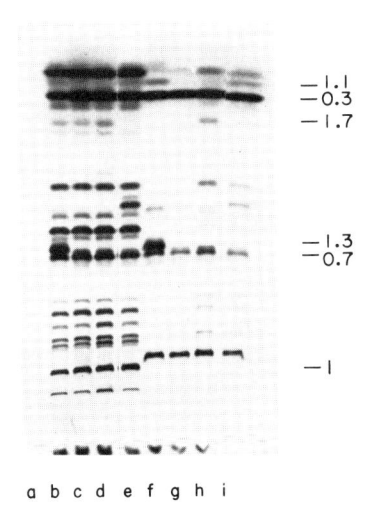

Abb. 6.13 Auftrennung der Proteine des Phagen T7 durch SDS-Flachbett-Gelelektrophorese.
Aus F. W. Studier, J. Mol. Biol. *79*, 237 (1973).

6.6.2 Agarose-Polyacrylamid-Gele

Eine Verbesserung der elektrophoretischen Methoden zur Trennung von Makromolekülen entstand durch die Verwendung von komplexen Gelen aus Agarose und Polyacrylamid. Der Anlaß für die Entwicklung dieser Gele war die Suche nach einer Trennmöglichkeit für Nucleinsäuren mit sehr großem Molekulargewicht (> 200 000 d). Gele mit entsprechend großen Poren enthalten aber so wenig Acrylamid ($\leq 2,5\%$), daß sie noch flüssig sind und so für eine Trennung nicht verwendet werden können. Erst als Peacock und Dingman [14, 15] zur mechanischen Unterstützung des Gels Agarose beimischten, konnten ausreichend feste Gele erhalten werden. Agarose ist ein natürliches, lineares Polysaccharid. Agarose-Polyacrylamid-Gele werden hergestellt, indem man Agarose (0,5% Endkonzentration) in kochendem Wasser löst und es auf 40 °C abkühlen läßt. Bei dieser Temperatur werden die Substanzen für die Polyacrylamid-Gelbildung zugefügt und die Mischung in die gewünschte vorgewärmte Form (Flach- oder Rundgel) gegossen. Beim weiteren Abkühlen verfestigt sich das Gel ähnlich wie Agar. Sehr durchlässige, aber ausreichend stabile Gele können mit Acrylamid-Konzentrationen bis zu 0,5% hergestellt werden. Es ist jedoch wichtig, daß das Acrylamid polymerisiert, bevor sich die Agarose verfestigt. Im umgekehrten Fall bilden sich unregelmäßige Oberflächen, und die Trennung wird schlecht. Agarose-Polyacrylamid-Gele sind gut geeignet für die Auftrennung von RNA bis zu einer Größe von 1×10^6 d und DNA bis zu einer Größe von $3,5 \times 10^6$ d. Obwohl bisher wenig über die Elektrophorese von Nucleinsäuren gesagt wurde, ist ihre Auftrennung und Bestimmung des Molekulargewichts mit Hilfe von Polyacrylamid-Gelen sehr gebräuchlich [14–17]. Beim Arbeiten mit RNA werden die Gele in 99% Formamid anstelle von Wasser hergestellt, um die Aggregation von RNA-Molekülen zu verhindern.

6.6.3 Zweidimensionale Gelelektrophorese

Mit Hilfe der zweidimensionalen Elektrophorese nach O'Farell [37] kann eine Mischung von bis zu 5000 Proteinen hinreichend gut in einzelne Spezies aufgetrennt werden. Bei dieser hochauflösenden Technik wird die Mischung zuerst einer isoelektrischen Fokussierung in einer Gel-Kapillare (1 mm Durchmesser) unterworfen. Die isoelektrische Fokussierung wird in der gleichen Weise durchgeführt wie die Elektrophorese, nur mit dem Unterschied, daß vor der Probenauftragung dem Gel beigefügte Ampholyte elektrophoretisch getrennt werden und dabei einen pH-Gradienten innerhalb des Gels aufbauen (siehe nächsten Abschnitt). Nach Beendigung der isoelektrischen Fokussierung wird das Gel vorsichtig aus der Kapillare entnommen und in eine Flachgel-Apparatur (nach Studier) überführt wie in Abb. 6.14 gezeigt. Mit der Probe wird nun eine SDS-Gelelektrophorese durchgeführt, die die Substanzen nach ihrem Molekulargewicht auftrennt. Da der isoelektrische Punkt und das Molekulargewicht eines Proteins in keiner Beziehung zuein-

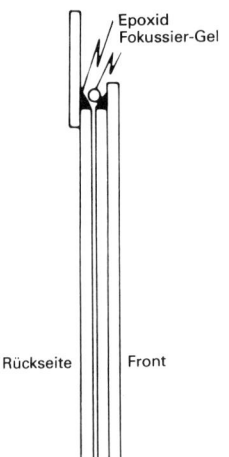

6.6 Weitere Anwendungen der Gelelektrophorese   195

Querschnitt der
zusammengesetzten Platten

Epoxid
Fokussier-Gel

Rückseite   Front

Abb. 6.14 Anordnung zur zweidimensionalen Auftrennung von Proteinen. Zuerst werden die Substanzen durch isoelektrische Fokussierung getrennt. Das Rundgel wird dann auf ein Flachgel gelegt, und die Proteine werden nun durch Gelelektrophorese weiter aufgetrennt.
Aus P. H. O'Farrell, J. Biol. Chem. *250*, 4007 (1975).

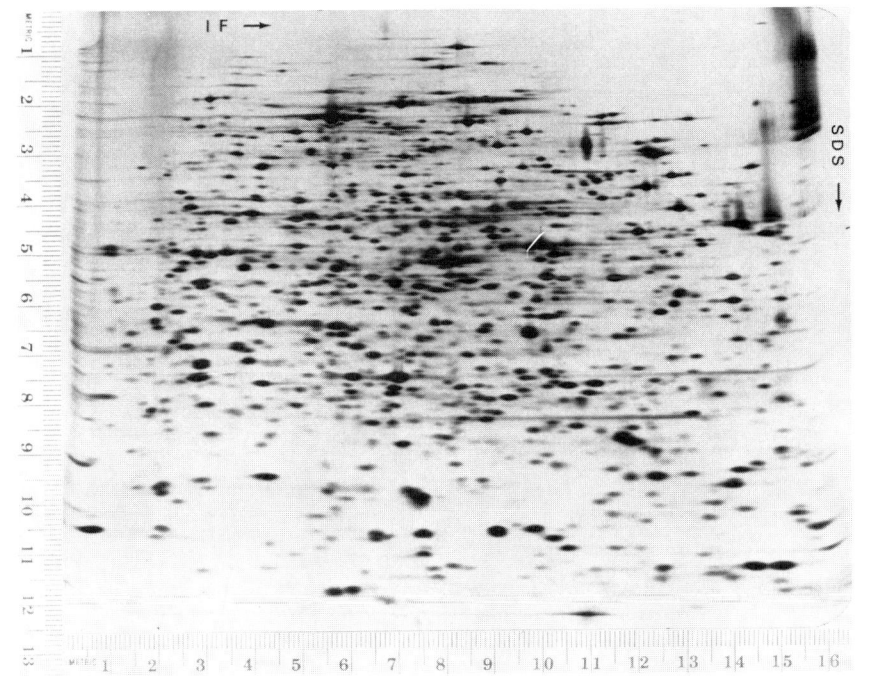

Abb. 6.15 Auftrennung der löslichen E. coli-Proteine durch zweidimensionale Elektrophorese. Die Proteine wurden zuerst in horizontaler Richtung durch isoelektrische Fokussierung und anschließend in senkrechter Richtung durch SDS-Flachbett-Gelelektrophorese aufgetrennt.
Aus P. H. O'Farrell, J. Biol. Chem. *250*, 4007 (1975).

ander stehen, ist es möglich, eine gleichmäßige Verteilung von Proteinen in zwei Dimensionen mit diesen Parametern zu erhalten. Abb. 6.15 zeigt eine Autoradiographie von löslichen E. Coli-Proteinen, die auf diese Weise getrennt wurden. Kürzlich konnten auch Doppelmarkierungs-Experimente mit der zweidimensionalen Gelelektrophorese nach der Methode von Nelson und Metzenberg durchgeführt werden [42].

6.7 Isoelektrische Fokussierung

Von Reinhard Neumeier

Wie schon in Kap. 4 beschrieben, sind alle Proteine Ampholyte, d.h. sie besitzen positiv und negativ geladene Gruppen. Ihre Gesamtladung setzt sich aus der Summe ihrer negativen und positiven Ladungen zusammen. Wie bei allen Ampholyten hängt die Gesamtladung vom pH-Wert der Umgebung ab. Die negativen Ladungen eines Proteins sind hauptsächlich auf Carbonsäure-Reste zurückzuführen (Asparginsäure, Glutaminsäure), die bei alkalischem Milieu negative Ladungen tragen:

$$R-COOH + OH^- \rightleftharpoons R-COO^- + H_2O$$

Bei saurem pH-Wert sind diese Gruppen ungeladen

$$R-COO^- + H^+ \rightleftharpoons R-COOH$$

Die positiven Gruppen eines Proteins sind meist auf die Aminosäuren Arginin, Histidin und Lysin zurückzuführen. Sie tragen freie Aminogruppen, die im Sauren ein Proton aufnehmen und positiv geladen werden. Im Alkalischen dissoziiert das Proton wieder ab, und die Gruppe ist ungeladen:

$$R-NH_2 + H^+ \rightleftharpoons R-NH_3^+$$
$$R-NH_3^+ + OH^- \rightleftharpoons R-NH_2 + H_2O$$

Für jedes Protein existiert ein ganz bestimmter pH-Wert, bei dem es genauso viele positive wie negative Ladungen besitzt, d.h. seine Gesamtladung gleich Null ist. Diesen pH-Wert nennt man den isoelektrischen Punkt eines Proteins. Da die Zusammensetzung der Aminosäuren (Primärstruktur) jedes Proteins unterschiedlich ist, sind auch die isoelektrischen Punkte der Proteine unterschiedlich (siehe Tab. 6.2). Eine größere Anzahl isoelektrischer Punkte von Proteinen findet man in [43].

Die isoelektrische Fokussierung (IF) ist eine biochemische Trennmethode, die eine Trennung aufgrund unterschiedlicher isoelektrischer Punkte (pI) bewirkt. Vom Prinzip her ist sie eine Elektrophorese in einem pH-Gradienten. Sie wurde ursprünglich für präparative Zwecke entwickelt. Die Fraktionierung wurde in Säu-

Tab. 6.2 Isoelektrische Punkte einiger Proteine.

Protein	pI
Pepsin	2,9
Fetuin	3,5
β-Lactoglobulin	5,4
Myoglobin	7,6
Cytochrom	9,8
Lysozym	11,0

len mit Zucker-Dichtegradienten zur Stabilisierung des pH-Gradienten und der fokussierten Protein-Banden durchgeführt. Diese Methode war jedoch nicht nur sehr zeitaufwendig, sondern hatte auch verschiedene andere Nachteile, z.B. isoelektrische Präzipitation und starke Diffusion der fokussierten Banden während der Elution der Säule ohne elektrisches Feld. Die routinemäßige Anwendung der isoelektrischen Fokussierung wurde erst mit der Anwendung besserer Stabilisierungs-Medien, wie Polyacrylamid und Sephadex, möglich. Heute sind sowohl die analytischen als auch die präparativen Methoden der IF so weit standardisiert, daß Trennungen von Proteinen mit pI-Unterschieden bis zu 0,01 pH-Einheiten möglich sind. Diese gute Auftrennung wird von anderen Methoden, die ebenfalls auf der Basis von Ladungsunterschieden arbeiten, wie der Elektrophorese oder Ionenaustausch-Chromatographie, kaum erreicht.

6.7.1 Herstellung und Stabilisierung des pH-Gradienten

Einen pH-Gradienten könnte man einfach durch Diffusion zweier Puffer mit unterschiedlichem pH-Wert gegeneinander oder durch Mischen der beiden Puffer mit einem Gradienten-Former erhalten. Jedoch wäre ein solcher Gradient in einem elektrischen Feld nicht stabil. Die Ionen des Puffers würden ebenfalls im elektrischen Feld wandern und den Gradienten zerstören. Einen stabilen pH-Gradienten erhält man aber, wenn man eine Mischung synthetischer, niedermolekularer Polyampholyte (aliphatische Polyamino-polycarbonsäuren) in Wasser löst und die Mischung in eine Trägermatrix wie Polyacrylamid „einbettet". Diese Stoffe decken je nach Zusammensetzung einen bestimmten Bereich von isoelektrischen Punkten ab. Vor dem Anlegen des elektrischen Feldes ist der pH-Wert der Mischung gleich dem Mittel aller Polyampholyte in Lösung. Beim Anlegen des Feldes beginnen die Ampholyte in der Matrix zu wandern. Der Ampholyt mit dem niedrigsten pI ist zugleich der am negativsten geladene. Er wird zur Anode wandern und an einer Stelle stehenbleiben, wo seine Gesamtladung gleich Null wird. Dieser Punkt liegt der Anode sehr nahe. Wegen der hohen Pufferkapazität der Ampholyte wird in der Umgebung ein pH-Wert aufgebaut, der dem pI dieses Ampholyten entspricht. Der Ampholyt mit dem zweitniedrigsten pI wird ebenfalls in Richtung

198   6. Elektrophorese

Anode wandern, aber nicht den Bereich des ersten überschreiten. Genauso verhalten sich auch alle anderen Ampholyte. Jedes Molekül bleibt an der Stelle des selbst-etablierten pH-Gradienten stehen, der seinem eigenen isoelektrischen Punkt entspricht. Der Gradient wird immer seinen niedrigsten pH-Wert an der Anode und den höchsten an der Kathode haben.

Heute wird die isoelektrische Fokussierung überwiegend für analytische Zwecke verwendet. Die Ampholyte werden in Flachgele einpolymerisiert, auf denen gleichzeitig mehr als 20 Proben aufgetrennt werden können. Ampholyte sind im pH-Bereich von 2,5 bis 10,0 erhältlich (Ampholine, LKB). Der flachste pH-Gradient innerhalb eines Gels erstreckt sich über 1,5 pH-Einheiten, der steilste über 6 pH-Einheiten. Für verschiedene Bereiche sind fertige Gele mit Ampholyten erhältlich.

6.7.2 Trennprinzip

Ist der Gradient stabilisiert, kann die Probelösung aufgetragen werden. Hat man z.B. einen Gradienten von pH 3,5–10 sowie ein Protein mit pI 8,0 und trägt die Probelösung in der Nähe der Anode auf, so besitzt das Protein hier positive La-

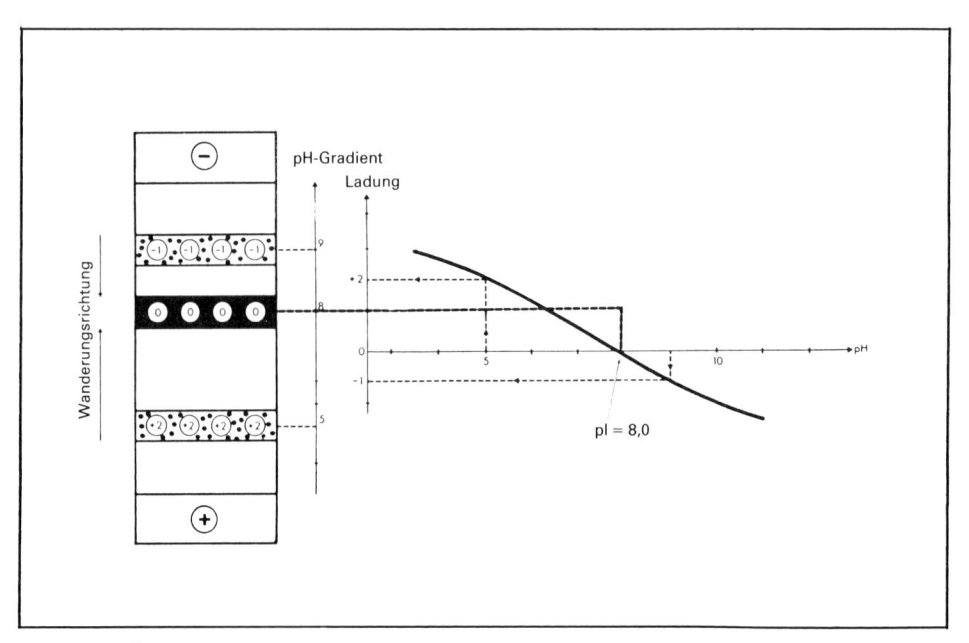

Abb. 6.16 Änderung der Ladung eines Proteins (pI 8,0) bei der Wanderung im pH-Gradienten eines Fokussier-Gels. Das in der Nähe der Kathode (−) aufgetragene Protein wandert in Richtung Anode, wobei sich seine Ladung verringert. Bei pH 8,0 besitzt es keine Ladung mehr und fokussiert. Analog dazu wandert das nahe der Anode (+) aufgetragene Protein im pH-Gradienten in Richtung Kathode, bis es bei pH 8,0 keine Ladung mehr besitzt und ebenfalls dort liegen bleibt (mit Genehm. d. LKB-Produkter, Schweden).

dung (+2 in Abb. 6.16). Der pH-Wert an der Stelle ist ungefähr 5. Das Protein wird in Richtung Kathode zu wandern beginnen. Im Diagramm in Abb. 6.16 ist abgebildet, wie sich die Ladung mit zunehmenden pH-Wert verringern wird. Z. B. beträgt sie bei pH 7 nur noch +1. Wenn das Protein pH 8 erreicht hat, ist seine Ladung gleich Null, und es hört auf weiterzuwandern und fokussiert bei pH 8,0. Wird es andererseits nahe der Kathode aufgetragen, wird es eine negative Ladung haben (−1 bei pH 9). Es wird jetzt in Richtung auf die Anode wandern. Auch in diesem Fall wird die Ladung abnehmen und bei pH 8,0 gleich Null werden. D. h. es ist gleichgültig, an welcher Stelle die Probe aufgetragen wird, das Protein wird an die Stelle seines isoelektrischen Punktes wandern und dort fokussieren. Wenn es beginnt, von dort wegzudiffundieren, wird es wieder geladen und fokussiert erneut. Mit der IF sind somit zugleich Trennung, Konzentrierung und Informationen über den pI des betrachteten Proteins zu erhalten.

6.7.3 Analytische und präparative isoelektrische Fokussierung

Eine Apparatur für die Flachgel-Fokussierung ist in Abb. 6.17 dargestellt. Sie besteht aus einem Schutzkasten, einer Kühlplatte, einer Glasplatte mit dem aufgelegten Fokussier-Gel und den Elektrodenstreifen, die den Kontakt zwischen den

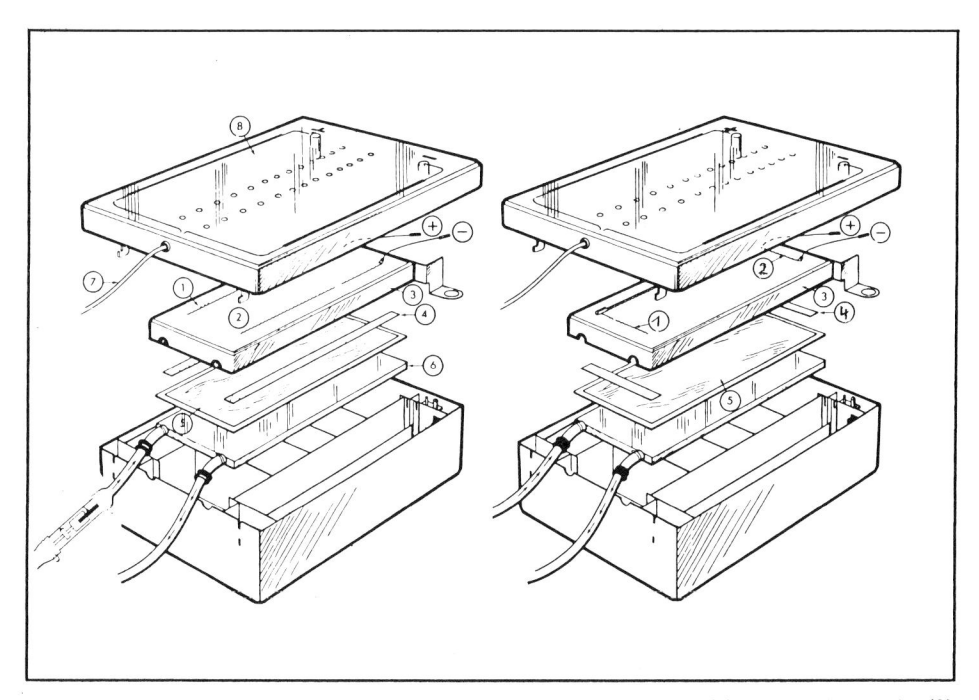

Abb. 6.17 Apparatur für die isoelektrische Fokussierung in Flachgelen. (1) Platindraht-Anode; (2) Platindraht-Kathode; (3) Abdeckplatte; (4) Elektrodenstreifen, die für den Kontakt zwischen Gel und Elektrodendraht sorgen; (5) Trägerplatte mit Fokussier-Gel; (6) Kühlplatte; (7) Hochspannungskabel und (8) Schutzdeckel (mit Genehm. d. LKB-Produkter, Schweden).

Platindrähten (Elektroden) in der Abdeckplatte und dem Gel herstellen, und schließlich dem Schutzdeckel. Kleine saugfähige Papierstückchen werden in die Probenlösung getaucht und auf das Gel gelegt. Die Proteine diffundieren aus dem Papier in das Gel und werden dort fokussiert. Das Papier kann später entfernt werden. Den pH-Gradienten kann man entweder mit einer Oberflächen-pH-Elektrode entlang einer Linie zwischen Kathode und Anode messen, oder man zerschneidet einen Streifen des Gels in gleichgroße Anschnitte und eluiert die Ampholyte mit Wasser und mißt den pH-Wert der Lösung. Eine dritte Möglichkeit sind Marker-Proteine mit bekanntem pI, die als Standards mitlaufen.

Die gleiche Apparatur kann auch für präparative Zwecke mit einer Trennkapazität bis in den Gramm-Bereich verwendet werden. Anstelle eines polymerisierten Gels wird ein granuliertes Gel (Sephadex G-75 Superfine) mit einer Ampholyt-Lösung verrührt und in eine flache Schale gegossen. Die richtige Vorbereitung des Gels ist von entscheidendem Einfluß auf den Erfolg der Trennung. Das Gel muß homogen sein und darf nicht zu feucht oder zu trocken sein. Eventuell vom Hersteller nicht entfernte Verunreinigungen müssen entfernt werden, da sie den pH-Gradienten stören können. Die Probe kann entweder sofort mit in das Gel eingerührt werden. Dies ist besonders günstig bei einem großen Probenvolumen. Ist die Probe jedoch labil und wird sie bei bestimmten pH-Werten denaturiert, ist es besser, sie erst nach Etablierung des pH-Gradienten aufzutragen. Die optimale Auftragungsmethode kann unter analytischen Bedingungen vorbestimmt werden. Zur optischen Wiedergabe der Proteinbanden wird nach der Trennung ein trockenes Stück Filtrierpapier auf das Gel gelegt. Nach 2 Minuten sind genug Proteine in das Papier diffundiert, um sie gut anfärben zu können. Anschließend zerteilt man das Gel, indem man ein Stahlgitter hineindrückt und die einzelnen Fraktionen mit einem Spatel in mit Glaswolle verschlossene Injektionsspritzen überführt. Die Proteine lassen sich dann mit einem Puffer gut eluieren. Nach der Dialyse, bei der die Ampholyte entfernt werden, lassen sich die Absorption bzw. Protein-Konzentration und Enzym-Aktivität der einzelnen Fraktionen bestimmen.

6.8 Nachweis von Makromolekülen in Elektrophorese-Gelen

Die breite Anwendung der elektrophoretischen Technik machte die Entwicklung von Methoden notwendig, um die aufgetrennte Makromoleküle im Polyacrylamid-Gel sichtbar zu machen. Einige dieser Methoden sollen kurz beschrieben werden.

6.8.1 Färbung mit Coomassie-Brillantblau

Das gebräuchlichste Protein-Färbemittel ist Coomassie-Blau (oder Coomassie-Brillantblau). Dieser Farbstoff hat wegen seiner größeren Empfindlichkeit besonders in Anwesenheit von SDS das früher verwendete Amido-Schwarz ersetzt. Zur

Durchführung der Färbung muß das Protein vorher über Nacht in mindestens der 10fachen Volumenmenge 20%iger Sulfosalicylsäure fixiert werden. Nach der Fixierung wird das Gel in einer 0,25%igen, wäßrigen Lösung von Coomassie-Blau gefärbt. Die Dauer der Färbung hängt von der Gel-Konzentration ab. 2 Stunden werden für ein 5%iges Gel benötigt, für ein 10%iges etwa doppelt so lange. Bei zu starker Färbung bleibt zwischen den Protein-Banden eine Untergrundfärbung zurück. Ein Überschuß des Farbstoffs wird durch mehrmaliges Waschen des Gels mit 7%iger Essigsäure bei 37°C entfernt.

Eine häufig angewendete Modifikation dieser Methode ist das gleichzeitige Färben und Fixieren des Proteins. Dazu legt man das Gel für 2 bis 10 Stunden in eine Lösung von 1,25 g Coomassie-Blau in einer Mischung aus 454 ml 50%igem Methanol und 46 ml Eisessig. Die Färbelösung muß vor der Verwendung filtriert werden (Whatman Nr. 1 Papier, o. ä.). Das Entfärben geschieht durch wiederholtes Waschen in einer Mischung aus Eisessig, Methanol und Wasser.

Die Gele können auch elektrophoretisch entfärbt werden. Die Gele werden dazu in die Gel-Röhrchen zurückgesteckt und ein zweites Mal mit einer etwas höheren Puffer-Konzentration einer Elektrophorese unterworfen. Es sind auch Geräte erhältlich, die eine seitliche Elektrophorese erlauben und so die Zeit für die Entfärbung wesentlich herabsetzen. Die Vorteile der elektrophoretischen Entfärbung sind 1. die kurze Zeit, die dafür aufgebracht werden muß, und 2. die Herabsetzung der Untergrundfärbung zwischen den Protein-Banden im Vergleich mit der Waschmethode. Unabhängig von der Methode des Entfärbens werden die Gele in 7–7,5%iger Essigsäure aufbewahrt.

6.8.2 Fluoreszenz-Färbung

Die relativ lange Zeit bis zum sichtbaren Nachweis der Proteine durch Coomassie-Blau veranlaßte zu einer Suche nach schnelleren, empfindlichen Methoden zur Erkennung von Proteinen. Zwei erfüllen möglicherweise diesen Zweck. Bei der ersten, empfindlicheren Methode wird Fluorescamin verwendet [18, 19]. Dieses nicht-fluoreszierende Molekül reagiert spezifisch mit primären Aminen unter Bildung eines fluoreszierenden Produkts (Abb. 6.18). Die Färbung kann entweder

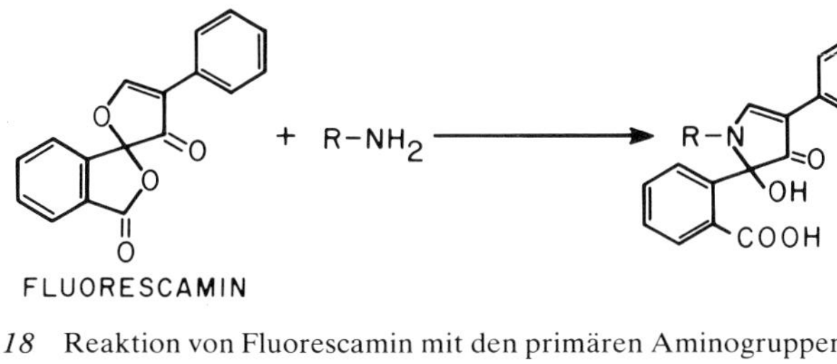

Abb. 6.18 Reaktion von Fluorescamin mit den primären Aminogruppen der Aminosäuren.

nach der Trennung der Proteine erfolgen oder vor der Elektrophorese, wenn SDS-enthaltende Gele verwendet werden. Obwohl ein direkter Zusammenhang zwischen der beobachteten Stärke der Fluoreszenz und der Anzahl der primären Aminogruppen besteht, kann daraus keine quantitative Protein-Bestimmung abgeleitet werden. Der Grund dafür sind die unterschiedliche Menge von Lysin in den Proteinen und die Tatsache, daß die Fluoreszenz mit der Zeit abnimmt. Ein zusätzliches Problem tritt auf, wenn Fluorescamin vor einer SDS-Elektrophorese mit einem kleinen Protein reagiert, das viele Lysin-Reste enthält. Die kovalente Bindung des Fluorescamins verändert das Molekulargewicht des Proteins. Unter diesen Bedingungen sind Molekulargewichts-Bestimmungen nicht eindeutig.

Die zweite Fluoreszenz-Methode ist weniger empfindlich (20 µg). Das Magnesiumsalz des Anilinonaphthalin-sulfonats (ANS) ist in Wasser nicht fluoreszierend, beginnt jedoch kräftig zu fluoreszieren, wenn es in organischen Lösungsmitteln gelöst oder an hydrophobe Regionen der Proteinoberfläche angelagert wird. Vor der Färbung wird die Oberfläche der Proteine denaturiert, indem man das Gel für 2–5 Minuten in 3 N HCl inkubiert [20]. Anschließend wird das Gel in eine gepufferte Lösung des Farbstoffes überführt. Ein Vorteil der Methode ist, daß sie auch ohne Denaturierung auskommt. Auf diese Weise können Proteine lokalisiert werden und in aktiver Form isoliert werden. Jedoch ist ohne die Säure-Denaturierung die Empfindlichkeit um das 10–20fache herabgesetzt.

6.8.3 Nachweis mittels enzymatischer Reaktionen

Die spezifischste Färbemethode ist die Lokalisierung von Enzymen im Polyacrylamid-Gel mit enzymatischen Reaktionen. Meist wird dazu eine enzymatisch katalysierte Reaktion direkt oder indirekt mit einer chemischen Reaktion verbunden, bei der stark gefärbte, unlösliche Produkte entstehen. Durch die Verwendung von Tetrazolium-Salzen wurde die Anzahl der mit dieser Methode erfaßbaren Enzyme stark erweitert. Referenz [21] gibt einen guten Überblick über in einem Polyacrylamid-Gel durchführbare Enzymreaktionen.

Am Beispiel der Lactat-Dehydrogenase (LDH) soll die Färbetechnik illustriert werden (siehe auch experimentellen Teil). Das Enzym katalysiert die Oxidation des Lactats zu Pyruvat (Abb. 6.19). Das dabei ebenfalls gebildete NADH kann zusammen mit dem Elektronenüberträger Phenazinmethosulfat (PMS) den Farbstoff Nitroblau-Tetrazolium (NBT) chemisch reduzieren. Dabei wird das gelbe Tetrazolium-Salz in das intensiv blaugefärbte, unlösliche Formazan überführt. Enthält ein Gel LDH und wird dieses Gel in einer Lösung von Lactat, NAD, PMS und NBT inkubiert, entsteht an den Stellen der Enzymaktivität ein intensiv blaugefärbtes Präzipitat.

Der Vorteil dieser Methode ist ihre Schnelligkeit und die Spezifität, mit der ein bestimmtes Enzym sichtbar gemacht werden kann. Es treten jedoch zwei Probleme auf. Erstens die Möglichkeit einer unspezifischen Färbung. Z. B. führt jedes Pro-

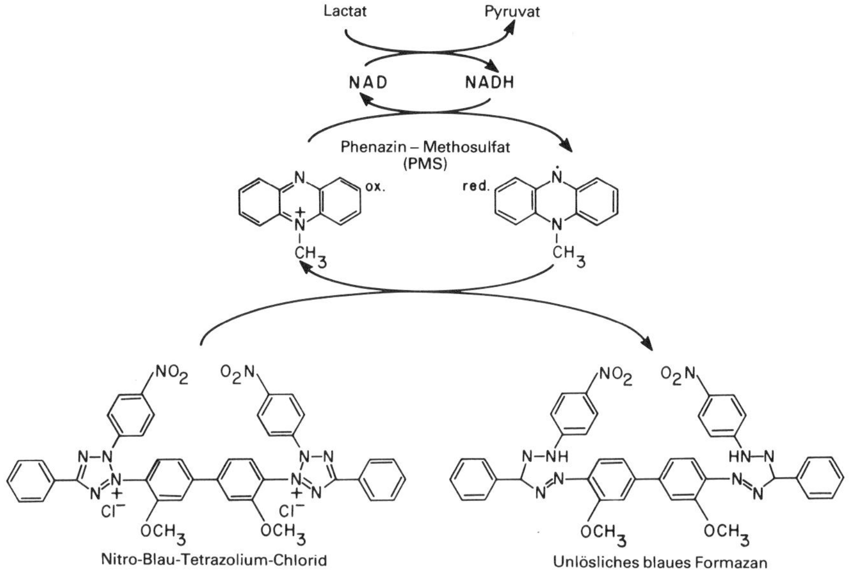

6.8 Nachweis von Makromolekülen in Elektrophorese-Gelen   203

Abb. 6.19 Kopplung der Oxidation von Lactat mit der Reduktion von p-Nitroblau-Tetrazoliumchlorid.

tein, das Elektronen auf PMS übertragen kann, zu einer Reduktion des Tetrazolium-Salzes und wird dann fälschlich als LDH angesehen. Der sicherste Weg, dieses Problem zu umgehen, ist die Herstellung von zwei identischen Gelen, von denen eins wie beschrieben mit einer Färbelösung gefärbt wird, die Lactat enthält, während das andere mit einer Färbelösung ohne Lactat, aber allen anderen Komponenten behandelt wird. Jede Formazan-Bildung im zweiten Gel ist mit großer Wahrscheinlichkeit nicht auf die LDH zurückzuführen. Das zweite Problem ist die Lebensdauer eines gefärbten Gels. Wird die Färbung nicht unterbrochen, nachdem die Enzym-Banden erschienen sind, ist bald das ganze Gel mit Formazan-Präzipitaten überdeckt. Obwohl die unspezifische Färbung durch Auswaschen des Gels herabgesetzt werden kann, ist es doch ratsam, eine dauerhafte Form der Dokumentation, wie eine Fotografie oder ein Densitometer-Diagramm, anzufertigen.

6.8.4 Andere Färbemethoden

Zusätzlich zu den bisher beschriebenen Färbungen sind eine große Anzahl anderer Methoden bekannt. Glykoproteine können mit Alcian-Blau [22], DNA mit Ethidiumbromid [23] und RNA mit Methylenblau [14] oder Pyronin [16] gefärbt werden. Ein relativ neuer Farbstoff trägt den vielversprechenden Namen „Allesfärber" (engl. stainsall). Er kann die meisten Makromoleküle anfärben und ist ein kationisches Carbocyanin: RNA wird blaurot, DNA blau, Proteine rot, saure Mu-

204   6. Elektrophorese

copolysaccharide zwischen blau und rotblau und Phosphoproteine blau angefärbt [24]. Er ist zur Zeit der gebräuchlichste Farbstoff für RNA.

6.8.5 Bestimmung radioaktiver Makromoleküle

Als Nachteil aller Färbemethoden wird bisweilen das Fehlen einer quantitativen Möglichkeit der Auswertung angesehen. Dies wird erst möglich, wenn die untersuchten Substanzen radioaktiv markiert sind. Zusätzlich zur quantitativen Auswertung hat die Kombination von radiochemischen und elektrophoretischen Techniken die Untersuchung von Stoffwechselwegen der biologischen Makromoleküle und ihrer Kontrolle wesentlich erleichtert. Nach der elektrophoretischen Auftrennung radioaktiver Substanzen können diese auf drei verschiedenen Wegen lokalisiert werden. Die älteste Methode ist die Autoradiographie. Dazu wird aus den Rundgelen mit einer von Fairbanks et al. beschriebenen einfachen Apparatur ein

Abb. 6.20 Gelschneider zum Zerschneiden von Gelen in Scheibchen von 1 mm Dicke (mit Genehm. der Bio-Rad Laboratories, Richmond, Calif.).

flaches Scheibchen in Längsrichtung herausgeschnitten [25]. Das Scheibchen wird dann auf poröses Polyethylen oder einfaches Filterpapier gelegt und im Vakuum getrocknet. Dabei schrumpft das Gel zu einem cellophanartigen Material zusammen. Zur Autoradiographie wird das getrocknete Gel auf einen Röntgenfilm gelegt und zwischen zwei Platten mit dem Film zusammengepreßt. Nach entsprechender Expositionsdauer wird der Röntgenfilm entwickelt. Stellen, die Kontakt mit radioaktiven Substanzen hatten, sind schwarz gefärbt. Die Methode ist billig und zum qualitativen Vergleich der Gele gut geeignet. Eine quantitative Bestimmung ist jedoch umständlich und nicht sehr genau, falls nicht besondere Vorsichtsmaßnahmen getroffen werden (siehe [39]).

Für eine genaue quantitative Bestimmung muß das Gel in kleine Stückchen geschnitten und die Radioaktivitäts-Menge pro Stückchen in einem Szintillations-Zähler bestimmt werden. Das billigste Gerät zum Zerteilen der Gele ist in Abb. 6.20 dargestellt. Es besteht aus einer Reihe von Rasierklingen mit metallischen Abstandshaltern dazwischen. Normalerweise wird nur ein Abstandshalter zwischen zwei Klingen eingelegt, so daß Gelscheibchen von 1 mm Dicke entstehen. Die zu analysierenden Gele werden gefroren und in einen Halter aus einem längs

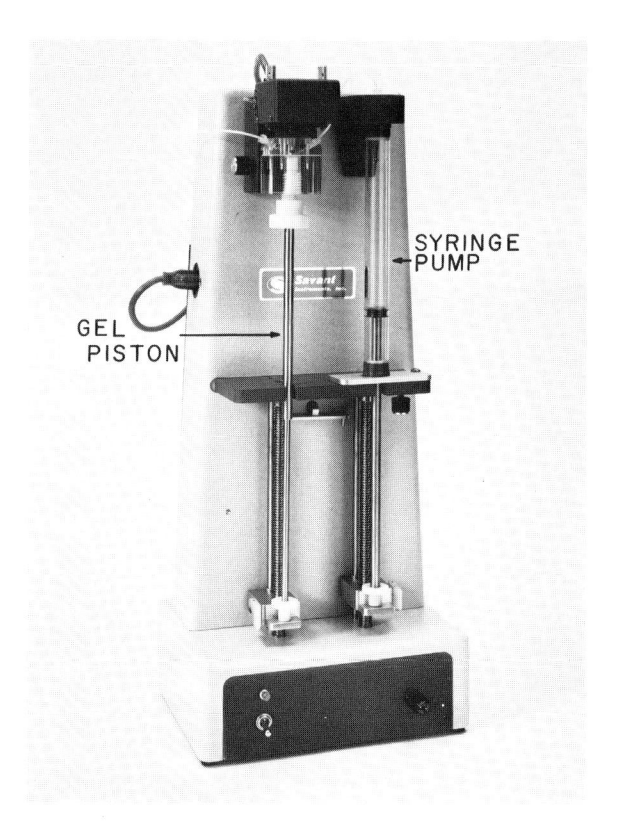

Abb. 6.21 Automatischer Gelteiler zur Suspendierung eines Gels in einem Pufferstrom (mit Genehm. der Savant Instruments, Inc., Hicksville, N.Y.).

aufgeschnittenen und auf einen Metallblock befestigten Plastikschlauch gelegt. Dadurch kann das Gel während des Schneidens nicht verrutschen. Nachdem das Gel in 100 × 1 mm dicke Scheibchen geschnitten ist, werden die Stückchen zwischen den Rasierklingen mit einer feinen Pinzette herausgenommen und in Szintillations-Röhrchen überführt. Vor der Radioaktivitäts-Bestimmung muß das Gel aufgelöst werden. Dies geschieht durch Inkubation der Polyacrylamid-Scheibchen in 30%igem Wasserstoffperoxid oder einer quarternären Base wie Soluen oder Protosol (Lieferant: Packard, S. 396) bei 37°C für 12–16 Stunden. Danach kann die Zählung beginnen. Die Methode wird dadurch eingeschränkt, daß Wasserstoffperoxid ein stark oxidierendes und löschendes (Quench-)Agenz ist. Eine Möglichkeit, seine Anwendung zu umgehen, besteht darin, N,N'-Methylen-bisacrylamid durch die gleiche molare Menge an N,N'-Diallyltartardiamid (DATD; Abb. 6.1) zu ersetzen. Diese Änderung macht es möglich, das Gel bei Raumtemperatur innerhalb von 2–3 Stunden in 2%iger Perjodsäure zu lösen. Perjodsäure besitzt in den meisten Szintillations-Cocktails keinen wesentlichen Quench-Effekt und oxidiert die Probe nicht. Allerdings braucht man zur vollständigen Polymerisation eines Gels mit DATD zwei- bis dreimal länger, und eine Gel-Konzentration unter 10% ergibt keine lineare Abhängigkeit zwischen der Beweglichkeit und dem Logarithmus des Molekulargewichts [26]. Bei Gel-Konzentrationen oberhalb von 10% können jedoch die gleichen Ergebnisse erwartet werden wie bei den Bisacrylamid-Gelen.

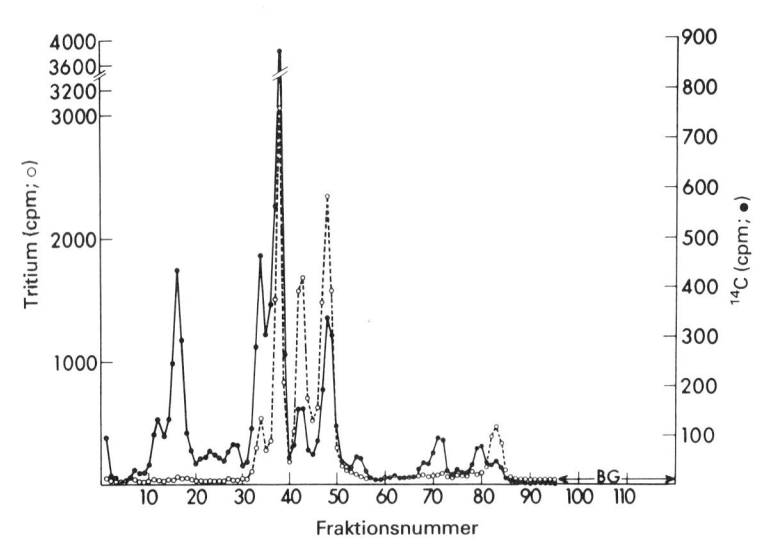

Abb. 6.22 Durch Polioviren induzierte Proteine im Cytoplasma infizierter HeLa-Zellen. Die Proteine wurden durch SDS-Gelelektrophorese aufgetrennt und das Gel anschließend mit einem automatischen Gelteiler der fraktioniert. (o) Verteilung Tritium-enthaltender Proteine aus infizierten Zellen, markiert unter Bedingungen, unter denen nur Virus-spezifische Proteine gebildet werden konnten. (•) Verteilung der ^{14}C-markierten gereinigten Virionen.
Aus Summers et al. Proc. Natl. Acad. Sci. US *54*, 505 (1965).

Ein praktisches Gerät zur Fraktionierung von Gelen ist in Abb. 6.21 abgebildet. Das Gel wird in ein Röhrchen an der linken Seite der Apparatur gesteckt und dann mit einem Stempel durch eine feine Öffnung am Ende des Röhrchens herausgedrückt. Hat das zerquetschte Gel die Öffnung verlassen, wird es durch einen Pufferstrom, den eine Pumpe (rechte Seite) an der Öffnung vorbeidrückt, weggewaschen. Das Ergebnis ist ein Strom von zerquetschen und verdünnten Teilchen, der genau die Änderung in der Zusammensetzung des Gels widerspiegelt. Der Strom wird in einem Fraktionssammler aufgefangen und entsprechend den 1 oder 2 mm starken Gelscheibchen in Szintillations-Röhrchen abgefüllt. 1 ml Wasser wird hinzugegeben und der Inhalt der Zählröhrchen eingefroren und wieder aufgetaut, um die Elution der Probe aus dem Gel zu erleichtern. Schließlich wird der wäßrige Szintillations-Cocktail zugegeben und die Radioaktivität bestimmt. Die Gelpartikelchen sind zwar nicht gelöst, stören aber die Zählung nicht, da sich die radioaktiven Substanzen nicht mehr im Gel, sondern in der Lösung befinden. Diese Methode, wie auch das Zerschneiden des Gels, ergeben eine sehr gute Auftrennung der radioaktiven Substanzen wie in Abb. 6.22 illustriert.

6.9 Experimenteller Teil

6.9.1 Zonen-Elektrophorese

1. Lösung A: (Gel-Puffer): 7,8 g $NaH_2PO_4 \cdot H_2O$, 18,6 g Na_2HPO_4 (oder 38,6 g $NaHPO_4 \cdot 7\ H_2O$) und 2,0 g Natriumdodecylsulfat werden in dest. Wasser gelöst. Das Endvolumen beträgt 1 l. Der pH-Wert der Lösung ist 7,2.
2. Lösung B: (Acrylamid): 22,2 g umkristallisiertes Acrylamid und 0,6 g N,N'-Methylen-bisacrylamid werden in dest. Wasser gelöst. Das Endvolumen beträgt 100 ml. Die Lösung wird in einer braunen Flasche bei 4°C aufbewahrt. Lösungen, die älter als einen Monat sind, ergeben schlechte Gele und werden verworfen. Acrylamid ist ein starkes, kumulativ wirkendes Nervengift, das leicht über die Lungen oder die Haut aufgenommen wird. Man vermeide, unpolymerisiertes Acrylamid einzuatmen oder mit ihm in Kontakt zu kommen. Umkristallisiertes Acrylamid kann käuflich erworben oder nach folgender Vorschrift hergestellt werden: 70 g Acrylamid werden bei 50°C in 1 l Chloroform gelöst. Die Lösung wird heiß filtriert und auf −20°C abgekühlt, damit das Acrylamid auskristallisiert. Die Kristalle isoliert man durch Filtration über einen gekühlten Büchner-Trichter, wäscht mit kaltem Chloroform und/oder Hexan (−20°C) und trocknet anschließend. Eine ausführliche Diskussion der Reinigung der für die Elektrophorese verwendeten Reagenzien findet man in [35] und [36].
3. Lösung C (Ammoniumperoxodisulfat): Die Lösung wird kurz vor Gebrauch

durch Lösen von 35 mg Ammoniumperoxodisulfat in 10 ml dest. Wasser hergestellt.
4. Der Reservoirpuffer wird durch Verdünnen von Lösung A im Verhältnis 1:1 mit dest. Wasser hergestellt.
5. Die Lösung des Farbstoffmarkers besteht aus 5,0 mg Bromphenolblau in 10 ml dest. Wasser (0,05%).
6. Färbelösung: 1,25 g Coomassie-Blau werden in einer Mischung aus 227 ml dest. Wasser, 227 ml Methanol und 46 ml Eisessig hergestellt (5:5:1). Ist der Farbstoff vollständig gelöst, wird die Lösung durch einen Whatman-Filter (Nr. 1) filtriert.
7. Entfärbelösung: 875 ml dest. Wasser werden mit 50 ml Methanol und 75 ml Eisessig vermischt.
8. Die Lösung zur längeren Aufbewahrung der Gele besteht aus einer Mischung von 7,5 ml Eisessig und 92,5 ml Wasser.
9. Vor der Herstellung des Gels werden alle Lösungen auf Zimmertemperatur gebracht. Zur Entfernung der gelösten Gase wird die Acrylamid-Lösung in eine Saugflasche gefüllt und 10–15 min lang ein Vakuum angelegt.
10. Die Glasröhrchen (125 × 5 mm) zum Gießen von Rundgelen werden vorher über Nacht in Chromschwefelsäure gereinigt und anschließend kräftig mit dest. Wasser gespült. Es ist manchmal günstig, die Röhrchen zum Schluß mit einer 5%igen Lösung von Kodak Photoflo oder einem ähnlich benetzenden Reagenz zu waschen, um das Herausnehmen der Gele im Anschluß an die Elektrophorese zu erleichtern.
11. Die Glasröhrchen werden an einem Ende mit Parafilm oder etwas ähnlichem verschlossen. Man versichere sich, daß die Verschlüsse dicht sind. Plastikröhrchen können ebenfalls verwendet werden. Ihr unteres Ende muß jedoch während der Elektrophorese mit einem Dialyseschlauch, der mit einem Gummi übergestülpt wird, verschlossen bleiben, um das Herausrutschen des Gels zu verhindern. Der Vorteil der Plastikröhrchen ist das leichte Entfernen der Gele nach der Elektrophorese, besonders bei langen Gelen.
12. Die Röhrchen werden in einen Ständer gestellt. Es ist darauf zu achten, daß sie absolut vertikal stehen. Ein entsprechendes Gestell ist in Abb. 6.23 wiedergegeben.
13. Die Lösungen für Gele mit 5; 7,5 und 10% Acrylamid werden nach der folgenden Tabelle zusammengemischt:

Menge (ml)

Lösung	5%	7,5%	10%
A	10	10	10
B	4,5	6,75	9
C	1,0	1,0	1,0
TEMED	0,032	0,032	0,032
Wasser	4,5	2,25	–

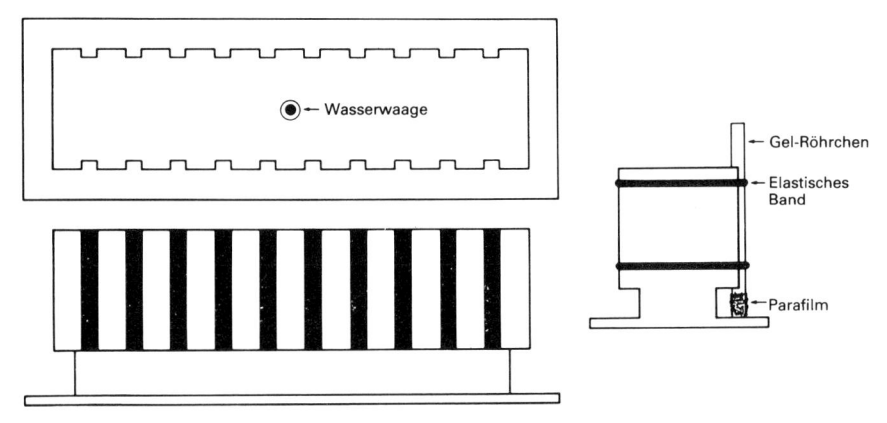

Abb. 6.23 Ständer für Gelröhrchen zum Gießen von Polyacrylamid-Gelen. Die Apparatur ist von oben, von vorn und von der Seite dargestellt. Die Breite der Kerben zum Halten der Gelröhrchen darf keinen Spielraum lassen, wenn die Röhrchen völlig senkrecht stehen sollen.

Für das folgende Experiment wird ein 7,5 %iges Gel hergestellt.

14. Die Reagenzien werden gemischt, ohne daß Blasen in der Lösung entstehen. Nach Zugabe der Ammoniumperoxodisulfat-Lösung zu der Reaktionsmischung beginnt das Gel zu polymerisieren. Die Lösungen sollte man deswegen so schnell wie möglich vermischen und in die Röhrchen gießen. Sollte eine zu rasche Polymerisation eintreten, kann sie durch Herabsetzen der Ammoniumperoxodisulfat-Konzentration oder Kühlen der Lösung (Schritt 3) verlangsamt werden. Benötigt die Polymerisation dagegen länger als 20 Minuten, sollte die Konzentration etwas heraufgesetzt werden.

15. In jedes Röhrchen füllt man mit einer Pasteur-Pipette 2 ml der Reaktionsmischung. Die Gellänge beträgt etwa 11,5 cm bei einem Geldurchmesser von 5 mm. Alle Gele müssen die gleiche Länge besitzen.

16. Auf das polymerisierende Gel werden vorsichtig entweder 0,5–1,0 ml der verdünnten Lösung A (Schritt 4) oder Wasser pipettiert. Das muß äußerst vorsichtig geschehen, um den Puffer nicht mit der Acrylamid-Lösung zu vermischen. Man hält eine Pasteur-Pipette mit einer feinen Spitze direkt über die Oberfläche des noch nicht polymerisierten Gels wie in Abb. 6.24 A dargestellt. In dieser Position läßt man den Puffer sehr langsam aus der Pipette herausfließen. Während die Flüssigkeit im Röhrchen steigt, wird die Spitze der Pasteur-Pipette leicht angehoben, so daß sie immer etwas unterhalb des Flüssigkeitsspiegels bleibt. Bei richtiger Ausführung ist eine scharfe Abgrenzung des Gels vom Puffer zu erkennen (siehe Abb. 6.24 B). Der Zweck des Überschichtens ist es, eine glatte Geloberfläche ohne Meniskus zu erhalten. Führt man die Polymerisation ohne Überschichtung mit Puffer durch, bildet sich eine konkave Geloberfläche, und nach der Elektrophorese erscheinen gebogene Protein-Banden.

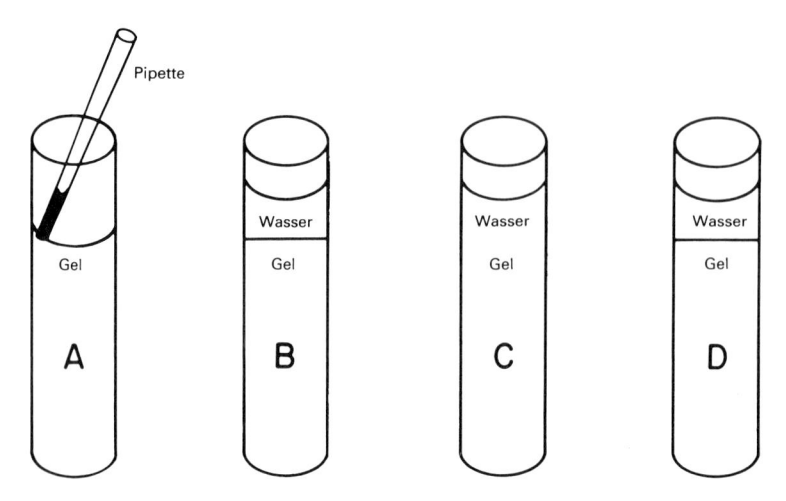

Abb. 6.24 Verhinderung der Bildung eines Miniskus während des Gießens eines Gels. (A) Richtige Zugabe des Puffers auf die Geloberfläche. (B) Die Phasengrenze ist kurz nach der Zugabe des Puffers gut sichtbar. (C, D) Verschwinden und Wiedererscheinen der Phasengrenze während bzw. nach der Polymerisation des Gels.

17. Kurz nachdem die Grenzfläche zwischen Puffer und Gel erscheint, verschwindet sie wieder (Abb. 6.24 C). Dies rührt von einer geringen Diffusion an der Grenzfläche her. Sobald das Gel vollständig polymerisiert ist (15–20 Minuten), wird die Grenzfläche wieder sichtbar (Abb. 6.24 D).
18. Der Puffer wird bis zur Verwendung auf dem Gel belassen, um das Austrocknen des Gels zu verhindern.
19. Es wird eine Lösung aus 5 ml Lösung A, 2,0 ml β-Mercaptoethanol, 2,0 g Natriumdodecylsulfat und 93 ml Wasser hergestellt.
20. Sechs Protein-Lösungen werden hergestellt, indem man 10 mg der folgenden Proteine in jeweils 10 ml der Lösung (Schritt 19) löst. Die sechs Lösungen dienen als Standard für die nachfolgenden elektrophoretischen Trennungen.

Protein	MG (d)
Myoglobin	17 200
Carboanhydrase	29 000
Glycerinaldehyd-3-phosphat-Dehydrogenase	36 000
Aldolase	40 000
Fumarase	48 500
Katalase	57 500

21. Die Proben für die Elektrophorese bestehen aus 0,01 ml 50 %igem wäßrigem Glycerin, 0,005 ml einer der sechs Protein-Standardlösungen, 0,03 ml der Lösung aus Schritt 19 und 0,005 ml Bromphenolblau-Lösung.

22. Zusätzlich zu den sechs Proben wird eine siebte hergestellt aus 0,01 ml 50%igem wäßrigem Glycerin, 0,005 ml der Lösung aus Schritt 19, 0,005 ml Bromphenolblau-Lösung und je 0,005 ml der sechs Protein-Standardlösungen.
23. Die sieben Proben bilden die Standards zur Eichung der Gele. Unbekannte Proben werden wie in Schritt 20 und 21 behandelt. Für jede unbekannte Probe sind entsprechende Röhrchen vorzubereiten.
24. Alle Proben werden für zwei Minuten in ein kochendes Wasserbad gestellt.
25. Falls eine Alkylierung der Proben notwendig wird, muß man sie zu diesem Zeitpunkt durchführen. Für unser Experiment ist sie nicht notwendig.
26. Der Puffer auf den Gelen wird entfernt, indem man die Röhrchen umdreht und die Flüssigkeit mit einem kurzen Schwung ausschüttet.
27. Auf jedes Gel pipettiert man langsam 0,01 ml der Proben.
28. Auf den Gelen 1–6 befindet sich je 1 µg Protein, auf Gel 7 wurden 5 µg gegeben. Ist die Zusammensetzung einer Probe komplexer, können bis zu 50 µg/Gel aufgetragen werden. Ein zu großer Überschuß ergibt eine schlechte Auftrennung der Proteine.
29. Die Röhrchen werden im oberen Pufferreservoir angebracht und die Verschlüsse am unteren Ende der Röhrchen abgenommen. Verwendet man Plastikröhrchen, wird der Dialyseschlauch mit einer Nadel vier- bis fünfmal durchstochen für einen freien Ionen- und Stromfluß. Die Dialyseschläuche dürfen jedoch nicht entfernt werden, da sonst die Gele aus den Röhrchen rutschen können. Jedes nicht benutzte Loch im oberen Reservoir wird verstopft.
30. Mit der in Schritt 16 beschriebenen Methode wird die Probe mit Reservoirpuffer (Schritt 4) überschichtet. Manchmal ist es vorteilhaft, erst den Puffer auf das Gel zu bringen und die Probe zu unterschichten, besonders bei Flachgelen.
31. Das untere Reservoir wird mit Puffer gefüllt und die Röhrchen so weit gesenkt, bis sie in diesen eintauchen. Bläschen am unteren Ende des Gels müssen entfernt werden. Dazu wird mit einer U-förmig gebogenen Pasteur-Pipette von unten her Puffer an das Gel gebracht (siehe Abb. 6.25).
32. Das obere Reservoir wird langsam gefüllt und die Elektroden angeschlossen. Man versichere sich, daß die Anode unten angebracht ist.

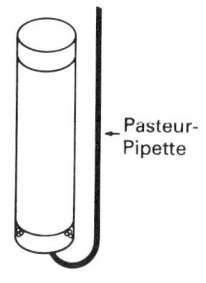

Abb. 6.25 Entfernung von Luftbläschen am unteren Ende des Gels mit einer U-förmig gebogenen Pasteur-Pipette.

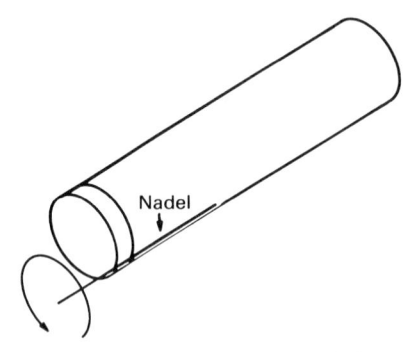

Abb. 6.26 Entfernung des Polyacrylamid-Gels aus dem Röhrchen mit einer feinen Injektionsnadel.

33. Das Netzgerät wird eingeschaltet und ein Strom von 3–4 mA pro Röhrchen eingestellt (d.h. 21–28 mA für insgesamt sieben Röhrchen). *Die Apparatur darf nicht mehr berührt werden!* Sie steht unter mehreren 100 Volt Spannung! Die Einstellung wird 15–20 Minuten nicht verändert. Diese Zeit reicht aus, um die Probe in das Gel eindringen zu lassen.
34. Der Strom wird auf 6–8 mA pro Röhrchen (42–56 mA insgesamt) erhöht und so lange konstant gehalten, bis der Farbstoff 0,5–1,0 cm vor dem Ende des Gels angelangt ist.
35. Der Strom wird abgeschaltet und die Zuleitungen vom Gerät abgetrennt. Die Elektroden werden entfernt.
36. Die Apparatur wird auseinandergenommen und die Reservoirpuffer in Vorratsbehälter gegossen. Sie können, wenn die Elektrophorese nicht allzu lange gedauert hat, mehrmals verwendet werden. Bei längeren Elektrophorese-Zeiten sollte jedesmal ein frischer Puffer genommen werden.
37. Die Gele werden aus den Röhrchen entfernt, indem man mit einer Spritze Wasser zwischen die Glaswand und das Gel injiziert. Die Spritze wird einer kreisenden Bewegung um das Gel herumgeführt und das Wasser langsam herausgedrückt (siehe Abb. 6.26).
38. Nachdem das Gel aus dem Röhrchen herausgerutscht ist, wird seine Länge genau bestimmt und an der Position des Farbstoffmarkers (Bromphenolblau-Bande) eine kleine Kerbe eingeschnitten. Dies ist notwendig, da beim Färben der Farbstoff aus dem Gel herausdiffundiert und verloren geht. Das Gel wird vorsichtig in ein Reagenzglas gegeben, mit der Färbelösung bedeckt (Schritt 6) und 10–12 Stunden stehengelassen. Die Färbedauer kann bis auf ein Minimum von 2–4 Stunden herabgesetzt werden, jedoch geht hierbei etwas an Empfindlichkeit verloren.
39. Die Färbelösung wird entfernt und das Gel mehrmals mit Wasser gewaschen. Das Gel wird in ein durchlöchertes Plastikröhrchen überführt (siehe Abb. 6.27). Die Löcher werden mit einer großen erhitzten Nadel erzeugt, die langsam in das Röhrchen gedrückt wird.

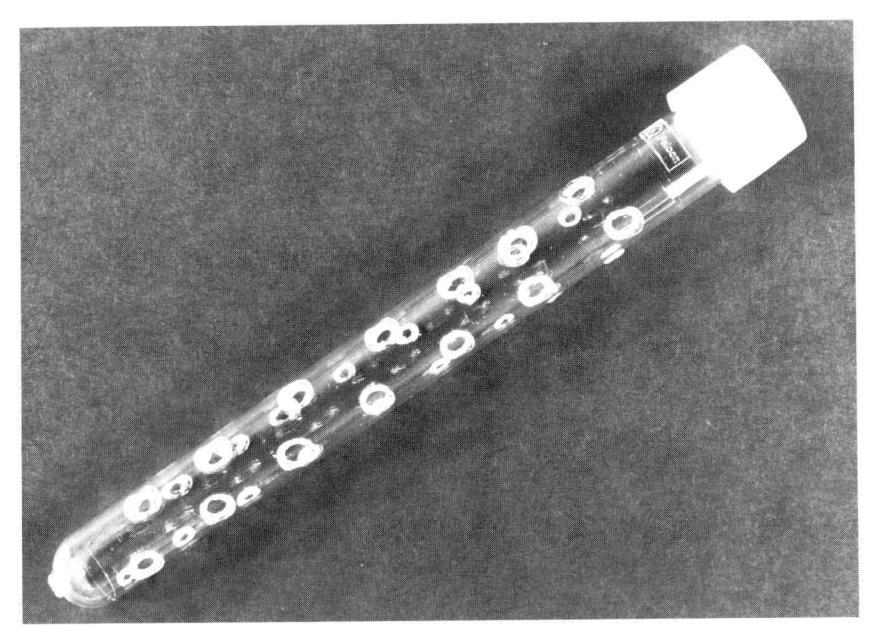

Abb. 6.27 Röhrchen zur Entfärbung des Gels. Am oberen Ende des Röhrchens befinden sich keine Löcher. Hier wird eine Luftblase eingeschlossen, die das Röhrchen in senkrechter Position schwimmen läßt. Die Gelnummer kann auf die Kappen der Röhrchen geschrieben werden.

40. Die Röhrchen werden markiert, verschlossen und in ein großes Becherglas mit Entfärbelösung (Schritt 7) gegeben. Durch eine eingeschlossene Luftblase am oberen Ende der Röhrchen schwimmen sie in aufrechter Position. Die Lösung wird mit einem Magnetrührer langsam gerührt. Die Entfärbung kann beschleunigt werden, wenn man anstelle bei Raumtemperatur bei 37 °C arbeitet.
41. Die Entfärbung wird mit mehrfachem Wechsel der Lösung fortgesetzt, bis die Bereiche zwischen den Protein-Banden keinen Farbstoff mehr enthalten.
42. Die Gele werden aus den Röhrchen entfernt und mit Wasser gewaschen.
43. Gele, die für längere Zeit aufbewahrt werden sollen, werden in Röhrchen mit 7,5%iger Essigsäure (Schritt 8) gegeben. Man sollte sie nicht direktem Sonnenlicht oder starken Lichtquellen aussetzen, da sonst die Färbung mit der Zeit bleicht.
44. Die Strecke zwischen dem Farbstoffmarker und dem Anfang des Gels wird gemessen.
45. Die Strecken, die die Standard-Proteine und die unbekannten Proben im Gel zurückgelegt haben, werden ebenfalls gemessen.
46. Die relative Beweglichkeit jedes Proteins wird mit folgender Gleichung berechnet:

$$\text{Beweglichkeit} = \frac{(\text{Strecke der Protein-Wanderung}) \cdot (\text{Gellänge vor dem Färben})}{(\text{Strecke der Farbstoff-Wanderung}) \cdot (\text{Gellänge nach dem Färben})}$$

214 6. Elektrophorese

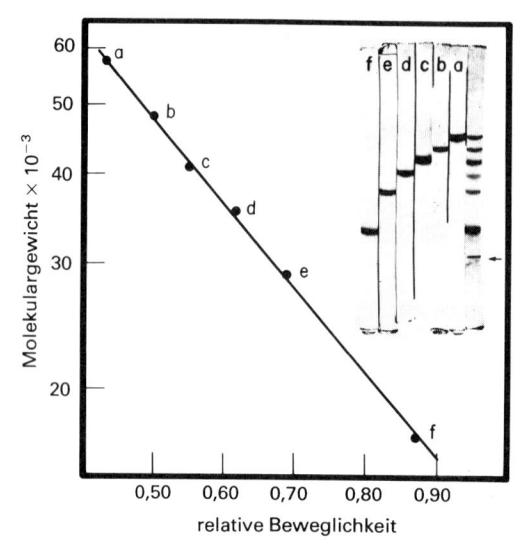

Abb. 6.28 Trennung von Standard-Proteinen durch SDS-Gelelektrophorese. Die Standard-Proteine sind (a) Katalase, (b) Fumarase, (c) Aldolase, (d) Glycerinaldehyd-3-phosphat-Dehydrogenase, (e) Carboanhydrase und (f) Myoglobin. Die Fotographie zeigt die Coomassie-gefärbten Gele, die die dargestellten Daten liefert. Der Pfeil markierte den Ort des Farbmarkers. In diesem Fall wurde die Markierung durch Einlegen eines Nickel-Chrom-Drahtes in das Gel an der entsprechenden Stelle angebracht.

Die Gellänge vor und nach dem Färben müssen berücksichtigt werden, da sich die Gele beim Färben ausdehnen.

47. Die relativen Beweglichkeiten der Proteine werden gegen den Logarithmus der Molekulargewichte in einem halb-logarithmischen Koordinatensystem aufgetragen. Man erhält eine Funktion wie in Abb. 6.28 dargestellt.

6.9.2 Zonen-Elektrophorese von Fluorescamin-markierten Proteinen

1. Die Schritte 1 bis 4, Abschn. 6.9.1 werden wiederholt.
2. Die Schritte 9 bis 18, Abschn. 6.9.1 werden wiederholt.
3. Die Färbelösung wird hergestellt, indem man 5,0 g Fluorescamin in 1,0 ml DMSO löst. Die Lösung ist sehr lichtempfindlich. Das Vorratsgefäß sollte man deswegen mit Alufolie umwickeln.
4. Von den Standard-Proteinen (Schritt 20, Abschn. 6.9.1) löst man je 10 mg in 3,0 ml 0,1 M Phosphat- oder Borat-Puffer, pH 9,0.
5. Für jede in Schritt 4 hergestellte Protein-Lösung wird eine Probe aus 0,01 ml 50%igem wäßrigem Glycerin, 0,02 ml der in Schritt 19, Abschn. 6.9.1 beschriebenen Lösung und 0,005 ml der Protein-Lösungen bereitet.
6. Unbekannte Proben werden in der gleichen Weise vorbereitet.

7. Die Proben werden 2 Minuten in ein kochendes Wasserbad gestellt und wieder auf Raumtemperatur abgekühlt.
8. Zu jeder der abgekühlten Proben pipettiert man 0,03 ml der Fluorescamin-Lösung. Die Proben werden so schnell wie möglich kräftig durchgemischt, damit die Reaktion zwischen Farbstoff und Protein vor dem Zerfall des Reagenzes stattfindet.
9. Zu jeder Probe werden 0,005 ml Farbstoffmarker gegeben (Schritt 5, Abschn. 6.9.1).
10. Wiederholung von Schritt 26, Abschn. 6.9.1.
11. Auf jedes Gel wird langsam 0,01 ml der Probe pipettiert.
12. Die Schritte 29 bis 37, Abschn. 6.9.1 werden wiederholt. Dabei wird der Raum verdunkelt und die Röhrchen mit einer UV-Lampe beleuchtet.
13. Die Gele werden kurz mit Wasser gespült und unter eine UV-Lampe mit langer Wellenlänge gelegt.
14. Die Schritte 44 und 45, Abschn. 6.9.1 werden durchgeführt.
15. Die relativen Beweglichkeiten der Proteine werden mit folgender Gleichung berechnet:

$$\text{Beweglichkeit} = \frac{\text{Strecke der Protein-Wanderung}}{\text{Strecke der Farbstoff-Wanderung}}$$

16. Wiederholung von Schritt 47, Abschn. 6.9.1. Man vergleiche die Ergebnisse mit denen aus Schritt 47, Abschn. 6.9.1.

6.9.3 Disk-Elektrophorese der Lactat-Dehydrogenase und Färbung mit Nitroblau-Tetrazolium-Salz

1. Lösung A (Trenngel-Puffer): 56,75 g Tris werden in 200 ml dest. Wasser gelöst. Der pH-Wert wird auf 8,9 mit konzentrierter HCl eingestellt. Mit dest. Wasser wird auf 250 ml aufgefüllt.
2. Lösung B (Acrylamid): 93,75 g Acrylamid und 2,5 g N,N'-Methylen-bisacrylamid werden in einem Gesamtvolumen von 250 ml dest. Wasser gelöst.
3. Die Lösung des Farbstoffmarkers besteht aus 5,0 mg Bromphenolblau in 10 ml dest. Wasser (0,05%).
4. Der obere Reservoirpuffer besteht aus einer Lösung von 6 g Tris und 28,8 g Glycin, gelöst in einem Gesamtvolumen von 1 l dest. Wasser. Der pH-Wert der Lösung wird überprüft; weicht er von pH 8,3 ab, wird er mit einer kleinen Menge Tris oder Glycin eingestellt.
5. Der untere Reservoirpuffer besteht aus einer Lösung von 908 g Tris in 2 l dest. Wasser. Der pH-Wert wird mit konz. HCl auf 8,9 eingestellt. Mit dest. Wasser wird auf ein Gesamtvolumen von 4 l aufgefüllt. Der pH-Wert wird nachgeprüft und notfalls neu eingestellt.
6. Lösung C (Ammoniumperoxodisulfat): 17,5 mg Ammoniumperoxodisulfat werden in 10 ml dest. Wasser gelöst.

7. Lösung D (Sammelgel-Puffer): 8,9 g Tris und 40 ml 1 M H$_3$PO$_4$ werden mit dest. Wasser in einem Gesamtvolumen von 250 ml aufgenommen. Der pH-Wert sollte zwischen 6,5 und 6,7 liegen.
8. Lösung E (Acrylamid): 31,25 g Acrylamid und 7,8 g N,N'-Methylen-bisacrylamid werden in dest. Wasser gelöst. Das Gesamtvolumen beträgt 250 ml. Alle Acrylamid-Lösungen werden in braunen Flaschen bei 4 °C aufbewahrt.
9. Lösung F (Riboflavin): 2,5 mg Riboflavin löst man in 100 ml dest. Wasser und bewahrt die Lösung in einer braunen Flasche bei 4 °C auf.
10. Die Röhrchen werden wie in Abschn. 6.9.1 (Schritt 9 bis 12) beschrieben vorbereitet.
11. Gele mit 5; 7,5 und 10% Acrylamid werden nach der folgenden Tabelle hergestellt:

Menge (ml)

Lösung	5%	7,5%	10%
A	0,4	0,4	0,4
B	1,33	2,0	2,67
C	1,0	1,0	1,0
TEMED	0,016	0,016	0,016
Wasser	7,27	6,6	5,93

Für dieses Experiment wird ein 7,5%iges Gel hergestellt.
12. Die Lösung wird vorbereitet wie in den Schritten 14 und 15, Abschn. 6.9.1 beschrieben. Ein Unterschied besteht in der Gellänge; sie sollte in diesem Experiment 10,5 statt 11,5 cm betragen.
13. Wiederholung von Schritt 16 und 17, Abschn. 6.9.1. Es wird die in Abschn. 6.9.3 hergestellte Lösung A benutzt.
14. Das obere oder Sammelgel wird durch Zusammenmischen folgender Lösungen hergestellt:

Lösung	Menge (ml)
D	1,0
E	1,0
F	1,0
Wasser	4,0

Beim Mischen der Reagenzien dürfen keine Blasen entstehen.
15. Puffer A wird von der Oberfläche der Gele entfernt und die Gele mit einer kleinen Menge der Lösung des unpolymerisierten Sammelgels aus Schritt 14 gespült.
16. Auf jedes Gel werden 1,0–1,3 cm der Gellösung aus Schritt 14 gegeben.
17. Wiederholung von Schritt 16 und 17, Abschn. 6.9.1. Anstelle von Lösung A wird Wasser genommen.

18. Die Gel-Röhrchen werden in unmittelbarer Nähe einer starken Fluoreszenz-Lichtquelle gebracht (2–5 cm Abstand). Man läßt die Gele polymerisieren, bis die Sammelgele opaleszent erscheinen.
19. Vorsichtig wird das Wasser vom Sammelgel entfernt.
20. Eine Probe aus frischem Human- oder Kaninchen-Serum wird hergestellt, indem man 1,0 ml Serum mit 0,25 ml 50%igem wäßrigem Glycerin und 0,1 ml Markerlösung mischt.
21. Von dieser Lösung werden vorsichtig 0,02 bis 0,05 ml auf jedes Gel pipettiert. Auf übrigbleibende Gele können andere Mengen aufgetragen werden. Die Elektrophorese wird in einem gekühlten Raum (4°C) durchgeführt.
22. Die Schritte 29 bis 32, Abschn. 6.9.1 werden wiederholt, allerdings wird der obere Reservoirpuffer (Schritt 4) 1:9 und der untere Reservoirpuffer (Schritt 5) 1:4 mit Wasser verdünnt.
23. Das Netzgerät wird eingeschaltet und auf 1–2 mA/Gel eingestellt. Die Spannung sollte konstant gehalten werden und nicht über 75 V liegen. *Die Apparatur darf nicht mehr berührt werden!*
24. Die Einstellung wird nicht verändert, bis der Farbstoffmarker eine Position 0,5 bis 1,0 cm vor dem Ende des Gels erreicht hat.
25. Der Strom wird abgeschaltet und die Zuleitung vom Gerät abgetrennt. Die Elektroden werden vorsichtig entfernt.
26. Das Gerät wird auseinander montiert und die Reservoirpuffer in Vorratsflaschen gegossen. (Man beachte den Hinweis in Schritt 36, Abschn. 6.9.1.)
27. Die Gele werden mit Hilfe einer Spritze aus den Röhrchen entfernt.
28. Die Gele werden mit Wasser gespült und in Reagenzröhrchen überführt.
29. Jedes Reagenzröhrchen wird mit einer Lösung aus folgenden Komponenten gefüllt: 60%iges Natriumlactat (20 µl/ml), NAD (0,7 mg/ml), Phenazinmethosulfat (0,023 mg/ml), p-Nitroblau-Tetrazolium (0,4 mg/ml) und 100 mM Tris-HCl-Puffer (pH 8,0). Die einzelnen Komponenten können schon vorher gelöst und eingefroren werden. Jedoch sollte man auch unter diesen Bedingungen wegen der Lichtempfindlichkeit von Phenazinmethosulfat und Nitroblau-Tetrazolium die Behälter mit Alufolie umwickeln. Sind die Komponenten einmal zusammengemischt, sollten sie so bald wie möglich verwendet werden. Ein Gel, das viel Protein enthält, sollte mit der eben beschriebenen Mischung, aber ohne Lactat inkubiert werden.
30. Die Röhrchen werden mit Parafilm verschlossen und mehrmals umgeschwenkt, um das am Gel haftende Wasser durch die Reaktionsmischung zu ersetzen.
31. Die Röhrchen werden bei 37°C inkubiert, bis 3–5 blaue Banden des unlöslichen Formazans gut sichtbar werden.
32. Sind die Gele mit der gewünschten Intensität gefärbt, wird die Reaktionsmischung mit Wasser abgewaschen. Dadurch wird die Reaktion verlangsamt; die Gele sind jedoch nicht haltbar. Die Ergebnisse sollte man fotografisch (siehe Abb. 6.29) festhalten.

218   6. Elektrophorese

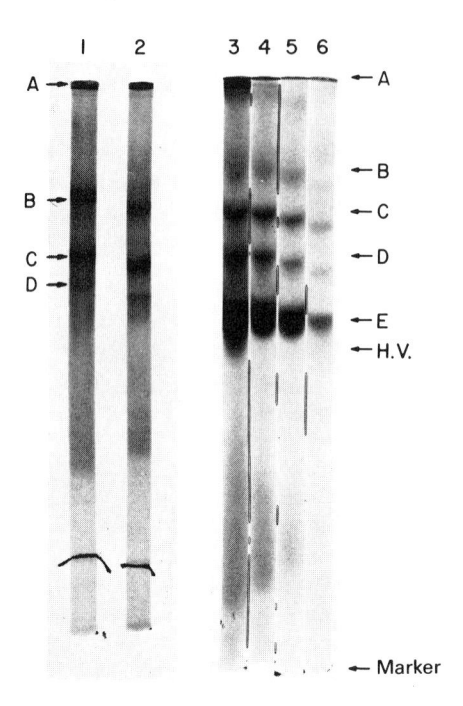

Abb. 6.29 Polyacrylamid-Gelelektrophorese der Lactat-Dehydrogenase des Menschen (Gel 1 und 2) und des Kaninchens (Gel 3–6). Das Probenvolumen in Gel 1 und 2 betrug 0,035 bzw. 0,020 ml. Ein Stück Faden zeigt die Farbmarker-Front. Die Verschmierung hinter der Bande D in den Gelen 1 und 2 rührt von einer Assoziation des Bromphenolblaus mit einigen Serumproteinen her. Das Probenvolumen der Gele 3, 4, 5 und 6 betrug 0,05; 0,04; 0,03 und 0,02 ml. Die Färbung des Kaninchen-Serums wurde über Nacht im Dunkeln und bei Raumtemperatur durchgeführt. Beim Human-Serum ist die Färbung bei 37 °C innerhalb von 40–60 min beendet. Die Spannung während der Elektrophorese des Kaninchen-Serums wurde absichtlich auf das zweifache (150 V) des benötigten Wertes (75 V) erhöht, um den Einfluß dieses Irrtums zu demonstrieren. Man kann beobachten, daß dadurch eine diffuse Bande vor jeder Protein-Bande entsteht. Sie ist durch die Buchstaben H. V. in der Abbildung markiert.

6.9.4 Herstellung der Gele zur isoelektrischen Fokussierung

Abschn. 6.9.4 bis 6.9.6 von Reinhard Neumeier

1. Lösung A: 29,1 g Acrylamid werden in 75 ml dest. Wasser gelöst und auf 100 ml aufgefüllt. Die Lösung wird filtriert und kann in einer dunklen Flasche bei 4 °C aufbewahrt und eine Woche verwendet werden.
2. Lösung B: 0,9 g Bisacrylamid werden in 100 ml dest. Wasser unter leichtem Erwärmen und Rühren gelöst. Die abgekühlte Lösung wird filtriert und in einer braunen Flasche bei 4 °C höchstens eine Woche aufbewahrt.
3. Lösung C: Es wird eine 87%ige Glycerin-Lösung hergestellt.
4. Lösung D: Man löst 1 g Ammoniumperoxodisulfat in 100 ml dest. Wasser. Die Lösung muß immer frisch sein.

5. Man gibt folgende Mengen der Stammlösungen zusammen: 10 ml Lösung A + 10 ml Lösung B + 7 ml Lösung C + 3 ml der entsprechenden Ampholyt-Lösung. Schließlich wird mit 30 ml dest. Wasser aufgefüllt.
6. Die Mischung wird 10 min durch Anlegen eines Vakuums entgast.
7. Zur entgasten Reaktionsmischung werden 1,5 ml Lösung D gegeben und gut vermischt.
8. Als Gußform werden zwei Glasplatten (125 × 260 × 3 mm) verwendet, die mit einer Gummidichtung im Abstand von 2 mm zusammengeklemmt werden. Es ist günstig, noch eine dritte Glasplatte (1 mm) zu benutzen, die später als Trägerplatte für das Gel dient. Sie wird einfach auf eine der äußeren, dicken Platten gelegt. Die Gummidichtung liegt dann zwischen der Träger- und einer der äußeren Platten. In die flache Kammer wird durch eine Öffnung in der Dichtung die Reaktionslösung gegossen. Es ist darauf zu achten, daß keine Gasblasen eingeschlossen werden.
9. Die Reaktionsmischung wird mit etwas Wasser überschichtet und bei Raumtemperatur stehengelassen, bis die Brechungslinie erscheint und die vollständige Polymerisation anzeigt. Die Polymerisation ist nach ca. 1 Stunde beendet. Damit sich das Gel besser von den Glasplatten löst, werden die Klammern entfernt und die Platten mit dem Gel 30 min bei 4 °C gekühlt.
10. Die kühlen Platten werden flach hingelegt. Vorsichtig wird ein flacher Spatel zwischen Gel und obere Glasplatte geschoben. Durch leichtes Drehen wird etwas Luft zwischen Gel und Glasplatte gebracht. Diese Prozedur wird so lange fortgesetzt, bis sich die Platte vollständig vom Gel gelöst hat. Nimmt man die Platte vorher herunter, kann das Gel zerstört werden. Die Gummidichtung wird entfernt und die Trägerplatte mit dem Gel bis zur Verwendung bei 4 °C in einer mit Feuchtigkeit gesättigten Atmosphäre aufbewahrt. Alkalische Gele sollten sofort verwendet werden, andere können einige Tage aufbewahrt werden.

6.9.5 Fokussierung

1. Die zu trennenden Proben sollten eine niedrige Salzkonzentration besitzen. Um die Probleme der Löslichkeit dabei zu umgehen, kann die Probe gegen eine 1%ige Glycin-Lösung dialysiert werden. Für eine gute Färbung sind 50–150 µg Protein pro Probe notwendig.
2. Das Gel wird mit der Trägerplatte auf die mit einer nichtleitenden Flüssigkeit angefeuchtete Kühlplatte des Fokussier-Gerätes gelegt.
3. Die Elektrodenstreifen werden mit der Elektrodenlösung getränkt: für die Anode mit 1 M H_3PO_4, für die Kathode mit 1 M NaOH. Für alkalische Gele (z. B. pH 6–8,5) wird der Anodenstreifen mit einer 2%igen Ampholyt-Lösung, die etwas saurer (pH 4–6) als dem Trennbereich des Gels entspricht, angefeuchtet. Für saure Gele (z. B. pH 3,5–5) muß der Kathodenstreifen mit einer etwas

Tab. 6.3 Laufzeiten und Leistungen bei der Fokussierung von Seren.[a]

pH 3,5–5,0 Gelstärke 0,75 mm	pH 3,5–5,0 Gelstärke 1 mm	pH 3,5–8,0 Gelstärke 1 mm	pH 3,5–8,0 Gelstärke 2 mm
40 min bei 15 W	20 min bei 20 W	25 min bei 20 W	50 min bei 20 W
60 min bei 20 W	90 min bei 25 W	30 min bei 25 W	60 min bei 25 W
20 min bei 25 W	10 min bei 30 W	10 min bei 30 W	10 min bei 30 W
5 min bei 30 W			
125 min	120 min	65 min	120 min

[a] Die Temperatur liegt bei allen Läufen bei 0 °C.

alkalischeren 2%igen Ampholyt-Lösung (pH 5–7) getränkt werden. Die Streifen sollten an der Oberfläche feucht erscheinen, jedoch nicht tropfen. Sie werden sorgfältig auf das Kathoden- bzw. Anoden-Ende des Gels gelegt.

4. Kleine Filterpapier-Stückchen (3 × 5 mm; Whatman Chromatographie-Papier) werden in die Probe getaucht und auf das Gel gelegt. Die Probenauftragung kann vor oder nach der Bildung des pH-Gradienten erfolgen. Der günstigste Auftragspunkt entlang des pH-Gradienten kann beim ersten Lauf getestet werden.

5. Nach der Probenauftragung werden die Elektroden angeschlossen und der Schutzdeckel des Geräts geschlossen. Man versichere sich, daß ein guter Kontakt zwischen dem Elektrodendraht und den Elektrodenstreifen besteht.

6. Die Fokussierung erfolgt bei konstanter Leistung (Watt). Bei einer Einstellung von 25 W wird sich zu Beginn eine Spannung von ca. 300–500 V und ein Strom von 55–80 mA einstellen. Nach der Bildung des pH-Gradienten sinkt die Leitfähigkeit des Gels und die Spannung steigt auf 800–1500 V, während die Stromstärke auf 18–30 mA sinkt. Es kann während der Trennung mit einer durchweg konstanten oder einer sukzessiv ansteigenden Leistung gearbeitet werden. Tab. 6.3 gibt praktische Laufzeiten und Leistungen an, wie sie sich bei der Fokussierung von Seren als günstig erwiesen haben.

7. Die Möglichkeiten zur Bestimmung des pH-Gradienten sind im Text S. 200 angegeben.

6.9.6 Färbung und Entfärbung der Fokussier-Gele

1. Färbelösung: 2 g Coomassie-Brilliantblau werden in 450 ml Ethanol gelöst. Zu der Lösung gibt man 450 ml dest. Wasser und 100 ml Eisessig.

2. Entfärbelösung: 200 ml Ethanol werden mit 80 ml Eisessig und 520 ml dest. Wasser gemischt.

3. Vor der Färbung werden die Gele 10 Minuten in 12,5%iger Trichloressigsäure fixiert und anschließend mit Wasser und Entfärbelösung gespült.

4. Die Färbung erfolgt bei 1-mm-Gelen 10 Minuten, bei 2-mm-Gelen 15 Minuten in der auf 50–55 °C erwärmten Färbelösung.
5. Die Entfärbung erfolgt bei der gleichen Temperatur mit Entfärbelösung. Nach jeweils 5 Minuten wird die Lösung erneuert, bis der Hintergrund klar erscheint.
6. Schließlich wird das Gel für 10 Minuten bei 50–55 °C in 10%ige Essigsäure gelegt. Die Gele werden in 10%iger Essigsäure aufbewahrt.

7. Affinitäts-Chromatographie

Konventionelle Reinigungsmethoden, wie in den Kap. 4, 6 und 10 beschrieben, hängen stark von relativ kleinen, physikochemischen Unterschieden der Protein-Eigenschaften ab. Wegen dieser geringen Spezifität werden oft viele aufeinanderfolgende Schritte benötigt, um eine hohe Reinheit zu erreichen. Der dabei entstehende große Zeitverlust und Arbeitsaufwand veranlaßten zur Entwicklung einer hoch-spezifischen Trennungsmethode, der sog. Affinitäts-Chromatographie. Der unvergleichbar hohe Reinigungseffekt beruht auf der Ausnutzung der wesentlichsten und spezifischsten Eigenschaft eines Makromoleküls, nämlich seiner biologischen Funktion. Die Aufgabe der meisten Makromoleküle im Organismus kann in zwei Teilbereiche aufgegliedert werden: 1. die Erkennung anderer Moleküle und 2. die auf diese Erkennung folgende biochemische Reaktion. Die Reaktion kann, wenn es sich bei dem Molekül um ein Enzym handelt, in Form einer Katalyse ablaufen, oder sie kann, wenn es sich um ein Kontrollprotein handelt, die Transkription verhindern. Die Wirkungen sind so unterschiedlich wie die Nucleinsäuren und Proteine, die sie ausführen. In jedem Fall muß jedoch eine entsprechende Erkennung vorausgehen, bei der sich ein oder mehrere Moleküle an das Makromolekül binden. In den folgenden Erläuterungen werden die Enzymproteine als Beispiel verwendet; jedoch gelten die gleichen Prinzipien auch für andere Makromoleküle. Eine enzymatische Reaktion läuft nach folgendem einfachen Reaktionsschema ab:

$$E + S \underset{k_{-1}}{\overset{k_1}{\rightleftharpoons}} ES \overset{k_2}{\longrightarrow} P \tag{1}$$

Der erste Reaktionsschritt, die Bindung des Substrats (S) an das Enzym (E) und die Bildung des Enzym-Substrat-Komplexes (ES), stellt die Erkennung dar, die einer biologischen Funktion vorausgehen muß. P ist das normale Produkt der Reaktion. Die Basis der Affinitäts-Chromatographie ist die kovalente Bindung der zu erkennenden Moleküle (S) an eine unlösliche, feste Matrix, wie z.B. Agarose-Partikel (siehe Abb. 7.1). Eine Mischung mit dem zu isolierenden Makromolekül wird auf eine mit dieser Matrix gefüllte Säule aufgetragen. Der weitaus überwiegende Teil der Moleküle hat keine Affinität zu dem kovalent an die Matrix gebundenen Molekül oder Liganden und durchquert sie ungehindert. Das gewünschte Makromolekül jedoch erkennt die gebundenen Moleküle und bindet sich an sie, d.h. es wird retardiert. Nachdem alle unerwünschten Substanzen die Säule verlassen haben, werden die Eigenschaften der Elutionslösung so verändert, daß die gebundenen Makromoleküle von den Liganden abdissoziieren. Sie werden dann in hochgereinigter Form mit dem Elutionsmittel ausgewaschen. Der Reinigungseffekt

Abb. 7.1 Trennung von Makromolekülen durch Affinitäts-Chromatographie. Die rechteckigen, halbkreisförmigen und dreieckigen Einschnitte sollen schematisch die Liganden-bindenden Stellen des Makromoleküls darstellen.

einer solchen Säule wird durch Abb. 7.2 illustriert. Ein Rohextrakt aus E. coli wurde auf eine entsprechend vorbereitete Säule aufgetragen. Die Ligand bindet β-Galactosidase. Die Polyacrylamid-Gelelektrophorese der Fraktionen 40 (nichtabsorbierte Substanzen) und 96 (spezifisch gebundene Proteine) zeigen die hohe Reinheit der eluierten β-Galactosidase.

Im Prinzip kann diese Methode zur Isolierung fast jedes Makromoleküls herangezogen werden, einschließlich Enzymen, Antikörpern, spezifischen und allgemeinen Arten von Nucleinsäuren, Vitamin-bindenden Proteinen, Repressoren und anderen Kontrollproteinen sowie Wirkstoff- und Hormon-Rezeptoren. Tab. 7.1 gibt einige der vielen, auf diese Weise isolierten Substanzen an. In [1] wird eine ausführlichere Liste aufgeführt, jedoch muß auch sie wegen der immer stärkeren Verbreitung dieser Methode unvollständig bleiben. Die weniger auffallenden Vorteile der Affinitäts-Chromatographie sind 1. die kurze Zeit bis zur Trennung der Substanz von abbauenden Komponenten wie Proteasen und Nucleasen; 2. die

224   7. Affinitäts-Chromatographie

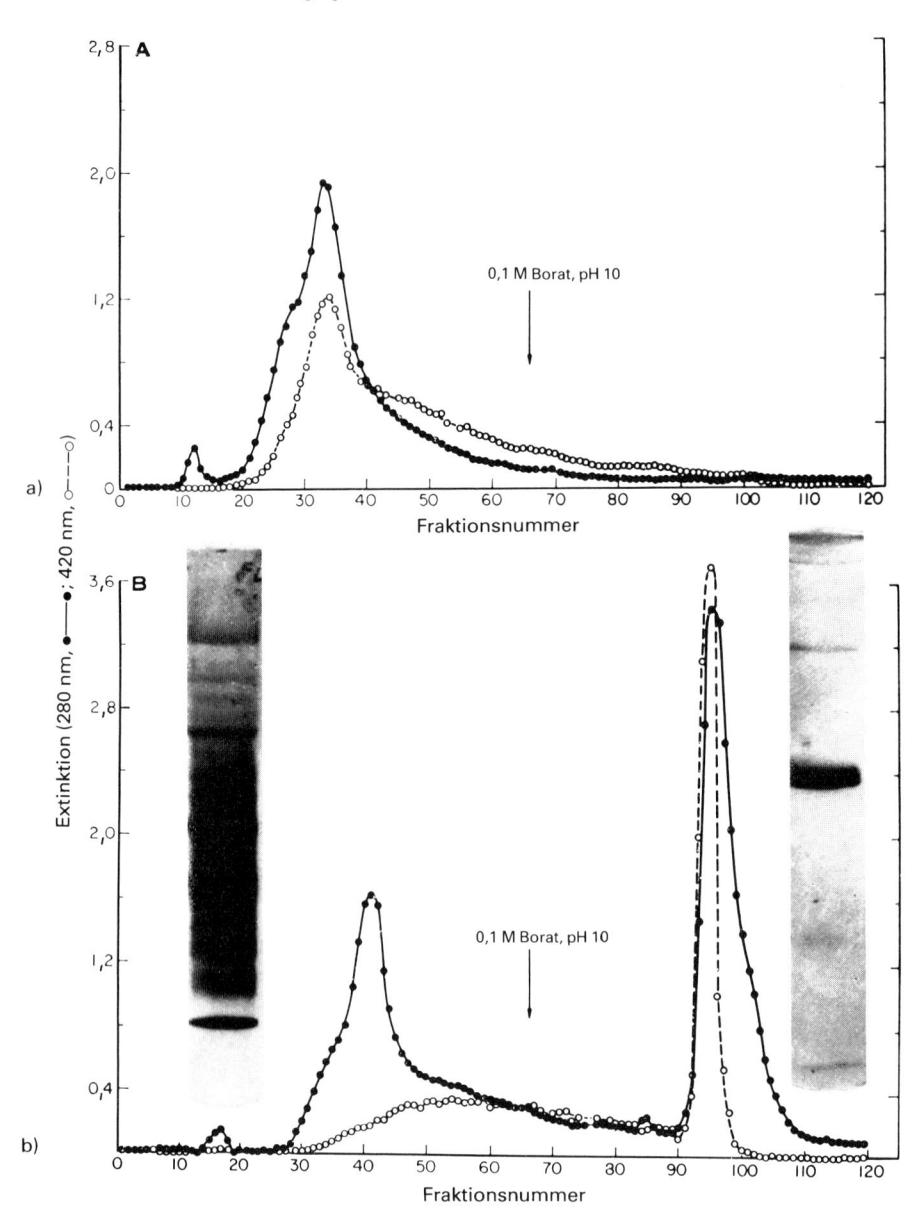

Abb. 7.2 Elutionsprofil der Affinitäts-Chromatographie eines E. coli-Extrakts auf unsubstituierter Sepharose 4B (a) und Sepharose 4B, die mit p-Aminophenyl-β-D-galactopyranosid gekoppelt wurde (b). Das Pyranosid ist ein Substrat-Analog für β-Galactosidase. Die Säule wurde äquilibriert und chromatographiert mit 0,05 M Tris-HCl-Puffer, pH 7,5. Die Elution des adsorbierten Proteins wurde mit 0,1 M Natriumborat, pH 10,05, durchgeführt. Probenvolumen: 20 ml; Säulenabmessung: 1,5 × 22 cm; Fließgeschwindigkeit: 80 ml/h; 23 °C; Fraktionsvolumen: 0,8 ml. Die Proteine wurden spektrophotometrisch bestimmt bei 280 nm (●——●), die enzymatische Aktivität wurde bei 420 nm bestimmt (o——o). Die Fotografien zeigen die elektrophoretische Auftrennung der Fraktionen 40 (links) und 96 (rechts).

Tab. 7.1 Reinigung verschiedener Makromoleküle durch Affinitäts-Chromatographie.

Enzym	gebundener Ligand
Adenosin-Desaminase	Adenosin
Aminopeptidase	Hexamethylendiamin
APO-Aspartat-Aminotransferase	Pyridoxal-5′-phosphat
Avidin	Biocytin
Carboanhydrase	Sulfanilamid
Chorismat-Mutase	Tryptophan
α-Chymotrypsin	Tryptophan
Glycerin-3P-Dehydrogenase	Glycerin-3-phosphat
Isoleucyl-tRNA-Synthetase	Aminoacyl-tRNA
Thrombin	Benzamidin
Xanthin-Oxidase	Allopurinol
Koagulations-Faktor	Heparin
Follikel-stimulierendes Hormon	Concanavalin A
Gal-Repressor	p-Aminophenyl-α-thiogalactosid
Interferon	Antikörper
Thyroxin-bindendes Protein	Thyroxin

Trennung der aktiven (den Liganden erkennenden) von den nicht aktiven Formen des Proteins und 3. der Schutz vor Denaturierung durch die Assoziation zwischen Ligand und dem aktiven Zentrum des Proteins.

Bevor die labormäßige Durchführung beginnen kann, müssen einige Punkte geklärt werden. Die wichtigsten Betrachtungen gelten 1. der Art der Matrix, 2. dem Liganden und wie dieser an die Matrix kovalent gebunden wird und 3. den Bedingungen, unter denen das gewünschte Molekül an die Säule bindet und wieder eluiert wird. Obwohl einige generelle Richtlinien existieren, müssen die Bedingungen zur Reinigung auf die jeweilige Substanz und ihre spezifischen, biologischen Eigenschaften zugeschnitten werden.

7.1 Matrix

Die Wahl der Matrix für die Affinitäts-Chromatographie erfolgt nach ähnlichen Kriterien wie bei der Gel-Chromatographie. Die Kriterien sind:
1. niedrige unspezifische Adsorption
2. gute Fließeigenschaften
3. chemische und physikalische Stabilität über einen weiten Bereich des pH-Werts, der Ionenstärke und der Konzentration denaturierender Substanzen
4. eine ausreichende Zahl funktioneller Gruppen und die Möglichkeit, sie zu aktivieren
5. große Porosität.

Die ersten drei Kriterien wurden in Kap. 6 näher erläutert. Die beiden letzten müssen kurz erklärt werden. Wie weiter unten beschrieben, ist der Anteil der gebundenen Makromoleküle eine Funktion der Konzentration der Liganden. Dies gilt besonders, wenn die Affinität dieser Substanz zum Liganden nicht sonderlich hoch ist. Es müssen deswegen auf der Matrix möglichst viele Stellen existieren, an die der Ligand unter milden Bedingungen gebunden werden kann. Die substituierten Stellen müssen außerdem für die Makromoleküle leicht erreichbar sein. Aus diesem Grund wird für die Matrix eine hohe Porosität oder Durchlässigkeit gefordert.

In zwei Fällen ist die Porosität kein entscheidender Faktor. Einmal, wenn eine sehr hohe Affinität zwischen Ligand und der betrachteten Substanz besteht. Hier genügt die begrenzte Anzahl erreichbarer Liganden, um die Substanz vollständig zu binden. Der zweite Fall tritt ein, wenn die zu bindende Molekülart zu groß ist, um selbst die porösesten Medien zu durchqueren, z.B. bei der Isolierung von Polysomen, Membranfragmenten oder sogar ganzen Zellen. So können mit Insulin-Agarose Fettzellen-Ghosts (Zellhüllen ohne Inhalt) oder mit Hapten-Acrylamid Lymphocyten mit entsprechenden Rezeptoren isoliert werden. Für solche Trennungen müssen jedoch Vorkehrungen getroffen werden, die sicherstellen, daß die Matrix kein Sieb bildet, das die Zellen oder zellulären Organellen an der freien Bewegung durch das Medium hindert.

Zur Zeit sind drei verschiedene Materialien bekannt, die sich als Matrix für die Affinitäts-Chromatographie eignen: Agarose-Gel, Polyacrylamid-Gel und Glasperlen verschiedener Porosität. Von diesen drei Möglichkeiten wird die Agarose am häufigsten verwendet, da sie die obengenannten Kriterien am besten erfüllt. Der einzige größere Nachteil der Agarose ist sein leicht auftretendes Schrumpfen bei Verwendung denaturierender Lösungen.

Polyacrylamid-Gele erfüllen ebenfalls die meisten Kriterien. Günstig ist ihre große Zahl an Carboxamid-Gruppen, die die Herstellung einer stark substituierten Matrix erlauben. Allerdings ist die Porosität dieses Mediums nicht besonders hoch und wird durch die Substituierung noch weiter herabgesetzt. Bei der Untersuchung dieses Mediums auf seine Eignung für die Trennung von β-Galactosiden fand man, daß an Polyacrylamid-Gel zwar zehnmal mehr kovalente Liganden-Bindungen geknüpft wurden als an eine entsprechende Menge Agarose. Jedoch konnte keine Bindung der β-Galactosidase an das Polyacrylamid-Gel festgestellt werden, während das Enzym an die substituierte Agarose ohne Verzögerung band. Obwohl man wegen der Größe der β-Galactosidase (~ 200 000 d) den Wert dieser Untersuchung anzweifeln mag, traten ähnliche Probleme bei der Staphylokokken-Nuclease auf, einem kleinen Protein von ca. 17 000 d. Diese Schwierigkeiten begrenzen die Verwendung von Polyacrylamid-Perlen bei der Affinitäts-Chromatographie, obwohl man heute dieses Problem zu lösen beginnt.

Eine Matrix, die sicher in Zukunft häufiger Verwendung finden wird, sind die Glasperlen mit kontrollierter Porosität. Sie wurden kurz in Kap. 6 erwähnt. Man stellt sie durch Erhitzen von Borosilikat-Glas auf 700–800 °C her. Bei dieser Temperatur trennen sich die Borat- und Silikat-Phasen. Nach dem Abkühlen wird die Borat-Phase mit Säuren herausgelöst; zurück bleibt das poröse Silikat-Glas. Anschließendes Ätzen erzeugt Poren mit einem Durchmesser von 45–2500 Å. Das Glas wird nun zermahlen und die feinen Perlen mit Maschennetzen nach ihrer Größe unterteilt. Der größte Vorteil dieses Materials ist seine mechanische und chemische Stabilität, die eine hohe Durchflußgeschwindigkeit unter den verschiedensten Bedingungen erlaubt. Die wichtigsten Nachteile sind die hohe unspezifische Adsorption von Proteinen und das Fehlen einer ausreichend großen Anzahl einfach zu aktivierender funktioneller Gruppen. Zwar wurden einige Fortschritte bei der Überwindung dieser Nachteile gemacht, z.B. indem man die Oberfläche des Glases mit Dextran oder anderen Substanzen absättigt, jedoch müssen noch beträchtliche Anstrengungen unternommen werden, um dieses Material in stärkerem Maße in die Anwendung einbeziehen zu können.

7.2 Wahl des Liganden

Die Wahl des Liganden zur Herstellung einer Affinitäts-Säule bedarf großer Sorgfalt. Mögliche Kandidaten sind Substrat-Analoge, Effektoren, Cofaktoren des Enzyms und unter bestimmten Umständen das Enzym-Substrat selbst. Wird das Substrat benutzt, müssen die Bedingungen so gewählt werden, daß das Enzym seine katalytische Funktion nicht ausüben kann. Dazu entfernt man z.B. für die Reaktion notwendige Metallionen, ändert den pH-Wert, falls die pH-Abhängigkeit von K_m und K_{Kat} unterschiedlich sind, oder man erniedrigt einfach die Temperatur. Bei Enzymen, die Reaktionen katalysieren, bei denen zwei Substrate benötigt werden, kann man das erste Substrat einsetzen, wenn 1. das zweite Substrat aus der Reaktionsmischung vollständig entfernt werden kann oder 2. die Bindung des ersten Substrats auch ohne das zweite erfolgt.

Zwei Kriterien muß ein guter Ligand erfüllen. Einmal muß er mit der zu isolierenden Substanz eine starke Wechselwirkung eingehen. Liganden mit Dissoziations-Konstanten in Lösung bei oder über 5 mM können praktisch nicht verwendet werden. Andererseits ist eine zu große Affinität ebenfalls nicht wünschenswert, da dann die Bedingungen zur Ablösung des Proteins eine Denaturierung bewirken können. Ein gutes Beispiel dafür ist der Ligand Avidin, der bei der Reinigung von Biotin-haltiger Carboxylase verwendet wird. Die Dissoziations-Konstante für den Biotin-Avidin-Komplex ist ungefähr 10^{-5} M, so daß 6 M Guanidinhydrochlorid bei pH 1,5 für eine Dissoziation benötigt wird. Diese Bedingungen zerstören irreversibel die meisten, wenn nicht alle der labilen Carboxylasen. Zweitens muß der Ligand funktionelle Gruppen besitzen, mit denen er mit der aktivierten Matrix eine kovalente Bindung eingehen kann. Ebenso wichtig ist, daß durch die kovalente Bindung die Bindung zwischen Ligand und dem erwünschten Protein nicht beeinträchtigt wird. Wenn die Affinität in Lösung recht groß ist (Dissoziations-

Konstante im Mikromolar-Bereich) kann eine Herabsetzung der Affinität um das 1000fache durch Knüpfung der kovalenten Bindung hingenommen werden. Wichtig ist nur die effektive Affinität zwischen dem immobilisierten Liganden und dem erwünschten Protein. Einen Überblick über die Veränderung dieses Parameters kann man durch Vorversuche gewinnen, indem man K_i in einer Lösung mißt, die den Liganden in ähnlich modifizierter Form enthält, wie er später nach seiner Immobilisierung vorliegen wird.

7.3 Bindung des Liganden an die Matrix

Die kovalente Kupplung des Liganden an die Matrix wird in zwei Schritten durchgeführt. Im ersten Schritt werden die funktionellen Gruppen der Matrix aktiviert; im zweiten Schritt wird dann der Ligand an die aktivierten Gruppen gebunden. Die dabei eintretenden chemischen Reaktionen müssen mild sein und dürfen Matrix und Ligand nicht weitergehend verändern. Nach Knüpfung der Bindung wird die Matrix sorgfältig gewaschen, um ungebundenen Liganden zu entfernen. Anschließend wird die Menge des gebundenen Liganden bestimmt. Das Maß für die Bindung wird meist als Kapazität pro Milliliter gepackter Matrix angegeben (nicht pro Milliliter Trockensubstanz). Die Bestimmung ist am einfachsten, wenn ein radioaktiver Ligand mit niedriger, aber bekannter spezifischer Aktivität verwendet wird. Ansonsten muß der nicht radioaktive Ligand von einer Probe der vorbereiteten Matrix abgelöst und seine Konzentration in anderer Weise bestimmt werden.

Die Anzahl der Methoden, einen Liganden an einen unlöslichen Träger zu kuppeln, hat in den letzten Jahren stark zugenommen. Deswegen sollen hier nur einige der bekannteren Beispiele näher erläutert werden, um dem Leser eine Vorstellung von den wichtigsten Parametern zu geben. Abänderungen der Bedingungen, unter denen eine Kupplung durchgeführt wird, wirken sich stark auf die Affinität und Verwendbarkeit des Materials aus.

Sepharose 4B ist eins der meist gebrauchten Agarose-Derivate. Es ist poröser als Sepharose 6B und besitzt eine höhere Substitutions-Kapazität als Sepharose 2B. In der folgenden Prozedur wird die Aktivierung des Materials beschrieben und die anschließende kovalente Kupplung von primären aliphatischen oder aromatischen Aminen an die aktivierte Form. Die Aktivierung wird gewöhnlich mit Cyanbromid durchgeführt. Jede Arbeit mit Cyanbromid muß unter einem gut ziehenden Abzug durchgeführt werden, selbst das Auswiegen der Substanz. Cyanbromid ist sehr toxisch! Es wird am besten bei 4 °C in einem Doppelgefäß aufbewahrt. Ein bestimmtes Volumen des Agarose-Gels wird unter nicht zu kräftigem Rühren in einer entsprechenden Menge Wasser suspendiert. In der Suspension befindet sich eine pH-Elektrode, die ständig den pH-Wert der Suspension mißt. Die Mischung wird mit einer Rührvorrichtung, wie in Abb. 7.3 dargestellt, gerührt. Bei der Verwendung von Magnetrührern werden durch den Magnetstab zu viele „Fines"

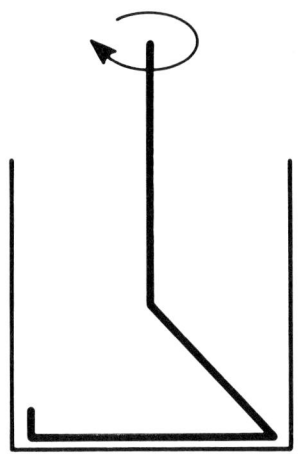

Abb. 7.3 Rührvorrichtung zur Substituierung von Agarose. Der Rührer wurde aus einem Glasstab gebogen und im Spannfutter eines Rührers mit kontinuierlich veränderbarer Geschwindigkeit eingespannt.

erzeugt. Eine entsprechende Menge Cyanbromid (50–300 mg/ml gepacktes Gel) wird abgewogen und in einem kalten Mörser zu feinem Pulver zerrieben. Die zugegebene Menge Cyanbromid bestimmt die Menge aktivierter Agarose und damit wiederum den Substitutionsgrad. Ist ein sehr hoher Substitutionsgrad wünschenswert, sollten ca. 300 mg/ml Gel benutzt werden. Soll andererseits der Substitutionsgrad erniedrigt werden, wird zur Aktivierung entsprechend weniger Cyanbromid eingesetzt. Der pH-Wert der Suspension wird nun mit Natronlauge auf pH 11 gebracht und das feinpulvrige Cyanbromid mit einem Mal zugegeben. Unter diesen Bedingungen tritt nun die Aktivierung ein. Die genaue Struktur der aktivierten Zwischenprodukte ist nicht bekannt. Der pH-Wert der Suspension muß durch Zutropfen von Natronlauge konstant auf pH 11 gehalten werden (2 N bzw. 8 N für 1–3 g bzw. 20–30 g Cyanbromid). Da bei der Reaktion Wärme frei wird, muß die Temperatur durch Zugabe von Eis auf 20 °C gehalten werden. Die Reaktion ist nach ca. 10–15 Minuten abgeschlossen, was durch die Beendigung der Protonenfreisetzung angezeigt wird. Es wird ein Überschuß an Eis hinzugefügt, um die Mischung auf 4 °C oder darunter zu kühlen. Von diesem Zeitpunkt an muß so schnell wie möglich gearbeitet werden, da die aktivierte Agarose nur eine Halbwertszeit von 15 Minuten bei 4 °C hat. Die Suspension wird auf einen Büchner-Trichter überführt und das 10–20fache des Gelvolumens an Puffer durchgesaugt. Dafür ist ein gutes Vakuum notwendig, wenn das Waschen schnell vor sich gehen soll. Der Waschpuffer sollte einen pH-Wert zwischen 9,5 und 10 haben und auf 4 °C vorgekühlt sein. Puffer, die Ammoniumionen oder Aminogruppen enthalten (Glycin, Ammoniumacetat, Tris oder Ammonium-hydrogencarbonat) dürfen nicht verwendet werden, da sie mit dem Liganden um die Bindung konkurrieren können. Natrium-hydrogencarbonat- oder Borat-Puffer sind gut geeignet. Das aktivierte und gewaschene Gel wird im gleichen Volumen des Puffers, indem der Ligand gelöst ist, resuspendiert. Die Suspension wird langsam 16–20 Stunden lang gerührt. In dieser Zeit bindet der Ligand kovalent an den Träger nach der Reaktion wie in Abb. 7.4 angegeben [2]. Die Abwesenheit benachbarter Hydroxyl-Gruppen in der Agarose macht die Bindung über eine Isoharnstoff-Gruppe wahrscheinlich. Es ist wichtig, daß sowohl die Iminocarbonat- als auch die Isoharnstoff-Derivate die positive Ladung auf dem Amino-Stickstoff belassen. Dies mag eine Rolle bei der Bindung des Liganden an das Protein spielen.

Der letzte Schritt bei der Herstellung eines Affinitätsträgers ist das Auswaschen des ungebundenen Liganden. Obwohl man annehmen kann, daß die aktivierten Gruppen der Agarose nicht länger als 12 Stunden bestehen, empfiehlt es sich, den Träger bei Raumtemperatur mit einem 0,1 M Glycin-Puffer, pH 9,0, zu waschen. Dadurch wird sichergestellt, daß keine der aktivierten Gruppen mehr besteht. Anschließend erfolgt das gründliche Auswaschen des ungebundenen Liganden.

Bei bestimmten Anwendungen können einige der angegebenen Bedingungen verändert werden. Wie schon erwähnt bestimmt die eingesetzte Menge Cyanbromid den Substitutionsgrad. Sie beeinflußt ebenfalls die Bildung von Wärme und Protonen während der Reaktion. Zwei Größen können beim Kupplungsschritt verändert werden. Die erste ist die Konzentration des zugegebenen Liganden. Im allgemeinen sollte die Konzentration des Liganden in der Kupplungsmischung 20–30fach höher sein, als später für das Produkt gewünscht wird. Wenn diese Konzentration überschritten wird, sollte ebenfalls die Konzentration des Cyanbromids auf über 200 mg/ml Gel angehoben werden. Reicht eine geringere Konzentration des Liganden im Endprodukt aus, wird die anfängliche Zugabe entsprechend herabgesetzt. Die zweite veränderbare Bedingung der Kupplungsreaktion ist der pH-Wert. Überhalb pH 9,5–10,0 ist das Zwischenprodukt der aktivierten Agarose sehr unstabil (siehe Abb. 7.5). Da die unprotonierte Form der Aminogruppe des Liganden an der Kupplungsreaktion beteiligt ist, wird durch Herabsetzen des pH-Wertes die reaktive Konzentration des Liganden erniedrigt. Dadurch wird ebenfalls die Menge des an den Träger gebundenen Liganden verringert. Der niedrige pK-Wert der aromatischen Amine reduziert die Wasserstoffionen-Konzentration, die noch eine effiziente Kupplung ergibt.

Werden Proteine an das unlösliche Trägermaterial gebunden, ist es günstig, sie

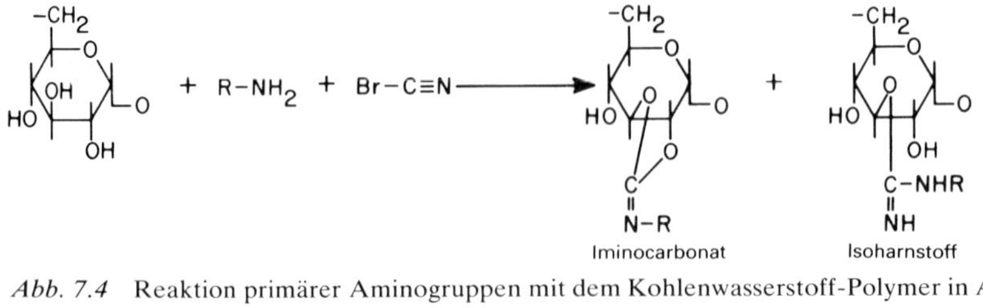

Abb. 7.4 Reaktion primärer Aminogruppen mit dem Kohlenwasserstoff-Polymer in Anwesenheit von Cyanbromid.

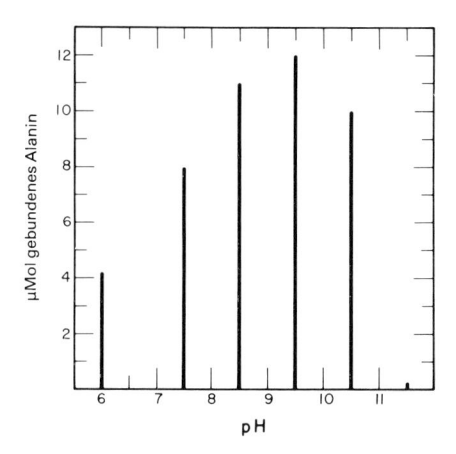

Abb. 7.5 Einfluß des pH-Wertes auf die an Cyanbromid-aktivierte Agarose bindende Menge Alanin. Aus P. Cuatrecasas, J. Biol. Chem. *245*, 3059 (1970).

mit möglichst wenigen kovalenten Bindungen an die Matrix zu fixieren. Dadurch wird die Flexibilität der gebundenen Moleküle erhalten und die Wahrscheinlichkeit herabgesetzt, daß die Bindungen das aktive Zentrum beeinträchtigen. Der beste Weg, dies zu erreichen, ist, den pH-Wert auf 6,5 bis 7,0 herabzusetzen.

7.4 Spacer („Abstandshalter")

Die Darstellung geeigneter Adsorbentien für die Affinitäts-Chromatographie setzt einen genügend großen Abstand zwischen Ligand und der Matrix voraus, um die Bindung des zu isolierenden Makromoleküls mit dem Liganden nicht zu behindern. Sind die Liganden direkt an die Matrix gebunden, können sich die Makromoleküle aufgrund der sterischen Hinderung der Matrix dem Liganden nicht genügend nähern (siehe Abb. 7.6). Das Problem wird gewöhnlich durch das Einschalten

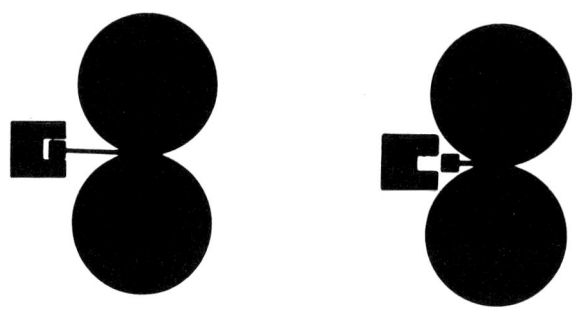

Abb. 7.6 Annäherung eines Makromoleküls an ein Affinitäts-Absorbens mit direkt gebundenem (rechts) und indirekt über einen „Spacer" gebundenem Liganden (links). In der rechten Abbildung kann zwischen dem Liganden und dem Makromolekül keine Wechselwirkung stattfinden.

Tab. 7.2 Spezifische Affinitäts-Liganden für Staphylokokken-Nuclease[a].

Adsorbens-Derivat	Kapazität
a) ⌇–NH–⟨Ph⟩–PO$_4^-$–T–PO$_4^=$	2
b) ⌇–NHCH$_2$CH$_2$NHCCH$_2$NH–⟨Ph⟩–PO$_4^-$–T–PO$_4^=$ (mit C=O)	8
c) ⌇–NHCH$_2$CNHCH$_2$CNHCHCH$_2$–⟨Ph(OH)⟩–N=N–⟨Ph⟩–PO$_4^-$–T–PO$_4^=$ (mit COOH-Seitenkette)	8
d) ⌇–NHCH$_2$CH$_2$CH$_2$NHCH$_2$CH$_2$CH$_2$NHCCH$_2$CH$_2$CNH–⟨Ph⟩–PO$_4^-$–T–PO$_4^=$	10

[a] Hergestellt durch Kopplung des kompetitiven Inhibitors, pdTp-Aminophenyl an verschiedene Derivate der Sepharose 4B oder Bio-Gel P-300.

a) Der Inhibitor wurde nach Aktivierung des Gels mit Cyanbromid direkt an die Agarose oder über den Acylazid-Schritt an Polyacryamid gebunden.

b) Zuerst wurde Ethylendiamin mit Cyanbromid-aktivierter Sepharose verknüpft. Das Gel wurde anschließend einer Reaktion mit N-Hydroxysuccinimidester oder Bromessigsäure unterworfen, wobei sich das Bromacetyl-Derivat bildete. Dieses reagierte dann mit dem Inhibitor.

c) Das Tripeptid Gly-Gly-Tyr wurde mit seiner α-Aminogruppe über eine Cyanbromid-Aktivierung oder den Acylazid-Schritt an die Agarose gebunden. Anschließend wurde das Gel mit dem Diazonium-Derivat des Inhibitors umgesetzt.

d) 3,3'-Diaminodipropylamin wurde an die Gelmatrix gebunden. Das Succinyl-Derivat, das nach der Behandlung des Gels mit Bernsteinsäureanhydrid in wäßriger Lösung erhalten wurde, wurde dann mit einem wasserlöslichen Carbodiimid an den Inhibitor gebunden. Die gezackte Linie stellt das Agarose-Gerüst dar. Die Kapazität ist angegeben in Milligramm gebundener Staphylokokken-Nuclease pro Millimeter Gel. Die unterschiedlich substituierten Gele wurden mit unsubstituiertem Gel verdünnt, um eine Liganden-Konzentration von 2 µmol/ml gepacktes Gel zu erhalten. Die Liganden-Konzentration ist deswegen für alle Derivate bei der Zugabe der Nuclease gleich groß.

Aus P. Cuatrecasas, *J. Biol. Chem.* **245**, 3059 (1970).

---

eines „Spacers" oder „Abstandshalters" zwischen Matrix und Ligand gelöst. Der Erfolg dieser Methode wird durch die in Tab. 7.2 angegebenen Werte bestätigt, wo die Menge Staphylokokken-Nuclease, die an ein Adsorbens mit unterschiedlich langen Spacern gebunden wurde, wiedergegeben ist. Der vielseitigste Weg, einen solchen „Abstandshalter" einzuführen, ist die ω-Aminoalkylierung der Agarose. Zuerst wird mit der beschriebenen Cyanbromid-Methode ein Amin entsprechen-

NH$_2$-(CH$_2$)$_6$-NH$_2$

HEXAMETHYLENDIAMIN

NH$_2$-(CH$_2$)$_3$-NH-(CH$_2$)$_3$-NH$_2$

3,3'-DIAMINODIPROPYLAMIN

Abb. 7.7 Zwei häufig als „Spacer" zwischen Ligand und Matrix benutzte Verbindungen.

der Länge an die Agarose gebunden. Die in Abb. 7.7 dargestellten Amine Hexamethylendiamin und 3,3'-Diaminodipropylamin werden oft für diesen Zweck verwendet. Die resultierenden Derivate sind recht stabil, doch ist ihr größter Vorteil die Leichtigkeit, mit der weitere Substitutionen durchgeführt werden können. Eine Reihe vielfach angewendeter Substitutionen ist in Abb. 7.8 wiedergegeben. Jede Carbonsäure kann in Anwesenheit eines wasserlöslichen Carbodiimids bei pH 4,7 direkt mit den primären Aminen verknüpft werden. Eine geeignete Verbindung für diesen Zweck ist 1-Ethyl-3-(3-dimethylamino-propyl)-carbodiimid oder EDAC. Die Reaktionsfolge für die Substitution ist in Abb. 7.9 dargestellt. Die Reaktion der Carbonsäure mit dem Carbodiimid ergibt ein O-Acylisoharnstoff, der dann mit einem guten Nucleophil, wie der primären Aminogruppe der derivatisierten Agarose, das gewünschte Produkt bildet [3]. Das Bromacetyl-Derivat der Agarose (Abb. 7.8) kann durch Reaktion der ω-Aminoalkyl-Agarose mit O-Bromacetyl-N-hydroxysuccinimid erhalten werden. Das resultierende Bromacetyl-Derivat reagiert gut mit Sulfhydryl-, Amino-, Phenol- oder Imidazol-Gruppen. Carbonsäure-Agarose wird aus ω-Aminoalkyl-Agarose und dem Anhydrid der Bernsteinsäure gewonnen. Anschließend können in Anwesenheit eines löslichen Carbodiimids aliphatische oder aromatische Amine kovalent an das Agarose-Derivat gebunden werden. Werden die verschiedenen Reaktionen nacheinander angewendet, ist es möglich, Spacer der benötigten Länge für die Verknüpfung der meisten funktionellen Gruppen einzuführen. Zusätzlich zu diesen Methoden stehen eine große Anzahl anderer Reaktionen zur Verfügung, die auf die spezifischen Eigenschaften des Liganden und die Erfordernisse des gewählten Adsorbens abgestimmt werden können. Einige der wichtigsten Agarose-Derivate werden auch im Handel angeboten.

Einige praktische Hinweise sollen noch angemerkt werden. Verschiedene der angegebenen Reaktionen können auch in organischen Lösungsmitteln wie Dioxan, 50%igem wäßrigen Dimethylformamid oder Ethylenglykol durchgeführt werden. Die Anwendung dieser Lösungsmittel ist besonders günstig, wenn man wasserunlösliche Liganden, wie Fettsäuren oder Steroidhormone, einführen will. Die Stabilität des Affinitäts-Adsorbens wird bei 4°C nur durch die Stabilität des kovalent gebundenen Liganden bestimmt. Bei längerer Aufbewahrungsdauer sollten dem Gel Bacterizide und Fungizide beigefügt werden (z. B. 0,02% NaN$_3$).

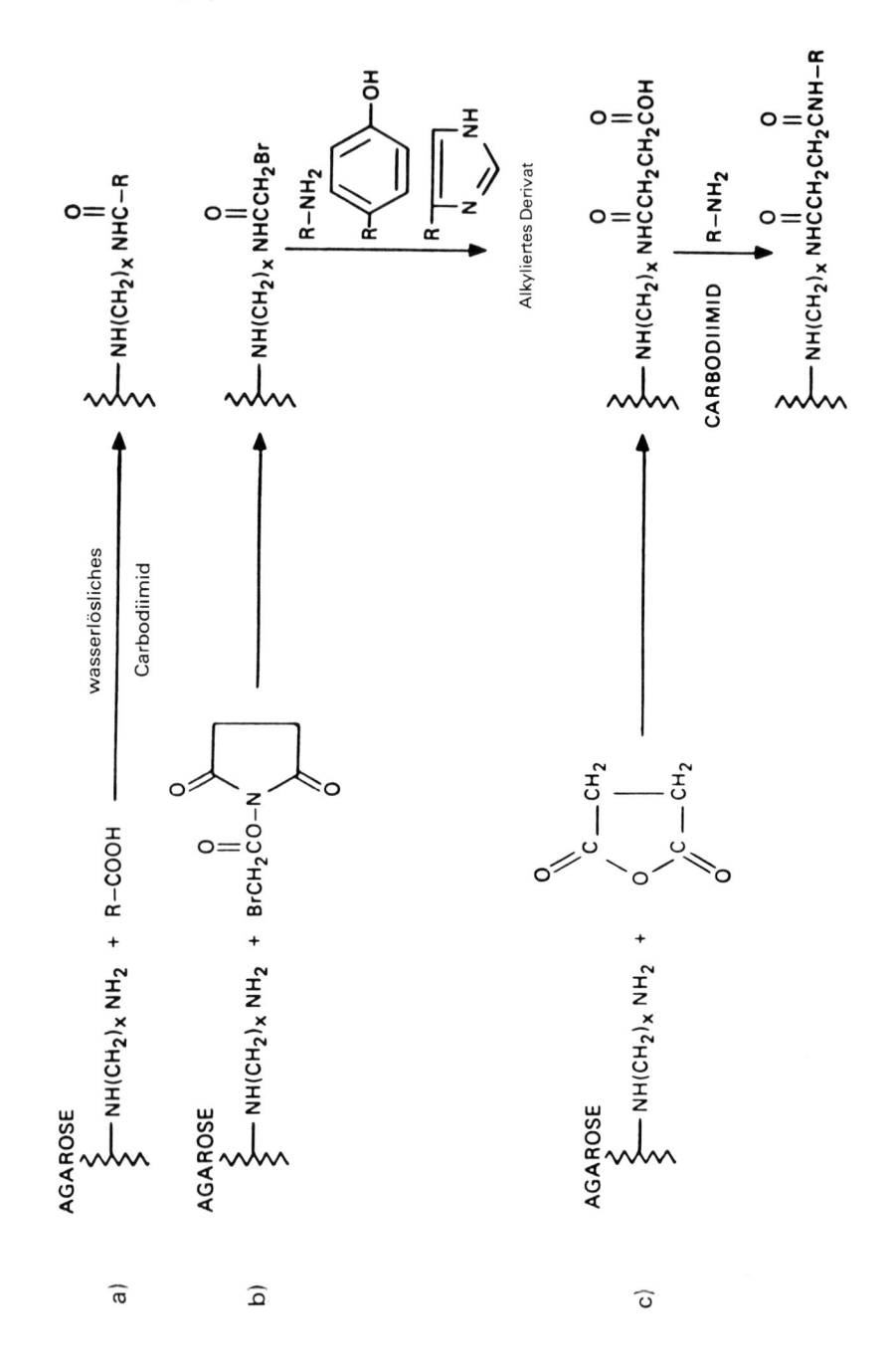

234 7. Affinitäts-Chromatographie

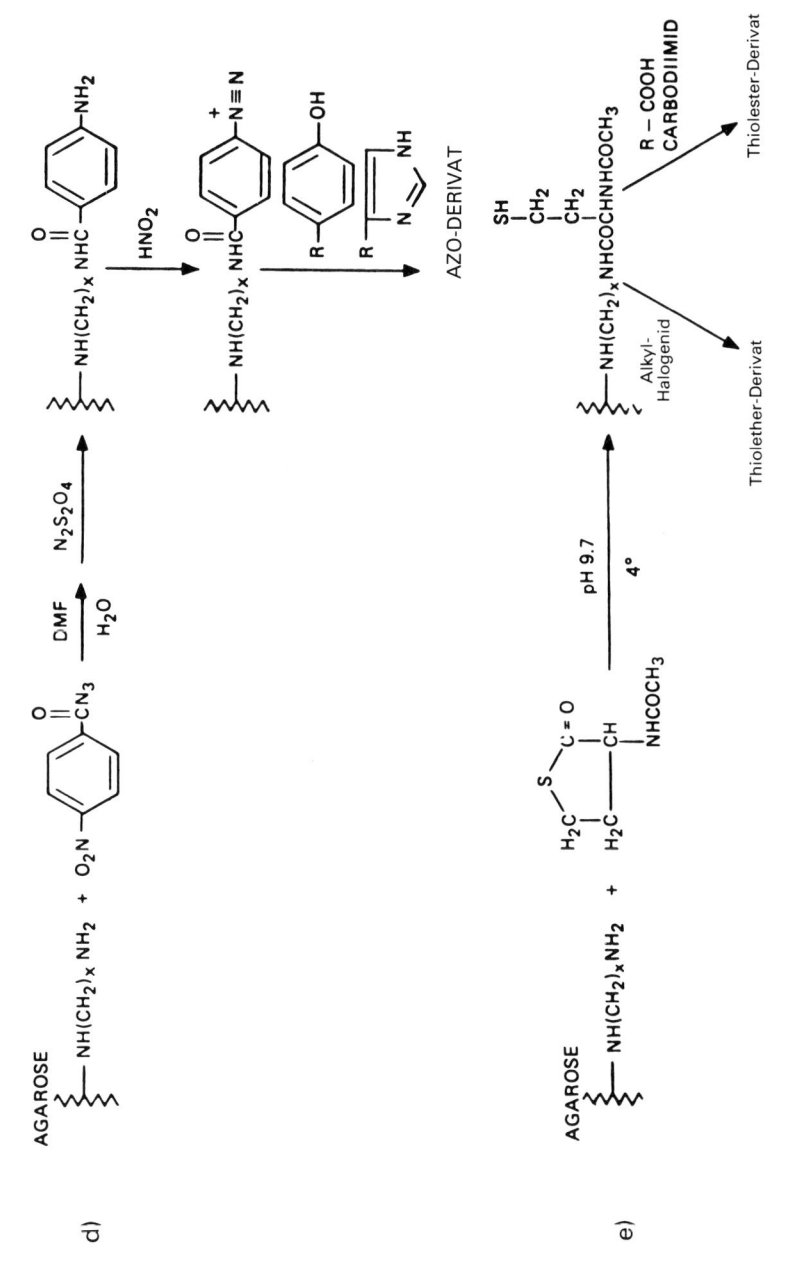

Abb. 7.8 Derivatisierung von ω-Aminoalkyl-Agarose, die zur Präparierung von selektiven Adsorbentien für die Affinitäts-Chromatographie verwendet werden kann. Eine genaue Beschreibung der Prozedur findet der Leser in der Literaturangabe [9]. Aus P. Cuatrecasas, Affinity Chromatography of Macromolecules, in Advances in Enzymology, Vol. 36, Wiley, New York, 1972, S. 29.

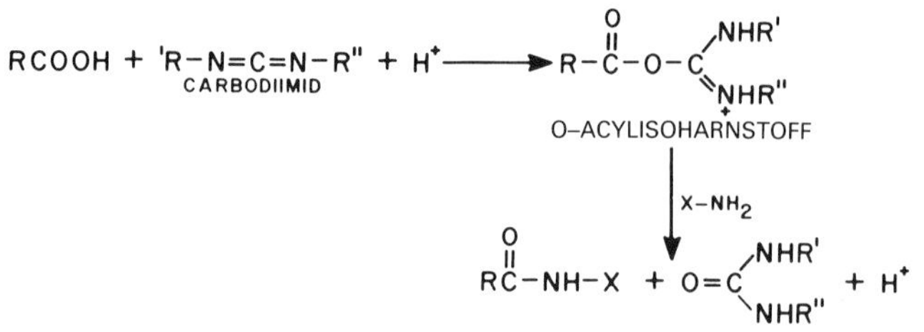

Abb. 7.9 Aktivierung von Carbonsäuren mit wasserlöslichem Carbodiimid und anschließender Reaktion des O-Acylisoharnstoffs mit einem primären Amin.

7.5 Durchführung der Chromatographie

Bevor wir die Durchführung der Adsorption und Elution von Makromolekülen an Affinitäts-Säulen besprechen, wollen wir zur Erklärung des Ablaufs einer Affinitäts-Chromatographie das von Cuatrecasas [4] eingeführte Konzept der „sich verstärkenden Effektivität" betrachten. Das Konzept ist in Abb. 7.10 schematisch dargestellt. Beim Auftragen einer Protein-Mischung auf die Affinitäts-Säule ist die Konzentration des gebundenen Liganden bekannt und konstant. Zu diesem Zeitpunkt ist die Konzentration der Makromoleküle gleich Null. Tritt die Probe in die Säule ein, führen zufällige Zusammenstöße des zu isolierenden Proteins mit dem Liganden zur Komplexbildung. Manche Komplexe dissoziieren jedoch wieder. Durch weiteres Eindringen der Probe wird die Konzentration des schon vorhandenen Enzymproteins erhöht. Die Enzym-Konzentration steigt konstant, solange mehr Probenmaterial in die Säule eindringt und dabei retardiert wird. Die steigende Konzentration des Enzyms verschiebt das Gleichgewicht der Gl. 1 nach rechts zugunsten der Komplexbildung (ES), wodurch das Protein fester an die Matrix gebunden wird.

Das Konzept der sich verstärkenden Effektivität während der Probenauftragung erklärt, warum die Affinitäts-Chromatographie auch bei relativ schwacher Affinität ($K_i = 1 \times 10^{-3}$ M) erfolgreich durchgeführt werden kann. Aus diesem Grunde müssen auch bei der Elution weitaus drastischere Bedingungen angewendet werden, als man normalerweise anwenden würde. Eine wichtige experimentelle Folgerung aus diesem Konzept betrifft die Entscheidung für ein Batch- oder Säulenverfahren. Ist die beobachtete Affinität zwischen Ligand und dem Makromolekül sehr groß, kann das Batchverfahren angewendet werden. Das Verfahren ist vorteilhaft wegen seiner größeren Effizienz und der Möglichkeit, größere Volumina leichter zu handhaben. Ist jedoch die Affinität nicht so groß, ist das Säulenverfahren mit seiner sich verstärkenden Effektivität von größerem Nutzen. Tritt andererseits eine zu starke Bindung zwischen Ligand und Protein auf, kann das Probenmaterial in einem 10–20fachen Überschuß des Puffers gelöst werden. Dadurch wird die Kon-

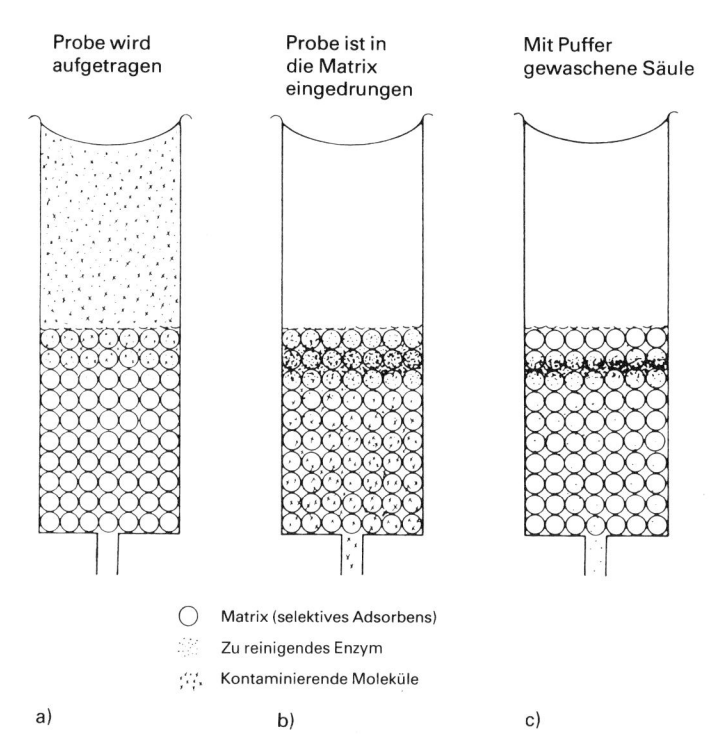

Abb. 7.10 Adsorption eines Enzyms an eine Säule mit spezifischem Adsorbens während der Affinitäts-Chromatographie. Man kann die Bildung einer scharfen, hochkonzentrierten Enzymbande beobachten. Das Enzym wird während der Auftragung der Probe immer stärker konzentriert, wodurch eine sehr feste Bindung des Enzyms an den Liganden bewirkt wird.
Aus P. Cuatrescasas, Affinity Chromatography of Macromolecules, in Advances in Enzymology, Vol. 36, Wiley, New York, 1972, S. 29.

zentration des freien Proteins herab- und die Wahrscheinlichkeit einer Dissoziation heraufgesetzt.

Bei der Adsorption der Probe an die Säule müssen die Bedingungen so gewählt werden, daß sie eine Bindung erlauben. Eine sehr hohe Protein-Konzentration (>20–30 mg/ml) sollte vermieden werden, da sich dabei die Proteine wie Aggregate verhalten und die Wechselwirkung zwischen dem gewünschten Protein und dem Liganden vermindert wird. Tab. 7.3 gibt die Bedingungen für die Adsorption unterschiedlicher Materialien an. Es lohnt sich oft vor einer Affinitäts-Chromatographie, eine Vorreinigung durchzuführen. Dies gilt besonders für Großaufarbeitungen, weil dadurch die Protein-Konzentration und die benötigte Zeit verringert wird. Bei großer Affinität kann man aber auf die Vorreinigung verzichten und direkt eine Affinitäts-Chromatographie durchführen.

Wie schon erwähnt, sind die Bedingungen zur Elution eines gebundenen Proteins in der Regel drastischer als für die Adsorption. Dies kann ebenfalls aus Tab. 7.3 entnommen werden. Es gibt grundsätzlich zwei Verfahren, ein gebunde-

Tab. 7.3 Bedingungen für die Bindung und Elution von Proteinen bei der Affinitäts-Chromatographie.

Enzym	Bindungs-Lösung	Elutions-Lösung
Adenosin-Desaminase	0,1 M KCl und 0,1 M Phosphat, pH 7,0	2 mM Mercaptopurin-ribosid (Substrat-Analog)
Aspartat-Aminotransferase	5 mM Phosphat, pH 5,5	100 mM Phosphat, pH 5,5 oder 1 mg/ml Pyridoxalphosphat
Carboanhydrase	0,01 M Tris, pH 8,0	0–10^{-4} M Gradient von Acetazolamid (Enzyminhibitor)
Xanthin-Oxidase	0,01 M $Na_2S_2O_4$	O_2-gesättigtes 1 mM Salicylat
Koagulations-Faktor	0,05 M Tris, pH 7,5	0,1–0,4 M NaCl
Gal-Repressor	0,05 M KCl, pH 7,5	0,1 M Borat, pH 10,5

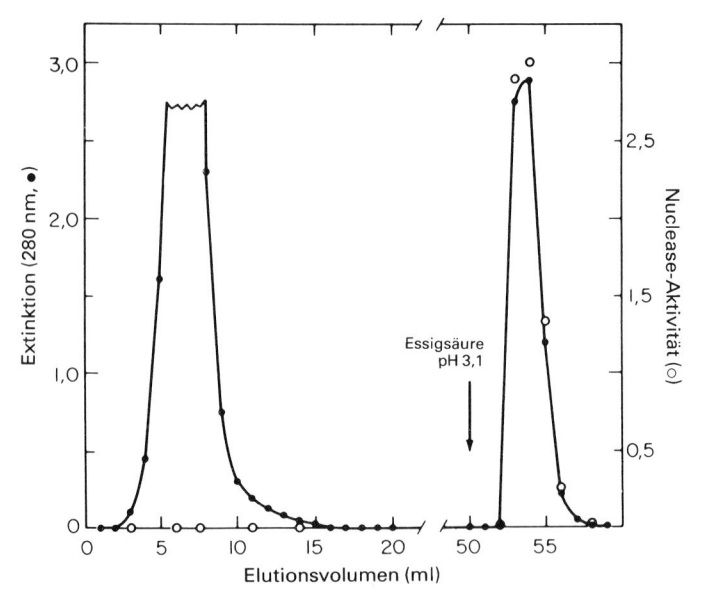

Abb. 7.11 Reinigung der Staphylokokken-Nuclease durch Affinitäts-Chromatographie auf einer Nuclease-spezifischen Agarose-Säule (0,8 × 5 cm). Die Säule wurde mit 50 mM Borat-Puffer, pH 8,0 und 10 mM $CaCl_2$ äquilibriert. Aufgetragen wurden ca. 50 mg teilweise gereinigtes Material, das ca. 8 mg Nuclease enthielt. Die Proteine waren in 3,2 ml des gleichen Puffers gelöst. Nachdem 50 ml Puffer durch die Säule geflossen waren, wurde 0,1 M Essigsäure zur Elution des Enzyms hinzugegeben. 8,2 mg Nuclease und die gesamte Aktivität wurde zurückgewonnen. Fließgeschwindigkeit: 70 ml/h.
Aus P. Cuatrescasas, M. Wilchek und C. B. Anfinsen, Proc. Natl. Acad. Sci. US *61*, 636 (1968).

nes Protein zu eluieren. 1. Man kann es mit einer Lösung von der Säule waschen, die eine Verbindung enthält, die ebenfalls an den Liganden bindet, aber eine höhere Affinität besitzt. Der Nachteil dieser Methode ist die dafür notwendige große Menge an Elutionsmittel. Auch eine Erhöhung der Kompetitor-Konzentration bringt keine Verbesserung, da die Elution von der Dissoziations-Geschwindigkeit des Komplexes abhängt. Sehr stabile Komplexe haben Halbwertszeiten von 5–15 Minuten, d. h. um 95% der Substanz zu eluieren, braucht man mehr als eine Stunde. Durch die Erhöhung der Kompetitor-Konzentration wird zwar die Wahrscheinlichkeit einer Reassoziation herabgesetzt; aber nicht die Zeit, die zur Elution des gewünschten Proteins aufgewendet werden muß. Ein möglicher Weg, eine allzu lange Elutionsdauer zu umgehen, ist die Elution mit dem Kompetitor zu beginnen, dann zu unterbrechen, wobei die Säule für einige Zeit mit dem Kompetitor inkubiert wird, und dann mit der Elution fortzufahren. 2. Eine zweite Methode der Elution ist die drastische Änderung der Bedingungen bis zu einem Punkt, wo der Protein-Ligand-Komplex nicht länger bestehen kann. Gebräuchliche Methoden (siehe Tab. 7.3) sind die Änderung des pH-Wertes, der Temperatur und der Ionenstärke (Abb. 7.11). Obwohl durch diese Änderungen der Komplex zerstört

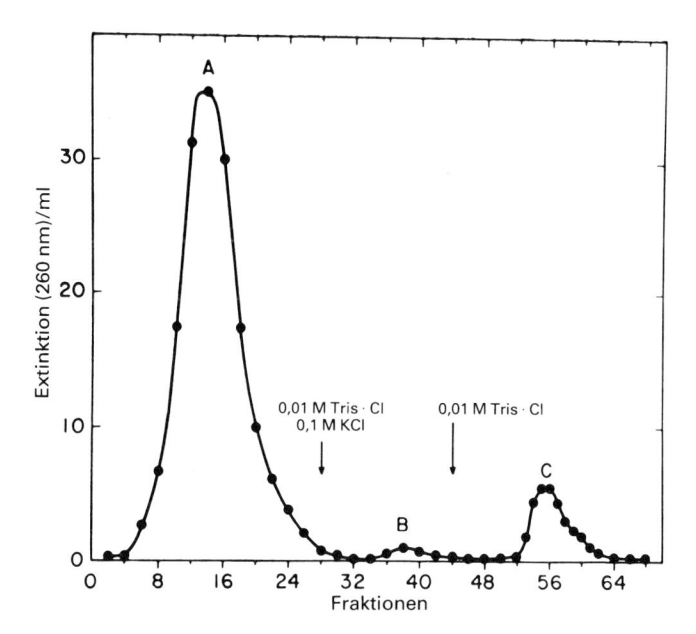

Abb. 7.12 Isolierung von Poly-A-enthaltender RNA mit Oligo-(dT)-Cellulose als Affinitäts-Adsorbens. Ungereinigte polysomale RNA aus Kaninchen-Retikulocyten wurde in einer Lösung von 0,01 M Tris-HCl, pH 7,5, und 0,5 M KCl auf die Säule aufgetragen. Nicht adsorbierte RNA wurde beim Waschen der Säule mit dem angegebenen Puffer eluiert. Anschließend wurde die Säule mit einem Puffer mittlerer Ionenstärke (Peak B) und schließlich mit einem Puffer mit niedriger Ionenstärke gewaschen (Peak C), wobei die Poly-A-enthaltende RNA von der Säule eluierte.
Aus H. Aviv und P. Leder, Proc. Natl. Acad. Sci. US *69*, 1408 (1972).

werden soll, darf das Protein nicht vollständig entfaltet werden, da dies meist zu einer irreversiblen Denaturierung führt. Bei starken pH-Änderungen sollte nach der Elution der optimale pH-Wert entweder durch Titration oder durch rasche Dialyse so bald wie möglich wieder eingestellt werden. Nach der Anwendung drastischer Methoden sollte man feststellen, ob das Protein unter dem Prozeß gelitten hat oder nicht. Dies geschieht durch Bestimmung seiner katalytischen oder regulatorischen Eigenschaften oder durch Rechromatographie einer kleinen Probe und des Nachweises, daß seine Fähigkeit zur Bindung an den Liganden noch erhalten geblieben ist.

Bisher wurde stillschweigend angenommen, daß nur ein einziges Protein mit dem Liganden komplexieren kann. Dies muß nicht immer der Fall sein. Eine Affinitäts-Säule mit Aspartat als Liganden retardiert Asparaginase, Asparat-Decarboxylase und Aspartase (siehe Abb. 7.13). Mit wenig drastischen Methoden können die Proteine nacheinander eluiert werden. Eine mit gutem Erfolg anwend-

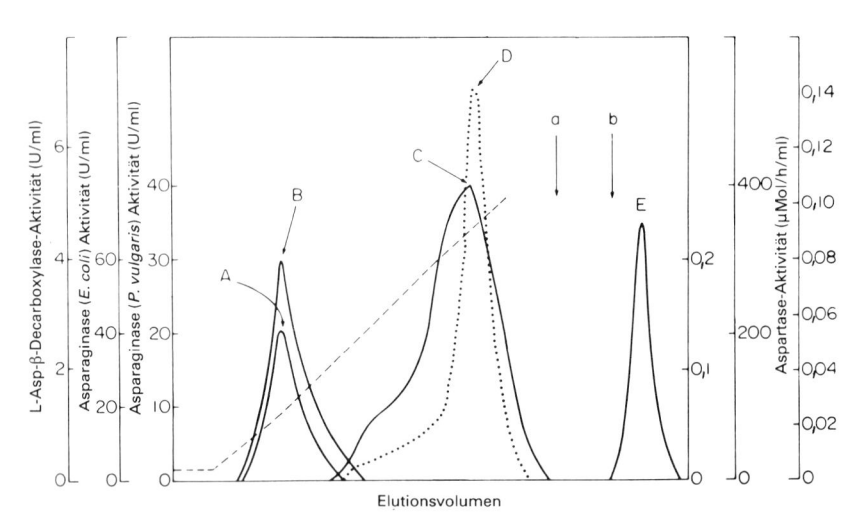

Abb. 7.13 Gruppen-spezifische Adsorption an einer Säule mit L-Asparagin als immobilisiertem Liganden und die Elutionsprofile verschiedener Enzyme. Asparaginase aus Proteus vulgaris, Asparaginase aus E.coli, das Holoenzym der Aspartat-β-Decarboxylase und das Apoenzym des Enzyms wurden jeweils in Natriumacetat-Puffer (pH 7,0; Ionenstärke = 0,01; 1 ml) gelöst und getrennt auf die Säule aufgetragen. Die Elution wurde mit einem linearen Gradienten durchgeführt. Die Enzym-Präparation der Aspartase wurde gegen Natriumacetat-Puffer (pH 7,0; Ionenstärke = 0,01) dialysiert und eine Probe auf die Säule aufgetragen. Eine stufenweise Elution wurde mit 0,1 M Natriumacetat-Puffer und folgenden NaCl-Konzentrationen durchgeführt: (a) 0,2 M (Ionenstärke = 0,275); (b) 0,3 M (Ionenstärke = 0,379). Das Fraktionsvolumen betrug 3,0 ml, außer bei der Elution der Aspartat-β-Decarboxylase (2,5 ml). ———: Aktivität; · · · · ·: Protein; – – – –: Ionenstärke. A = Asparaginase aus P. vulgaris; B = Asparaginase aus E.coli; C = Holoenzym der Aspartat-β-Decarboxylase; D = Apoenzym der Aspartat-β-Decarboxylase; E = Aspartase.
Aus I. Chibata, T. Tosa, T. Sato, R. Sno, K. Yamamoto und Y. Matus, in Methods in Enzymology, Hrsg.: W. B. Jakoby und M. Wilchek, Vol. 34, Academic Press, New York, 1974, S. 405.

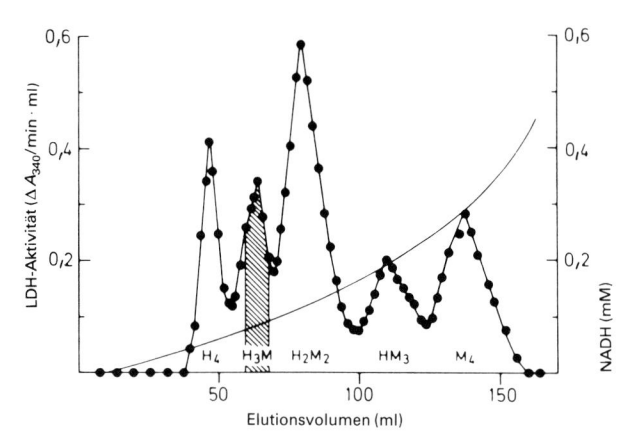

Abb. 7.14 Elution der Lactat-Dehydrogenase-Isoenzyme mit einem konkaven Gradienten von NADH. 0,2 mg Protein in 0,2 ml 0,1 M Natriumphosphat-Puffer, pH 7,0, 1 mM β-Mercaptoethanol und 1 M NaCl wurde auf eine AMP-Analog-Sepharose-Säule aufgetragen (140 × 6 mm; 2,5 g feuchtes Gel). Die Säule wurde mit 0,1 M Natriumphosphat-Puffer, pH 7,5 äquilibriert. Nach dem Auftragen wurde die Säule mit dem gleichen Puffer gewaschen. Anschließend wurde ein konkaver Gradient von 0–0,5 mM NADH im gleichen Puffer mit 1 mM β-Mercaptoethanol angelegt. Fraktionen von 1 ml wurden mit einer Fließgeschwindigkeit von 3,4 ml/h aufgefangen. Der gestrichelte Bereich zeigt die gepoolten Fraktionen, die anschließend rechromatographiert wurden.
Aus P. Brodelius und K. Mosbach, FEBS Lett. *35,* 223 (1973).

bare Methode ist die Elution mit einem Gradienten steigender Ionenstärke oder Kompetitor-Konzentration. Im Experiment der Abb. 7.14 wurde ein konkaver Gradient mit NADH als Kompetitor angelegt, um die unterschiedlichen Formen der LDH zu eluieren.

8. Immunchemie

Die immunchemischen Techniken verdanken ihre Anwendung in der Biochemie und Molekularbiologie ihrer hohen Spezifität und ihrem großen Auflösungsvermögen. Mit ihrer Hilfe können einerseits Bestimmungen einer Substanz im Pikogramm-Bereich und andererseits Isolierungen einer anderen Substanz in Milligramm-Mengen vorgenommen werden. Die Möglichkeiten dieser Technik können jedoch wie bei anderen hochauflösenden Methoden nur durch eine sinnvolle und äußerst sorgfältige Anwendung ausgenutzt werden. Die wichtigsten Aspekte der Immunchemie sollen im folgenden zusammen mit ihren Vor- und Nachteilen beschrieben werden. Die Erläuterungen können in keinem Fall vollständig sein. Einige spezielle immunchemische Methoden sind nur kurz erwähnt; der Leser sei auf andere Quellen zur Vertiefung verwiesen.

8.1 Struktur der Antikörper

Tiselius und Kabat zeigten schon früh, daß Antikörper zur γ-Globulin-Fraktion des Serums gehören. In einem klassischen Experiment verglichen sie die Elektrophorese-Profile zweier Serum-Proben, die sie aus einem mit Ovalbumin immunisierten Kaninchen gewonnen hatten. Eine Elektrophorese führten sie mit dem gesamten Serum durch (durchgezogene Linie in Abb. 8.1), die andere mit einer identischen Serum-Probe, bei der sie die Ovalbumin-spezifischen Antikörper mit Ovalbumin ausgefällt hatten (unterbrochene Linie in Abb. 8.1). Durch diese Behandlung wurde nur der Anteil der γ-Globuline des Serums signifikant herabgesetzt, worin sich demzufolge die Antikörper befinden mußten. Seit diesen frühen Untersuchungen konnte die γ-Globulin-Fraktion in Klassen von strukturähnlichen Proteinen aufgelöst werden, den sogenannten Immunglobulinen (Igs), die sich aus einer ungeheuer großen Zahl unterschiedlicher Proteine zusammensetzen. Aufgrund ihrer Strukturunterschiede können die Immunglobuline abhängig vom Auflösungsvermögen der Methode weiter unterteilt werden. Die erste Einteilung erfolgt auf der Basis von Struktur- und immunchemischen Unterschieden in fünf Gruppen, die man Isotypen nennt (Tab. 8.1). Jede dieser Isotypen kann wieder in Untergruppen, die sog. Allotypen, eingeteilt werden. Allotypische Unterschiede sind geringe Differenzen in der Aminosäuresequenz, die von einem Individuum zum anderen beobachtet werden, d.h. sie sind allele Formen innerhalb eines Isotyps. Die dritte Einteilung in sog. Idiotypen begründet sich auf Klon-spezifische

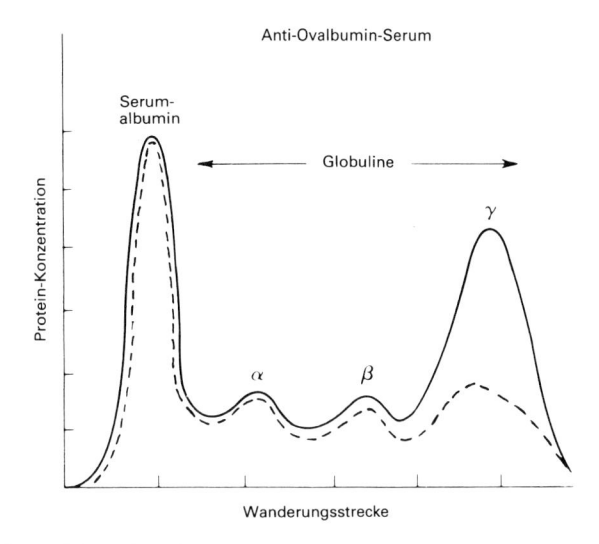

Abb. 8.1 Elektrophoretische Trennung des Serums eines mit Ovalbumin immunisierten Kaninchens. Die durchgezogene Linie zeigt das Ergebnis der Trennung vor der Zugabe von Ovalbumin zum Serum, während die unterbrochene Linie die Auftrennung des Serums nach spezifischer Fällung der Ovalbumin-Antikörper durch Zugabe von Ovalbumin.
Aus A. Tiselius und E. A. Kabat, J. Exp. Med. *69,* 119 (1939), und neu durchgeführt von B. D. Davies, R. Dulbecco, H. N. Eisen, H. S. Ginsberg und W. B. Wood, Jr., Microbiol., 2. Auflage, Harper and Row, New York, 1973.

Tab. 8.1 Eigenschaften der Immunglobulin-Isotypen.

Immunglobulin-Isotyp	Molekulargewicht	Kohlenwasserstoff-Gehalt (%)	Konzentration im Serum[a]	Biologische Eigenschaften
IgG	160 000	2,9	750–2200	Wichtigstes Serum-Immunglobulin
IgA	160 000[b]	7,5	51–380	Wichtigstes Immunglobulin in Sekretionen
IgM	1 000 000[b]	10,9	21–279	Steigt in der Anfangsphase einer Immunantwort
IgD	160 000		1–56	
IgE	160 000		$1-14 \times 10^{-4}$	Allergie-Antikörper

[a] Die Konzentration in normalem Serum wird angegeben in mg/100 ml Serum.
[b] Diese Immunglobuline polymerisieren.
Aus J. Clausen, Immunochemical Techniques for the Identification and Estimation of Macromolecules, in Laboratory Techniques in Biochemistry and Molecular Biology, Hrsg.: T. S. Work und E. Work, American Elsevier, New York, 1969, S. 413.

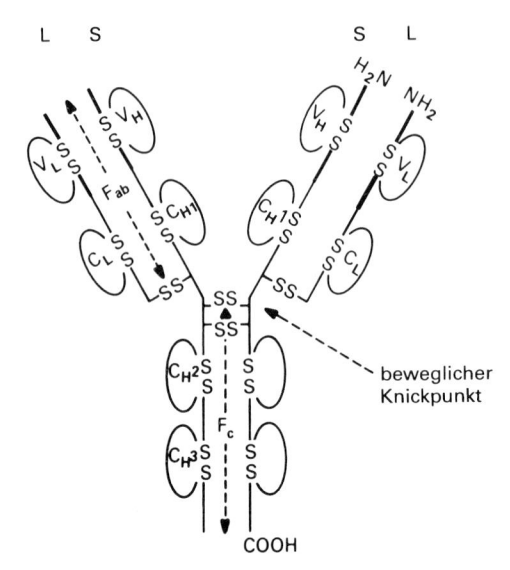

Abb. 8.2 Schematische Darstellung der Polypeptid-Ketten eines Immunglobulins.
Aus D. R. Davies, E. A. Padlan und D. M. Segal, Ann. Rev. Biochem. *44*, 639 (1975).

Unterschieden für die Klone von Immunglobulin-produzierenden Zellen. Idiotypen sind Strukturvarianten, die nahe der Liganden-bindenden Seite der γ-Globuline auftreten.

Die genausten Strukturuntersuchungen wurden an IgGs durchgeführt, da dieser Isotyp zu mehr als 85% innerhalb der Serum-Immunglobuline auftritt. Die Moleküle sind Y-förmig (siehe Abb. 8.2) und haben ein Molekulargewicht von 150 000 d. Sie bestehen aus zwei schweren Ketten (MG: ~50 000 d) und zwei leichten Ketten (MG: ~25 000 d), die durch drei bis sieben der 20–25 im Molekül auftretenden Disulfid-Brücken miteinander verknüpft sind. Die schweren Ketten sind in der Mitte geknickt, wodurch die Y-Form zustande kommt. Bisher wurden die unterschiedlichsten Beugungswinkel festgestellt, doch ist bisher ungeklärt, ob ein einzelnes Molekül sich verschieden weit einknicken kann. Bei der Spaltung von gereinigten Antikörpern durch Papain entstehen drei Fragmente wie in Abb. 8.2 gezeigt. Zwei Fragmente werden aus den Armen des Y gebildet. Sie werden F_{ab} genannt: Antigen-bindende Fragmente. Sie können weiterhin Liganden spezifisch binden. Das dritte Fragment, F_c, (kristallisierbares Fragment) scheint in allen IgG-Molekülen des Kaninchens gleich zu sein.

8.2 Antikörper-Bildung

Eine ausführliche Diskussion der Antikörper-Bildung und ihrer Kontrolle im Organismus überschreitet den Rahmen dieses Buches. Jedoch sind eine kurze Einführung in die Vorgänge, die zur Bildung von Antikörpern führen, und ein paar

Abb. 8.3 Beispiele für ein univalentes Hapten (ε-DNP-Lysin) und ein bivalentes Hapten (α,ε-Bis-DNP-Lysin).

Definitionen für eine sinnvolle Anwendung der immunchemischen Methoden unerläßlich. Ein Antigen kann als Verbindung definiert werden, die 1., wenn sie in ein Versuchstier injiziert wird, die Bildung von Antikörpern stimuliert und 2. spezifisch mit dem gebildeten Antikörper reagiert. Beide Teile der Definition müssen gemeinsam betrachtet werden, um ein Antigen von einem Hapten unterscheiden zu können (siehe Abb. 8.3). Ein Hapten ist ein kleines Molekül, das spezifisch mit Antikörpern reagieren kann, aber nicht die Bildung von Antikörpern hervorruft, es sei denn, es ist an ein Antigen geknüpft. Abb. 8.4 zeigt ein Protein mit konjugierten Hapten-Molekülen, die als kleine Kreise dargestellt sind.

Der wichtigste Teil eines Antigens sind seine antigenen Determinanten. Diese stellen die spezifischen Regionen des Makromoleküls dar, die die Spezifität einer immunchemischen Reaktion bestimmen. Jedes Antigen kann viele unterschiedliche Determinanten besitzen, die jede eine spezifische Immunantwort hervorruft

Abb. 8.4 Schematische Darstellung eines mit Haptenen (Kreise) konjugierten Proteins.

246   8. Immunchemie

| keine | teilweise | teilweise | vollständige |

Komplementarität

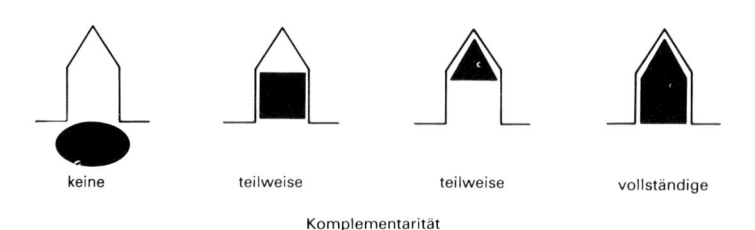

Abb. 8.5 Schematische Darstellung verschiedener Grade der Komplementarität zwischen der Determinante eines Antigens und der Bindungsstelle eines Antikörpers.

und mit den Antikörpern, die während dieser Antwort gebildet werden, spezifisch reagiert. Antikörper erkennen, wie Enzyme, sehr spezifische dreidimensionale Strukturen für eine Bindung mit der antigenen Determinante. Eine Abweichung von der erforderlichen Form der Determinante oder der Bindungsstelle der Antikörper reduziert die Bindung beträchtlich oder verhindert sie ganz. Abb. 8.5 zeigt schematisch die komplementäre Struktur der antigenen Determinante und der Bindungsstelle des Antikörpers. Obwohl eine maximale Bindung nur bei perfekter Einpassung auftritt, können gute Bindungen auch ohne vollständige Komplementarität zustande kommen. Abb. 8.6 zeigt ein bekanntes Hapten, 2,4-Dinitrophenol, gebunden an eine ε-Aminogruppe eines Lysin-Restes. Der Kasten umschließt das Hapten, während die unterbrochene Linie den Bereich der antigenen Determinante einkreist. Die Aminosäuren der Determinante müssen in der Sekundärstruktur nicht benachbart sein, allein ihre dreidimensionale Nähe ist notwendig.

Ein in ein Versuchstier injiziertes Antigen ruft eine Immunantwort hervor, in-

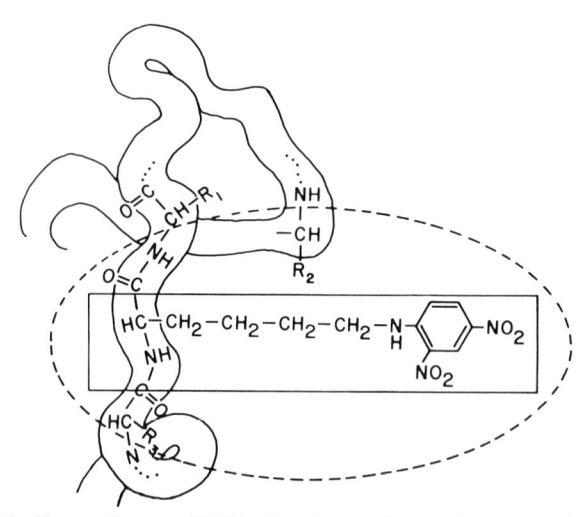

Abb. 8.6 Hapten-Gruppe. DNP ist kovalent an die ε-Aminogruppe eines Lysin-Restes gebunden. Die durchgezogene Linie umschließt das Hapten, während die unterbrochene Linie die Determinante einschließt. Man beachte, daß die beiden Reste R_2 und R_3 innerhalb der Polypeptid-Kette an sehr unterschiedlichen Stellen gefunden werden und doch zur gleichen antigenen Determinante gehören.

Tab. 8.2 Eigenschaften der B- und T-Lymphocyten der Maus.

Eigenschaften	B-Zellen	T-Zellen
Ort der Differenzierung	Bursa Fabricius (in Vögeln) bisher wurde in Säugetieren kein Äquivalent gefunden	Thymus
Antigen-bindende Rezeptoren auf der Zelloberfläche	viele Igs (beschränkt auf ein Isotyp, ein Allotyp und ein Idiotyp pro Zelle)	Natur der spezifischen Rezeptoren ist unsicher; wenig Igs
ungefähre Häufigkeit (%)		
Blut	15	85
Lymphsystem	10	90
Lymphknoten	15	85
Milz	35	65
Knochenmark	reichlich	wenig
Thymus	sehr wenig	reichlich
Verteilung im Lymphknoten und in der Milz	in Follikeln zusammengeballt um Keimzentren	in zwischenfollikulären Bereichen
Funktionen		
Sekretion von Antikörpern	+ (große Lymphocyten und Plasmazellen)	−
Helferfunktion (reagiert mit dem Carrier, einem Teil des Immunogens)	−	+
Effektorzelle für zellvermittelte Immunität	−	+

Abgeändert nach B. D. Davis, R. Dulbecco, H. N. Eisen, H. S. Ginsburg, W. B. Wood und M. McCarty, in Microbiology, 2. Auflage, Harper and Row, New York, 1973.

dem es an Rezeptoren auf den zwei Typen der kleinen Lymphozyten (T- und B-Lymphozyten) bindet, die für die Determinante spezifisch sind. Diese Rezeptoren sind Immunglobuline, die in die Lymphocyten-Membran integriert sind und für die spezifische Erkennung der Determinanten durch die Lymphocyten verantwortlich sind. Einige Eigenschaften von B- und T-Lymphocyten sind in Tab. 8.2 zusammengefaßt. Ihre Entwicklungen, Funktionen und Wechselwirkungen mit anderen Zellen sind jedoch weitaus komplexer, als die Tabelle angibt. (Eine genauere Beschreibung findet man in [1] und [2].) Als Reaktion auf die Bindung des Antigens beginnen beide Arten der Lymphocyten sich zu teilen und zu vergrößern; sie entwickeln sich zu großen Lymphozyten, die mit der Produktion einer begrenzten

248   8. Immunchemie

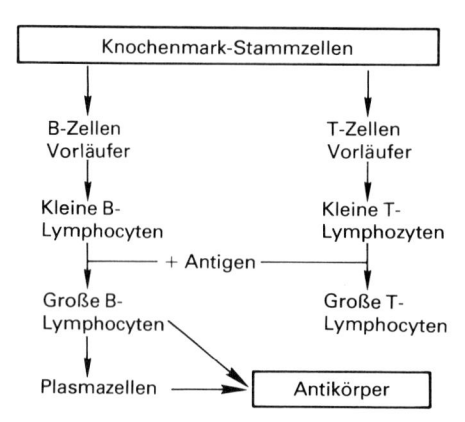

Abb. 8.7 Entwicklungsreihe der wichtigsten an der Immunantwort beteiligten Zellen. Die Makrophagen, die eine wichtige Helferrolle bei der Immunantwort spielen, wurden nicht berücksichtigt.

Menge Antikörper beginnen. Wichtiger ist, daß sie sich weiter differenzieren und zu Plasmazellen mit einem ausgedehnten rauhen endoplasmatischen Retikulum werden (Abb. 8.8). Die spezialisierte Plasmazelle sezerniert den größten Teil der Immunglobuline. Obwohl die T-Lymphocyten keine Immunglobuline freisetzen, spielen sie doch eine wichtige Rolle bei der Stimulierung und Regulation der Proliferation der B-Lymphocyten.

Eine noch ungelöste Frage der Antikörper-Bildung ist die große Anzahl unterschiedlicher Antikörper, die gegen jede Art von antigener Determinante gebildet

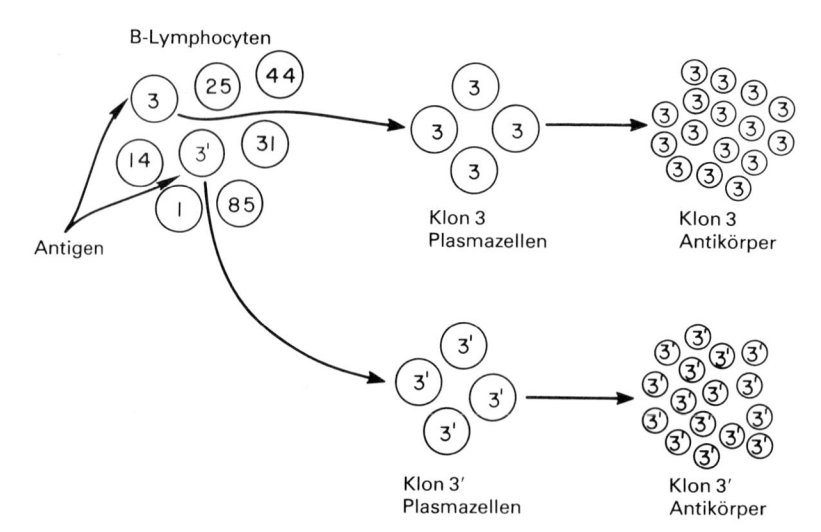

Abb. 8.9 Schematische Darstellung der Grundzüge der klonalen Selektions-Theorie (basierend auf F.M. Burnet, The Clonal Selection Theory of Acquired Immunity, Vanderbilt University Press, Nashville, Tenn., 1959).

8.2 Antikörper-Bildung   249

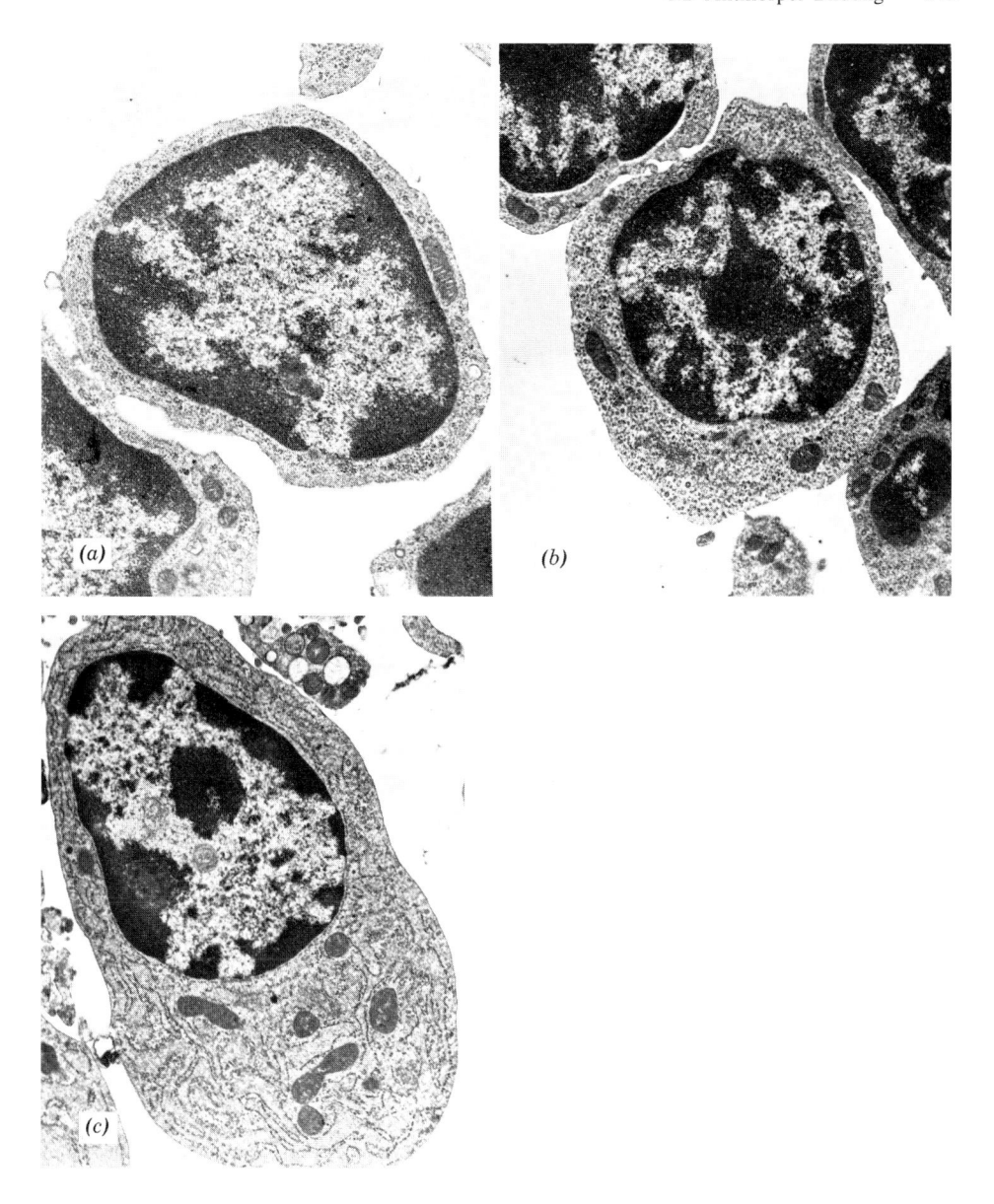

Abb. 8.8 Die für die Antikörper-Bildung wichtigsten Zellen. (a) kleiner Lymphocyt, (b) großer Lymphocyt und (c) Plasmazelle. Man beachte die Sekretion-Vesikel und das ausgeprägte endoplasmatische Retikulum der Plasmazelle. Die Vergrößerung beträgt ungefähr bei (a) × 4125; (b) × 3630; (c) × 3630 (mit Genehm. von Dr. R.G. Lynch).

werden. Von den möglichen Erklärungen für dieses Phänomen scheint die Hypothese der klonalen Selektion von Burnet heute am meisten anerkannt zu werden. Danach gibt es eine große Zahl unterschiedlicher B-Lymphocyten, die jeweils nur auf ein (oder wenige) antigene Determinanten reagieren können. Ein appliziertes Antigen bindet jedoch nur an solche Zellen, die einen komplementären Rezeptor tragen (Abb. 8.9). Durch Teilung jedes angesprochenen Lymphocyten reift ein Klon identischer Nachkommen heran. Diese bilden wiederum Klone von Plasmazellen, wobei jeder seinen eigenen spezifischen Typ von Antikörper bildet. Alle Antikörper, die durch Zellen eines einzigen Klons synthetisiert werden, sind identisch, unterscheiden sich aber von Antikörpern eines anderen Klons, abhängig von der Struktur des Immunglobulin-Rezeptors, an den das Antigen ursprünglich gebunden war.

8.3 Praktische Aspekte der Antikörper-Produktion

8.3.1 Antigen

Der Erfolg oder Mißerfolg einer immunchemischen Methode hängt stark vom ersten Schritt ab, der Herstellung eines reinen Antigens. Das Immunsystem der meisten Versuchstiere ist empfindlich genug, auch die kleinsten Mengen eines kontaminierenden Antigens zu erfassen. Die Proliferation der B-Lymphocyten zu den Antikörper-sezernierenden Plasmazellen ist der Grund für die verstärkte Empfindlichkeit. Es sollte deswegen keine Mühe gescheut werden, das injizierte Antigen in reiner Form zu erhalten, d.h. frei von Kontaminationen. Ein Mindestmaß an Reinigung ist erreicht, wenn bei der Polyacrylamid-Gelelektrophorese des Antigens nur eine Bande zu erkennen ist. Dies kann bestenfalls bedeuten, daß nur Antikörper gegen ein Protein gebildet werden. Besteht das Protein jedoch aus Untereinheiten, die wahrscheinlich jeweils mehrere antigene Determinanten besitzen, so wird ein Satz von unterschiedlichen Antikörpern in unterschiedlicher Menge produziert. Aus diesem Grund sollte man zunächst die Spezifität der Antikörper-Bildung durch Isolierung der Untereinheiten und anschließend der Applikation nur einer der Untereinheiten erhöhen. Das ist jedoch nicht unbedingt notwendig, wenn keine maximale Spezifität erforderlich ist. Es ist auch wichtig zu beachten, das die injizierte, isolierte Untereinheit dieselben antigenen Determinanten besitzt wie die Untereinheit in ihrer nativen, assoziierten Form.

8.3.2 Adjuvantien

Die immunogene Stärke eines löslichen Antigens kann beträchtlich erhöht werden, wenn es über längere Zeit im Körper des Versuchstieres verbleibt. Dies kann man durch mehrmalige Applikation einer kleinen Menge des Antigens über einen län-

Tab. 8.3 Zusammensetzung des kompletten und inkompletten Freundschen Adjuvans. (Erhältlich bei Difco, S. 392).

Verbindungen	komplettes Adjuvans	inkomplettes Adjuvans
Arlacel® oder Mannidmonooleat, 1,5 ml	+	+
Paraffinöl, 8,5 ml	+	+
Mycobacterium butyricum 5 mg (inaktiviert und getrocknet)	+	−

geren Zeitraum erreichen. Mit dem Diphtherie-Toxoid wurde z. B. gezeigt, daß mehrere kleine Dosen, über einen Zeitraum verteilt, eine bessere Antwort hervorrufen als eine gleichgroße Menge des Toxoids, die mit einem Mal appliziert wurde. Eine andere Methode, die Wirkung eines Antigens zu erhalten, ist die Verwendung eines Adjuvans. Dieser Ausdruck wird allgemein auf jede Substanz angewendet, die die Immunantwort auf ein Immunogen erhöht. Anorganische Gele, wie Aluminiumhydroxid oder Aluminiumphosphat, wurden früher vielfach als Adjuvantien benutzt. Die Immunogene wurden an ihrer Oberfläche adsorbiert und die Mischung injiziert. Diese Verbindungen wurden jedoch weitgehend ersetzt durch Adjuvantien auf der Basis einer Öl/Wasser-Emulsion, die durch Freund entwickelt wurden (Tab. 8.3). Das in Wasser gelöste Immunogen wird mit einem der Freundschen Adjuvantien vermischt und eine stabile Emulsion hergestellt. Dazu wird die Flüssigkeit sehr schnell gemischt, in ein Ultraschallbad getaucht oder mehrmals mit einer Spritze hochgesaugt und schnell wieder herausgedrückt. Die Stabilität der Emulsion kann geprüft werden, indem man einzelne Tropfen in ein Becherglas mit kaltem Wasser fallen läßt. Der erste Tropfen verteilt sich über die Oberfläche des Wassers, die folgenden Tropfen jedoch bleiben ober- oder unterhalb der Oberfläche und brechen nicht auf. Bei der Injektion einer unstabilen Emulsion in ein Versuchstier gehen die meisten Wirkungen des Adjuvans verloren. Nach einer subkutanen oder intramuskulären Injektion verteilt sich die stabile Emulsion in Form kleiner Tröpfchen im Organismus. Die Stabilität der Emulsion bewirkt die sehr langsame Freisetzung des Immunogens, die manchmal bis zu einigen Monaten oder länger dauern kann.

Die Anwesenheit von Hitze-inaktivierten Mycobacterien in Freunds komplettem Adjuvans dient der allgemeinen Stimulierung des gesamten retikuloendothelialen Systems des Versuchstieres. Ferner gibt es einige Hinweise, daß tote Zellen die Proliferation von T-Lymphocyten und die Bildung von B-Lymphocyten-aktivierenden Faktoren stimulieren. Die Verwendung des kompletten Adjuvans ist bei der ersten Applikation des Immunogens notwendig; das inkomplette Adjuvans reicht für anschließende Injektionen aus.

8.3.3 Versuchstier, Dosis und Applikation

Für die Antikörper-Produktion werden als Versuchstiere meist Kaninchen, Ziegen, Meerschweinchen, Hühner, Ratten, Esel und Pferde benutzt. Von dieser Auswahl sind zur Produktion geringer Mengen Antiserum weiße Neuseeland-Kaninchen und zur Produktion größerer Mengen Ziegen am gebräuchlichsten. Antikörper-Präparationen für weniger spezifische Untersuchungen können mit einem Gemisch von Seren verschiedener Kaninchen, die alle mit der gleichen Präparation des Immunogens immunisiert wurden, durchgeführt werden. Ist eine hohe Spezifität erforderlich, muß ein größeres Tier, wie die Ziege verwendet werden, so daß während der gesamten Untersuchung mit einer gut charakterisierten Antikörper-Präparation aus einer einzigen oder wenigen kurz aufeinander folgenden Entnahmen des Serums gearbeitet werden kann. Der Grund dafür sind Unterschiede, die bei der Antikörper-Bildung von einem Tier zum anderen oder innerhalb eines Tieres bei einem längeren zeitlichen Zwischenraum auftreten können.

Die richtige Dosierung eines Immunogens hängt ab von der Art des Immunogens, davon ob ein Adjuvans benutzt wird und ob das Versuchstier schon vorher immunisiert wurde. Z. B. tritt bei Injektionen von 0,1–1 mg Serum-Albumin in ein Kaninchen ohne Zusatz eines Adjuvans nur eine minimale Antwort ein, während bei Kombination mit einem Freundschen Adjuvans diese Dosierung sehr effektiv ist. Für eine zweite Injektion zu einem späteren Zeitpunkt werden dann für eine Schwellwert-Antwort nur noch 10 bis 50 µg benötigt. Ist die Schwellwert-Dosierung überschritten, führen ansteigende Mengen des Immunogens zu entsprechend erhöhter Antwort. Der Grad des Anstiegs ist jedoch nicht proportional zur Dosis. Tatsächlich besteht bei einer Überdosierung die Gefahr einer immunologischen Toleranz, bei der keine Immunantwort mehr zustande kommt. Toleranz wird auch erreicht, wenn bestimmte Immunogene in einer Menge gerade unterhalb des Schwellwertes verabreicht werden. Es sind deswegen einige Vorversuche notwendig, um die beste Dosierung für ein bestimmtes Antigen und die Bedingungen der Injektion herauszufinden.

Für die meisten primären Applikationen mit komplettem Freundschen Adjuvans bietet die intramuskuläre Injektion den besten Zugang zum lymphatischen System. Dieser Weg ist viel besser als eine Fußbett-Injektion, welche häufig starke Schwellungen, Geschwüre und Nekrosen hervorruft. Eine zweite Injektion mit Freunds inkomplettem Adjuvans kann entweder intramuskulär oder subkutan erfolgen. Der letztere Weg hat den Vorteil der langsamen Absorption des Antigens, wobei die Möglichkeit des anaphylaktischen Schocks vermindert wird. Eine subkutane Injektion mit komplettem Freundschen Adjuvans führt zu Abszessen.

8.3.4 Immunantwort

Die Menge der Antikörper-Bildung nach Applikation eines Antigens hängt davon ab, ob es sich um die erste Injektion (Primärantwort) oder um eine folgende

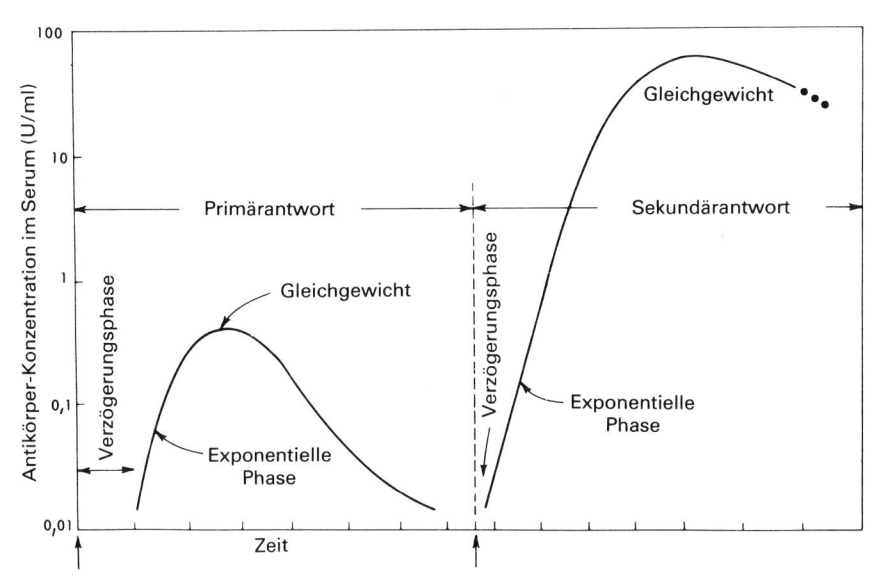

Abb. 8.10 Vergleich der Antikörper-Konzentration im Serum nach der ersten und zweiten Injektion des Immunogens (angezeigt durch Pfeile unter der Abszisse). Man beachte, daß die Antikörper-Konzentration auf einer logarithmischen Skala aufgetragen ist. Die Zeiteinheit ist nicht näher bestimmt, um die große Variabilität, die bei den unterschiedlichen Immunogenen auftritt, anzudeuten.
Aus B. D. Davis, R. Dulbecco, H. N. Eisen, H. S. Ginsberg und W. B. Wood, Jr., Microbiology, 2. Auflage, Harper and Row, New York, 1973.

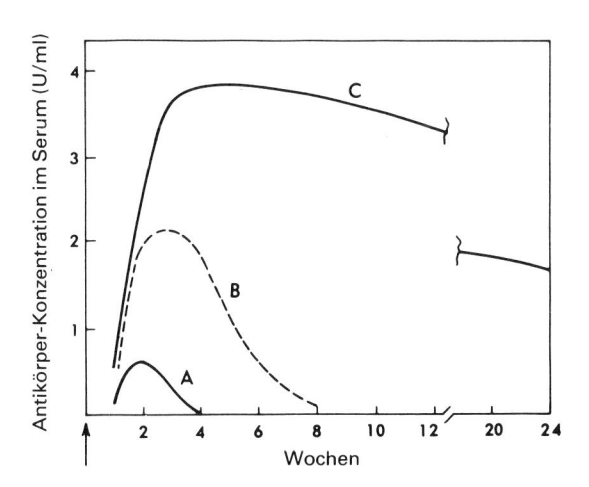

Abb. 8.11 Einfluß verschiedener Adjuvantien auf die Antikörper-Produktion nach Injektion eines Immunogens. (A) Zum Zeitpunkt Null (Pfeil) wurde einem Kaninchen eine Injektion mit löslichem Protein in verdünnter Salzlösung verabreicht, (B) das Protein wurde vor der Injektion an präzipitiertes Alaun adsorbiert und (C) in einer stabilen Mycobakterien enthaltenden Wasser-Öl-Emulsion (Freundsches komplettes Adjuvans) gelöst.
Aus B. D. Davis et al., Microbiology, 2. Auflage, Harper and Row, New York, 1973.

254   8. Immunchemie

Injektion (Sekundärantwort) handelt. Die unterschiedlichen Charakteristika der beiden Antworttypen sind in Abb. 8.10 wiedergegeben. Nach der ersten Injektion des Immunogens tritt eine Verzögerungsphase von 1–30 Tagen auf, bevor Antikörper im Serum auftreten. Der Mittelwert liegt bei den meisten löslichen Proteinen bei 5–7 Tagen. Nach dieser Zeit nimmt die Konzentration der Serum-Antikörper exponentiell zu und erreicht nach ungefähr 9–11 Tagen ein Maximum, wenn lösliche Proteine als Antigene verwendet wurden. Die Dauer der maximalen Antikörper-Produktion und die Stärke der Abnahme ihrer Bildung hängt wesentlich von der Effektivität des Adjuvans und der Stabilität der Adjuvans/Antigen-Emulsion ab (siehe Abb. 8.11). Ohne Adjuvans ist die Serum-Konzentration der Antikörper recht gering und nimmt nach kurzer Zeit schnell wieder ab. Das Alaun-Adjuvans erhöht zwar die maximale Konzentration und verringert die Geschwindigkeit der Abnahme der Antikörper, jedoch kaum in dem Maß, wie es für das Freundsche komplette Adjuvans beobachtet wird.

Wie schon anfangs festgestellt, ändert sich die Antikörper-Bildung eines immunisierten Tieres mit der Zeit. Diese Änderung betrifft sowohl die Avidität des Antiserums (d.h. die Affinität zwischen Immunogen und Antikörper) als auch auf seine Spezifität und Kreuzreaktivität. Wie in Tab. 8.4 gezeigt wird, ist die mittlere tatsächliche Assoziations-Konstante zwischen Anti-DNP-Antikörpern und DNP-Lysin kurz nach der Injektion sehr gering, erhöht sich aber nach einiger Zeit sehr stark. Dieser Effekt ist möglicherweise auf die niedrige Affinität des Antigens zu vielen B-Lymphocyten des frisch immunisierten Tieres zurückzuführen. Die relativ hohe Konzentration des Antigens kurz nach seiner Applikation reicht aus, um diese Zellen zu aktivieren. Mit der Zeit nimmt die Konzentration des Antigens ab und fällt unter die Schwelle, bei der Lymphocyten mit niedriger Affinität zum Antigen zur Antikörper-Bildung stimuliert werden. Bei diesen geringen Konzentrationen werden nur noch Lymphocyten mit hoher Affinität angeregt, so daß auch

Tab. 8.4 Affinität von Anti-DNP-Antikörpern zu verschiedenen Zeiten nach der Injektion von DNP-Rinder-γ-Globulin.

Injizierte Antigenmenge (mg)	mittlere wahre Assoziations-Konstante für die Bindung zwischen ε-DNP-Lysin und Anti-DNP-Antikörpern		
	2 Wochen[a]	5 Wochen[a]	8 Wochen[a]
5	0,86	14	117
50	0,38	0,73	9
100	0,38	0,44	0,51
250	0,22	0,17	0,19

[a] Zeit zwischen der ersten Injektion von DNP-Rinder-γ-Globulin und der Isolierung des im Experiment verwendeten Immunserums.
Aus H.N. Eisen und G.W. Siskind, Biochemistry 3, 996 (1964).

nur noch Antikörper mit einer hohen Assoziations-Konstante gebildet werden. Damit erklärt sich auch, daß bei höherer Dosierung des Antigens die durchschnittliche Affinität absinkt und auch nach geraumer Zeit nicht weiter ansteigt.

Die Abnahme der Antikörper-Spezifität mit der Zeit ist wahrscheinlich ein Resultat des frühen Auftretens von Antikörpern mit niedriger Affinität. Jede Determinante des Antigens führt zur Bildung eines spezifischen Antikörpers, jedoch mit unterschiedlicher Verzögerung. Kurz nach der Applikation sind deswegen weniger unterschiedliche Antikörper vorhanden, ihre Anzahl nimmt aber mit der Zeit zu. Dies erklärt die Beobachtung von Heidelberger und Kendall, daß sich das Antigen verhält, als ob es eine größere Anzahl von Antikörper-Bindungsstellen hätte, wenn es mit einem Immunserum inkubiert wird, das erst längere Zeit nach der primären Immunisierung entnommen wurde im Vergleich zu einem Serum, das kurz nach der ersten Applikation gewonnen wurde.

Die Zunahme der Kreuzreaktivität mit der Zeit hängt ebenfalls von den obengenannten Faktoren ab. Erstens kann für einen Antikörper mit hoher Affinität für eine Determinante erwartet werden, daß er eine niedrigere, aber meßbare Affinität zu strukturell ähnlichen Determinanten auf anderen Proteinen besitzt. Die später produzierten Antikörper mit hoher Affinität haben somit auch eine weniger deutliche Spezifität. Zweitens: Wenn eine größere Anzahl unterschiedlicher Antikörper als Antwort auf die verschiedenen Determinanten eines Antigens gebildet wird, nimmt die Wahrscheinlichkeit zu, daß zwischen einem bestimmten Typ von Antikörper und einer Determinante eines anderen Antigens eine strukturelle Ähnlichkeit besteht.

Bei der zweiten Injektion eines Immunogens nach dem Abklingen der Primärantwort tritt eine Sekundärantwort ein (anamnestische oder Gedächtnis-Antwort). Die Art dieser Antwort ist in Abb. 8.10 dargestellt. Im Vergleich zur Primärantwort besitzt die Sekundärantwort 1. eine kürzere Verzögerungs-Phase, 2. eine signifikant höhere Konzentration an zirkulierenden Antikörpern und 3. eine längere Aufrechterhaltung der Antikörper-Konzentration. Für die Praxis ist zu beachten, daß für eine Sekundärantwort eine weitaus geringere Menge an Antigen benötigt wird; die Dosierung muß herabgesetzt werden. Außerdem ist die Verwendung des kompletten Adjuvans nicht mehr notwendig, da das retikuloendotheliale System noch von der ersten Injektion stimuliert ist. Für die zweite Injektion („Booster"-Injektion) wird deswegen gewöhnlich das inkomplette Adjuvans verwendet.

Sollen große Mengen Antiserum über einen längeren Zeitraum gesammelt werden, ist die Art des „Boosterns" entscheidend. Wenig Erfolg verspricht die wiederholte primäre Injektion an verschiedenen Stellen des Versuchstieres oder die wiederholte sekundäre Applikation bei zu verschiedenen zeitlichen Zwischenräumen. Durch solche Maßnahmen erreicht man leicht eine immunologische Toleranz. Geduld ist deswegen oft besser als die immer bereitliegende Spritze. Eine Booster-Injektion sollte erst verabreicht werden, wenn die Konzentration (der Titer) der zirkulierenden Antikörper merkbar abgenommen hat. Die Zunahme des Titers nach einer Booster-Injektion erreicht in der Regel nach 5–7 Tagen sein Maximum und bleibt für einige Wochen hoch. Nach einer Booster-Injektion sollte das Versuchstier für Wochen oder Monate nicht erneut behandelt werden.

8.3.5 Gewinnung und Herstellung des Antiserums

Da Kaninchen für die Antikörper-Gewinnung am weitaus häufigsten herangezogen werden, soll auf die Blutabnahme bei diesem Versuchstier hier näher eingegangen werden. Die Blutentnahmen bei anderen kleinen Tieren wird an anderen Stellen ausführlich beschrieben [3–5]. Bei größeren Tieren, wie Ziegen, Eseln und Pferden, wird das Blut aus der Halsader entnommen. Ein unerfahrener Experimentator sollte in diesem Fall einen Veterinär zu Rate ziehen, der die richtige Behandlung des Tieres demonstrieren kann.

Kaninchen sollten bei jeder Applikation eines Antigens oder einer Blutentnahme in einen kleinen Käfig gesperrt werden. Das Kaninchen wird aus seinem Stall genommen, indem man es am Genick packt. Es sollte niemals an den Ohren oder mit einer Hand unter dem Bauch herausgeholt werden. Die Hinterfüße eines Kaninchens sind sehr kräftig, und seine Krallen sind lang und scharf; fährt man mit einer Hand unter das Kaninchen, wird man meist kräftig gekratzt. Eine Kratzwunde wird sofort mit 70%igem Ethanol ausgewaschen und unbedeckt gelassen. Eine Tetanus-Spritze ist ebenfalls ratsam. Das Tier sollte so eng eingesperrt werden, daß es sich nicht mehr bewegen und durch ruckartige Bewegungen selbst verletzen kann. Ein kleiner Käfig, wie er in Abb. 8.12 abgebildet ist, kann käuflich erworben werden und eignet sich gut für diesen Zweck. Die Blutentnahme wird

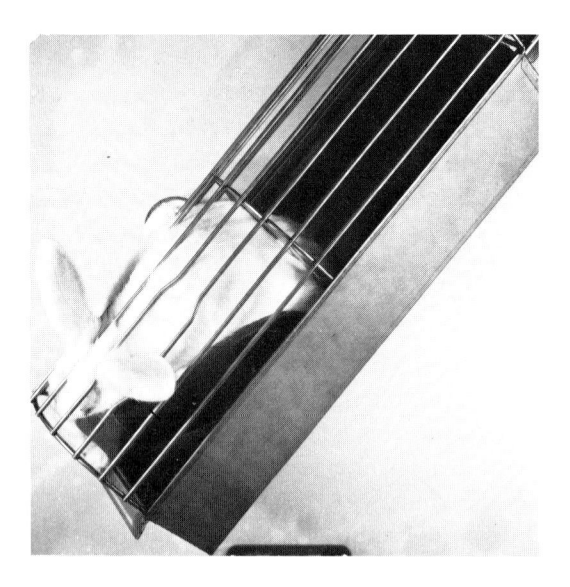

Abb. 8.12 Kaninchen in einem engen Käfig zur Serumgewinnung.

Abb. 8.13 Richtige Haltung eines Kaninchenohres, um Verletzungen während des Rasierens zu vermeiden.

vereinfacht, wenn man das Kaninchen vorher mit einem elektrischen Rasierer am Ohr rasiert. Das Ende des Ohres sollte nicht rasiert werden, da dort das Fleisch so dünn ist, daß es unweigerlich zwischen die Schneiden des Rasierapparates gerät. Die beste Methode ist, das Ohr auf eine Hand zu legen und unter einem Winkel, wie er in Abb. 8.13 gezeigt wird, zu rasieren. Das Ohr wird dann mit etwas Toluol eingerieben, wobei darauf zu achten ist, daß kein Tropfen in das Ohr hineinrinnt. Nach ungefähr dreißig Sekunden verdicken sich die Blutgefäße stark und werden gut sichtbar. Die Vene wird im Abstand ca. 1–2 cm vom Kopf längs aufgeschnitten. Der Einschnitt sollte mit einer schnellen, glatten und geschickten Bewegung ca. 0,25–0,3 cm lang werden. Wird der Schnitt zögernd durchgeführt, kann er bei einer Bewegung des Tieres zu lang oder zu tief werden. Am besten verwendet man eine neue Rasierklinge. Bei guter Durchführung fließt das Blut frei oder pulsierend, und innerhalb weniger Minuten können 40–50 ml gesammelt werden. Während des Auffangens kann die Fließgeschwindigkeit des Blutes abnehmen und wieder steigen; dies ist normal. Kritisch für eine gute Ausbeute ist guter Einschnitt von richtiger Länge und richtiger Tiefe während der Verdickung der Vene. Kurz nach der Toluol-Behandlung beginnen sich die Blutgefäße langsam wieder zu ihrem normalen Durchmesser zu verengen, und der Blutstrom verringert sich wegen der einsetzenden Gerinnung. Das Bluten hört von selbst auf, wenn die Gerinnung beendet ist. Die Vene heilt anschließend und kann nach ungefähr einer Woche wieder geschnitten werden. Tritt die Heilung langsamer ein, können abwechselnd beide Ohren für die wöchentliche Blutentnahme verwendet werden. Für den Fall, daß die Vene irreversibel geschädigt ist, kann ein Einschnitt näher an der Arterie gemacht werden (siehe Abb. 8.14). Aus diesem Grund sollte man möglichst nahe

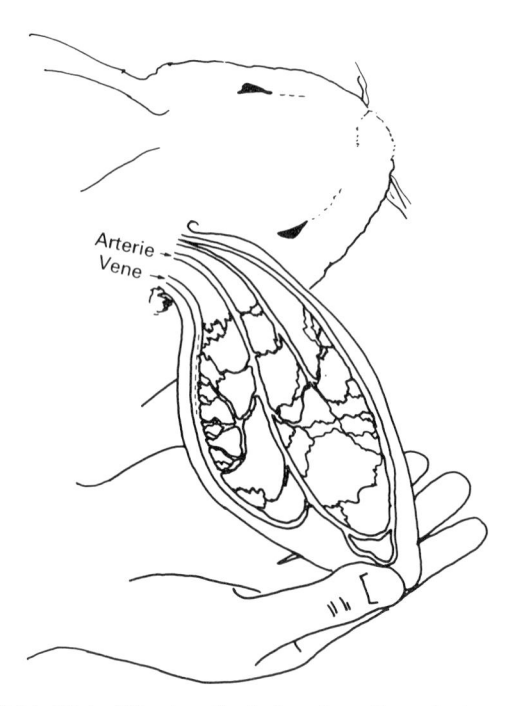

Abb. 8.14 Blutgefäße eines Kaninchenohres. Der mit einem Längsschnitt zu öffnende Venenbereich ist mit einer gestrichelten Linie eingezeichnet.

am Kopf schneiden, um bei den folgenden Einschnitten noch ausreichend Spielraum zu haben. Wenn die Gerinnung abgeschlossen ist, wird das Ohr kräftig mit Wasser gewaschen, um restliches Toluol zu entfernen. Die dauernde Einwirkung vom Toluol führt zu einer Reizung der Haut, die durch eine milde Handcreme verhindert werden kann.

Wird das aufgefangene Blut sofort gekühlt und weiterverarbeitet, können die roten Blutkörperchen vor dem Zusammenklumpen entfernt werden. Man kann auch das Blut vollständig gerinnen lassen. Das geronnene Blut wird dann mit einem Stab aufgerührt. In beiden Fällen werden die roten Blutzellen durch Zentrifugation bei 5000 g entfernt (4000–7000 rpm in einem Sorvall ss-34-Rotor). Die Zellen dürfen keiner zu starken Zentrifugations-Kraft ausgesetzt werden, da sie sonst hämolysieren. Es sollten niedrige Geschwindigkeiten bei der Zentrifugation gewählt werden, auch wenn die Ausbeute etwas sinkt. Bei geringer Zellysis (Hämolyse) ist das überstehende Serum gelblich bis leicht rötlich. Nach der Zentrifugation wird das Serum sorgfältig abdekantiert. Eine leichte Trübung des Serums in der oberen Schicht wird durch Fett hervorgerufen. Dies kann durch einen 24stündigen Futterentzug vor der Blutentnahme verhindert werden. In einigen Fällen klumpt das Serum nach Entfernung der roten Zellen und fließt nicht. In diesem Fall wird ein Holzstäbchen in das gelierte Serum getaucht und ohne die präzipitierten roten Zellen aufzurühren, rasch zwischen Daumen und Zeigefinger hin- und hergerollt. Dadurch wird gewöhnlich das Fibrin um das Stäbchen gewickelt, und das Serum kann anschließend dekantiert werden. Das adsorbierte Material kann am Stab als dünner Film erkannt werden. Eventuell mit abdekantierte rote Blutzellen müssen erneut abzentrifugiert werden, bevor man weiterarbeitet.

Unbehandeltes Serum enthält eine Reihe von 11 Proteinen, das sogenannte Komplementsystem. Diese Proteine gehören nicht zu den Immunglobulinen und treten auch nach einer Immunisierung nicht vermehrt auf. Sie binden sich jedoch an Antigen-Antikörper-Komplexe und können bei bestimmten immunochemischen Experimenten Komplikationen bewirken. Die Proteine können durch Erhitzen des Serums auf 56°C für 10–20 Minuten inaktiviert werden. Diese Behandlung schadet den Immunglobulinen nicht, solange die Temperatur sorgfältig eingehalten wird. Das dekomplementierte Serum kann nun aufbewahrt oder weiter gereinigt werden. Antikörper sind recht stabil und können für mehrere Jahre bei −20°C bis −70°C aufbewahrt oder lyophilisiert werden. Eine Aufbewahrung bei 4°C erfordert den Zusatz von antimikrobiellen Agenzien wie Cyaniden oder Aziden und ist nur empfehlenswert bei kurzer Dauer.

Die Immunglobulin-Fraktion kann durch Ammoniumsulfat-Fraktionierung oder Säulen-Chromatographie isoliert und konzentriert werden [6]. Spezifische Antikörper kann man mit Hilfe der Affinitäts-Chromatographie mit dem ursprünglichen Antigen als gebundenem Liganden isolieren. Bei früheren Anwendungen dieser Methode wurden die Antikörper durch schwache Säuren oder Basen eluiert, wodurch nicht selten eine Inaktivierung auftrat. Heute wird zur Elution 4 M Magnesiumchlorid verwendet, wobei eine Inaktivierung weit seltener auftritt.

8.4 Reaktion von Antigenen und Antikörpern in Lösung

Die meisten, wenn nicht alle heutigen Anwendungen der immunochemischen Techniken basieren auf der Reaktion der Antikörper mit den entsprechenden Antigenen zu einem sehr stabilen Komplex. Befinden sich Antigen und Antikörper in einer Lösung, werden solange Präzipitate gebildet, wie der Antikörper in einem molaren Überschuß vorliegt. Die Komplexbildung wird als Präzipitin-Reaktion bezeichnet und kann, wie in Abb. 8.15 dargestellt, quantitativ erfaßt werden. Bei diesem Beispiel wurde hochgereinigtes Avidin in ein Kaninchen appliziert, welches dann Avidin-spezifische Antikörper bildete. Da Biotin einen sehr stabilen Komplex mit Avidin eingeht (Dissoziations-Konstante $\sim 10^{-15}$), kann man die Komplexierung des Avidins mit ^{14}C-Biotin sehr gut zur Bestimmung des Proteins heranziehen. Die Daten aus Abb. 8.15 wurden durch Zugabe einer steigenden Menge von ^{14}C-Biotin-Avidin-Komplexen zu einer konstanten Menge Avidin-Immunserum (Abb. 8.15a) oder Kontrollserum (Abb. 8.15b) erhalten. Nach 24stündiger Inkubation bei 4°C wurde das Immunpräzipitat von den löslichen Komponenten durch Zentrifugation abgetrennt und die Radioaktivität des Präzipitats und des Über-

260   8. Immunchemie

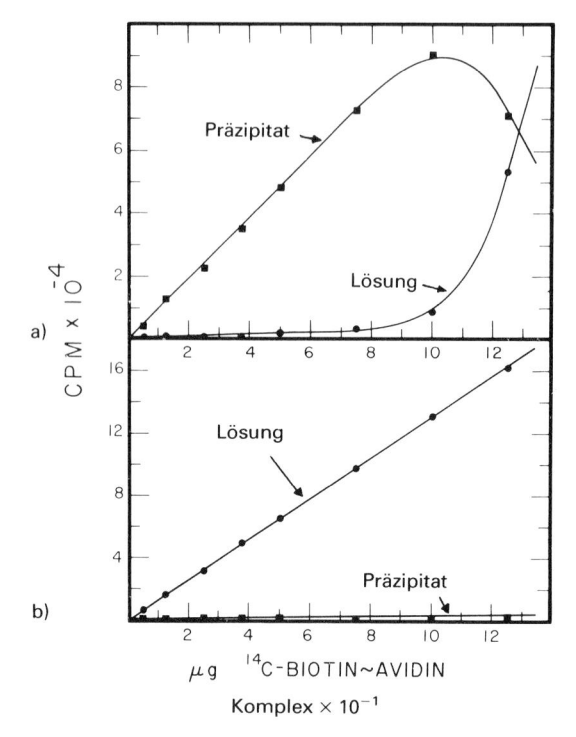

Abb. 8.15 Immunpräzipitation von ^{14}C-Biotin-Avidin mit Avidin-Immunserum. a) Eine konstante Menge Serum eines mit Avidin immunisierten Kaninchens wurde zu einer steigenden Menge des ^{14}C-Biotin-Avidin-Komplexes hinzugegeben; b) die gleiche Menge Kontrollserum, vor der Immunisierung entnommen, wurde anstelle des Immunserums verwendet.

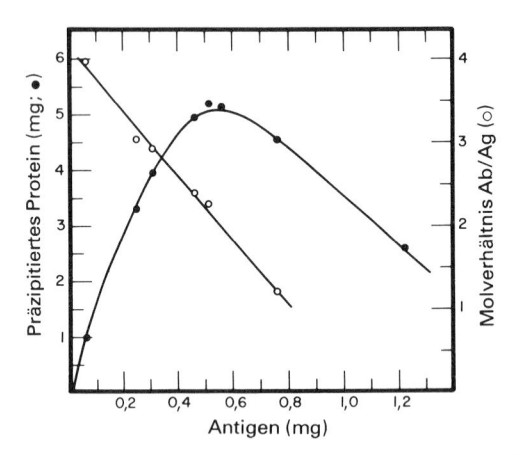

Abb. 8.16 Molverhältnis von Antikörpern zu Antigenen in einem durch Mischen steigender Mengen des Antigens mit einer konstanten Menge Immunserum erhaltenen Immunpräzipitats.
Aus M. Heidelberger und F. E. Kendall, J. Exp. Med. *62*, 697 (1935).

8.4 Reaktion von Antigenen und Antikörpern in Lösung   261

standes bestimmt. Die Kurve, die die Radioaktivitäts-Menge des Präzipitats wiedergibt (volle Quadrate in Abb. 8.15), kann in drei Bereiche unterteilt werden. Der ansteigende Ast ist der Bereich des Antikörper-Überschusses; es folgt der Bereich der Äquivalenz und der Bereich des Antigen-Überschusses mit absteigendem Ast. Im Bereich des Antikörper-Überschusses und der Äquivalenz finden sich alle Antigene im Präzipitat. Im Bereich des Antigen-Überschusses jedoch wird immer weniger ^{14}C-Biotin präzipitiert, und immer mehr wird in der Lösung gefunden. ^{14}C-Biotin wird nicht präzipitiert, wenn anstelle des Immunserums Kontrollserum verwendet wird (Abb. 8.15b). Dieser Versuch stellt im Prinzip die Titration der Kapazität des Serums dar, Avidin zu komplexieren. Heidelberger und Kendall führten ein ähnliches Experiment durch, isolierten jedoch auch das Präzipitat und bestimmten das molare Verhältnis von Antikörper zu Antigen bei verschiedenen Antigen-Konzentrationen. Ihre Ergebnisse zeigten (siehe Abb. 8.16), daß das Verhältnis kontinuierlich abnimmt, je mehr Antigen zugegeben wird. Aus dieser Beobachtung schlossen sie, daß die Immunpräzipitation durch ein Anwachsen der Antigen-Antikörper-Aggregate, wie in Abb. 8.17 dargestellt, zustande kommt. Wenn diese Aggregate groß genug sind, fallen sie aus der Lösung aus und bilden die experimentell beobachteten Präzipitate. Diese sogenannte Netzwerk-Theorie verlangt, daß sowohl Antigen als auch Antikörper multivalent sind, d. h. daß sie mehr als eine Bindungsstelle besitzen. Am Anfang dieses Kapitels wurde beschrieben,

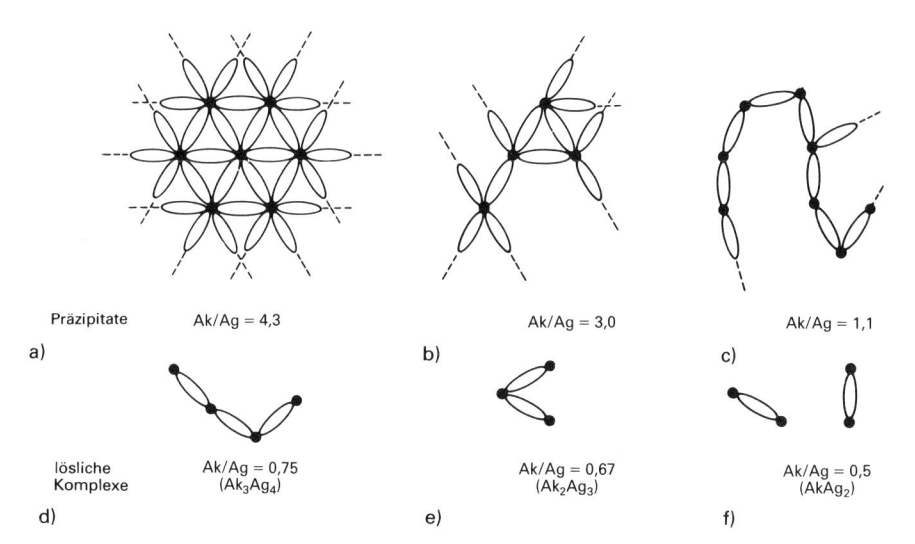

Abb. 8.17 Hypothetische Struktur der Immunpräzipitate und löslichen Komplexe entsprechend der Netzwerk-Theorie. Die Zahlen geben das Molverhältnis von Antikörpern (Ak) zu Antigenen (Ag) an. Die gestrichelten Linien deuten an, daß sich der Komplex weiter fortsetzt, als in der Abbildung gezeigt werden kann. Die Präzipitate findet man im Bereich des Antikörper-Überschusses (a), im Gleichgewichts-Bereich (b) und bei Antigen-Überschuß (c). Die löslichen Komplexe findet man im Bereich eines mittleren (d), großen (e) und extremen (f) Antigen-Überschusses.
Aus B. D. Davis, et al., Microbiology, 2. Auflage, Harper and Row, New York, 1973.

Tab. 8.5 Zusammensetzung verschiedener Immunpräzipitate aus dem Antigen und den entsprechenden Antikörpern.

Antigen	Molekulargewicht	Molverhältnis Antikörper/Antigen[a]
Rinder-Ribonuclease	13 400	3
Eialbumin	42 000	5
Pferdeserum-Albumin	67 000	6
humanes γ-Globulin	160 000	7
Pferde-Apoferritin	465 000	26
Thyroglobulin	700 000	40
Wachstums-hindernder Tomaten-Virus	8 000 000	90
Tabakmosaik-Virus	40 700 000	650

[a] Die Präzipitate wurden unter hohem Antikörper-Überschuß gebildet. Die Zahlen geben die minimalen Werte der Antigen-Valenz an.
Aus E. A. Kabat und M. M. Mayer, Experimental Immunochemistry, 2. Auflage, Charles C. Thomas, Springfield, Ill., 1961.

daß Antikörper Y-förmig sind und zwei Bindungsstellen für Liganden pro Molekül besitzen. Andererseits zeigt Tab. 8.5, daß auch Antigene eine unterschiedliche Anzahl von antigenen Determinanten haben, die mit dem Molekulargewicht ansteigt, warum bei niedrigem Antikörper/Antigen-Verhältnis keine Immunpräzipitate gebildet werden. Die Antikörper besitzen eine zu geringe Anzahl von Bindungsstellen verglichen mit der vorhandenen Anzahl von antigenen Determinanten, um ein Gitter zu bilden.

8.5 Antigen-Antikörper-Reaktionen in Gelen

Die Spezifität einer Antikörper-Präparation wird am häufigsten mit der Doppeldiffusions-Methode von Ouchterlony oder der Immunelektrophorese nach Grabar und Williams bestimmt. Für eine Diskussion verschiedener Modifikationen dieser Techniken und anderer wichtiger Methoden wird der Leser auf [7–9] verwiesen.

Die zweidimensionale Doppeldiffusion oder Ouchterlony-Methode hängt von der Bildung einer Mizell-Struktur während der Gelierung des Agars und der Agarose ab. Moleküle mit Molekulargewichten kleiner als 200 000 d diffundieren ungehindert durch die Kanäle der Mizellen; größere Moleküle werden in ihrer Diffusion behindert oder retardiert. Die einzelnen Antigen- und Antikörper-Moleküle diffundieren deswegen durch das Gel mit einer Geschwindigkeit, die nur von ihrer Anfangskonzentration und ihrem Stokeschen Radius abhängt, während die großen Makromolekül-Aggregate, die durch die Komplexierung von Antigenen und Antikörpern zustande kommen, sich nicht mehr fortbewegen können. In die Agar- oder

Agarose-Platten werden kleine Vertiefungen geschnitten und mit einer Antigen- bzw. Antikörper-Lösung gefüllt. Für die Anordnung der Vertiefungen oder Löcher stehen verschiedene Möglichkeiten offen. Die in Abb. 8.18 gezeigte Anordnung kann man käuflich erhalten. Diffundieren die beiden Substanzen nun ringförmig aus ihren Vertiefungen (Abb. 8.19), bildet sich ein Konzentrations-Gradient um das Loch herum. Wenn die überlappende Antigen- und Antikörper-Konzentration groß genug ist, um sichtbare Aggregate zu bilden, erscheint die Präzipitin-Bande im Gel (siehe Abb. 8.21). Die quantitativen Aspekte dieser Vorgänge sind in Abb. 8.19 dargestellt. Es wird angenommen, daß sich Präzipitate bei einem Antigen/Antikörper-Verhältnis von 4:1 bilden. Die Präzipitate bilden zugleich eine immunspezifische Barriere, die die Diffusion der entsprechenden Antikörper und Antigene über diese Bande hinaus verhindert. Andere Antigen-Antikörper-Paare werden nicht beeinflußt. Enthält also das System entsprechende Konzentrationen des gleichen Antigens oder Antikörpers in benachbarten Löchern, entstehen Präzipitat-Linien mit zunehmender Länge oder Bögen (siehe Abb. 8.21). Wenn, wie durch die unterbrochene Linie in Abb. 8.19 gezeigt, die Konzentration eines Reaktionspartners erhöht wird, verschiebt sich die Präzipitin-Bande zu der Vertiefung hin, in der sich die weniger konzentrierte Komponente befindet. Dieser Effekt ist durch die größere Diffusionsgeschwindigkeit des höher konzentrierten Reaktanten zu erklären. Weichen die Antigen- und Antikörper-Konzentrationen sehr stark

Abb. 8.18 Vollständige (a) und zerlegte (b) Mikro-Ochterlony-Platte. Die Einzelteile sind von unten nach oben gesehen: (1) Basisteil mit einem runden Kanal (Pfeil), in den Wasser gefüllt wird, um während der Inkubation eine feuchte Atmosphäre aufrechtzuerhalten; (2) Agarose-Schälchen, in dem die Diffusion der Antigene und Antikörper stattfindet; (3) Plastikaufsatz mit Probenreservoir; (4) Feuchtigkeits-Verschluß, der die Austrocknung während der Inkubation verhindert und (5) Verschlußkappe für die gesamte Zelle (mit Genehm. der Cordis Laboratories, Miami, Fla.).

264   8. Immunchemie

Abb. 8.18
(Fortsetzung)

8.5 Antigen-Antikörper-Reaktionen in Gelen 265

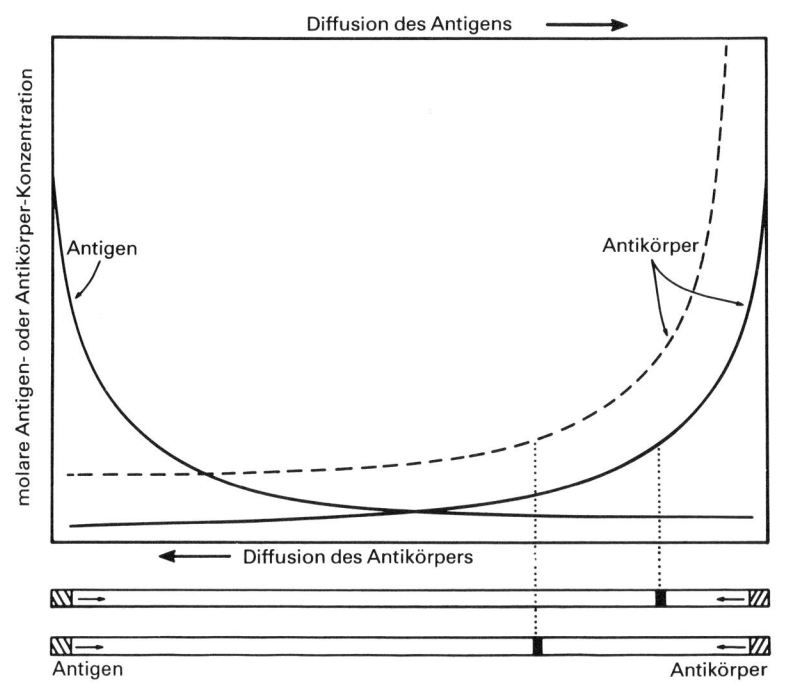

Abb. 8.19 Konzentration von Antigenen und Antikörpern in Abhängigkeit vom Abstand zum Ausgangspunkt der Diffusion. Die gestrichelte Linie gibt die Konzentrationen an, die man bei höherer Antikörper-Konzentration erhält. Die beiden Streifen unterhalb der graphischen Darstellung zeigen einen Querschnitt durch eine Ouchterlony-Platte und den Ort der Immunpräzipitation für beide Antikörper-Konzentrationen. Die senkrechten, gepunkteten Linien geben die Orte an, wo das Molverhältnis Antikörper/Antigen 4:1 beträgt.

voneinander ab, können jedoch die Präzipitate wandern oder mehrere Banden, wegen der abwechselnden Auflösung und Repräzipitation des ursprünglichen Immunpräzipitats, erscheinen.

Bisher wurden nur Systeme besprochen, die ein reines Antigen und einen entsprechenden Antikörper enthalten. Dieses System bildet Ouchterlonys des Typs, wie sie in Abb. 8.20a und 8.21 gezeigt sind. Die Präzipitate zeigen Reaktionen mit

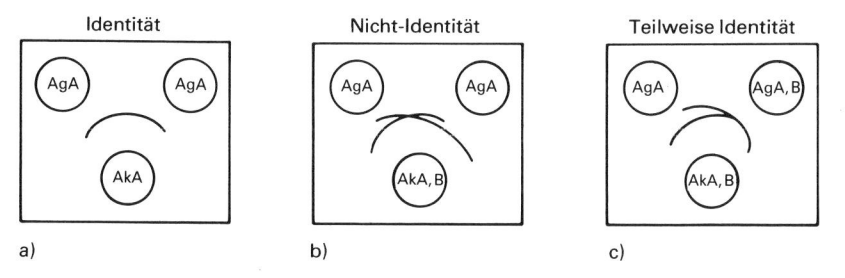

Abb. 8.20 Schematische Darstellung der Präzipitin-Banden, wie sie bei verschiedenen homologen und heterologen Kombinationen von Antigenen (Ag) und Antikörpern (Ak) erhalten werden.

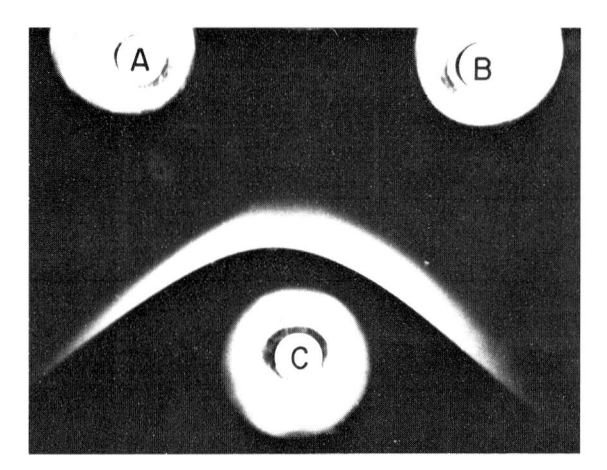

Abb. 8.21 Präzipitin-Bande, wie sie bei zwei unterschiedlichen Konzentrationen von Avidin und Avidin-Immunserum erhalten wird. Die Löcher A und B enthalten 15 bzw. 30 µg Avidin; Loch C enthält das Avidin-Immunserum. Das Foto wurde 2,5 Tage nach Beginn der Diffusion aufgenommen. Die Inkubationstemperatur betrug 4 °C.

kompletter Identität an. Jedoch muß betont werden, daß dies nicht bedeutet, daß es nur eine antigene Determinante in beiden Antigen-gefüllten Löchern gibt, noch daß die Zusammensetzung in beiden Löchern gleich ist. Im Gegenteil, in den meisten Fällen existieren sehr viele Determinanten und verschiedene Antigene in jedem Loch. Die Ergebnisse sagen nur aus, daß die Antikörper im zentralen Loch mit dem gleichen Antigen im rechten und im linken Loch reagieren.

In einer zweiten möglichen experimentellen Situation enthält das zentrale Loch Antikörper gegen zwei Antigene, und in jedem der beiden Antigen-Löcher befindet sich nur eines der beiden Antigene, die mit dem Antikörper reagieren können (siehe Abb. 8.20b und 8.22). Hierbei bilden sich zwei voneinander unabhängige Präzipitin-Banden. Es existiert keine immunspezifische Barriere, so daß wegen der fehlenden Fusion der Banden kein einheitlicher Bogen wie im vorausgegangenen Fall gebildet werden kann. Dieses Verhalten nennt man eine Reaktion mit Nicht-Identität.

Bei einer dritten experimentellen Möglichkeit liegt eine Antikörper-Präparation vor, die Antikörper gegen zwei verschiedene Formen eines Antigens enthält. Dieses Serum wird in das zentrale Loch der Ouchterlony-Platte gegeben. Im ersten benachbarten Loch befinden sich beide Formen des Antigens, während im anderen Loch nur eine der beiden Formen vorliegt. Beide Formen des Antigens besitzen ein paar gemeinsame Determinanten, und eine der beiden Antigen-Formen trägt Determinanten, die die andere nicht aufweist. Unter diesen Bedingungen bilden sich Banden, wie in Abb. 8.20c dargestellt. Es liegt eine Reaktion mit teilweiser Identität vor. Die Präzipitin-Banden der antigenen Determinanten, die in beiden Formen vorkommen, fusionieren vollständig. Jedoch entsteht keine immunspezifi-

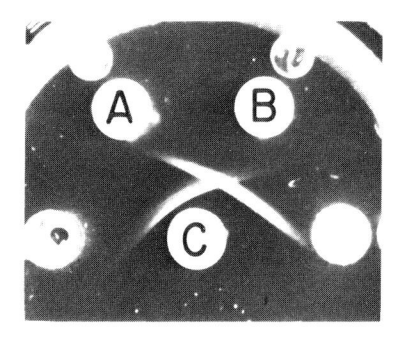

Abb. 8.22 Präzipitin-Banden bei Diffusion von Avidin und Katalase in benachbarten Löchern gegen das Antikörper gegen beide Proteine enthaltende Zentralloch. Die Löcher A und B enthalten 20 µg Avidin bzw. 25 µg Katalase. Loch C (Zentralloch) enthält eine Mischung aus Avidin- und Katalase-Immunserum. Das Foto wurde 4 Tage nach dem Beginn der Inkubation (4 °C) aufgenommen.

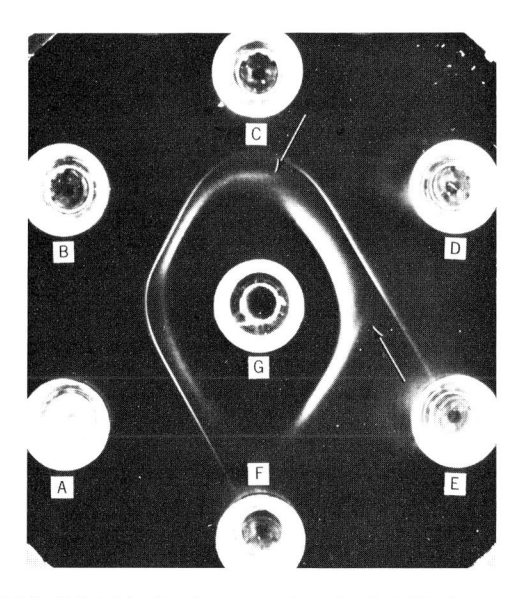

Abb. 8.23 Präzipitin-Bande entstanden durch Diffusion von Holo-RNA-Polymerase-Immunserum (komplettes Enzym einschließlich der Untereinheit) gegen RNA-Polymerase verschiedener Reinheitsstufen. Die Löcher mit den Proteinproben entsprechen folgenden Reinigungsschritten: (A) Rohextrakt, (B) Ammoniumsulfat-Fällung (33–42%), (C) DEAE-Cellulose-Fraktionierung, (D) RNA-Polymerase nach Sedimentation auf einem Glycerin-Gradienten und (E) Phospho-Cellulose-Fraktionierung, wobei nur das Kernenzym ohne die σ-Untereinheit erhalten wird. Das letzte Loch (F) ist leer. Die Reinigungsprozedur wurde von R.R. Burgess beschrieben, J. Biol. Chem. *244,* 6160 (1969). Das Foto wurde 12 Tage nach Inkubationsbeginn (4 °C) aufgenommen.

sche Barriere gegen die Antigen- und Antikörper-Diffusion für die Form des Antigens, das nur in einem der beiden Löcher vorkommt. Diese Präzipitin-Bande fusioniert deswegen nicht und setzt sich hinter dem Bogen in Form eines Ausläu-

268   8. Immunchemie

fers fort. Ausläufer dieser Art sind gewöhnlich weniger dicht als die Präzipitate, aus denen sie hervorgehen, und oft werden sie nur bei sorgfältiger Beobachtung entdeckt. Abb. 8.23 zeigt eine solche Präzipitation, die mit E. coli-RNA-Polyme-

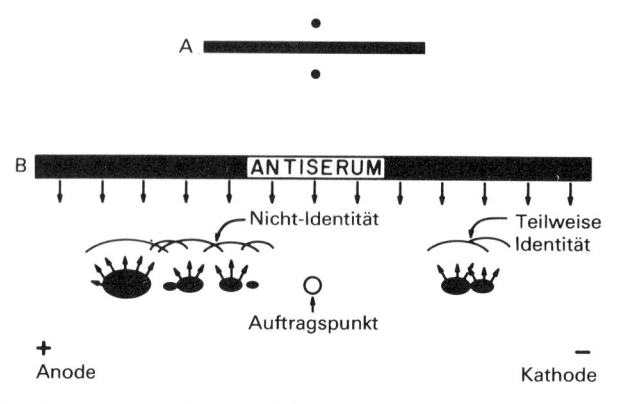

Abb. 8.24 Immunelektrophorese: (A) Anordnung der Löcher in der Ouchterlony-Platte und (B) Schema der Diffusion.

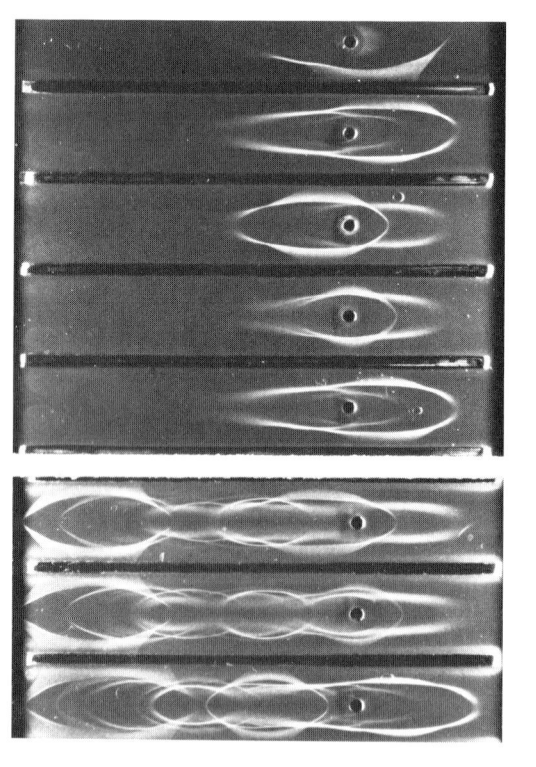

Abb. 8.25 Präzipitin-Banden bei der Immunelektrophorese von normalem und pathologischem Serum (mit Genehm. der Hyland Laboratories, Costa Mesa, Calif.).

rase erhalten wurde. Das Enzym besteht aus vier Untereinheiten, α_2, β, β' und σ, und kann in zwei Formen vorkommen: 1. dem kompletten Enzym mit allen vier Untereinheiten und 2. dem Kern-Enzym, dem die Untereinheit σ fehlt. Antikörper gegen das komplette Enzym werden in das Zentralloch der Ouchterlony-Platte gebracht (Loch G in Abb. 8.23). Die Antigen-Löcher A–D enthalten das komplette Enzym in verschiedenen Reinheitsgraden, beginnend mit dem Rohextrakt. Das Loch E enthält nur das Kern-Enzym; Loch F bleibt leer. In Abb. 8.23 sieht man, daß sich unter den angegebenen Bedingungen zwei Präzipitin-Banden gebildet haben: näher am zentralen Loch befindet sich eine dichte Bande, die das Kern-Enzym enthält. Man beobachtet, daß die äußere Bande in der Nähe des fünften Loches, das diese Form des Proteins nicht enthält, auch keinen Bogen macht. Die Ausläufer, angezeigt durch Pfeile, können an den Fusionspunkten zwischen den Löchern C und D bzw. D und E erkannt werden. Das bedeutet, daß sich in den Löchern C und E Formen des Antigens befinden, die im Loch D nicht vorhanden sind. Die Methoden, mit denen die Ergebnisse aus Abb. 8.23 erhalten wurden, eignen sich gut zur Bestimmung der Immunspezifität einer Antikörper-Präparation und zur Erkennung jeder Veränderung, die während der Reinigung eines Antigens auftritt.

8.5.1 Immunelektrophorese

Eine Modifikation der oben beschriebenen Doppeldiffusions-Technik ist die Immunelektrophorese. Hierbei wird eine Doppeldiffusions-Kammer benutzt wie in Abb. 8.24 A schematisch dargestellt. Die Kammern sind im Handel erhältlich oder können durch Beschichten eines Objektträgers mit gereinigtem Agar oder Agarose selbst hergestellt werden. Die Löcher werden aus dem Agar herausgestanzt. Die Antigen-Präparation wird in das kleine runde Loch gegeben und einer Elektrophorese unterworfen (Abb. 8.24 B). Nach Beendigung der Elektrophorese wird die rechteckige Vertiefung mit dem Antiserum gefüllt und das Gel für einige Zeit stehengelassen, um eine Diffusion des Antigens und des Antikörpers gegeneinander zu erlauben. Es entstehen Präzipitin-Banden wie in Abb. 8.25 gezeigt. Der Hauptvorteil dieser Methode ist die größere Auflösung, die durch die Kombination von Elektrophorese und Doppeldiffusion zustande kommt.

8.6 Spezifische Protein-Bestimmungen mit Antikörpern

In früheren Studien über die zelluläre Bildung von Enzymen und ihrer Kontrolle wurde die Anwesenheit eines Proteins anhand seiner enzymatischen Aktivität festgestellt. Obwohl mit dieser Methode große Fortschritte im Verständnis der Molekularbiologie gemacht wurden, ist sie doch recht beschränkt. Der prinzipielle Nachteil ist, daß ein Enzym Aktivität besitzen muß, um es nachweisbar zu machen.

Es ist jedoch klar, daß viele interessante und wichtige Vorgänge vor dem Schritt stattfinden, an dem das Enzym seine Aktivität gewinnt. Z. B. werden einige Enzyme in einer inaktiven Form synthetisiert und erst anschließend durch proteolytische Spaltung oder andere chemische Modifikationen aktiviert. Protein-Aggregate wie die Phagen-Strukturproteine, Ribosomen oder Multienzymkomplexe werden auf komplizierte Weise zusammengesetzt, bevor sie ihre Funktion aufnehmen. Auch wurde inzwischen eine zunehmende Anzahl von Fällen bekannt, bei denen Enzyme durch chemische Modifikationen anstelle eines proteolytischen Abbaus inaktiviert werden. In all diesen Fällen ist die enzymatische Aktivität zum Nachweis ungeeignet.

Bestimmt man nur die Enzym-Aktivität, dann schränkt man auch Untersuchungen von Enzym-artigen Proteinen ein, da viele interessante Proteine keine katalytische feststellbaren Funktionen ausüben. Einige Proteine sind Regulationselemente, die die Synthese oder Aktivität von enzymatisch aktiven Proteinen verändern, andere sind Strukturelemente oder Proteine, die ihre Funktion nur ausüben können, wenn sie in der Zellmembran integriert sind, wie z.B. die Permeasen. Funktion und Arbeitsweise vieler solcher Proteine können jedoch mit Hilfe der immunchemischen Untersuchungsmethoden erkannt werden.

Die immunchemischen Untersuchungsmethoden können in zwei Klassen unterteilt werden: die direkten und die indirekten. Bei den direkten Methoden erfolgt die Synthese oder eine Modifikation der zu untersuchenden Substanzen in Anwesenheit eines radioaktiv markierten Vorläufers. Anschließend wird die markierte Verbindung durch immunchemische Präzipitation isoliert. Bei den indirekten Methoden konkurriert das in der Versuchsprobe enthaltene nicht radioaktive Protein mit einem radioaktiven Standard-Protein um eine begrenzte Menge Antikörper. Die Menge des betrachteten Proteins in der Versuchsprobe wird bestimmt aus dem Grad, mit dem es das radioaktive Standard-Protein aus dem Antigen-Antikörper-Komplex verdrängt. Die Methode wird Radioimmunoassay (RIA) genannt.

8.6.1 Sicherheitsvorschriften

Sowohl bei den direkten als auch bei den indirekten immunchemischen Untersuchungsmethoden werden oft große Mengen an Radioaktivität verwendet. Es ist deswegen unbedingt notwendig, entsprechende Sicherheitsvorschriften und Vorsichtsmaßregeln beim Arbeiten und bei der Beseitigung der verwendeten Isotope zu beachten. Die Einhaltung der Sicherheitsbestimmungen sollten jeweils vor einem Experiment mit größeren Mengen von ^{14}C, ^{3}H und ^{35}S von einem Sicherheitsbeauftragten überprüft werden. Das gleiche gilt auch für Experimente mit kleineren Mengen von ^{32}P, ^{125}I und ^{131}I. Beim Zerfall vom ^{32}P werden hochenergetische β-Partikel freigesetzt, die durch einen dünnen Bleischutz leicht aufgehalten werden können. Radioaktives Iod dagegen ist ein starker γ-Strahler, bei dem weitaus dickere Schutzwände benötigt werden und besondere Vorsichtsmaßnahmen vorgeschrieben sind. Eine zusätzliche Gefahr besteht bei der Verwendung von Phosphor und Iod durch die leichte Aufnahme und den schnellen Einbau in den Organismus von Säugetieren. Radioaktiver Phosphor wird sehr dauerhaft in Knochen und Nucleinsäuren eingebaut, und Iod wird in der Schilddrüse konzentriert, wo es kovalent in das Hormon Thyroxin eingebaut wird.

8.6.2 Wahl des radioaktiven Markers für das Antigen

Die spezifische Aktivität der Proteine, die entweder bei den direkten immunchemischen Methoden oder als Standards beim Radioimmunoassay eingesetzt werden, beeinflußt stark die Auflösung dieser Technik. Der Art der radioaktiven Markierung muß deswegen besondere Beachtung geschenkt werden. Tab. 8.6 gibt eine Reihe von Isotopen an, die für diesen Zweck benutzt werden können, zusammen mit der Anzahl von Atomen dieses Isotops, die eingebaut werden muß, um eine bestimmte Impulsrate zu erhalten. Man sieht, daß 557 Atome ^{3}H und 261 672 Atome ^{14}C in jedes Protein-Molekül eingebaut werden müssen, um die gleiche Anzahl von Zerfällen pro Minute zu erhalten, wie ein Protein, das nur ein Atom ^{131}I oder 11 Atome ^{35}S enthält. ^{35}S-Methionin wird sehr häufig zur Markierung bei vielen direkten immunchemischen Anwendungen benutzt, da es relativ preiswert mit einer hohen spezifischen Aktivität hergestellt werden kann. Andererseits wird auch oft radioaktives Iod gewählt, da es leicht in ein gereinigtes Antigen inkorpo-

Tab. 8.6 Anzahl der Atome verschiedener Isotope, die in ein Makromolekül eingebaut werden müssen, um die gleiche Impulszahl zu ergeben.[a]

Isotop	Anzahl der in das Makromolekül einzubauenden Isotopenatome
^{131}I	1
^{32}P	1,8
^{125}I	7,5
^{35}S	10,9
^{3}H	557,0
^{14}C	261 672,0

[a] Die Tabellenwerte wurden nach folgender Gleichung berechnet:

$$\lambda = \frac{0,693}{t_{1/2}}$$

wobei λ die Isotopen-Zerfallsrate und $t_{1/2}$ die Halbwertszeit des Isotops in Sekunden ist. Die Zerfallsrate kann mit dem Umrechnungsfaktor 1 c = 3,7 × 10^{10} Zerfälle pro Sekunde in Curie umgerechnet werden.

riert wird. Man kann zwischen zwei Iod-Isotopen wählen. Meist wird ^{125}I wegen seiner längeren Halbwertszeit verwendet. Dies ist ein wichtiger Punkt, da es oft länger als eine Woche dauert, bis das Antigen markiert und getestet ist und weiterverwendet werden kann. Die erwartete spezifische Aktivität eines markierten Antigens kann mit folgender Gleichung bestimmt werden:

$$\lambda = \frac{0{,}693\,N}{t_{1/2}} \tag{1}$$

λ ist die Anzahl der Zerfälle pro Sekunde (dps), N ist die Anzahl der vorhandenen radioaktiven Atome, und $t_{1/2}$ ist die Halbwertszeit des Isotops in Sekunden. Die Gleichung ist eine Umformung der Gl. 8 und 10 aus Kap. 3. Das folgende Beispiel verdeutlicht die Art der Berechnung.

Beispiel: Man berechne die spezifische Aktivität eines Proteins mit einem Molekulargewicht von 250000 d, das ein Atom ^{125}I pro Protein-Molekül enthält.

$t_{1/2}$ für ^{125}I ist $5{,}184 \times 10^6$ sec, und N für ein Mol Iod ist die Losschmidtsche Zahl, $6{,}0228 \times 10^{23}$.

$$\lambda = \frac{0{,}693 \cdot 6{,}0228 \times 10^{23}}{5{,}184 \times 10^6} = 8{,}051 \times 10^{16}\,\text{dps/Mol}$$

Ein Mol des Proteins wiegt 250000 g oder $2{,}5 \times 10^{11}$ µg.

$$\text{spezifische Aktivität} = \frac{8{,}051 \times 10^6\,\text{dps/Mol}}{2{,}5 \times 10^{11}\,\text{µg/Mol}} = 3{,}221 \times 10^5\,\text{dps/µg}$$

Da ein µc gleich $3{,}7 \times 10^4$ dps, gilt

$$\text{spezifische Aktivität} = \frac{3{,}221 \times 10^5\,\text{dps/µg}}{3{,}7 \times 10^4\,\text{dps/µc}} = 8{,}704\,\text{µc/µg}$$

8.7 Direkte Immunpräzipitation von Antigenen

Für eine direkte Immunpräzipitation eines Antigens, z.B. eines Proteins, wird die radioaktiv markierte Versuchsprobe mit einem Überschuß des entsprechenden Antikörpers gemischt. Der pH-Wert kann dabei zwischen 6 und 9 liegen, die Salzkonzentration kann bis zu 0,25 M betragen, und Temperaturen zwischen 0 und 37°C sind für eine erfolgreiche Fällung möglich. Die Arbeit von Kabat und Mayer [10] gibt einen genauen Überblick über die wichtigsten, veränderbaren Parameter. Nach einer entsprechenden Inkubationsdauer, die rein empirisch bestimmt werden muß (meist zwischen 40 min bis zu mehreren Tagen) wird das Präzipitat durch Zentrifugation abgetrennt. Anschließend werden die adsorbierten Proteine ausgewaschen und die Radioaktivität des Präzipitats bestimmt.

Die direkte Präzipitation besitzt eine Reihe von interessanten Anwendungsmöglichkeiten, zu denen jeweils einige Kontrollversuche notwendig sind, um eine sinnvolle und richtige Information zu erhalten. Drei Anwendungsmöglichkeiten sollen die dabei auftretenden Probleme illustrieren: 1. die Demonstration der De-novo-Biosynthese von Proteinen, 2. der Nachweis der strukturellen Identität zweier Antigene aus unterschiedlichen Präparationen und 3. die Bestimmung eines inaktiven Antigens.

8.7.1 Nachweis der De-novo-Biosynthese von Proteinen

Eine der ersten Anwendungen der immunchemischen Methoden auf dem Gebiet der Molekularbiologie war die Immunpräzipitation eines Enzyms zum Nachweis der De-novo-Biosynthese. Dazu werden Bakterien unter unterschiedlichen Bedingungen zum Wachstum gebracht; einmal unter Bedingungen, bei denen die Anwesenheit dieses Enzyms erwartet wird, und zum anderen unter Bedingungen, bei denen die Bildung des Enzyms unterbunden wird. Zu beiden Kulturen wird eine radioaktiv markierte Aminosäure gegeben, die die neu synthetisierten Proteine markiert. Die Zellen werden anschließend getötet, aufgebrochen, und der zellfreie Extrakt wird mit einem Überschuß eines Antikörpers, der gegen dieses Enzym gewonnen wurde, inkubiert. Um in beiden Fällen eine Immunpräzipitation zu erreichen, kann eine kleine Menge des reinen Träger-Enzyms hinzugefügt werden (Carrier). Wenn zur Bildung von Präzipitaten ein Carrier verwendet werden muß, ist es meist günstiger, eine Modifikation des RIA anzuwenden (siehe unten). Die Präzipitate werden anschließend durch Zentrifugation gewonnen und ihre Radioaktivität bestimmt. Es wird erwartet, daß nur ein Präzipitat eine signifikante Menge an Radioaktivität enthält, praktisch jedoch enthalten beide Präzipitate radioaktives Material, z.B. im Verhältnis 1500 zu 300 cpm.

Die Interpretation dieses Ergebnisses hängt sehr stark von der Homogenität des ausgefällten Materials ab. Es ist möglich, daß die 300 cpm des zweiten Präzipitats nicht von dem betrachteten Enzym herrühren, sondern aus einer unspezifischen Kontamination des Immunpräzipitats durch verschiedene andere zelluläre Proteine stammen. Dies ist nicht ungewöhnlich und beschränkt die Aussagekraft des Experiments, besonders, wenn kleine Mengen eines Enzyms bestimmt werden sollen. Die unspezifischen Adsorption oder Präzipitation kann jedoch auf verschiedene Weisen verhindert werden. Zuerst können die Antikörper durch Ammoniumsulfat-Fraktionierung und Affinitäts-Chromatographie gereinigt werden. Die Elution während der Affinitäts-Chromatographie erfolgt mit 4,5 M Magnesiumchlorid unter milderen Bedingungen als die früher verwendete Elution mit Säuren und Basen. Zweitens kann die Immunpräzipitation in Anwesenheit einer hohen Salzkonzentration (~150 mM) und von Detergentien, wie Triton X-100 und Desoxycholat, durchgeführt werden [6]. Unter diesen Bedingungen wird die Ausfällung der Antigen-Antikörper-Komplexe nicht verhindert, jedoch die nicht spezifi-

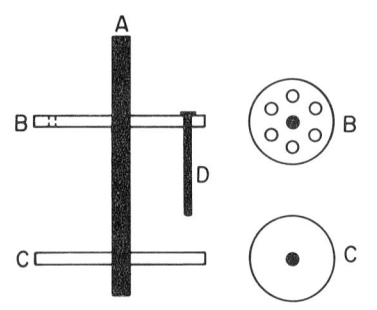

Abb. 8.26 Zentrifugations-Adapter für kleine geschlossene Plastikröhrchen (Beckman Corp.). Der Adapter kann in Sorvall Ausschwing-Rotoren oder entsprechenden Rotoren verwendet werden. Das Zentralstück paßt in die Fassung für ein 50-ml-Zentrifugengefäß. Die Scheiben (B) und (C) sind von gleichem Durchmesser und sorgen für eine zentrale Lage des Adapters. Die Teströhrchen werden in der oberen Scheibe aufgehängt. Die Zentrifugations-Geschwindigkeit sollte 9000 rpm nicht überschreiten. Ähnliche kleine Plastikröhrchen (ohne Verschluß) und ein Adapter für vier Röhrchen sind bei Sorvall erhältlich. Sie können ohne Gefahr wesentlich schneller zentrifugiert werden.

sche Adsorption und Präzipitation zurückgedrängt. Schließlich können die Immunpräzipitate in einem stufenförmigen Zucker-Gradienten in sehr kleinen Plastikröhrchen (1 ml) sedimentiert anstatt in normalen Zentrifugen-Röhrchen abzentrifugiert werden [11]. Nach der Zentrifugation werden die Röhrchen in ein Aceton/Trockeneis-Bad getaucht, um den Inhalt einzufrieren. Das Ende des Röhrchens, das das gesamte Immunpräzipitat enthält, wird mit einer Rasierklinge abgeschnitten und in ein Szintillations-Röhrchen überführt. Eine hochtourige Zentrifuge (20000 rpm) und ein Ausschwing-Rotor können anstelle einer Ultrazentrifuge für dieses Verfahren benutzt werden. Ein Adapter, wie in Abb. 8.26 gezeigt, erlaubt die gleichzeitige Zentrifugation von 24 Proben mit einem Standardrotor mit vier Aufhängungen.

Das radioaktive Protein, das sich bei der Durchführung dieser Vorschrift im Präzipitat befindet, kann als das eigentliche Immunpräzipitat angesehen werden. Das gefällte Protein entspricht der Konzentration des Enzyms oder eines inaktiven Vorläufers in der Zelle. Der Nachweis, daß es sich bei dem präzipitierten Protein um ein Produkt des spezifischen Gens handelt, dessen Expression untersucht werden soll, wird durch die Durchführung eines ähnlichen Experiments erbracht, bei dem jedoch ein Bakterienstamm verwendet wird, dem dieses Gen genetisch entfernt wurde. Die ein- oder zweidimensionale SDS-Elektrophorese (siehe Kap. 5) kann dazu benutzt werden, das aktive Enzym von einem sich elektrophoretisch anders verhaltenden, inaktiven Vorläufer zu unterscheiden. Diese Methode wird auch oft dazu benutzt, um einen zusätzlichen Nachweis zu haben, daß es sich bei dem präzipitierten Protein tatsächlich um die gewünschte Substanz handelt.

8.7.2 Bestimmung der inaktiven Form eines Enzyms

Die oben beschriebene Technik des Nachweises der De-novo-Biosynthese eines Proteins darf nicht als alleiniger Nachweis für die Identität des gereinigten Antigens und des präzipitierten Proteins herangezogen werden. Mit Sicherheit kann nur ausgesagt werden, daß das neu synthetisierte Protein gemeinsame antigene Determinanten mit dem reinen Antigen besitzt, das die Produktion der Antikörper stimuliert hat. Genauere Aussagen erfordern die strukturelle Identifizierung des präzipitierten Materials. Dasselbe gilt, wenn man die immunchemische Technik für die Bestimmung der Existenz inaktiver Vorläufer eines Antigens heranzieht. Die in Abb. 8.27 dargestellten Ergebnisse können als Beispiel dafür gelten. Aus Extrakten von Bakterienstämmen mit Nonsense-Mutationen an verschiedenen Stellen des Z-Gens im Lac-Operon wird die Aktivität der Thiogalactosid-Transacetylase und die Menge des mit Anti-Transacetylase-Antikörpern präzipitierbaren Materials bestimmt. Wie die Abbildung zeigt, besitzen einige Stämme ein sehr niedriges Niveau der Enzym-Aktivität (Stämme mit Mutationen in Position 6), jedoch noch eine beträchtliche Menge immunpräzipitierten Materials, das CRM genannt wird (kreuzreagierendes Material). Solche Beobachtungen zeigen gewöhnlich die Existenz einer inaktiven Form des Enzyms an.

Ähnliche Beispiele für die immunchemische Isolierung inaktiver Proteine können bei der Untersuchung von Enzym-Vorstufen gefunden werden. So wurden auf

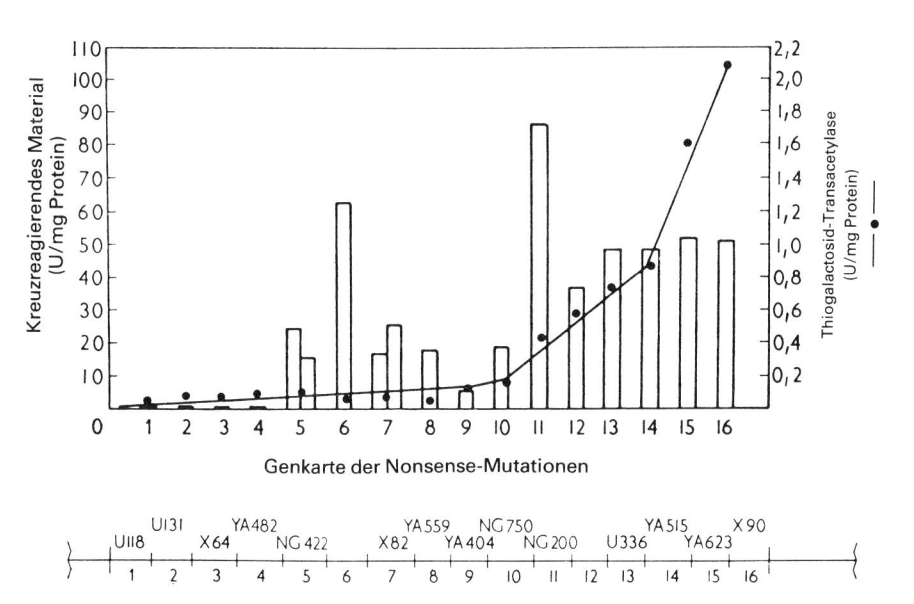

Abb. 8.27 Menge des kreuzreagierenden Materials (Balken) und die Thiogalactosid-Transacetylase-Aktivität (Punkte) im Extrakt von Nonsense-Mutanten. Eine Genkarte des Lac-Z-Gens, die einige der im Experiment benutzten Mutationen zeigt, ist unter der graphischen Darstellung abgebildet.
Aus A. V. Fowler und I. Zabin, J. Biol. Chem. *33*, 35 (1968).

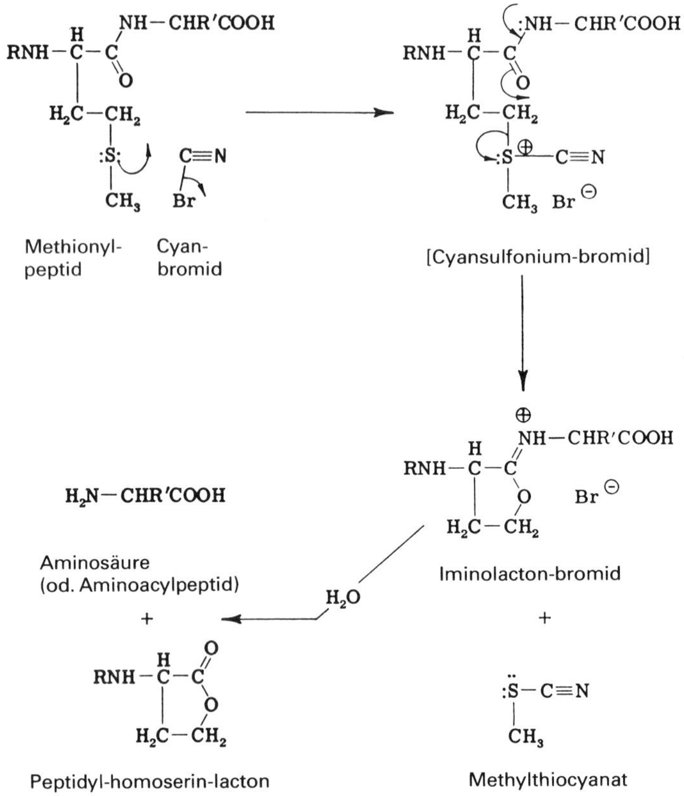

Abb. 8.28 Reaktion von Cyanbromid mit Methionin-Resten nach der Spaltung von Peptidketten. Aus E. Cross, in Methods of Enzymology, Vol. II, Hrsg.: C. H. W. Heis, Academic Press, New York, 1967, S. 238.

diese Weise die Zymogen-Systeme gut untersucht, z. B. Trypsinogen/Trypsin, Chymotrypsinogen/Chymotrypsin und Proinsulin/Insulin.

In allen genannten Fällen muß zusätzlich gezeigt werden, daß eine strukturelle Ähnlichkeit oder Identität mit dem gereinigten Antigen besteht. Am besten eignet sich dazu die Fragmentierung des Antigens und des präzipitierten Materials mit Cyanbromid und der Nachweis des gleichen Elutionsverhaltens auf Ionenaustauscher-Harzen oder die Kongruenz bei zweidimensionaler Kieselgel- oder Papier-Chromatographie. Cyanbromid reagiert spezifisch mit Methionin-Resten eines Proteins unter Bildung eines Cyansulfoniumbromids (Abb. 8.28). Der Zerfall dieses Zwischenstoffs spaltet das Peptid, wobei Peptidylhomoserin-lacton und Methylthiocyanat gebildet werden. Die Methode eignet sich gut zur Herstellung eines Protein-Fingerprints, da die hierbei gebildeten Fragmente eine angemessene Größe haben und die Spezifität der Reaktion im Sauren recht groß ist. Unter basischen Bedingungen verringert sich die Spezifität, da dann auch an den meisten basischen Resten gespalten wird.

Andererseits kann man auch die Standard- und Testproben einer milden proteolytischen Spaltung durch eine der vielen möglichen Proteasen unterwerfen. Im Fall der Untersuchung der Enzym-Vorläufer besitzen alle durch die Spaltung entstandenen Fragmente des gereinigten Antigens entsprechende Gegenstücke in der Mischung der Spaltprodukte des immunpräzipitierten Vorläufers (Zymogens). Die gespaltene Vorstufe kann jedoch zusätzliche Fragmente enthalten, die im Antigen nicht vorkommen. Diese würden den Teilen des Moleküls entsprechen, die während der Umwandlung des Vorläufers in das aktive Protein verlorengehen.

8.7.3 ^{35}S-Methionin-Synthese

An einer anderen Stelle dieses Kapitels wurde ^{35}S-Methionin als geeignetes Mittel beschrieben, Radioaktivität in immunchemisch zu untersuchende Substanzen einzuführen. Die Wahl dieser Markierungsmethode wird jedoch durch den hohen Preis der Aminosäure begrenzt. Hier soll nun kurz die Darstellung von ^{35}S-Methionin aus dem billigeren ^{35}S-Natriumsulfat beschrieben werden. Eine der besten Methoden ist der Einbau von Carrier-freiem ^{35}S-Sulfat in zelluläre Proteine durch Bäckerhefe-Kulturen (Saccharomyces cerevisae). Die hoch radioaktiven Proteine werden dann proteolytisch mit Papain gespalten und das ^{35}S-Methionin durch Papier-Chromatographie aus dem Hydrolysat isoliert. Das gereinigte Methionin kann, wie in Abb. 8.29 gezeigt, eluiert werden. Eine Reihe von Vorsichtsmaßnahmen müssen während der Herstellung des radioaktiven Methionins beachtet werden. Der von der wachsenden Hefe abgegebene ^{35}S-Schwefelwasserstoff darf nicht in die Atmosphäre gelangen und muß aufgefangen werden. Abb. 8.30 zeigt, wie

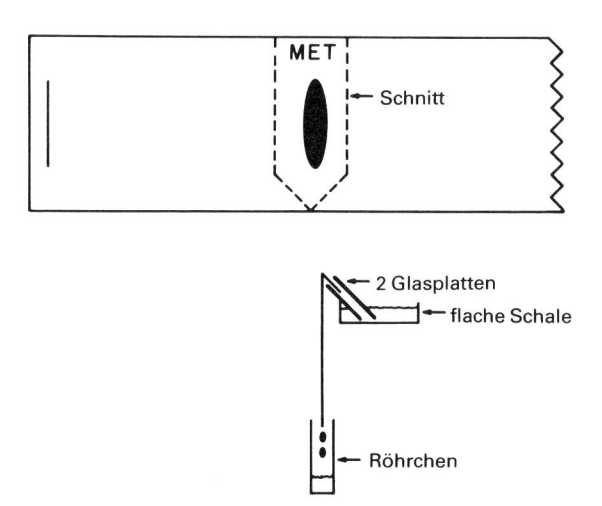

Abb. 8.29 Elution von ^{35}S-Methionin aus einem Papier-Chromatogramm. Das obere Diagramm zeigt den zu eluierenden Bereich des Chromatogramms. Der untere Teil zeigt die Elutionsapparatur.

278   8. Immunchemie

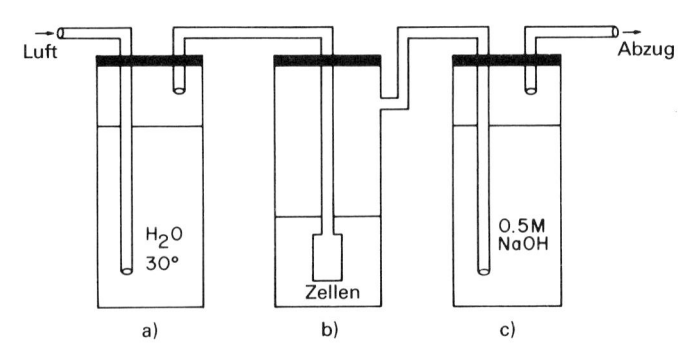

Abb. 8.30 Schematische Darstellung einer Apparatur zur Kultivierung von Saccharomyces cerevisiae bei geschlossener Atmosphäre.

man die Kulturen in geschlossenen Gefäßen züchten kann. Die durch eine Waschflasche in das Kulturgefäß eintretende Luft ist vorgewärmt und feucht; der abgegebene Schwefelwasserstoff wird aufgefangen, indem man die ausströmende Luft durch ein Gefäß mit 0,5 NaOH leitet. Weiter muß darauf geachtet werden, daß das Methionin nicht zu Methioninsulfoxid oxidiert wird. Abb. 8.31 zeigt zwar, daß das Sulfoxid leicht durch die Chromatographie vom Methionin getrennt werden kann. Jedoch sollte die Bildung des Sulfoxid verhindert werden, indem man die Chromatographie in einer inerten Atmosphäre durchführt und dem Elutionsmittel zum Herauslösen des Methionins aus dem Chromatogramm 0,01 bis 0,02 M Dithio-

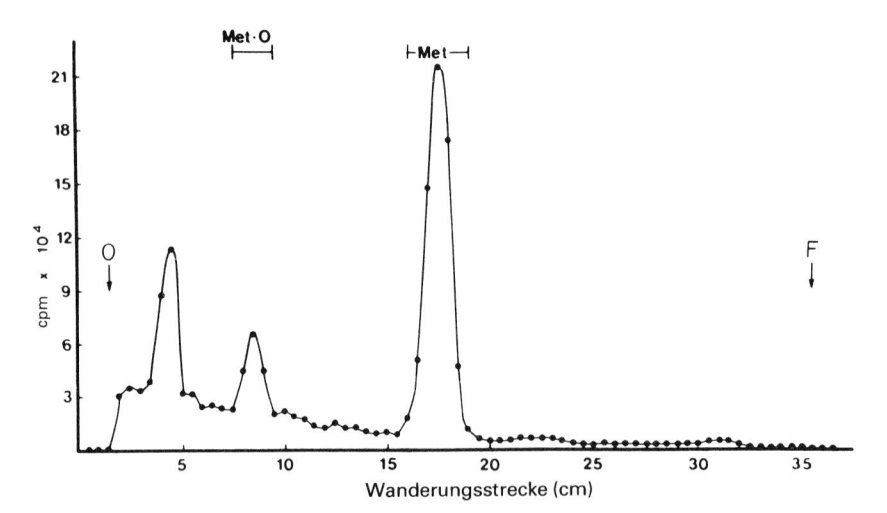

Abb. 8.31 Verteilung der Radioaktivität in einem Papier-Chromatogramm von Pankreatin-verdauten, denaturierten Hefezellen, die ^{35}S-Sulfat aus dem Medium eingebaut haben. Das Chromatogramm wurde auf Whatman 3MM-Papier mit n-Butanol/Essigsäure/Wasser als Elutionsmittel entwickelt. Einzelne Streifen von 0,5 cm Länge wurden in einem Szintillations-Zähler gezählt. Met = ^{35}S-Methionin; Met-O = ^{35}S-Methioninsulfoxid; O = Auftragspunkt; F = Lösungsmittelfront.
Aus R. Graham und W. M. Stanley, Anal. Biochem. *47*, 505 (1972).

threitol oder 2-Mercaptoethanol beifügt [15]. Vorratslösungen sollten ebenfalls diese Substanzen enthalten. Zum Sulfoxid oxidiertes Methionin wird bei der Proteinsynthese nicht eingebaut, und eine hohe Konzentration wirkt auf die Synthese inhibitorisch.

8.8 Radioimmunoassay

Mit dem Radioimmunoassay (RIA) können die geringsten Spuren jeder Substanz bestimmt werden, die als Antigen oder Hapten fungieren kann. Die Empfindlichkeit der Methode wird prinzipiell nur durch die spezifische Aktivität des radioaktiv markierten Standards und die Spezifität der Antikörper-Präparation begrenzt. Die praktische Grenze liegt zur Zeit bei 10^{-11} bis 10^{-12} g Antigen pro Probe. Früher wurden biologisch wichtige Substanzen, wie verschiedene Wirkstoffe und Hormone, mit geringerer Empfindlichkeit in biologischen Testsystemen erfaßt. Heute kann eine immer größer werdende Zahl enzymatisch inaktiver Verbindungen in den verschiedenen biologischen Flüssigkeiten, wie Blut, Urin und der Cerebrospinal-Flüssigkeit, mit großer Genauigkeit quantitativ bestimmt werden. Tab. 8.7 gibt eine Reihe von Substanzen an, die heute routinemäßig auf diese Weise bestimmt werden.

Das Prinzip des Radioimmunoassays ist schematisch in Abb. 8.32 wiedergegeben. Eine Versuchsprobe des unmarkierten Antigens (offene Kreise) wird mit

Tab. 8.7 Mit einem Radioimmunoassay quantitativ bestimmbare Verbindungen.

Adrenocorticotropes Hormon
Aldosteron
Bradykinin
Calcitonin
carcinoembryonales Antigen (CEA)
cyclisches AMP
Digitoxin
Östradiol
Gastrin
Glucagon
Wachstumshormon
humanes IgE
Insulin
Morphin
Parathormon
Prostaglandine
Secretin
Testosteron
Thyreoglobulin
Vasopressin

280   8. Immunchemie

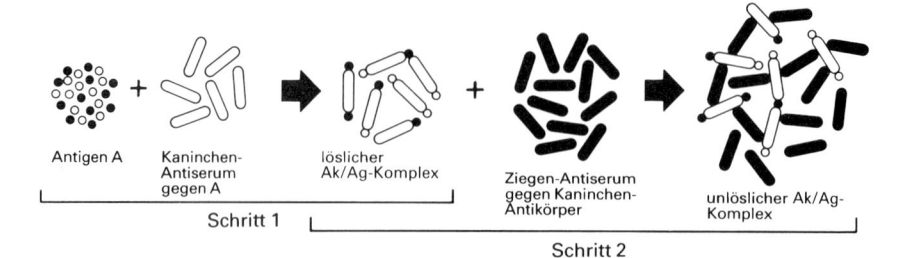

Abb. 8.32 Reaktionen während eines Radioimmunoassays. Der lösliche Ag-Ak-Komplex ist das Produkt des ersten Schrittes und Ausgangsprodukt für den zweiten Schritt.

einer konstanten, bekannten Menge des gleichen Antigens, das vorher radioaktiv markiert wurde, zusammengemischt (geschlossene Kreise). Zu der Mischung wird eine begrenzte Menge Antikörper gegeben, die aus einem mit dem Antigen immunisierten Kaninchen gewonnen worden war. Es ist wichtig, daß nur eine kleine Menge Antikörper hinzugegeben wird, damit ein Überschuß an Antigen bestehen bleibt, auch wenn kein unmarkiertes Antigen vorhanden ist. Da die Menge an Antikörper begrenzt ist, wird die Zahl der markierten Antigene, die an den Antikörper bindet, umgekehrt proportional der Zahl an vorhandene unmarkierten Antigenen sein (Abb. 8.33). Dies ist im Prinzip ein Isotopen-Verdünnungs-Experiment. Der letzte Schritt ist die Trennung des Antigen-Antikörper-Komplexes von freiem Antigen, um die gebundene Antigen-Konzentration zu bestimmen. Die Trennung kann auf verschiedenen Wegen erreicht werden, jedoch wird meist die Immunpräzipitation benutzt. Voraussetzung ist, daß 1. die antigene Determinante eines Antikörper-Moleküls nicht zu nahe an der Antigen-Bindungsstelle liegt und daß 2. die Immunpräzipitation eines Antikörper-Moleküls seine Möglichkeit zur Antigen-Bindung nicht beeinträchtigt. In der Praxis wird dazu eine zweite Anti-

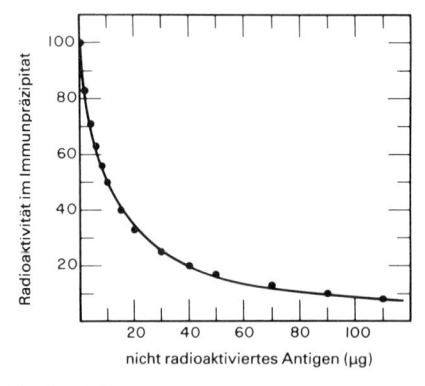

Abb. 8.33 Präzipitation eines radioaktiven Standard-Antigens in Anwesenheit einer steigenden Menge des nicht-radioaktiven Kompetitors. Diese Kurve wird zur Standardisierung des Radioimmunoassays benötigt.

körper-Präparation zugefügt, um den Antigen-(Kaninchen-)Antikörper-Komplex auszufällen (Abb. 8.32). Gut eignen sich für dieses Beispiel Ziegen-Antikörper, die nach der Immunisierung des Tieres mit der γ-Globulin-Fraktion des Kaninchen-Serums erhalten werden. Etwas Vorsicht ist geboten bei der Auswahl des Antikörper-Paares, da einige nicht sehr gut miteinander reagieren, wie z.B. Esel-Antikörper, die gegen Meerschweinchen-γ-Globuline gewonnen werden.

Vor kurzem hat eine Anzahl von Autoren berichtet, daß der F_c-Teil der IgGs gut an das A-Protein von Staphylococcus-aureus-Zellwänden bindet [18, 19]. Die Organismen können aus diesem Grund Hitze-inaktiviert, mit Formaldehyd fixiert und dann zur Präzipitation der Antigen-Antikörper-Komplexe verwendet werden [20, 21]. Sie können somit die zweite Antikörper-Präparation, die normalerweise im Radioimmunoassay benutzt wird, ersetzen. Ebenso ist eine direkte Immunpräzipitation möglich. Hier wird der Antigen-Antikörper-Komplex an das Bakterium gebunden und kann einfacher und besser gewaschen werden. Dadurch wird eine unspezifische Präzipitation von Antigenen ohne Beziehung zu dem betrachteten Antigen signifikant herabgesetzt.

8.8.1 Markierung mit ^{125}I

Zur Einführung von ^{125}I und ^{131}I in gereinigte Antigene existieren zwei Methoden. Beiden geht die Oxidation des Iods zu „aktivem Iod" voraus, vermutlich eine kationische Form des Iods, die dann mit den ionisierten Tyrosin-Resten des Antigens reagiert. Bei der ersten Methode [12] wird Lacto-Peroxidase und Wasserstoffperoxid verwendet (Abb. 8.34), bei der zweiten Methode dagegen hypochlorige Säure [14], die beim langsamen Zerfall von Chloramin T in wäßriger Lösung gebildet wird (Abb. 8.35). Die Reaktionen werden in sehr kleinen Volumina durchgeführt (0,05–1,0 ml). Nach dem Einbau des Iods in das Antigen wird die Reaktionsmischung einer Gelfiltration unterworfen, um das nicht umgesetzte Iod abzutrennen. Zur Zeit werden einfachere und mildere Methoden zur Iodierung von Proteinen entwickelt und in den Handel gebracht. Zwei dieser Methoden sind in den Ref. [16] und [17] beschrieben.

Während der Iodierung muß besonders vorsichtig gearbeitet werden, um nicht die Immunreaktivität des Antigens zu verlieren. Verluste können entstehen aus

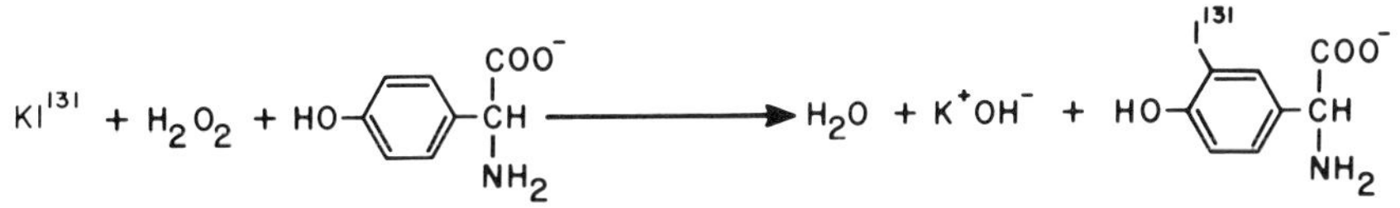

Abb. 8.34 Synthese von ^{131}I-Iodtyrosin mit dem Lactoperoxidase-Oxidationssystem.

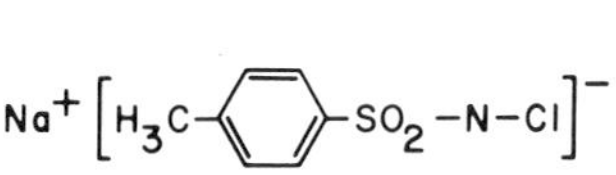

Abb. 8.35 Struktur von Chloramin T.

Tab. 8.8 Reinigung iodierter Hormone.

Hormon	Iodierungs-Methode	Iodatome pro Molekül des Hormons	Trennung des iodierten Hormons vom nicht-iodierten Hormon	Literatur
ACTH	Spurenjodierung mit Chloramin T	0,01	Chromatographie auf CM-Cellulose; Salz-Gradient, Ammoniumacetat.	R.J. Lefkowitz, J. Roth, W. Pricer, and I. Pastan, Proc. Nat. Acad. Sci. US, **65**; 745 (1970)
Angiotensin	Standardmethode mit Chloramin T	? 1,0	Chrom. auf Dowex (AG) IX8 in Wasser; Papierchrom. mit Pyridin/Essigester; Chrom. auf Dowex 50X8 mit einem Pyridinacetat-Gradienten	S.-Y. Lin, H. Ellis, B. Weisenblum, and T.L. Goodfriend, Biochem. Pharmacol. **19**; 651 (1970)
Insulin	Spurenjodierung mit Chloramin T	0,025–0,10	Chrom. auf DEAE-Cellulose, Salzgradient, Tris-NaCl-Harnstoff	P. Freychet, J. Roth, and D.M. Neville, Jr., Biochem. Biophys. Res. Commun. **43**; 400 (1971)
	Standardmethode mit Chloramin T	0,4–5,0	Stärkegel-Elektrophorese	S.A. Berson and R.S. Yalow, Science **152**; 205 (1966)
luteinisierendes Hormon-Releasing-Faktor (LH–RF)	Lactoperoxidase	0,02	Polyacrylamid-Gel-Elektrophorese	Y. Miyachi, A. Chrambach, R. Mecklenburg, and M.B. Lipsett, Endocrinology, **92**; 1725 (1973)
Ocytocin	Standardmethode mit Chloramin T (ohne Metabisulfit)	0,01–0,02	Adsorptions-Chrom. auf Sephadex G-25 in Essigsäure	E.E. Thompson, P. Freychet, and J. Roth, Endocrinology, **91**; 1199 (1972)
Vasopressin	wie für Ocytocin	0,02	wie für Ocytocin	J. Roth, S.M. Glick, L.A. Klein, and M.J. Peterson, J. Clin. Endocrinol., **26**; 671 (1966)

Aus J. Roth, in Methods in Enzymology, Vol. 37, Hrsg.: B.W. O'Malley und J.G. Hardman, Academic Press, New York, 1975, S. 223.

1. einer strukturellen Veränderung des Antigens durch Ersatz der Tyrosin-Wasserstoffatome durch Iod, 2. durch eine chemische Zerstörung, verursacht durch oxidierende Substanzen und anschließend durch die zur Neutralisation verwendeten Reduktionsmittel oder 3. durch die Zerstörung des Proteins durch Strahlung. Die kovalente Bindung eines großen Atoms wie Iod an die Oberfläche eines Proteins kann möglicherweise Konformationsänderungen bewirken. Die Bindung von mehr als einem Atom pro Protein-Molekül erhöht die Wahrscheinlichkeit einer ungünstigen Veränderung. Der Einbau sollte deswegen auf durchschnittlich ein Iodatom oder weniger pro Protein-Molekül beschränkt werden. Tab. 8.8 zeigt, daß gewöhnlich erheblich darunter liegende Konzentrationen benutzt werden. Eine chemische Zerstörung wird oft bei der Chloramin T-Methode beobachtet. Sie kann zum größtenteil verhindert werden, wenn das Chloramin T nur in sehr kleinen Aliquots zugegeben wird, bis der gewünschte Einbau erreicht ist. Eine Titration setzt die vorhandene Konzentration des Chloramin T herab und macht die Zugabe eines Reduktionsmittels unnötig, um den Überschuß an oxidierenden Stoffen zu neutralisieren. Alternativ zur Chloramin T-Methode existiert die Lacto-Peroxidase-Methode. Hierbei gibt es weniger chemische Zerstörungen am Antigen, jedoch ist auch die Effektivität der Markierung nicht so hoch. Die Zerstörung des Antigens durch Strahlung wird durch eine möglichst kurze Inkubationsdauer mit der konzentrierten radioaktiven Lösung erreicht. Die Iodierungs-Reaktion braucht nur eine verhältnismäßig kurze Zeit zum vollständigen Ablauf. Anschließend wird die

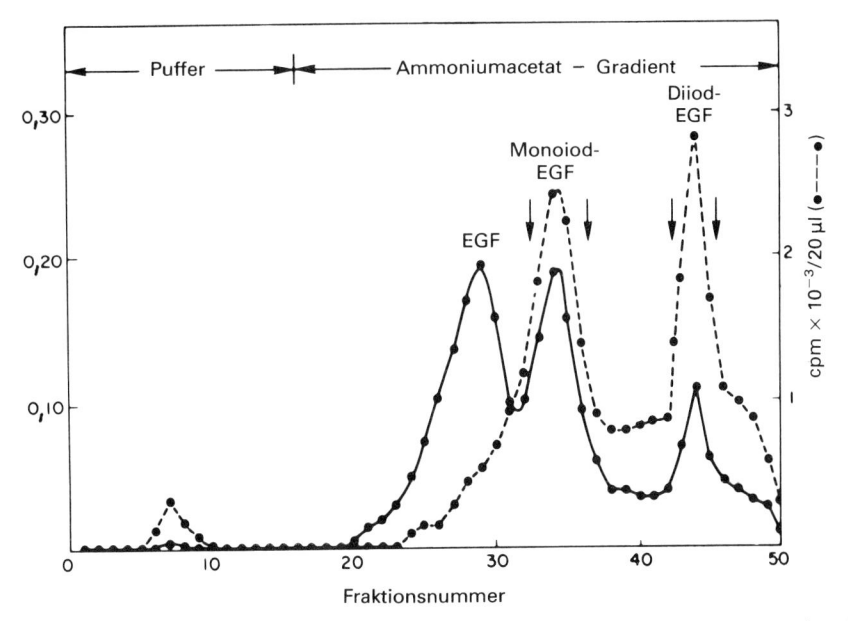

Abb. 8.36 DEAE-Chromatographie von iodiertem und nicht-iodiertem epidermalem Wachstumsfaktor (EGF).
Aus G. Carpenter, K.J. Lembach, M.M. Morrison und S.J. Cohen, J. Biol. Chem. *250*, 4297 (1975).

Reaktionsmischung während der Gelfiltration verdünnt. Es ist günstig, die Lösung so verdünnt zu belassen, selbst wenn Serum-Albumin zur Stabilisierung des Antigens zugegeben werden muß. Jedoch ist der Albumin-Typ sorgfältig auszuwählen, damit er die immunchemischen Reaktionen nicht beeinflußt.

Wegen der obengenannten Probleme ist eine Prüfung des markierten Antigens nach der Iodierung notwendig. Trotz aller Vorsichtsmaßnahmen kann die Anwesenheit eines Mols Iod auf ein Mol Protein schon einen ungünstigen Effekt haben. Nachteilige Einflüsse der Iodierung wirken sich in einer herabgesetzten Enzym-Aktivität oder veränderten physikochemischen Eigenschaften aus. Die empfindlichste Probe ist jedoch die Bindung des Antigens an andere Moleküle. Die Bindung des Antigens an eine Affinitäts-Säule oder an den entsprechenden Antikörper sollte noch genauso fest wie vor der Iodierung sein. Ist das Antigen ein Hormon, sollte es nach der Iodierung noch ebenso fest an den Rezeptor binden und die gleichen physiologischen Veränderungen hervorrufen.

Vor jeder Bestimmung der funktionellen Unversehrtheit muß eine Trennung der unmarkierten von den markierten Molekülen erfolgen. Dies ist besonders wichtig bei Hormonen, die schon bei niedrigsten Konzentrationen physiologische Wirkungen auslösen können. Die Abtrennung erfolgt aufgrund der durch die Iodierung entstandenen physikochemischen Unterschiede. Abb. 8.36 zeigt eine solche Auftrennung auf einem Ionenaustauscher, und Tab. 8.8 listet eine Reihe weiterer Methoden auf, die ebenfalls mit Erfolg für die Isolierung verschiedener iodierter Hormone verwendet wurden.

8.8.2 Standardisierung des Radioimmunoassays

Während der Standardisierung und routinemäßigen Anwendung des Radioimmunoassays können z.T. einige schwerwiegende prinzipielle und technische Schwierigkeiten auftreten. Häufig sieht man einen Verlust des Antigens während des Tests. In den meisten Fällen ist die Protein-Konzentration in der Testmischung sehr gering, besonders bei gereinigten Präparationen. Unter diesen Bedingungen rührt der Verlust von einer unspezifischen Adsorption an Glas- und Plastikwänden her. Zur Vermeidung wird Serum (2% Endkonzentration) zur Reaktionsmischung gegeben. Es muß jedoch ein Serum ausgewählt werden, das 1. keine Substanzen enthält, die mit den Antikörpern des Tests reagieren können und 2. die Stabilität des Antigens nicht beeinflussen. Z.B. wird Glucagon durch kristallisiertes Rinder-Albumin inaktiviert, jedoch nicht durch Pferde-Serum.

Die zweite Schwierigkeit betrifft die richtige Konzentration des Antiserums. Beide Antikörper-Präparationen müssen sorgfältig titriert werden (Abb. 8.32). Die Antikörper gegen das zu testende Antigen müssen immer in geringerer Konzentration als das Antigen vorliegen. Der zweite Antikörper, der gegen die γ-Globuline der ersten Präparation hergestellt wurde, wird in einem geringen Überschuß vorgelegt. Hat der erste Antikörper eine zu hohe Konzentration, wer-

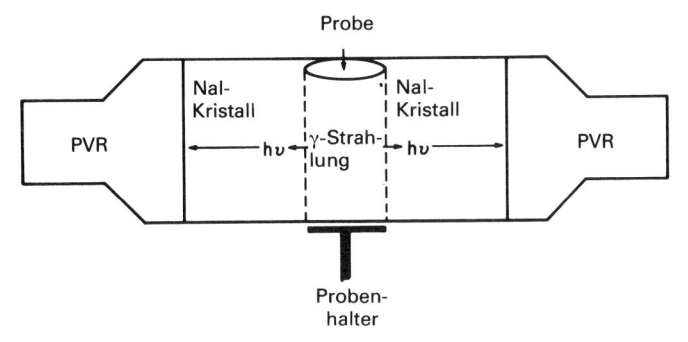

Abb. 8.37 Schematische Darstellung und Arbeitsweise eines γ-Strahlen-Detektors in einem γ-Strahlen-Szintillations-Zähler. PVR = Photoverstärker-Röhre.

den alle markierten Standard-Antigene und unmarkierten Test-Antigene an den Antikörper gebunden und eine Kompetition ausgeschlossen. Hat andererseits die zweite Präparation eine zu geringe Konzentration, findet nur eine unvollständige Präzipitation des ersten Antikörpers statt, und die Genauigkeit des Tests nimmt ab. Da der Titer des Antiserums von Tier zu Tier und bei einem Tier bei zeitlich auseinanderliegenden Entnahmen unterschiedlich ist, ist es am günstigsten, nur eine einzige Präparation während einer Testreihe zu verwenden. Wenn dies nicht möglich ist, muß jedes Serum neu standardisiert werden. Im Fall des zweiten Antikörpers muß nur die Fähigkeit der Präzipitierung des primären Antikörpers quantitativ bestimmt werden. Der erste Antikörper dagegen muß sowohl auf seine Antikörper- als auch seine Antigen-Eigenschaften getestet werden.

Die Radioaktivitäts-Menge des Immunpräzipitats wird schließlich in einem Szintillations-Zähler bestimmt, wenn es sich bei den verwendeten Isotopen um ^{14}C, ^{3}H oder ^{35}S handelt. Bei Verwendung von ^{125}I besteht eine zweite Möglichkeit. ^{125}I sendet γ-Strahlen aus und macht die Verwendung eines γ-Strahlen-Szintillations-Zählers möglich. Dieses Gerät funktioniert ähnlich wie der Standard-Szintillations-Zähler, unterscheidet sich von diesem nur im Szintillations-System (Abb. 8.37). Die zu zählende Probe kann entweder in Wasser suspendiert werden oder als Pellet belassen werden. In der Zählkammer befindet sich die Probe in der Nähe von einem großen Silberiodid-Kristall, der Spuren von Thalliumchlorid enthält. Die γ-Strahlen der Probe durchqueren die Wand des Teströhrchens und gelangen in den Kristall, wo sie in Wechselwirkung mit dem Silberiodid-Kristall treten und einen Lichtblitz erzeugen, der wiederum im benachbarten Photoverstärker aufgefangen wird. Bei Verwendung eines γ-Zählers ergeben sich für den Test zwei Vorteile. Erstens ist die Zeit um eine statistisch abgesicherte Zählausbeute zu bekommen, recht gering, so daß die Zahl der Proben, die in einer bestimmten Zeit gezählt werden kann, recht groß sein kann. Zweitens sind die γ-Zähler elektronisch weitaus weniger kompliziert aufgebaut und benötigen keine Szintillations-Röhrchen und -Cocktails. Sie sind deswegen in der Anschaffung und im Gebrauch wesentlich billiger.

286   8. Immunchemie

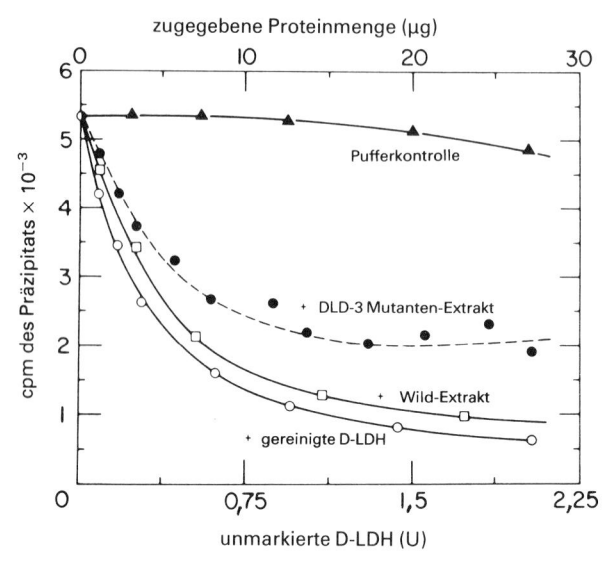

Abb. 8.38 Inhibierung der Immunpräzipitation von ^{125}Iod-markierter D-Lactat-Dehydrogenase durch steigende Mengen unmarkierter, gereinigter D-Lactat-Dehydrogenase (o), einem 0,1%igem Triton X-100 Extrakt der Membranvesikel des Wildtyps (□), einem 0,1%igem Trition X-100 Extrakt der Membranvesikel der Mutanten (●) und einer Lösung von 0,1% Triton X-100 in 0,1 M Kaliumphosphat-Puffer, pH 7,1 (▲). Die Triton-Extrakte der Wildtyp- und Mutanten-Vesikel enthielten die gleiche Menge Protein. Der inhibitorische Effekt des Wildtyp-Extrakts war vergleichbar mit der gereinigten Enzympräparation mit gleicher Anzahl Aktivitäts-Einheiten des Enzyms.
Aus S. Short und H.R. Kaback, J. Biol. Chem. *250*, 4285 (1975).

Die Ergebnisse eines Radioimmunoassays können in unterschiedlicher Weise graphisch dargestellt werden. Für eine qualitative Messung eines unbekannten Antigens kann die Radioaktivitäts-Menge des präzipitierten Standards als Funktion der Menge an zugegebener unmarkierter Testsubstanz aufgetragen werden. Eine Darstellung dieser Art ist in Abb. 8.38 wiedergegeben. Es wird keine Kompetition beobachtet, wenn anstelle der unmarkierten Probe Puffer benutzt wird. Der Extrakt aus einem Wildtyp-Organismus, der das Antigen Lactat-Dehydrogenase enthält, konkurriert sehr gut, was an der stark abgesunkenen Radioaktivität abgelesen werden kann. Der Extrakt aus einem Mutantenstamm, der keine Lactat-Dehydrogenase-Aktivität besitzt, verringert ebenfalls die Radioaktivität des Immunpräzipitats, wenn auch nicht so effektiv. Dies zeigt an, daß die Mutante ein Protein enthält, das zwar keine Enzym-Aktivität zeigt, aber doch einige antigene Determinanten mit dem gereinigten Enzym gemeinsam hat. Bei diesen Ergebnissen ist ein quantitativer Vergleich der beiden Kompetitions-Kurven kaum möglich. Eine alternative Darstellungsmethode ist in Abb. 8.39 wiedergegeben. Hier ist die Prozentzahl der gesamten Radioaktivität, die im Immunpräzipitat gebunden ist, gegen die zugegebene Menge an Kompetitor auf halblogarithmischen Koordinaten aufgetragen. Der Vorteil dieser Darstellung ist, daß in vielen Fällen die Kurven einen linearen Bereich besitzen, der den Vergleich des Kompetitionsgrades zwi-

8.8 Radioimmunoassay   287

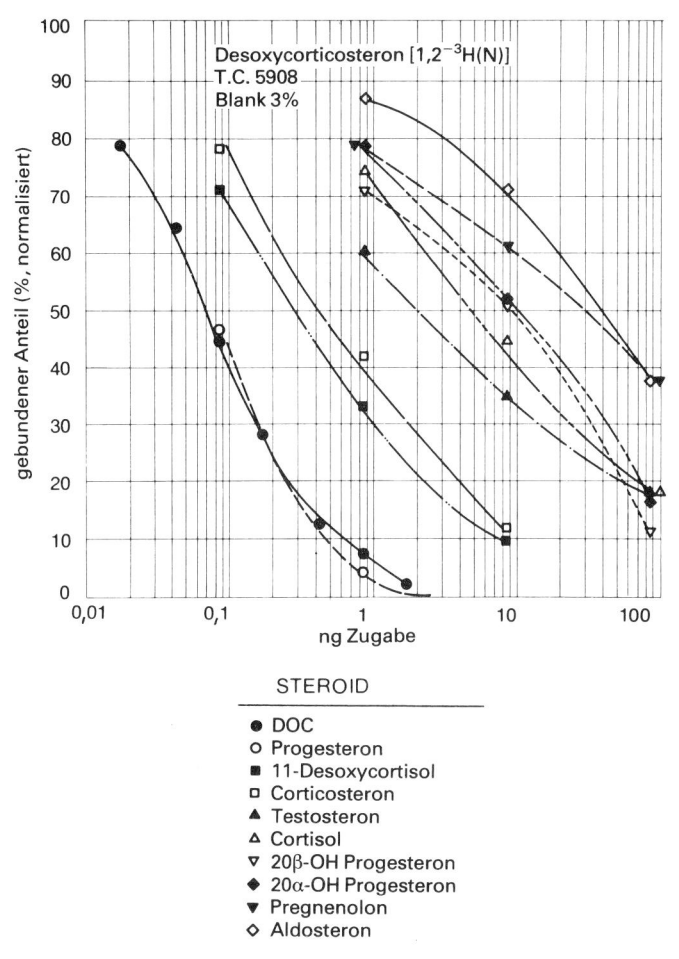

Abb. 8.39 Kompetition verschiedener Steroide mit radioaktivem Desoxycorticosteron (DOC) um die Bindung mit DOC-spezifischem Antiserum. Die Werte wurden mit den Standardmethoden des Radioimmunoassays erhalten (mit Genehm. der New England Nuclear Corp., Worcester, Mass.).

schen unbekannter Probe und Standard erleichtert. Die Abbildung zeigt auch die Ergebnisse, die erhalten werden, wenn man das radioaktive Standard-Antigen (Desoxycorticosteron, DOC) mit verschiedenen nicht radioaktiven Steroid-Analogen kompetieren läßt. Eine signifikante Kompetition wird bei Progesteron, 11-Desoxycortisol und Corticosteron beobachtet. Das Ausmaß der Kompetition ist signifikant, wenn man beachtet, daß das Hapten, gegen das der Antikörper produziert wurde, wahrscheinlich nicht viele antigene Determinanten besitzt.

Obwohl sich die letzte Methode der Auswertung besser für eine quantitative Interpretation eignet, weisen die Ergebnisse doch auch auf das wichtigste prinzipielle Problem der sorgfältigen Interpretation eines Radioimmunoassays hin: Was wurde eigentlich gemessen? Obwohl die immunchemischen Reaktionen tatsächlich spezifisch sind und der Wert der Immunspezifität nicht unterschätzt werden darf, gibt es doch leider keine absolute Spezifität. Die antigenen Determinanten verschiedener Proteine können oft recht ähnlich sein. Da ein einzelnes Protein nicht nur eine Determinante besitzt, nimmt die Wahrscheinlichkeit irgendwelche Ähnlichkeiten zu finden, stark zu. An das aktive Zentrum eines Enzyms können nur ein oder sehr wenige Substrate gut binden. Jedoch findet man auch eine Reihe von analogen Verbindungen, die weniger stark binden (0,5–1% der optimalen Bindungsstärke). Die große Empfindlichkeit des Radioimmunoassays deckt leicht auch diese schwache Bindung auf. Man muß deswegen immer fragen, ob die beobachtete Kompetition ein Ergebnis einer geringen Menge des Kompetitors ist, der identisch mit dem Standard-Antigen ist, oder ein Resultat einer größeren Menge Substanzen, die ähnliche antigene Determinanten besitzen, aber nicht mit dem betrachteten Antigen identisch sind. Es muß in diesem Zusammenhang daran erinnert werden, daß trotz den vielfachen Möglichkeiten die Immunchemie eine indirekte Methode darstellt und voraussetzt, daß man die Identität des präzipitierten Materials kennt, was oft schwer oder gar nicht möglich ist.

8.9 Experimenteller Teil

8.9.1 Herstellung eines Avidin-Antiserums

1. Für die folgenden Experimente werden benötigt: a) ein 2,5 bis 3,5 kg schweres Kaninchen; b) hoch gereinigtes Avidin; c) Freundsches komplettes und inkomplettes Adjuvans; d) Ouchterlony-Platten und e) ^{14}C-Biotin.
2. Vier Wochen vor der Injektion des Antigens wird dem Kaninchen Blut entnommen und wie in diesem Kapitel beschrieben (S. 258) behandelt. Die Entnahme wird zweimal im Abstand von 7 Tagen wiederholt, d.h. zwischen der letzten Blutentnahme und der Antigen-Injektion liegen 14 Tage.
3. Innerhalb der vier Wochen, in dem das Kontrollserum gewonnen wird, wird die Reinheit des käuflich erworbenen Avidins mit der SDS-Gelelektrophorese überprüft (siehe Kap. 5). Es dürfen nur Präparationen verwendet werden, die eine einzige Protein-Bande zeigen.
4. Folgende Substanzen werden in einem Reagenzröhrchen zusammengemischt:

   1,0 ml 0,85% NaCl (w/v)
   0,5 mg Biotin
   1,0–4,0 mg Avidin

   Die Menge des benötigten Avidins kann unterschiedlich sein, jedoch hat sich dieser Konzentrationsbereich als günstig erwiesen.

5. Die Substanzen werden auf einem Wirlmix nicht zu stark geschüttelt, bis sich alles gelöst hat.
6. 1,0 ml Freundsches komplettes Adjuvans wird hinzugegeben und eine stabile Emulsion hergestellt, indem man die Lösung kräftig auf einem Wirlmix durchmischt oder durch wiederholtes Aufziehen in eine Spritze und schnelles Herausdrücken durch eine enge Kanüle.
7. 1,0 ml der stabilen Emulsion werden in einen der Hinterläufe des Kaninchens eingespritzt.
8. Schritt 7 wird 14 Tage später mit 0,3–0,5 ml der Emulsion wiederholt. Für jede Injektion wird eine frische Emulsion hergestellt. Bis auf die erste werden alle Injektionen mit dem inkompletten Adjuvans durchgeführt.
9. Sieben Tage nach der Booster-Injektion wird dem Kaninchen Blut abgenommen und daraus wie beschrieben (S. 258) zellfreies Serum hergestellt.
10. Ein Vortest auf die Anwesenheit von Avidin-spezifischen Antikörpern kann durchgeführt werden, indem man eine steigende Menge des Serums (0; 0,1; 0,2; 0,3 und 0,4 ml) zu 30 µl einer Lösung gibt, die 2 mg/ml Avidin enthält. Die Komponenten werden vermischt und über Nacht bei 4 °C inkubiert. Wenn das Serum Antikörper enthält, wird unter diesen Bedingungen ein Präzipitat gebildet. Sehr kleine Mengen des Präzipitats können am opaleszierenden Erscheinen der Reaktionsmischung verglichen mit dem Kontrollserum erkannt werden. Ein positiver Ausfall des Tests wird 3–5 Wochen nach der ersten Injektion erwartet.
11. Die beschriebene Prozedur kann auf jedes hoch gereinigte Protein angewendet werden. Für dieses Experiment können deswegen auch alle anderen Enzyme verwendet werden. Saure Phosphatase eignet sich besonders gut, da sie sehr leicht nachgewiesen werden kann (siehe Kap. 10). Es ist günstig, Antiseren gegen mindestens zwei unterschiedliche Proteine herzustellen. Die zwei Seren werden im folgenden Experiment verwendet.

8.9.2 Quantitative Präzipitation eines Antigens

1. Der ^{14}C-Biotin-Avidin-Komplex wird hergestellt, indem man 10 mg Avidin und 7,5 µc ^{14}C-Biotin in einer ausreichenden Menge 0,85% Saline-Lösung auflöst, um ein Endvolumen von 40 ml zu erhalten. Die Lösung wird bei 22 °C 5 min inkubiert und anschließend auf 4 °C abgekühlt.
2. 16 Stück 15-ml-Teströhrchen werden durchnumeriert und in einem Ständer aufgestellt.
3. Zu den ersten acht Röhrchen werden folgende Mengen der Biotin-Avidin-Lösung pipettiert: 0,02; 0,05; 0,1; 0,15; 0,2; 0,3; 0,4 und 0,5 ml.
4. Jedes Röhrchen wird mit 0,85% Saline auf 0,5 ml aufgefüllt.
5. Die Schritte 3 und 4 werden mit den übrigen acht Röhrchen wiederholt.

6. In jedes der ersten acht Röhrchen werden 0,3–0,5 ml des Avidin-Antiserums (Schritt 9, Abschn. 8.9.1) pipettiert. Die gleiche Menge Kontrollserum wird in die übrigen Röhrchen gegeben. Es ist sehr wichtig, daß jedes Röhrchen exakt die gleiche Menge an Serum enthält.
7. Der Inhalt jedes Röhrchens wird vorsichtig durchmischt und die Röhrchen mit Parafilm gut verschlossen.
8. Die Teströhrchen werden für mindestens 16 Stunden bei 4 °C inkubiert.
9. Danach werden die entstandenen Immunpräzipitate durch Zentrifugation entfernt (20–30 Minuten bei 20 000 g, d. h. 13 000 rpm in einer Sorvall-Zentrifuge). Es ist möglich, daß nur vier Röhrchen gleichzeitig bearbeitet werden können, wenn sich das Präzipitat beim Stehen leicht von der Gefäßwand löst.
10. Der Überstand wird mit einer Pasteur-Pipette abgezogen. Man sollte soviel wie möglich an Überstand herausholen. Das Präzipitat wird dann zwei- bis dreimal mit 5 ml 0,85% Saline gewaschen. An diesem Punkt ist Vorsicht geboten, um einen Verlust während des Waschvorgangs zu vermeiden. Die überstehende Waschflüssigkeit wird verworfen.
11. Je 0,2 ml des Überstandes (Schritt 10) werden in 16 Szintillations-Röhrchen gegeben und mit je 15 ml wäßrigem Szintillations-Cocktail versetzt.
12. Zu jedem der 16 Präzipitate werden 0,5 ml einer Protein-lösenden Substanz, wie Protosol, gegeben und die Röhrchen auf einem Wirlmix nicht zu kräftig vermischt, bis sich die Präzipitate vollständig gelöst haben.
13. 0,3 ml der erhaltenen Lösung werden in jeweils ein Szintillations-Röhrchen überführt und je 15 ml wäßriger Szintillations-Cocktail hinzugegeben.
14. In allen 32 Röhrchen wird die enthaltene Radioaktivität bestimmt.
15. Die Radioaktivitäts-Menge, die in jedem der 16 Pellets und den 16 Überständen gemessen wurde, wird als Funktion des zugegebenen Volumens an ^{14}C-Biotin-Avidin-Lösung aufgetragen. Das Ergebnis dieses Versuchs ist in Abb. 8.15 wiedergegeben.

8.9.3 Doppeldiffusion von Avidin und Avidin-Antiserum in Ouchterlony-Platten

1. Eine Avidin-Lösung wird durch Lösen von 4,0 mg Avidin in 1,5 ml Wasser hergestellt (Lösung A).
2. 0,5 ml Lösung A wird mit 0,5 ml Wasser verdünnt (Lösung B).
3. 0,045 ml Avidin-Antiserum werden in das Zentralloch einer Ouchterlony-Platte, wie in Abb. 8.18 dargestellt, gegeben. Man vergewissere sich, daß die Löcher vor der Zugabe der Lösung kein Wasser enthalten und daß keine Luftblase am Boden des Loches eingeschlossen wird.
4. 0,02 ml Lösung A werden in eins der peripheren Löcher pipettiert und anschließend 0,02 ml Lösung B in eins der benachbarten Löcher.
5. Die Platte wird in einer feuchten Atmosphäre bei 4 °C inkubiert. Die Platte wird mehrere Tage alle 12–16 Stunden untersucht. Während des zweiten Tages der

Inkubation sollte sich eine Präzipitin-Bande, wie in Abb. 8.21 abgebildet, zeigen.
6. Das Experiment wird mit einem zweiten Antigen/Antikörper-Paar aus Abschn. 8.9.1 wiederholt.
7. Durch unterschiedliche Kombinationen der beiden Antigen- und Antikörper-Präparationen können die unterschiedlichen Banden mit Nicht-Identität, teilweiser Identität oder Identität erhalten werden.

9. Zentrifugation

Die wichtigste physikalische Methode, die entscheidend zur Entwicklung unseres heutigen Verständnisses des zellulären Aufbaus und der Zellfunktionen beigetragen hat, ist die Zentrifugation. Es gibt Zentrifugen für die unterschiedlichsten Zwecke, z.B. solche, mit denen man 0,2 ml und weniger oder aber andere, mit denen man Tausende Liter zentrifugieren kann. Bei einigen Geräten wird die Umdrehungs-Geschwindigkeit und die Temperatur nur grob reguliert, während in anderen diese Parameter auf ±5% genau eingestellt werden können. Die technischen Anwendungsmöglichkeiten sind groß; Gewinnung und Trennung von Zellen, Organellen und Molekülen gehören zu den wichtigsten. Jede der vielen Anwendungsmöglichkeiten kann nicht im einzelnen diskutiert werden. Jedoch soll in diesem Kapitel ein Überblick über die wichtigsten Funktionen und damit die Grundlage für die vielfältigen Möglichkeiten einer Zentrifuge gegeben werden.

In ihrer einfachsten Form besteht die Zentrifuge aus einem Metallrotor mit einer Anzahl von Bohrungen, in denen die Zentrifugen-Röhrchen mit dem zu zentrifugierenden Inhalt untergebracht werden (Abb. 9.4 und 9.5) und aus einem Motor oder einer anderen Vorrichtung, mit der der Rotor auf eine bestimmte Umdrehungs-Geschwindigkeit gebracht werden kann. Alle anderen Teile, die man in modernen Zentrifugen findet, sind nur Zubehör für verschiedene andere Aufgaben und zur Konstanthaltung der Arbeitsbedingungen. Zuerst sollen die einfachen Geräte (hoher oder niedriger Kapazität) und anschließend die komplizierteren analytischen Zentrifugen betrachtet werden. Die sehr komplizierte Technik einer quantitativ-analytischen Ultrazentrifuge (z.B. Beckman Modell E) wird ausgespart, da sie an anderer Stelle ausführlich und genau beschrieben ist [1–3].

9.1 Relative Zentrifugalbeschleunigung

Das Prinzip der Zentrifugation beruht darauf, daß jedes Objekt, das mit konstanter Winkelgeschwindigkeit kreisförmig bewegt wird, einer nach außen gerichteten Beschleunigung, F, ausgesetzt ist. Die Größe der Beschleunigung hängt von der Winkelgeschwindigkeit, ω, und dem Radius der Rotation, r, in Zentimetern ab:

$$F = \omega^2 r \qquad (1)$$

F wird oft in Bruchteilen der Erdbeschleunigung ausgedrückt und als relative

Zentrifugalbeschleunigung, RZB, oder gebräuchlicher als „Vielfaches von g" bezeichnet.

$$\text{RZB} = \frac{\omega^2 r}{980} \qquad (2)$$

Für den praktischen Gebrauch zur Angabe der Geschwindigkeit eines Rotors muß diese Beziehung jedoch in die übliche Größe „Umdrehung pro Minute" (Upm oder engl. rpm für „revolutions per minute") umgeformt werden. Die Winkelgeschwindigkeit und rpm stehen über folgende Gleichung in Zusammenhang

$$\omega = \frac{\pi \, \text{rpm}}{30} \qquad (3)$$

daraus folgt

$$\text{RZB} = \frac{(\pi \, \text{rpm})^2}{30^2} \cdot r \bigg/ \frac{1}{980}$$
$$= 1{,}119 \times 10^{-5} \cdot \text{rpm}^2 \cdot r \qquad (4)$$

Zur Berechnung der RZB, der eine Probe im beschleunigten Rotor ausgesetzt ist, wird vorausgesetzt, daß sich die Probe in einem konstanten Abstand, r, von der Rotationsachse befindet. Abhängig vom Aufbau des Rotors ist jedoch r am Hals und am Boden des Zentrifugations-Röhrchens unterschiedlich (Abb. 9.1). Dies soll im nachfolgenden Beispiel illustriert werden.

Beispiel: Man berechne die RZB, die am Hals und am Boden eines in einem Festwinkel-Rotor (Abb. 9.1) befindlichen Zentrifugations-Röhrchens wirkt. Für

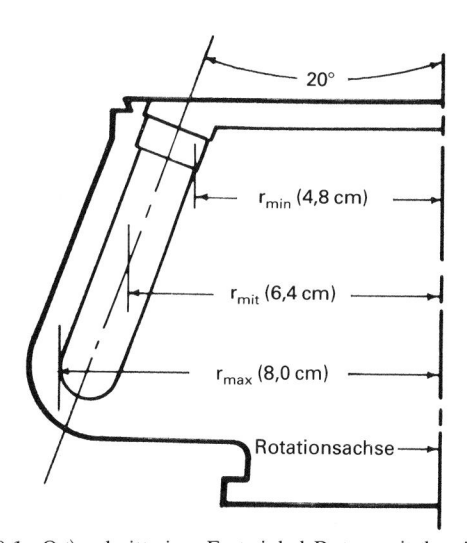

Abb. 9.1 Querschnitt eines Festwinkel-Rotors mit den Abständen des oberen, mittleren und unteren Teils eines Zentrifugations-Röhrchens von der Rotationsachse (mit Genehm. der Spinco Division, Beckman Instruments, Inc., Palo Alto, Calif.).

den Rotor gilt $r_{min} = 4,8$ cm und $r_{max} = 8,0$ cm. Die Rotationsgeschwindigkeit beträgt 12 000 rpm. Nach der Gl. 4 gilt

$$RZB_{Hals} = 1,119 \times 10^{-5} \cdot 12\,000^2 \cdot 4,8$$
$$= 7734 \text{ g}$$

und

$$RZB_{Boden} = 1,119 \times 10^{-5} \cdot 12\,000^2 \cdot 8,0$$
$$= 12\,891 \text{ g}$$

Wie man sieht, unterscheidet sich die Zentrifugalbeschleunigung am Hals des Röhrchens von der am Boden um fast den Faktor zwei. Um dieser Tatsache Rechnung zu tragen, wird die Zentrifugalbeschleunigung als Mittelwert der RZB ausgedrückt. Sie stellt den numerischen Mittelwert der beiden Extremwerte im Zentrifugations-Röhrchen dar. Daraus ergibt sich, daß der Wert r sehr klar definiert sein muß.

9.2 Klinische oder Tisch-Zentrifugen

Klinische oder Tisch-Zentrifugen sind die einfachsten und billigsten Zentrifugen. Sie werden meist zur Konzentrierung oder Gewinnung schnell sedimentierender Substanzen (z.B. Blutzellen, grobe Präzipitate oder Hefezellen) benutzt. Die maximale Geschwindigkeit der meisten Tisch-Zentrifugen liegt unter 3000 rpm und alle arbeiten bei Raumtemperatur. Obwohl ihre Geschwindigkeit und ihre Arbeitstemperatur nicht genau reguliert werden kann, werden sie für eine ganze Reihe von Anwendungen herangezogen, die ansonsten mit unnötigerweise größerem und komplizierterem Aufwand gemacht werden müßten.

9.3 Hochtourige Zentrifugen

Hochtourige Zentrifugen arbeiten bei Geschwindigkeiten bis zu 20 000–25 000 rpm. Sie sind für die meisten präparativen Anwendungen geeignet und besitzen eine Kühlvorrichtung, mit der die Rotorkammer auf die gewünschte Temperatur gekühlt werden kann. Die hochtourigen Zentrifugen können in zwei Klassen unterteilt werden. Die erste umfaßt relativ einfache Zentrifugen mit hoher Kapazität (5–500 l). Solche Zentrifugen werden meistens verwendet, um Hefe oder Bakterien aus großen Kulturen zu ernten. Die Kultur wird z.B. von unten in den Rotor gesaugt oder gepumpt. Während die Flüssigkeit im Rotor nach oben gedrückt wird,

9.3 Hochtourige Zentrifugen   295

Abb. 9.2 Separator zur Zentrifugation großer Flüssigkeitsmengen. Die maximale Umdrehungszahl beträgt 12 000 rpm. Durch Auswechseln des Rotors lassen sich verschiedene Trennprobleme lösen (mit Genehm. der Westfalia Separator AG).

sedimentieren die Mikroorganismen an der Wand des Rotors, und das klare Kulturmedium tritt aus dem oberen Ausfluß aus. Wenn die gesamte Kultur durchgepumpt ist, wird der Rotor auseinandergenommen und die sedimentierten Zellen mit einem langen Spatel entfernt. Auf diese Weise können 1–15 l Medium pro Minute verarbeitet werden. In den Zentrifugen können Kühlschlangen angebracht werden, die jedoch unnötig sind, wenn die Kultur vor der Zentrifugation durch Zugabe von Eis gekühlt wurde. Abb. 9.2 zeigt einen Separator, mit dem in einem Schritt bis zu 22 l Flüssigkeit verarbeitet werden können. Aus den drei Abflüssen lassen sich der Überstand und eine leichte sowie eine schwere Komponente entnehmen. Durch Aufsetzen eines anderen Rotors werden die Zellen zurückgehalten und nur der geklärte Überstand fließt ab.

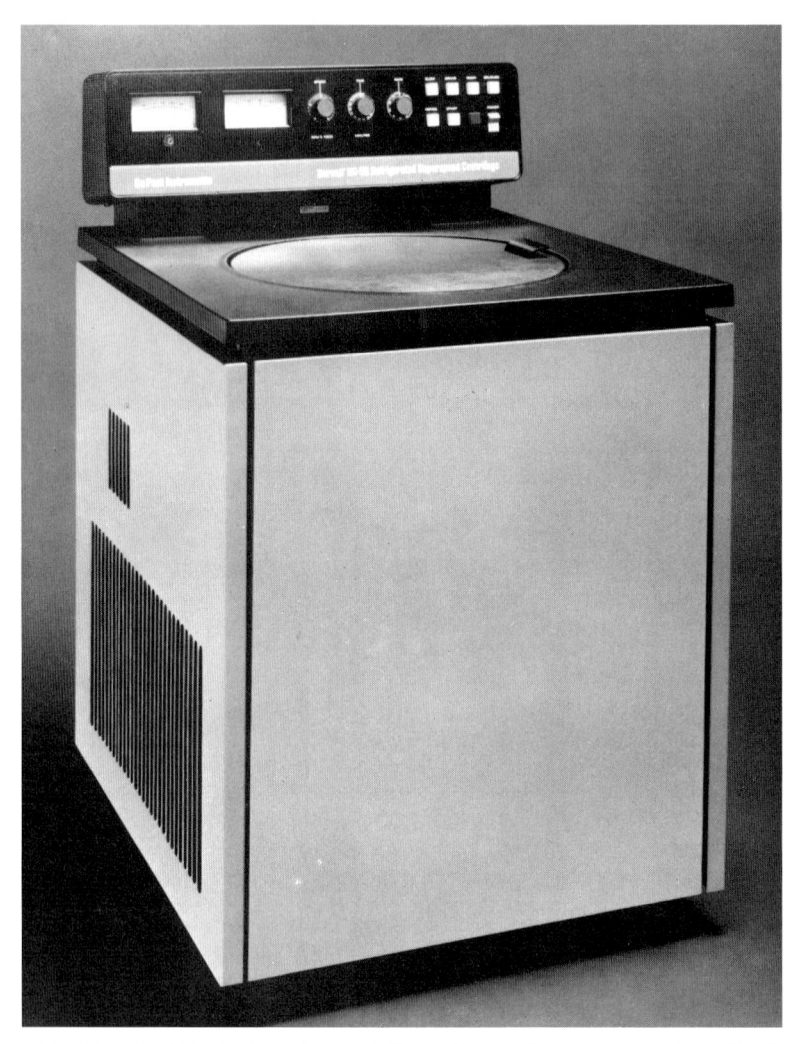

Abb. 9.3 Gekühlte, hochtourige Zentrifuge. Die Meßinstrumente zeigen die Temperatur und die Geschwindigkeit an. An den Drehknöpfen wird die Geschwindigkeit und die Zentrifugations-Dauer eingestellt (mit Genehm. der DuPont Instruments, Newtown, Conn.).

Der zweite Typ der hochtourigen Zentrifugen (Abb. 9.3) besitzt eine niedrigere Kapazität. Die dargestellte oder eine ähnliche Zentrifuge wird meist für präparative Zwecke verwendet und kann fast in jedem biochemisch orientierten Labor gefunden werden. Die Temperatur der Rotorkammer wird zwar nur grob durch einen Thermofühler am Boden der Rotorkammer reguliert, kann aber schnell auf 0–4 °C gebracht werden. Die Regulierung der Geschwindigkeit ist wesentlich genauer als in den obenerwähnten Tisch-Zentrifugen; außerdem besitzen diese Geräte eine Bremsvorrichtung, um die Zeit des Auslaufens der Zentrifuge zu verkürzen. In den meisten Fällen wird eine Abbremsung des Rotors erreicht, indem man

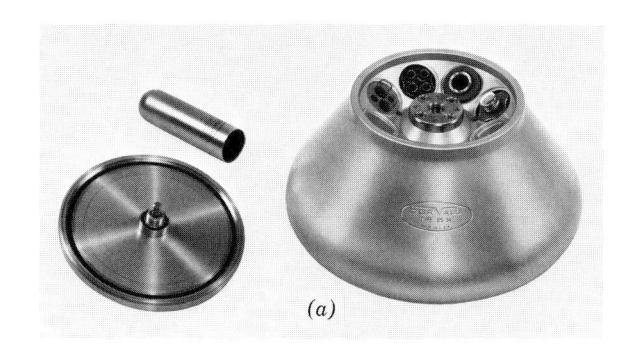

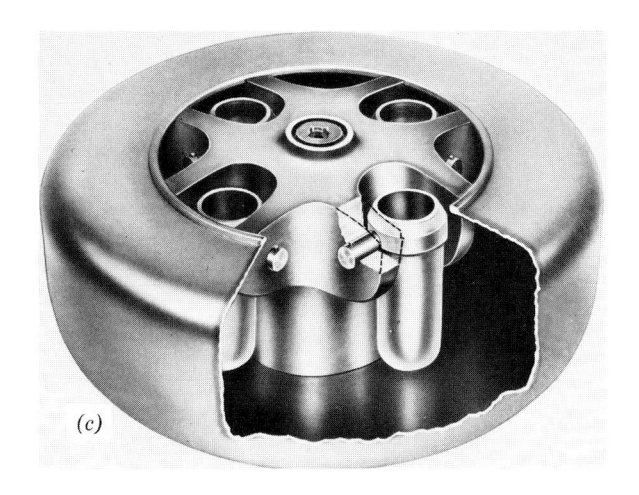

9.3 Hochtourige Zentrifugen 297

(a)

(c)

298   9. Zentrifugation

Abb. 9.4 Verschiedene Rotoren für hochtourige Zentrifugen. (a) Dieser Festwinkel-Rotor faßt acht 50-ml-Röhrchen oder die im Bild gezeigten Adapter. (b) Dieser Ausschwing-Rotor faßt vier 50-ml-Röhrchen oder entsprechende Adapter. Der Schutzmantel wurde aufgeschnitten gezeichnet, um den inneren Aufbau besser zu zeigen. (c) Eine neuere Entwicklung ist der Vertikal-Rotor. Die Röhrchen stehen senkrecht, wodurch eine Umorientierung des Gradienten erfolgt. Durch kleinere Trennstrecken kann die Zentrifugationszeit stark verkürzt werden. (d) Dieser Spezialrotor (Elutriator-Rotor) trennt im Gegenstromverfahren lebende Zellen und große Partikel vom ursprünglichen Medium (mit Genehm. der DuPont Instruments (a und b) und der Beckman Instruments (c und d).

den Antriebsmotor als Elektrogenerator arbeiten läßt. Der dabei entstehende Strom wird durch einen starken Widerstand aufgehoben. Es können sehr unterschiedliche Rotoren (Abb. 9.4) benutzt werden, und ihre Verwendungsmöglichkeiten werden weiter durch die verschiedensten Adapter vergrößert (Abb. 9.5). Die Zentrifugen werden zur Gewinnung von Mikroorganismen, Zellbruchstücken, Zellen, großen Zellorganellen, Ammoniumsulfat-Fällungen und Immunpräzipitaten benutzt. Ihre Zentrifugalbeschleunigung reicht jedoch nicht aus, um Viren, kleine Organellen, wie Ribosomen, oder einzelne Moleküle zu sedimentieren.

9.4 Ultrazentrifugen

Die Entwicklung der Ultrazentrifuge mit Zentrifugalbeschleunigungen bis zu 500 000 g (75 000 rpm bei r = 8 cm) eröffnete neue experimentelle Möglichkeiten. Sie erlaubt die Fraktionierung von subzellulären Organellen, die vorher nur im Elektronenmikroskop beobachtet werden konnten. Sie erlaubt die Bestimmung der enzymatischen Zusammensetzung dieser Organellen und somit einen Einblick in ihre Struktur/Funktions-Zusammenhänge. Viren konnten erstmalig mit Ultrazentrifugation in reiner Form isoliert und ihre Zusammensetzung genau bestimmt werden. Auch Moleküle wie DNA, RNA und Proteine wurden isoliert, sogar die Trennung von zwei DNA-Molekülen gelang, die sich nur dadurch unterschieden, daß in eine DNA anstelle des natürlich vorkommenden ^{14}N das Isotop ^{15}N eingebaut war. Moderne Instrumente, wie in Abb. 9.6A abgebildet, bestehen aus vier

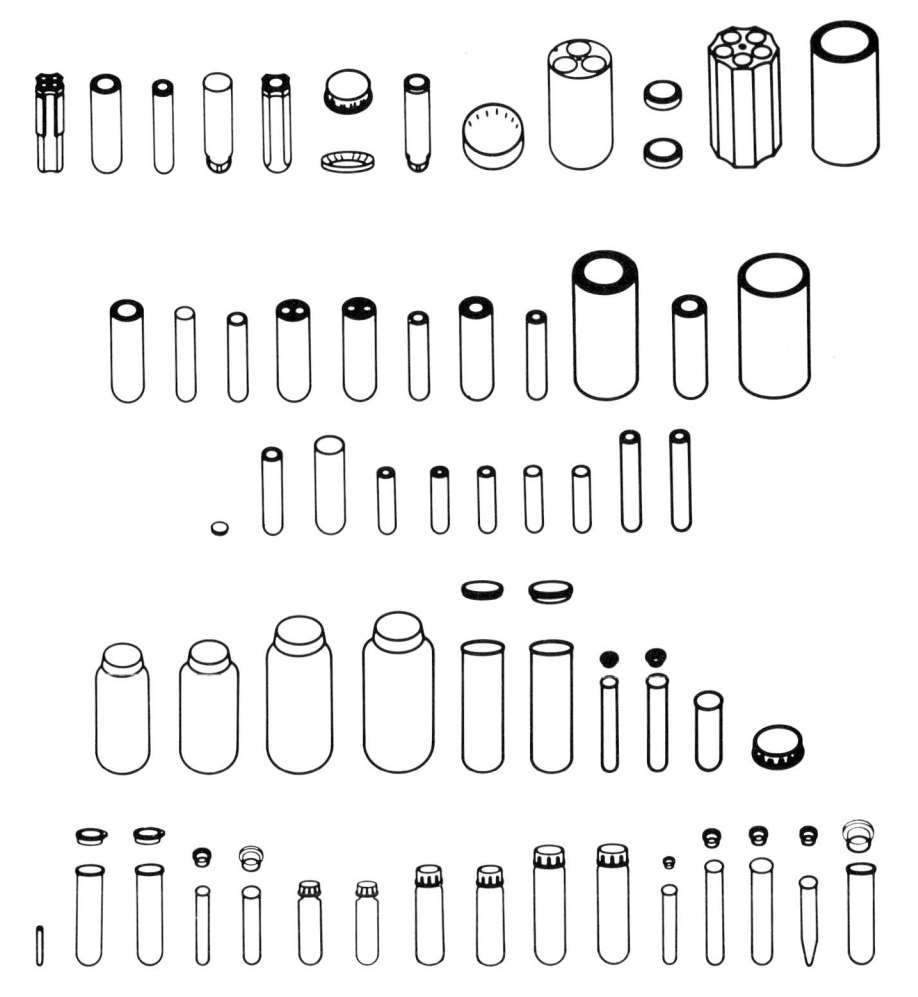

Abb. 9.5 Röhrchen und Adapter für hochtourige Zentrifugen. Das Fassungsvermögen dieser Röhrchen reicht von 1 bis 500 ml (mit Genehm. der DuPont Instruments, Newtown, Conn.).

Funktionseinheiten: 1. der Antriebs- und Geschwindigkeits-Regulierung, 2. der Temperatur-Kontrolle, 3. dem Vakuumsystem und 4. dem Rotor. Der Einsatz von Mikroprozessoren in modernsten Geräten erlaubt eine noch präzisere Drehzahl- und Temperatur-Kontrolle. Die Verwendung von frequenzgesteuerten Induktionsmotoren bedeutet einen nahezu verschleißfreien Antrieb und Unabhängigkeit von externer Kühlung (z. B. bei der Beckman L8-Serie).

9.4.1 Geschwindigkeits-Regulation

Der Antrieb der meisten Geräte besteht aus einem wassergekühlten Elektromotor, der mit der Rotorspindel durch ein Präzisionsgetriebe verbunden ist. Die Antriebs-

300   9. Zentrifugation

(b)

Abb. 9.6 Präparative Ultrazentrifuge mit geschlossenen Abdeckplatten (a) und von vorn (b) sowie von hinten (c) ohne Abdeckplatten. A: Panzerplatte zum Schutz der Rotorkammer; B: Antrieb, C: Elektronik zur Kontrolle von Temperatur, Geschwindigkeit, Vakuum und des Anzeigensystems; D: Vakuumpumpe; E: Motor der Vakuumpumpe; F: Kühlvorrichtung; G: Diffusionspumpe; H: Getriebeöl-Reservoir (mit Genehm. der Beckman Instruments, Palo Alto, Calif.).

welle hat nur einen Durchmesser von knapp 5 mm. Wegen des kleinen Durchmessers ist die Welle während der Rotation flexibel und kann geringe Unwuchten des Rotors ohne Vibration oder Zerstörung der Spindel ausgleichen. Die Geschwindigkeit der Rotation kann durch einen Regelwiderstand vorgewählt und an einem Tachometer abgelesen werden. Jedoch ist weder die Einstellung des Regelwiderstands noch die Tachometer-Anzeige exakt. Am besten wird die tatsächliche Geschwindigkeit festgestellt, indem man die Umdrehungen innerhalb 1–10 Minuten zählt. Dies kann mit einer Stoppuhr und dem Tourenzähler der Zentrifuge gemacht werden, der gewöhnlich in 1000 rpm geeicht ist.

Zusätzlich zur Geschwindigkeits-Regulation existiert eine Überlastungs-Kontrolle, die verhindern soll, daß der Rotor mit zu hohen Geschwindigkeiten gefahren wird. Eine Überlastung kann zum Auseinanderbrechen oder zur Explosion des Rotors führen. Aus diesem Grund ist die Rotorkammer mit schweren Panzerplatten umgeben, die eine solche Explosion aufhalten können. Die Überlastungs-Kontrolle besteht aus 1. einem am Boden des Rotors angebrachten Ring mit abwechselnd reflektierender und nicht-reflektierender Oberfläche (Abb. 9.7), 2. einer kleinen, aber intensiven punktförmigen Lichtquelle und 3. einer Photozelle. Wie in Abb. 9.8 gezeigt, wird das Licht der punktförmigen Quelle von den reflektierenden Teilen des Ringes auf die Photozelle zurückgestrahlt. Der Wechsel von reflektie-

Abb. 9.7 Rotorboden mit Geschwindigkeits-Kontrollring, bestehend aus einer alternierend reflektierenden und nicht reflektierenden Oberfläche (mit Genehm. der Beckman Instruments, Palo Alto, Calif.).

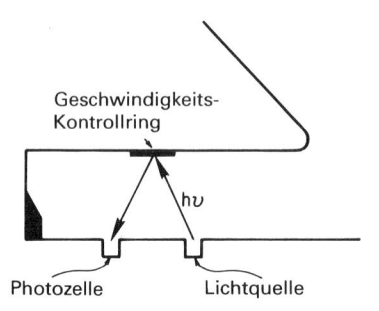

Abb. 9.8 Diagramm des Strahlengangs der optischen Geschwindigkeits-Kontrolle.

renden und nicht-reflektierenden Oberflächen während der Rotation erzeugt auf der Photozelle ein pulsierendes Signal. Die Frequenz dieses Signals, die eine direkte Funktion der Umdrehung des Rotors ist, wird mit einem Referenzsignal verglichen. Übersteigt die Frequenz des vom Rotor erzeugten Signals das Vergleichssignal, wird die Zentrifuge automatisch abgeschaltet.

9.4.2 Temperatur-Kontrolle

Auch das Temperatur-Kontrollsystem einer Ultrazentrifuge ist komplizierter und genauer als bei einer normalen hochtourigen Zentrifuge, wo die Temperatur nur mit einem Temperaturfühler am Boden der Rotorkammer gemessen wird. Bei den Ultrazentrifugen dagegen mißt ein Infrarot-Sensor neben dem Rotor kontinuierlich und direkt dessen Temperatur. Diese Kontrolle ist genauer und empfindlicher.

9.4.3 Vakuum

Ein wichtiger qualitativer Unterschied zwischen einer hochtourigen und einer Ultrazentrifuge ist das Vakuumsystem. Bei Geschwindigkeiten unterhalb von 15 000 bis 20 000 rpm wird durch die Reibung zwischen dem sich drehenden Rotor und der umgebenden Luft nur wenig Hitze erzeugt. Bei höheren Geschwindigkeiten ist der Luftwiderstand jedoch erheblich und wird ab 40 000 rpm ein großes Problem. Um die dabei entstehende Reibungswärme auszuschalten, wird die Rotorkammer luftdicht verschlossen und durch zwei Pumpensysteme evakuiert. Die erste Pumpe ist eine normale mechanische Vakuumpumpe, ähnlich wie sie im Labor verwendet wird. Sie kann ein Vakuum bis zu 100–50 Torr erzeugen. Wenn der Druck in der Kammer bis auf 250 Torr abgefallen ist, schaltet sich die wassergekühlte Diffusionspumpe dazu. Beide Pumpen zusammen können ein Vakuum von 1–2 Torr aufrechterhalten. Wie erwartet, ist auch die Temperatur-Kontrolle in einer evakuierten Rotorkammer wesentlich effektiver.

9.4.4 Rotoren

In modernen Ultrazentrifugen können sehr unterschiedliche Rotoren verwendet werden. Sie unterteilen sich in zwei Klassen: Festwinkel-Rotoren und Ausschwing-Rotoren (oder Schwingbecher-Rotoren). Beide Typen werden entweder aus Aluminiumlegierungen für niedrige bis mittlere Geschwindigkeiten oder aus Titan für hohe Geschwindigkeiten hergestellt. Festwinkel-Rotoren, wie in Abb. 9.9 dargestellt, bestehen aus einem Metallblock, in dem sich 6–12 Löcher in einem Winkel von 20–45° zur Rotationsachse befinden. Diese Rotoren werden meist zur vollständigen Sedimentierung bestimmter Bestandteile verwendet. Ihr größter Vorteil ist ihre hohe Volumenkapazität.

Der Ausschwing-Rotor besitzt drei bis sechs Halterungen, an welche die Zentrifugations-Röhrchen enthaltenden Becher angehängt werden. Diese Becher (buckets) hängen frei beweglich und haben in der Ruhestellung eine vertikale Lage. Während des Laufs (ab 200–800 rpm) schwingen sie durch den Einfluß der Zentrifugalbeschleunigung in einen Winkel von 90° aus, so daß sie sich in horizontaler Lage befinden. Diese Art Rotoren wurde für unvollständige Sedimentation in einem Gradienten konstruiert. Die Details dieser Technik werden weiter unten beschrieben. Der Vorteil dieser Rotoren ist, daß der Gradient sich vor der Zentrifugation in senkrechter Position in den Zentrifugations-Röhrchen befindet, jedoch während der Zentrifugation in horizontale Position gebracht wird. In dieser Lage bewegt sich das sedimentierende Material in Form von geraden Banden durch das

Röhrchen und nicht, wie in den Festwinkel-Rotoren, in einem bestimmten Winkel. Der Inhalt des Röhrchens in einem Ausschwing-Rotor wird nach Beendigung der Zentrifugation nicht umgeschichtet, wie es bei Festwinkel-Rotor der Fall ist.

Abb. 9.9 Verschiedene Festwinkel-Rotoren für die präparative Ultrazentrifuge (mit Genehm. der Beckman Instruments, Palo Alto, Calif.).

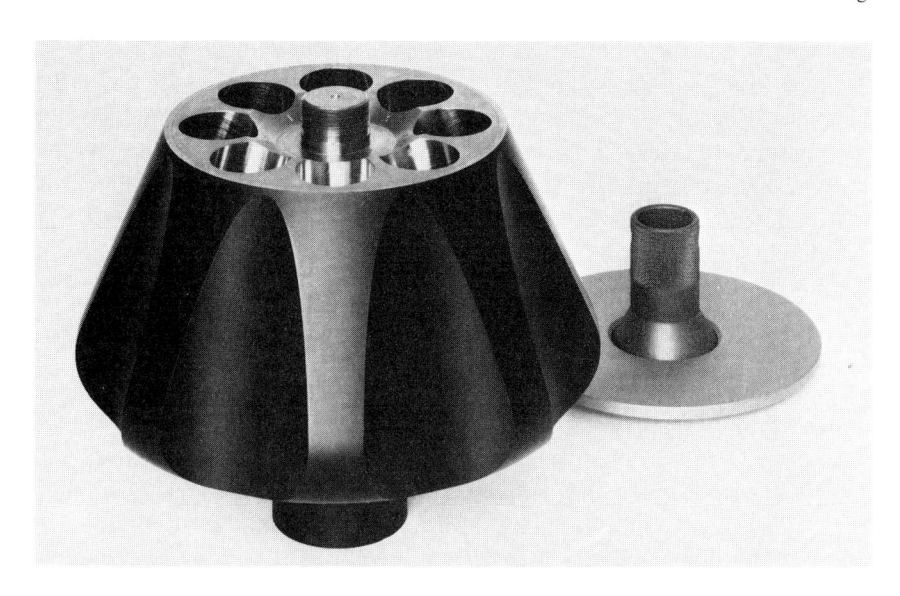

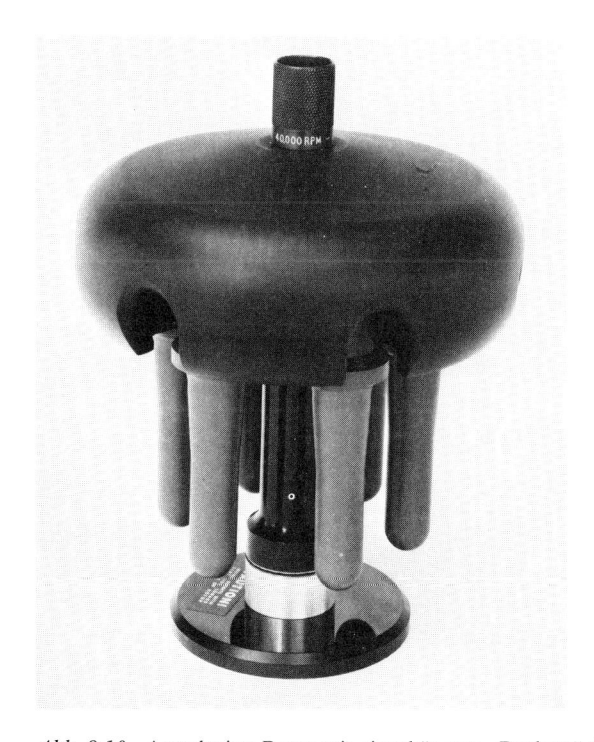

Abb. 9.10 Ausschwing-Rotor mit eingehängten ,,Buckets" (mit Genehm. der Beckman Instruments, Palo Alto, Calif.).

9.4.5 Sedimentations-Koeffizient

Am Anfang dieses Kapitels wurde festgestellt, daß Moleküle oder Partikel, die einer Drehbewegung ausgesetzt werden, gleichzeitg einer Zentrifugalbeschleunigung unterworfen sind. Unter dem Einfluß dieser Beschleunigung, F, sedimentieren sie in Richtung des Röhrchen-Bodens mit einer Geschwindigkeit, v, die durch folgende Gleichung beschrieben wird:

$$v = \frac{dr}{dt} = \phi \frac{(\varrho_p - \varrho_m)}{f} \omega^2 r \tag{5}$$

r ist der Abstand (in cm) zwischen der Rotationsachse und dem sedimentierenden Molekül oder Partikel, ϕ ist das Volumen des Partikels (cm^3), ϱ_p ist seine Dichte (g/cm^3), ϱ_m ist die Dichte des Mediums (g/cm^3), f ist der Reibungs-Koeffizient (g/sec), v ist die Sedimentations-Geschwindigkeit des Teilchens (cm/sec). Eine allgemeinere Form dieser Gleichung wird mit Hilfe des Sedimentations-Koeffizienten ausgedrückt. Der Sedimentations-Koeffizient, s, eines Teilchens ist seine Sedimentations-Geschwindigkeit im Einheits-Zentrifugalfeld der Stärke 1 dyn = 10^{-5} N

$$s = \frac{dr}{dt} \cdot \frac{1}{\omega^2 r} \tag{6}$$

oder

$$s = \phi \frac{(\varrho_p - \varrho_m)}{f} \tag{7}$$

Die Dimension von s sind Sekunden, und da viele biologisch wichtige Moleküle Sedimentations-Koeffizienten größer als 10^{-13} Sekunden besitzen (Abb. 9.11), wird dieser Wert als Svedberg-Einheit s festgelegt. Svedberg war der erste, der diese Art der Analyse durchführte. Ribosomale Untereinheiten oder andere Partikel besitzen z.B. einen Sedimentations-Koeffizienten von 18×10^{-13} sec oder 18 s.

Der Reibungs-Koeffizient eines Moleküls (f in Gl. 7) hängt von seiner Größe, seiner Form und von der Viskosität des Mediums ab, in dem die Sedimentation stattfindet. Für ein sphärisches Molekül oder Partikel mit dem Radius r_m kann der Reibungs-Koeffizient aus Gl. 8 berechnet werden:

$$f = 6\pi\eta r_m \tag{8}$$

η ist die Viskosität des Mediums in Poise (g/m·sec), und r_m ist der Radiums des Teilchens (cm). Aus diesen Betrachtungen folgt, daß die Sedimentations-Geschwindigkeit von der Form, Größe und Dichte des sedimentierenden Teilchens abhängt sowie von der Dichte und Viskosität des Mediums, durch das es sich hindurchbewegt.

Da der Sedimentations-Koeffizient unter verschiedenen Bedingungen bestimmt werden kann, sind gewisse Vereinheitlichungen notwendig. Meist wird der Sedimentations-Koeffizient auf einen Wert korrigiert, den man erhalten würde, wenn

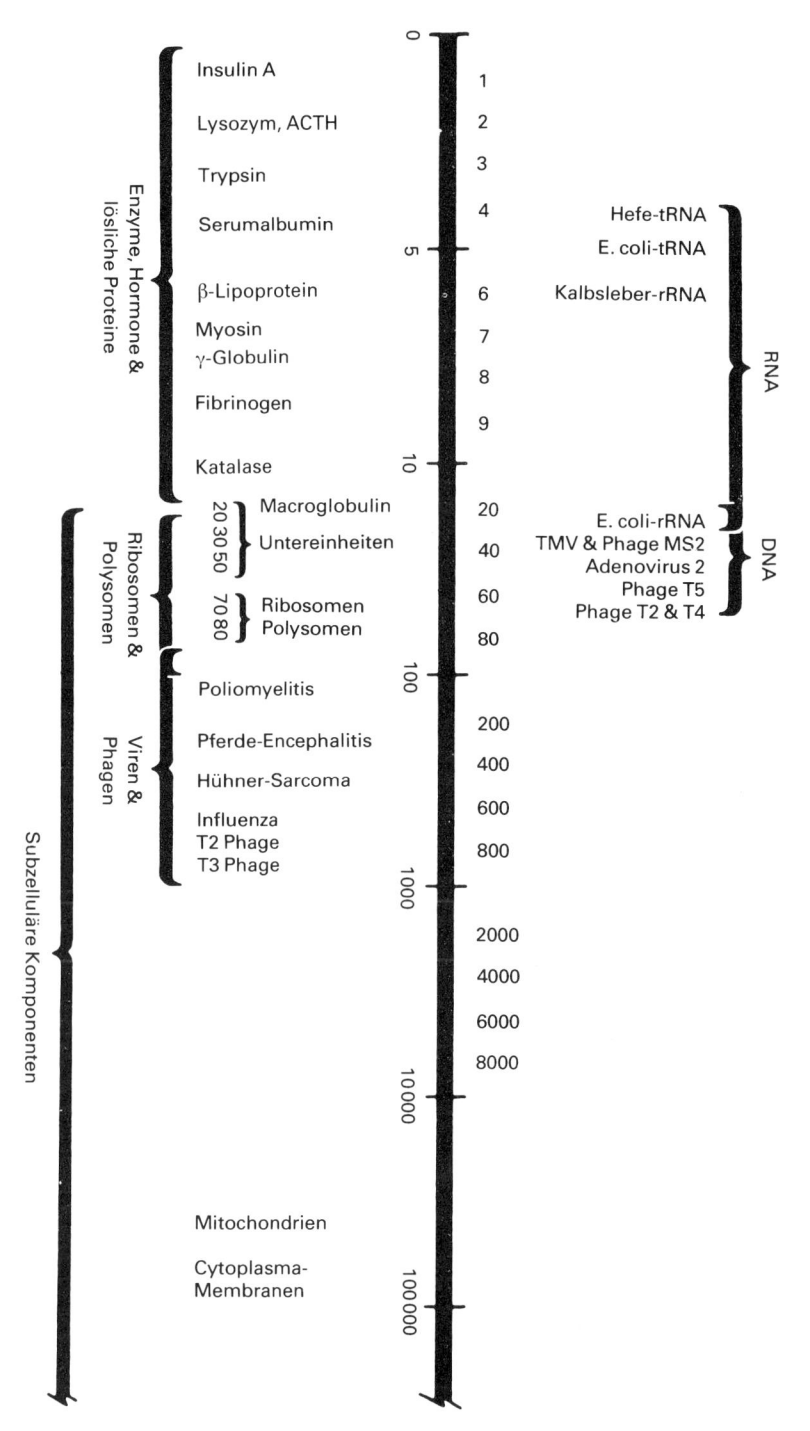

Abb. 9.11 Sedimentations-Koeffizienten verschiedener biologisch wichtiger Moleküle, subzellulärer Organellen und Organismen (mit Genehm. der Beckman Instruments, Palo Alto, Calif.).

das Medium die Dichte und Viskosität von Wasser bei 20°C hätte. Diese Korrektur kann mathematisch mit folgender Gleichung erfolgen:

$$s_{20,w} = s_{T,m} \frac{\eta_{T,m}(\varrho_p - \varrho_{20,w})}{\eta_{20,w}(\varrho_p - \varrho_{T,m})} \tag{9}$$

wobei $s_{T,m}$ der unkorrigierte Sedimentations-Koeffizient in einem Medium m bei der Temperatur T ist, $\eta_{T,m}$ ist die Viskosität des Mediums bei Zentrifugations-Temperatur, $\eta_{20,w}$ ist die Viskosität des Wassers bei 20°C, ϱ_p ist die Dichte der Partikel in Lösung (das ist der reziproke Wert des partiellen spezifischen Volumens), $\varrho_{T,m}$ ist die Dichte des Mediums bei Zentrifugations-Temperatur, und $\varrho_{20,w}$ ist die Dichte des Wassers bei 20°C.

Die Integration der Gl. 6 in den Grenzen t_0 bis t_t ergibt:

$$s = \frac{\ln r_t - \ln r_0}{\omega^2(t_t - t_0)} \tag{10}$$

$t_t - t_0$ ist die Zeitdauer, die die Partikel benötigen, um von der Position r_0 zur Position r_t zu gelangen. Mit Gl. 10 und dem bekannten Sedimentations-Koeffizienten kann die Zeit berechnet werden, die benötigt wird, um ein Partikel oder Molekül vollständig zu sedimentieren:

$$t_t - t_0 = \frac{1}{s} \frac{(\ln r_t - \ln r_0)}{\omega^2} \tag{11}$$

Wenn man für r_t und r_0 die Werte für die Abstände zwischen Rotationsachse und dem Hals bzw. dem Boden des Zentrifugations-Röhrchens einsetzt, dann wird $t = t_t - t_0$ gleich der Zeit, die für eine vollständige Sedimentation aufgewendet werden muß. Diese Zeit wird manchmal Klärwert (clearing time) genannt.

9.5 Dichtegradient

Bisher wurde vorausgesetzt, daß die Sedimentation in einem homogenen Medium stattfindet. Die gleichmäßige Wanderung der Partikel in einer Ultrazentrifuge wird jedoch durch mechanische Vibrationen, Wärmegradienten und Konvektionen gestört. Diese Störungen können durch die Bildung eines Gradienten aus schnell diffundierenden Substanzen verhindert oder stark herabgesetzt werden. Geeignete Substanzen zur Bildung eines Gradienten sind Saccharose, Glycerin, Caesiumchlorid, Caesiumsulfat und weniger gebräuchliche Stoffe wie Ficoll und Metrizamid. Der Gradient kann entweder mit einem Gradienten-Mischer (Abb. 9.12) vorgeformt oder bei der Zentrifugation selbst gebildet werden (siehe weiter unten). Der Gradient ist am Boden des Zentrifugen-Röhrchens am dichtesten und nimmt mit der Höhe an Dichte ab. Die Wahl der Eigenschaften des Gradienten hängt vom gewünschten Verwendungszweck ab. Man kann die Zentrifugation grob in zwei Ar-

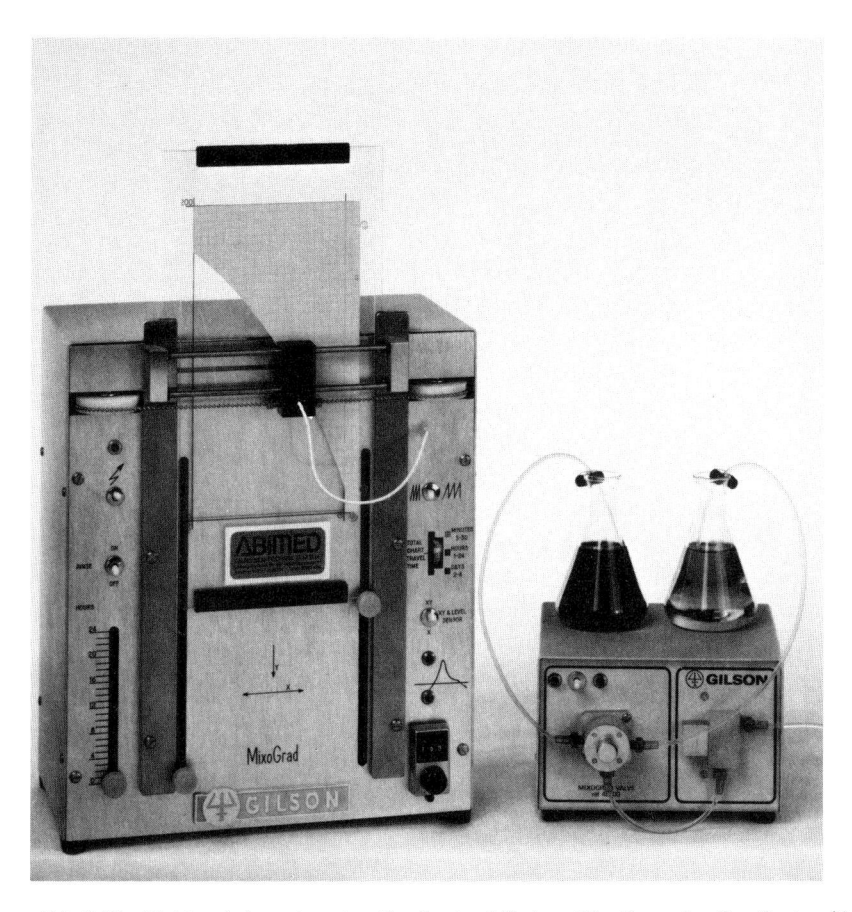

Abb. 9.12 Elektronisch gesteuerter Gradienten-Mischer. Die Form des Gradienten (linear, gestuft oder komplex) wird durch eine aus Millimeterpapier geschnittene Schablone vorgegeben. Links: Steuergerät; rechts: Pumpe (mit Genehm. der Abimed Analysen-Technik GmbH, Düsseldorf).

Tab. 9.1 Charakteristika der Zonen- und isopyknischen Zentrifugation

	Zonen-Zentrifugation	isopyknische Zentrifugation
Synonym	Sedimentations-Geschwindig-keits-Zentrifugation	Sedimentations-Gleich-gewichts-Zentrifugation
Gradient	flach, zur Stabilisierung; max. Dichte liegt unter der am wenigsten dichten sedimentierenden Substanz	steil; max. Dichte liegt höher als die der dichtesten sedimentierenden Substanz
Zentrifugation	unvollständige Sedimentation; kurze Zeit, niedrige Geschwindigkeit	vollständige Sedimentation bis zur Gleichgewichts-Einstellung; längere Zeit, hohe Geschwindigkeit

ten einteilen: die Zonen-Zentrifugation und die isopyknische Zentrifugation (Tab. 9.1).

9.5.1 Dichtegradienten-Differential- oder Zonen-Zentrifugation

Das Charakteristische der Dichtegradienten-Differential- oder Zonen-Zentrifugation ist die Wanderung der sedimentierenden Teilchen durch einen stabilisierenden sehr flachen Gradienten, dessen maximale Dichte nicht größer sein darf als die des am wenigsten dichten sedimentierenden Materials. Während der Zentrifugation bewegt sich das sedimentierende Material mit einer Geschwindigkeit durch den Gradienten, die durch den Sedimentations-Koeffizienten bestimmt wird. Die Zentrifugation muß also abgebrochen werden, bevor die ersten Teilchen den Boden des Zentrifugations-Röhrchens erreichen. Diese Methode eignet sich gut für Substanzen, die sich zwar in der Größe, aber nicht in der Dichte voneinander unterscheiden. Abb. 9.13 zeigt, daß zwei Proteine mit nahezu gleicher Dichte, aber mit einem um den Faktor drei unterschiedlichen Molekulargewicht in einem solchen Gradienten gut getrennt werden. Andererseits zeigt Abb. 9.14, daß subzelluläre Organellen, wie Mitochondrien, Lysosomen und Peroxisomen, die sehr unterschiedliche Dichten, aber ähnliche Größen haben, mit dieser Methode nur schlecht voneinander getrennt werden können.

9.5.2 Isopyknische Zentrifugation

Die sedimentierenden Teilchen bewegen sich bei der isopyknischen Zentrifugation so lange durch den Gradienten, bis sie einen Punkt erreichen, an dem ihre Dichte

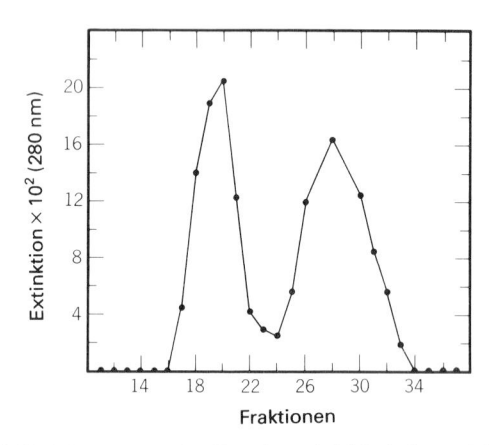

Abb. 9.13 Trennung zweier Proteine mit Mokekulargewichten von 54 000 und 154 000 d durch einen 5–20%igen Zucker-Gradienten. Es wurde 9 Stunden bei einer mittleren RZB von 67 968 g zentrifugiert. Das kleinere Protein befand sich in den Fraktionen 25–33. Die Protein-Konzentration wurde durch Absorption bei 280 nm bestimmt.

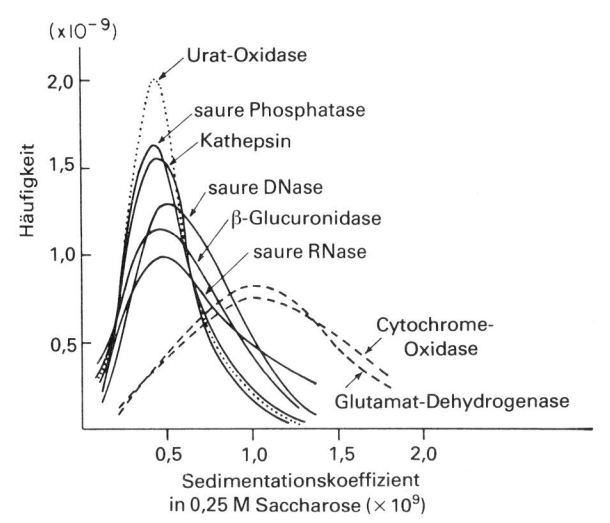

Abb. 9.14 Verteilung verschiedener Marker-Enzyme für Lysosomen (saure Phosphatase, Kathepsin etc.) Peroxisomen (Urat-Oxidase) und Mitochondrien (Cytochrom-Oxidase). Die Mitochondrien-Fraktion aus Rattenleber wurde auf einem linearen Gradienten von 0,25–0,5 M Saccharose aufgetrennt.
Aus H. Beaufay et al., Biochem. J. *73*, 628 (1959).

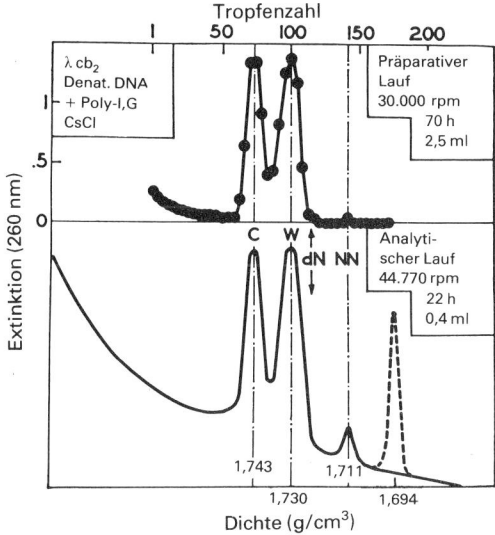

Abb. 9.15 Trennung der komplementären Stränge der λ-Phagen-DNA in einem präparativen und einem analytischen CsCl-Gradienten unter Zusatz von Poly-I,G. Die obere Graphik zeigt die Absorption (260 nm) der Fraktionen (4 Tropfen = 50 μl) in einer 20-μl-Mikroküvette (2 mm Lichtweg). Das Gesamtvolumen betrug 2,5 ml. Die untere Graphik zeigt die mikrodensitometrische Kurve des gleichen unverdünnten Materials aus der analytischen Ultrazentrifuge (4 °C, 3 mm Zelle) mit einem Dichtemarker (Cytophaga johnsonii, 1,6945 g/cm^3, gestrichelter Peak). Peak C enthält den DNA-Strang C, der besonders gut an Poly-I,G bindet. Der komplementäre Strang W ist im Peak W zu finden. Die Symbole dN und NN geben die Positionen (Dichten) der denaturierten bzw. nativen λcb$_2$-DNA an.
Aus Z. Hradecna und W. Szybalski, Virology *32*, 633 (1967).

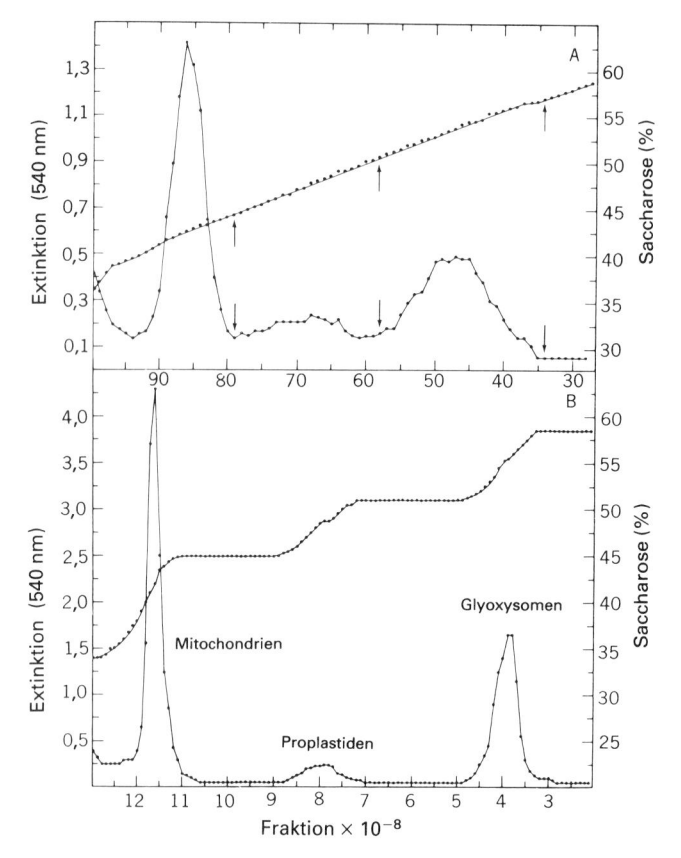

Abb. 9.16 Proteinverteilung nach isopyknischer Zentrifugation des Rohextrakts aus Rizinuskeimlingen auf einem linearen (A) und einem gestuften (B) Saccharose-Gradienten. Die oberen Kurven beider Graphiken zeigen die Zucker-Konzentration jeder Fraktion, während die unteren Kurven die Protein-Konzentration wiedergeben.
Aus T.G. Cooper und H. Beevers, J. Biol. Chem. *244*, 3507 (1969).

mit der des Gradienten übereinstimmt. Hier sedimentieren die Teilchen nicht weiter, da sie praktisch auf einer Unterlage schwimmen, die eine größere Dichte, als sie selbst besitzt. Für diese Methode wird ein ausreichend steiler Gradient benötigt, da die maximale Dichte des Gradienten größer sein muß als die größte Dichte der sedimentierenden Substanzen. Damit alle Teilchen ihre Gleichgewichts-Dichte erreichen, muß die Zentrifugation lange genug und mit höherer Geschwindigkeit durchgeführt werden, als für die Zonen-Zentrifugation notwendig ist. Diese Technik wird zur Trennung von Teilchen verwendet, die sich in ihrer Dichte, nicht jedoch in ihrer Größe voneinander unterscheiden. Da fast alle Proteine annähernd die gleiche Dichte besitzen, wird sie gewöhnlich nicht für Protein-Trennung verwendet. Bei Substanzen mit unterschiedlicher Dichte ist jedoch die isopyknische Zentrifugation die Methode der Wahl. Dies gilt z.B. für Moleküle, wie Nucleinsäu-

Tab. 9.2 Verteilung der Enzyme in den subzellulären Organellen von Rizinuskeimlingen.

Enzym-Aktivität (μmol Substrat/g Frischgewicht/h)

Fraktion	Citrat-Synthetase	Isocitrat-Lyase	Malat-Synthetase	Malat-Dehydrogenase	Succinat-Dehydrogenase	Fumarase
9,5 K Überstand	2	66	44	22150	0	20
Organell-Fraktion[a]	155	342	450	16700	87	334
Gradienten-Überstand	4 (1)	20 (8)	28 (3)	1925 (11)	0	27
Mitochondrien	218 (73)	8 (3)	46 (5)	10700 (62)	65 (100)	394 (92)
Proplastiden	2	9	27	311	0	4
Glyoxysomen	74 (25)	207 (85)	790 (89)	4475 (26)	0	2

[a] Nach Abtrennung der Organell-Fraktion wurde eine Zentrifugation mit gestuftem Gradienten durchgeführt und die drei Protein-Fraktionen, sowie der Überstand (Teil des Gradienten über der Mitochondrien-Fraktion) wurden getrennt untersucht. Die eingeklammerten Zahlen geben die Prozentwerte der Aktivität in Bezug auf die gesamte zurückgewonnene Enzym-Aktivität der vier Fraktionen wieder.

ren, genauso wie für subzelluläre Organellen, wie Mitochondrien, Proplastiden und Glyoxysomen (= Peroxisomen, Microbodies) (Abb. 9.16 A).

Eine praktische Modifikation der isopyknischen Zentrifugation ist die Verwendung eines gestuften Gradienten. Dies kann zur Vergrößerung der Kapazität eines gut gewählten Gradienten oder zur besseren Trennung zweier Substanzen beitragen. Diese Methode kann große Vorteile haben; der Gradient muß jedoch mit großer Sorgfalt und Vorsicht ausgesucht werden. Ein gestufter Gradient wird durch sorgfältiges Übereinanderschichten von Lösungen unterschiedlicher Dichte im Zentrifugations-Röhrchen hergestellt. Die Trennung in Abb. 9.16A kann als Beispiel für diese Technik gelten und zeigt die Auswahl der richtigen Größe und Dichte der Stufen des Gradienten. Die zu trennenden drei Spezies sind Organellen: Mitochondrien ($\varrho = 1{,}19$ g/cm^3), Proplastiden ($\varrho = 1{,}23$ g/cm^3) und Glyoxysomen ($\varrho = 1{,}25$ g/cm^3). Die obere Abbildung zeigt, wie die Organellen zuerst auf einem linearen Gradienten aufgetrennt werden. Die Zucker-Konzentration (Saccharose) der Stufen wird aus dem linearen Gradienten bestimmt. Die richtigen Konzentrationen sind die höchsten Werte, die bei der Sedimentation der einzelnen Teilchen beobachtet werden (57% für Glyoxysomen, 50% für Proplastiden und 44% für Mitochondrien). Der gestufte Gradient wird schließlich hergestellt, indem man eine kleine Menge 60%iger Zucker-Lösung als Unterlage in das Röhrchen gibt und eine größere Menge 57%iger Lösung darüberschichtet. Darauf folgen die 50%ige und 44%ige Zucker-Lösung. Eine weniger dichte 33%ige Lösung trennt die löslichen Komponenten der Probe von der ersten Stufe ab. Während der Zentrifugation passieren alle Organellen außer den Mitochondrien schnell die Stufe mit der niedrigsten Dichte. Die Mitochondrien sedimentieren zwar durch die 33%ige Lösung, können aber nicht in die 44%ige Lösung eindringen. In der gleichen Weise werden die Proplastiden und Glyoxysomen durch die 50%ige bzw. 57%ige Zucker-Lösung zurückgehalten. Die Methode verringert die Verteilung der isolierten Partikel und bewirkt so eine vergrößerte Kapazität des Gradienten. Es muß jedoch betont werden, daß alle Mitochondrien, die in die 44%ige Lösung eindringen, bis zur nächsten Stufe weiterwandern und so die Proplastiden-Fraktion verunreinigen. Es ist deswegen wichtig, die Konzentrationen der Lösungen so zu wählen, daß eine solche Kontamination möglichst gering gehalten wird. Vor der routinemäßigen Anwendung der Methode sollte die wechselseitige Verunreinigung der einzelnen isolierten Fraktionen bestimmt werden. Dies kann mit weniger Genauigkeit durch Elektronenmikroskopie geschehen oder mit höherer Genauigkeit durch Bestimmung von spezifischen Marker-Enzymen auf den Organellen. Tab. 9.2 gibt eine Reihe von Aktivitäten an, die im erwähnten Beispiel bestimmt werden können.

9.5.3 Fraktionierung des Gradienten

Nach der Auftrennung verschiedener Moleküle oder Organellen in einem Dichtegradienten müssen die einzelnen Komponenten isoliert werden. Dazu stehen zwei Methoden zur Verfügung. Bei der ersten Methode wird mit einer Nadel ein kleines Loch in den Boden des Zentrifugations-Röhrchens gestochen. Der Inhalt tropft dann aus, oder er wird mit einer peristaltischen Pumpe herausgesaugt und in einem Fraktionssammler aufgefangen. Abb. 9.17 zeigt eine Apparatur, die für diesen Zweck konstruiert wurde. Bei der Verwendung einer Pumpe ist darauf zu achten, daß die angeschlossenen Schläuche möglichst kurz sind, um eine Vermischung und

9.5 Dichtegradient 315

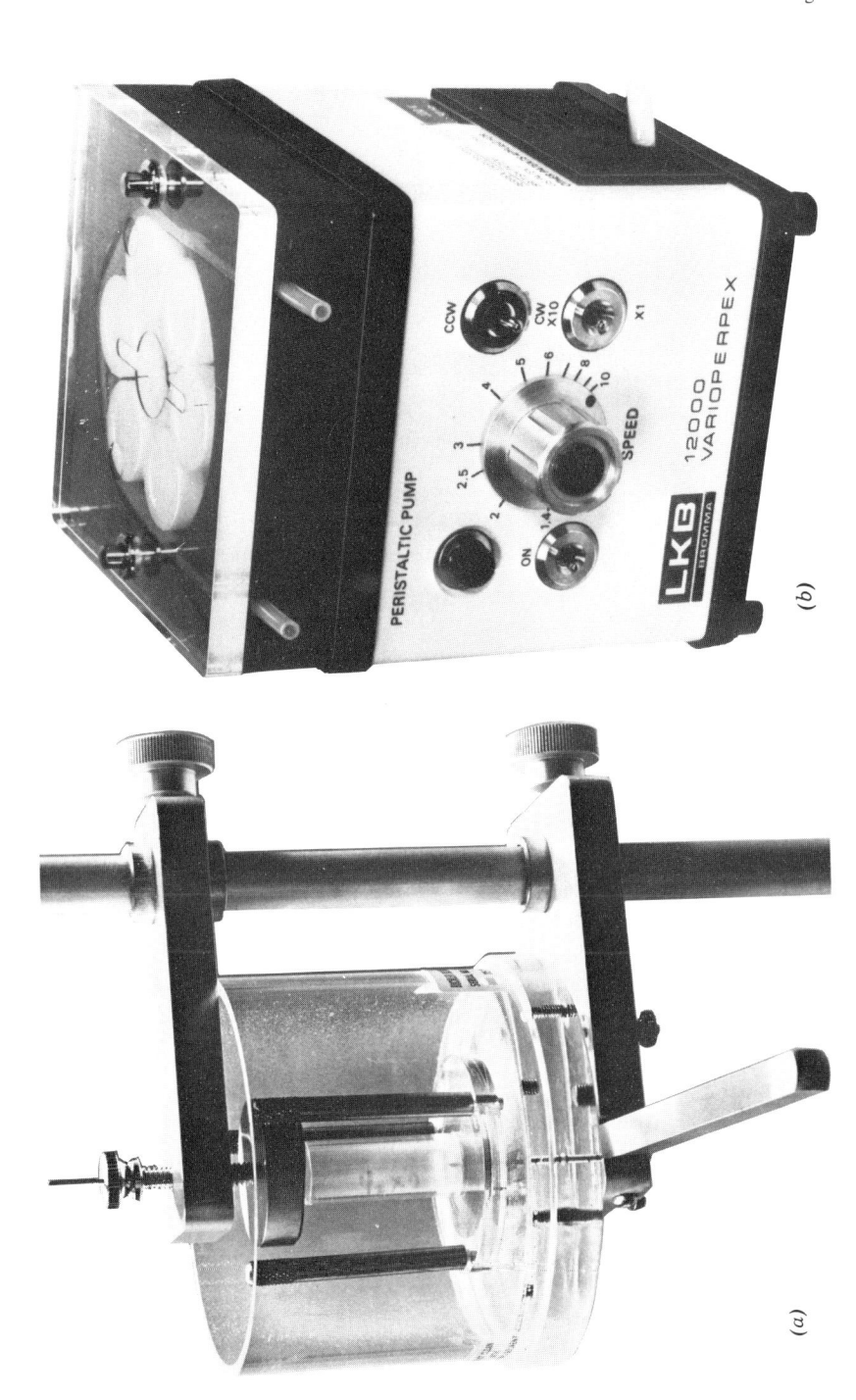

Abb. 9.17 Apparatur zur Fraktionierung von Zucker-Gradienten (a) und peristaltische Pumpe für drei unabhängige Anschlüsse (b). Die Fraktionierungs-Apparatur ist mit einem Gefäß umgeben, in das zur Kühlung der Probe zerstoßenes Eis gefüllt werden kann [mit Genehm. der Buchler Instruments, Fort Lee, N.J. (a); LKB Instruments, Rockville, Md (b)].

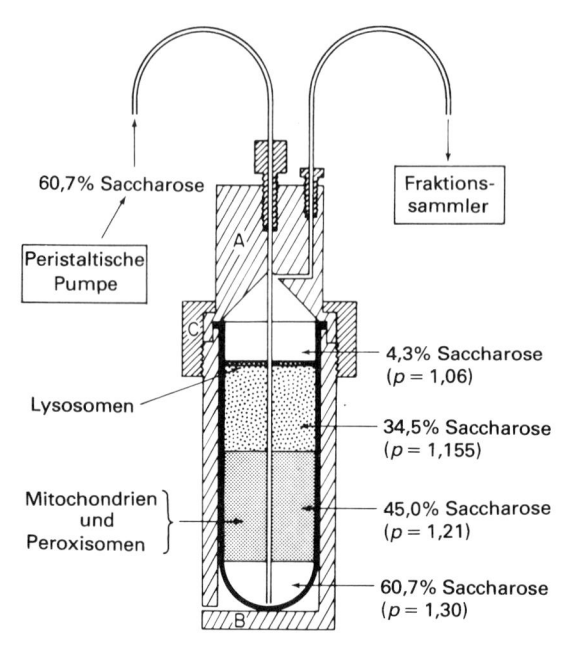

Abb. 9.18 Fraktionierung eines diskontinuierlichen Gradienten. Die Teile A und B sind aus Plexiglas und werden durch eine Schraubkappe C dicht zusammengehalten. Luftdichte Verbindungen werden durch den Einsatz von Gummiringen geschaffen. Der Röhrcheninhalt wird langsam durch Einpumpen einer dichten Zucker-Lösung nach oben gedrückt.
Aus F. Leighton et al., J. Cell. Biol. *37*, 482 (1968).

damit Verschlechterung der Auflösung der Methode zu vermeiden. Die zweite Methode der Gradienten-Fraktionierung ist in Abb. 9.18 schematisch dargestellt. Das Zentrifugations-Röhrchen wird mit einer Kappe verschlossen, durch die ein schmales Glas- oder Plastikröhrchen bis zum Boden des Röhrchens geführt wird. Anschließend wird eine Lösung, die eine größere Dichte besitzt als die maximale Dichte des Gradienten, auf den Boden des Röhrchens gepumpt. Das Einpumpen der Lösung kann auch durch eine in den Boden des Röhrchens gestochene Nadel erfolgen. Dabei wird der Inhalt des Zentrifugations-Röhrchens durch ein Loch in der Kappe herausgedrückt. Die austretende Lösung wird durch einen kurzen Schlauch zum Fraktionssammler und in die bereitstehenden Röhrchen geführt. Die Kappe des Zentrifugations-Röhrchens muß sich nach oben verjüngen, um den Querschnitt des Röhrchens langsam auf den des Schlauches zu verringern und die Vermischung möglichst gering zu halten.

Beide Methoden erlauben die Fraktionierung des Gradienten durch Eintropfen des Röhrcheninhalts in eine Reihe von Teströhrchen. Wünschenswert wäre es, wenn jedes Teströhrchen oder jede Fraktion das gleiche Volumen besitzen würde. Leider ist dies jedoch meist nicht der Fall. Die Tropfen des am wenigsten dichten Bereichs des Gradienten sind auch am wenigsten viskos und haben deswegen eine kleinere Oberflächenspannung als die Tropfen des dichten Gradienten-Bereichs.

Da die Größe der Tropfen, die sich am Schlauchausgang bilden und in die Teströhrchen fallen, eine Funktion der Oberflächenspannung ist, werden die Tropfen vom oberen Ende des Gradienten kleiner sein als die Tropfen am Gradienten-Maximum. Bei genaueren quantitativen Bestimmungen muß diese Ungenauigkeit durch entsprechende Korrekturen ausgeglichen werden.

Nach der Fraktionierung des Gradienten in eine Reihe von Teströhrchen kann die Konzentration der zu untersuchenden Komponenten bestimmt werden. Im Fall der subzellulären Organellen geschieht die Bestimmung durch Lokalisierung der Aktivität bestimmter Marker-Enzyme. Für Mitochondrien und Peroxysomen werden oft die Succinat-Dehydrogenase oder Katalase als Marker herangezogen. Organellen oder Moleküle, die keine leicht bestimmbaren Enzym-Aktivitäten besitzen, werden entweder durch spektroskopische Methoden oder durch radioaktive Markierung lokalisiert.

9.5.4 Refraktometrische Bestimmung der Gradienten-Konzentration

Neben der Identifikation der Komponenten ist die Bestimmung der mittleren Dichte einzelner Fraktionen wichtig. Dies gilt besonders bei der isopyknischen Gradienten-Zentrifugation, da hier die Partikel oder Moleküle aufgrund ihrer Dichteunterschiede voneinander getrennt werden. Die Dichte einer Fraktion ist somit ein gutes Maß für die Dichte der darin enthaltenen Spezies. Die Konzentration und damit die Dichte der meisten Lösungen, die zum Aufbau eines Gradienten verwendet werden, ist proportional ihrem Brechungsindex, einem Parameter, der leicht mit einem Refraktometer bestimmt werden kann. Das Prinzip eines Refraktometers basiert auf der Tatsache, daß Licht verschiedene Medien mit unterschiedlichen Geschwindigkeiten durchquert. Daraus folgt, daß ein monochromatischer Lichtstrahl beim Durchqueren der dünnen Schicht einer Lösung in einem bestimmten Winkel gebeugt wird (siehe Abb. 9.19). Die Stärke der Beugung wird durch den Brechungswinkel angegeben (r in Abb. 9.19). Das Phänomen wird durch das Gesetz von Snell beschrieben: Beim Wechsel des Lichtstrahls von einem Medium in ein anderes ist das Verhältnis des Sinus des Einfallswinkels zum Sinus des Beugungswinkels konstant. Diese Konstante wird der Brechungsindex des zweiten Mediums zum ersten Medium als Referenz genannt. Die mathematische Formulierung lautet

$$\eta = \frac{\sin i}{\sin r} = \frac{c_1}{c_2} \tag{12}$$

η ist der Brechungsindex des Mediums, i und r sind der Einfallswinkel bzw. der Beugungswinkel, c_1 ist die Lichtgeschwindigkeit im ersten Medium (meist Luft) und c_2 die Geschwindigkeit im Testmedium. Ein Refraktometer kann die Brechung eines Lichtstrahls beim Durchqueren durch eine Testlösung messen. Es besteht aus einer Lichtquelle, von der ein Lichtstrahl durch das Testmedium projiziert wird,

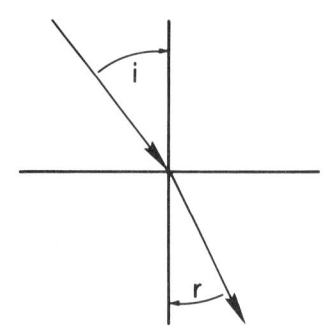

Abb. 9.19 Brechung des Lichtstrahls beim Durchqueren eines Materials mit einem von Luft unterschiedlichem Brechungsindex. i ist der Winkel des auftreffenden Strahls; r der Winkel des gebrochenen Strahls.

und einem optischen System, das den Brechungswinkel mißt. Abb. 9.20 zeigt den Weg des Lichtstrahls. Er durchquert zuerst die Probe, anschließend ein Brechungsprisma und fällt dann auf einen Reflektor. Durch eine Drehung kann der Reflektor das gebrochene Licht wieder auf die beiden Kompensations-Prismen ausrichten, die die Dispersion und chromatische Aberration, die bei der Verwendung polychromatischen Lichtes entstehen, ausgleichen. Der korrigierte Strahl trifft nach Durchquerung einige Linsen und eines Zweistrahlteilers auf das Okular. Da die Stärke der Korrektur zur Wiederausrichtung des Strahls eine Funktion des Brechungsindex der Probe ist, besitzt die Ausrichtungs-Vorrichtung eine Skala, die nach der Korrektur mit einer zweiten Lichtquelle beleuchtet und mit Hilfe eines zweiten Linsensystems durch das Okular abgelesen werden kann. Da die Temperatur den beobachteten Brechungsindex beeinflußt, ist der gesamte Probenbereich einschließlich des Brechungsprismas mit einem Kühlsystem ausgerichtet.

9.5.5 Sedimentations-Analyse mit präparativer Ultrazentrifugation

Die Sedimentations-Koeffizienten werden gewöhnlich in einer analytischen Ultrazentrifuge (z.B. Typ Beckman Modell E) bestimmt. Mit Hilfe eines optischen Systems erlaubt dieses komplizierte Gerät die kontinuierliche Beobachtung des sedimentierenden Materials. Es kann zur genauen Bestimmung der Sedimentations-Koeffizienten herangezogen werden. In vielen Fällen jedoch ist die Verwendung einer analytischen Ultrazentrifuge ausgeschlossen, z.B. wenn die betrachtete Probe noch nicht bis zur Homogenität gereinigt ist. Hier kann man eine präparative Ultrazentrifugation benutzen, um annähernd genaue Sedimentations-Koeffizienten zu erhalten. Diese Technik basiert auf der Beobachtung von Martin und Ames [4], daß die Wanderung der meisten biologischen Materialien durch einen entsprechenden Gradienten eine lineare Funktion der Zentrifugations-Zeit ist (Abb. 9.21). Das bedeutet, daß das Verhältnis der Strecken, die zwei unterschied-

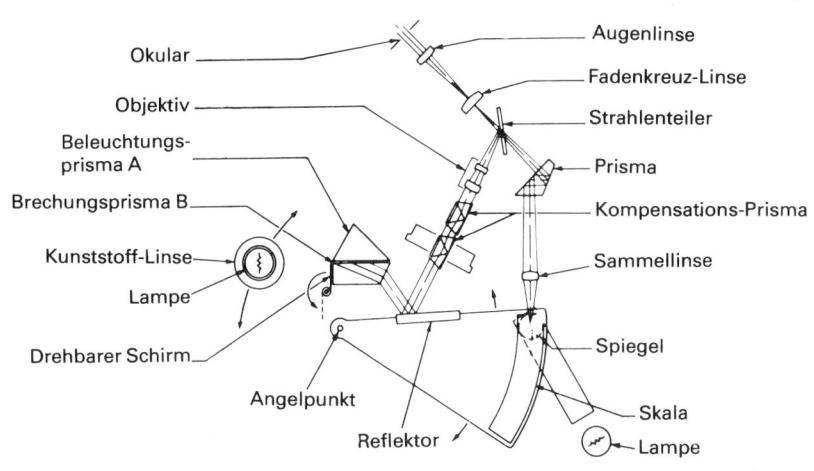

Abb. 9.20 Diagramm des Strahlengangs durch das optische System eines Refraktometers. Die Probe befindet sich zwischen der Lichtquelle (A) und dem Brechungsprisma (B) (mit Genehm. der Bausch und Lomb Co., Rochester, N.Y.).

liche Moleküle vom Meniskus während beliebiger Zeiten zurückgelegt haben, immer konstant ist. Wird nun eine Molekülart mit unbekannter Sedimentations-Konstante unter exakt den gleichen Bedingungen zentrifugiert wie eine zweite Substanz mit bekannter Sedimentations-Konstante, kann das Verhältnis R nach jeder beliebigen Zentrifugations-Dauer bestimmt werden:

$$R = \frac{\text{Wanderungs-Strecke der unbekannten Probe}}{\text{Wanderungs-Strecke der bekannten Substanz}} \tag{13}$$

Die Bestimmung wird meist mit beiden Molekülarten gleichzeitig in einem Gradienten durchgeführt oder in zwei Gradienten, die aber beide im gleichen Rotor zentrifugiert werden. Da die meisten Makromoleküle mit einer annähernd konstanten Geschwindigkeit wandern, gilt

$$R = \frac{S_{20,w} \text{ der unbekannten Probe}}{S_{20,w} \text{ der bekannten Substanz}} \tag{14}$$

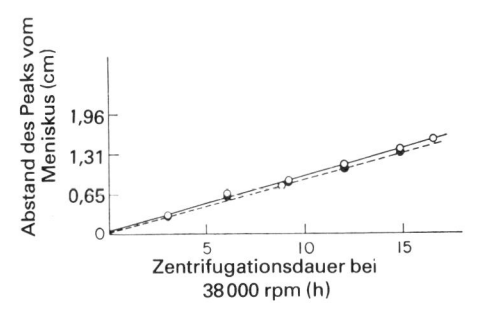

Abb. 9.21 Sedimentation der Histidinol-Dehydrogenase (○) und Imidazolacetolphosphat-Transaminase (●) als Funktion der Zeit.
Aus R.G. Martin und B.N. Ames, J. Biol. Chem. *236*, 1372 (1961).

Diese nützliche Gleichung leitet sich von der linearen Zeitabhängigkeit der beiden die Sedimentation beeinflussenden Größen, Geschwindigkeit und Zentrifugations-Dauer, ab. Die beiden Parameter können so lange variiert werden, wie das Produkt aus der Kraft und ihrer Einwirkungsdauer konstant bleibt:

$$r\omega_1^2 t_1 = r\omega_2^2 t_2 \tag{15}$$

ω_1 und ω_2 werden aus den beiden Zentrifugations-Geschwindigkeiten berechnet, t_1 und t_2 sind die dazugehörigen Zentrifugations-Zeiten. Der Typ des Dichte-Gradienten und der Wert für r, der vom Durchmesser des Rotors abhängt, müssen als konstant angesehen werden.

Beispiel: Die 40 S-Untereinheiten der Ribosomen werden bis zur Mitte eines 10–20%igen Zucker-Gradienten sedimentiert, wenn der Gradient bei 49 000 rpm 140 min lang zentrifugiert wird. Wie schnell muß der Gradient zentrifugiert werden, wenn das gleiche Resultat in 100 min erreicht werden soll? Da r als konstant angenommen werden kann, gilt:

$$\omega_1^2 t_1 = \omega_2^2 t_2$$

$$t_1 = \frac{\left[\dfrac{\pi \cdot rpm_2}{30}\right]^2 t_2}{\left[\dfrac{\pi \cdot rpm_1}{30}\right]^2} = \frac{rpm_2^2}{rpm_1^2} t_2$$

$$rpm_2 = \left[\frac{t_1 \, rpm_1^2}{t_2}\right]^{1/2}$$

$$= \left[\frac{140 \cdot 49\,000^2}{100}\right]^{1/2}$$

$$= 57\,978$$

Gl. 15 kann auch verwendet werden, um eine andere Position der Substanz im Gradienten unter bestimmten Bedingungen zu berechnen. Soll die Substanz z.B. 10% weiter in den Gradienten hineinwandern, muß der Wert von $\omega^2 t$ um etwas weniger als 10% erhöht werden. Es muß jedoch betont werden, daß diese Beziehung nur annähernd gilt, da sich der Wert von r ändert, wenn die Substanz an eine andere Stelle des Gradienten wandert. Auch wenn sich der Typ des Gradienten ändert, gilt die einfache mathematische Gleichung nicht mehr. Die kompliziertere Situation wurde von McEven mathematisch behandelt [5].

9.5.6 Herstellung eines Dichtegradienten

Die erfolgreiche Isolierung einzelner Moleküle und subzellulärer Organellen durch Dichtegradienten-Zentrifugation hängt stark von der Wahl der Parameter des Gradienten ab. Diese Parameter sind: 1. das Material, das den Gradienten aufbaut,

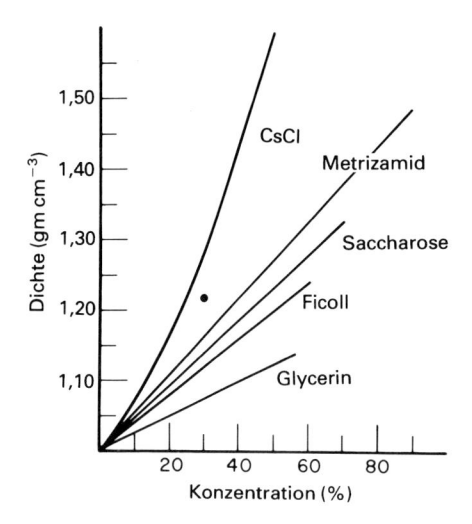

Abb. 9.22 Dichten der Lösung verschiedener Materialien zur Bildung von Dichte-Gradienten bei 5 °C; ● zeigt die Dichte einer 30 %igen Ludox-Lösung.

2. die Ionenstärke, 3. die Viskosität, 4. die osmotischen Eigenschaften, 5. die Steigung des Gradienten, 6. der pH-Wert und 7. die Zugabe von stabilisierenden Substanzen wie Mercaptanen, EDTA, Enzym-Substraten und Mg^{2+}. Das Material, das am häufigsten zur Bildung eines Gradienten benutzt wird, ist Zucker (Saccharose). Zucker ist billig und mit hohem Reinheitsgrad erhältlich. Die maximale Dichte einer Zucker-Lösung ist 1,28 g/cm³ (Abb. 9.22). Glycerin besitzt ebenfalls die erwähnten günstigen Eigenschaften, jedoch ist die maximale Dichte eines Gly-

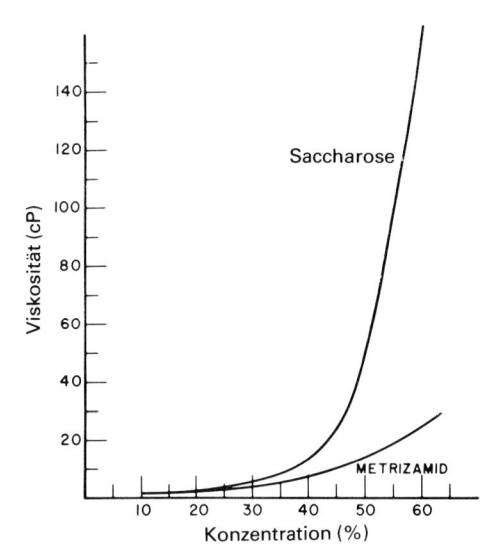

Abb. 9.23 Viskosität von Saccharose- und Metrizamid-Lösungen in Abhängigkeit von ihrer Konzentration. Eine Glycerin-Lösung verhält sich ähnlich wie eine Saccharose-Lösung.

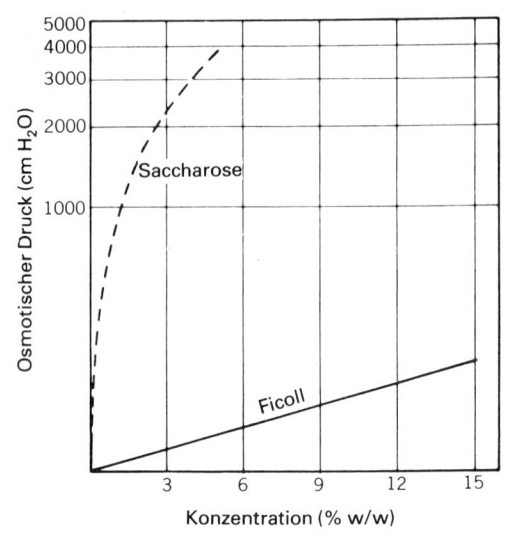

Abb. 9.24 Osmotischer Druck einer Saccharose- (gestrichelte Kurve) und einer Ficoll-Lösung (durchgezogene Linie) in Abhängigkeit von ihrer Konzentration.

cerin-Gradienten auf 1,15 g/cm^3 beschränkt. Abb. 9.23 und 9.24 zeigen, daß beide Substanzen zwei bedeutende Nachteile besitzen: sie sind bei Dichten über 1,1–1,15 g/cm^3 sehr viskos, und sie haben eine hohe Osmolarität, selbst bei sehr niedrigen Konzentrationen. Diese Eigenschaften veranlaßten zur Suche nach geeigneteren Substanzen mit dem gleichen Dichtebereich, aber inertem und nichtionisierendem Verhalten mit geringer Viskosität und Osmolarität. Zur Zeit scheinen fünf Verbindungen diese Eigenschaften zu erfüllen: Meglumin-Diatrizoat oder Renografin, Urograffin, Ludox, Ficoll und Metrizamid. Die letzten drei Verbindungen werden am häufigsten benutzt. Ludox ist der Handelsname für kolloidales Kieselgel von Du Pont. Zur Isolierung intakter Zellen, wie weißen und roten Blutzellen und Hefe (ohne Sprossen), wird eine 40%ige Lösung von Ludox oft mit Polysacchariden wie Dextran versetzt und zur Bildung des Gradienten benutzt. Ficoll ist der Handelsname für ein hochmolekulares Polymer aus Saccharose und Epichlorhydrin von Pharmacia Fine Chemicals. Metrizamid (Abb. 9.25) wird erst seit kurzem für Gradienten verwendet, seine Möglichkeiten sind jedoch groß, da leicht Dichten bis zu 1,45 g/cm^3 erreicht werden können. Metrizamid-Gradienten können entweder durch einen Gradienten-Mischer vorgeformt oder durch Zentrifugation einer gleichförmigen homogenen Lösung aufgebaut werden. Das Material hat jedoch den Nachteil, daß es Szintillations-Flüssigkeiten bis zu 30% quencht und dadurch die Isolierung von radioaktiv-markierten Substanzen mit einem Gradienten dieses Typs erschwert.

Obwohl die obenerwähnten Verbindungen sich gut zur Isolierung von Proteinen und Zellen eignen, können sie nicht zur Trennung von Nucleinsäuren und Organismen, die wie die Viren zum großen Teil aus Nucleinsäuren bestehen, herangezogen werden. Dieser Mangel der Gradienten-Zentrifugation wurde durch die Entdek-

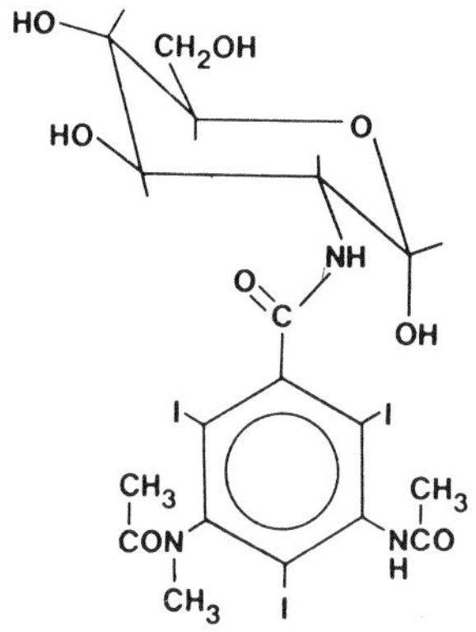

Abb. 9.25 Struktur von Metrizamid.

kung von Meselson, Stahl und Vinograd behoben, die herausfanden, daß Caesiumchlorid Gradienten bis zu einer Dichte von 1,70 g/cm³ bilden kann [6, 7]. Lineare Gradienten aus Caesiumchlorid, seit einiger Zeit auch Caesiumsulfat, werden durch Zentrifugation einer homogenen Lösung des Salzes und der Probe bis zum Gleichgewicht erhalten. Während der Zentrifugation bildet sich der Gradient durch Diffusion aus. Die sedimentierenden Teilchen der Probe flotieren oder sedimentieren dabei bis zu einem Niveau, das ihrer eigenen Dichte entspricht. Zusätzlich zur hohen Dichte besitzt Caesiumchlorid einen weiteren Vorteil. Bei der Sedimentation von DNA-Molekülen in Caesiumchlorid wird zwischen ihren Schwimmdichten und ihrem Guanosin + Cytosin-Gehalt ein linearer Zusammenhang festgestellt. Wie Abb. 9.26 zeigt, besteht dieser Zusammenhang nicht, wenn anstelle des Caesiumchlorids Caesiumsulfat verwendet wird. Caesiumsulfat besitzt jedoch andere Vorteile. Es bildet einen doppelt so steilen Gradienten wie das Chlorid und erlaubt somit die Trennung von DNA-Molekülen mit sehr unterschiedlichen Dichten. Die DNA-Moleküle sind in einer Caesiumsulfat-Lösung wesentlich stärker hydratisiert als in Caesiumchlorid-Lösungen, wodurch ihre Schwimmdichten von 1,7 g/cm³ in Caesiumchlorid-Gradienten auf 1,4 g/cm³ im Caesiumsulfat-Gradienten reduziert werden und auch die notwendige Salz-Konzentration zur Bildung eines Caesiumsulfat-Gradienten niedriger ist. Die Sedimentation von RNA wird meist in Caesiumsulfat-Gradienten durchgeführt, da Caesiumchlorid keine ausreichende Dichte erreicht. Bei einer Dichte von 1,7 g/cm³ erreicht Caesiumchlorid seine Löslichkeitsgrenze. Obwohl die Verwendung des Caesiumsulfats durch Präzipitation bestimmter einzelsträngiger RNA-Moleküle beschränkt wird, kann die Lösung jedoch für andere einzelsträngige RNA-Moleküle und für jede doppelsträngige RNA und RNA-DNA-Hybride verwendet werden.

Ein praktisches Problem bei der Verwendung von Caesium-Salzen für die Gradienten-Zentrifugation sind die Kosten und die Kontamination der Salze mit UV-absorbierenden Substanzen. Dadurch wird die Bestimmung der Nucleinsäuren bei 260 nm ausgeschlossen. Optisch reine Salze sind zwar erhältlich, jedoch nur zu extrem hohen Preisen. Die Salze mit weniger guter Qualität können mit folgender einfachen Methode gereinigt werden: Ein bis mehrere Gramm des Caesium-Salzes werden in der minimalen Menge dest. Wasser gelöst und 5 Minuten mit fein zerriebener und mit Säure gewaschener Aktivkohle gekocht. Die heiße Lösung wird durch Filtrieren von der Aktivkohle befreit und die Lösung weiter gekocht, bis selbst kräftiges Rühren die Bildung einer Salzkruste nicht mehr verhindern kann. Anschließend wird die Lösung in einem Eisbad auf 0 °C abgekühlt und das auskristallisierte Caesium-Salz durch Filtrieren abgetrennt. Die Mutterlauge kann mehrmals auf die beschriebene Weise weiter eingeengt werden, bis ca. 85–90% der Ausgangsmenge des Salzes zurückgewonnen sind. Die säuregewaschene Aktivkohle wird hergestellt, indem man Aktivkohle in 10 Volumina 1 N HCl suspendiert und die Mischung für 15 Minuten kocht. Danach wird die Kohle so lange mit

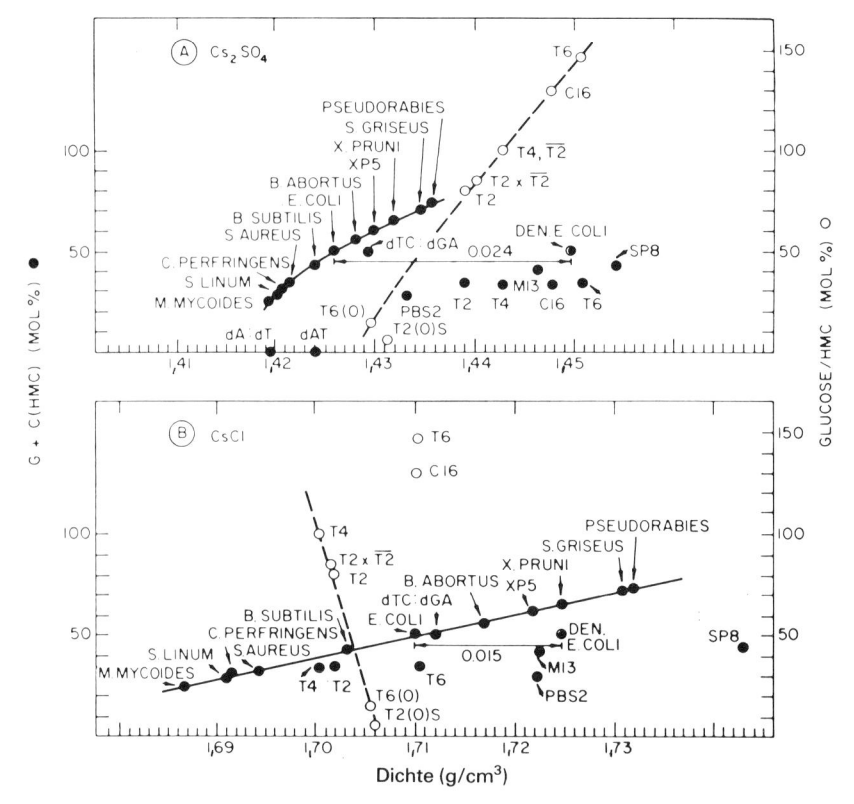

Abb. 9.26 Schwimmdichten nativer DNA bei 25 °C in Cs_2SO_4- (A) und CsCl-Gradienten (B) als Funktion der Basen-Zusammensetzung (●, durchgezogene Linie) in Molprozent von G + C, G + HMC oder als Funktion des Verhältnisses von Glucose zu HMC (Molprozent) für T-even Phagen-DNA (○, gestrichelte Linien). Denaturierte E.coli-DNA (Den. E.COLI, ⊙) wurde durch Erhitzen der DNA (10 μg/ml) für 10 min auf 96–100 °C in 0,02 M Natriumcitrat, pH 7,8, und schnelles Abkühlen auf 0 °C erhalten. Die Werte basieren hauptsächlich auf den Untersuchungen von R.L. Erikson und W. Szybalski, Virology *22*, 111 (1964).
Aus W. Szybalski, in Methods of Enzymology, Vol. 12B, Academic Press, 1968, S. 330.

Wasser gewaschen, bis das Waschwasser neutral reagiert. Die gewaschene Kohle wird getrocknet. Da die Herstellung der Aktivkohle eine umständliche Angelegenheit ist, sollte man gleich eine ausreichend große Menge bereiten.

Die einzelnen oben beschriebenen Verbindungen können allein oder in Kombination mit anderen Substanzen zur Herstellung der unterschiedlichsten Gradienten verwendet werden. Man sollte sich bewußt sein, daß die Zusammensetzung der Gradienten die Auftrennung in sehr starker Weise beeinflußt. Abb. 9.27 zeigt dies am Beispiel eines Dichteprofils von Mitochondrien (Cytochrom-Oxidase), Lysosomen (saure Phosphatase, saure DNase) und Peroxisomen (Katalase, saure D-Aminosäure-Oxidase, Urat-Oxidase) in einem Saccharose- und in einem isoosmotischen Glycogen/Saccharose-Gradienten. Im Fall des Zucker-Gradienten sind die Peroxisomen deutlich dichter als die Mitochondrien. Dieses Verhältnis wird jedoch umgekehrt, wenn anstelle des Zucker-Gradienten ein isoosmotischer Glycogen/Zucker-Gradient bei der isopyknischen Gradienten-Zentrifugation verwendet wird. Um diese Umkehrung zu erreichen, wurden hier recht drastische Änderungen durchgeführt; die gleichen Resultate können jedoch auch bei leichteren Veränderungen der Bedingungen auftreten. Fügt man z.B. dem Zucker-Gradienten eine kleine Menge Kaliumchlorid in mM-Konzentrationen hinzu und isoliert damit Mitochondrien, Proplastiden und Glyoxysomen, erhält man eine Verteilung, wie sie der in Abb. 9.16 A dargestellten nicht mehr entspricht. Statt dessen besitzen die Glyoxysomen nun eine Dichte, die der Dichte der Proplastiden gleicht. Wenn die Ionenstärke weiter ansteigt, fällt die Dichte der Glyoxysomen auf einen Wert, der

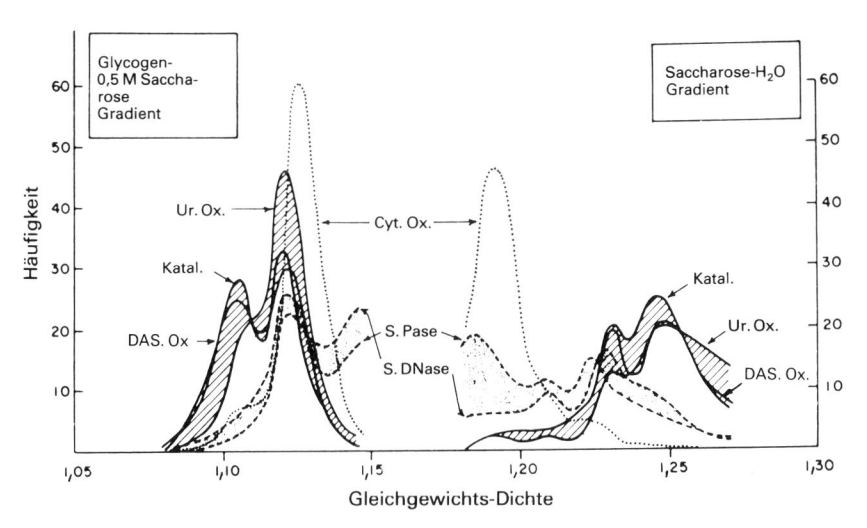

Abb. 9.27 Häufigkeitsverteilung der Gleichgewichts-Dichten von Mitochondrien (Cytochrom-Oxidase), Peroxisomen (Urat-Oxidase) und Lysosomen (saure Phosphatase). Die Mitochondrien-Fraktionen aus Rattenleber wurden in einem Glycogen-Gradienten (ursprünglich linear von 0–30,6 g/ml) in 0,5 M Saccharose und in einem linearen Saccharose-Gradienten (59,7–117,0 g/100 ml) bis zur Einstellung des Gleichgewichts zentrifugiert.
Aus H. Beaufay et al., Biochem. J. *92*, 184 (1964).

nahe bei dem der Mitochondrien liegt. Diese Einflüsse müssen beachtet werden, ehe man die Schlußfolgerung zieht, daß zwei Organellen oder ihre Marker-Enzyme bei der gleichen Dichte sedimentieren. Die gleichen Überlegungen gelten auch in etwas abgewandelter Form für sedimentierende Moleküle.

Der letzte Parameter, der bei einer Dichtegradienten-Zentrifugation verändert werden kann, ist das sedimentierende Partikel selbst. Bisher wurde wegen der leichten Veränderung der Sedimentations-Eigenschaften einer Substanz zur Vorsicht gemahnt. Dies kann jedoch auch manchmal zum Vorteil ausgenutzt werden. Es ist z.B. sehr schwierig, Lysosomen (Marker-Enzym: saure Phosphatase) und Peroxysomen (Marker-Enzym: Urat-Oxidase) voneinander zu trennen, wie im Kontrollversuch Abb. 9.28 dargestellt ist. Wattiaux et al. beobachteten nun, daß Lysosomen nicht-ionische Detergentien akkumulieren. Sie injizierten deswegen Triton WR-1339 in ihre Versuchstiere, zwei Tage bevor sie getötet wurden. Der untere Teil der Abb. 9.28 zeigt, daß diese Behandlung eine deutliche Trennung der beiden Organellen durch Erhöhung der Lysosomen-Dichte bewirkt.

9.5.7 Zonen-Rotoren

Eine Beschränkung der Dichtegradienten-Zentrifugation, wie bisher beschrieben, ist das geringe Probenvolumen. Selbst der größte Ausschwing-Rotor hat nur eine Gesamtkapazität von 100 ml. Das schließt die Präparation größerer Mengen, wie sie für viele Experimente benötigt werden, aus. Z.B. wäre es zu zeitaufwendig, mit dieser Methode Glyoxysomen zu isolieren, um Citrat-Synthetase reinigen zu wollen. Dieses Problem wurde von Anderson und anderen durch die Entwicklung der Zonen-Rotoren gelöst (Abb. 9.29). Ein Zonen-Rotor ist eine Art Schlüssel, deren Innenraum mit Metallflügeln in vier Teile unterteilt ist. Abb. 9.30 zeigt eine Reihe von schematischen Diagrammen, die die Funktion des Rotors verdeutlichen. Im Gegensatz zur konventionellen Methode ist der Rotor zu Beginn des Experiments leer. Die Geschwindigkeit wird auf 3000–4000 rpm gebracht, erst dann wird der Rotor mit dem Gradienten „geladen". Dazu wird die Lösung durch einen speziellen beweglichen Verschluß und dann durch die Löcher in die vier Flügel der Rotorkammer gepumpt. Zuerst wird der leichteste Teil der Lösung hineingepumpt, im Gegensatz zur Herstellung der meisten Gradienten, wo zuerst der schwere Teil des Gradienten in das Zentrifugations-Röhrchen gegeben wird. Wenn die Dichte der Lösung steigt, wird die schon im Rotor befindliche Flüssigkeit durch die schwere Lösung zur Rotationsachse, also zur Mitte des Rotors, gedrückt. Es wird so lange Lösung nachgepumpt, bis der Rotor vollständig gefüllt ist. Die Unterteilungsflügel im Innern des Rotors leiten nicht nur die Gradienten-Flüssigkeit an die Peripherie des Rotors, sie verhindern auch die Vermischung und das Umherwirbeln des Gradienten durch die Coriolis-Kraft während des Ladens und Entladens des Rotors. Das Probenmaterial wird durch vier weitere Löcher, die sich an den Flügeln in der Nähe der Rotationsachse befinden, auf den Gradienten geladen.

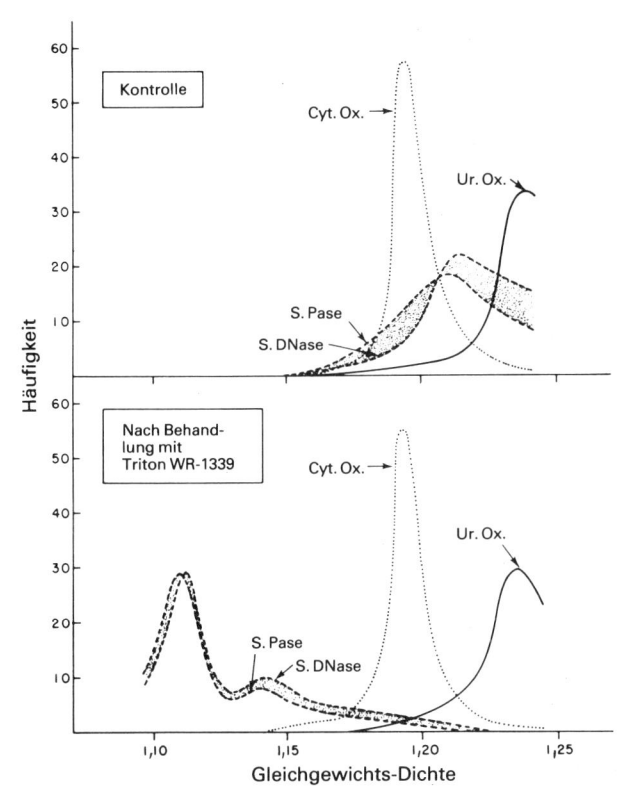

Abb. 9.28 Einfluß einer Triton WR-1339-Injektion des Versuchstieres auf die Gleichgewichts-Dichte verschiedener Enzyme. Die Gleichgewichts-Einstellung der Mitochondrien-Fraktion aus Rattenleber erfolgte in einem wäßrigen Saccharose-Gradienten. Obere Graphik: Kontrolle. Untere Graphik: Dem Versuchstier wurden vier Tage vor der Tötung intravenös 170 mg Triton WR-1339 verabreicht.
Aus Wattiaux et al., Arch. Intern. Physiol. Biochem. *71,* 140 (1963); Ciba Foundation Symposium, Lysosomen, Little, Brown, Boston, 1963, S. 176.

Abb. 9.29 Zonen-Rotor. Die Pfeile zeigen die Öffnungen zum Be- bzw. Entladen des Rotors (mit Genehm. der Beckman Instruments, Palo Alto, Calif.).

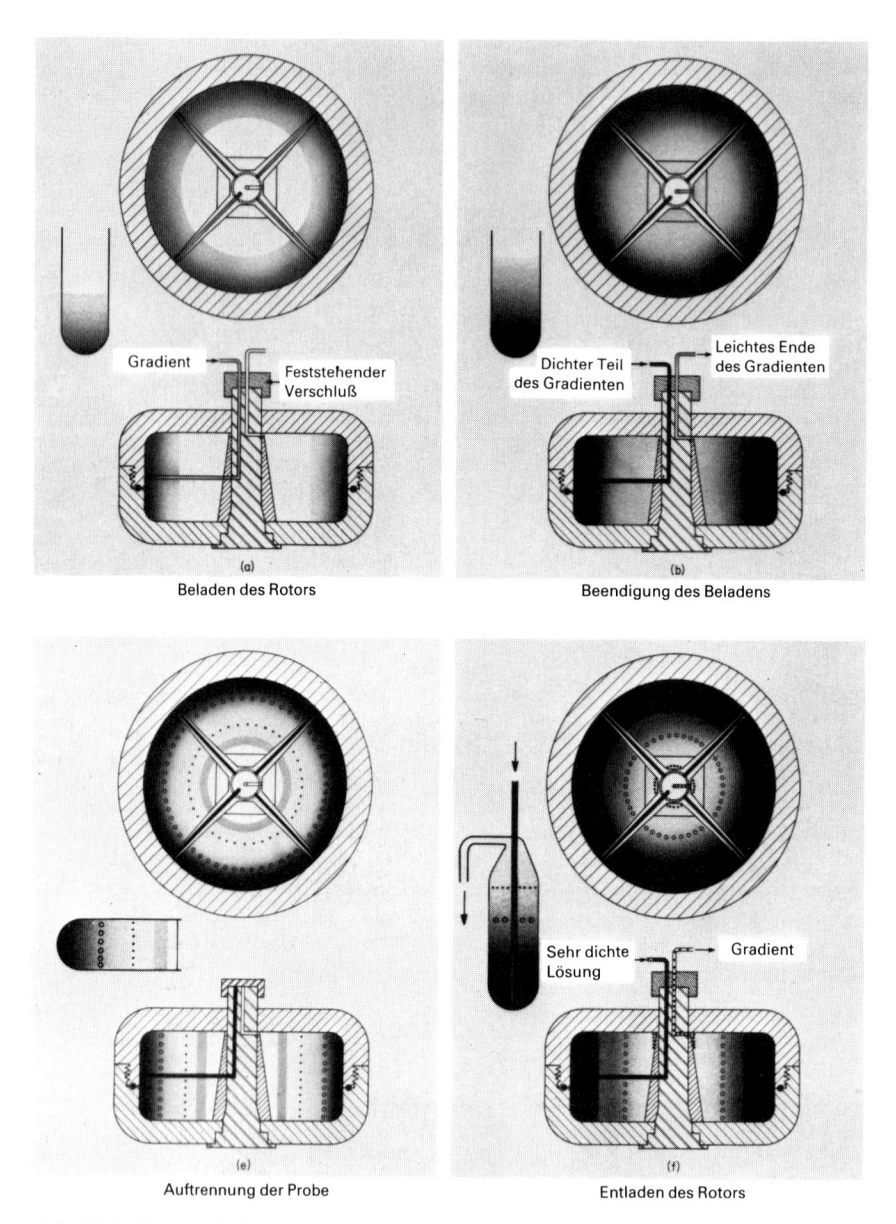

Abb. 9.30 Schematische Darstellung der Arbeitsweise eines Zonen-Rotors. Der Rotor wird während der verschiedenen Stadien des Beladens und Entladens von oben und von der Seite gezeigt. a) Beginn des Beladens bei niedriger Umdrehungszahl; b) der Rotor ist vollständig mit dem Gradienten beladen; c) Auftragung der Probe auf den Gradienten durch die Öffnung nahe der Rotationsachse; d) Überschichtung der Probe, um die Startzone von der Oberfläche des Metallkerns zu entfernen;

9.5 Dichtegradient   329

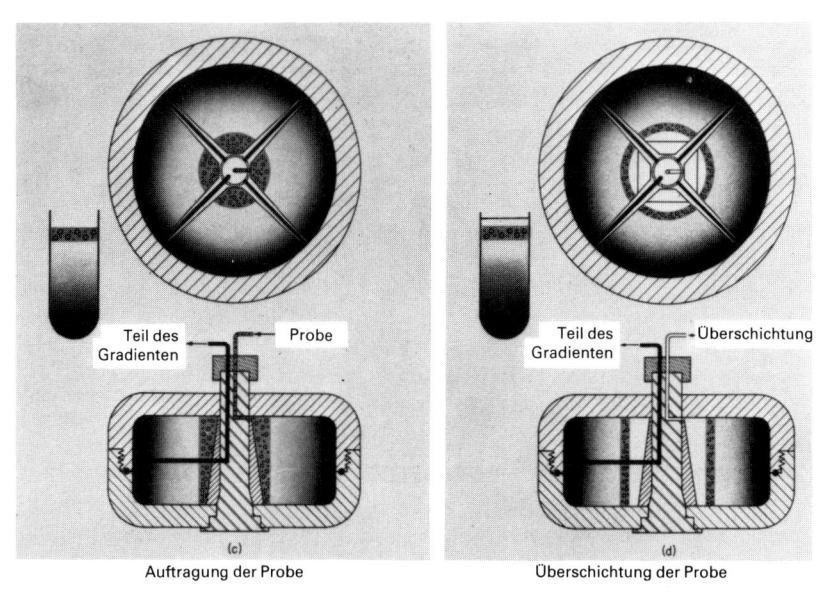

(c) Auftragung der Probe

(d) Überschichtung der Probe

(g) Fraktionierung des Gradienten und der isolierten Partikel

e) Auftrennung der Probe bei hoher Umdrehungszahl; f) Entfernung der aufgetrennten Zonen aus dem Rotor bei niedriger Geschwindigkeit; g) Beendigung des Entladungsvorganges und Fraktionierung des Gradienten in Teströhrchen. Neben der Darstellung des Zonen Rotors sind in jeder Abbildung auch die entsprechenden Phasen für einen Ausschwing-Rotor gezeigt.
Aus N. G. Anderson et al., Anal. Biochem. *21*, 235 (1967).

330   9. Zentrifugation

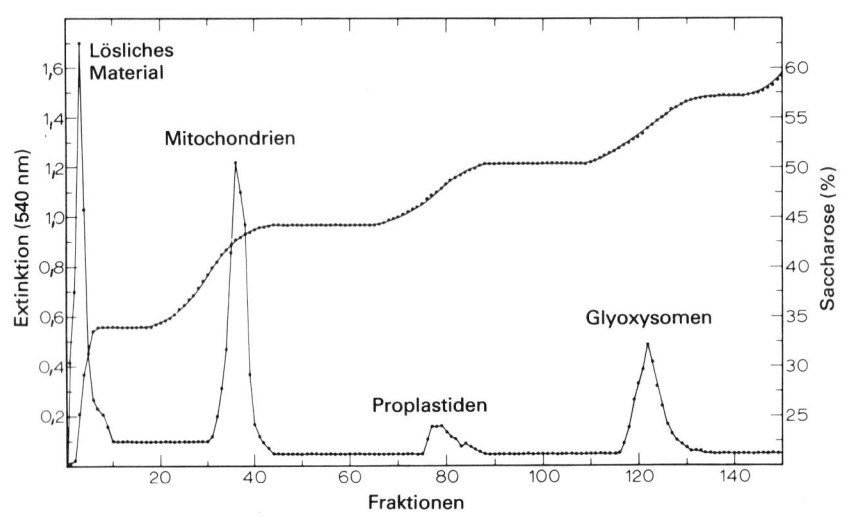

Abb. 9.31 Auftrennung der Grobpartikel-Fraktion aus Rizinuskeimlingen mit einem Zonen-Rotor.

Anschließend wird der Einfüllverschluß und das obere Lager entfernt, die Rotorkammer geschlossen, evakuiert und die Geschwindigkeit erhöht. Bei der hohen Geschwindigkeit bewegen sich die Teilchen radial, bis sie eine Dichte erreichen, die ihrer eigenen entspricht. Nach Beendigung der Zentrifugation wird die Geschwindigkeit wieder auf 3000–4000 rpm gedrosselt und der Rotor „entladen", indem man eine sehr dichte Lösung durch die Flügel an die Peripherie des Rotors pumpt. Während dieser Zugabe wird der Gradient mit der aufgetrennten Probe durch die Öffnungen herausgedrückt, die vorher zur Probenaufgabe benutzt wurden. Die ausfließende Lösung kann in einem Fraktionssammler aufgefangen werden.

Obwohl die Verwendung eines Zonen-Rotors etwas komplizierter als die eines Ausschwing-Rotors ist, sind die Ergebnisse die gleichen. Als Beispiel wird in Abb. 9.31 das Elutionsprofil eines gestuften Zucker-Gradienten gezeigt, auf dem Mitochondrien, Proplastiden und Glyoxysomen getrennt wurden. Das Profil ähnelt stark der Auftrennung in Abb. 9.16 A, wo das Gradienten-Volumen jedoch nur 54 ml betrug. Im Zonen-Rotor dagegen wurden 1760 ml zentrifugiert, und die Probe wurde aus ca. 370 g grob aufgearbeitetem frischem Gewebe gewonnen.

9.6 Experimenteller Teil

9.6.1 Isolierung von Mitochondrien, Proplastiden und Glyoxysomen auf einem linearen und einem gestuften Gradienten

1. Ein Volumen von ca. 500 ml Rizinussamen läßt man über Nacht bei Raumtemperatur in Wasser einweichen.
2. Man läßt die eingeweichten Samen 5 Tage bei 30 °C in feuchtem Vermiculit auskeimen. Wenn der Vermikulit austrocknet, ist die Keimung schlecht. Ist er andererseits zu feucht, überziehen sich die Keimlinge mit einem schwarzen Schimmel. Bei starker Schimmelbildung sollte man ihn vorher sterilisieren. *Rizinussamen sind sehr giftig und wirken, wenn sie geschluckt werden, meist tödlich!*
3. Nach der Keimung wird der Vermiculit entfernt. Die Fruchtkeime und Keimblätter werden entfernt und verworfen. Das Endosperm wird mit dest. Wasser gewaschen und in Eis gekühlt.
4. 500 ml Homogenisations-Medium werden aus folgenden Komponenten zusammengemischt und gekühlt: 0,4 M Saccharose; 0,165 M Tricin-Puffer eingestellt auf pH 7,5; 0,01 M KCl; 0,01 M $MgCl_2$; 0,01 M EDTA eingestellt auf pH 7,5 und 0,01 M Dithiothreitol.
5. Das gewaschene Endosperm und 90 ml des gekühlten Mediums werden zusammengegeben und 6 Minuten mit einem Zwiebelhacker (oder ähnlichem) gut zerkleinert.
6. Der grobe Brei wird in einen kalten Mörser überführt und zerrieben, bis ein feiner Brei entstanden ist. Der Mörser sollte währenddessen in einem Eisbehälter gekühlt werden.
7. Der Brei wird durch zwei Schichten Gaze filtriert und das Filtrat 10 Minuten bei 270 g zentrifugiert, um noch intakte Zellen und große Zellbruchstücke zu entfernen.
8. Der Überstand der Zentrifugation wird in ein klares, kaltes Zentrifugations-Röhrchen abdekantiert und 30 Minuten bei 10 800 g zentrifugiert.
9. Der Überstand wird vorsichtig abdekantiert. Der Niederschlag aus sedimentierten Organellen ist nur sehr locker und fließt bei unvorsichtigem Abgießen leicht weg. Der Überstand wird für spätere Enzym-Untersuchungen aufgehoben.
10. Das Pellet wird in 4–6 ml des Mediums suspendiert.
11. Die Zucker-Lösungen für den linearen und gestuften Gradienten werden durch Zugabe der entsprechenden Menge Saccharose zu einer 0,01 M EDTA-Lösung (eingestellt auf pH 7,5) hergestellt. Die Saccharose-Konzentration wird besser mit einem Refraktometer und nicht durch Auswiegen bestimmt. Es werden je 100 ml folgenden Konzentrationen benötigt: 33, 44, 50, 57 und 60 %.

12. Für den linearen Gradienten werden 16 ml 60%iger Zucker-Lösung in das Zentrifugations-Röhrchen gegeben (SW 25,2 Rotor) und darüber ein linearer Gradient von 33 bis 60% aufgebaut.
13. Der gestufte Gradient wird durch vorsichtiges Übereinanderschichten folgender Lösungen in das Zentrifugations-Röhrchen hergestellt: 5 ml 60%ige Lösung, 10 ml 57%, 15 ml 50%, 15 ml 44%, 7 ml 33%. Der gestufte Gradient sollte gleich nach seiner Herstellung verwendet werden. Bei Verwendung anderer Rotoren mit anderen Volumina müssen die Volumina der einzelnen Gradientenstufen proportional umgerechnet werden. Wichtig ist, daß alle Zentrifugations-Röhrchen voll sind und exakt das gleiche Gewicht haben. Gestufte und lineare Gradienten sollten niemals zusammen zentrifugiert werden.
14. Auf jeden Gradienten werden 1–2 ml der Rohpräparation aus Schritt 10 pipettiert.
15. Die Zentrifugations-Geschwindigkeit und die Dauer werden entsprechend der Angaben des Herstellers eingestellt. Im vorliegenden Beispiel wird der Beckman SW 25.2 Rotor 5 Stunden bei 2°C mit 23 000 rpm zentrifugiert. Die Umrechnung dieser Werte auf andere Rotor-Bedingungen wurde im Text behandelt.
16. Nach Beendigung der Zentrifugation sollte der Gradient so bald wie möglich nach einer der beiden folgenden Methoden fraktioniert werden: 1. Wenn die Präparation zur Bestimmung der Enzym-Verteilung verwendet werden soll, wird durch Anstechen des Röhrchen und Auffangen von je 10 Tropfen pro Röhrchen fraktioniert. Abb. 9.16 zeigt ein nach dieser Methode erhaltenes Profil. 2. Für eine quantitative Bestimmung der Enzym-Aktivitäten, die in Tab. 9.2 aufgeführt sind, wird der gesamte Bereich der Organell-Proteine des gestuften Gradienten in einem einzigen Röhrchen gepoolt. Durch sorgfältiges Vermischen wird eine homogene Lösung hergestellt, deren Volumen gemessen wird.
17. Es folgen Angaben für die Testbedingungen der verschiedenen Marker-Enzyme für Mitochondrien (Citrat-Synthetase, Malat-Dehydrogenase, Fumarase und Succinat-Dehydrogenase), Glyoxysomen (Citrat-Synthetase, Malat-Synthetase und Malat-Dehydrogenase). Einige dieser Aktivitäten sollten über den gesamten Gradienten getestet werden. Ihre quantitative Verteilung ist in Tab. 9.2 wiedergegeben.

Citrat-Synthetase: Der folgende Test ist eine Modifikation der Methode von Srere, Brazil und Gonen. Die Reaktionsmischung enthält in einem Volumen von 1,3 ml: $7,7 \times 10^{-2}$ M Tris (eingestellt auf pH 8,0), 1,5 mM 5,5'-Dithio-bis-2-nitrobenzoesäure, 7,7 mM $MgCl_2$, 2,6 mM Oxalacetat, $1,8 \times 10^{-4}$ M Acetyl-CoA und zwischen 2 und 25 µg Protein, je nachdem welche Gradienten-Fraktion getestet wird. Die Bestimmung wird durch die Zugabe des Acetyl-CoA gestartet und bei 412 nm verfolgt. Zur Berechnung wird angenommen, daß der molare Extinktions-

Koeffizient für den Dithiobis-benzoesäure/CoA-Komplex $1,3 \times 10^7$ cm^2/mol beträgt.

Malat-Synthetase: Der folgende Test ist eine Modifikation der Methode von Hock und Beevers. Die Reaktionsmischung enthält im Endvolumen von 1,3 ml: 7,7 mM MgCl$_2$, $1,8 \times 10^{-4}$ M Acetyl-CoA, $2,0 \times 10^{-2}$ M Na-Glyoxylat und 2 bis 25 µg Protein. Die Reaktion wird mit Glyoxylat gestartet und bei 412 nm verfolgt.

Malat-Dehydrogenase: nach der Methode von Ochoa. Die Reaktionsmischung enthält in 1,4 ml: $6,9 \times 10^{-2}$ M Phosphat-Puffer (eingestellt auf pH 7,5), 3,4 mM Dithiothreitol, 6,9 mM MgCl$_2$, 2,3 mM Oxalacetat, $2,5 \times 10^{-4}$ M NADH und 1 bis 5 µg Protein. Die Reaktion wird durch Zugabe des Oxalacetats gestartet und bei 340 nm verfolgt.

Succinat-Dehydrogenase: Die Enzym-Aktivität wird durch eine Modifikation der Methode von Hiatt bestimmt. Die Reaktionsmischung enthält in 1,3 ml Endvolumen: $8,0 \times 10^{-2}$ M Phosphat-Puffer (eingestellt auf pH 7,5), $7,9 \times 10^{-4}$ M Phenazin-methosulfat, $2,4 \times 10^{-2}$ M Kaliumcyanid, $1,6 \times 10^{-2}$ M Succinat, $9,6 \times 10^{-5}$ M Dichlorphenol-indophenol und 19–25 µg Protein. Die Reaktion wird mit Succinat gestartet und bei 600 nm verfolgt. Der molare Extinktions-Koeffizient für Dichlorphenol-indophenol ist $1,1 \times 10^4$ cm^2/mol.

Fumarase: Die Fumarase-Aktivität wird durch Umwandlung von Malat in Fumarat bestimmt. Die Methode wurde in umgekehrter Richtung von Racker benutzt. Die Reaktionsmischung enthält in 1,3 ml: $8,0 \times 10^{-2}$ M Phosphat-Puffer (eingestellt auf pH 7,5), 4,0 mM Dithiothreitol, 8,0 mM Natrium-malat und 2 bis 25 µg Protein. Die Reaktion wird mit Malat gestartet und bei 240 nm verfolgt. Der molare Extinktions-Koeffizient des Fumarats ist $2,6 \times 10^2$ cm^2/mol.

18. Ein weiteres Experiment ist die Isolierung von Bacteriophagen auf einem Caesiumchlorid-Gradienten. Angaben über die Isolierung einiger unterschiedlicher Phagen findet man in Ref. [8].

10. Reinigung von Proteinen

Die Untersuchung vieler biologischer Systeme setzt die Reinigung einer oder mehrerer Komponenten des Systems voraus. Leider gibt es viele Mißverständnisse über die Art und Weise, wie man ein geeignetes Schema für die Reinigung eines Biomoleküls aufbaut. Ein systematischer Weg hierfür soll anschließend am Beispiel der Proteine modellartig diskutiert werden. Entsprechende Überlegungen, wie sie im folgenden angestellt werden, gelten aber auch für andere biologisch interessante Moleküle. Die fünf grundlegenden Schritte einer Reinigung sind
1. Entwicklung eines entsprechenden Tests
2. Wahl des Ausgangsmaterials, aus dem das Protein isoliert werden kann
3. Lösen des Proteins
4. Stabilisierung des Proteins bei jedem Reinigungsschritt
5. Entwicklung einer Reihe von Isolierungs- und Konzentrierungsschritten.

Informationen über den einen oder anderen Schritt können sicherlich der Literatur entnommen werden, jedoch führt die gemeinsame Betrachtung aller erwähnten Schritte nicht selten zu größerer Effektivität und Verbesserung der veröffentlichten Methoden.

10.1 Entwicklung eines Tests

Ein geeigneter Enzym-Test muß vier Kriterien erfüllen: 1. hohe Spezifität, 2. große Empfindlichkeit, 3. große Genauigkeit und Reproduzierbarkeit und 4. möglichst einfache Durchführbarkeit. Gewöhnlich sind einige Einschränkungen dieser Kriterien notwendig, doch muß betont werden, daß jeder weitergehende Kompromiß die generelle Anwendbarkeit des Tests stark einschränkt.

Die wichtigste Forderung an einen Test ist die Spezifität. Da die meisten Enzym-Tests entweder den Verbrauch eines Substrats oder die Bildung eines Produktes messen, muß sorgfältig untersucht werden, ob nur eine einzige Enzym-Aktivität für den beobachteten Effekt verantwortlich sein kann. Als Beispiel kann der Test auf Phosphoenolpyruvat(PEP)-Carboxykinase herangezogen werden, bei dem folgende Reaktion katalysiert wird:

$$PEP + CO_2 + GDP \rightleftharpoons Oxalacetat + GTP \qquad (1)$$

Ein Aktivitäts-Test, der das Verschwinden von PEP oder die Bildung von Oxalacetat mißt, kann vollständig falsche Werte liefern, wenn nicht ausgeschlossen wird, daß Enzyme wie die PEP-Carboxylase

$$\text{PEP} + \text{HCO}_3^- \longrightarrow \text{Oxalacetat} + \text{P}_i \tag{2}$$

die Pyruvat-Kinase

$$\text{PEP} + \text{ADP} \longrightarrow \text{Pyruvat} + \text{ATP} \tag{3}$$

oder die PEP-Carboxytransphosphorylase

$$\text{PEP} + \text{CO}_2 + \text{P}_i \rightleftharpoons \text{Oxalacetat} + \text{PP}_i \tag{4}$$

ebenfalls vorhanden sind.

Die Spezifität ist besonders bei den ersten Schritten der Reinigung wichtig, wo wahrscheinlich auch die notwendigen Substrate für alternative Reaktionen vorhanden sind. Der überzeugendste Weg, die Spezifität eines Tests festzulegen, geschieht durch Untersuchung der Cofaktor-Abhängigkeit und der Identifizierung der Produkte unter verschiedenen Bedingungen. Da man ähnliche Beispiele für fast jedes Enzym finden kann, müssen alle Reaktionen, die mit der Bildung eines Produktes oder dem Verbrauch eines Substrates zusammenhängen können, bekannt sein.

Am Anfang jeder Reinigung ist die spezifische Aktivität der meisten Enzyme sehr gering. Aus diesem Grund müssen die Teste sehr empfindlich sein. Mit fortschreitender Reinigung nimmt die Notwendigkeit für eine hohe Empfindlichkeit ab. Je größer aber die Menge an Enzym ist, die in einem unempfindlichen Test eingesetzt werden muß, desto geringer ist die Menge, die für andere Zwecke zur Verfügung steht. Aus der Notwendigkeit einer hohen Empfindlichkeit folgt auch die Notwendigkeit einer großen Auflösung. Manchmal gehen leichte Aktivitätsänderungen empfindlichen Enzym-Verlusten voraus, so daß vor diesen Veränderungen am Anfang Maßnahmen zur verbesserten Stabilisierung getroffen werden müssen. Diese Beobachtungen setzen voraus, daß diese leichten Veränderungen auch gemessen werden können.

Die Genauigkeit und Reproduzierbarkeit eines Enzym-Tests hängt gewöhnlich von der verwendeten Technik und den zugrundeliegenden chemischen Reaktionen ab. Mißt man z. B. in einem Test die Reaktion eines enzymatisch gebildeten Aldehyds mit Phenolhydrazin unter Bildung eines Phenylhydrazons in einem Puffer mit falschen pH-Wert (pH-Wert > 6,0) dann gibt die Geschwindigkeit der Phenylhydrazon-Bildung nicht die Bildungsgeschwindigkeit des enzymatisch gebildeten Aldehyds wieder, sondern die chemische Reaktionsgeschwindigkeit der Phenylhydrazon-Bildung. Die Genauigkeit eines Tests gibt an, wie nah die gemessenen Werte an den tatsächlichen Werten liegen. Die Reproduzierbarkeit andererseits gibt die Streuung an, die bei mehrfacher Bestimmung einer Probe auftritt. Wird z. B. ein Test auf gleiche Weise 10mal wiederholt und bewegen sich die beobachteten experimentellen Werte innerhalb eines Bereichs von ± 5% um den Mittelwert, so können mit diesem Test Aktivitätsänderungen, die unterhalb von 20% liegen, nur sehr schlecht bestimmt werden. Dieses Problem tritt besonders bei kolorimetrischen Bestimmungen auf.

Schließlich müssen die Kosten und die bequeme Durchführbarkeit eines Tests betrachtet werden. Während der Reinigungsprozedur sollte die Aktivität des betrachteten Enzyms nach jedem Schritt bestimmt werden. Die Einfachheit und Schnelligkeit der Durchführung bestimmt zum großen Teil, wie exakt die Aktivität tatsächlich gemessen wird und wie stark die Reinigungsprozedur durch Zeitverluste in die Länge gezogen wird. Der Zeitfaktor kann entscheidend sein, da mit der Dauer der Reinigung eines labilen Proteins auch die Möglichkeit der Inaktivierung zunimmt.

10.2 Wahl des Ausgangsmaterials

Dem Experimentator kann entweder die Quelle, aus der er ein bestimmtes Protein isolieren will, vorgegeben sein, oder er kann sie frei wählen. Will er eine größere Menge eines bestimmten Proteins isolieren, um dieses selbst zu untersuchen oder in anderen Versuchen einzusetzen, ist er grundsätzlich frei bei der Wahl der Quelle. Gilt es jedoch, eine bestimmte Komponente eines zu untersuchenden Systems zu isolieren, ist bei der Wahl des Ausgangsmaterials eingeschränkt. In jedem Fall aber können die folgenden Überlegungen die Reinigungsprozedur beschleunigen. Die Reinigung ist im Grunde ein Konzentrierungs-Prozeß, in dem die gewünschte Substanz angereichert wird, andere Substanzen jedoch nicht.

Wichtig bei der Wahl einer guten Quelle ist in zweifacher Hinsicht die Quantität. Es sollten einmal Gewebe gewählt werden, in denen größere Mengen des zu isolierenden Proteins vorkommen und die zum anderen selbst auch in großen Mengen erhalten werden können. Hervorragend geeignet sind aus diesem Grund Organe von großen Schlachttieren wie Rindern, Schweinen und Ziegen. Eine ebenfalls gute Quelle sind Mikroorganismen. Viele dieser Organismen können leicht und mit geringen Kosten in großen Mengen gezüchtet werden. Weiterhin können sie auch leicht genetisch oder physiologisch derart beeinflußt werden, daß sie mehr von dem zu isolierenden Protein biosynthetisch produzieren. Die Produktion der β-Galactosidase kann z.B. dadurch genetisch gesteigert werden, daß man einen E.coli-Stamm verwendet, der Gene des Lac-Operons auf beiden Chromosomen und einem Episom trägt. Eine weitere Steigerung erhält man bei Stämmen mit entsprechenden Mutationen im Regulator-Gen (i-Gen) für dieses Operon. Physiologisch bringt die Züchtung der Mikroorganismen in Anwesenheit von Glycerin anstelle von Glucose als einziger Kohlenstoff-Quelle eine weitere Verbesserung der β-Galactosidase-Produktion, da unter diesen Wachstumsbedingungen die Hemmung durch die Endprodukte herabgesetzt ist.

10.3 Methoden zur Herstellung von Protein-Lösungen

Das Lösen der Proteine ist Voraussetzung für jede Reinigung, da alle Isolierungsmethoden gewöhnlich in wäßrigen Lösungen ablaufen. In einigen Fällen müssen dazu die Zellen, die das Protein enthalten, nur einfach aufgebrochen werden, in anderen Fällen muß das Protein aus subzellulären Organellen herausgelöst werden. Es existieren eine Reihe von Lösungsmethoden, von denen man diejenige wählen muß, die den Eigenschaften der aufzubrechenden Zelle und dem anschließend zu isolierenden Protein entspricht. Befindet sich z.B. das Protein in einer Zellorganelle, wie den Mitochondrien, gilt es zuerst die Mitochondrien zu isolieren und dann das Protein aus den gereinigten Organellen herauszulösen. Zum Aufbrechen der Zellen müssen milde Bedingungen gewählt werden, um die Organellen nicht zu verletzen. Weniger schonende Methoden können dagegen angewendet werden, wenn die Zelle nur zerstört und das Protein unabhängig von seiner Herkunft herausgelöst werden soll. Die Wahl der Lösungsmethode wird weiterhin vom Volumen der aufzuarbeitenden Lösung bestimmt. Die Methoden zum Aufbrechen weniger Milligramm kultivierter Tierzellen nutzen wenig bei der Aufarbeitung von einigen Kilogramm Hefe oder Rinderleber.

10.3.1 Osmolyse

Eine der mildesten Methoden der Zerstörung von Zellen ist die Osmolyse. Dazu wird die Zelle hypotonischen Bedingungen und milden Scherkräften, wie dem Aufsaugen in eine Pipette, ausgesetzt. Die Methode kann nur bei Zellen verwendet werden, die nur eine Zellmembran haben und nicht als Zellverband vorliegen. Bei Zellen mit stark Kohlenhydrat-haltigen Zellwänden, wie den Bakterien, Pflanzen und Pilzen, hat diese Methode keine Wirkung. Besser funktioniert sie, wenn die Zellwände dieser Zellen vorher mit Enzymen verdaut wurden. Lysozym eignet sich gut bei E.coli, während Glusulase (eine Mischung aus Sulfatase und Glucuronidase) bei einigen Spezies der Hefe angewendet werden kann. Eine weitere Einschränkung ist, daß diese Methode nur bei kleinen Proben in verdünnter Lösung anwendbar ist. Sie wird deswegen selten für Reinigungen von Makromolekülen im Großmaßstab benutzt, jedoch häufig für die Isolierung von Zellorganellen wie dem Zellkern oder für kleine Mengen eines labilen Makromoleküls wie der Messenger-RNA. Für die Isolierung von Zellkernen sollte ein Detergens hinzugefügt werden, das die Zerstörung der Zellen unterstützt, aber den Kern vor enzymatischem Abbau schützt.

10.3.2 Zermahlen

Das Zermahlen von Zellen kann mehr oder weniger schonend geschehen. Das schonendste Zermahlen geschieht per Hand mit Mörser und Pistill. Das auf diese Weise zerkleinerte Gewebe wird als Ausgangssubstanz zur Gewinnung von Zellorganellen, wie Mitochondrien, Lysosomen und Microbodies, herangezogen [1]. Der von Hand betätigte Broeck- und der von einem Motor betriebene Elvehjem-Homogenisator sind in Abb. 10.1 dargestellt. Mörser und Pistill können auch dazu verwendet werden, lyophilisiertes Gewebe zu einem feinen Pulver zu zerreiben, das anschließend suspendiert und mit einer entsprechenden wäßrigen Lösung extrahiert wird. Diese Methode eignet sich besonders gut für käufliche, getrocknete Bäckerhefe. Das Zermahlen in einem Mörser ist effektiver, wenn ein Schleifmittel zugesetzt wird. Fein pulverisiertes Aluminium wird oft zum Zermahlen von Bakterien verwendet. Auch kleine Glasperlen (45–50 µ Durchmesser) eignen sich gut, doch wird ihre Anwendbarkeit wegen Adsorption von Proteinen an ihrer Oberfläche eingeschränkt.

Die erwähnten Methoden können bei Proben bis zur Größe einer Kaninchen-Leber, d.h. ca. 25 g, benutzt werden. Bei größeren Mengen sind sie zu umständlich und ineffektiv. Zum Pulverisieren von mehr als 25 g Hefe oder anderen Pilzen werden verschiedene Mühlen im Handel angeboten, die Substanzmengen von 100 g bis zu einigen Kilogramm relativ einfach verarbeiten können. Dabei ist es

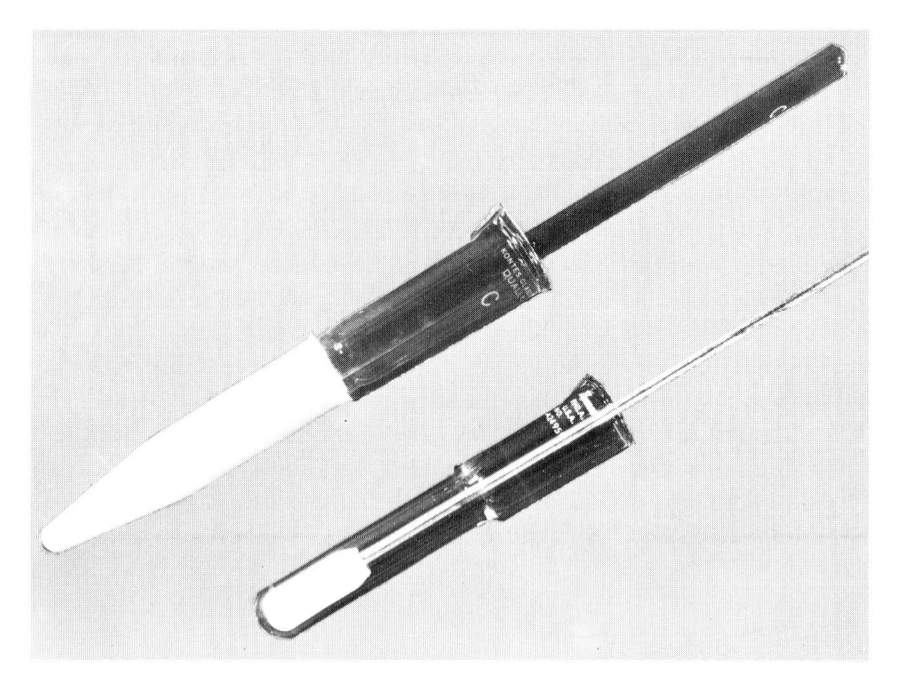

Abb. 10.1 Broeck- (oben) und Elvehjem-Homogenisator (unten). Die Geräte sind in verschiedenen Größen für Probenvolumina von 1 bis 55 ml erhältlich.

günstig, etwas Trockeneis zu der Mischung hinzuzugeben. Dadurch wird die Mühle und das getrocknete Material kühl gehalten, und das Trockeneis verschwindet als Gas, bevor das Pulver in einer Lösung suspendiert wird. Man sollte darauf achten, in einer Atmosphäre mit niedriger Luftfeuchtigkeit zu arbeiten, da sonst Wasser in der kalten Präparation kondensiert und das überschüssige CO_2 jede Feuchtigkeit stark sauer werden läßt.

10.3.3 Zerkleinern

Die am häufigsten benutzte Methode, um Zellen aufzuschließen, ist die Zerkleinerung in einem handelsüblichen Mixer. Die in unterschiedlichen Größen und Ausführungen erhältlichen Geräte verarbeiten große und kleine Mengen gleich einfach

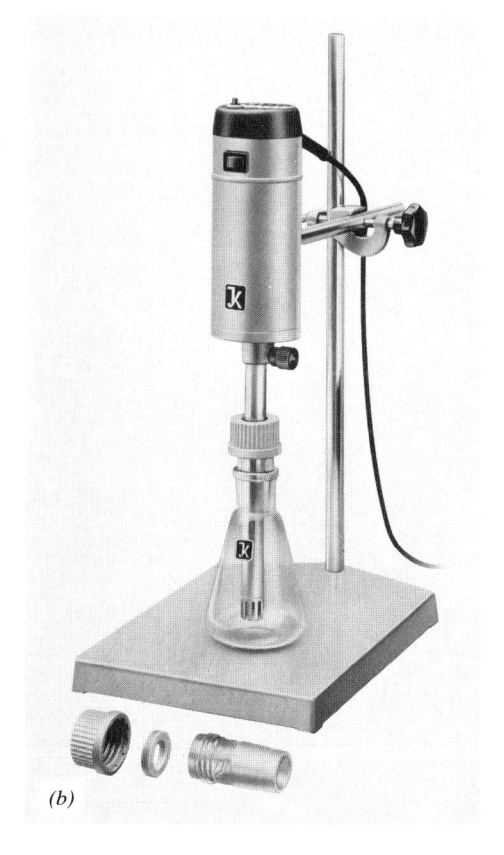

Abb. 10.2 (a) Elektrischer Mixer zur Verarbeitung von maximal 4 l Probenvolumen. (b) Dispergiergerät Ultra-Turrax zur effektiven Zerkleinerung von kleineren Proben (5–500 ml). Durch Normverschlußverbindungen ist ein Arbeiten unter Luftabschluß möglich (mit Genehm. der Waring Company, New Hartford, Conn. und der Janke & Kunkel KG).

340   10. Reinigung von Proteinen

und schnell (Abb. 10.2a). Dies ist allerdings eine sehr rauhe Methode, und es muß darauf geachtet werden, daß die Temperatur während des Laufs nicht zu stark ansteigt. Die Temperatur kann nach 30–45 Sekunden um 10 Grad ansteigen. Mixer eignen sich sehr gut zum Aufschließen von pflanzlichem und tierischem Gewebe; sie sind jedoch bei Hefe und Bakterien ineffektiv. Eine gute Wirkung erreicht man jedoch, wenn ein Drittel bis die Hälfte des Volumens der Zellsuspension mit feinen Glasperlen aufgefüllt wird. Die Zellen werden dann nicht durch die Messer des Mixers, sondern durch die Glasperlen zerstört, die miteinander kollidieren und die Zellen dabei zerquetschen. Effektiver als die handelsüblichen Mixer ist das in Abb. 10.2b gezeigte Dispergiergerät. Es besitzt keine Messer, sondern zerkleinert das Gewebe durch Scherkräfte, die zwischen einem rotierenden Metallstab (im Inneren des Schaftes) und der äußeren, durchbrochenen und feststehenden Ummantelung entstehen.

10.3.4 Behandlung mit Ultraschall

Ultraschallgeräte eignen sich gut, um Zellen und Organellen aufzubrechen. Bei ausreichend langer Anwendungsdauer sind sie auch bei Bakterien und Hefen an-

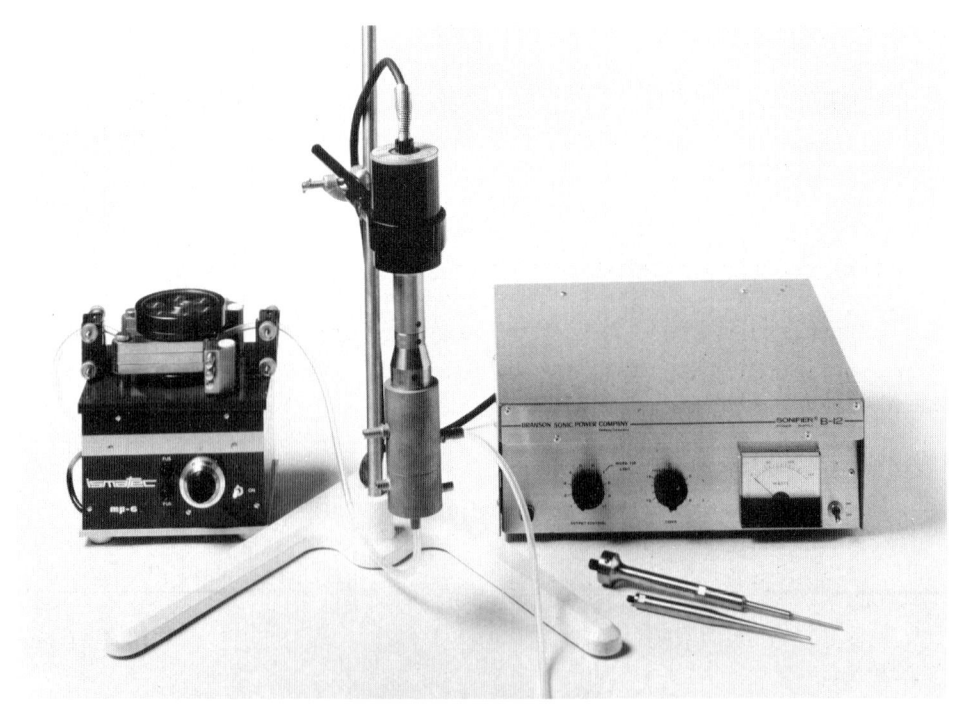

Abb. 10.3 Ultraschallgerät mit aufgeschraubter Durchflußzelle, durch die mittels einer Schlauchpumpe die zu beschallende Flüssigkeit gepumpt wird. Vor dem Gerät liegen zwei auswechselbare Mikrospitzen (mit Genehm. der Branson Europa B.V., Niederlande).

wendbar. Die Dauer kann, wie oben beschrieben, durch Zugabe von Glasperlen zur Zellsuspension abgekürzt werden. Ultraschallgeräte bestehen aus zwei Hauptbestandteilen: einem elektronischen Generator, der ein Ultraschallsignal mit hoher Intensität erzeugt, und einem Umformer, der die Wellen in die Lösung überleitet. Die durch die Wellen hervorgerufenen Stöße und Vibrationen bewirken die Zerstörung des Gewebes und die Bewegung der Glasperlen. Mit einem Ultraschallgerät können Proben von einigen Millilitern bis zu einem Liter gut verarbeitet werden. Der größte Nachteil dieser Methode besteht in der Wärmeentwicklung, weswegen die Temperatur ständig überprüft und auf einem Minimum gehalten werden muß, wenn nötig durch zwischenzeitliches Kühlen.

10.3.5 Zellaufschluß durch Druck

Es gibt drei Techniken, um Zellen mit Hilfe von Druck aufzubrechen. Dazu werden drei unterschiedliche Pressen verwendet; die Hughes- [2], die French- (siehe Abb. 10.4) und die Eton-Presse [3]. Bei allen drei Geräten wird eine Zellsuspension von 5–50 ml Volumen unter einem Druck von 1500–3000 kg durch eine schmale Öffnung gepreßt. Im Fall der French- und Eton-Presse ist der Durchmesser der Öffnung 1 mm oder weniger. Bei der Hughes-Presse wird die Zellsuspension durch zwei in einem geringen Abstand voneinander angebrachten Platten hindurchgedrückt. Die Zellen werden durch die beim Durchqueren der schmalen Mündung auftretenden Scherkräfte zerstört. Diese Technik läßt sich zwischen den rauhen und schonenden Methoden einordnen, ihr Nachteil ist jedoch das begrenzte Probenvolumen.

10.3.6 Lösen der Proteine aus subzellulären Komponenten

Viele Proteine können ihre Funktion nur im Verbund mit subzellulären Komponenten, wie den Membranen, Ribosomen oder Nucleinsäuren, ausüben. Als Voraussetzung für ihre Reinigung mußten Methoden entwickelt werden, mit denen die gebundenen Proteine abgelöst werden können. Proteine, die nur lose assoziiert sind, werden durch Lösungen mit hoher Ionenstärke aus den subzellulären Komponenten herausgelöst. Gut geeignet sind in vielen Fällen 0,5–5 M KCl- oder NH_4Cl-Lösungen. Doch sind sie nicht zur Ablösung von Proteinen geeignet, die katalytische und Strukturfunktionen erfüllen, wie z.B. festgebundene Membranproteine. Hier werden niedrige Konzentrationen von ionischen oder nicht-ionischen Detergentien verwendet wie Desoxycholat, Brij- und Triton-Verbindungen (Polyoxyethylenether). Vielfach werden diese Substanzen in Verbindung mit einer milden Ultraschallbehandlung zur besseren Zerstörung der subzellulären Struktur eingesetzt.

342   10. Reinigung von Proteinen

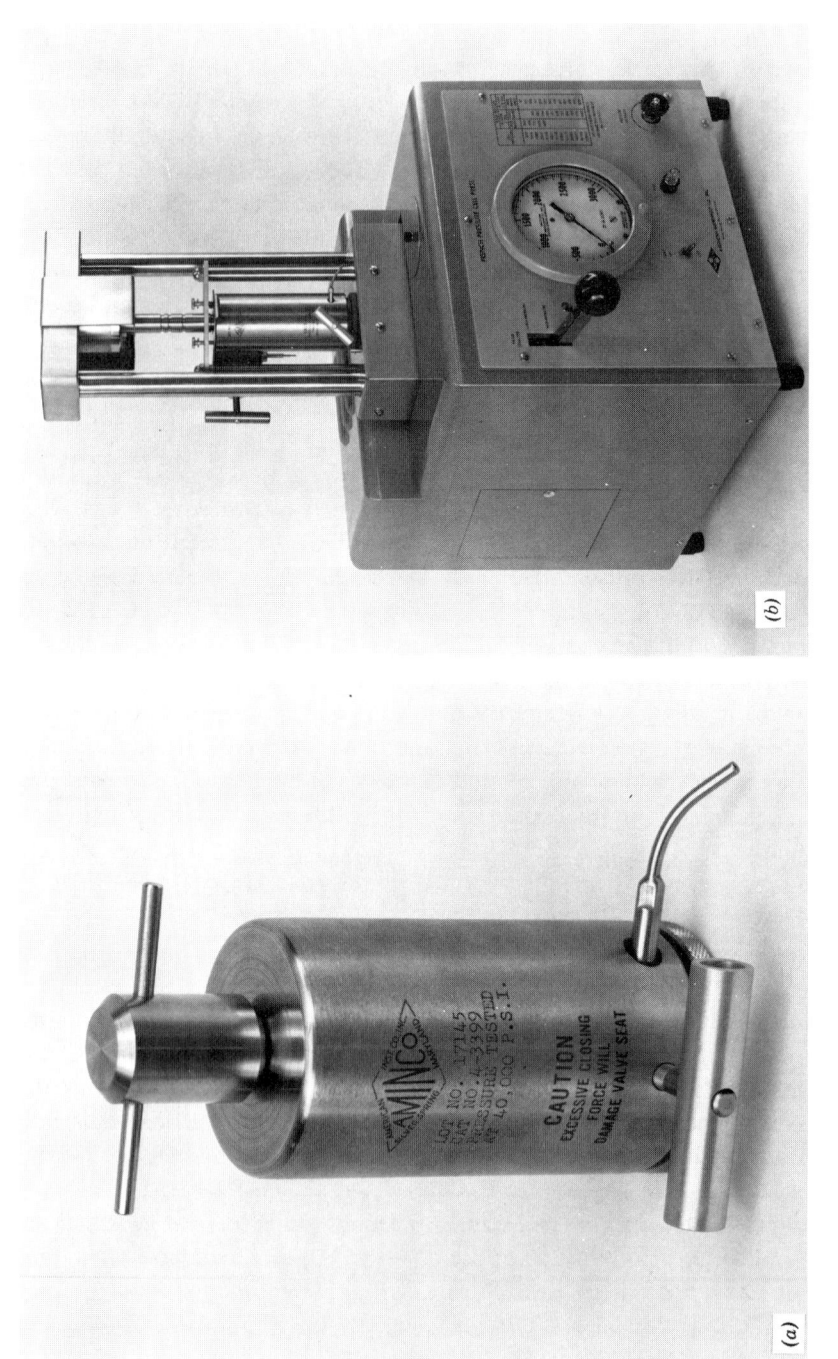

Abb. 10.4 Zelle einer French-Presse allein (a) und eingesetzt in einer hydraulischen Presse (b). Der Durchmesser der Öffnung, durch die die Zellen gedrückt werden, kann mit der Schraube an der Seite der Kammer reguliert werden. Die Zelle faßt zwischen 4 und 50 ml, je nachdem, wie weit der Stempel gesenkt oder gehoben wird. Der Stempel ist bei der in der hydraulischen Presse eingesetzten Zelle vollständig gehoben und in der rechten Zelle vollständig gesenkt (a) (mit Genehm. der American Instrument Company, Silver Spring, Md.).

10.4 Stabilisierung

Der schwierigste, zeitaufwendigste und am häufigsten mißlingende Teil der Protein-Reinigung ist die Stabilisierung des Proteins in aktiver Form. Die Schwierigkeiten entstehen dadurch, daß der gesamte Stabilisierungs-Prozeß nach jedem Reinigungsschritt neu überdacht werden muß. Z.B. wird beim ersten Schritt der Reinigung von Phosphoenolpyruvat-Carboxylase aus Erdnuß-Keimblättern das Gewebe in einem entsprechenden Puffer zermahlen, anschließend wird der Rohextrakt über Nacht bei 37°C inkubiert. Wie erwartet resultiert aus dieser Behandlung die Denaturierung eines großen Teils der zellulären Proteine, was an dem großen, quarkigen Präzipitat, das während der Inkubation entsteht, zu erkennen ist. Nach Entfernung des Niederschlags befindet sich jedoch fast die gesamte Carboxylase-Aktivität im Überstand. Leider verschwindet aber die beachtliche Hitze- und Protease-Resistenz während des nächsten Schrittes der Reinigung. Die Erklärung für diese Beobachtung basiert auf der Tatsache, daß Proteine nicht als freie Moleküle in Lösung existieren. Sie zeigen vielmehr eine starke hydrophobe und elektrostatische Anziehung füreinander, wodurch große und komplexe Protein-Aggregate gebildet werden. Bei jedem Reinigungsschritt verlieren diese Aggregate viele Proteinmoleküle und ändern ihre Zusammensetzung. Deshalb muß man auch die Maßnahmen ändern, die zu ihrer Stabilisierung führen. Sechs wichtige Parameter einer stabilisierten Protein-Lösung müssen beachtet werden: 1. pH-Wert, 2. Oxidation, 3. Schwermetall-Konzentration, 4. Polarität des Mediums, 5. Protease-Konzentration und 6. Temperatur.

10.4.1 pH-Wert

Obwohl der pH-Wert leicht durch Verwendung eines entsprechenden Puffers reguliert werden kann, sind doch einige Überlegungen notwendig. Z.B. wird oft angenommen, daß der pH-Wert, bei dem das Enzym die höchste Reaktionsgeschwindigkeit zeigt, auch der pH-Wert ist, bei dem es am stabilsten ist. Dies ist leider nicht immer der Fall. Es gibt eine beträchtliche Anzahl von Beispielen, wo sich das pH-Optimum für die Teste und für die Aufbewahrung (Stabilität) um eine oder mehr pH-Einheiten voneinander unterscheiden. Man sollte deswegen die pH-Optima für die Testung und für die Aufbewahrung getrennt bestimmen.

Der Puffer muß nicht nur einen entsprechenden pK_s-Wert haben, er darf auch das Protein nicht ungünstig beeinflussen. Bei Phosphat- und Pyrophosphat-Puffern treten diese Art von Störungen oft auf, da sie als kompetitive Inhibitoren einer ganzen Reihe von Enzymen wirken können, die Reaktionen katalysieren, in denen anorganische oder organische Phosphat-Verbindungen als Substrat oder Reaktionsprodukte auftreten. Auch die Konzentration eines Puffers muß beachtet werden. Allgemein gilt, daß Gewebe mit großen Vakuolen wie Pflanzen oder Pilze zur Regulierung des pH-Wertes eine größere Pufferkapazität benötigen. In einigen

Fällen ist es sogar notwendig, den Rohextrakt vorher zu neutralisieren, indem man tropfenweise eine schwache Base wie Ammoniumhydroxid hinzufügt. Hierbei muß sehr sorgfältig darauf geachtet werden, daß während des Neutralisierens keine Denaturierung des zu isolierenden Proteins stattfindet.

10.4.2 Oxidation

Die meisten Proteine enthalten eine Anzahl von freien Sulfhydryl-Gruppen. Eine oder mehrere dieser Gruppen können an der Bindung des Substrats beteiligt sein und sind dementsprechend sehr reaktiv. Bei der Oxidation bilden Sulfhydryl-Gruppen intra- oder intermolekulare Disulfid-Brücken, woraus meist der Verlust der Enzym-Aktivität resultiert. Es existieren eine Reihe von Verbindungen, mit denen die Bildung einer Disulfid-Brücke verhindert werden kann: 2-Mercaptoethanol ($\varrho = 1{,}12$ g/ml), Cystein, reduziertes Glutathion und Thioglycolat. Diese Verbindungen werden der Protein-Lösung in Konzentrationen um 1×10^{-4} bis $5–10^{-3}$ M zugegeben. In der Lösung treten folgende Reaktionen zwischen dem Enzym und dem Sulfhydryl-Reagenz auf:

$$\underset{\text{(inaktiv)}}{\text{Enz-S-S-Enz}} + \text{R-SH} \rightleftharpoons \underset{\text{(aktiv)}}{\text{Enz-SH}} + \underset{\text{(inaktiv)}}{\text{Enz-S-S-R}} \tag{5}$$

$$\underset{\text{(inaktiv)}}{\text{Enz-S-S-R}} + \text{R-SH} \rightleftharpoons \underset{\text{(aktiv)}}{\text{Enz-SH}} + \text{R-S-S-R} \tag{6}$$

Da die Gleichgewichts-Konstanten dieser Reaktionen nahe bei 1 liegen, ist ein großer Überschuß des Schutzreagenz notwendig. Deshalb wurden Sulfhydryl-Reagenzien gesucht, bei denen das Gleichgewicht der oben angegebenen Reaktionen weit auf der rechten Seite liegt. Dithiothreitol und das entsprechende Isomer Dithioerythritol erfüllen diese Kriterien. Wie in Abb. 10.5 gezeigt, geht Dithiothreitol eine intramolekulare Disulfid-Bindung ein und bildet einen sterisch günstigen Sechsring. Die Proteine werden deswegen bei Anwesenheit von Dithiothreitol als Schutzreagenz durch viel kleinere Konzentrationen von Thiol gegen Oxidation geschützt.

Ein zweiter Typ von oxidierenden Verbindungen tritt bei der Untersuchung von verschiedenen Pflanzengeweben auf: Chinone, die beim Aufbrechen von Zellen freigesetzt werden. Die Wirkung dieser Verbindungen ist verantwortlich für die

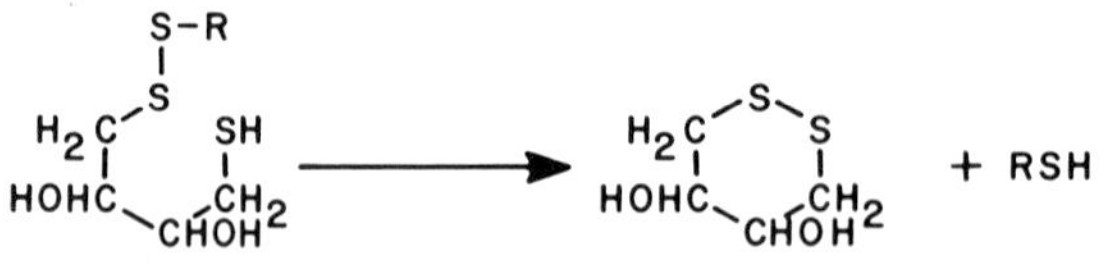

Abb. 10.5 Reduktion von Dithiothreitol unter Bildung einer intramolekularen Disulfid-Bindung und eines Sechsringes.

Braunfärbung von frisch geschnittenen Apfel- und Pfirsichscheiben. Das gebräuchliche Schutzmittel gegen diese starken Oxidationsmittel ist Polyvinylpyrrolidon. Doch selbst bei Anwesenheit dieses Reagenz bleibt die Oxidation der Proteine ein schwerwiegendes Problem.

10.4.3 Kontamination mit Schwermetallionen

Außer der Oxidation können Sulfhydryl-Gruppen auch mit Schwermetallionen, wie Blei-, Eisen- oder Kupferionen, reagieren. Hauptsächlich stammen diese Ionen aus Reagenzien, aus denen die Pufferlösung zusammengesetzt wird, aus dem Ionenaustauscher-Harz zur Isolierung der Proteine und aus dem Wasser, mit dem die Lösung hergestellt wird. Die Kontamination des Wassers verhindert man, indem man Glas-destilliertes oder durch ein Mischbett-Ionenaustauscher-Harz geleitetes Wasser verwendet. Die Verwendung von „Haus-destilliertem" Wasser ohne weitergehende Reinigung ist nicht angebracht, da es in einigen Fällen durch Kondensation in Metallgefäßen gewonnen wird, in Metallgefäßen aufbewahrt und durch Metallrohre ins Labor gelangt. Die Ionenaustauscher-Harze befreit man von Kontaminationen wie in Kap. 4 beschrieben. Stören die nach dieser Prozedur noch zurückbleibenden Schwermetall-Spuren, kann dem verwendeten Puffer EDTA in einer Konzentration von $1-3 \times 10^{-4}$ M zugefügt werden. Diese Verbindung bildet Chelate mit den meisten, wenn nicht allen schädlichen Metallionen.

10.4.4 Polarität und Ionenstärke

Reinigungen von Proteinen aus Zellmembranen und anderen subzellulären Komponenten wiesen auf die Beachtung der Polarität des Lösungsmittels hin. Obwohl die Polarität des Mediums im Zusammenhang mit der Isolierung von Membranproteinen eine besonders große Rolle spielt, weiß man heute, daß sie generell jede Protein-Lösung beeinflußt. Proteine, die eine hydrophobe Umgebung benötigen, werden besser in Lösung gehalten, wenn deren Polarität durch Saccharose, Glycerin oder in extremen Fällen durch Dimethylsulfoxid oder Dimethylformamid herabgesetzt ist. Die richtigen Konzentrationen müssen gewöhnlich im Experiment ausgetestet werden; sie liegen oft zwischen 1-10% (v/v). Durch Verwendung dieser Stoffe konnten Proteine gereinigt werden, die zu früheren Zeiten als zu labil für weitere Untersuchungen angesehen wurden. Einige Proteine brauchen andererseits ein polares Medium mit einer hohen Ionenstärke, um voll aktiv zu bleiben. In diesen seltenen Fällen eignen sich KCl, NaCl, NH_4Cl oder $(NH_4)_2SO_4$ zur Erhöhung der Ionenstärke. Diese Stoffe schließen jedoch von vornherein die Verwendung von Ionenaustauschern zur Reinigung aus.

10.4.5 Protease- und Nuclease-Kontaminationen

Ein häufig auftretendes Problem ist die Reinigung von Proteinen in Anwesenheit von Proteasen bzw. Nucleasen. Diese abbauenden Enzyme dürfen in vivo nur unter streng regulierten Bedingungen mit ihren Substraten in Kontakt kommen. Sie werden aber bei der Zerstörung der Zelle freigesetzt. Ein Proteaseabbau des zu isolierenden Proteins zeigt sich durch den ständigen Aktivitätsverlust unabhängig von den Maßnahmen, die zur Stabilisierung des Proteins durchgeführt werden. Es gibt einige spezifische Protease-Inhibitoren, wie Phenylmethylsulfonylfluorid (PMSF), die einige, aber nicht alle Protease-Aktivitäten neutralisieren können. Diese Verbindungen sollten jedoch wegen ihrer unbekannten Nebenwirkungen mit Vorsicht verwendet werden. Z.B. inhibieren PMSF und Diisopropyl-fluorophosphat nicht nur Proteasen, sondern auch verschiedene andere Enzyme. Diethylpyrocarbonat wurde anfänglich als ein gutes Mittel zur Inaktivierung von RNasen angesehen, bis sich herausstellte, daß es die RNS modifiziert, anstatt sie vor dem Abbau zu schützen. Kürzlich wurde nun aber berichtet, daß dieser Inhibitor lediglich die Löslichkeit der RNA erhöht [4, 5, 15]. Man sollte deswegen, bevor ein solcher Inhibitor verwendet wird, Kontrollexperimente durchführen, die sicherstellen, daß weder die katalytische noch eine andere Funktion des betrachteten Moleküls in irgendeiner Weise verändert wird.

10.4.6 Temperatur

Gewöhnlich wird angenommen, daß Proteine bei 0 °C am stabilsten sind. Für Pyruvat-Carboxylase aus Vogelleber wurde aber nachgewiesen, daß sie in der Kälte labil und nur bei 25 °C stabil ist. Ein ähnliches Problem ist die Festlegung der Bedingungen, unter denen ein Protein ohne Aktivitätsverlust aufbewahrt werden kann. Einige Proteine halten sich am besten in konzentrierten Lösungen bei 0 °C; andere wiederum benötigen Temperaturen von −20 bis −70 °C, um aktiv zu bleiben. Es ist eine falsche Annahme, daß kältere Bedingungen immer eine größere Stabilität bewirken, da Einfrieren und Wiederauftauen für viele Proteine sehr schädlich ist. In diesem Fall kann die Zugabe von Glycerin oder kleinen Mengen DMSO vor dem Einfrieren die Denaturierung herabsetzen. Die Aufbewahrungsbedingungen müssen wie alle Stabilitäts-Kriterien für jeden Reinigungsgrad des Proteins neu im Experiment bestimmt werden.

10.5 Isolierung und Konzentrierung

Für die Isolierung und Konzentrierung von Proteinen gibt es nur eine relativ kleine Anzahl von Methoden: 1. Trennung aufgrund unterschiedlichem Löslichkeitsverhalten, 2. Ionenaustausch-Chromatographie, 3. Adsorptions-Chromatographie,

4. Gelfiltration, 5. Affinitäts-Chromatographie, 6. Elektrophorese und 7. Elektrofokussierung. Ob sich eine Technik für die Reinigung eines gegebenen Proteins eignet, läßt sich meist nur durch ein Experiment feststellen. Doch sind für die Aufstellung eines Reinigungsschemas einige generelle Bemerkungen angebracht. Die obengenannten Techniken sind in der Reihenfolge ihres Trennvermögens und dem für die Durchführung benötigten Zeitaufwand aufgelistet (eine Ausnahme ist die Affinitäts-Chromatographie, die in Kap. 7 behandelt wurde). Mit der angegebenen Reihenfolge nimmt auch das maximale Probenvolumen ab. Im allgemeinen werden die schnellen, weniger gut auflösenden Methoden im frühen Stadium der Reinigung und die zeitaufwendigen, hochauflösenden Techniken erst später eingesetzt. Z.B. eignet sich die Elektrophorese, mit der einige Milligramm aufgetrennt werden können, kaum zur Verarbeitung des Ausgangsmaterials von einigen Kilogramm löslichem Protein. Diese Regel ist jedoch nicht unumstößlich. Verschiedentlich erlauben die Eigenschaften des zu isolierenden Materials ein unkonventionelles, aber sehr vorteilhaftes Vorgehen. Dies kann man sehr gut an der Reinigung der Lactat-Dehydrogenase (LDH) illustrieren. Begonnen wurde die Isolierung mit Standard-Techniken. Man fand, daß LDH ein Tetramer mit dem Molekulargewicht von 134 000 d ist. Es wurden dann Bedingungen gefunden, unter denen das Protein in seine Untereinheiten dissoziiert (33 500 d), und welche, unter denen die isolierten Untereinheiten wieder das aktive tetramere Protein bilden. Mit diesen nun bekannten Eigenschaften und Bedingungen konnte dann ein sehr effektives Reinigungsschema aufgestellt werden. Der Rohextrakt wurde einer Gelfiltration unterworfen, und nur Fraktionen, die Proteine vom Molekulargewicht von ca. 135 000 d enthielten, wurden isoliert. Die vereinigten Fraktionen wurden anschließend Bedingungen ausgesetzt, bei denen LDH in seine monomere Form dissoziiert. Danach wurde erneut eine Gelfiltration durchgeführt. Diesmal wurden jedoch nur die Fraktionen mit Proteinen um 33 000–35 000 d aufgefangen. Aus den gereinigten Untereinheiten konnte eine relativ reine Enzym-Präparation isoliert werden. Die Kunst der Protein-Reinigung ist es, solche geeigneten Eigenschaften herauszufinden und bei der Isolierung effektiv anzuwenden.

Manchmal ist es günstig, einen bestimmten Reinigungsschritt zu wiederholen, besonders wenn ein oder mehrere andere Methoden zwischen der ersten und der zweiten Anwendung dieser zu wiederholenden Technik durchgeführt wurden. Dieses Vorgehen lohnt sich aus den gleichen Gründen, die für die Änderung der Stabilisierungs-Bedingungen angegeben wurden. Das Verhalten bestimmter Proteine während der Isolierung wird zum Teil durch andere Proteine bestimmt, mit denen sie komplexiert sind. Wenn die Zusammensetzung der Proteine verändert wird, kann sich das Verhalten des betrachteten Proteins ebenfalls ändern. Z.B. beginnt das Enzym Phosphoenolpyruvat-Carboxykinase bei Zugabe von Ammoniumsulfat zu einem relativ unreinen Extrakt aus Rhodospirillum rubum bei einer 45%igen Sättigung zu präzipitieren, und eine vollständige Fällung wird erreicht, wenn die Konzentration des Ammoniumsulfats 65% der Sättigung beträgt. Wird aber die Ammoniumsulfat-Präzipitation bei fortgeschrittener Reinigung wiederholt, fällt die Carboxykinase nicht, bevor 61% der Sättigung erreicht sind. Diese wesentliche Verhaltensänderung ist ein Resultat der Abtrennung einer großen Anzahl von Proteinen während der dazwischenliegenden Schritte.

10.5.1 Unterschiedliche Löslichkeitsverhalten

Proteine bleiben in Lösung, da ihre geladenen Oberflächenreste mit den Molekülen des Lösungsmittels in Wechselwirkung treten. Wird dies verhindert, reagieren die Proteine untereinander und bilden große Aggregate, die aus der Lösung ausfallen. Ob und wie leicht die Wechselwirkungen des Proteins mit dem Lösungsmittel verhindert werden können, hängt allein von den Oberflächenresten ab. Eine genaue Beschreibung der Wechselwirkungen oder Verhaltensweisen eines bestimmten Proteins vorauszusagen, sind in diesem Zusammenhang nicht möglich. Das spezielle Verhalten muß im Experiment erprobt werden. Fünf Behandlungen werden gewöhnlich verwendet, um Proteine auszufällen: 1. Zugabe anorganischer Salze; 2. pH- und Temperaturänderungen; 3. Zugabe organischer Lösungsmittel, 4. basischer Proteine oder von 5. Polyethylenglycol.

10.5.2 Salz-Fraktionierung

Die am häufigsten benutzte Methode zur Fällung von Proteinen ist die Zugabe anorganischer Salze wie Ammoniumsulfat oder Kaliumphosphat. In Rohpräparationen mit großem Volumen wird das Salz in trockner Form zugegeben. Die Geschwindigkeit der Salz-Zugabe zur Protein-Lösung ist sehr kritisch. Für viele Proteine muß die Zugabe sehr langsam erfolgen, d. h. eine kleine Menge wird zugegeben und so lange gewartet, bis sie sich vollständig aufgelöst hat, erst dann wird erneut Salz hinzugegeben. Beim Lösen des Ammoniumsulfats wird eine große Anzahl von Wassermolekülen pro Ammoniumsulfat-Molekül gebunden. D. h. je mehr Ammoniumsulfat in der Lösung vorhanden ist, desto weniger Wasser steht für die Wechselwirkung mit den Proteinen zur Verfügung. An einem bestimmten Punkt ist nicht mehr genug Wasser vorhanden, um eine Reihe von Proteinen in Lösung zu halten, und diese fallen aus. Das „Aussalzen", wie es manchmal genannt wird, ist tatsächlich ein Dehydrations-Prozeß; doch wurden auch andere Erklärungen angeboten [14]. Ist die Geschwindigkeit der Dehydration zu groß, denaturieren einige Proteine. Anderseits kann eine Denaturierung auch bei zu langsamer Dehydration auftreten. Für jedes Protein muß die optimale Geschwindigkeit der Salzzugabe experimentell bestimmt werden. Wird Ammoniumsulfat zu einer nicht oder schwach gepufferten Lösung gegeben, muß auf die Einhaltung des pH-Wertes geachtet werden. Zur Einstellung des pH-Wertes, wie in diesem Fall oft nötig, wird eine schwache Base wie Ammoniumhydroxid oder Tris verwendet.

Eine schonendere Methode der Dehydration ist die tropfenweise Zugabe einer gesättigten Ammoniumsulfat-Lösung, deren pH-Wert vorher eingestellt wurde. Dies ist gewöhnlich die beste Methode bei gereinigten oder teilweise gereinigten Proteinen in einem kleinen Volumen, da hier die Geschwindigkeit der Protein-Dehydration genau kontrolliert werden kann. Leider ist sie nicht für große Volumina geeignet, da die Zugabe der Ammoniumsulfat-Lösung das Probenvolumen wesentlich vergrößert. Bei 50%iger Sättigung z.B. wird das Probenvolumen verdoppelt.

Schließlich muß noch die zuzugebende Ammoniumsulfat-Menge beachtet werden. Es gibt verschiedene Möglichkeiten die zugegebene Salzmenge auszudrücken. Abb. 10.6 zeigt einen Weg, der auf dem Grad der Sättigung aufbaut. Eine bei 25°C gesättigte Ammoniumsulfat-Lösung ist 4,1 M, d.h. 767 g Salz/l Wasser. Die Tabelle gibt die Salzmenge an, die pro Liter Lösung hinzugefügt werden muß, ausgehend entweder von einer salzfreien oder einer Lösung mit bekannter Konzentration, um zu einer vorgegebenen Konzentration zu gelangen. Alle Konzentrationen sind in Prozent der Sättigung bei 25°C angegeben. Da die Löslichkeit des Ammoniumsulfats mit abnehmender Temperatur nicht wesentlich fällt (3,9 M bei 0°C), kann man diese Werte unabhängig von der Temperatur verwenden. Wird eine gesättigte Ammoniumsulfat-Lösung verwendet, läßt sich die Zugabe nach folgender Gleichung berechnen

$$\frac{c_0 V_0 - c_i V_0}{c_i - c_a} = V_a$$

oder

$$\frac{c_0 V_0 + V_a c_a}{V_0 + V_a} = c_i \tag{7}$$

l_0 und l_i sind die Start- und die gewünschte Endkonzentration an Ammoniumsulfat in der experimentellen Lösung ausgedrückt in Prozent der Sättigung. l_a ist die Konzentration der zuzugebenden Ammoniumsulfat-Lösung, ebenfalls in Prozent der Sättigung. V_0 ist das Anfangsvolumen der Protein-Lösung, V_a ist das Volumen der zuzugebenden Ammoniumsulfat-Lösung.

Tab. 10.1 Ammoniumsulfat-Präzipitation von Harnstoff-Carboxylase.

Ammoniumsulfat-Konzentration (% der Sättigung bei 25°C; 4,1 M)	präzipitierte Aktivität (willkürliche Einheiten)
0–25	0
25–35	112
35–45	6850
45–55	3020
55–65	27

350   10. Reinigung von Proteinen

Die Präzipitate werden beim Erreichen bestimmter Konzentrationen, wie z. B. in Tab. 10.1 angegeben, durch Zentrifugieren isoliert. Im angegebenen Beispiel wird die größte Enzym-Aktivität in den Präzipitaten zwischen 35–45% und 45–55% Sättigung gefunden. Mit diesen Daten könnte eine zweite Fraktionierung durch

		Endkonzentration Ammoniumsulfat (% Sättigung)														
		10	20	25	30	33	35	40	45	50	55	60	65	70	75	80	90	100
		Zuzugebendes Ammoniumsulfat (g/l)														
Anfangskonzentration Ammoniumsulfat (% Sättigung)	0	56	114	144	176	196	209	243	277	313	351	390	430	472	516	561	662	767
	10		57	86	118	137	150	183	216	251	288	326	365	406	449	494	592	694
	20			29	59	78	91	123	155	189	225	262	300	340	382	424	520	619
	25				30	49	61	93	125	158	193	230	267	307	348	390	485	583
	30					19	30	62	94	127	162	198	235	273	314	356	449	546
	33						12	43	74	107	142	177	214	252	292	333	426	522
	35							31	63	94	129	164	200	238	278	319	411	506
	40								31	63	97	132	168	205	245	285	375	469
	45									32	65	99	134	171	210	250	339	431
	50										33	66	101	137	176	214	302	392
	55											33	67	103	141	179	264	353
	60												34	69	105	143	227	314
	65													34	70	107	190	275
	70														35	72	153	237
	75															36	115	198
	80																77	157
	90																	79

Abb. 10.6 Nomogramm zur Bestimmung der Ammoniumsulfat-Menge zur Einstellung einer gewählten Konzentration (in % der Sättigung). Eine gesättigte Lösung enthält 4,1 bzw. 3,9 Mol/l Ammoniumsulfat bei 25°C bzw. 4°C. Die Anfangs- und Endkonzentration ist in den senkrechten bzw. waagerechten Zeilen angegeben. Am Schnittpunkt beider Zeilen findet man die Menge Ammoniumsulfat in Gramm, die pro Liter einer Lösung mit bestimmter Anfangskonzentration hinzugefügt werden muß, um die gewählte Endkonzentration zu erreichen. (Abgeändert nach Methods in Enzymology, Vol. 1, Academic Press, 1968, S. 76).

Zusammenfassung der ersten beiden Fraktionen und der beiden anschließenden verkürzt werden. Von der endgültigen Anwendung sollte diese Vereinfachung jedoch in der Praxis überprüft werden. Nach Zugabe der gewünschten Menge Ammoniumsalz wird die Lösung noch für eine kurze Zeit langsam gerührt; 10–60 Minuten reichen gewöhnlich zur vollständigen Einstellung des Gleichgewichts aus. Anschließend wird das Präzipitat durch Zentrifugieren bei mehr als 19 000 g gewonnen. Probleme können zu diesem Zeitpunkt auftreten, wenn zu viel Glycerin oder andere Substanzen mit hoher Dichte zur Stabilisierung der Präparation hinzugegeben wurden. Normalerweise bildet das Präzipitat einen festen Niederschlag auf dem Boden des Zentrifugations-Röhrchens, und man kann den Überstand leicht abdekantieren. Ist die Dichte der Lösung jedoch zu hoch, bildet sich nur ein lockerer, leicht resuspendierbarer Niederschlag, wodurch das Dekantieren unmöglich gemacht wird. Der einzige Ausweg in dieser Situation ist, die Dichte der Lösung zu erniedrigen, da eine Verlängerung der Zentrifugations-Zeit bei höherer Geschwindigkeit meist keinen Vorteil bringt.

Eine sehr nützliche Modifizierung der Ammoniumsulfat-Fraktionierung ist die sogenannte Rückextraktion. Am Beispiel der Ammoniumsulfat-Fraktionierung von E. coli-RNA-Polymerase soll diese Methode illustriert werden. Das Protein präzipitiert gewöhnlich zwischen 42 und 50% Sättigung. Anstelle einer Fraktionierung durch Präzipitation zwischen 0–42% und anschließend 42–50% wird ein anderes Schema verwendet. Die erste Fraktion wird zwischen 0 und 33% isoliert und verworfen. Die zweite Fraktion erhält man durch Präzipitation zwischen 33 und 50% Sättigung. Normalerweise wird das isolierte Präzipitat in einer minimalen Menge Puffer mit entsprechend niedriger Ionenstärke wieder gelöst. Für die Rück-Extraktion jedoch wird das Pellet in einer 42%igen Lösung resuspendiert. Einige der präzipitierten Proteine lösen sich, die Polymerase bleibt jedoch ungelöst und wird nach Einstellung des Gleichgewichts durch Zentrifugation gewonnen. Das Prinzip der Methode ist die Präzipitation von mehr Protein als notwendig und anschließender Extraktion des Präzipitats mit einer entsprechend gewählten Ammoniumsulfat-Konzentration. Es ist auch möglich, die gesamte Ammoniumsulfat-Fraktionierung durch Rückextraktion auszuführen. Dazu wird die Probenlösung auf 60–70% Sättigung gebracht und das Pellet mit successiv abnehmender Konzentration von Ammoniumsulfat-Lösungen extrahiert. In den meisten Fällen ist es jedoch besser mit einer Kombination von stufenweiser Präzipitation und anschließender Rückextraktion zu arbeiten. Der Vorteil dieser Methode leitet sich aus der Tatsache ab, daß Proteine leicht und unspezifisch aus einer Lösung präzipitieren können, daß aber der Lösungsvorgang aus einem Präzipitat wesentlich spezifischer ist und weniger Proteine im extrahierten Niederschlag zurückbleiben.

Die Ammoniumsulfat-Fraktionierung besitzt zwei wesentliche Vorteile. Erstens ist es möglich, 75% der verunreinigenden Proteine in einem Schritt abzutrennen. Dies ist ein beachtlicher Grad an Reinigung (4fach) für eine Methode, die so wenig Zeit beansprucht. Der zweite und vielleicht entscheidendere Vorteil ist, daß die Protein-Lösung stark konzentriert wird. Der Grad der Konzentrierung hängt von der Lösungsmenge ab, mit der der Niederschlag wieder aufgelöst wird. Das verkleinerte Volumen vereinfacht die Durchführung der anschließenden Methoden mit höherem Trennvermögen.

10.5.3 pH- oder Temperaturveränderung

Die schwierigste Technik, die auf unterschiedlichem Löslichkeitsverhalten der Proteine beruht, ist die Präzipitierung durch pH- oder Temperaturänderung. Die Methode ist wenig schonend und wird deshalb seltener angewendet. Wie in Kap. 4 gezeigt, sind Proteine negativ oder positiv geladen, wenn der pH-Wert über oder unter dem isoelektrischen Punkt liegt. Die geladenen Proteine sind weitaus besser löslich als ihre elektrisch neutralen Formen. Aus diesem Grund kann die Änderung des pH-Werts einer Protein-enthaltenden Lösung zum Ausfällen einiger Proteine führen, wenn ein pH-Wert eingestellt wird, bei dem die neutralen Formen vorliegen. Das zu isolierende Molekül kann entweder präzipitiert und so von den noch in Lösung befindlichen Molekülen abgetrennt werden, oder umgekehrt kann es in Lösung verbleiben und die ausgefällten Proteine werden verworfen. Bei dieser Art der Präzipitierung treten die gleichen Probleme auf wie bei der Salz-Fraktionierung. Welche pH-Änderung für das betrachtete Molekül noch zuträglich ist und wie schnell die pH-Änderung erfolgen darf, muß im Experiment erprobt werden. Das gleiche gilt für Temperaturänderungen. Im Fall der PEP-Carboxylase (siehe oben) wurde die Temperatur nur leicht angehoben (37°C), aber 16 Stunden aufrechterhalten. In anderen Fällen wird die Temperatur auf ein weit höheres Niveau gehoben (60–80°C), bleibt aber nur eine kurze Zeit bestehen. Hier ist es günstig, die Zeit, die zur Änderung von einer Temperatur auf die andere nötig ist, so kurz wie möglich zu halten. Man verwendet deshalb am besten dünnwandige, rostfreie Metallgefäße mit einer großen Oberfläche, um die Geschwindigkeit des Wärmeaustauschs zu vergrößern.

10.5.4 Organische Lösungsmittel

Organische Lösungsmittel verringern die Löslichkeit von Proteinen drastisch. Die Abnahme ist auf zwei Effekte zurückzuführen: Auf die Abnahme der dielektrischen Konstante des Mediums und auf Dehydration. Bei einer Abnahme der dielektrischen Konstanten des Lösungsmittels vergrößern sich die Anziehungskräfte zwischen den entgegengesetzt geladenen Oberflächenresten. Daraus resultiert dann die Bildung von großen Aggregaten, die aus der Lösung ausfallen. Da sich die organischen Lösungsmittel auch im Wasser lösen müssen und so Wechselwirkungen mit dem Wasser eingehen, tritt zusätzlich eine Dehydration der Proteine auf. In diesem Zusammenhang wirken die organischen Lösungsmittel ähnlich wie hohe Salz-Konzentrationen. Vier Parameter müssen bei der Verwendung dieser Methode beachtet werden: 1. die Ionenstärke des Mediums, indem die Fällung stattfindet, 2. das verwendete organische Lösungsmittel, 3. die Temperatur, bei der die Präzipitation durchgeführt wird, und 4. die praktische Durchführung der Fällung.

Bei niedriger Ionenstärke nimmt mit steigender Konzentration des organischen Lösungsmittels die Löslichkeit des Proteins stark ab. Eine leicht erhöhte Ionenstärke erhöht jedoch auch die Löslichkeit. Eine niedrige Ionenstärke verringert zwar die Löslichkeit der Proteine, sie beeinflußt aber auch die Stabilität. Dies gilt besonders für Proteine, die aus mehreren Untereinheiten bestehen. Die Effekte auf jedes spezifische Protein müssen experimentell bestimmt werden.

Die am häufigsten zur Fällung verwendeten organischen Lösungsmittel sind Ethanol, Methanol und Aceton. Dioxan und Tetrahydrofuran sind zwar auch in Wasser gut löslich, sie sind aber meist mit Peroxiden kontaminiert, die auf die meisten Proteine sehr schädlich wirken, so daß sie selten verwendet werden.

Entscheidend ist die Temperatur, bei der die Fällung stattfinden soll. Die Protein-Löslichkeit in Anwesenheit von organischen Lösungsmitteln nimmt mit der Temperatur stark ab. Bei tiefen Temperaturen (weit unter 0 °C) wird deswegen weniger organisches Lösungsmittel benötigt, um ein bestimmtes Protein auszufällen. Da der Gefrierpunkt bei Anwesenheit von organischen Lösungsmitteln gesenkt wird, ist das Kühlen auf Temperaturen unter 0 °C möglich. Ein großer Vorteil der Fällung bei tiefen Temperaturen (−20 °C) ist die Verringerung der denaturierenden Wirkung der organischen Lösungsmittel auf die Proteine. Obwohl noch keine vollständig befriedigende Erklärung dafür gegeben werden kann, gilt folgende Regel: Je tiefer die Temperatur während der Präzipitation, desto größer die Ausbeute an aktivem Protein. Dazu kühlt man am einfachsten die Protein-Lösung auf 0 °C ab und fügt das organische Lösungsmittel hinzu, das man vorher auf wesentlich tiefere Temperaturen gebracht hat (−30 bis −60 °C).

Für die praktische Durchführung der Fällung mit organischen Lösungsmitteln gibt es drei mögliche Wege. Bei der ersten Methode wird das frische Gewebe in einem Lösungsmittel wie Aceton homogenisiert. Das geschieht am besten in einem Messer-Homogenisator (Waring-Blendor), da die ganze Prozedur möglichst schnell und bei sehr tiefen Temperaturen durchgeführt werden muß. Höchste Vorsicht ist hierbei geboten: Es dürfen nur explosionsgeschützte geschlossene Mixer verwendet werden. Die normalen, billigen Mixer können während des Schaltvorgangs Funken erzeugen, wodurch wegen des verdampften Lösungsmittels äußerst gefährliche Bedingungen hergestellt werden: Unter keinen Umständen darf ein solches Gerät verwendet werden. Nach dem Zermahlen des Gewebes wird der gesamte Brei durch ein grobes Filter in einem Büchner-Trichter filtriert. Auch hier entscheidet die Geschwindigkeit über den Erfolg. Je länger das Aceton in Kontakt mit der Protein-Lösung ist, desto größer wird die Wahrscheinlichkeit einer Denaturierung. Das zurückbleibende unlösliche Material wird bei tiefen Temperaturen getrocknet und bildet ein feines Pulver, das oft Aceton-Trockenpulver genannt wird. Das Pulver wird zur Extraktion in einer entsprechenden Menge Pufferlösung suspendiert. Da viele Proteine während dieser Prozedur denaturieren, wird ein

Tab. 10.2 Ethanol-Präzipitation von Katalase.

Prozent Ethanol (v/v)	in Lösung verbleibende Aktivität (willkürliche Einheiten)
0–14	13 200
14–25	12 236
25–30	10 656
30–40	10 804
40–60	50

großer Reinigungseffekt erzielt, vorausgesetzt, die gewünschte Substanz wird nicht geschädigt und löst sich während der Extraktion.

Die zweite Methode ist eine Modifikation der ersten: Es wird dem durch Homogenisieren des Gewebes in einer wäßrigen Lösung hergestellten Homogenat ein Überschuß an Aceton (50% Endkonzentration) zugefügt. Wichtig ist, die Lösung nach Zugabe des Acetons kräftig und schnell zu vermischen. Die optimale Geschwindigkeit der Zugabe muß experimentell bestimmt werden. Schnelles Rühren verhindert hohe lokale Konzentrationen des Acetons und die Gefahr der Protein-Denaturierung.

Die dritte Methode kann nur angewendet werden, wenn das gewünschte Protein gegenüber einer Denaturierung durch organische Lösungsmittel relativ resistent ist. Eine solche Resistenz erlaubt die Fraktionierung mit organischen Lösungsmitteln in der gleichen Weise wie mit anorganischen Salzen. Hierbei gelten die dort (Seite 348) dargelegten Überlegungen. Wie Tab. 10.2 zeigt, bleibt fast die gesamte Aktivität der Rizinussamen-Katalase bei Ethanol-Konzentrationen bis 40% (v/v) in Lösung. Die meisten Proteine sind unter diesen Bedingungen schon präzipitiert und können durch Zentrifugation entfernt werden. Die Erhöhung der Ethanol-Konzentration auf 60% läßt auch die Katalase ausfallen, die dann durch Sedimentation isoliert wird.

10.5.5 Fällung mit basischen Proteinen

Polykationen wie Protamine oder Streptomycin können ebenfalls zur fraktionierten Präzipitation von Proteinen herangezogen werden. Diese Substanzen binden sich an negativ geladene Verbindungen und neutralisieren so einen Großteil ihrer Ladungen. Polykationen lassen sich am besten verwenden, wenn das gewünschte Protein durch sie nicht gefällt wird. Tab. 10.3 zeigt, daß PEP-Carboxykinase aus R. rubum in Lösung bleibt, während dreiviertel der unerwünschten Proteine mit Protaminsulfat ausgefällt werden. Andererseits wird die Anwendungsmöglichkeit der Polykationen durch die Tatsache eingeschränkt, daß sie viele anionische Proteine irreversibel abtrennen. Vor der Zugabe zu einer Protein-Lösung muß die

Tab. 10.3 Protaminsulfat-Präzipitation von PEP-Carboxykinase.

Fraktion	Protein (g)	Gesamtaktivität (willkürliche Einheiten)
Ausgangslösung	1,35	3502
Überstand der Protaminsulfat-Präzipitation	0,33	3718

Polykationen-Lösung sorgfältig neutralisiert werden; eine nicht neutralisierte Lösung hat einen pH-Wert von 2 bis 3.

Polykationen eignen sich besonders zur Entfernung von Nucleinsäuren. Die starke negative Ladung dieser Verbindungen macht eine Komplexierung mit Polykationen sehr effektiv. Die Entfernung von Nucleinsäuren ist in einem frühen Stadium der Reinigung empfehlenswert, da sie größere Mengen Proteine binden. Nucleinsäuren beeinträchtigen auch die Effektivität der hochauflösenden Techniken, da sie mit den Proteinen Aggregate bilden, so daß diese nicht aufgrund ihrer individuellen Eigenschaften isoliert werden können. Seit DNase zu günstigen Preisen im Handel erhältlich ist, fällt die Notwendigkeit zur Verwendung von Polykationen bei der Entfernung von Nucleinsäuren weg. Die Inkubation des rohen Homogenates für 30–60 Minuten bei 4 °C mit einer kleinen Menge DNase zerstört die DNA so weit, daß sie in den anschließenden Reinigungs-Prozeduren nicht stört. Es muß jedoch betont werden, daß durch diese Inkubation die DNA nur in kleine Stücke, nicht jedoch zu Nucleotid-Resten abgebaut wird.

10.5.6 Polyethylenglycol-Präzipitation

Polyhydroxyverbindungen wie Polyethylenglycol (PEG) finden zunehmende Verwendung als präzipitierende Reagenzien. Die Spezifität dieser Methode wird durch eine Reihe von Faktoren beeinflußt. Einige der wichtigsten sind: pH-Wert, Ionenstärke, Protein-Konzentration der Lösung und Molekulargewicht des Polyethylenglycols. Viele Experimentatoren haben PEG 6000 mit Erfolg verwendet. In einer neueren Arbeit wird jedoch behauptet, daß man bei Verwendung von PEG mit niedrigem Molekulargewicht (PEG 400) eine höhere Spezifität erhält und Trennung und Auflösung mit der der Gelfiltration vergleichbar sind [16]. Es ist sicherlich noch einige Arbeit erforderlich, um diese Methode der Protein-Präzipitation zu optimieren.

10.5.7 Dialyse und Konzentrierung

Nach der Ammoniumsulfat-Fraktionierung wird oft eine Ionenaustausch-Chromatographie durchgeführt. Jedoch ist dazu eine niedrige Ionenstärke der Probe erforderlich. Der gelöste Niederschlag der Ammoniumsulfat-Fällung besitzt aber für die

Ionenaustausch-Chromatographie eine viel zu hohe Ionenstärke. Es gibt verschiedene Methoden, um die Ionenstärke einer Lösung herabzusetzen. Bei weitem die einfachste ist eine Verdünnung der Probe mit einem Puffer mit sehr niedriger Ionenstärke. Diese Methode ist gut geeignet bei nicht zu großem Probenvolumen und Substanzen, die gegenüber einer Verdünnung stabil sind. Die Folge ist ein recht großes Volumen, das dem Ionenaustauscher-Harz zugegeben werden muß. Die meisten Cellulose-Ionenaustauscher besitzen gute Fließgeschwindigkeiten, und das Probenvolumen hat wenig Einfluß auf die Auflösung. Für eine Gelfiltration werden jedoch sehr kleine Probenvolumina benötigt, so daß die Verdünnung als Methode zur Herabsetzung der Ionenstärke nicht in Frage kommt.

Eine der ältesten Methoden zur Entfernung von Salz ist die Dialyse. Dazu wird die Protein-Lösung in einen Dialyseschlauch gefüllt, der an beiden Enden mit einem Knoten verschlossen wird (siehe Abb. 10.7). Der geschlossene Schlauch wird in ein großes Volumen einer kalten Pufferlösung mit niedriger Ionenstärke gehängt. Die Pufferlösung wird langsam gerührt. Der Dialyseschlauch besitzt kleine Poren (d.h. er ist semipermeabel), die Substanzen niedriger Molekulargewichte, z.B. anorganische Salze, jedoch nicht größere Moleküle wie Proteine durchqueren können. Durch das Herausdiffundieren der kleinen Moleküle aus dem Dialyseschlauch wird die Ionenstärke der Protein-Lösung verringert. Dieser Vorgang wird so lange fortgesetzt, bis die Salzkonzentration innerhalb und außerhalb des Schlauches gleich ist. Gewöhnlich reichen 5–6 Stunden, um das Gleichgewicht einzustellen. Wenn nach Beendigung dieser ersten Dialyse die Konzentration der kleinen Moleküle im Schlauch noch nicht genug abgesunken ist, wird der Schlauch einfach in einen neuen Puffer überführt. Es muß jedoch beachtet werden, daß während der Dialyse nicht nur Salze, sondern auch kleine Metabolite wie ATP und Coenzyme verlorengehen.

Obwohl man erwarten könnte, daß es sich bei der Dialyse um eine schonende

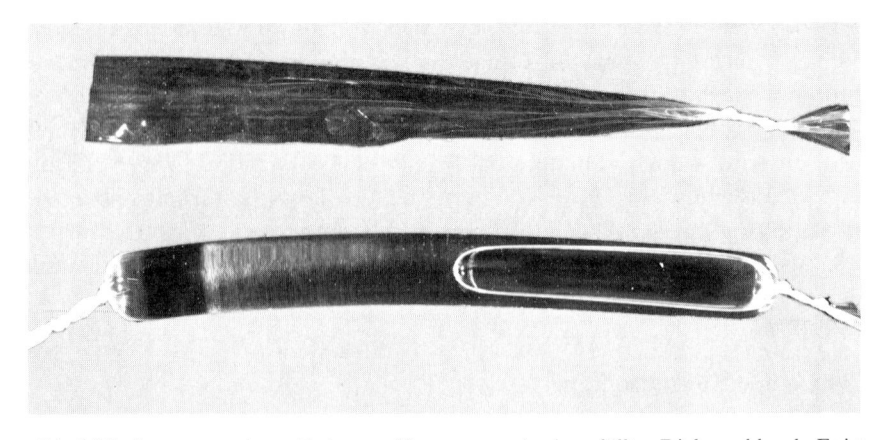

Abb. 10.7 Leerer, an einem Ende verschlossener sowie ein gefüllter Dialyseschlauch. Es ist zu beachten, daß auch der gefüllte Schlauch eine Luftblase enthält. Es empfiehlt sich, den Schlauch an beiden Enden mit jeweils zwei Knoten zu verschließen.

Methode handelt, sind viele Proteine gegenüber einer Dialyse empfindlich. Die käuflich erhältlichen Dialyseschläuche sind meist mit Schwermetallen, Proteasen und Nucleasen kontaminiert, die für einige dieser Denaturierungen verantwortlich gemacht werden können. Dialyseschläuche sollte man aus diesem Grund vor der Dialyse einer Protein- oder DNA-Lösung folgendermaßen behandeln: Ein entsprechend langer Schlauch wird abgeschnitten und eine halbe Stunde in einem 4-l-Becherglas in 0,5 M EDTA-Lösung gekocht. Die Lösung wird abdekantiert und die Prozedur mit Wasser anstelle der EDTA-Lösung achtmal wiederholt. Nach dieser Behandlung darf der Schlauch nur noch mit einer sauberen Protease-, RNase- und DNase-freien Zange oder Gummihandschuhen angefaßt werden. Er darf niemals mit den bloßen Händen berührt werden, da diese eine bemerkenswert gute Quelle für abbauende Enzyme sind.

Ein anderer Weg zur Entfernung des Salzes ist die Gel-Chromatographie; eine sehr effektive Methode, mit der eine kleine Probe innerhalb von Minuten total entsalzt werden kann. Müssen größere Volumina bearbeitet werden, ist es günstiger, die Dicke der Säule anstatt ihrer Länge zu vergrößern. Dadurch wird die benötigte Zeit möglichst klein gehalten. Weitere Erläuterungen zu dieser Technik sind in Kap. 6 angegeben.

Eine erst seit kurzer Zeit verwendete Methode ist die Salzentfernung mit Hilfe der Hohlfaser-Dialyse. Diese Technik soll jedoch erst im Anschluß an die Diskussion der Protein-Konzentrierung beschrieben werden.

Im Laufe der Reinigung eines bestimmten Moleküls ist es oft notwendig, die Lösungen zu konzentrieren. Dabei kann es sich um noch nicht aufgearbeitete Filtrate von Zellkulturen oder verdünnte Lösungen des gereinigten Proteins handeln. Da einige Konzentrierungs-Methoden der Dialyse sehr eng verwandt sind, ist dies eine geeignete Stelle für ihre Beschreibung. Protein-Lösungen werden oft durch Ammoniumsulfat-Fällung konzentriert; anschließend wird der Niederschlag in einer kleinen Menge des Puffers gelöst. Es gibt jedoch viele Fälle, wo die Salz-Fällung unerwünscht oder schädlich ist. In diesen Fällen kann die Gefriertrocknung oder Lyophilisation angewendet werden. Dazu wird die Protein-Lösung an den Wänden eines Rundkolbens eingefroren (durch Schwenken und Abkühlen einer kleinen Menge Flüssigkeit in einem großen Kolben) und im Vakuum sublimiert (siehe Abb. 10.8). Der Nachteil dieser Methode ist, daß sowohl Proteine als auch das Salz konzentriert werden. Die Methode ist deswegen in vielen Fällen genauso ungünstig wie die Ammoniumsulfat-Präzipitation. Wegen dieser Schwierigkeiten wurden Konzentrierungs-Methoden entwickelt, die die großen Moleküle, aber nicht die kleinen Substanzen konzentrieren.

Bei der ersten Methode wird die zu konzentrierende Lösung in Dialyseschläuche mit sehr kleinem Durchmesser gefüllt. Durch den kleinen Durchmesser wird die effektive Oberfläche gegenüber dem Volumen vergrößert. Nach Verschließen des Schlauches wird er mit kaltem pulverisiertem Polyethylenglycol 6000 bedeckt und bei einer Temperatur von 4 °C aufbewahrt. Das trockene pulverisierte PEG absorbiert die aus dem Schlauch tretende Lösung. Auf diese Weise werden die großen

358   10. Reinigung von Proteinen

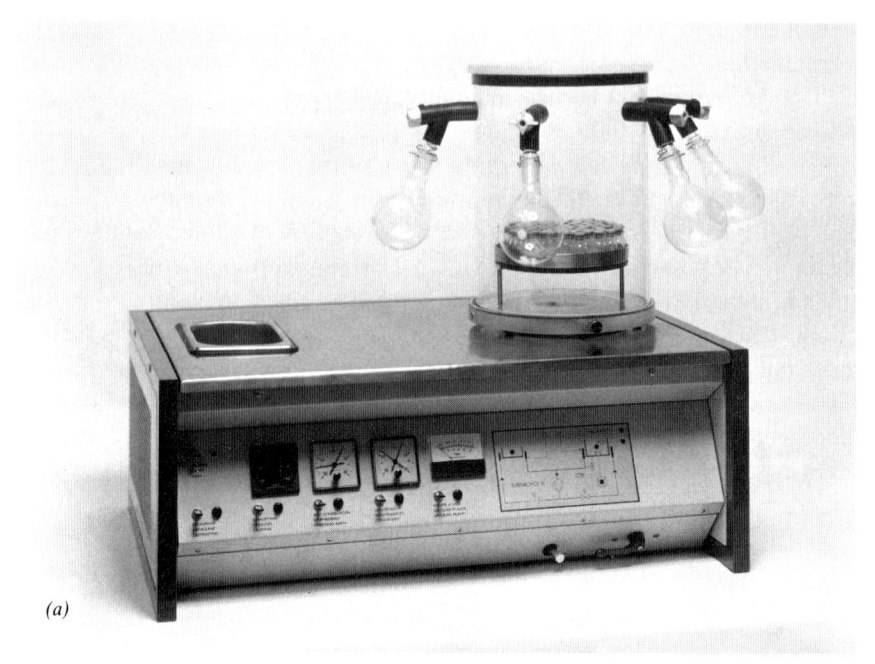

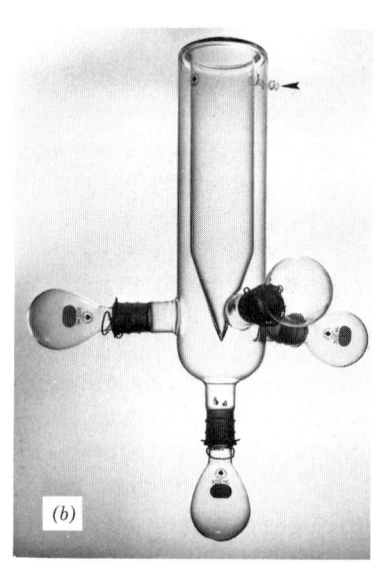

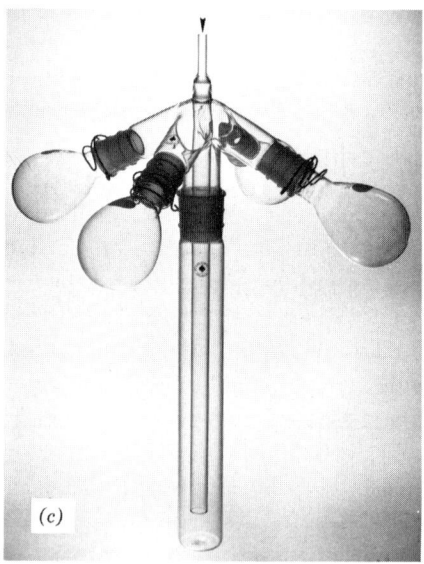

Abb. 10.8 Ausrüstung zur Lyophilisation (oder Gefriertrocknung) kleiner Proben. (a) Das Gerät wird durch ein eigenes Kühlsystem gekühlt und durch eine eingebaute Vakuumpumpe evakuiert. Die Probengefäße werden an die Gummianschlüsse angesetzt, dazu wird das Ventil jedes besetzten Anschlusses (kleiner weißer Knopf) geöffnet. (b, c) Diese Geräte werden durch Verbindung mit einer Vakuumpumpe evakuiert; der Anschluß für die Vakuumpumpe ist durch einen Pfeil markiert. Bei Gerät (b) wird ein Kühlgemisch (Aceton/Trockeneis) oben in die zentrale Kammer eingefüllt. Gerät (c) wird in ein Dewar-Gefäß mit der Kühlmischung getaucht [mit Genehm. der Dr. Moraud AG (a) und der Ace Glass, Vineland, N.J. (b, c)].

Tab. 10.4 Molekulargewichts-Ausschlußgrenze der Diaflo Ultrafiltrations-Membranen.

Membran-Bezeichnung	Ausschlußgrenze (d)	ungefährer mittlerer Poren-Durchmesser (Å)
XM-300	300 000	140
XM-100	100 000	55
XM-50	50 000	30
PM-30	30 000	22
UM-20	20 000	18
PM-10	10 000	15
UM-2	1 000	12
UM-05	500	10

Moleküle im Schlauch konzentriert, und die kleinen werden mit der austretenden Lösung vom PEG absorbiert. Alle zwei Stunden wird der Schlauch herausgenommen und das zusammengeklumpte und feuchte PEG von der Oberfläche entfernt. Das wird so lange wiederholt, bis das gewünschte Volumen erreicht ist. Das PEG kann so verwendet werden, wie es vom Hersteller bezogen wird. Es sollte nicht getrocknet werden, da Erhitzen ein unbrauchbares Wachs erzeugt. Die Methode

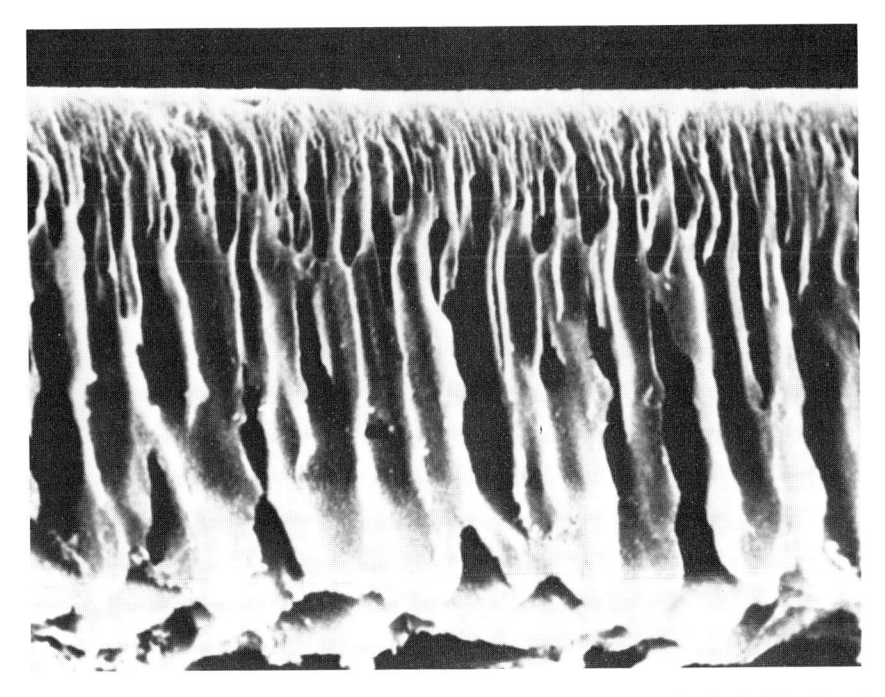

Abb. 10.9 Elektronenmikroskopische Aufnahme eines Querschnitts durch ein Ultrafiltrations-Membran. An der Außenseite der Membran befinden sich wesentlich größere Poren als auf der Innenseite (oben) (mit Genehm. der Amicon Corporation, Lexington, Mass.).

360   10. Reinigung von Proteinen

ist sehr bequem und kann auch für sehr labile Proteine angewendet werden, die Proben sollten allerdings nicht größer als 50 ml sein. Die Methode ist freilich relativ zeitaufwendig.

Ein neuer Weg, die sog. Ultrafiltration, wurde durch Fortschritte in der Membran-Technologie möglich. Es ist heute möglich, Membranen herzustellen, die sehr feine Löcher oder Poren haben. Ein Querschnitt einer solchen Membran ist in Abb. 10.9 gezeigt. Die Porengröße kann bei der Herstellung so gut reguliert wer-

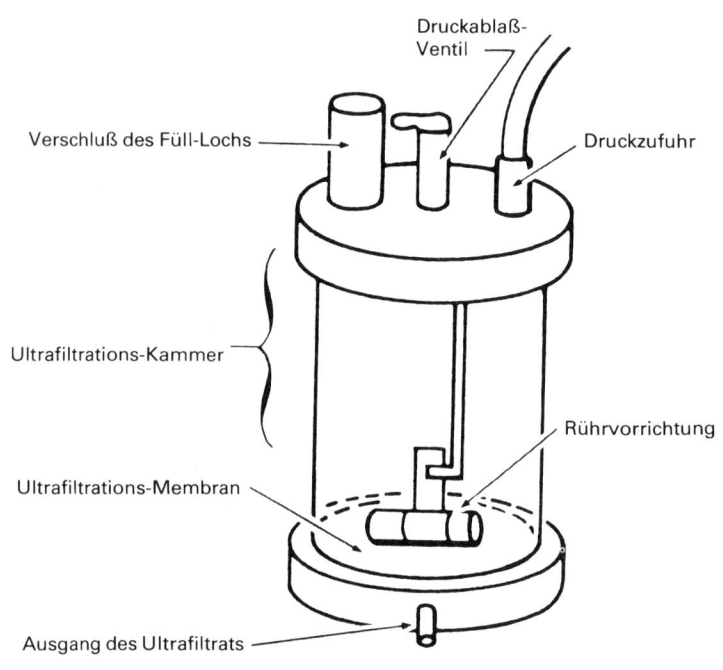

Abb. 10.10 Schematische Darstellung einer Amicon-Druckkammer zur Konzentrierung von Makromolekülen in Lösung (mit Genehm. der Amicon Corporation, Lexington, Mass.).

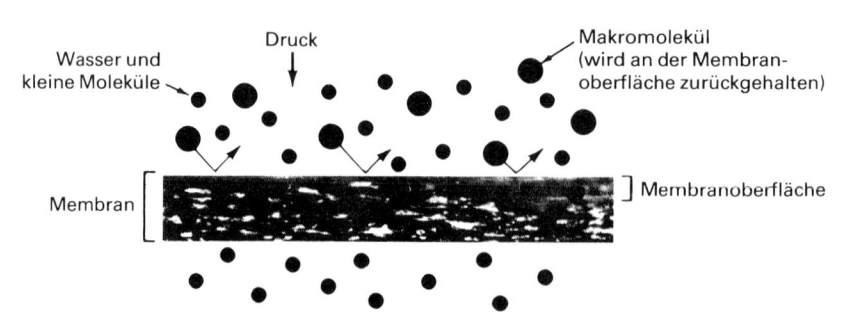

Abb. 10.11 Schematische Darstellung des Wirkungsprinzips einer Ultrafiltrations-Membran auf molekularer Ebene (mit Genehm. der Amicon Corporation, Lexington, Mass.).

10.5 Isolierung und Konzentrierung 361

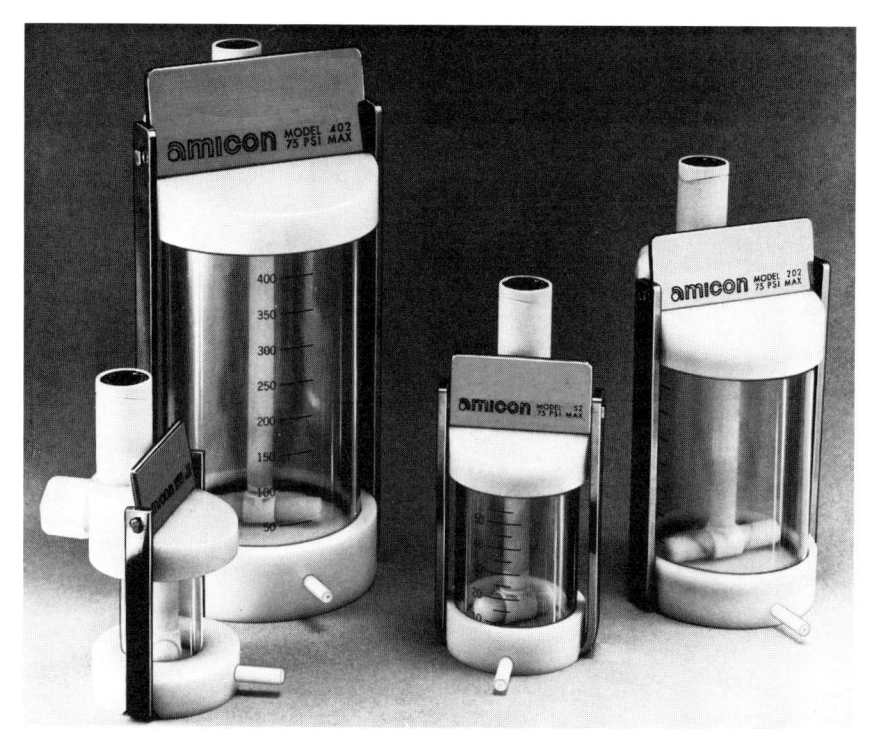

Abb. 10.12 Amicon-Druckkammern zur Konzentrierung von wenigen ml bis zu 500 ml Lösung (mit Genehm. der Amicon Corporation, Lexington, Mass.).

den, daß nur Substanzen bestimmter Größe die Membran passieren können. Die Membran wird in eine Druckkammer eingelegt und die Probenlösung darüber gefüllt (siehe Abb. 10.10). Die Kammer wird geschlossen. Mit einer Stickstoff-Druckflasche wird ein Druck von ca. 0,5 bis 4 bar (10–80 psi) auf der Flüssigkeitsoberfläche erzeugt. Durch den Überdruck wird die Lösung mit den kleinen Molekülen durch die Membran gedrückt (Abb. 10.11). Die großen Substanzen werden zurückgehalten und konzentriert. Die Lösung wird während des Vorgangs gerührt, um die Verstopfung der Poren durch die großen Moleküle möglichst zu verhindern bzw. herabzusetzen. Es sind verschiedene Kammern erhältlich, mit denen 2–3 ml bis zu mehreren hundert Litern verarbeitet werden können (Abb. 10.12). Die Konzentrierung durch Ultrafiltration geht bei den meisten Proben recht schnell und ist sehr schonend, so daß nur eine geringe oder gar keine Inaktivierung auftritt. Da Membranen mit unterschiedlicher Porengröße erhältlich sind, können die Proben nach unterschiedlicher Molekülgröße fraktioniert werden. Die Auflösung der Methode ist jedoch wesentlich geringer, als sie mit der Gelfiltration erhalten wird. Ein Nachteil ist die z.T. recht hohe Protein-Adsorption an der Membranoberfläche, die sich besonders ungünstig bei verdünnten Lösungen auswirkt.

Die beschriebenen Membranen werden auch in Form von Hohlfasern herge-

362   10. Reinigung von Proteinen

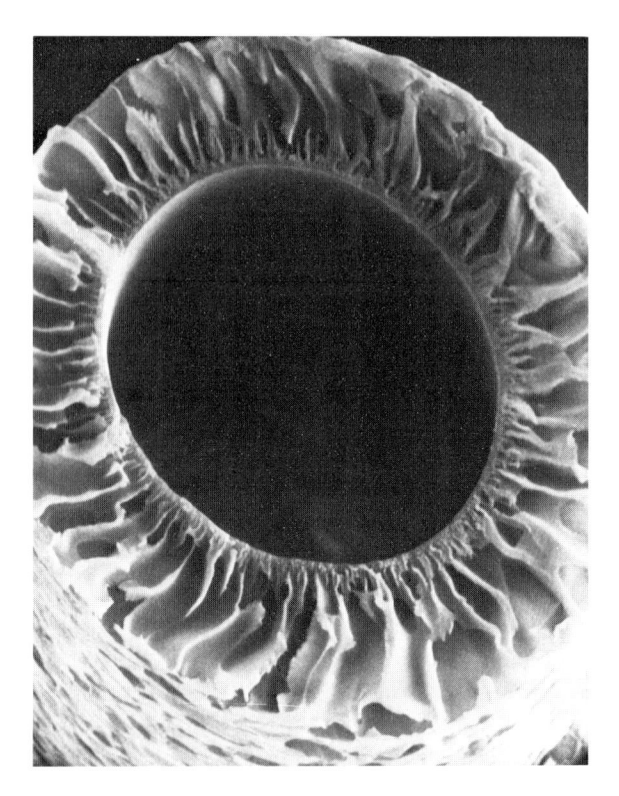

Abb. 10.13 Elektronenmikroskopische Aufnahme eines Querschnitts durch eine Membranfaser für die Hohlfaser-Dialyse. Man beachte die Ähnlichkeit zwischen dem Aufbau dieser Faser und der Membran in Abb. 10.9 (mit Genehm. der Amicon Corporation, Lexington, Mass.).

stellt. Ein Querschnitt durch eine solche Faser ist in Abb. 10.13 wiedergegeben. Mit einer großen Anzahl dieser Fasern kann eine neue Methode der Dialyse durchgeführt werden: die sogenannte Hohlfaser-Dialyse. Die Fasern werden zu einem Bündel zusammengefaßt, und eine Lösung wird in das Innere der Fasern gefüllt, während eine andere Lösung das Äußere der Fasern umgibt. Eine Apparatur hierfür ist in Abb. 10.14 wiedergegeben. Die zu dialysierende Protein-Lösung befindet sich außerhalb der Fasern. Die Protein-Lösung kann sich entweder in Ruhe befinden wie in dem gezeigten Aufbau, oder sie kann langsam an der Oberfläche der Fasern vorbei gepumpt werden. Durch das Innere der Fasern wird ein Puffer mit niedriger Ionenstärke gepumpt. Kleine Moleküle werden zurückgehalten. Das zugrundeliegende Prinzip dieser Apparatur ähnelt sehr stark der einfachen Dialyse, nur daß hier das Verhältnis von Oberfläche zu Volumen drastisch vergrößert wurde. Dadurch wird die aufzuwendende Zeit bei manchen Anwendungen von ca. 5 Stunden auf eine halbe Stunde herabgesetzt. Das in Abb. 10.14 gezeigte Gerät kann auch zur Konzentrierung von Protein-Lösungen herangezogen werden, wenn man die Hohlfasern evakuiert.

Abb. 10.14 Gerät zur Hohlfaser-Dialyse (mit Genehm. der Bio-Rad Laboratories, Richmond, Calif.).

10.5.8 Ionenaustausch-Chromatographie

Die Ionenaustausch-Chromatographie wurde ausführlich in Kap. 4 besprochen, jedoch können einige praktische Betrachtungen hier hinzugefügt werden. Bisher wurde nur die Cellulose-Ionenaustausch-Chromatographie in einer Säule beschrieben. Für ein großes Volumen eines Rohextraktes, der eine Austauscher-Säule passieren soll, wird aber eine unvertretbar lange Zeit benötigt. Alternativ dazu kann das Batch-Verfahren oft mit Vorteil angewendet werden. Man suspendiert in dem Homogenat einen Überschuß des Harzes und läßt sich das Gleichgewicht in

20–40 Minuten einstellen. Jedes Protein, das an das Harz binden kann, wird dies innerhalb dieser Zeit tun. Die ungebundenen Proteine werden zusammen mit dem größten Teil der Flüssigkeit durch Filtrieren des Harzes durch einen großen Büchner-Trichter mit grobem Filterpapier abgetrennt. Das zurückbleibende Harz wird in einem Puffer mit steigender Ionenstärke resuspendiert und erneut filtriert. Auf diese Weise werden die gebundenen Proteine in 4–6 grobe Fraktionen z. B. durch Elution mit folgenden Salz-Konzentrationen aufgetrennt: 0,01–0,008 M; 0,08–0,16 M; 0,16–0,24 M; 0,24–0,32 M und 0,32–0,40 M. Natürlich kann die ganze Prozedur auf zwei Schritte reduziert werden, wenn bekannt ist, daß das gewünschte Protein schon bei (z.B.) 0,24–0,32 M eluiert wird: 1. Schritt von 0,01–0,20 M und 2. Schritt von 0,20–0,35 M. Der Wert dieser Methode liegt in der groben, aber schnellen Trennung der Probe aufgrund unterschiedlicher Ladungen der Proteine. Jedes Protein, das nicht an das Harz bindet, wird schnell abgetrennt. Auch wenn sich das gewünschte Molekül nicht an das Harz bindet, kann die Methode angewendet werden, da dann alle bindenden Proteine (ca. 50%) abgetrennt werden können. Dieser Vorgang wird negative Adsorption genannt, d. h. es ist eine Technik, bei der nicht das gewünschte Molekül aus der Lösung entfernt wird, sondern die kontaminierenden Proteine. Ein zweiter Vorteil der Methode ist die relativ kurze Zeit, in der selbst trübe Rohextrakte aufgearbeitet werden können, für die diese Methode besonders nützlich ist.

Zwei Dinge müssen bei der Ionenaustausch-Chromatographie im Batch-Verfahren beachtet werden. Erstens: Es muß eine ausreichend große Menge des Harzes zugegeben werden. Die entsprechende Menge kann vorher bestimmt werden, indem man eine kleine Probe der Lösung entnimmt und die Menge Harz bestimmt, die für alle bindenden Proteine ausreicht. Damit kann die Harzmenge berechnet werden, die pro Gewichtseinheit löslicher Proteine benötigt wird. Dazu muß eine einfache Biuret-Proteinbestimmung durchgeführt und die benötigte Menge Harz berechnet werden. Es lohnt sich auch, etwas Zeit zu opfern, um festzustellen, welches Cellulose-Harz (DEAE, CM oder Cellulose-Phosphat) bei einer kleinen Probe die besten Ergebnisse bringt, bevor mit einer größeren Aufarbeitung begonnen wird.

Der zweite Punkt betrifft die Ionenstärke und Magnesium-Konzentration des Homogenats. Normalerweise liegt die Puffer-Konzentration der Lösung zum Homogenisieren zwischen 0,05 und 0,2 M. Bei Salz-Konzentrationen größer als 0,05 M kann die Ionenaustausch-Chromatographie nur noch mit Einschränkung angewendet werden. Deswegen sollte gleich zu Beginn ein weniger konzentrierter Puffer verwendet werden oder, wenn das nicht möglich ist, die Lösung entsprechend verdünnt werden. Die Ionenstärke des Homogenats wird am praktischsten vor der Zugabe zum Harz mit konduktometrischen Methoden (siehe unten) gemessen, um sicher zu gehen, daß tatsächlich die richtigen Bedingungen vorliegen. Bei Verwendung der Phosphocellulose-Harze ist die Zugabe von Magnesium-Salzen zum Puffer zu vermeiden, da dieses Kation die Kapazität des Harzes ungünstig beeinflußt.

Eine weitere praktische Betrachtung gilt der Auswertung der mit der Ionenaustausch-Chromatographie erhaltenen Ergebnisse. Es treten Fälle auf, wo ein Enzym vom Ionenaustauscher-Harz bei zwei unterschiedlichen Salz-Konzentrationen eluiert. Man könnte annehmen, daß es sich dabei um zwei Enzyme handelt, die die gleiche Reaktion katalysieren. Diese Interpretation ist jedoch ohne weitere Untersuchung gefährlich. Tritt diese Situation auf, sollte zuerst jeder Peak einzeln unter den gleichen Bedingungen rechromatographiert werden. Ergibt ein Rechromatogramm erneut zwei Peaks (bzw. das Original-Profil), kann angenommen werden, daß es sich um ein Protein handelt, das auf irgendeine Weise modifiziert wird und eine zweite Form bildet. Werden andererseits bei der Rechromatographie beide Formen wie ursprünglich bei der gleichen Salz-Konzentration vom Harz eluiert, müssen weitere analytische Arbeiten durchgeführt werden, die die Anwesenheit von zwei Proteinen sicherstellen, die die gleiche Reaktion katalysieren.

10.5.9 Konduktometrische Messung der Ionenstärke

Ionenlösungen leiten den elektrischen Strom. Diese Eigenschaft wird Leitfähigkeit genannt und in Milli-Siemens gemessen. Die Gesamtleitfähigkeit einer Lösung

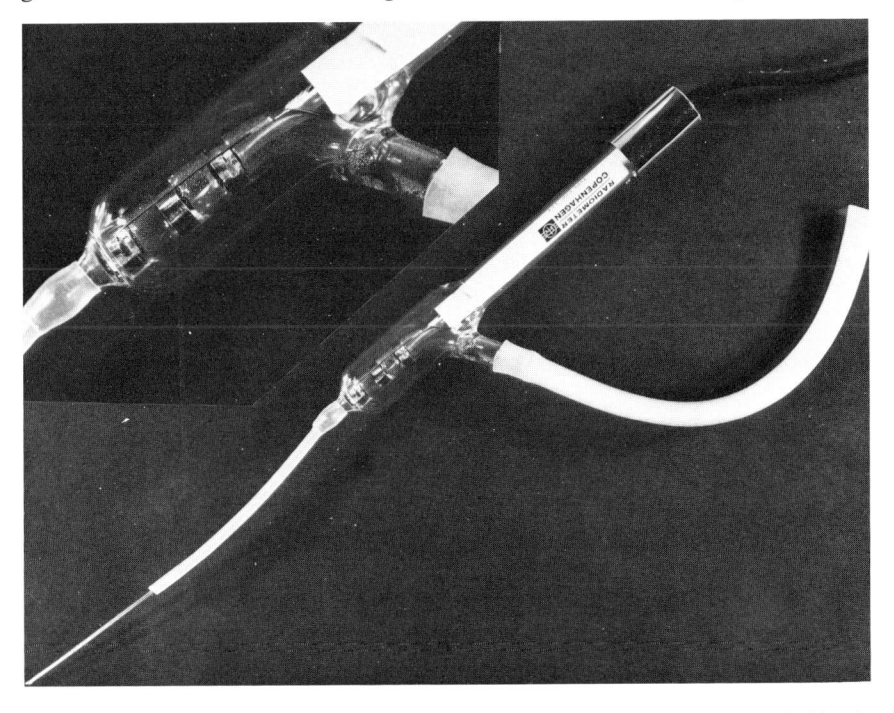

Abb. 10.15 Leitfähigkeits-Elektroden. Auf das Ende der Elektrode ist ein Gummischlauch mit einer Glaskapillare gesteckt, um auch Proben aus langen Teströhrchen entnehmen zu können. Der weite Gummischlauch am oberen Ende der Elektrode ist mit einem Gefäß mit dest. Wasser verbunden und wird zur Spülung der Elektrode zwischen den Messungen benutzt. Die Vergrößerung der Elektrode (links oben) zeigt die beiden Platin-Elemente.

366   10. Reinigung von Proteinen

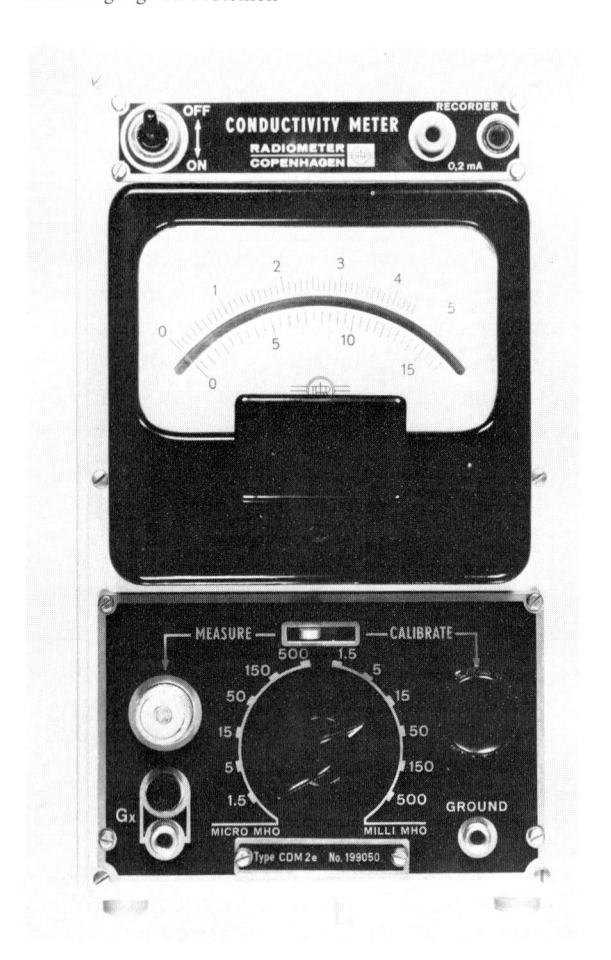

Abb. 10.16 Ansicht eines Leitfähigkeits-Meßgeräts. Der Anschluß „Measure" ist für die Leitfähigkeits-Elektrode (mit Genehm. der Radiometer A/S, Kopenhagen).

hängt von der Anzahl und Art der gelösten Ionen und den Eigenschaften der Elektroden ab. Um die letzte Variable auszuschalten, wird die spezifische Leitfähigkeit bestimmt. Sie ist definiert als die Leitfähigkeit einer Lösung, die sich zwischen zwei Platin-Elektroden im Abstand von 1 cm und je 1 cm^2 Fläche befindet. Eine solche Elektroden-Anordnung ist in Abb. 10.15 wiedergegeben. Die Testlösung wird zu den Elektroden hochgesaugt, bis beide Elektroden vollständig bedeckt sind. Die Leitfähigkeit kann dann am Konduktometer abgelesen werden. Es mißt den Strom, der bei einer festgelegten Potential-Differenz zwischen beiden Elektroden fließt. Das Gerät ist so eingerichtet, daß die Leitfähigkeit über einen weiten Größenordnungsbereich bestimmt werden kann (Abb. 10.16). Da die Elektroden sich meist etwas unterscheiden, sollte vor dem routinemäßigen Gebrauch das Gerät mit sorgfältig hergestellten Standardlösungen (KCl-Lösungen) geeicht werden.

10.5.10 Elektrophorese und Gelfiltration

Diese beiden Techniken wurden ausführlich in vorangegangenen Kapiteln besprochen und bedürfen keiner weiteren Erläuterung. Obwohl es präparative elektrophoretische Methoden gibt, werden sie bei der Protein-Reinigung selten angewendet. Die Gelfiltration dagegen wird sehr häufig verwendet. Wegen der Begrenzung des Probenvolumens wird die Methode häufig erst zum Schluß einer Reinigung eingesetzt.

10.6 Kriterien der Reinheit

Gewöhnlich braucht die Ausarbeitung eines erfolgreichen Reinigungsschemas viel Zeit und Material. Man sollte erwarten, daß dieser Aufwand auch ein absolutes Maß für die Reinheit einer Präparation erfordert. Leider gibt es jedoch keinen einzigen Test dieser Art. Es ist ganz einfach unmöglich, die Reinheit einer Substanz festzustellen. Umgekehrt ist es aber einfach, die Unreinheit einer Substanz nachzuweisen, indem man unter bestimmten Bedingungen die Probe in zwei sich unterschiedlich verhaltende Teile auftrennt. Die Reinheit hängt letztendlich von der Auflösung und der Art der verwendeten Methoden ab. Präparationen, die nach Anwendung einer Methode mit geringer Auflösung rein sind, können sich leicht als unrein herausstellen, wenn die Auflösung der Methode steigt. Benutzt man z. B. eine hochauflösende Technik wie die SDS-Gelelektrophorese, wird der Grad der Reinheit nur durch die Homogenität in bezug auf das Molekulargewicht der Präparation festgelegt. Wird dagegen ein Enzym-Test benutzt, um Kontaminationen zu entdecken, nimmt die Auflösung zwar zu, aber nur für das getestete Enzym. Das beste Kriterium für die Reinheit setzt sich deshalb aus vielen Kriterien zusammen, die jede eine andere Eigenschaft beschreibt. Die folgenden Charakteristika können als Indikatoren der Reinheit angesehen werden; sie sind jedoch nur eindeutig, wenn sie gemeinsam betrachtet werden. 1. Eine reine Präparation sollte eine konstante spezifische Aktivität zeigen, auch nach Anwendung unterschiedlicher Techniken wie der Ionenaustausch-Chromatographie mit linearem Gradienten oder der Gelfiltration. Dies kann durch die Bestimmung der Enzym-Aktivität und der Proteinmenge in jeder Fraktion des Eluats geschehen. Das Verhältnis beider Größen sollte als Summe über das Eluat betrachtet das gleiche sein. 2. Eine einzige Bande bei der Gelelektrophorese wird gewöhnlich als Kriterium der Reinheit betrachtet. Tatsächlich zeigt sie nur, daß alle vorhandenen Molekülspezies das gleiche Masse/Ladungs-Verhältnis besitzen. Wird die Elektrophorese bei unterschiedlichen pH-Werten durchgeführt, ist das Ergebnis überzeugender. 3. Die isoelektrische Fokussierung [7–9] kann als weiterer Indikator angesehen werden. Bei dieser Technik werden die Proteine aufgrund ihrer unterschiedlichen isoelektrischen Punkte aufgetrennt. Eine Zelle enthält 10000–50000 Proteine, deren isoelektrische Punkte hauptsächlich zwischen pH 4 und pH 10 liegen. Eine Überschneidung ist unver-

368   10. Reinigung von Proteinen

meidlich: 7000 Proteine pro pH-Einheit, vorausgesetzt die Verteilung ist gleichförmig (was sie tatsächlich nicht ist; sie ist zwischen 4 und 8 am dichtesten). 4. Die Grenzen der immunchemischen Reinheit wurden in Kap. 8 aufgezeigt. 5. Techniken wie die Endgruppen-Analyse und SDS-Gelelektrophorese haben nur einen Wert, wenn es sich bei dem gereinigten Material um eine einzige Polypeptid-Kette handelt oder einer Gruppe von identischen Untereinheiten; dies ist kein sehr weit verbreitetes Kriterium von Proteinen. Kurz gesagt ist die Reinheit nur so gut wie die Kriterien, mit denen sie nachgewiesen wurde. Je kritischer die Anforderungen an die Reinheit, desto mehr Techniken müssen angewendet werden und desto kritischer müssen die erhaltenen Ergebnisse beurteilt werden.

10.7 Experimenteller Teil

10.7.1 Reinigung der sauren Phosphatase aus Weizenkeimen

1. Die folgenden Lösungen werden für den Enzym-Test auf saure Phosphatase benötigt:

	Lösung	Konzentration (M)	Volumen (ml)
(A)	Natriumacetat-Puffer, pH 5,7	1	100
(B)	$MgCl_2$	0,1	50
(C)	p-Nitrophenylphosphat	0,05	10
(D)	KOH	0,5	500

Reagenz C sollte eingefroren und vor Licht geschützt aufbewahrt werden. Frische, ungeröstete Weizenkeime können aus dem (biochemischen) Handel bezogen werden.

2. Folgende Lösungen werden für die Reinigung der sauren Phosphatase benötigt:

	Lösung	Konzentration (M)	Volumen (ml)
(E)	Ammoniumsulfat, pH 5,5	gesättigt bei 4 °C	1000
(F)	Natrium-EDTA, pH 5,7	0,25	100
(G)	$MnCl_2$	1	10

3. 250 ml Methanol werden über Nacht in eine −20 °C Tiefkühltruhe gegeben (gut verschlossen!).

4. 2 l Glas-destilliertes Wasser werden über Nacht in einen Kühlschrank (4 °C) gestellt. Abb. 10.17 zeigt den schematischen Ablauf der teilweisen Reinigung der sauren Phosphatase. Die von Rechtecken umschlossenen Überstände im Reinigungsschema werden für spätere Teste der Enzym-Aktivität und Protein-Konzentration aufgehoben.

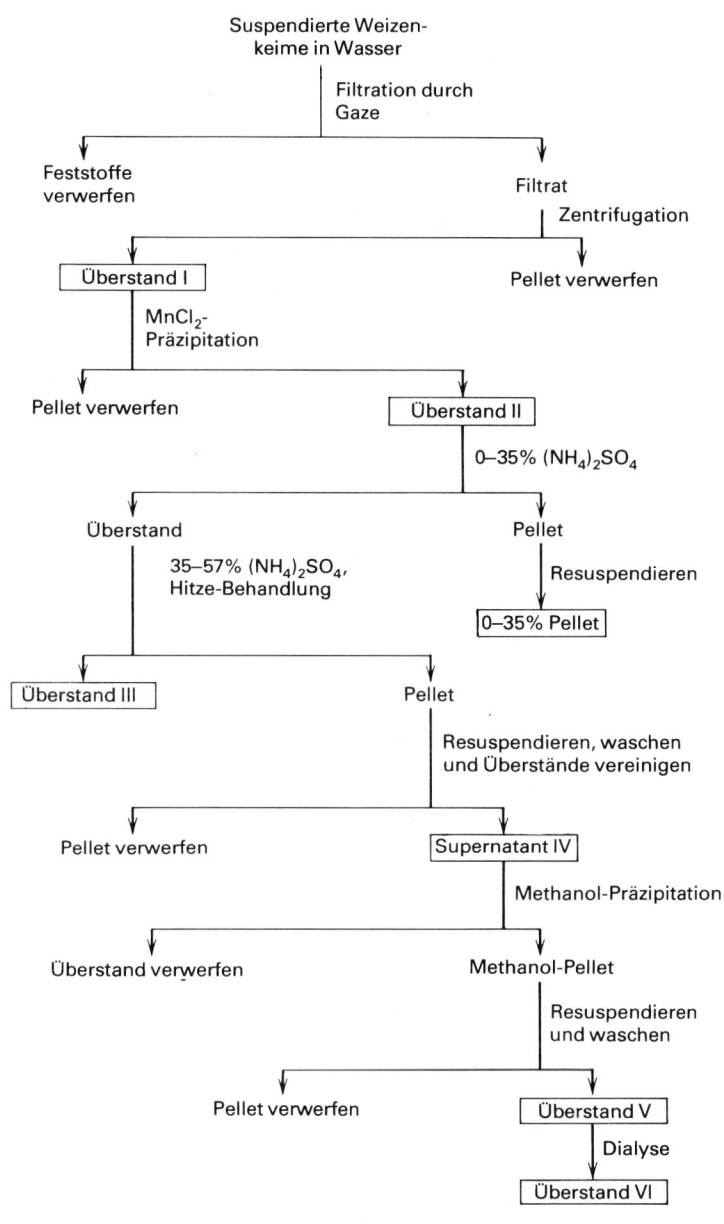

Abb. 10.17 Fließdiagramm der wichtigsten Schritte einer teilweisen Reinigung der sauren Phosphatase aus Weizenkeimen.

Abb. 10.18 Tabelle zur Sammlung der wichtigsten Daten während der Reinigung eines Enzyms.

Enzym: ____________________ Protein-Bestimmung: ____________________

Datum: ____________________ Enzymtest: ____________________

		Protein					Aktivität							
Reinigungs-Methode	Vol. (ml)	Probe (ml)	OD	Protein (mg)	mg/ml	Gesamt-Protein	Probe (ml)	cpm od. ΔOD	cpm/ml od. OD/ml	Einheiten/ml	Gesamt-Einheiten	Spezifische Aktivität (U/mg prot)	Ausbeute	Reinigungs-grad

5. 50 g Weizenkeime werden unter langsamem Rühren in 200 ml kaltem Wasser suspendiert. Man läßt die Mischung 30 Minuten stehen und rührt ab und zu auf.
6. Der grobe Brei wird durch Gaze gefiltert. Man drückt so viel Flüssigkeit wie möglich aus der Gaze.
7. Das Filtrat wird in Zentrifugations-Röhrchen überführt. Die beiden Zentrifugations-Röhrchen eines gegenüberstehenden Paares müssen exakt das gleiche Gewicht haben.
8. Die Röhrchen werden bei 4 °C 10 Minuten lang bei 10 000 g (= 9000 rpm in einem Sorvall SS-34-Rotor) zentrifugiert.
9. Der Überstand wird sorgfältig in einen 250-ml-Standzylinder abdekantiert und das Volumen notiert. Dies ist Überstand I. Die Niederschläge werden verworfen. Ein Formblatt, wie in Abb. 10.18 dargestellt, hilft bei der Protokollierung der einzelnen Daten eines Aufarbeitungsschrittes.
10. 1,0 ml des Überstandes werden für einen Enzym-Test und die Protein-Bestimmung abgenommen. Der Rest wird in ein Becherglas (250 ml), das sich in einem Eisbad befindet, überführt.
11. Während der Extrakt mit einem Magnetrührstab langsam gerührt wird, gibt man 2,0 ml 1 M $MnCl_2$ (Lösung G) für je 100 ml Überstand hinzu.
12. Das präzipitierte Material wird durch Zentrifugation wie in den Schritten 7 und 8 entfernt.
13. Der Überstand jedes Röhrchens wird in einen 250-ml-Standzylinder abdekantiert und das Volumen notiert. Dies ist Überstand II. Die Niederschläge werden verworfen.
14. 1 ml des Überstands II wird für einen Enzym-Test und eine Protein-Bestimmung entnommen. Der Rest wird in ein in einem Eisbad befindliches 600-ml-Becherglas überführt.
15. Während die Lösung langsam mit einem Magnetrührer gerührt wird, werden langsam 54 ml kalter gesättigter Ammoniumsulfat-Lösung pro 100 ml Überstand II hinzugefügt (Lösung E). Die Ammoniumsulfat-Konzentration beträgt nach der Zugabe 35%. Die Zugabe erfolgt am besten mit einer 10-ml-Pipette und sollte insgesamt ca. 5–10 Minuten dauern. Wird die Lösung zu schnell gerührt, denaturieren einige Proteine. Dies kann man an der Bildung eines weißen Schaumes an der Oberfläche der Lösung erkennen. Diese Denaturierung ist zu vermeiden.
16. Nach der Ammoniumsulfat-Zugabe wird die Lösung weitere 10–15 Minuten gerührt.
17. Das Präzipitat wird, wie in den Schritten 7 und 8 beschrieben, entfernt.
18. Man dekantiert den Überstand in einen graduierten Standzylinder, mißt sein Volumen und gibt ihn in das 600-ml-Becherglas zurück. Mit der Lösung wird eine zweite Ammoniumsulfat-Fällung durchgeführt.
19. Die Niederschläge werden in 25–50 ml 0,05 M Natriumacetat-Puffer (durch Verdünnung von Lösung A) resuspendiert. Zur Suspendierung können Glas-

stäbe verwendet werden. Sobald man eine gute Suspension erhalten hat, wird ungelöstes Protein durch Zentrifugation (Schritt 7 und 8) entfernt. Die Überstände werden in einen 100-ml-Standzylinder überführt und das Volumen notiert. Dann wird die Lösung für spätere Bestimmungen der Enzym-Aktivität und Protein-Konzentration aufbewahrt. Obwohl diese Fraktion nur wenig Aktivität enthalten kann, ist es ratsam, alle Fraktionen eines Reinigungsschrittes aufzubewahren, bis man tatsächlich nachgewiesen hat, daß sie vernachlässigbar kleine Aktivitäten aufweisen. Der Niederschlag des ungelösten Proteins kann verworfen werden.

20. Während die in Schritt 18 erhaltene Lösung langsam gerührt wird, gibt man langsam 51 ml kalter gesättigter Ammoniumsulfat-Lösung pro 100 ml Lösung (Volumen-Bestimmung aus Schritt 18) hinzu. Die Endkonzentration an Ammoniumsulfat beträgt 57%.

21. Ein Wasserbad wird auf 70°C gebracht.

22. Für die Hitze-Präzipitation wird das Becherglas (Schritt 20) in das Heißwasserbad gestellt und leicht mit dem Thermometer umgerührt. Man läßt die Lösung auf 60°C erwärmen und hält die Temperatur 2–2,5 Minuten lang. Nach der Inkubation wird das Becherglas schnell in ein Eisbad getaucht und die Lösung gerührt, bis die Temperatur auf 6–8°C gesunken ist.

23. Das Präzipitat wird wie beschrieben entfernt (Schritte 7 und 8).

24. Der Überstand wird vorsichtig in ein 250-ml-Standzylinder abdekantiert und das Volumen notiert. Dies ist Überstand III. Er wird bei 4°C für spätere Enzym-Teste und Protein-Bestimmungen aufbewahrt.

25. Das Präzipitat aus Schritt 24 wird mit einem Glasstab in 40 ml kaltem Wasser (^{1}/$_3$ des Volumens von Überstand II) suspendiert.

26. Sobald man eine gleichmäßige Suspension erhalten hat, wird das ungelöste Protein durch Zentrifugieren entfernt (Schritt 7 und 8).

27. Der Überstand wird sorgfältig in einen 50-ml-Standzylinder abdekantiert und das Volumen gemessen. 1,0 ml wird für einen späteren Test abgenommen. Dies ist Überstand IV. Die Präparation kann zu diesem Zeitpunkt ohne wesentlichen Aktivitätsverlust mehrere Wochen lang eingefroren werden.

28. Die Protein-Konzentration von Überstand IV wird bestimmt und notfalls auf 4–5 mg/ml Protein durch Verdünnen mit kaltem destilliertem Wasser eingestellt. Man bestimmt das resultierende Volumen der Lösung und gibt für jeden Milliliter 0,09 ml 0,25 M EDTA-Lösung (Lösung F) und 0,05 ml gesättigte Ammoniumsulfat-Lösung hinzu.

29. Schrittweise gibt man unter leichtem Rühren 1,75 ml kaltes (−20°C) Methanol für jeden Milliliter der in Schritt 28 erhaltenen Lösung. Das Methanol sollte bei der Zugabe so kalt wie möglich sein.

30. Das Präzipitat wird durch Zentrifugieren (Schritt 7 und 8) entfernt. Der Überstand wird abgegossen und verworfen.

31. Das präzipitierte Protein wird in 10 ml kaltem Wasser resuspendiert. Das ungelöste Protein trennt man durch Zentrifugieren und hebt den Überstand auf.

32. Das ungelöste Protein aus Schritt 31 wird in weiteren 10 ml kaltem Wasser resuspendiert. Das ungelöste Protein wird durch Zentrifugieren entfernt. Die überstehende Lösung vereinigt man mit der aus Schritt 31. Dies ist Überstand V. Das Volumen wird bestimmt und 0,5 ml für spätere Teste entnommen. Die ungelösten Proteine können verworfen werden.
33. Von einem Dialyseschlauch schneidet man ein entsprechendes Stück ab. Der Schlauch wird mit dest. Wasser angefeuchtet und an einem Ende mit zwei Knoten verschlossen (siehe Abb. 10.7).
34. Der Überstand V wird mit einer Pasteur-Pipette in den Dialyseschlauch überführt. Man achte darauf, den Schlauch nicht mit der Pipette zu durchstechen.
35. Das andere Ende des Schlauches wird ebenfalls mit zwei Knoten verschlossen, so daß noch etwas Luft im Schlauch bleibt.
36. Der Dialyseschlauch wird in ein 1-l-Becherglas gefüllt mit kalter 5 mM EDTA-Lösung gegeben. Die Lösung wird mit einem großen Magnetrührstab über Nacht bei 4 °C langsam gerührt.
37. Nach Beendigung der Dialyse schneidet man ein Ende des Schlauchs vorsichtig auf und überführt den Inhalt in einen Meßzylinder und notiert das Volumen. Die Lösung kann eingefroren werden und wird Überstand VI genannt. Eine 0,5-ml-Probe wird für eine Protein- und Aktivitäts-Bestimmung abgenommen.
38. Die Präparation kann jetzt auf unterschiedliche Weise weiterbehandelt werden. Sie kann entweder einer DEAE-Cellulose-Chromatographie bei pH 7,4 mit linearem Gradienten zwischen 0,005 und 0,1 M Tris-Puffer unterworfen, oder es können auf dieser Reinigungsstufe kinetische Studien durchgeführt werden wie im nächsten Abschnitt beschrieben. Schließlich kann auch eine Gelfiltration auf einem Agarose-Gel, wie Biogel 0,5 m (Ausschlußgrenze: $0,5 \times 10^6$ d), durchgeführt werden. Wird die letzte Methode gewählt, muß die Lösung wie folgt konzentriert werden.
39. Zur Konzentrierung wird dem Überstand VI langsam 4 g festes Ammoniumsulfat pro 10 ml Protein-Lösung hinzugegeben. Die Fällung findet in einem kleineren Eisbad statt wie in Schritt 10 beschrieben.
40. Das Gleichgewicht stellt sich in der Mischung innerhalb von 10–15 Minuten ein. Anschließend trennt man das Präzipitat durch Zentrifugation ab und löst es in 2–3 ml einer 0,2 M Ammoniumsulfat-Lösung mit 1 mM EDTA wieder auf. Ungelöste Proteine werden durch Zentrifugieren abgetrennt und verworfen.
41. Die Präparation kann jetzt einer Gelfiltration bei Raumtemperatur in einer 2,5 × 35-cm-Säule gefüllt mit Biogel-Agarose 0,5 m, die mit 0,2 M Ammoniumsulfat und 1 mM EDTA äquilibriert wurde, unterworfen werden. In Kap. 6 sind genauere Hinweise für die Durchführung angegeben. Es empfiehlt sich ein Probenvolumen von 1–2 ml.

Protein-Bestimmung nach Warburg und Christian

Die Protein-Konzentration der Fraktionen, die durch DEAE-Chromatographie oder Gelfiltration erhalten wurden, können nach der Warburg-Christian-Methode bestimmt werden [10]. Die Methode basiert auf der Absorption von Tyrosin- und Tryptophan-Resten bei einer Wellenlänge 280 nm. Da die Anzahl dieser Reste in den einzelnen Proteinen unterschiedlich ist, können die Aussagen dieser Methode nur qualitativen Charakter haben, wenn sie auf Protein-Mischungen angewendet wird. Ihre Einfachheit, Empfindlichkeit und die kurze dafür benötigte Zeit haben sie zur Methode der Wahl bei der Bestimmung der Protein-Konzentration in Säuleneluaten werden lassen. Ein weiterer Nachteil der Methode ist die Beeinflussung durch Kontaminationen von Nucleinsäuren in der Protein-Lösung. Dieses Problem kann dadurch umgangen werden, daß man sich die Tatsache zunutze macht, daß Nucleinsäuren bei der Wellenlänge 260 nm stärker als bei 280 nm absorbieren. Mit kristalliner Hefe-Enolase und gereinigter Nucleinsäure als Standardsubstanzen bestimmten Christian und Warburg den Fehler, der bei der Kontamination von Nucleinsäuren in der Protein-Lösung auftritt. Sie stellten eine Korrekturtabelle auf,

Tab. 10.5 Korrektur-Faktoren für die Protein-Bestimmung nach Warburg-Christian.

A_{280}/A_{260}	Korrektur-Faktor	Nukleinsäure (%)
1,75	1,12	0
1,63	1,08	0,25
1,52	1,05	0,50
1,40	1,02	0,75
1,36	0,99	1,00
1,30	0,97	1,25
1,25	0,94	1,50
1,16	0,90	2,00
1,09	0,85	2,50
1,03	0,81	3,00
0,98	0,78	3,50
0,94	0,74	4,00
0,87	0,68	5,00
0,85	0,66	5,50
0,82	0,63	6,00
0,80	0,61	6,50
0,78	0,59	7,00
0,77	0,57	7,50
0,75	0,55	8,00
0,73	0,51	9,00
0,71	0,48	10,00
0,67	0,42	12,00
0,64	0,38	14,00
0,62	0,32	17,00
0,60	0,29	20,00

die in Tab. 10.5 wiedergegeben ist. Die Absorption jeder Protein-enthaltenden Lösung wird bei den Wellenlängen 280 und 260 nm gemessen und das Verhältnis der beiden Werte bestimmt. Mit dem berechneten Verhältnis läßt sich aus der Tabelle ein Korrekturfaktor, F, entnehmen, der mit der Absorption bei 280 nm multipliziert wird. Daraus ergibt sich die Protein-Konzentration in Milligramm pro Milliliter.

$$(A_{280\,nm}) \times F = mg/ml \text{ Protein} \tag{8}$$

Hochkonzentrierte Protein-Lösungen müssen verdünnt werden, bis sie eine Absorption unter 1,0 haben.

10.7.2 Etablierung der Testbedingungen für saure Phosphatase

Bevor ein Test in der Routine verwendet werden kann, müssen die Bedingungen genau festgelegt werden, unter denen er linear arbeitet. Dies gilt besonders für Teste, die dazu benutzt werden, um eine Reinigungstabelle aufzustellen, wo die spezifischen Enzym-Aktivitäten (μ Mole eines Produkts, das pro Minute von einem Milligramm Protein gebildet wird) einen weiten Bereich überdecken. Es müssen Bedingungen gefunden werden, für die eine Linearität sowohl für die Zeit als auch die Protein-Konzentration gilt.

Zeit-Kurve

1. Die folgenden Reagenzien aus Schritt 1, Abschn. 10.7.1 werden in Reagenzröhrchen gegeben:

Reagenz	Volumen (ml)
A	0,5
B	0,5
C	0,5
H_2O	3,3

Die Reagenzien werden im Reagenzröhrchen kräftig durchmischt.

2. Das Röhrchen wird in ein 30°C-Wasserbad gestellt und zur Einstellung des Gleichgewichts 10 Minuten inkubiert.
3. Vom entsprechend verdünnten Überstand VI werden 0,2 ml hinzugegeben. Die Enzym-Präparation muß verdünnt werden, da bei zu hoher Konzentration der sauren Phosphatase in Überstand VI das Substrat nach kurzer Zeit verbraucht wäre. Der richtige Verdünnungsgrad muß im Experiment bestimmt werden. Bei der richtigen Verdünnung sollte die Reaktionsmischung nach 5 Minuten Inkubation eine Absorption von 0,3 bis 0,4 besitzen. Sind sehr

starke Verdünnungen notwendig, ist es angebracht, der Lösung Albumin (1%
Endkonzentration) zuzugeben, um das Enzym vor Inaktivierung zu schützen.

4. Die Reaktionsmischung aus Schritt 3 wird bei mäßiger Geschwindigkeit auf einem Wirlmix durchmischt.
5. Sofort danach wird der Reaktionsmischung aus Schritt 4 eine 0,5-ml-Probe entnommen, in ein Reagenzröhrchen gegeben und genau 2,5 ml 0,5 N KOH hinzugegeben. Die KOH beendet die Reaktion und überführt das p-Nitrophenol in seine unprotonierte, farbige Form. Die erste Probe soll so schnell wie möglich entnommen werden, denn es ist der Nullwert.
6. Nach 5, 10, 15, 20, 25, 30 und 35 Minuten werden weitere 0,5-ml-Proben entnommen und wie in Schritt 5 beschrieben behandelt.
7. Die Inhalte jedes Röhrchens müssen gut durchmischt werden.
8. Sollten die vermischten Lösungen aufgrund von präzipitierten Proteinen trübe sein, werden die Röhrchen in einer Tischzentrifuge 10 Minuten bei 4000 rpm abzentrifugiert.
9. Für jedes Röhrchen wird die Absorption bei 405 nm bestimmt. Ein einfaches Spektrometer reicht für diese Zwecke aus.
10. Die erhaltenen Werte werden, wie in Abb. 10.19 gezeigt, dargestellt. Man beachte, daß auch zur Zeit „Null" eine Absorption gemessen wird und daß zur Bestimmung der Enzym-Einheiten (µMol p-Nitrophenol/Minute) dieser Null- oder Leerwert von jedem experimentellen Wert subtrahiert werden muß. Es ist besser, den gemessenen Nullwert von jedem experimentellen Wert zu subtrahieren als den Nullwert als Referenz im Spektrometer zu verwenden. Obwohl

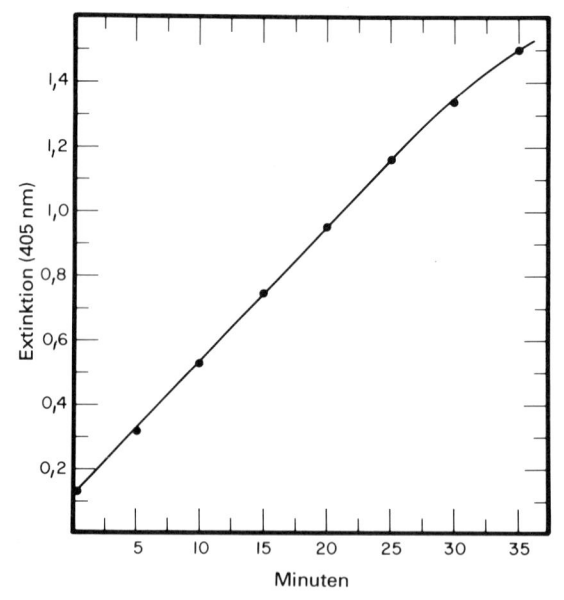

Abb. 10.19 Einfluß der Inkubationsdauer auf die Produktion von p-Nitrophenol durch saure Phosphatase.

die letzte Methode sicher einfacher ist, geht der tatsächliche Nullwert verloren. Man beachte auch, daß die Kurve oberhalb der Absorption von 1,2–1,4 nicht mehr linear ist.

Protein-Kurve

11. In acht Reagenzröhrchen werden je 0,5 ml der Reagenzien A und B gegeben.
12. Überstand VI wird wie beschrieben verdünnt (Schritt 3) und folgende Volumina des verdünnten Überstands in die Reagenzröhrchen überführt: 0; 0,05; 0,1; 0,15; 0,2; 0,25; 0,3 und 0,35 ml.
13. Jedes Röhrchen wird mit Wasser auf 0,45 ml aufgefüllt.
14. Im Abstand von 2 Minuten werden die Reaktionen durch Zugabe von 0,05 ml Reagenz C zu jedem Röhrchen gestartet. Die Röhrchen werden durchmischt und in ein 30 °C-Wasserbad gestellt.
15. Jedes Röhrchen wird exakt 15 Minuten inkubiert und die Reaktion durch Zugabe von 2,0 ml 0,5 M KOH beendet.
16. Die Schritte 7 bis 9 werden wiederholt. Die Ergebnisse dieses Versuchs sind in Abb. 10.20 wiedergegeben. Man erkennt, daß es ungünstig ist, Präparationen dieser Reinheit mit Konzentrationen über 70 µg Protein zu testen.

10.7.3 Bestimmung der Michaelis-Konstante der sauren Phosphatase für p-Nitrophenylphosphat

1. Man stelle sich einen Satz verdünnter Lösungen von p-Nitrophenylphosphat (Reagenz C, Abschn. 10.7.1) her, so daß bei Zugabe von 0,1 ml der verdünnten Lösungen zu 0,5 ml Reaktionsmischung folgende Endkonzentrationen entstehen: 0; 0,05; 0,10; 0,25; 0,5; 1,0; und 5,0 mM. Zum Verdünnen wird Wasser genommen.

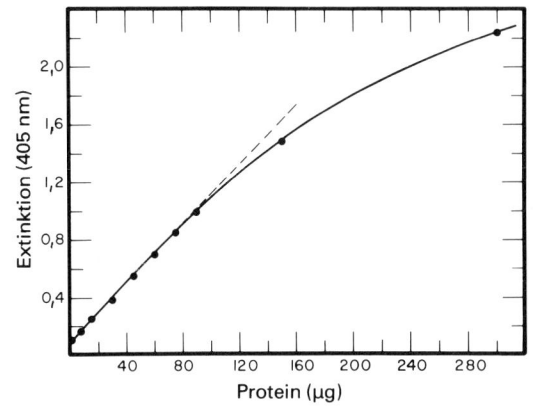

Abb. 10.20 Bildung von p-Nitrophenol durch saure Phosphatase in Abhängigkeit von der Protein-Konzentration.

378   10. Reinigung von Proteinen

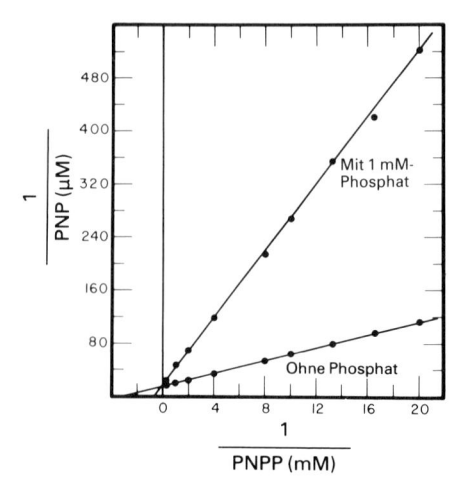

Abb. 10.21 Lineweaver-Burke-Diagramm der Bildungsrate von p-Nitrophenol bei steigender Konzentration des Substrats (p-Nitrophenylphosphat, PNPP). Das gleiche Experiment wurde auch in Anwesenheit von 1 mM anorganischem Phosphat durchgeführt.

2. Je 0,1 ml der verdünnten Lösungen wird in ein Reagenzröhrchen pipettiert (10 Röhrchen).
3. Zusätzlich werden in jedes Röhrchen 0,05 ml Reagenz A, 0,05 ml Reagenz B und 0,2 ml Wasser gegeben.
4. Im Abstand von zwei Minuten werden nacheinander in jedes Röhrchen 0,1 ml des entsprechend verdünnten Überstands VI pipettiert. Der Inhalt der Röhrchen wird durchmischt und in ein 30°C-Wasserbad gestellt.
5. Nach genau 15 Minuten Inkubation werden 2,0 ml 0,5 N KOH zur Beendigung der Reaktion hinzugegeben.
6. Die Schritte 7 bis 9, Abschn. 10.7.2 werden wiederholt.
7. Die Schritte 1 bis 6 werden wiederholt, jedoch benutzt man anstelle von 0,2 ml Wasser in Schritt 3 0,1 ml Wasser und 0,1 ml einer 0,005 M Dikaliumhydrogen-phosphat-Lösung. Damit liegt eine Endkonzentration von 1 mM Phosphat in jeder Reaktionsmischung vor.
8. Unter Verwendung eines Extinktions-Koeffizienten von $18,8 \times 10^6$ cm^2/Mol für p-Nitrophenol werden alle Absorptionen in μMol p-Nitrophenol umgeformt.
9. Man bestimmt jeweils den reziproken Wert und die dazugehörige Substrat-Konzentration (p-Nitrophenylphosphat).
10. Die Werte werden wie in Abb. 10.21 graphisch dargestellt.
11. Der K_m-Wert wird für p-Nitrophenylphosphat in An- und Abwesenheit von anorganischem Phosphat bestimmt.
12. V_{max} kann ebenfalls aus den Werten berechnet werden, jedoch sollte man beachten, daß dies die Hydrolyse-Geschwindigkeit nach 15 Minuten ist.

13. Diese Ergebnisse können nach der Methode von Eadie und Hofstee [11, 12] dargestellt werden.

10.7.4 Aufstellung einer Reinigungstabelle

1. Für alle aufbewahrten Fraktionen wird eine Protein-Bestimmung und ein Enzym-Test durchgeführt. Für die Protein-Bestimmung wird die Methode von Lowry (Kap. 2) benutzt. Für den Enzym-Test wird nach den Schritten 11 bis 16, Abschn. 10.7.2 verfahren.
2. Für jede getestete Fraktion wird die spezifische Aktivität berechnet (µMol p-Nitrophenol/Minute/mg Protein). Eine entsprechende Reihe von Ergebnissen ist in Tab. 10.6 wiedergegeben.

Tab. 10.6 Teilweise Reinigung der sauren Phosphate aus Weizenkeimen.

Fraktion	Gesamt-volumen (ml)	Gesamt-Protein (mg)	Enzym-Aktivität (nMol Einheiten/min)	spezifische Enzym-Aktivität (Einheiten/mg)
Überstand I	129	3354	171	0,051
Überstand II	128	2432	160	0,066
0–35%-Pellet	18	504	19	0,038
Überstand III	324	810	72	0,089
Überstand IV	66,5	798	124	0,155
Überstand V	21,7	279,9	71	0,254
Überstand VI	26,5	278	134	0,482

11. Literatur

Kapitel 1

[1] Harold F. Walton, Principles and Methods of Chemical Analysis, 2nd ed., Prentice-Hall, Englewood Cliffs, N.J., 1964.
[2] M. Dole, The Glass Electrode, Wiley, New York, 1940.
[3] G.A. Perley, Anal. Chem., **21,** 391–393 (1949). Composition of pH-Responsive Glasses.
[4] G.A. Perley, Anal. Chem. **21,** 394–401 (1949). Glasses for Measurement of pH.
[5] G.A. Perley, Anal. Chem. **21,** 559–562 (1949). pH Response of Glass Electrodes.
[6] H.H. Willard, L.L. Merritt, and J.A. Deon, Instrumental Methods of Analysis, 4th ed., Van Nostrand, Princeton, N.J., 1967.
[7] J.S. Fritz and G.H. Schenk, Quantitative Analytical Chemistry, 2nd ed., Allyn and Bacon, Boston, 1969.
[8] R.M. Bates, Determination of pH: Theory and Practice, 2nd ed., Wiley, New York 1964.
[9] G. Eisenmann, Ed., Glass Electrodes for Hydrogen and Other Cations: Principles and Practice, Marcel Dekker, New York, 1967.
[10] G.A. Rechnitz, Chem. Eng. News, 146–158 (June 12, 1967). Ion Selective Electrodes.
[11] C.E. Meloan, Instrumental Analysis Using Physical Properties, Lea and Febiger, Philadelphia, 1968.
[12] W.D. Brown and L.B. Mebine, J. Biol. Chem. **244,** 6696–6701 (1969). Autooxidation of Oxymyoglobins.
[13] I.M. Kolthoff and J.J. Lingane, Polarography, 2nd ed., Interscience, New York, 1952.
[14] R.W. Estabrook, Methods Enzymol. **10,** 41–47 (1967). Mitochondrial Respiratory Control and the Polarographic Measurement of ADP:O Ratios.
[15] L.J. Wickerham, J. Bacteriol. **52,** 293–301 (1946). A critical evaluation of the nitrogen assimilation tests commonly used in the classification of yeasts.

Kapitel 2

[1] Allan G. Gornall, Charles J. Bardawill, and Maxima M. David, J. Biol. Chem. **177,** 751–766 (1949). Determination of Serum Proteins by Means of the Biuret Reaction.
[2] Oliver H. Lowry, Nira J. Rosebrough, A. Lewis Farr, and Rose J. Randall, J. Biol. Chem. **193,** 265–275 (1951). Protein Measurement with the Folin Phenol Reagent.
[3] Ennis Layne, Methods Enzymol. **3,** 447–454 (1957). Spectrophotometric and Turbidimetric Methods for Measuring Proteins.
[4] P.S. Chen, Jr. T.Y. Toribara, and Huber Warner, Anal. Chem. **28,** 1756–1758 (1956). Microdetermination of Phosphorus.
[5] Cyrus H. Fiske and Yella Pragada Subbarow, J. Biol. Chem. **66,** 375–400 (1925). The Colorimetric Determination of Phosphorus.
[6] D.J. Merchant, R.H. Kahn, and W.H. Murphy, Handbook of Cell and Organ Culture, 2nd ed., Burgess, Minneapolis, 1969.
[7] J.T. Park and M.J. Johnson, J. Biol. Chem. **181,** 149–151 (1949). A Submicro Determination of Glucose.

[8] G.R. Penzer, J. Chem. Educ. **45,** 693–701 (1968). Applications of Absorption Spektroscopy in Biochemistry.
[9] R.A. Friedl and M. Orchin, Ultraviolet Spectra of Aromatic Compounds. Wiley, New York, 1951.
[10] K.P. Bauman, Absorption Spectroscopy, Wiley, New York, 1962.
[11] M.G. Mellon, Analytical Absorption Spectroscopy, Wiley, New York, 1950.
[12] G.H. Beaven et al., Molecular Spectroscopy, Heywood, 1961.
[13] H.H. Jaffe and M. Orchin, The Theory and Applications of Ultraviolet Spectroscopy, Wiley, New York, 1962.
[14] A.E. Gillam and E.S. Stern, An Introduction to Electronic Absorption Spectroscopy, 2nd ed., Arnold, 1957.
[15] F.D. Snell and C.T. Snell, Colorimetric Methods of Analysis, Van Nostrand, Princeton, N.J., 1961.

Kapitel 3

[1] Carlos G. Bell and F. Newton Hayes, Eds., Liquid Scintillation Counting, Pergamon, New York, 1958.
[2] J.B. Birks, The Theory and Practice of Scintillation Counting, Pergamon, New York, 1964.
[3] E. Rapkin, Int. J. Appl. Radiat. Isot. **15,** 69 (1964). Liquid Scintillation Counting 1957–1963: A Review.
[4] V.P. Guinn and C.D. Wagner, Atomlight (a publication of New England Nuclear Corp.), No. 12 (April 1960). A Comparison of Ionization Chamber and Liquid Scintillation Methods for Measurement of Beta Emitters.
[5] B.L. Funt and A. Hetherington, Int. J. Appl. Radiat. Isot. **13,** 215 (1962). The Kinetics of Quenching in Liquid Scintillators.
[6] E.D. Bransome, Ed., The Current Status of Liquid Scintillation Counting, Grune & Stratton, New York, 1970.
[7] A. Feinendegen, Tritium Labeled Molecules in Biology and Medicine, Academic Press, New York, 1967.
[8] R.K. Swank, Nucleonics **12** (3), 15 (1954). Recent Advances in Theory of Scintillation Phosphors.
[9] M. Furst and H. Kallmann, Phys. Rev. **94,** 503 (1954). Energy Transfer by Means of Collision in Liquid Organic Solutions under High Energy and Ultraviolet Excitations.
[10] E.A. Dawes, Quantitative Problems in Biochemistry, 5th ed., Williams and Wilkins, Baltimore, 1972.
[11] R.J. Herberg, Anal. Chem. **35,** 786 (1963). Statistical Aspects of Liquid Scintillation Counting by Internal Standard Technique.
[12] R.J. Herberg, Anal. Chem. **33,** 1308 (1961). Counting Statistics for Liquid Scintillation Counting.
[13] J. Sharpe and V.A. Stanley, Int. At. Energy Agency **1,** 211 (1962). Photomultipliers for Tritium Counting, in Tritium in the Physical and Biological Sciences (Proceedings of a Symposium on the Detection and Use of Tritium in the Physical and Biological Sciences).
[14] H.H. Seliger and C.A. Ziegler, Nucleonics **14** (4), 49 (1956). Liquid Scintillator Temperature Effects.
[15] C.P. Petroff, P.P. Nair, and D.A. Tumer, Int. J. Appl. Radiat. Isot. **15,** 491 (1964). The Use of Siliconized Glass Vials in Preventing Wall Adsorption of Some Inorganic Radioactive Compounds in Liquid Scintillation Counting.
[16] E. Rapkin and J.A. Gibbs, Int. J. Appl. Radiat. Isot. **14,** 71 (1963). Polyethylene Containers for Liquid Scintillation Spectrometry.
[17] T. Higashimura, O. Yamada, N. Nohara, and T. Shidei, Int. J. Appl. Radiat. Isot. **13,** 308 (1962). External Standard Method for the Determination of the Efficiency in Liquid Scintillation Counting.
[18] J.K. Weltman and D.W. Talmadge, Int. J. Appl. Radiat. Isot. **14,** 541 (1963). A Method for the Simultaneous Determination of H^3 and S^{35} in Samples with Variable Quenching.

[19] R.S. Hendler, Anal. Biochem. **7,** 110 (1964). Prodedure for Simultaneous Assay of Two β-Emitting Isotopes with the Liquid Scintillation Counting Technique.
[20] E.T. Bush, Anal. Chem. **35,** 1024 (1963). General Applicability of the Channels Ratio Method of Measuring Liquid Counting Efficiencies.
[21] G.A. Bruno and J.E. Christian, Anal. Chem. **33,** 650 (1961). Correction for Quenching Associated with Liquid Scintillation Counting.
[22] E.T. Bush, Anal. Chem. **36,** 1082 (1964). Liquid Scintillation Counting of Doubly-Labeled Samples. Choice of Counting Conditions for Best Precision in Two-Channel Counting.
[23] G.T. Okita, J.J. Kabara, F. Richardson, and G.V. LeRoy, Nucleonics **15** (6), 111 (1957). Assaying Compounds Containing H^3 and C^{14}.
[24] B. Scales, Anal. Biochem. **5,** 489 (1963). Liquid Scintillation Counting: The Determination of Background Counts of Samples Containing Quenching Substances.
[25] G.A. Bray, Anal. Biochem. **1,** 279 (1960). A Simple Efficient Liquid Scintillator for Counting Aqueous Solutions in a Liquid Scintillation Counter.
[26] F.E. Kinard, Rev. Sci. Instr. **28,** 293 (1957). Liquid Scintillator for the Analysis of Tritium in Water.
[27] T.G. Cooper, P. Whitney, and B. Magasanik, J. Biol. Chem. **249,** 6548 (1974). Reaction of lac-specific Ribonucleic Acid from Escherichia coli with lac Deoxyribonucleic Acid.

Kapitel 4

[1] J. Leggett Bailey, Techniques in Protein Chemistry, 2nd ed., American Elsevier, New York, 1967.
[2] G.R. Bartlett, J. Biol. Chem. **234,** 449–458 (1959). Human Red Cell Intermediates.
[3] G.R. Bartlett, J. Biol. Chem. **234,** 459–465 (1959). Methods for the Isolation of Glycolytic Intermediates by Column Chromatography with Ion Exchange Resins.
[4] G.R. Bartlett, J. Biol. Chem. **234,** 466–469 (1959). Phosphorus Assay in Column Chromatography.
[5] I. Calmon and T.R.E. Kressman, Ion Exchangers in Organic and Biochemistry, Interscience, New York, 1957.
[6] T.G. Cooper, J. Biol. Chem. **246,** 3451 (1971). The Activation of Fatty Acids in Castor Bean Endosperm.
[7] T.G. Cooper and H. Beevers, J. Biol. Chem. **244,** 3507 (1969). Mitochondria and Glyoxysomes from Castor Bean Endosperm. Enzyme Constituents and Catalytic Capacity.
[8] H.A. Flaschka and J.R. Barnard, Chelates in Analytical Chemistry, Vol. 1, Marcel Dekker, New York, 1967.
[9] R.K. Gerding and R.G. Wolfe, J. Biol. Chem. **244,** 1164 (1969). Malic Dehydrogenase. VIII. Large Scale Purification and Properties of Supernatant Pig Heart Enzyme.
[10] F. Helfferich, Ion Exchange, McGraw-Hill, New York, 1962.
[11] Erich Heftmann, Ed., Chromatography, 2nd ed., Reinhold, New York, 1967.
[12] J. Inczedy, Analytical Application of Ion Exchangers, Pergamon, New York, 1966.
[13] J.X. Khym and L.P. Zill, J. Am. Chem. Soc. **74,** 2090 (1952). The Separation of Sugars by Ion Exchange.
[14] R. Kunin, Ion Exchange Resins, Wiley, New York, 1958.
[15] E. Lederer and M. Lederer, Chromatography, Elsevier, Amsterdam, 1957.
[16] J.A. Marinsky, Ion Exchange, Vol. 1, Marcel Dekker, New York, 1966.
[17] C.J.O.R. Morris and P. Morris, Separation Methods in Biochemistry, Pittman, New York, 1964, pp. 228–364.
[18] I.I. Ohms, J. Zec, J.V. Benson, and B. Patterson, Anal. Biochem. **20,** 51–57 (1967). Column Chromatography of Neutral Sugars: Operating Characteristics and Performance of a Newly Available Anion-Exchange resin.

[19] J. K. Palmer, Conn. Exp. Stn. Bull. **589,** 3–31 (1959). Determination of Organic Acids by Ion Exchange Chromatography.
[20] E. A. Peterson, Cellulosic Ion Exchangers, American Elsevier, New York, 1970.
[21] T. Shima. S. Hasegawa, S. Fujimura, H. Matsubara, and T. Sugimura, J. Biol. Chem. **244,** 6632–6635 (1969). Studies on Polyadenosine Diphosphate-ribose.
[22] I. Zelitch, J. Biol. Chem. **233,** 1299–1303 (1958). The Role of Glycolic Acid Oxidase in the Respiration of Leaves.
[23] I. Zelitch, J. Biol. Chem. **240,** 1869–1876 (1965). The Relation of Glycolic Acid Synthesis to the Primary Photosynthetic Carboxylation Reaction in Leaves.

Kapitel 5

[1] D. Rodbard and A. Chrambach, Proc. Natl. Acad. Sci. US, **65,** 970 (1970). Unified Theory for Gel Electrophoresis and Gel Filtration.
[2] L. Fischer, An Introduction to Gel Chromatography in Laboratory Techniques, in Biochemistry and Molecular Biology (T. S. Work and E. Work, Eds.), American Elsevier, New York, 1969.
[3] J. Porath, Pure Appl. Chem. **6,** 233 (1963). Some Recently Developed Fractionation Procedures and their Application to Peptide and Protein Hormones.
[4] G. K. Ackers, Biochemistry **3,** 723 (1964). Molecular Exclusion and Restricted Diffusion Processes in Molecular-Sieve Chromatography.
[5] P. G. Squire, Arch. Biochem. Biophys. **107,** 471 (1964). A Relationship Between the Molecular Weights of Macromolecules and Their Elution Volumes Based on a Model for Sephadex Gel Filtration.
[6] T. C. Laurent and J. Killander, J. Chromatogr. **14,** 317 (1964). A Theory of Gel Filtration and Its Experimental Verification.
[7] N. V. B. Marsden, Ann. N. Y. Acad. Sci. **125,** 428 (1965). Solute Behaviour in Tightly Cross-linked Dextran Gels.
[8] G. A. Gilbert, Nature **210,** 299 (1966). Elution Volume versus Reciprocal Elution Volume in the Interpretation of Gel Filtration Experiments.
[9] J. C. Giddings and K. L. Mallik, Anal. Chem. **38,** 997 (1966). Theory of Gel Filtration (Permeation) Chromatography.
[10] J. Reiland, Gel Filtration, in Methods of Enzymology, Vol. 22 (W. B. Jakoby, Ed.), Academic Press, New York, p. 287.
[11] B. Gelotte and J. Porath, Gel Filtration, in Chromatography, 2nd ed. (E. Heftmann, Ed.), Reinhold, New York, 1967.
[12] H. Determann, Gel Chromatography, Springer, Berlin, 1968.
[13] J. M. Curling. The Use of Sephadex in the Separation, Purification and Characterization of Biological Materials, in Experiments in Physiology and Biochemistry, Vol. 3 (G. A. Kerkut, Ed.), Academic Press, New York, 1970, p. 417.
[14] J. R. Whitaker, Anal. Chem. **35,** 1950 (1963). Determination of Molecular Weights of Proteins by Gel Filtration on Sephadex.
[15] P. Andrews, Biochem. J. **91,** 222 (1964). Estimation of the Molekular Weights of Proteins by Sephadex Gel Filtration.
[16] P. Andrews, Biochem. J. **96,** 595 (1965). The Gel Filtration Behaviour of Proteins Related to their Molecular Weights over a Wide Range.
[17] A. M. Posner, Nature **198,** 1161 (1963). Importance of Electrolytes in the Determination of Molecular Weights by Sephadex Gel Filtration, with Especial Reference to Humic Acid.
[18] G. A. Locascio, H. A. Tigier, and A. M. del C. Batlle, J. Chromatogr. **40,** 453 (1969). Estimation of Molecular Weights of Proteins by Agarose Gel Filtration.
[19] A. R. Cooper and J. F. Johnson, J. Appl. Polym. Sci. **13,** 1487 (1969). Gel Permeation Chromatography: Effect of Treatment with Hexamethyldisilazane on Porous Glass Packings.

[20] E.C. Horning, W.J.A. Vanden Heuvel, and B.G. Creech, Methods Biochem. Anal. **11,** 69 (1963). Separation and Determination of Steroids by Gas Chromatography.
[21] G.K. Ackers, Molecular Sieve Methods of Analysis, in The Proteins, Volume 1 (H. Neurath and R.L. Hill, Eds.) Academic Press, New York, 1975, pp. 2–94.
[22] Y. Nozaki, N.M. Schechter, J.A. Reynolds and C. Tanford, Biochem. **15,** 3884 (1976). Use of Gel Chromatography for the Determination of the Stockes Radii of Proteins in the Presence and Absence of Detergents. A Reexamination.

Kapitel 6

[1] J.R. Cann, Biochemistry, **5,** 1108–1112 (1966). Multiple Electrophoretic Zones Arising from Protein-Buffer Interaction.
[2] D. Rodbard and A. Chrambach, Proc. Natl. Acad. Sci., US **65,** 970–977 (1970). Unified Theory for Gel Electrophoresis and Gel Filtration.
[3] A. Chrambach and D. Rodbard, Science **172,** 440–451 (1971). Polyacrylamide Gel Electrophoresis.
[4] D. Rodbard and A. Chrambach, Anal. Biochem. **40,** 95–134 (1971). Estimation of Molecular Radius. Free Mobility and Valence Using Polyacrylamide Gel Electrophoresis.
[5] D. Rodbard, G. Kapadia, and A. Chrambach, Anal. Biochem. **40,** 135–157 (1971). Pore Gradient Electrophoresis.
[6] J. Lunney, A. Chrambach, and D. Rodbard, Anal. Biochem. **40,** 158–173 (1971). Factors Affecting Resolution, Bandwidth, Number of Theoretical Plates and Apparent Diffusion Coefficients in Polyacrylamide Gel Electrophoresis.
[7] O. Gabriel, Analytical Disc Gel Electrophoresis, in Methods in Enzymology, Vol. 22 (W.B. Jakoby, Ed.). Academic Press, New York, 1971, pp. 565–577.
[8] J.L. Hedrick and A.J. Smith, Arch. Biochem. Biophys. **126,** 155–164 (1968). Size and Charge Isomer Separation and Estimation of Molecular Weights of Proteins by Disc Gel Electrophoresis.
[9] A.L. Shapiro, E. Vinuela, and J.V. Maizel, Biochem. Biophys. Res. Commun. **28,** 815–820 (1967). Molecular Weight Estimation of Polypeptide Chains by Electrophoresis in SDS-Polyacrylamide Gels.
[10] K. Weber and M. Osborn, J. Biol. Chem. **244,** 4406–4412 (1969). The Reliability of Molecular Weight Determinations by Dodecyl Sulfate–Polyacrylamide Gel Electrophoresis.
[11] W.F. Studier, J. Mol. Biol. **79,** 237–248 (1973). Analysis of Bacteriophage T_7 Early RNAs and Proteins on Slab Gels.
[12] G.F.L. Ames, J. Biol. Chem. **249,** 634–644 (1974). Resolution of Bacterial Proteins by Polyacrylamide Gel Electrophoresis on Slabs.
[13] T.D. Kempe, D.M. Gee, G.M. Hathaway, and E.A. Noltmann, J. Biol. Chem. **249,** 4625–4633 (1974). Subunit and Peptide Compositions of Yeast Phosphoglucose Isomerase Isoenzymes.
[14] A.C. Peacock and C.W. Dingman, Biochemistry **7,** 688–674 (1968). Molecular Weight Estimation and Separation of Ribonucleic Acid by Electrophoresis in Agarose–Acrylamide Composite Gels.
[15] A.E. Dahlberg, C.W. Dingman, and A.C. Peacock, J. Mol. Biol. **41,** 139–147 (1969). Electrophoretic Characterization of Bacterial Polyribosomes in Agarose-Acrylamide Composite Gels.
[16] E.G. Richards and R. Lecanniduo, Anal. Biochem. **40,** 43–71 (1971). Quantitative Aspects of the Electrophoresis of RNA in Polyacrylamide Gels.
[17] A.S. Lee and R.L. Sinsheimer, Proc. Natl. Acad. Sci. US **71,** 2882–2886 (1974). A Cleavage Map of Bacteriophage $\phi\chi$ 174 Genome.
[18] S. Udenfriend, S. Stein, P. Bohlen, W. Dairman, W. Leimgruber, and M. Weigele, Science **178,** 871–872 (1972). Fluorescamine: A Reagent for Assay of Amino Acids, Peptides, Proteins and Primary Amines in the PicoMole Range.
[19] W.L. Ragland, J.L. Pace, and D.L. Kemper, Anal. Biochem. **59,** 24–33 (1974). Fluorometric Scanning of Fluorescamine-labeled Proteins in Polyacrylamide Gels.

[20] S. Udenfriend and B. K. Hartman, Anal. Biochem. **30,** 391–394 (1969). A Method for Immediate Visualization of Proteins in Acrylamide Gels and its Use for Preparation of Antibodies to Enzymes.
[21] O. Gabriel, Locating Enzymes on Gels, in Methods in Enzymology, Vol. 22 (W. B. Jakoby, Ed.), Academic Press, New York, 1971, pp. 578–604.
[22] A. H. Wardi and G. A. Michos, Anal. Biochem. **49,** 607–609 (1972). Alcian Blue Staining of Glycoproteins in Acrylamide Disc Electrophoresis.
[23] K. Timmis, F. Cabello, and S. N. Cohen, Proc. Natl. Acad. Sci. US **74,** 4556–4560 (1974). Utilization of Two Distinct Modes of Replication by a Hybrid Plasmid Constructed in vitro from Separate Replicons.
[24] M. R. Green, J. V. Pastewka, and A. C. Peacock, Anal. Biochem. **56,** 43–51 (1973). Differential Staining of Phosphoproteins on Polyacrylamide Gels with a Cationic Carbocyanine Dye.
[25] G. Fairbanks, C. Levinthal, and R. H. Reeder, Biochem. Biophys. Res. Commun. **29,** 393–399 (1965). Analysis of ^{14}C-labeled Proteins by Disc Electrophoresis.
[26] H. S. Anker, FEBS Lett. **7,** 293 (1970). A Solubilizable Acrylamide Gel for Electrophoresis.
[27] A. H. Gordon, Electrophoresis of Proteins in Polyacrylamide and Starch Gels, in Laboratory Techniques in Biochemistry and Molecular Biology (T. S. Work and E. Work, Eds.), Vol. 1, Part I, North-Holland, Amsterdam, 1971.
[28] M. Bier, Electrophoresis: Theory, Methods, and Applications, Vol. I, Academic Press, New York, 1959.
[29] M. Bier, Electrophoresis: Theory, Methods, and Applications, Vol. II, Academic Press, New York, 1967.
[30] D. J. Shaw, Electrophoresis, Academic Press, New York, 1969.
[31] H. R. Maurer, Disc Electrophoresis, 2nd ed., DeGruyter, New York, 1971.
[32] E. DeVito and J. A. Santome, Experientia **22,** 124 (1966). Disc Electrophoresis in the Presence of Sodium Dodecyl Sulfate.
[33] E. F. Ambrose, Cell Electrophoresis, Little, Brown, Boston, 1965.
[34] B. Paterson and R. C. Strohman, Biochemistry **9,** 4094–4105 (1970). Myosin Structure as Revealed by Simultaneous Electrophoresis of Heavy and Light Subunits.
[35] U. E. Loening, Biochem. J. **102,** 251 (1967). Fractionation of High-Molecular Weight Ribonucleic Acid by Polyacrylamide-Gel Electrophoresis.
[36] D. H. Grant, J. N. Miller, and O. T. Burns, J. Chromatogr. **79,** 267–273 (1973). The Fluorescence Properties of Polyacrylamide Gels.
[37] P. H. O'Farrell, J. Biol. Chem. **250,** 4007–4021 (1975). High Resolution Two-Dimensional Electrophoresis of Proteins.
[38] J. S. Fawcett, FEBS Lett. **1,** 81–82 (1968). Isoelectric Fractionation of Proteins on Polyacrylamide Gels.
[39] R. A. Laskey and A. D. Mills, Eur. J. Biochem. **56,** 335–341 (1975). Quantitative Film Detection of ^{3}H and ^{14}C in Polyacrylamide Gels by Fluorography.
[40] K. Weber and M. Osborn, Proteins and Sodium Dodecyl Sulfate: Molecular Weight Determination on Polyacrylamide Gels and Related Procedures, in The Proteins, Vol. 1 (H. Neurath and R. L. Hill, Eds.), Academic Press, New York, 1975.
[41] U. K. Laemmli, Nature **227,** 680–685 (1970). Cleavage of Structural Proteins during the Assembly of the Head of Bacteriophage T4.
[42] E. I. Gruenstein and A. L. Pollard, Anal. Biochem. **76,** 452–475 (1976). Double-label autoradiography on polyacrylamide gels with ^{3}H and ^{14}C.
[43] D. Malamud and J. W. Drysdale, Anal. Biochem. **86,** 620–647 (1968). Isoelectric points of proteins: a table.

Kapitel 7

[1] M. Wilchek and W. B. Jakoby, The Literature on Affinity Chromatography, in Methods of Enzymology, Vol. 34 (W. B. Jakoby and M. Wilchek, Eds.), Academic Press, New York, 1974, p. 3.

[2] J. Porath, Nature **218,** 834 (1968). Molecular Sieving and Adsorption.
[3] D.G. Hoare and D.E. Koshland, J. Biol. Chem. **242,** 2447 (1967). A Method for the Quantitative Modification and Estimation of Carboxylic Acid Groups in Proteins.
[4] P. Cuatrecasas, Affinity Chromatography of Macromolecules, in Advances in Enzymology, Vol. 36 (A. Meister, Ed.), Wiley, New York, 1972, p. 29.
[5] E. Steers, P. Cuatrecasas, and H.B. Pollard, J. Biol. Chem. **246,** 196 (1971). The Purification of β-Galactosidase from Escherichia coli by Affinity Chromatography.
[6] P. Cuatrecasas and C.B. Anfinsen, Affinity Chromatography, in Methods in Enzymology, Vol. 22 (W.B. Jakoby, Ed.), Academic Press, New York, 1971, p. 345.
[7] P. Cuatrecasas and C.B. Anfinsen, Ann. Rev. Biochem. **40,** 259 (1971). Affinity Chromatography.
[8] P. Cuatrecasas, Selective Adsorbents Based on Biochemistry Specificity, in Biochemical Aspects of Reactions on Solid Supports (G.R. Stark, Ed.), Academic Press, New York, 1971, p. 79.
[9] P. Cuatrecasas, J. Biol. Chem. **245,** 3059 (1970). Protein Purification by Affinity Chromatography. Derivatizations of Agarose and Polyacrylamide Beads.
[10] J. Porath and T. Kristiansen, Biospecific Affinity Chromatography and Related Methods. The Proteins Vol. I (H. Neurath and R.L. Hill, Eds.), Academic Press, New York, 1975, pp. 95–178.

Kapitel 8

[1] B.D. Davis, R. Dulbecco, H.N. Eisen, H.S. Ginsberg, and W.B. Wood Jr., Microbiology, 2nd ed., Harper and Row, New York, 1973.
[2] J.F. Miller, A.P. Mitchell, G.F. Davies, and R.B. Taylor, Transplant. Rev. **1,** 3 (1969). Antigen-Sensitive Cells. Their Source and Differentiation.
[3] J. Clausen, Immunochemical Techniques for the Identification and Estimation of Macromolecules, in Laboratory Techniques in Biochemistry and Molecular Biology (T.S. Work and E. Work, Eds.), American Elsevier, New York, 1969.
[4] D.H. Campbell, J.S. Garvey, N.E. Gremer, and D.H. Sussdorf, Methods in Immunology, 2nd ed., Benjamin, New York, 1970.
[5] D.M. Weir, Ed., Handbook of Experimental Immunology, F.A. Davis, Philadelphia, 1967.
[6] D.J. Shapiro, J.M. Taylor, G.S. McKnight, R. Palacios, C. Gonzalez, M.L. Kiely, and R.T. Schimke, J. Biol. Chem. **249,** 3665 (1974). Isolation of Hen Oviduct Ovalbumin and Rat Liver Albumin Polysomes by Indirect Immunoprecipitation.
[7] N.H. Axelsen, J. Kroll, and B. Weeke, Eds., A Manual of Quantitative Immunoelectrophoresis, BioRad Laboratories, Richmond, Calif.
[8] H.G. Minchin and T. Freeman, Clin. Sci. **35,** 403 (1968). Quantitative Immunoelectrophoresis of Human Serum Proteins.
[9] J.G. Feinberg, Int. Arch. Allergy **11,** 129 (1957). Identification, Discrimination and Quantification in Ouchterlony Gel Plates.
[10] E.A. Kabat and M.M. Mayer, Experimental Immunochemistry, 2nd ed., Charles C. Thomas, Springfield, Ill., 1967.
[11] R.D. Palmitter, J. Biol. Chem. **248,** 2095 (1973). Ovalbumin Messenger Ribonucleic Acid Translation.
[12] J.I. Thorell and B.G. Johansson, Biochem. Biophys. Acta **251,** 363 (1971). Enzymatic Iodination of Polypeptides with ^{125}I to High Specific Activity.
[13] J. Roth, Methods for Assessing Immunologic and Biologic Properties of Iodinated Peptide Hormones, in Methods in Enzymology, Vol. 37 (B.W. O'Malley and J.G. Hardman, Eds.), Academic Press, New York, 1975, p. 223.
[14] W.M. Hunter, The Preparation of Radioiodinated Proteins of High Activity, Their Reaction With Antibody in Vitro: the Radioimmunoassay, in Handbook of Experimental Immunology (D.M. Weir, Ed.), F.A. Davis, Philadelphia, 1967.

[15] R. Graham and W.M. Stanley, Anal. Biochem. **47,** 505 (1972). An Economical Procedure for the Preparation of L-(^{35}S)Methionine of High Specific Activity.
[16] F.T. Wood, M.M. Wu and J.C. Gerhart, Anal. Biochem. **69,** 339 (1975). The Radioactive Labeling of Proteins with an Iodinated Amidination Reagent.
[17] A.E. Bolton and W.M. Hunter, Biochem. J. **133,** 529 (1973). The Labeling of Proteins to High Specific Radioactivities by Conjugation to a ^{125}I-Containing Acylating Agent. Application to the Radioimmunoassay.
[18] G. Kronvall, U.S. Seal, J. Finstad and R.C. Williams, J. Imm. **104,** 140–147 (1970). Phylogenetic insight into evolution of mammalian Fc fragment of G globulin using Staphylococcal protein A.
[19] G. Kronvall, H.M. Grey, R.C. Williams, J. Imm. **105,** 1116–1123 (1970). Protein A reactivity with mouse immunglobulin.
[20] S.M. Kessler, J. Imm. **115** 1617–1624 (1975). Rapid isolation of antigens from cells with a Staphylococcal protein A-antibody adsorbent: Parameters of the interaction of antibody-antigen complexes with protein A.
[21] S. Jonsson and G. Kronvall, Europ. J. Imm. **4,** 29–33 (1974). The use of protein A-containing Staphylococcous aureus as a solid phase anti-IgG reagent in Radioimmunoassays as exemplitied in the quantitation of α-fetoprotein in normal human serum.

Kapitel 9

[1] H.K. Schachman, in Ultracentrifugation in Biochemistry, Academic Press, New York, 1959.
[2] H.K. Schachman, Ultracentrifugation, Diffusion and Viscometry, in Methods in Enzymology, Vol. 4 (S.P. Colowick and N.O. Kaplan, Eds.), Academic Press, New York, 1957, p. 32.
[3] J. Sykes, Centrifugal Techniques for the Isolation and Characterization of Subcellular Components from Bacteria, in Methods in Microbiology, Vol. 5B (J.R. Norris and D.W. Ribbons, Eds.), Academic Press, New York, 1971, p. 55.
[4] R.G. Martin and B.N. Ames, J. Biol. Chem. **236,** 1372 (1961). A Method for Determining the Sedimentation Behavior of Enzymes: Application to Protein Mixtures.
[5] C.R. McEwen, Anal. Biochem. **20,** 114 (1967). Tables for Estimating Sedimentation Through Linear Concentration Gradients of Sucrose Solution.
[6] M. Meselson, F.W. Stahl, and J. Vinograd, Proc. Natl. Acad. Sci. US **43,** 581 (1957). Equilibrium Sedimentation of Macromolecules in Density Gradients.
[7] M. Meselson and F.W. Stahl, Proc. Natl. Acad. Sci. US **44,** 671 (1958). The Replication of DNA in Escherichia coli.
[8] T.G. Cooper, P.A. Whitney, and B. Magasanik, J. Biol. Chem. **249,** 6548 (1974). Reaction of lac-specific Ribonucleic Acid from Escherichia coli with lac Deoxyribonucleic Acid.
[9] C. deDuve, J. Berthet, and H. Beaufay, Gradient Centrifugation of Cell Particles: Theory and Applications, in Progress in Biophysics and Biophysical Chemistry, Vol. 9 (J.A.V. Butler and B. Katz, Eds.), Pergamon Press, New York, 1959, p. 326.
[10] C. deDuve, J. Theoret. Biol. **6,** 33 (1964). Principles of Tissue Fractionation.
[11] C. deDuve, The Separation and Characterization of Subcellular Particles, Harvey Lectures, Series 59, Academic Press, New York, 1965, p. 49.
[12] H. Pertoft, Biophys. Biochim. Acta **126,** 594 (1966). Gradient Centrifugation in Colloidal Silica-Polysaccharide Media.
[13] H. Pertoft, Exp. Cell Res. **46,** 621 (1967). Separation of Blood Cells Using Colloidal Silica-Polysaccharide Gradients.
[14] H. Pertoft, O. Back, and K.L. Kiessling, Exp. Cell Res. **50,** 355 (1968). Separation of Various Blood Cells in Colloidal Silica-Polyvinylpyrrolidone Gradients.
[15] W. Szybalski, Use of Cesium Sulfate for Equilibrium Density Gradient Centrifugation, in Methods in Enzymology, Vol. 12B (L. Grossman and K. Moldave, Eds.), Academic Press, New York, 1968, p. 330.

[16] C. deDuve and J. Berthet, Intern. Rev. Cytol. **3,** 225 (1954). The Use of Differential Centrifugation in the Study of Tissue Enzymes.
[17] H. Beaufay, D.S. Bendall, P. Baudhuin, R. Wattiaux, and C. deDuve, Biochem. J. **73,** 628 (1959). Tissue Fractionation Studies. 13. Analysis of Mitochondrial Fractions from Rat Liver by Density-Gradient Centrifugation.
[18] R.J. Britten and R.B. Roberts, Science **131,** 32 (1960). High Resolution Density Gradient Sedimentation Analysis.
[19] R. Trautman, Arch. Biochim. Biophys. **87,** 289 (1960). Determination of Density Gradients in Isodensity Equilibrium Ultracentrifugation.
[20] M. Ottesen and R. Weber, Compt. Rend. Trav. Lab. Carlsberg **29,** 417 (1955). Density-Gradient Centrifugation as a means of Separating Cytoplasmic Particles.
[21] M.K. Brakke, J. Am. Chem. Soc. **73,** 1847 (1951). Density Gradient Centrifugation: A new separation technique.
[22] M.K. Brakke, Arch. Biochem. Biophys. **45,** 275 (1953). Zonal Separations by Density-Gradient Centrifugation.
[23] N.G. Anderson, Exp. Cell Res. **9,** 446 (1955). Studies on Isolated Cell Components. VIII. High resolution differential centrifugation.
[24] N.G. Anderson, Rev. Sci. Instrum. **26,** 891 (1955). Mechanical Decive for Producing Density Gradients in Liquids.
[25] N.G. Anderson, Techniques for the Mass Isolation of Cellular Components, in Physical Techniques in Biological Research, Vol. 3: Cells and Tissues (G. Oster and A.W. Pollister, Eds.), Academic Press, New York, 1956.
[26] N.G. Anderson, Nature **181,** 45 (1958). Rapid Sedimentation of Proteins through Starch.
[27] A.P. Mathias and C.A. Wynther, FEBS Letts. **33,** 18 (1973). The Use of Metrizamide in the Fractionation of Nuclei from Brain and Liver Tissue by Zonal Centrifugation.
[28] B.M. Mullock and R.H. Hinton, Biochem. Soc. Trans. **1,** 27 (1973). The Use of Metrizamide for the Isopycnic Gradient Fractionation of Unfixed Fibonucleoprotein Particles.
[29] D. Rickwood, A. Hell, and G.D. Birnie, FEBS Lett. **33,** 221 (1973). Isopycnic Sedimentation of Chromatin in Metrizamide.

Kapitel 10

[1] T.G. Cooper and H. Beevers, J. Biol. Chem. **244,** 3507 (1969). Mitochondria and Glyoxysomes from Castor Bean Endosperm – Enzyme Constituents and Catalytic Capacity.
[2] D.E. Hughes, Brit. J. Exp. Pathol. **32,** 97 (1951). A Press for Disrupting Bacteria and Other Microorganisms.
[3] N.R. Eaton, J. Bacteriol. **83,** 1359 (1962). New Press for Disruption of Microorganisms.
[4] N.J. Leonard, J.J. McDonald, R.E.L. Henderson, and M.E. Reichmann, Biochemistry **10,** 3335 (1971). Reaction of Diethyl Pyrocarbonate with Nucleic Acid Components. Adenosine.
[5] I. Fedorcsak, L. Ehrenberg, and F. Solymosy, Biochem. Biophys. Res. Commun. **65,** 490 (1975). Diethyl Pyrocarbonate Does Not Degrade RNA.
[6] J.J. Irias, M.R. Olmsted, and M.F. Utter, Biochemistry **8,** 5136 (1969). Pyruvate Carboxylase. Reversible Inactivation by Cold.
[7] O. Vesterberg, Isoelectric Focusing of Proteins, in Methods of Enzymology, Vol. 22 (W.B. Jacoby, Ed.), Academic Press, New York, 1971, p. 389.
[8] O. Vesterberg, Isoelectric Focusing and Separation of Proteins, in Methods in Microbiology, Vol. 5B (J.R. Norris and D.W. Robbins, Eds.), Academic Press, New York, 1971, p. 595.
[9] H. Haglund, Isoelectric Focusing in pH Gradients – A Technique for Fractionation and Characterization of Ampholytes, in Methods of Biochemical Analysis, Vol. 19 (D. Glick, Ed.), Wiley, New York, 1971, p. 1.

[10] E. Layne, Spectrophotometric and Turbidimetric Methods for Measuring Proteins, in Methods in Enzymology, Vol. 3 (S.P. Colowick and N.O. Kaplan, Eds.), Academic Press, New York, 1957, p. 447.

[11] G.S. Eadie, F. Bernheim, and M.L.C. Bernheim, J. Biol. Chem. **181,** 449 (1949). Partial Purification and Properties of Animal and Plant Hydantoinases.

[12] B.H.J. Hofstee, Science **116,** 329 (1952). On the Evaluation of the Constants V_m and K_m in Enzyme Reactions.

[13] W.B. Jakoby, Ed., Enzyme Purification and Related Techniques, Vol. 22 of Methods in Enzymology, Academic Press, New York, 1971.

[14] M. Dixon and E.C. Webb, Enzyme Fractionation by Salting-out: A Theoretical Note, in Advances in Protein Chemistry, Vol. 16 (C.B. Anfinsen et al., Eds.), Academic Press, New York, 1961, pp. 197–219.

[15] S.L. Berger, Anal. Biochem. **67,** 428–437 (1975). Diethyl Pyrocarbonate: An Examination of its Properties in Buffered Solutions with a New Assay Technique.

[16] W. Honig and M.R. Kula, Anal. Biochem. **72,** 502–512 (1976). Selectivity of Protein Precipitation with Polyethylene Glycol Fractions of Various Molecular Weights.

12. Bezugsquellen-Verzeichnis

12.1 Allgemeines

Die folgenden Listen sollen dem Leser als erste Orientierungshilfe beim Kauf von Materialien für biochemische Arbeitsmethoden dienen. Die Listen sind keineswegs vollständig. Produkte von Herstellern, die hier nicht aufgeführt sind, dürfen deshalb nicht als weniger leistungsfähig oder gar als ungeeignet angesehen werden.

Weitere Informationsquellen für die Suche biochemischer Materialien sind u. a.:
Labo-Kennziffer-Fachzeitschrift für Labortechnik, Hoppenstedt-Haus,
  Postfach 4006, 6100 Darmstadt 1
Lab-Compact-Service Zeitschrift, GIT-Verlag E. Giebeler, Postfach 110572,
  6100 Darmstadt 11
GIT-Fachzeitschrift für das Laboratorium (Verlag s. oben).

Im alphabetischen Firmenverzeichnis (12.2) sind die vollständigen Adressen der Hersteller bzw. Lieferfirmen aufgeführt. Im nach Sachgebieten geordneten Verzeichnis (12.3) sind nur noch die Namen der Firmen wiedergegeben.

12.2 Alphabetisches Firmenverzeichnis

Abimed
Analysen-Technik GmbH
  Ludwigshafener Str. 26
  4000 Düsseldorf 1
  Tel. (0211) 218004

Aldrich Chemical Co. Inc.
  Vertrieb: EGA-Chemie KG
  7924 Steinheim
  Tel. (07329) 6011

Amersham Buchler GmbH & Co. KG
  Postfach 1120
  3300 Braunschweig
  Tel. (05307) 4691

Amicon GmbH
  Westfalenstr. 11
  5810 Witten
  Tel. (02302) 12232

Assab
Medicintechnik GmbH
  Hüttenstr. 8
  3000 Hannover 1
  Tel. (0511) 3523508

Bachofer GmbH + Co KG
  Postfach 7089
  7410 Reutlingen
  Tel. (07121) 54008

Baker Chemikalien
  Postfach 1661
  6080 Groß-Gerau
  Tel. (06152) 710371

Bandelin electronic KG
  Heinrichstr. 3–4
  1000 Berlin 45
  Tel. (030) 7721031

E. Becker + Co GmbH
Postfach 546
4620 Castrop-Rauxel
Tel. (02305) 72031

Beckmann Instruments GmbH
Frankfurter Ring 115
8000 München 40
Tel. (089) 38871

Becton, Dickinson & Co.
Waldhoferstr. 3
Postfach 101629
6900 Heidelberg-Wieblingen
Tel. (06221) 82031

Behringwerke AG
Postfach 1130
3550 Marburg
Tel. (06421) 2021

Bellco Glass Inc.
Vineland, N.J., USA
Vertrieb: Tecnomara (s. dort)

Bender & Hobein GmbH
Lindwurmstr. 71–73
8000 München 2
Tel. (089) 539531

Berghof Forschungsinstitut GmbH
Postfach 1523
7400 Tübingen
Tel. (07071) 81211

Laboratorium Prof. Dr. Berthold
Postfach 160
7547 Wildbad 1
Tel. (07081) 3981

BCK Biocult-Chemie
Postfach 210265
7500 Karlsruhe 21
Tel. (0721) 557006

bio Mérieux GmbH (Deutsche)
Postfach 1204
7440 Nürtingen
Tel. (07022) 33037

Bio-Rad Laboratories GmbH
Dachauer Str. 364
8000 München 50
Tel. (089) 1411011

Biosigma
Analysentechnik GmbH
Von-der-Pfordten-Str. 27
8000 München 21
Tel. (089) 582990

Biotest-Serum-Institut GmbH
Flughafenstr. 4
6000 Frankfurt 73
Tel. (0611) 6707-1

Biotronik
Wissenschaftl. Geräte GmbH
Borsigallee 22
6000 Frankfurt/Main
Tel. (0611) 412116

Bodenseewerk Perkin-Elmer & Co. GmbH
s. unter Perkin-Elmer

Boehringer Mannheim GmbH
Abt. Biochemica
Postfach 310120
6800 Mannheim 31
Tel. (0621) 759-1

Borer-Chemie AG
CH-4501 Solothurn
Tel. 065311131
Schweiz

Boskamp GmbH
jetzt: Instrumentation Laboratory GmbH

Brand, Rudolf GmbH & Co.
Postfach 310
6980 Wertheim
Tel. (09342) 8080

Branson Ultraschall GmbH
Industriestr. 48
6056 Heusenstamm
Tel. (06104) 6051
Vertrieb: Gerhard Heinemann
Erwin-Rommel-Str. 42
7070 Schwäbisch Gmünd
Tel. (07171) 61142

B. Braun Melsungen AG
Postfach 110
3508 Melsungen
Tel. (05661) 711

Edmund Bühler
Postfach 1223
7400 Tübingen
Tel. (07071) 73016

Calbiochem GmbH
~~Postfach 110360~~ Friedrichstr. 1
~~6300 Gießen~~ 6230 Frankfurt 80
Tel. (0641) 71059
(069) 31007
Bestellungen: 0130 6931

Camag
Bismarckstr. 27–29
1000 Berlin 41
Tel. (030) 7951091

Cenco Deutschland GmbH
Breidenhofer Str. 16
5657 Haan/Rheinland
Tel. (02129) 6037

Cepa
Carl Padberg
Zentrifugenbau GmbH
7630 Lahr/Schwarzwald
Tel. (07821) 23031

Christ, Martin GmbH & Co. KG
Postfach 1208
3360 Osterode/Harz
Tel. (05522) 4677

Clinicon Mannheim GmbH
Sandhoferstr. 176
6800 Mannheim 31
Tel. (0621) 759-2291

E. Collatz + Co
Oranienburgerstr. 170
1000 Berlin 26
Tel. (030) 4151174

Colora Meßtechnik GmbH
Postfach 1240
7073 Lorch/Württ.
Tel. (07172) 6041

Corning Glass GmbH und
Quickfit Laborglas
Hagenauerstr. 47
Postfach 129 209
6200 Wiesbaden-Biebrich

Coulter Electronics GmbH
Postfach 547
4150 Krefeld
Tel. (02151) 6871

Cryoson Deutschland GmbH
Postfach 4
8752 Schöllkrippen
Tel. (06024) 1233

C. Desaga GmbH
Postfach 101 969
6900 Heidelberg 1
Tel. (06221) 81013

Deutsche Metrohm GmbH & Co.
Postfach 1160
7024 Filderstadt 1

Deutsche Pharmacia GmbH
Postfach 5480
7800 Freiburg
Tel. (0761) 41011

Difco Laboratories
Vertrieb:
A. Hedinger KG (s. dort)

Du Pont de Nemours
(Deutschland) GmbH
Dieselstr. 18
6350 Bad Nauheim
Tel. (06032) 3961

Dynatech Deutschland GmbH
Hindenburgstr. 66/1
7310 Plochingen
Tel. (07153) 23021–22

Edwards Hochvakuum
Hahnstr. 46, Postfach 710250
6000 Frankfurt 71
Tel. (0611) 675057

Dipl. Ing. W. Ehret GmbH
Postfach 1230
7830 Emmendingen 14
Tel. (07641) 1066

Eppendorf Gerätebau
Netheler + Hinz GmbH
Postfach 630324
2000 Hamburg 63
Tel. (0411) 53801-1

H. Erben GmbH
Teutonenstr. 4
4000 Düsseldorf 11
Tel. (0211) 55444

Falcon Plastics
Vertrieb:
Becton, Dickinson & Co.
(s. dort)

Ferak Berlin
　Nobelstr. 36–44
　1000 Berlin 44
　Tel. (0 30) 6 84 60 20

Fisher Scientific Company
　Imhofstr. 3
　8000 München 40
　Tel. (0 89) 36 15 33 43

Flow Laboratories GmbH
　Mühlgrabenstr. 10
　5309 Meckenheim bei Bonn
　Tel. (0 22 25) 60 93

Fluka Feinchemikalien GmbH
　Postfach 1346
　7910 Neu-Ulm
　Tel. (07 31) 7 40 88–89

Forma-Scientific
　Vertrieb:
　Labotect
　Labor-Technik-Göttingen
　Weender Landstr. 3
　3400 Göttingen
　Tel. (05 51) 4 67 97

Forschungsinstitut Berghof GmbH
　s. unter Berghof

Fresenius
Serologische Abteilung
　Gluckensteinweg 5
　6380 Bad Homburg v. d. H.
　Tel. (061 72) 109-1

GFL Gesellschaft für Labortechnik mbH + Co
　Postfach
　3006 Burgwedel 1
　Tel. (0 51 39) 30 76

Gibco
　Vertrieb:
　BCK Biocult-Chemie
　(s. dort)

Gilford Instruments GmbH
　Sternstr. 67
　4000 Düsseldorf 30
　Tel. (02 11) 48 80 28

Gilowy GmbH & Co
　Bussardstr. 5
　Postfach 2108
　6078 Neu-Isenburg 2
　Tel. (0 61 02) 54 48

C. A. Greiner u. Söhne
　Postfach 1320
　7440 Nürtingen
　Tel. (0 70 22) 5 01-1

Haake, Gebr. GmbH
　Dieselstr. 4
　7500 Karlsruhe 41
　Tel. (07 21) 40 60 53

Hamilton Deutschland GmbH
　Otto-Röhm-Str. 74
　Postfach 110 427
　6100 Darmstadt
　Tel. (06151) 85085

K. Hecht
　Glaswarenfabrik
　8741 Sondheim/Rhön
　Tel. (09754) 221

A. Hedinger KG
　Heiligenwiesen 26
　Postfach 264
　7000 Stuttgart 60
　Tel. (07 11) 42 40 11

Heidolph-Elektro KG
　Starenstr. 23
　8420 Kelheim
　Tel. (0 94 41) 13 13

Heinicke Instruments GmbH
　Postfach 1250
　Friedrich-Ebert-Str. 10
　8223 Trostberg
　Tel. (0 86 21) 20 85

Hellma GmbH & Co
　Postfach 1163
　7840 Müllheim
　Tel. (0 76 31) 55 75

Heraeus-Christ GmbH
　Postfach 1220
　3360 Osterode/Harz
　Tel. (0 55 22) 31 61

W. C. Heraeus GmbH
　Produktbereich Elektrowärme
　Postfach 1553
　6450 Hanau
　Tel. (0 61 81) 360-1

Hettich Zentrifugen
　Postfach 4255
　7200 Tuttlingen
　Tel. (0 74 61) 40 91

Hewlett-Packard GmbH
  Berner Str. 117
  Postfach 560 140
  6000 Frankfurt 56
  Tel. (0611) 5004-1

K. Hillerkus
Technisch-wissenschaftliche
Instrumente
  Uerdinger Str. 463
  Postfach 1367/68
  4150 Krefeld

Hirschmann Laborglas
  Hauptstr. 7–9
  7101 Eberstadt-Heilbronn
  Tel. (07134) 4031

H. Hölzel
  Bernöderweg 7
  8250 Dorfen
  Tel. (08081) 2069

Hyland
  Vertrieb:
  Travenol International GmbH
  (s. dort)

ICN K & K Laboratories
  Vertrieb:
  Serva Heidelberg (s. dort)

ICN Nutritional Biochemicals
  26201 Miles Road
  Cleveland, Ohio 44128, USA
  Tel. 216/831/3000

IDW Isotopendienst West
  Einsteinstr. 9–11
  Postfach 102 025
  6072 Dreieich bei Frankfurt
  Tel. (06103) 385

Immuno Diagnostika GmbH
  Franz-Marc-Str. 19
  6900 Heidelberg
  Tel. (06221) 37726

Inco-Ziegra
  Ernst-Grote-Str. 7
  3004 Iserhagen 1
  Tel. (0511) 610091

Ingold pH-Meßtechnik
  Postfach 3308
  6000 Frankfurt 1
  Tel. (0611) 20501

Instrumentation Laboratory GmbH
  vormals Boskamp
  Kleinstr. 14
  5303 Bornheim 2 (Hersel)
  Tel. (02222) 8021–23

ISCO (Lincoln, Nebraska, USA)
  Vertrieb:
  Colora Meßtechnik GmbH
  (s. dort)

Janke & Kunkel KG
IKA-Werk
  Postfach 44
  7813 Staufen/Brsg.
  Tel. (07633) 6036

Julabo
Juchheim Labortechnik KG
  Eisenbahnstr. 43–47
  7633 Seelbach
  Tel. (07823) 2001

P. J. Kipp & Zonen
Vertriebs-GmbH
  Wiesenau 5
  6242 Kronberg/Ts.
  Tel. (06173) 5071

Dr. Herbert Knauer KG
  Postfach 1322
  6370 Oberursel/Ts.
  Tel. (06171) 55245

Dipl. Ing. U. Knick
Elektronische Meßgeräte
  Beuckestr. 22
  1000 Berlin 37
  Tel. (030) 8001-1

Köttermann GmbH & Co KG.
  Industriestr. 2–10
  3165 Hänigsen
  Tel. (05147) 1021

Kontron Technik GmbH
  Oskar-v.-Miller-Str. 1
  8057 Eching b. München
  Tel. (08165) 77-1

Hans Kürner Analysentechnik
  Brüder-Grimm-Str. 6, Postfach
  6451 Neuberg 1
  Tel. (06183) 3501

Laboratorium Prof.-Dr. Berthold
  s. unter Berthold

Labtronic Service KG
   Ernst-Wiss-Str.
   6230 Frankfurt-Griesheim
   Tel. (0611) 39 60 12

Labomed GmbH
   Radlkofer-Str. 5
   8000 München 70
   Tel. (089) 77 28 98

Lange, Bruno Dr. GmbH
   Postfach 370363
   1000 Berlin 37
   Tel. (030) 80 10 21

Latek
Labortechnik-Geräte GmbH
   Güteramts-Str. 19a
   6900 Heidelberg
   Tel. (06221) 10 66 2

Meßgeräte-Werk Lauda
   Dr. R. Wobser KG
   Postfach 350
   6970 Lauda-Königshofen
   Tel. (09343) 964

E. Leitz Wetzlar GmbH
   Postfach 2020
   6330 Wetzlar
   Tel. (06441) 29-1

Leybold-Heraeus GmbH
   Postfach 510760
   5000 Köln 51
   Tel. (0221) 3 70 11

Linde AG
   Werksgruppe Technische Gase
   8023 Höllriegelskreuth
   Tel. (089) 7 27 31

Linseis GmbH
   Vielitzerstr. 43
   8672 Selb
   Tel. (09287) 44 22

LKB Instrument GmbH
   Postfach 121
   8032 Gräfelfing
   Tel. (089) 85 50 51

LS-Labor-Service GmbH
   Forstenrieder Allee 150
   Postfach 710607
   8000 München 71
   Tel. (089) 7 55 10 61

Macherey-Nagel & Co. GmbH
   Postfach 307
   5160 Düren
   Tel. (02421) 6 10 71

Gebr. Martin
   Postfach
   7200 Tuttlingen
   Tel. (07461) 60 66

Melag-Apparate GmbH
   Genestr. 9
   1000 Berlin 62
   Tel. (030) 7 81 20 32

W. Memmert KG
   Postfach 1520
   8540 Schwabach
   Tel. (09122) 40 31

E. Merck
   Postfach 41 19 6100
   Frankfurter Str. 250
   6100 Darmstadt 1
   Tel. (06151) 72-1

Messer Griesheim GmbH
   Hombergstr. 12
   4000 Düsseldorf 1
   Tel. (0211) 4 30 31

Metrawatt GmbH
   Thomas-Mann-Str. 16–20
   8500 Nürnberg
   Tel. (0911) 8 60 21

Miele & Cie
   Postfach 2520
   4830 Gütersloh 1
   Tel. (05241) 88-1

Miles GmbH
   Research Product Division
   Lyoner Str. 32
   6000 Frankfurt 71
   Tel. (0611) 66 68 49

Millipore GmbH
   Siemensstr. 20
   6078 Neu-Isenburg
   Tel. (06102) 60 66

Dr. Molter GmbH
   Industriestr. 55–61
   6901 Bammenthal
   Tel. (06223) 41 31

Morand, Dr. AG
  Vertrieb:
  D. Zirbus
  Taubenbreite 19
  3360 Osterode/Harz
  Tel. (05522) 271990

Müller, K. H. KG
  Postfach 1413
  3510 Hann. Münden 1
  Tel. (05541) 4939

NEN Chemicals GmbH
  Daimlerstr. 23
  6072 Dreieichenhain
  Tel. (06103) 85034

Netsch Gerätebau GmbH
  Wittelsbacherstr. 42
  8672 Selb
  Tel. (09287) 78201

New Brunswick Scientific Co.
  Vertrieb:
  Biotronik (s. dort)

Nordic Immunological Laboratories
  Vertrieb:
  Byk-Mallinckrodt
  Abt. Nordic Immunologie
  Von-Hevesy-Str. 1–3
  6057 Dietzenbach-Steinberg

Nunc GmbH
  Goethestr. 5
  6200 Wiesbaden
  Tel. (06121) 600666

Packard Instrument GmbH
  Hanauer Landstr. 220
  6000 Frankfurt 1
  Tel. (0611) 430171

R. Paesel GmbH & Co
  Borsigallee 6
  Postfach 630347
  6000 Frankfurt 63
  Tel. (0611) 422097–98

Perkin-Elmer Co. GmbH
  Postfach 1120
  7770 Überlingen
  Tel. (07551) 811

Pharmacia Fine Chemicals
  (s. Deutsche Pharmacia)

Philips GmbH (Abt. VWA)
  Miramstr. 87
  3500 Kassel-Bettenhausen
  Tel. (0561) 5011

Pierce Eurochemie B. V.
  Postfach 1151
  NL-3000 BD Rotterdam/Niederlande
  Tel. (01860) 4822

Quickfit & Quartz Ltd.
QVF Glastechnik GmbH
  Postfach 130361
  6200 Wiesbaden
  Tel. (06121) 2681

Radiometer Kopenhagen
  Vertrieb:
  Hillerkus (s. dort)

Regis Chemicals Co.
  Vertrieb:
  A. Hedinger (s. dort)

Reichelt Chemietechnik GmbH + Co.
  Rohrbacher Str. 74
  Postfach 104669
  6900 Heidelberg 1
  Tel. (06221) 10055-56

C. Roth KG
  Postfach 210980
  7500 Karlsruhe 21
  Tel. (0721) 591011

Runne-Vetter
  Baiertaler Str. 26
  6908 Wiesloch 1
  Tel. (06222) 4058 und 52816

W. Sarstedt
  Rommelsdorf
  5223 Nümbrecht
  Tel. (02293) 523

Sartorius Membranfilter GmbH
  Postfach 19
  3400 Göttingen
  Tel. (0551) 308-1

Schleicher & Schüll GmbH
  Postfach 4
  3354 Dassel
  Tel. (05564) 8995

Schmidt + Haensch
 Optisch elektronische Meßtechnik
 Naumannstr. 33
 1000 Berlin 62
 Tel. (030) 78 46 03 1

Schott & Gen.
 Postfach 2480
 6500 Mainz
 Tel. (06131) 661

E. Schütt jun.
 Güterbahnhofstr. 11
 Postfach 248
 3400 Göttingen
 Tel. (0551) 5 58 21

Schwarz/Mann
 Division of Becton,
 Dickinson & Co. (s. dort)

Scotsman
 E. M. V. Eismaschinen
 Bramfelderstr. 76
 2000 Hamburg 60
 Tel. (040) 6 90 10 05

Seromed GmbH
 Vertrieb durch:
 LS-Labor-Service GmbH (s. dort)

Serva Feinbiochemica GmbH & Co.
 Postfach 105 260
 6900 Heidelberg
 Tel. (06221) 1 20 14

Shandon Labortechnik GmbH
 Karl-von-Drais-Str. 18
 6000 Frankfurt 50
 Tel. (0611) 54 10 65

Siemens AG
 Bereich Meß- und Prozeßtechnik
 Rheinbrückenstr. 50
 7500 Karlsruhe 21

Sigma-Laborzentrifugen GmbH
 Postfach 1727
 3360 Osterode/Harz
 Tel. (05522) 46 78

Sigma Chemie GmbH
 Am Bahnsteig 7
 8021 Taufkirchen
 Tel. (089) 6 12 10 68

Süsse + Schmidt KG
 Holländische Str. 36
 3502 Vellmar/Kassel
 Tel. (0561) 8 25 21

Technicon GmbH
 Im Rosengarten 11
 6308 Bad Vilbel
 Tel. (06193) 82 81

Tecnomara AG
 Labor- und Industriebedarf
 Rieterstr. 59
 Postfach 195
 CH-8059 Zürich/Schweiz
 Tel. (0041) 1 20 29 3 25
 Büro BR Deutschland:
 Lang-Gönser-Str. 1
 6338 Hüttenberg/Gießen
 Tel. (06403) 31 06

Thermal Quarz-Schmelze
 Rheingaustr. 83–85
 Postfach 9389
 6200 Wiesbaden 12
 Tel. (06121) 28 35–37

TOA Medical Electronics Co
 Vertrieb:
 Colora Meßtechnik GmbH
 (s. dort)

Tracerlab Instruments Horst Klein
 Blumenallee 45
 5500 Köln 40
 Tel. (0221) 48 24 66

Travenol International GmbH
 Postfach 113
 8000 München 2
 Tel. (089) 5 99 41

Varian GmbH
 Alsfelder Str. 6
 Postfach 111 154
 6100 Darmstadt
 Tel. (06151) 70 31

VERDER (Deutschland) GmbH
 Himmelgeisterstr. 60
 4000 Düsseldorf 1
 Tel. (0211) 33 45 13

Vitatron GmbH
 Robert-Perthel-Str. 2–4
 5000 Köln 60
 Tel. (0221) 17 50 94

Vogel Wilhelm KG
  Postfach 6526
  6300 Gießen-Lahn
  Tel. (06 41) 3 40 52

Waters GmbH
  Herzog-Adolf-Str. 4
  6240 Königstein
  Tel. (061 74) 40 21

Dr. Weigert Chem. Fabrik
  Mühlenhagen 85
  2000 Hamburg 28
  Tel. (0 40) 78 17 71

Westfalia Separator AG
  Werner-Habig-Str.
  4740 Oelde 1/Westf.
  Tel. (0 25 22) 771

WGA
Werner Günter Analysentechnik
  Bessunger Str. 187
  Postfach 1226
  6103 Griesheim
  Tel. (0 6155) 40 91

Whatman Biochemicals
  Vertrieb:
  Vetter GmbH (s. dort)

Wissenschaftlich-Technische Werkstätten GmbH
  Trifthofstr. 57 a
  8120 Weilheim
  Tel. (08 81) 44 11

WKF Forschungsgeräte GmbH
  6101 Modautal 3/Darmstadt
  Tel. (061 67) 3 30

Worthington Biochemical Co.
  Vertrieb:
  LS-Labor-Service
  (s. dort)

Carl Zeiss
  7082 Oberkochen
  Tel. (0 73 64) 20-1

Werner Zinsser
  Postfach 501 151
  6000 Frankfurt 50
  Tel. (06 11) 52 11 53

12.3 Hersteller und Lieferanten spezieller Geräte und Materialien nach Sachgebieten

Affinitäts-Chromatographie
  Bio-Rad
  Deutsche Pharmacia

Aminosäuren-Analysatoren
  Beckman
  Biotronik
  Cenco
  Kontron
  LKB
  Technicon

Autoklaven
  Perkin-Elmer
  Berghof
  Heinicke
  Kürner
  Morand
  Schütt
  Tecnomara

Biochemikalien
  Aldrich
  Baker
  Boehringer Mannheim

  Calbiochem
  Ferak
  Fluka
  ICN Nutritional Biochem.
  ICN K&K Rare & Fine Chem.
  Merck
  Paesel

Biochemikalien, besonders für Zell- und Gewebekulturen
  BCK-Biocult
  Bio-Rad
  Boehringer Mannheim
  Calbiochem
  Deutsche Biomerieux
  Difco
  Fisher
  Flow
  Gibco
  Merck
  Schwarz/Mann
  Seromed
  Serva
  Sigma

Brutschränke
  Assab
  Flow
  Forma
  Heinicke
  Heraeus
  Julabo
  Köttermann
  Memmert
  Morand
  New Brunswick
  Nunc

Chromatographie
(allgemein)
  Abimed
  Bio-Rad
  Biotronik
  Camag
  Colora
  Desaga
  Deutsche Pharmacia
  LKB
  Merck
  Reichelt
  Serva
  Shandon
  Whatman

Densitometer
  Beckman
  Desaga
  Gilford
  Instrumentation Laboratory
  Kipp & Zonen
  Labomed
  Vogel
  Zeiss

Dialyse – Apparate
  Amicon
  Bachofer
  Berghof
  Fisher
  Reichelt

Desintegratoren
  siehe unter Homogenisatoren

Disk-Elektrophorese
  Bio-Rad
  Desaga
  Deutsche Pharmacia
  Hölzel
  LKB
  Schütt
  Serva

Dosiergeräte
  Braun Melsungen
  Colora
  Dent. Metrohm
  Erben
  Hamilton
  Schott
  Verder

Dünnschicht-Chromatographie
  Camag
  Desaga
  Merck
  Reichelt
  Serva

Eisbereitungsmaschinen
  Inco-Ziegra
  Scotsman

Elektroden
  Beckman
  Colora
  Deut. Metrohm
  Ingold
  Kipp & Zonen
  Philips
  Schott
  Wiss.-Techn. Werkst.

Elektrophorese
(allgemein)
  Beckman
  Bender & Hobein
  Bio-Rad
  Boskamp
  Camag
  Colora
  Desaga
  Deutsche Pharmacia
  Hölzel
  Labomed
  LKB
  Molter
  Müller
  Reichelt
  Runne-Vetter
  Sartorius
  Schleicher & Schüll
  Vogel
  Zeiss
  Zinsser

Enzyme (s. auch Biochemikalien)
  Boehringer Mannheim
  Calbiochem
  Merck

Miles
Paesel
Serva
Sigma
Worthington

Fluoreszenz-Spektrophotometer
Colora
Kontron
Perkin-Elmer
Zeiss

Fraktionssammler
Abimed
Colora
Desaga
Deutsche Pharmacia
ISCO
LKB
Reichelt

Gas-Chromatographie,
komplette Anlagen
Hewlett-Packard
Kipp & Zonen
Latek
Packard
Perkin-Elmer
Philips
Siemens
Varian

Gas-Chromatographie,
Trägermaterialien und Zubehör
Beckman
Macherey
Merck
Pierce
Regis
Reichelt
WGA

Gefriertrocknungs-Anlagen
Cenco
Christ
Edwards
Leybold
Morand
WKF

Gel-Chromatographie
Abimed
Bio-Rad
Deutsche Pharmacia
LKB

Glasgeräte, besonders für Zell- und Gewebe-
kulturen
Bellco
Biosigma
Brand
Braun Melsungen
Corning
Hecht
Hirschmann
Kontron
New Brunswick
Quickfit
Schleicher & Schüll
Schott
Schütt
Thermal Quarz

Gradientenmischer
Abimed
Deutsche Pharmacia
LKB

Hochdruck-Flüssigkeits-Chromatographie,
komplette Anlagen
Abimed
Desaga
Du Pont
Hewlett-Packard
ISCO
Knauer
Packard
Perkin-Elmer
Siemens
Varian
Waters

Hochdruck-Flüssigkeits-Chromatographie,
Trägermaterialien und stationäre Phasen
Beckman
Bio-Rad
Latek
Macherey
Merck
Regis
Reichelt
Whatman

Homogenisatoren (Desintegratoren) für Gewebe
und Zellen
Braun Melsungen
Bühler
Cenco
Janke & Kunkel
Kontron
Kürner
Reichelt

Immunologische und
immunochemische Methoden
  Behringwerke
  Bio-Rad
  Calbiochem
  bioMérieux
  Deutsche Pharmacia
  Dynatech
  Flow
  Fresenius
  Hyland
  Immuno
  LKB
  Miles
  Molter
  Nordic
  Seromed
  Serva
  Reichelt

Ionenaustausch-Chromatographie
  Bio-Rad
  Fluka
  Serva
  Whatman

Isoelektrofokussierung
  Bio-Rad
  Desaga
  Deutsche Pharmacia
  LKB
  Serva

Isotachophorese
  LKB

Isotopen-markierte Substanzen
  Amershan
  Bio-Rad
  IDW
  Miles
  Tracerlab
  Zinsser

Isotopen-Meßgeräte
  Beckman
  Berthold
  LKB
  Packard
  Philips
  Tracerlab
  Varian
  Zinsser

Kühleinrichtungen
  Abimed
  Assab

  Cenco
  Colora
  Lauda
  LKB
  Reichelt
  WKF

Kryopräservierung
  Cryoson
  Linde
  Messer Griesheim

Kryostate
  Bühler
  Colora
  Desaga
  Haake
  Julabo
  Lauda
  LKB
  WKF

Kultur-Methoden für Zellen und Gewebe
  Assab
  Behring
  bioMérieux
  Boehringer Mannheim
  Flow
  Greiner
  Heraeus
  Merck
  Nunc
  Schütt
  Tecnomara
  Zinsser

Küvetten
  Hellma
  Thermal Quarz

Leitfähigkeitsmeßgeräte
  Deut. Metrohm
  Kipp & Zonen
  Knick
  Philips
  Radiometer
  Wiss.-Techn. Werkst.

Magnetrührer
  Cenco
  Corning
  Heidolph
  Janke & Kunkel
  Martin
  Reichelt

Membranfilter
  Berghof
  Bio-Rad
  Millipore
  Reichelt
  Sartorius

Mikroliter-Pipetten
  Abimed
  Brand
  Clinicon
  Eppendorf
  Hecht

Mikroliter-Spritzen
  Hamilton
  Reichelt
  Shandon

Osmometer
  Haake
  Kipp & Zonen
  Knauer
  Vogel

Papier-Chromatographie
  Macherey
  Schleicher & Schüll
  Whatman

PH-Meter und
-Elektroden
  Beckman
  Colora
  Deut. Metrohm
  Fisher
  Hillerkus
  Ingold
  Instrumentation Lab.
  Knick
  Philips
  Wiss.-Techn. Werkst.

Pipetten-Spitzen
  Abimed
  Eppendorf
  Greiner
  Sarstedt

Pipettiergeräte
(s. Mikroliter-Pipetten)

Plastik-Reaktionsgefäße
      -Röhrchen
        -Schalen (Petri)
  Greiner
  Sarstedt

Polarimeter
  Biotronik
  Perkin-Elmer
  Zeiss

Polyacrylamidgel-Elektrophorese
(s. Disk-Elektrophorese)

Pumpen, Dosier-
  Braun Melsungen
  Erben
  Kontron
  Reichelt

Pumpen, Schlauch-
  Abimed
  Cenco
  Deutsche Pharmacia
  Heidolph
  LKB
  Verder

Pumpen, Vakuum-
  Brand
  Edwards
  Leybold
  Secfroid

Radiochemikalien
  Amersham-Buchler
  Bio-Rad
  NEN
  Packard
  Tracerlab
  Zinsser

Refraktometer
  Schmidt + Haensch
  Waters
  Zeiss

Reinigungsmittel
  Borer
  Merck
  Roth
  Weigert

Schreiber
  Abimed
  Cenco
  Deut. Metrohm
  Deut. Pharmacia
  Kipp & Zonen
  Kontron
  Knauer
  Linseis
  Metrawatt

Philips
Vitatron
Zeiss

Spektrophotometer (UV)
  Abimed
  Beckman
  Biotronik
  Colora
  Eppendorf
  Gilford
  Hewlett-Packard
  Knauer
  Kontron
  Lange
  LKB
  Perkin-Elmer
  Philips
  Vogel
  Waters
  Zeiss

Spülmittel
(s. Reinigungsmittel)

Sterilfiltration
  Millipore
  Sartorius
  Schleicher & Schüll

Szintillations-Chemikalien
  Baker
  Merck
  Packard
  Reichelt
  Zinsser

Szintillationsspektrometer
  Berthold
  Beckman
  Kontron
  Packard
  Philips
  Tracerlab
  Zinsser

Teflon-Materialien
und -Geräte
  Berghof
  Latek

Temperatur-Messung und Regelung
  Colora
  Deut. Metrohm
  Erben
  Julabo
  Kipp & Zonen

Knauer
Lauda
Linseis
Metrawatt
Netzsch

Testseren
  Amersham-Buchler
  Behring
  Biotest
  Boehringer Mannheim
  Molter
  Paesel

Thermostate
  Braun Melsungen
  Bühler
  Cenco
  Colora
  Haake
  Heidolph
  Julabo
  Köttermann
  Labtronic
  Lauda

Tiefkühltruhen
  Cenco
  Colora
  Erben
  Forma
  GFL
  Köttermann

Tierkäfige
  Becker
  Ehret
  Süsse + Schmidt

Trockenschränke
  Assab
  Gilowy
  Heinicke
  Heraeus
  Köttermann
  Melag
  Memmert

Ultrafiltration
  Amicon
  Berghof
  Millipore
  Reichelt
  Sartorius

Ultraschall-Reinigungsgeräte
  Bandelin
  Branson

Ultrazentrifugen
  Beckman
  Biotronik
  Du Pont
  Heraeus-Christ
  Kontron
  WKF

Waschmaschinen
(für Laborglas)
  Gilowy
  Heinicke
  Miele
  Netsch

Wasser-Reinigung
(durch Filtration)
  Millipore
  Sartorius

Zell-Aufbrech-Bombe
  Kürner

Zell-Zählgeräte
  Clinicon
  Colora
  Coulter
  Fisher
  Schütt
  TOA

Zentrifugen
  Beckman
  Biotronik
  Cenco
  Cepa
  Collatz
  Colora
  Du Pont
  Heraeus-Christ
  Hettich
  Kontron
  Reichelt
  Runne-Vetter
  Sigma Laborzentrifugen
  Westphalia
  WKF

Anhang

Gebräuchliche höchste Konzentrationen verschiedener Säuren und Basen.

Säure/Base	Molmasse	Konzentrationen (Mol/l)	Gewichts-prozent	spezifisches Gewicht
Eisessig	60,1	17,4	99,5	1,05
Buttersäure	88,1	10,3	95	0,96
Ameisensäure	46,0	23,4	90	1,20
Jodwasserstoffsäure	127,9	7,6	57	1,70
Bromwasserstoffsäure	80,9	8,9	48	1,50
Chlorwasserstoffsäure	36,5	11,6	36	1,18
Fluorwasserstoffsäure	20,0	32,1	55	1,17
Milchsäure	90,1	11,3	85	1,20
Salpetersäure	63,0	16,0	71	1,42
Perchlorsäure	100,5	11,6	70	1,67
Phosphorsäure	80,0	18,1	85	1,70
Schwefelsäure	98,1	18,0	96	1,84
Ammoniumhydroxid	35,0	14,8	28	0,89

Brechungsindex von Saccharose-Lösungen bei 20 °C.

Index	Prozent	Index	Prozent	Index	Prozent	Index	Prozent
1,3330	0	1,3723	25	1,4200	50	1,4774	75
1,3344	1	1,3740	26	1,4221	51	1,4799	76
1,3359	2	1,3758	27	1,4242	52	1,4825	77
1,3373	3	1,3775	28	1,4264	53	1,4850	78
1,3388	4	1,3793	29	1,4285	54	1,4876	79
1,3403	5	1,3811	30	1,4307	55	1,4901	80
1,3418	6	1,3829	31	1,4329	56	1,4927	81
1,3433	7	1,3847	32	1,4351	57	1,4954	82
1,3448	8	1,3865	33	1,4373	58	1,4980	83
1,3463	9	1,3883	34	1,4396	59	1,5007	84
1,3478	10	1,3902	35	1,4418	60	1,5033	85
1,3494	11	1,3920	36	1,4441	61		
1,3509	12	1,3939	37	1,4464	62		
1,3525	13	1,3958	38	1,4486	63		
1,3541	14	1,3978	39	1,4509	64		
1,3557	15	1,3997	40	1,4532	65		
1,3573	16	1,4016	41	1,4555	66		
1,3589	17	1,4036	42	1,4579	67		
1,3605	18	1,4056	43	1,4603	68		
1,3622	19	1,4076	44	1,4627	69		
1,3638	20	1,4096	45	1,4651	70		
1,3655	21	1,4117	46	1,4676	71		
1,3672	22	1,4137	47	1,4700	72		
1,3689	23	1,4158	48	1,4725	73		
1,3706	24	1,4179	49	1,4749	74		

Zusammenhang zwischen dem Brechungsindex und der Dichte einer CsCl-Lösung bei 25 °C.

Brechungsindex (Natrium-D-Linie, 25 °C)	Dichte (g/cm^3)
1,34400	1,09857
1,34880	1,15070
1,35340	1,20066
1,35800	1,25062
1,36260	1,30057
1,36720	1,35053
1,37180	1,40049
1,37640	1,45044
1,38100	1,50040
1,38560	1,55035
1,39020	1,60031
1,39480	1,65027
1,39940	1,70022
1,40400	1,75018
1,40860	1,80014
1,41320	1,85009
1,41780	1,90005

Sachregister

Abstandshalter (Spacer) 231–236
Absorption 36–39
–, komplexer Lösungen 37–39
Absorptions-Koeffizient 36
Absorptions-Konstante 36
Absorptionsspektren 38, 45, 46, 58, 60
Aceton-Fällung 353
Aceton-Trockenpulver 353
Acrylamid 129, 161, 180, 181
Acryl-Harze 128
Acylisoharnstoff 233, 236
Adenosin 152, 153
Adenylsäure, Bestimmung 54
Adjuvantien 250, 251, 253
ADP 152, 153
Affinität von Antiseren u. Antikörpern 254, 255
Agarose 194, 222
–, Aminoalkyl- 232–236
Agarose-Derivate 228–236
Agarose-Gele 162–164, 226–228
Agarose-Polyacrylamid-Gele 162–164, 194
Aktivität 4
Aktivitäts-Koeffizient 4
Aktivkohle 324
Alaun-Adjuvans 254
Alcain-Blau 203
Aldopentosen 54
Alkalifehler 17
Allesfärber 203
Allotypen 242–244
Aluminiumhydroxid-Adjuvans 251
Aluminiumphosphat-Adjuvans 251
Amido-Schwarz 200
Aminoalkyl-Agarose 232–236
Aminoalkylierung 232–236
Aminonaphtholsulfonsäure 53
Aminosäuren, Titration 26–29
–, Trennung 151
Aminosäure-Oxidase 325
Ammoniumacetat-Puffer 229
Ammonium-hydrogencarbonat 229
Ammoniummolybdat 53
Ammoniumperoxodisulfat 180
Ammoniumsulfat 49
–, -Fällung 348–352
AMP 152, 153
Ampholyt 128, 196–200
anamnestische Immunantwort 255
anaphylaktischer Schock 252
Anilinonaphthalin-sulfonat 202

Anionen-Austauscher 126–138
Anregungs-Energien 35
Antigen 245, 246, 250
antigene Determinante 245, 246
Antikörper 242–250
–, Reinigung 222–225
antimikrobielle Agenzien 259
Aquasol 96
Arbeitsspannung 122
Arginin 26–28, 179, 196
Argon 98
Arsenat-Puffer 21
Ascorbinsäure 53
Asparaginase 240
Asparaginsäure 179, 196
Aspartase 240
Aspartat 240
Aspartat-Decarboxylase 240
Assoziations-Konstante zwischen Antigen und Antikörper 254, 255
Astacin 37, 38
Asymmetrie-Potential 13
Atomkern 61
ATP 152, 153
Aussalzen 348–352
Ausschlußgrenze 158, 162
Ausschlußvolumen 158, 172
Ausschwing-Rotor 297, 298, 303–305
Autoradiographie 204, 205
Avidität 254
Avidin 227, 259–261, 266, 267, 288–291
–, Herstellung d. Antiserums 288, 289
Azid 259
Azidität 2

Background 73, 80, 81
Bakterien, Aufschließen 340
–, Ernten 294
Bandbreite, spektrale 44, 45
Basen, Definition 1
–, gebräuchliche höchste Konzentrationen 405
–, konjugierte 1
Basizität 2
Berliner Blau 55
β-Dimethylamino-propionitril 182
β-Galaktosidase 223, 224, 336
β-Galactoside 226
β-Mercaptoethanol, siehe Mercaptoethanol
β-Spektrum 75 ff, 113–116
β-Teilchen 63 ff

Beugungsgitter 41–45
Beweglichkeit (Elektrophorese) 184
Bio-Gel 161–164
Biotin 227, 259–261, 288–291
Bis-MSB 68, 69, 112, 113
Biuret-Reaktion 49–51
B-Lymphocyten 247–250
Booster-Injektion 255
Borat-Puffer 20, 183, 229
Borosilikat-Glas 226, 227
Borsäure 20
Bouguer-Experiment 35, 36
Braggsche Gleichung 42
Bray-Solution 93, 96
Brechungsindex 317, 318
–, Caesiumchlorid-Lösung 407
–, Saccharose-Lösung 406
Breitbandfilter 43, 47
Brij-Verbindungen 341
Bromacetyl-N-hydroxysuccinimid 233
Bromphenolblau, pK_s-Wert-Bestimmung 57–60
–, als Referenzsubstanz 186, 189
–, Trennung bei Gelfiltration 175–178
–, Verteilungs-Koeffizient 178

Caesiumchlorid 308, 321–323
–, Zusammenhang Brechungsindex/Dichte 407
Caesiumsulfat 308, 321–323
Calcium, radioaktives 62
Carbodiimid 233–236
Carbonat 95, 96
Carb-O-sil 93
Carboxylase 227
Carboxymethyl-Cellulose 133–138, 154–156
Carotinoide, Spektrum 37, 38
Cellulose 133
–, -Ionenaustauscher 129–138, 154–156
Cerebrospinal-Flüssigkeit 279
Cerenkov-Strahlung 81
Chemilumineszenz 96
Chinone 344, 345
Chloramin T 281–284
Chloramphenicol 124, 125
Chloressigsäure 133
Chlorsulfonsäure 131
Chlortriethylendiamin 132, 133
Chymotrypsin 276
Chymotrypsinogen 276
Citrat-Synthetase, Enzym-Test 332
Clark-Elektrode 22–25, 29–32
CM-Cellulose, siehe Carboxymethyl-Cellulose
Cocktails (für Szintillations-Spektrometrie) 65, 92–95, 112–113
Cofaktoren 227
Compton-Elektron 86, 87, 100
Coomassie-Blau 200, 201
Coriolis-Kraft 326

Corticosteron 287
cpm 64, 65, 81
CRM (kreuzreagierendes Material) 275
Curie 64, 65
Cyanbromid 228–231, 276
Cyanid 108, 259
Cyansulfoniumbromid 276
Cystein 26–28, 344
Cytochrom-Oxidase 325, 326
Cytosin 156

DEAE-Cellulose 132–138, 154–156
Dehydration 348, 352
De-novo-Biosynthese 273, 274
Desoxycholat 273, 341
Desoxycortisol 287
Desoxycorticosteron 287
Deuterium-Lampe 40
Dextran 129, 160
Dextranblau 172, 175–177
Dialyse 355–357
3,3'-Diaminodipropylamin 233
Diaphorasen 30
Dichtegradient 308–314
–, Bestimmung 317, 318
–, Franktionierung 314–317
–, Herstellung 320–326
Dichtegradienten-Differential-Zentrifugation 310
Didymoxid-Glasfilter 45
dielektrische Konstante 352
Diethylpyrocarbonat 346
Diisopropylfluorophosphat 346
Dimethylamino-propionitril 182
Dimethylchlorsilan 166, 175
Dimethylformamid 233, 345
Dimethyl-POPOP 68, 69
Dimethylsulfoxid 345, 346
Dinitrophenol 32, 246
Dioxan 233
–, -Fällung 353
Diphtherie-Toxoid 251
Disk-Elektrophorese 188–190
–, Durchführung 215–218
Diskriminator 71, 73–81
Dispergiergerät 339, 340
Dispersion, optische 42, 318
Disulfid-Brücken 191, 344
Dithioerythritol 344
Dithiothreitol 279, 344
Divinylbenzol 129
DNA, Bestimmung 54
–, Trennung, Isolierung 194, 298, 323
DNase 325, 326, 355
Doppeldiffusion-Methode 262–269
–, Durchführung 290, 291
Doppelmarkierung, radioaktive 89–92, 117–120

Dowex-Harze 129, 130, 145–154
dpm 64, 65, 81
Dunkelstrom 71, 73, 80
Durchfluß-Küvetten 45
Dynode 69–72

E. coli 106–110, 124, 125, 223, 224
EDTA 135, 321, 345, 357
Effektoren 227
Eichpuffer 14
–, Temperaturabhängigkeit 14
elektrisches Feld 179
elektromagnetisches Spektrum 33, 34
Elektron 61–64
Elektronen-Übergänge 35
Elutionsvolumen 158
–, relatives 159
Elutriator 297, 298
Emulsion, Herstellung 251
–, Stabilität 251
Entfärbung 201, 213, 220, 221
Entsalzung, durch Dialyse 355–357
–, durch Gelfiltration 166, 173
–, durch Ultrafiltration 359–362
enzymatische Reaktion 222
Enzyme, Reinigung durch Affinitäts-Chromatographie 222–225
Enzym-Substrat-Komplex 222
Enzym-Test, Entwicklung 334–336
Epichlorhydrin 160, 161, 322
Epoxypolyamine 129
Erfassungsgrenze (analytischer Techniken) 61
Ethanolamin 95
Ethanol-Fällung 353, 354
Ethidiumbromid 203
Ethylendiamin 95
Ethylenglykol 93, 233
Eton-Presse 341
Extinktion 36–39
Extinktions-Koeffizient 37–39

F_{ab} 244
Färbungen 200–204
–, weitere Methoden 203, 204
–, Coomassie-Brillantblau- 200, 201
–, Fluoreszenz- 201, 202, 214, 215
– mit enzymatischen Reaktionen 202, 203
– mit Nitroblau-Tetrazolium-Salz 217
– von Fokussier-Gelen 220, 221
Farbindikatoren 7
Farbquenching 82
F_c 244
Feldstärke 179, 180
Fenster (Diskriminator-) 75–78
Festwinkel-Rotor 293, 297, 298, 303–305
Fettsäuren 233
Fibrin 259

Ficoll 308, 321, 322
Fines, Entfernung 135, 138, 146, 164
Flachbett-Elektrophorese 192, 193
flüchtige Puffer 20
Fluorescamin 201, 202, 214, 215
Fluoreszenz 48–49, 66, 68
Fluorseszenz-Färbung 201, 202
Fokussierringe 70–72
Folin-Reagenz 51, 52
Formaldehyd 28, 29
Formazan 202, 203
freie Radikale 180
French-Presse 341, 342
Frequenz 33
Freundsches Adjuvans 251
Fumarase, Enzym-Test 333
Furfural 54

Galactosidase 223, 224, 336
Galactoside 226
Galvanische Zelle 13
γ-Globuline 242–244
Gammastrahlen-Szintillations-Zähler 285
Gasdurchfluß-Zähler 97, 98
Gasentladungs-Detektor (-Zähler) 97–100, 121–123
Gedächtnis-Antwort 255
Gefriertrocknung 357, 358
Geiger-Müller-Bereich 99
Geiger-Müller-Zähler 97–100
Gelschneider, Gelteiler 204, 205
Genauigkeit bei Enzym-Testen 335
Gitterkonstante 42
Glas-Elektrode 11–14
Glasperlen, zur Affinitäts-Chromatographie 226, 227
–, zur Gelfiltration 163
Gleichgewichts-Konstante 2
Gleichgewichts-Markierung 107–112
Gleichgewichtspunkt 79, 80, 113, 115
globuläre Proteine (bei Gelfiltration) 158
Glucose-Oxidase 139, 142
Glucoronidase 337
Glugagon 284
Glusulase 337
Glutaminsäure 179, 196
Glutathion 344
Glycerin 143
Glycerin-Dichtegradient 308, 321, 322
Glycin 26–29, 189, 190, 229, 230
Glycogen/Saccharose-Gradient 325
Glycoprotein-Färbung 203
Glyoxysomen, Isolierung 312–314, 325, 326, 331, 332, 338
Goodsche Puffer 20, 49, 138
Gradienten 140–143
Gradienten-Mischer 308, 309

Sachregister

Grundzustand, elektronischer 66
Gütefaktor (für Szintillations-Cocktails) 94, 95
Guanidinhydrochlorid 163, 227

Halbwertszeit 64, 121
Hapten 245, 246
Harnstoff 163
Harnstoff-Carboxylase 349
Hefe (Saccharomyces cerevisiae) 106, 277
–, Aufschließen 340
–, Ernten 294
–, Sauerstoffaufnahme 31
Hefe-Enolase 374
Helium 98
Henderson-Hasselbach-Gleichung 4
Hexacyanoferrat 55
Hexamethyldisilazan 163
Hexamethylendiamin 233
Hexuronsäuren, Bestimmung 54
Histidin 26–28, 196
HMG-CoA-Synthase 191, 192
H-Nummer 89
Hohlfaser-Dialyse 357, 362
Holmiumoxid-Glasfilter 45
Homogenisatoren 338
Hormon-Rezeptoren, Reinigung 222–225
Hughes-Presse 341
Hyamin 93
Hyaminhydroxid 95, 96
hydrostatischer Druck 168–172
hypochlorige Säure 281

Idiotypen 242–244
Iminocarbonat 230
Immunantwort 252–256
Immunelektrophorese 262, 268, 269
Immunglobuline 242–244
immunologische Toleranz 252, 255
Immunpräzipitation 272–277
immunspezifische Barriere 263
Impulse pro Minute (IpM) 64, 65, 81
Impulshöhen-Analysator 73–76
Impulszähler 74
Indikatoren 7
Indikator-Medien 9
Inducer 107–111
Initiierungs-Codon 107
Insulin 276
Insulin-Agarose 226
interne Standardisierung 82, 83
Iod, radioaktives 62, 270, 271
–, Markierung 281–284
Iodierung 281–284
Ionenaustausch-Chromatographie, siehe Kap. 4
–, Batch-Verfahren 363–365
Ionenprodukt des Wassers 3
Ionen-spezifische Elektroden 22–25

Ionenstärke 164
–, Messung 365, 366
–, bei Gelfiltration 173, 174
Isobutan 100
isoelektrische Fokussierung 194–200
–, Durchführung 218–221
isoelektrischer Punkt 127, 128, 194
Isoharnstoff 230
isopyknische Zentrifugation 309–314
Isotopen 61–64
–, physikalische Daten 62
–, Darstellungsmethoden 62
–, emittierte Teilchen 62
–, Zählung verschiedener 89–92
Isotopen-Verdünnungs-Experiment 280
Isotypen 242–244

Jablonski-Diagramm 67
Joule-Thompson-Rauschen 71, 81

Kalium, radioaktives 62
Kaliumcyanid 55
Kaliumdodecylsulfat 20, 192
Kaliumphosphat 348
Kaliumtartrat 51
Kalomel-Elektrode 9–14
Kanalverhältnis 82–89, 116–119
Kapazität
–, Ionenaustauscher 130, 133
–, Puffer 17, 18
Katalase 139, 142, 267, 326
–, UV-Spectrum 60
Kationen-Austauscher 126–138
K_{av}-Wert 159
K_{av}-Wert-Bestimmung 178
Klärwert 308
Klett-Einheiten 124
klonale Selektions-Theorie 248, 250
Klone 244
Knochenmark-Stammzellen 248
Kobalt, radioaktives 62
Kohlendioxid, radioaktives 95, 96
Kohlenstoff, radioaktiver 62ff
Koinzidenz-Schaltung 71, 73
Kollimator 41
Kombinations-Elektrode 11, 25
Kompetitor 239, 241
Komplementsystem 259
Konduktometer 366
kosmische Strahlung 80, 81
Kreuzreaktivität 254, 255
Küvetten 45–47
Kupfersulfat 51

lac-Messenger-RNA 107
lac-Operon 275, 336
Lactat 202, 203

Lactat-Dehydrogenase 192, 202, 203, 215–218, 286
– –, Reinigung 347
Lactat-Dehydrogenase-Isoenzyme 241
Lactoperoxidase 281–284
Lactose 9
Ladungsdichte 131, 133
Lag-Phase 106
λ-Phagen-DNA, Zentrifugation 311
Lambert-Beersches-Gesetz 37
Leitfähigkeits-Elektroden 365
Leitfähigkeits-Meßgerät 366
Leucin 124
Licht, monochromatisches 41–45
–, polychromatisches 41
–, sichtbares 34
–, Streu- 46, 47
–, UV- 33, 34
– höherer Ordnung 43
Löschen, Quenching 49, 81–89, 115–117
Lowry-Protein-Bestimmung 51, 52, 138
Ludox 321, 322
Lymphocyten 247–250
Lyophilisation 357, 358
Lysin 179, 196, 202
Lysosomen, Isolierung 310, 311, 325, 326, 338
Lysozym 337

MacKonkey-Lactose-Indikator-Medium 9
Magnesiumchlorid 273
Makrophagen 248
Malat 144
Malat-Dehydrogenase, Enzym-Test 333
Malat-Synthetase, Enzym-Test 333
Mariotte-Flasche 168, 169
Markierungs-Methoden 105–112
Meglumin-Diatrizoat 322
Mehrfach-Eindämpfgerät 149
Membran-Proteine 345
Mercaptane 51, 321
Mercaptoethanol 143, 191, 279, 344
mesh 130, 164
Messenger 108
Methanol 93
Methanol-Fällung 353
Methionin 276
–, ^{35}S-Methionin 271, 277–279
Methioninsulfoxid 278
Methylenblau 203
Methylthiocyanat 276
Metrizamid 308, 321, 322
Michaelis-Konstante, Bestimmung für saure Phosphatase 377–379
Microbodies, siehe Glyoxysomen
mikrogranuläre Cellulose 133
Mikroorganismen, Ernte 294
Mikrosäulen-Chromatographie 145

Mischbett-Harze 129, 345
Mitochondrien 31, 32
–, Isolierung 310–314, 325, 326, 331, 332, 338
–, Sauerstoffaufnahme 31, 32
Mittelwert 102
Mixer 339, 340
Molekulargewichts-Bestimmung durch Gelfiltration 159
– durch SDS-Gelelektrophorese 191, 192
Monochromator 41–45
Mucopolysaccharid-Färbung 204
Multienzymkomplexe 270
Mycobakterien 251

NADH 202, 203, 241
Naphthalin 93
Natrium-benzoldisulfonat 156
Natriumdodecylsulfat 20, 55, 191, 192
Natrium-hydrogencarbonat 229
Natrium-kalium-tartrat 50
Natriumsulfat, ^{35}S- 277
Natriumsulfit 53
Nernstsche Gleichung 10
Nettoladung 127
Netzwerk-Theorie 261
Neutrino 63
Nitroblau-Tetrazolium 202, 203, 215–217
Nitrophenol 8
Nitrophenylphosphat 377, 378
N,N'-Diallyltartardiamid 181, 206
N,N'-Methylen-bisacrylamid 180, 181
Normalverteilungs-Kurve 103
Nucleasen 346, 357
Nucleinsäuren, Bestimmung 54, 55
–, Entfernung 335
–, Reinigung 222–225
Nucleoside 135
Nucleotide, Trennung 135, 152, 153

Operon 107
Optische Dichte 36
Orcin-Reaktion 54, 55
organische Säuren, Trennung 151
Osmolyse 337
osmotischer Druck 322
Ouchterlony-Methode 262–269
–, Durchführung 290, 291
Ovalbumin 242, 243
Oxalacetat 334, 335
Oxidation von Proteinen 344, 345
Ozekis Minimal-Medium 124

Papain 244, 277
Pasteur-Pipetten 145
Pentosen, Bestimmung 54
Peptidylhomoserinlacton 276
Perchlorsäure 96

Periodsäure 206
Permeasen 270
Peroxide 353
Peroxisomen, siehe Glyoxysomen
Phenazinmethosulfat 202, 203
Phenol-Harze 128, 138
Phenolhydrazin 335
Phenylhydrazon 335
Phenylethylamin 95
Phenylmethylsulfonylfluorid 346
pH-Gradient 143, 196–198
pH-Meter 9–17
Phosphatase, saure 325, 326
–, –, Enzym-Test 375–377
–, –, Michaelis-Konstante 377–379
–, –, Reinigung 368–375
Phosphat-Bestimmung 53, 54
Phosphat-Puffer 21
Phospho-Cellulose 133–139
Phosphoenolpyruvat-Carboxykinase 334, 347, 355
Phosphoenolpyruvat-Carcoxylase 335, 343, 346, 352
Phosphoenolpyruvat-Carboxytransphosporylase 335
Phosphomolybdat 53
Phosphomolybdat-phosphowolframat-Reagenz 51, 52
Phosphoprotein-Färbung 204
Phosphor, radioaktiver 62, 121, 270, 271
Phosphoreszenz 48, 67, 68
Phosphorsäure, Titrationskurve 27
Photokathode 69–72, 81
Photon 48
Photoverstärker 47, 69–73
–, Hochspannungs-Regulierung 77, 78
pH-Wert, Definition 2
π-Elektronen 35
pK_b-Wert 6
pK_s-Wert 4, 6
–, Bestimmung 57–60
Plasmazellen 248
p-Nitrophenol 8
Polarität 345
Polysomen 226
Poisson-Verteilungsgleichung 103
Polyacrylamid-Gele 161–164, 179–185, 226
Polyamine 129
Polyaminopolycarbonsäuren 197
Polyampholyte 197–200
Polydextran 160
Polydextran-Gele 160–164
Polyethylenglycol 143
– zur Konzentrierung 357, 359
Polyethylenglycol-Präzipitation 355
Polyglucose 160
Polykationen 354, 355

Polyoxyethylenether 341
Polysaccharide 158, 194
Polystyrol-Harze 128–138
Polyvinylpyrrolidon 345
POPOP 112, 113
–, Dimethyl- 68, 69
Porendurchmesser 158, 182–184
PPO 68, 69, 112, 113
–, Absorptionsspektrum 69
–, Emissionsspektrum 68
Präzipitin-Reaktion 259 ff.
Precycling 133–135
Pressen 341
Primärantwort 252–256
Prisma 41–45
Progesteron 287
Proinsulin 276
Proplastiden, Isolierung 312–314, 331, 332
Proportional-Bereich 99
Proportional-Zähler 97–100
Protamine 354
Protaminsulfat-Fällung 355
Proteasen 346, 357
Protein-Bestimmungen 49–52
– –, Biuret-Reaktion 49–51
– –, Lowry-Methode 51, 52
– –, Warburg/Christian-Methode 374, 375
Proton 61–64
Protosol 206
Puffer 17–21
–, flüchtige 20
–, Kapazität 17, 18
–, Temperatur-Koeffizient 14, 21
Pulse-Chase-Markierung 107, 111, 112
Puls-Markierung 106–112
Pyronin 203
Pyrophosphat-Puffer 21
Pyruvat 202, 203
Pyruvat-Kinase 335

Quantenwirkungsgrad 48
quartäre Ammoniumbasen 95
Quelldauer 165
Quenching 49, 81–89, 115–117
Quench-Korrektur 82–89, 116, 117

Radioimmunoassay 270, 279–281, 284–288
Rad 64, 65
Rauschen 71
Redox-Harze 129
Referenz-Elektrode 9–11, 14, 15
Refraktometer 317–319
Regeneration von Ionenaustauschern 136, 137
Repressoren-Reinigung 222–225
Reproduzierbarkeit 335
Reibung 179, 180
Reibungs-Koeffizient 306

Reibungswärme 303
relative Beweglichkeit 184
relative Zentrifugalbeschleunigung 292
Renografin 322
Retardierung 158
Retardierungs-Koeffizient 184, 185
Rhodospirillum rubrum 347, 354
Riboflavin 183
Ribosomen 270
Rifampicin 124, 125
Rizinussamen 31, 32, 331, 332
RNA
–, Bestimmung 54
–, Färbung 203, 204
–, Reinigung 239
–, Trennung, Isolierung 194, 298, 323
RNA-Polymerase 107–111, 191, 267, 351
Röntgen 64, 65
Röntgenstrahlung 34, 86
Rotations-Übergänge 35
Rotoren 293, 297, 298, 303–305
rpm (revolutions per minute) 293
Rückextraktion 351
RZB, siehe relative Zentrifugalbeschleunigung

Saccharomyces cerevisiae 106, 277
  (siehe auch Hefe)
Saccharose 143, 160
–, Dichtegradient 308ff., 321–323
Säure-Base-Indikatoren 7
Säure-Dissoziations-Konstante 3
Säuren
–, Definition 1
–, gebräuchliche höchste Konzentrationen 405
–, konjugierte 1
Salz-Fraktionierung 348–352
Sammelgel 188–190
saure DNase 325
saure Phosphatase 153, 154, 325, 326
Sauerstoff-Elektrode 22–25, 29–32
Sauerstoff-Konzentration in Wasser 30
Schwefel, radioaktiver 62
Schwefelsäure, rauchende 131
Schwefelwasserstoff, ^{35}S- 277
Schwellwert-Dosierung eines Immunogens 252
Schwermetallionen 345, 357
Schwimmdichte 323
Schwingbecher-Rotoren 303
Schwingungsniveaus 48, 49
Schwingungs-Übergänge 35
SDS 20, 191, 200
SDS-Gelelektrophorese 190–192, 194, 274
Sedimentations-Analyse 318–320
Sedimentations-Geschwindigkeit 306
Sedimentations-Geschwindigkeits-
  Zentrifugation 309

Sedimentations-Gleichgewichts-
  Zentrifugation 309
Sedimentations-Koeffizient 306–308,
– –, Bestimmung 318–320
Sekundärantwort 252–256
Separator 295
Sephadex-Gele 160–164
Sepharose-Gele 162–164, 228
Serum, Gewinnung 256–259
Sicherheitsvorschriften für Arbeiten mit
  Radioaktivität 270, 271
Silanierung 175
Silber-Silberchlorid-Elektrode 9–14
Silikat-Glas 227
Singulett-Zustand 67
Sinuswelle 35
Skleroproteine (bei Gelfiltration) 158
Snellsches Gesetz 317
Soluen 206
Sorensen, S.P.L. 2
Spacer 231–236
Spaltbreite, spektrale 44, 45
Spektralfluorimeter 49
Spektralphotometer 39–47
–, Detektor 47
–, Lichtquelle 40–41
–, Monochromator 41–45
–, Probenkammer 45–47
–, Streulicht 46, 47
–, Zweistrahl-Gerät 47
spezifische Aktivität 64
–, Berechnung 272
Spezifität, von Antiseren u. Antikörpern
  254, 255, 262
Stabilisierung von Proteinen 343–346
Stärkegele 179, 192
Stainsall 203
Standardabweichung 102–104
Standardpuffer 14
–, Temperaturabhängigkeit 14
Staphylococcus aureus 281
Staphylokokken-Nuclease 226, 232, 238
stationärer Zustand (Phase) 105, 106
Statistik 100–105
statistischer Fehler 104, 105
Steroidhormone 233, 287
Stokesche Gleichung 179, 180
Stokescher Radius 158
Stokessche Verschiebung 48
Strahlung, Cerenkov 81
–, kosmische 80, 81
Streptomycin 354
Stufengradient 139–143
Succinat 143
Substrat-Analoge 227
Succinat-Dehydrogenase, Enzym-Test 333
Sulfatase 337

Sachregister 415

Sulfhydryl-Gruppen 191, 344, 345
Sulfonsäure-Gruppen 131
Sulfosalicylsäure 201
Svedberg-Einheit 306
Szintillations-Flüssigkeit (Cocktail) 65, 92–95, 112, 113
Szintillations-Spektrometrie 65–95
– – für γ-Strahlen 285
Szintillatoren 65–69, 92–95, 112, 113

TEMED 180, 182
Tetrahydrofuran 353
Tetramethylendiamin 180, 181
Thiogalactosid-Transacetylase 275
Thioglycolat 344
Thyroxin 271
T-Lymphocyten 247–250
Toleranz, immunologische 252, 255
Toluol 67, 68, 112, 113
Totraum 165
Totzeit 71, 74, 99, 122, 123
Transkription 107
Transmission 36
Trenngel 188–190
Triplett-Zustand 66, 67
Tris-Puffer 21, 49, 229
Tritium 62 ff.
Triton-Verbindungen 342
– –, Triton X-100 93, 112, 273
– –, Triton WR-1339 326, 327
Trypsin 276
Trypsinogen 276

Ultrafiltration 359–362
Ultraschall-Behandlung 340, 341
UpM, siehe rpm
Uracil 106
Urat-Oxidase 325, 326
Uridin 106
Urograffin 322
UV-Licht 33, 34

Valenz-Elektronen 35
Vernetzungsgrad 129, 130
Versuchstiere 252

–, Blutentnahme 256–259
Verteilungs-Koeffizient 159
Vertikal-Rotor 297, 298
Vielkanalanalysator-Prinzip 89
Viren, Isolierung 298
Viskosität bei der Gelfiltration 173

Wandeffekt 166
Wanderungsgeschwindigkeit (Elektrophorese) 184
Wasserrückhaltevermögen 160, 161, 164
Wasserstoffbrücken-Bindung 134
Wasserstoff-Lampe 40
Wasserstoffperoxid 206, 281
Weizenkeime 368
Wellenlänge 33
Wellenzahl 33
Winkelgeschwindigkeit 292
Wolfram-Lampe

Xanthophyllester 37, 38
Xenon-Lampe 40

Zählausbeute 64, 66, 81–89, 94
Zählstatistik 100–105
Zählung verschiedener Isotope 89–92, 117–120
Zellaufschluß 337–341
Zellkultur 105, 106
Zellpotential 14
Zentrifugen, hochtourige 294–298
–, klinische oder Tisch- 294
–, Ultra- 298–305
Zerfälle pro Minute (Zpm) 64, 65, 81
Zerfallskonstante 63
Zerfallsrate 63
Zerkleinern 339, 340
Zermahlen 338, 339
Zonen-Elektrophorese 185–187
– –, Durchführung 207–215
Zonen-Rotoren 326–330
Zonen-Zentrifugation 309, 310
Zucker, Bestimmung 55–57
zweidimensionale Gelelektrophorese 194–196
Zwitterionen-Harze 129
Zymogen-Systeme 276

DESAGA Elektrophorese

Ultradünnschicht-Isoelektrische Fokussierung in 50-200 µm Gelen
Der Durchbruch in der Protein-Analyse

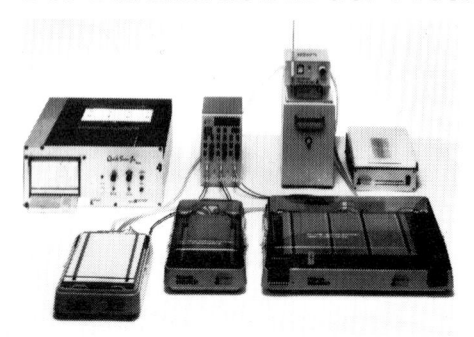

Das **neue** Konzept
DESAPHOR/MEDIPHOR Arbeitsplatz

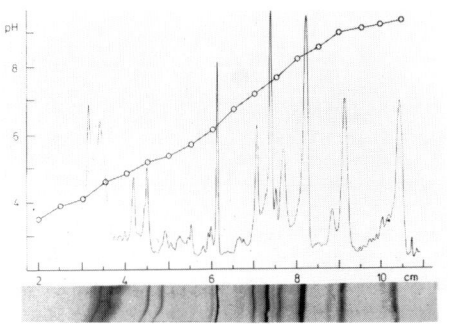

UDIEF von pH Marker-Proteinen in einem
50 µm PAA-Gel (12 cm) auf silanisiertem Glas

Ihre Vorteile:

- leichte Herstellung ultradünner Polyacrylamid- oder Agarosegele von 50-200 µm
- Gele dauerhaft an einen vorbehandelten Träger gebunden: Polyesterfolie oder Glasplatte
- hohe Auflösung
- dramatisch verkürzte Entfärbung: Minuten statt Stunden
- multiple Probenverarbeitung: 50-200 pro Gel
- niedrige Kosten durch geringen Substanz- und Reagenzbedarf
- Minifokussierung: nur 5-10 Minuten

DESAPHOR / MEDIPHOR der Fortschritt
Bisher mußten Sie sich nach den Möglichkeiten des Elektrophoresegerätes richten, jetzt bestimmen Sie.

DESATRONIC Netzgerät 2000/300 vollstabilisiert:
Simultane Digitalanzeige von Leistung, Strom und Spannung.
Vollstabilisiert: Leistung bis 100 W, Spannung bis 2000 V, Strom bis 300 mA.

NEU!

DESAGA HEIDELBERG

Weltmarke der Dünnschicht-Chromatographie und Elektrophorese

Fordern Sie bitte Ihr Angebot an
DESAGA GmbH
D-6900 Heidelberg 1 Telefon (0 62 21) 8 10 13
Postfach 10 19 69 Telex 4 61 736

Unser Programm für die Biochemie

UV/VIS-Spektroskopie

Mikroprozessorgesteuerte, rechnende UV/VIS Spektralphotometer, die nicht nur messen, sondern ein fertiges Endergebnis liefern. Einfach zu bedienen; Steuerung des Zubehörs durch Software-Einschübe-Compuset für: Spektrenregistrierung, Gel-Scanning, Kinetik- und TM-Messungen sowie automatisches Probenansaugsystem.

pH-, O$_2$- und ionenselektive Messungen

Digitale pH/mV-Meter Mod. 3500, 3560 (mit Auto-Read Schaltung) und 4500
Sauerstoff-Bestimmung mit dem Mod. 0260 in Gasen und Flüssigkeiten
Ionenselektive Analyse: Select Ion 5000 mit autom. Meßwertberechnung.

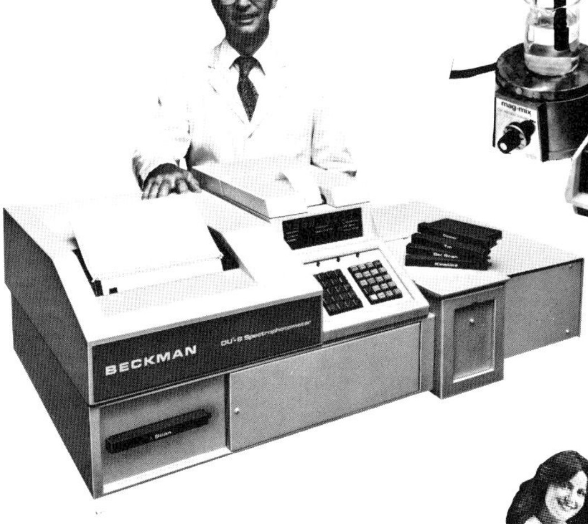

Zentrifugation

Für Anreicherungen und Trennungen im biochemischen Labor steht eine ganze Zentrifugenfamilie zur Verfügung: Von der Tischzentrifuge über Kühlzentrifugen mit mittlerem Drehzahlbereich bis zur hochspezialisierten Ultrazentrifuge für extrem hohe Zentrifugalbeschleunigungen. Dementsprechend groß die Anzahl von Rotoren und Spezialrotoren, aus der für jedes Experiment der Optimalste ausgewählt werden kann.

Flüssigkeits-Szintillationszählung

Leicht bedienbare, mikroprozessorgesteuerte Geräte mit präziser Quenchgradbestimmung nach Horrocks (H#), Absolutwertkalibrierung Multi Using für mehrere Benutzergruppen im CPM- und DPM-Betrieb.

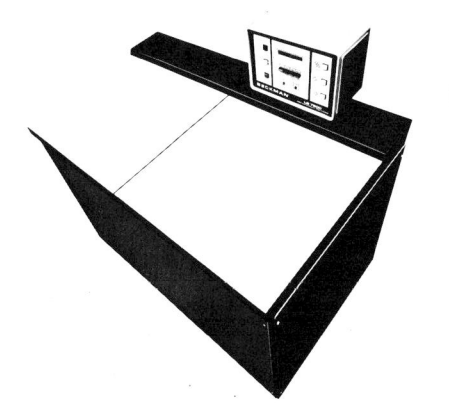

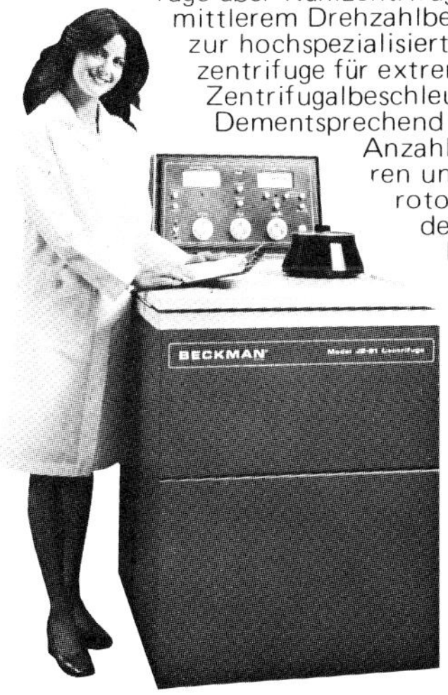

Beckman Instruments GmbH
Frankfurter Ring 115, 8000 München 40

Technische Büros:
Berlin, Tel.: 312 10 35
Hannover (Büro Nord), Tel.: 66 20 91
Düsseldorf, Tel.: 21 20 15
Frankfurt, Tel.: (06103) 610 03
Stuttgart, Tel.: 72 20 65
München, Tel.: 353078/9

BECKMAN

ZINSSER ANALYTIC

Tracor MK III ist der Star unter den Flüssig-Szintillationszählern. Echtes Multi-User-Gerät mit automatischer, optimaler Fenstereinstellung auch für unbekannte Isotope durch eingebauten Vielkanalanalysator. Zuverlässige DPM-Berechnung, auch bei unterschiedlichen Quench und Doppelmarkierungen. Einfache Bedienung durch Programmspeicher. Schnellster Probenwechsler für hohen Probendurchsatz.

Mehr erfahren Sie aus unserer Informationsmappe „Flüssig-Szintillationszähler". Fordern Sie sie an!

ZINSSER ANALYTIC GMBH
Postfach 501151 · 6000 Frankfurt 50
Telefon (0611) 521153

M&K

Walter de Gruyter
Berlin · New York

H. C. Curtius / M. Roth (Editors)
Clinical Biochemistry
Principles and Methods

Paperback edition 1978. With 177 tables, 362 figures, 3 colored plates and 4463 references.

Vol. 1: XXXVI, 854 pages. Index (pp. XXXVII–LXIX) DM 105,– ISBN 3 11 007669 1

Vol. 2: XXXVI, pages 855–1677. Index (pp. XXXVI–LXIX) DM 105,– ISBN 3 11 007670 5

E. Buddecke
Grundriß der Biochemie
Für Studierende der Medizin, Zahnmedizin und Naturwissenschaften

6. Auflage. 17 cm x 24 cm. XXXVI, 583 Seiten. 327 Abbildungen. 1980. Flexibler Einband. DM 43,– ISBN 3 11 008388 4

E. Buddecke
Pathobiochemie
Ein Lehrbuch für Studierende und Ärzte

17 cm x 24 cm. XXXV, 446 Seiten. Mit 247 Abbildungen und zahlreichen Tabellen. 1978. Flexibler Einband. DM 34,– ISBN 3 11 007526 1

F. Leuthardt
Intermediärstoffwechsel

17 cm x 24 cm. 950 Seiten. Mit 315 Abbildungen und 35 Tabellen. 1977. Fester Einband. DM 120,– ISBN 3 11 001638 9

P. Siegmund / F. Körber / P. Dietsch
Praktikum der Physiologischen Chemie
für Mediziner und Naturwissenschaftler

3. Auflage. 15,5 cm x 23 cm. XVI, 342 Seiten. Mit 78 Abbildungen. 1976. Flexibler Einband. DM 32,– ISBN 3 11 006719 6

Preisänderungen vorbehalten

Walter de Gruyter
Berlin · New York

S. Noack

Statistische Auswertung von Meß- und Versuchsdaten mit Taschenrechner und Tischcomputer

Anleitungen und Beispiele aus dem Laborbereich

17 cm x 24 cm. XVI, 582 Seiten. Zahlreiche Abbildungen. 1980. Fester Einband. DM 49,–
ISBN 3 11 007263 7

J. Paul

Zell- und Gewebekulturen

Übersetzt von Sigrid Maurer und Rainer Maurer.
15,5 cm x 23 cm. XVIII, 486 Seiten. 28 Seiten Tafeln. 57 Abbildungen. Fester Einband. DM 70,–
ISBN 3 11 007019 7

S. B. Pal (Editor)

Enzyme Labelled Immunoassay of Hormones and Drugs

Proceedings of the International Symposium on Enzyme Labelled Immunoassay of Hormones and Drugs, Ulm, West Germany, July 10 and 11, 1978.
1978. 17 cm x 24 cm. XXVI, 475 pages. Numerous illustrations. Hardcover DM 130,–
ISBN 3 11 007539 3

G. Wünsch

Optische Analysenmethoden zur Bestimmung anorganischer Stoffe

12 cm x 18 cm. 316 Seiten. 1976. Flexibler Einband. DM 19,80 ISBN 3 11 003908 7
(Sammlung Göschen, Band 2606)

Preisänderungen vorbehalten

ZINSSER ANALYTIC

Es ist einfach falsch, daß Flüssigszintillationszähler groß, kompliziert und teuer sein müssen. ZINSSER ANALYTIC liefert ein Tischgerät für 300 normale Szintillationsfläschchen.

TRACOR DELTA 300 ist ein ausgereifter Flüssigszintillationszähler mit externem Standard und einem zuverlässigen Wechsler für 300 Proben. Mit getrennter, variabler Fenstereinstellung, für beide Meßkanäle, Nullraten-Abzug und eingebautem Drucker gibt es ihn bereits ab 29 000,–.

Wir informieren Sie gern. Fordern Sie unsere Produktmappe „Flüssigszintillationszähler und Gamma-Probenwechsler" an!

ZINSSER ANALYTIC GMBH
Postfach 501151 · 6000 Frankfurt 50
Telefon (0611) 521153

ZINSSER ANALYTIC

GAMMA-TRAC 1191, ein Gamma-Probenwechsler für Forschungsaufgaben. Probenwechsler mit 3"-NaJ-Kristall für alle Gammastrahler bis 2 MeV. Echtes 2-Kanal-Spektrometer (Doppelmarkierungen) mit Spill-Over-Korrektur. Cpm-Ausgabe über eingebauten oder externen Drucker. Schneller Probenwechsler für 300 Proben bis 16 x 150 mm. Kompakter Aufbau (1,07 x 0,70 x 0,85 m), vernünftiger Preis. Dazu bieten wir Ihnen einen gut funktionierenden Service im gesamten Bundesgebiet.

Fordern Sie unsere Informationsmappe „Gamma-Probenwechsler" an!

ZINSSER ANALYTIC GMBH
Postfach 501151 · 6000 Frankfurt 50
Telefon (0611) 521153
M&K

Walter de Gruyter
Berlin · New York

H. R. Maurer
Disc Electrophoresis and Related Technics of Polyacrylamide Gel Electrophoresis
2nd. revised and expanded edition.
1971. 17 cm x 24 cm. XVI, 222 pages. With 88 figures, 16 tables, 948 literature references. (Working Methods in Modern Science).
Hardcover DM 68,– ISBN 3 11 003495 6

R. C. Allen / H. R. Maurer (Editors)
Electrophoresis and Isoelectric Focusing in Polyacrylamide Gel
Advances of Methods and Theories, Biochemical and Clinical Applications
1974. 17 cm x 24 cm. 316 pages. With 115 illustrations and 19 charts. Hardcover DM 105,–
ISBN 3 11 004344 0

B. J. Radola / D. Graesslin (Editors)
Electrofocusing and Isotachophoresis
Proceedings of the International Symposium August 2–4, 1976, Hamburg, Germany.
1977. 17 cm x 24 cm. XVI, 608 pages. With 168 figures. Hardcover DM 150,– ISBN 3 11 007026 X

Electrophoresis '79
Advanced Methods
Biochemical and Clinical Applications
Proceedings of the Second International Conference on Electrophoresis
Munich, Germany,
October 15–17, 1979
Editor: Bertold J. Radola
1980. 17 cm x 24 cm. XV, 858 pages. 361 figures. Hardcover DM 185,– ISBN 3 11 008154 7

Prices are subject to change

SERVA

im Dienste der Wissenschaft

Präparate für Analytische Biochemie

Ionenaustauscher-Chromatographie
Amberlite und Dowex
Servacel Cellulose-Ionenaustauscher
Servachrom Si Protein-Chromatographie

Gelfiltration
PAG-Perlen
Agarose-Perlen
Servachrom Si=Polyol

Elektrophorese
Servalyt Trägerampholyte
Servalyt Precote Fertigschichten
Acrylamid, Monomere
Serva Blau und Serva Violett

Affinitäts-Chromatographie
SP 500-Affinitätsmedien
Kupplungsreagenzien

Reinigung von Proteinen
Sämtliche Reagenzien für das
protein-chemische Labor
von Ammoniumsulfat bis Zitronensäure

SERVA Feinbiochemica GmbH & Co. — Europas Biochemica-Centrum
D-6900 Heidelberg 1 · Postfach 10 52 60 · Tel. 0 62 21/1 20 14 · Telex 04 671 709

⊙ **Ingold**
wenn es
um Analysen mit
Elektroden
geht.

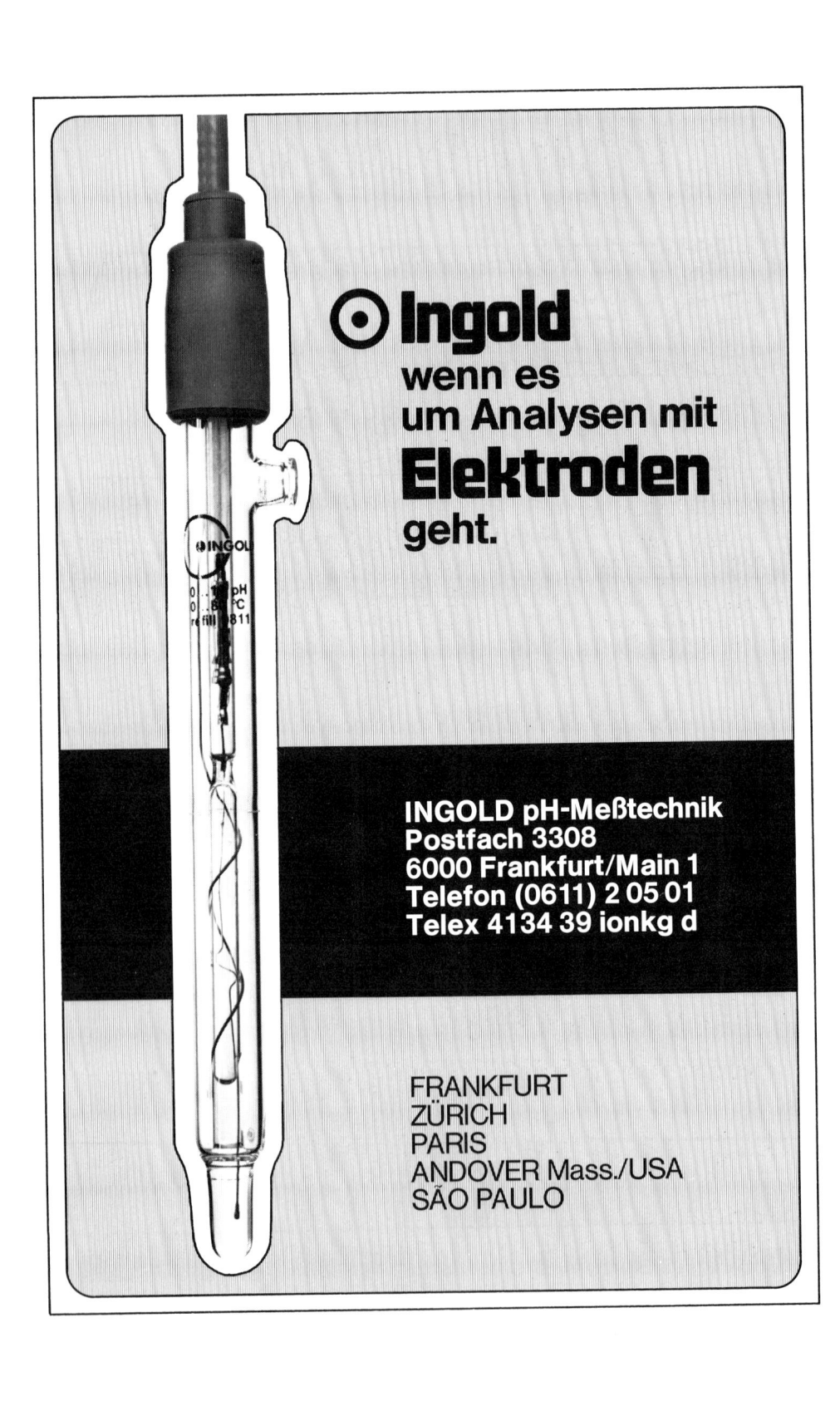

INGOLD pH-Meßtechnik
Postfach 3308
6000 Frankfurt/Main 1
Telefon (0611) 2 05 01
Telex 4134 39 ionkg d

FRANKFURT
ZÜRICH
PARIS
ANDOVER Mass./USA
SÃO PAULO

DR. MORAND AG

CH-1111 Aclens – Lausanne
Deutschland-Vertreter D. Zirbus
Taubenbreite 19, 3360 Osterode am Harz,
Telefon (0 55 22) 7 19 90

Unser Programm:
Laborgefriertrockner von 2–15 kg Eisaufnahme,
Autoklaven, Tisch- und Standgeräte von 18–137 Liter,
CO_2-Brutschränke von 50–310 Liter/Wassermantel,
Tiefkühlschränke und -truhen von 45–626 Liter/
bis –96° C

MINILYO
Gefriertrockner

- 5 kg Eiskapazität
- mit/ohne Einfrierbad
- regelbare Heizung
- Abtauvorrichtung
- 12 Zubehörvarianten
- Vakuumverschluß
- Säurekondensator

ELEKTROPHORESE-APPARATUREN
für senkrechte und flache Gele, Hoch- und Niederspannung
NETZGERÄTE, RÜHRMOTOREN
FILTERGERÄTE, GRADIENTEN-MISCHGEFÄSSE
MARKIERTE OBJEKTTRÄGER
für Immunfluoreszenztechnik
CPG-PORENKONTROLLIERTES GLAS –
CHROMATOGRAPHIE
HEISSLAUGEN-PIPETTENSPÜLER
mit und ohne Trocknung

H. HÖLZEL

| BERNÖDERWEG 7 | · | 8250 DORFEN | · | TELEFON | 0 80 81 / 20 69 |
| KORBINIANSTRASSE 2 | · | 8000 MÜNCHEN 40 | · | TELEFON | 0 89 / 35 44 27 |

<3 50 84 27>

Walter de Gruyter
Berlin · New York

Journal of Clinical Chemistry and Clinical Biochemistry

Zeitschrift für Klinische Chemie und Klinische Biochemie

Gemeinsames Organ der Deutschen, der Österreichischen und der Schweizerischen Gesellschaft für Klinische Chemie

This journal publishes all IFCC Recommendations regularly

Editors in Chief Johannes Büttner, Hannover; Ernst Schütte, Berlin.

Managing Editor Friedrich Körber, Berlin.

Special Editor for IFCC Recommendations Nils-Eric Saris, Helsinki

Editors Hugo Aebi, Bern; Heinz Breuer, Bonn; Joachim Brugsch, Berlin; Johannes Büttner, Hannover; Hans Joachim Dulce, Berlin; Jörg Frei, Lausanne; Wolfgang Gerok, Freiburg; Helmut Greiling, Aachen; Erich Kaiser, Wien; Hermann Mattenheimer, Chicago; Ernst Schütte, Berlin; Dankwart Stamm, München; Hansjürgen Staudinger, Freiburg; Otto Wieland, München.

Subscription Information 1981: volume 19. Publication: monthly, 12 issues per annum. Per volume approx. 700 pages – Size: 3½ x 11½".
Price per volume: DM 460,–. Single issue: DM 42,–
Back volumes available. Please ask for detailed listing.

Personal members of all societies for Clinical Chemistry have the possibility to subscribe to the Journal at a special annual subscription price. – All prices exclude postage.

Hoppe Seyler's Zeitschrift für Physiologische Chemie

Herausgeber A. Butenandt, K. Decker, G. Weitzel

Unter Mitwirkung von K. Bernhard, J. Engel, H. Fritz, E. Helmreich, H. Herken, B. Hess, N. Hilschmann, H. Hilz, P. W. Jungblut, P. Karlson, H. L. Kornberg, K. Kühn, F. Leuthardt, D. Oesterhelt, K. Rajewsky, J. Seelig, G. Siebert, H. Simon, Hj. Staudinger, W. Stoffel, H. Tuppy, H. Wiegandt, H. G. Wittmann, H. G. Zachau, H. Zahn

Redaktion A. Dillmann, G. Peters

Bezugsbedingungen 1981: Band 362. Erscheinungsweise: monatlich, jährlich 12 Hefte. Umfang: pro Band etwa 2300 Seiten. Format: 18,5 cm x 25,5 cm. Bandpreis: DM 660,–. Einzelheft: DM 65,–.
Zurückliegende Bände 283–360 teilweise lieferbar.
Preise auf Anfrage.

Prices are subject to change / Preisänderungen vorbehalten